GAME
DEST
GN WORK
SHOP

체계적인 게임 디자인
학습을 위한 안내서

트레이시 풀러턴 지음 최민석 옮김

게임 디자인 워크숍

MK®
MORGAN KAUFMANN PUBLISHERS

위키북스

게임 디자인 워크숍

지은이 트레이시 풀러턴

옮긴이 최민석

펴낸이 박찬규 | 엮은이 이대엽 | 표지디자인 아로와 & 아로와나

펴낸곳 위키북스 | 주소 경기도 파주시 교하읍 문발리 파주출판도시 535-7

전화 031-955-3658, 3659 | 팩스 031-955-3660

초판발행 2012년 07월 24일

등록번호 제406-2006-000036호 | 등록일자 2006년 05월 19일

홈페이지 wikibook.co.kr | 전자우편 wikibook@wikibook.co.kr

ISBN 978-89-92939-06-5

Game DESIGN Workshop 2ed
Original English language edition published by Tracy Fullerton.
Copyright © 2008 by Elsevier.
Korean edition copyright © 2012 by WIKIBOOKS
All rights reserved.

「이 도서의 국립중앙도서관 출판시도서목록 CIP는 e-CIP 홈페이지 | http://www.nl.go.kr/cip.php에서 이용하실 수 있습니다.
CIP제어번호: CIP2012003089」

게임 디자인
워크숍

• 목차 •

02장   게임의 구조

03장   형식적 요소를 사용한 작업

04장   극적 요소를 사용한 작업

05장 체계 역학 다루기

02부 게임 디자인

06장 개념화

07장　프로토타입 제작프로토타입 제작

08장　디지털 프로토타입 제작

09장 플레이테스트

10장　기능성, 완전성, 그리고 밸런스

11장　재미와 접근성

12장 팀 구조

13장 개발 단계

14장 디자인 문서

15장 게임 업계의 이해

16장   게임 업계에 아이디어를 제안하는 방법

추천의 글

"트레이시 풀러턴(Tracy Fullerton)의 게임 디자인 워크숍에서는 현재 게임 업계에 종사하거나 취업을 희망하는 게임 디자이너가 알아야 할 거의 모든 것을 다룬다. 게임 이론, 개념화, 프로토타입 제작, 테스트 및 튜닝에 대한 설명은 물론이고, 전문 게임 개발자가 된다는 것의 의미와 이 업계에서 일자리를 얻는 방법까지 소개한다. 예전에 내가 텍사스대학교 오스틴캠퍼스에서 게임을 공부할 때 이 책이 있었더라면 정말 좋았겠다는 생각이 든다."

- 워렌 스펙터(Warren Spector), 크리에이티브 디렉터, 정션 포인트 스튜디오

"이 책은 게임 플레이어에게 제공할 경험의 목표를 설정하고, 테스트하여 다음 수준으로 도약하는 실전으로 검증된 방법을 소개하는 '도약 안내서'이며 의욕 넘치는 게임 디자이너를 위한 필독서다."

- 빙 고든(Bing Gordon), 수석 크리에이티브 관리자, 일렉트로닉 아츠

"게임 디자인 워크숍은 의심의 여지 없이 게임 디자인 주제에 대한 가장 중요하고 훌륭한 책이다. 이 책의 고유한 접근 방법은 심도 있고 실용적이며, 학생들을 게임 디자인의 핵심으로 이끈다. 단순히 상업적으로 성공한 게임 장르를 다시 살펴보는 방식을 탈피해 종이와 연필을 사용한 프로토타입 제작을 강조함으로써 학생들이 글자 그대로 '틀에서 벗어난' 사고를 통해 역량을 강화하도록 도와준다. 학생이라는 말에서 힌트를 얻었겠지만, 이 방식은 독창적인 게임은 물론 성공적인 게임을 제작하는 데도 성과가 입증됐다. 게임 디자인 워크숍은 강사가 게임 디자인 경험이 없는 학생을 대상으로 디자인 교육 과정을 구현하는 데 적합하며 새 교육 프로그램을 시작하기 위한 자료로 안성맞춤이다."

- 셀리아 피어스(Celia Pearce), 조지아공과대학교 실험게임연구소 디렉터

"이 책은 게임 디자인 분야를 깊이 있고 포괄적으로 다룬다. 무엇보다 이 분야의 여러 저명한 디자이너들의 다양한 관점과 견해를 트레이시의 탁월한 직관으로 정리한 것이 인상적이었다."

- 노아 팔스타인(Noah Falstein), 프리랜서 디자이너, 인스파이어시

"게임 디자인 워크숍 2판에서는 기존의 매력적인 실전 연습 기반 방식을 유지하면서 내용이 깔끔하게 다듬어지고 업데이트됐다. 이 책은 독자들이 스스로 참여하면서 게임을 디자인하고 개발하는 방법을 안내하는 특별한 책이다."

- 드류 데이비슨(Drew Davidson), 카네기멜론대학 엔터테인먼트 테크놀로지센터 디렉터

"전문 게임 디자이너를 목표로 하고 있다면 믿을 수 있고, 체계적이며, 친절한 안내서인 이 책을 추천한다. 이미 전문 게임 디자이너라면 이 책에서 영감을 얻을 수 있을 것이다."

- 버니 드코벤(Bernie DeKoven), deepfun.com

"비디오 게임을 디자인하고자 한다면 게임 디자인 워크숍이 바로 여러분을 위한 책이다."

- 제스퍼 줄(Jesper Juul), 비디오 게임 이론가 및 디자이너, 하프 리얼(Half-Real)의 저자

"트레이시 풀러턴은 게임의 재미에 대한 깊은 이해와 학자로서 갈고닦은 경험을 이 책에 고스란히 녹여냈다. 그녀가 제시하는 정교한 연습과 명확한 지침을 통해 더 나은 게임 개발자가 될 수 있을 것이다. 게임 개발을 진지하게 생각하는 사람이라면 반드시 읽어야 할 책이다."

- 존 하이트(John Hight), 외부 제작 디렉터, 소니 컴퓨터 엔터테인먼트 아메리카

"게임 디자인은 마법과도 같다. 훌륭한 게임 디자인을 위해서는 마법을 배우는 것이 아니라 체득해야만 한다. 게임 디자인에 대한 책은 이미 많이 나와 있지만 게임 디자인 워크숍은 일꾼이 아닌 마법사를 길러낼 수 있는 몇 안 되는 책 중 하나다."

- 이안 보거스트(Ian Bogost), 조지아공과대학교 디지털미디어학과 교수, Persuasive Games 공동 설립자

서문

> 내 삶의 모든 점은 다른 모든 점과 연결돼 있다.
> 이 모든 것이 연결돼 있다. 자유롭게 상상할 수만 있다면 된다.
>
> - 한트케(Peter Handke)

게임은 마법과도 같다.

여기서 이야기하는 마법은 파이어볼 스펠이나 마법 상점에서 구입한 신기한 소품과 같은 마법이 아니며, 종교 단체에서 이야기하는 신비로운 경험과 같은 마법도 아니다. 게임의 마법은 첫 키스와 같은 경험이고, 어려운 문제를 완벽하게 해결하는 것과 같은 놀라운 경험이며, 좋은 친구와 맛있는 음식을 함께 하며 나누는 이야기와 같은 마법이다.

게임의 마법은 사물 사이에 숨겨진 연결을 찾아내며, 게임의 세계를 탐험하는 방법에 대한 것이다. 게임 플레이어라면 이러한 발견이 곧 심오한 경험이라는 것을 알고 있을 것이다. 체스나 바둑과 같은 단순한 규칙은 어떻게 오랫동안 사람들의 연구를 통해 새로운 전략이나 플레이 스타일로 발전하게 됐을까? 전 세계의 국가들, 심지어 현재 전쟁 중인 국가들까지 한데 모여 참여하게 하는 스포츠 경쟁의 원동력은 무엇이며, 다양한 삶을 사는 모든 이들을 매료시키는 컴퓨터와 비디오 게임의 비결은 무엇일까?

게임을 한다는 것은 이러한 숨겨신 연결을 인식하고 새구성한다는 뜻이며, 게임 보드의 유닛 간, 경기의 플레이어 간, 그리고 게임 안팎에서 새로운 의미를 만드는 것이다. 그리고 이러한 의미가 만들어지는 공간이 게임이라면 게임 개발자는 이 발견이 이뤄지는 가능성의 공간을 설계하는 창조자라고 할 수 있다.

바로 이 책이 이러한 내용을 다루고 있다. 이 책을 읽는 이유는 여러분이 단순히 게임을 즐기는 데 만족하지 않고 게임을 만드는 데 관심이 있기 때문이다. 분명한 것은 게임 디자인 워크숍이 여러분이 게임을 만들 수 있게 제대로 도와주는 몇 안 되는 책 중 하나라는 것이다. 이러한 게임은 여러분의 상상력 속에서 탄생하고 날개를 단다. 늦은 시간까지 우리를 집중하게 만드는 게임을 디자인하기란 쉬운 일이 아니다. 발견과 의미, 그리고 마법으로 가득 찬 게임이라야 가능한 일이기 때문이다.

게임 디자인 워크숍은 날카로운 지성과 디자인 프로세스의 중요성을 보는 안목을 기름으로써 게임을 인식하고 창조하는 입증된 전략을 제공한다. 게임 디자인 워크숍은 단순히 게임 작동 방법에 대한 화려한 개념을 설명하는 데서 벗어나 실제로 게임 디자인 이론을 접목하는 방법을 그대로 전수한다. 이 책의 저자는 게임 제작과 게임 디자이너 교육, 그리고 게임 디자인 분야의 저술 활동에 대한 풍부한 경험을 갖추고 있다. 그리고 본인 역시 저자들에게 많은 것을 배웠다고 솔직하게 말할 수 있다. 이 책의 고유한 가치는 광범위한 범위와 그 안에 들어 있는 통찰력에서 찾을 수 있다.

게임 디자인 워크숍과 같은 책이 필요한 이유는 뭘까? 게임이 모든 사회에서 매우 오래됐고, 우리 생활에서 더욱 중요한 부분을 차지하고 있음에도 정작 우리가 이에 대해 아는 것은 많지 않기 때문이다. 우리는 아직 배우고 있다. 무엇이 게임을 움직이게 하는가? 어떻게 게임을 만들어야 하는가? 우리 문화에서 어떤 위치를 차지하는가? 최근 수십 년간 컴퓨터와 비디오 게임이 급증하면서 이러한 질문의 복잡성과 영향력이 함께 높아졌다. 사실 이러한 질문에 대한 간단한 대답이란 없으며, 이 책도 쉽게 답변을 제시하지는 않지만 여러분이 게임을 디자인하면서 스스로 대답을 모색하는 방법을 찾을 수 있게 도와줄 것이다.

우리는 오래된 문화가 새롭게 부활하는 시대에 살고 있다. 19세기에 기계 문명이 시작되고 20세기에 정보 사회가 도래한 것처럼 21세기는 엔터테인먼트의 시대가 될 것이다. 우리 게임 디자이너는 이러한 흥미로운 신세계에서 설계자, 작가, 그리고 파티 주최자의 역할을 하게 될 것이다. 우리가 맡은 책임은 정말 대단하면서도 막중한 것이다. 세상에 새로운 의미와 새로운 마법, 그리고 멋진 게임을 선보이고 이러한 게임에 열광하게 하는 것이다.

여러분도 함께 하지 않겠는가?

- 에릭 짐머만(Eric Zimmerman)
공동 설립자 및 수석 디자인 관리자, 게임랩
2007년 10월, 뉴욕

소개

> 게임을 창조하는 일은 경시되는 경향이 많지만
> 우리가 할 수 있는 아주 어려운 일 중 하나다.
>
> — 칼 융(C.G. Jung)

게임은 지금까지 알려진 인간의 모든 문화에서 빼놓을 수 없는 요소다. 디지털 게임 역시 형식과 장르가 다양할 뿐, 이러한 아주 오래된 사회적 상호작용에 대한 새로운 표현 방식일 뿐이다. 게임을 만드는 일은 앞서 칼 융의 이야기처럼 체계적인 솔루션과 흥미로운 접근 방식이 필요한 까다로운 작업이다. 게임 디자이너의 역할은 부분적으로 엔지니어, 엔터테이너, 수학자, 그리고 공동체 관리자로서 사용자가 게임을 하기 위한 수단과 동기를 제공하는 규칙을 만드는 것이다. 게임 디자인의 핵심은 게임이 민속놀이나 보드 게임, 아케이드 게임, 멀티 플레이어 온라인 게임이든 관계없이 플레이어가 '재미'를 느낄 수 있는 도전, 경쟁, 그리고 상호작용의 미묘한 조합을 만들어내는 것이다.

디지털 게임의 문화적 영향력은 지난 30년간 업계가 성장하면서 텔레비전과 영화에 비교할 수 있을 정도로 커졌다. 게임 업계의 수익은 수년간 두 자릿수 성장을 거듭했으며, 2007년에는 125억 달러에 이르러 영화 산업의 미국 내 박스오피스 수익을 멀찌감치 따돌렸다. 타임 매거진과 LA 타임즈 보도에 따르면 미국 내 가정의 90%에서 청소년을 위한 비디오 게임이나 컴퓨터 게임을 대여 또는 소유하고 있으며, 미국 내 젊은 이들은 매일 20분을 비디오 게임을 즐기면서 보내고 있다고 한다. 이제 디지털 게임은 텔레비전 다음으로 인기 있는 엔터테인먼트 형태로 자리를 잡았다.

게임 판매량이 증가하면서 전문 직업으로서 게임 디자인에 대한 관심 또한 높아지고 있다. 영화와 텔레비전 업계의 성장에 따라 작가와 감독에 대한 관심이 급증한 것과 비슷하게 이제는 창조적인 마인드를 지닌 사람들이 새로운 형태의 표현 양식으로 게임 디자인에 접근하고 있다. 학생들의 요구에 발맞춰 전 세계의 주요 대학교에서 게임 디자인에 대한 학위 과정을 마련하고 있다. 관련 단체인 IGDA(International Game Developers Association)에서는 게임 제작에 대한 급증하는 관심을 인식하고 실제 전문 게임 디자이너의 업무를 반영한 교육 과정을 마련하는 데 도움이 되도록 교육자들을 지원하는 교육 SIG를 설립했다. IGDA 웹사이트를 확인해 보면 북미 지역에서만 게임 디자인 과정 또는 학위를 제공하는 프로그램이 200개가 넘는 것을 알 수 있다. 또한 게임 디벨로퍼 매거진은 게임 개발에 대해 공부한 내용을 실제 업계에서 발휘하도록 안내하는 전문 직업 안내 부록을 매년 발행하고 있다.

이 책의 저자들은 디즈니, 소니, 세가, 그리고 마이크로소프트 등의 회사에서 게임을 디자인한 경력과 다양한 배경 및 경험을 가진 학생을 대상으로 12년간 게임 디자인을 가르친 경험을 바탕으로 USC 영화 예술 학교에서 대화식 미디어 학위를 수여하는 게임 디자인 교육 과정을 개설했다. 이 과정을 운영하는 동안 초보 디자이너들이 게임의 구조적 요소를 이해하는 방식과 자주 빠지는 함정, 게임을 만드는 방법을 배울 수 있는 구체적인 연습 방법에 대한 패턴을 발견했다. 이 책은 그동안 학생들과 수백 가지에 달하는 독창적 게임 개념을 디자인하고, 프로토타입을 제작하며, 플레이테스트를 하면서 체득한 경험을 고스란히 담고 있다.

이 학생들은 게임 디자인, 상품화, 시각 디자인, 마케팅 및 품질 관리를 포함한 게임 업계의 모든 영역으로 진출했고, 이들 중 일부는 일부는 플로우(USC에서 학생 연구 프로젝트로 진행했던 다운로드 타이틀)를 개발한 댓게임컴퍼니와 같은 독립 게임 개발사를 설립했다. 이 책에서는 그동안 성과가 입증된 방식을 소개한다. 독자의 배경, 기술 수준, 게임을 디자인하려는 이유와 관계없이 플레이어가 집중하고 즐기는 게임을 디자인할 수 있게 하는 것이 이 책의 목표다.

이 책의 접근 방식은 연습에 기반을 두며 완전히 비기술적이다. 다소 놀라울 수도 있지만 게임 디자인을 즉시 디지털로 구현하는 방법은 권장하지 않는다. 소프트웨어 개발의 복잡성이 디자이너가 체계의 구조적 요소를 명확하게 파악하는 데 걸림돌이 될 수 있기 때문이다. 이 책에 포함된 연습은 프로그래밍에 대한 전문 기술이나 시각 예술과 관련된 능력 없이도 진행할 수 있으므로 복잡한 디지털 게임 제작 과정을 거치지 않고도 자신의 게임 시스템에서 유효한 요소와 그렇지 않은 요소를 가려낼 수 있다. 또한 이러한 연습에서 게임 디자인의 가장 중요한 기술인 프로토타입 제작과 플레이테스트 과정, 그리고 플레이어의 피드백을 바탕으로 게임 시스템을 수정하는 방법을 배우게 된다.

이 책의 접근 방식은 세 가지 기본 단계로 구성된다.

1단계

먼저 게임이 작동하는 방식을 이해한다. 규칙과 절차, 목표를 배우고, 게임이 무엇이며, 무엇이 게임을 매력적으로 만드는지 배운다. 이 책의 1부에서는 이러한 게임 디자인 기본 원칙을 다룬다.

2단계

독창적인 게임을 개념화하고, 프로토타입을 제작하며, 플레이테스트 하는 방법을 배운다. 디자인을 테스트할 수 있는 개략적인 물리적 또는 디지털 프로토타입을 제작하면 복잡한 전체 제작 과정을 거치지 않아도 핵심적인 체계 요소를 분리할 수 있다. 그런 다음 플레이 가능한 프로토타입을 플레이어에게 전달하고 플레이테스트를 수행하면 유용하고 적용 가능한 피드백을 얻을 수 있다. 그리고 이 피드백을 바탕으로 게임 디자인을 수정하고 완성한다. 2부(175쪽)에서는 이러한 중요한 디자인 기술을 다룬다.

3단계

게임 업계와 그 안에서 게임 디자이너의 입지를 설명한다. 앞의 두 단계에서 역량을 갖춘 게임 디자이너가 되기 위한 기본 지식을 다룬다면 여기서부터는 게임 업계에서 사용되는 특화된 지식을 배울 수 있다. 여러분이 원하는 것이 제작이나 프로그래밍, 아트 또는 마케팅 중 한 분야일 수 있으며, 수석 게임 디자이너가 되거나 자신의 회사를 운영하는 것일 수도 있다. 이 책의 3부(411쪽)에서는 디자인 팀과 업계에서 게임 디자이너의 입지를 설명한다.

이 책은 게임 디자인과 관련된 문제를 해결하고, 자신의 디자인을 만드는 과정을 안내하는 다양한 연습으로 구성돼 있다. 이 책을 끝까지 읽고나면 다양한 게임의 프로토타입을 제작하고, 플레이테스트하는 방법을 배우고, 플레이 가능한 독창적 프로젝트를 하나 이상 만들 수 있을 것이다. 게임 디자이너가 되려면 단순히 게임을 하거나 게임에 대해 배우는 데 그치는 것이 아니라, 실제로 게임을 만들어야 하므로 이러한 연습을 직접 해보는 것이 무엇보다 중요하다. 이 책을 단순히 읽는 데서 그치지 말고, 디자인의 프로세스를 탐색하는 도구로 활용한다면 더욱 가치 있는 경험을 얻을 수 있을 것이다.

시작할 준비가 됐다면 이제 여러분의 차례다. 행운을 빈다!

Game Design Workshop

1부

게임 디자인의 기본

게임 디자이너의 역사는 게임의 역사와 함께한다. 주인공의 이름은 시간 속에서 잊혀졌지만 분명 처음으로 점토 주사위가 던져진 순간이나 새로 홈을 판 만칼라(아프리카 토속 게임) 판에 둥근 돌멩이를 올려 놓은 순간이 있었을 것이다. 물론 이러한 발명가들은 자신을 게임 디자이너라고 여기기보다는 그저 흔히 주변에서 볼 수 있는 물건으로 친구와 노는 영리한 방법을 생각해 냈다고 여겼을 것이다. 이러한 게임 중에는 수천 년 동안 이어지고 있는 것들이 많다. 이렇듯 게임의 역사는 인간 문화의 시초에서도 발견될 만큼 오래된 것이지만 지금 우리가 말하는 게임은 일반적으로 최근 우리의 마음을 사로잡은 디지털 게임을 의미한다.

이러한 디지털 게임은 환상적인 캐릭터와 완전히 현실화된 대화식 환경을 갖춘 놀랍고 새로운 세계를 제공한다. 게임은 장기간 특수한 업무를 수행하는 전문 게임 개발자 팀에서 디자인된다. 이러한 디지털 게임의 기술 및 사업적 측면은 이해하기 어려울 정도로 복잡하지만 플레이어가 이러한 디지털 게임에서 느끼는 매력은 이전부터 게임이 있게 했던 원초적인 충동과 욕구에 기반을 두고 있다. 우리는 새로운 기술을 배우고, 성취감을 느끼며, 친구나 가족과 함께 놀거나 아니면 단순히 시간을 보내기 위해 게임을 한다. 게임을 하는 이유를 자문해 보자. 이

질문에 대한 자신의 대답과 다른 플레이어의 대답을 이해하는 것이 게임 디자이너가 되기 위한 첫 번째 단계다.

디지털 게임을 집중적으로 디자인하는 책에서 이러한 오래된 게임의 역사를 소개하는 이유는 이러한 역사를 자극으로 인식하고 훌륭한 게임 플레이를 위한 요소로 깨닫는 것이 중요하기 때문이다. 게임이 이토록 오랫동안 인간의 엔터테인먼트 양식으로 유지된 배경에는 특정 기술이나 매체가 중요한 역할을 했다기보다는 플레이어 경험이 크게 작용했다.

이 책의 초점은 여러분이 이용하는 플랫폼의 종류에 관계없이 이러한 플레이어 경험을 이해하고 디자인하는 데 맞춰질 것이다. 우리는 이를 '플레이 중심' 게임 디자인 방식이라고 하는데, 이것이 혁신적이고 매력적인 게임 환경을 디자인하는 핵심이다. 이 1장에서는 게임 디자이너가 프로세스 전체에서 수행하는 특별한 역할, 디자이너와 제작 팀과의 관계, 디자이너가 갖춰야 할 기술과 비전, 그리고 제작 프로세스에 플레이어를 활용하는 방법을 다룬다. 그런 다음 플레이어 환경을 만들기 위한 게임의 필수 구조인 형식적 요소와 극적 및 동적 요소를 살펴본다. 이러한 요소는 게임 디자인의 기본적인 구성 요소이며, 훌륭한 게임을 만드는 데 필요한 요소를 이해하는 데 필수적이다.

1장

게임 디자이너의 역할

게임 디자이너는 게임을 플레이할 때 게임이 작동하는 방법을 구상하는 사람이다. 이를 위해 목표, 규칙, 절차를 만들고, 극적인 전제를 생각해서 생명을 부여하며, 매력적인 플레이어 경험을 만들기 위한 모든 것을 계획한다. 건축가가 건물에 대한 청사진을 그리거나, 작가가 영화에 대한 대본을 집필하듯이 게임 디자이너는 플레이어가 실행하여 대화식 환경을 만들어내는 체계의 구조적 요소를 계획한다.

디지털 게임의 영향력이 확대되면서 전문 직업으로서의 게임 디자인에 대한 관심 또한 높아지고 있다. 이제 할리우드의 차기 블록버스터 제작을 꿈꾸던 여러 창조적인 마인드를 갖춘 사람들이 새로운 표현 양식으로서 게임에 눈을 돌리고 있다.

게임 디자이너가 되는 데 필요한 것은 뭘까? 어떤 재능과 기술이 필요할까? 게임을 디자인하는 동안 게임 디자이너에게 필요한 것은 뭘까? 게임을 디자인하는 가장 좋은 방법은 뭘까? 1장에서는 이러한 질문의 답을 찾아보고, 디자인과 개발 프로세스 전체에서 플레이어의 경험에 대한 게임플레이 목표를 달성할 수 있을지 여부를 판단하기 위한 반복 디자인의 방법을 개략적으로 설명한다. 우리가 '플레이 중심' 접근법이라고 하는 이 반복 방식에서는 프로세스의 핵심을 플레이어의 경험에 맞추고 게임 메커니즘을 개발하므로 개발 초기부터 플레이어의 피드백을 얻어야 하며, 바로 이것이 플레이어를 매료시키는 게임을 디자인하는 열쇠다.

플레이어를 위한 대변자

게임 디자이너는 무엇보다도 플레이어를 위한 대변자의 역할을 수행해야 한다. 게임 디자이너는 플레이어의 관점으로 게임의 세계를 봐야 한다. 어쩌면 당연한 이야기로 들릴 수도 있지만 의외로 이 같은 개념이 등한시되는 경우가 많다. 즉, 게임의 그래픽이나 줄거리 또는 새로운 특성에 집착한 나머지 게임에서 가장 중요한 것이 탄탄한 게임 플레이라는 것을 잊어버리기 쉽다는 것이다. 플레이어를 매료시키는 것이 바로 이것이며, 게임의 특수 효과나 아트, 스토리 등으로 플레이어에게 인상을 줄 수는 있겠지만 게임플레이에 매력이 없으면 금방 싫증을 내기 마련이다.

플레이어 경험에 집중하고 제작 과정의 다른 요소에 주의를 뺏기지 않는 것이 게임 디자이너의 중요한 역할이다. 이미지에 대한 걱정은 아트 디렉터가 하면 되고, 예산에 대한 스트레스는 제작자의 것이며, 엔진에 대한 문제는 기술 책임자가 해결하도록 맡겨 두자. 게임으로 훌륭한 게임플레이를 제공하는 것이 여러분의 가장 중요한 역할이다.

게임 디자인을 처음 시작할 때는 모든 것이 새로울 것이며, 만들려는 게임에 대한 비전이 있을 것이다. 프로세스의 초기 시점에서 게임에 대한 여러분의 시각은 새로운 플레이어의 시각과 비슷하다. 그러나 프로세스가 진행되고 게임 개발이 시작되면 자신의 창작품을 객관적으로 보기가 점차 어려워진다. 모든 요소를 테스트하고 조정하면서 몇 달을 보내다 보면 한때 명확했던 시각이 점차 불분명해진다. 이 시기에는 자신의 작업에 집착하고 균형을 잃기 쉽다.

플레이테스터

이러한 상황에는 플레이테스터를 보유하는 것이 중요하다. 플레이테스터는 여러분의 게임을 해 보고 경험을 피드백으로 제공해 여러분이 새로운 관점으로 게임을 보게끔 만들어주는 사람이다. 다른 사람이 게임을 하는 것을 관찰해서 많은 것을 배울 수 있다.

이들의 경험을 관찰하고 이들의 눈으로 게임을 보도록 노력하자. 이들이 어떤 물건에 집중하는지, 움직일 수 없게 되거나 실망하거나 지루할 때 어디를 클릭하고 어디로 커서를 움직이는지 유심히 살펴보고, 이들이 말하는 모든 내용을 기록하자. 이들은 여러분의 안내자이며, 이들의 손을 잡고 게임 안쪽으로 들어가서 디자인의 이면에 감춰진 문제를 찾아내는 것이 여러분의 역할이다. 이 과정을 훈련함으로써 자신의 창작물에 대한 객관적 시각을 회복하고 장단점을 모두 파악할 수 있다.

디자인 프로세스를 진행하는 동안 플레이테스터와 함께 작업하지 않거나 제작 과정의 끝에 플레이테스트를 진행하고서 디자인의 필수 요소를 바꾸기에는 너무 늦어버릴 때가 있다. 일정에 여유가 없어서 피드백을 고려할 시간이 부족하다고 생각하거나 피드백 때문에 자신이 마음에 드는 부분을 바꿔야 하는 상황을 걱정하기 때문일 것이다. 또는 플레이테스트 그룹을 유지하는 비용이 부담스러울 수도 있다. 가끔은 테스트가 마케팅 과정의 일환이라고 인식하는 경우도 있다.

이러한 디자이너들은 자신의 프로세스에서 이 같은 필수적인 피드백의 기회를 등한시함으로써 시간과 비용이 낭비되고 골치 아픈 문제가 발생할 수 있다는 사실을 인식하지 못하고 있는 것이다. 게임은

그림 1.1 플레이테스트 그룹

단방향 커뮤니케이션이 아니기 때문이다. 훌륭한 게임 디자이너가 되기 위해 게임 디자인의 모든 측면을 제어하거나 게임의 작동 방식을 세세하게 결정해야 하는 것은 아니다. 오히려 플레이어가 참여하기 시작할 때 모든 것이 드러나도록 각 부분을 설정하고 가능성 있는 환경을 구축하는 것이 디자이너의 역할이다.

게임을 디자인하는 것은 파티를 주최하는 것과 비슷한 부분이 많다. 파티 주최자의 역할은 음식, 음료, 장식, 그리고 분위기를 띄우는 음악을 비롯한 모든 것을 준비하고 문을 열어 손님을 초대한 다음, 파티가 진행되는 동안 함께 하는 것이다. 결과가 항상 예측하거나 구상한 대로 나오지는 않는다. 게임도 파티와 마찬가지로 손님이 도착해야만 결과를 알 수 있는 대화식 환경이다. 여러분의 게임은 어떠한 파티와 비슷하게 될까? 손님들이 그저 거실에 얌전히 앉아 시간을 보내거나 드레스 룸을 찾아 어수선하게 돌아다니는 시시한 파티도 있겠지만 밤이 끝나지 않길 바라면서 새로운 사람들과 웃고 즐기는 파티도 있을 것이다.

플레이어들을 게임플레이로 초대하고 게임에 대

한 이들의 경험을 듣는 것은 게임의 작동 방식을 이해하는 가장 좋은 방법이다. 반응을 측정하고 침묵의 순간을 해석하며, 피드백을 연구하고, 이러한 요소를 특정한 게임 요소와 연결하는 것이 전문 디자이너가 되기 위한 열쇠다. 플레이어의 이야기를 들을 수 있어야 게임을 개선할 수 있다.

9장에서는 플레이테스트 프로세스에 대해 자세히 살펴볼 것이며, 이 과정에서 플레이테스트의 품질을 전문적인 수준으로 유지하고, 올바른 질문을 하며, 열린 자세로 비판을 경청함으로써 테스트 효과를 극대화하는 방법을 설명할 것이다. 현재로서는 플레이테스트가 이 책에서 다룰 디자인 프로세스의 핵심이라는 것과 이러한 과정에서 얻은 피드백이 플레이어를 위한 진정한 게임 환경을 만드는 데 큰 도움이 된다는 것만 기억하면 된다.

다른 유기적인 체계와 마찬가지로 게임도 개발 주기를 거치는 동안 변화한다. 불변의 규칙이나 절대적인 기법은 없으며, 완벽한 계획도 없다. 구조의 유연성을 이해한다면 반복 테스트와 세심한 관찰을 통해 게임을 원하는 모양으로 바꿀 수 있다. 게임을 처음 구상한 것과 비슷하게 발전시키는 것이 게임 디자이너의 일이며, 이것이 게임 디자인의 핵심이다. 정해진 공간에 가두는 것이 아니라 생명을 부여하고 키워가는 것이다. 아무리 똑똑한 사람이라도 이 과정 없이 종이와 연필만 가지고 정교한 게임을 구상하고 제작할 수는 없다. 그리고 이 프로세스를 효율적으로 수행하는 방법을 배우는 것이 바로 이 책의 목표이기도 하다.

이 책 전체에는 게임 디자인에 필수적인 기술을 실습해 볼 수 있는 연습이 포함돼 있다. 단계적으로 마스터할 수 있게 세분화돼 있지만 이 책을 완료할

그림 1.2 다른 플레이테스트 그룹

때쯤에는 게임과 플레이어, 그리고 디자인 프로세스에 대한 방대한 지식을 얻을 수 있을 것이며, 자신의 독창적인 아이디어를 바탕으로 하나 이상의 게임을 디자인하고, 프로토타입을 제작하며, 플레이테스트를 완료하게 될 것이다. 가급적 이 책을 공부하는 동안 참조할 수 있게 완성된 연습을 담을 폴더나 공책을 준비하자.

연습 1.1　테스터 되기

직접 테스터가 되어 보자. 한 가지 게임을 하면서 게임을 관찰하고 느낀 점을 기술한다. 자신의 행동과 동작을 자세하게 설명하는 한 쪽 분량의 내용을 작성한다. 그리고 동료가 같은 게임을 하게 하고 이 과정을 관찰해서 기술한다. 두 가지 기술 내용을 비교하고 이 과정을 통해 배운 내용을 분석한다.

열정과 기술

게임 디자이너가 되는 데 필요한 것은 무엇일까? 이에 대한 간단한 대답은 없으며, 성공하는 길도 여러 가지다. 그러나 몇 가지 기본적인 자질과 기술은 제시할 수 있다. 첫째, 훌륭한 게임 디자이너는 흥미로운 상황을 만들기를 좋아한다. 게임과 놀이에 대한 열정은 모든 훌륭한 디자이너가 공통적으로 지닌 특성이다. 여러분이 하고 있는 일을 좋아하지 않는다면 진정으로 혁신적인 게임을 만드는 데 필요한 긴 시간을 투자할 수 없을 것이다.

이 분야를 잘 모르는 사람에게는 게임을 만드는 일이 마치 노는 것처럼 사소한 과정으로 보일 수 있지만 실상은 다르다. 자신의 게임을 수천 번 테스트하는 것은 더는 놀이가 아니라 힘든 업무가 된다. 디자이너는 진행 중인 프로세스에 계속 집중해야 하며, 중간을 건너뛸 수 없다. 최종 제작이 완료될 때까지 힘들고 고단한 과정을 거치는 동안에도 디자인 초기 단계에 자신이 구상했던 훌륭한 게임플레이가 살아 숨쉬도록 스스로, 그리고 팀 내에서 열정을 유지해야 한다. 그러자면 게임에 대한 사랑과 플레이 중심 프로세스에 대한 이해를 비롯해 몇 가지 다른 기술이 필요하다.

의사소통

게임 디자이너가 향상시켜야 할 가장 중요한 능력은 함께 게임을 개발하는 다른 모든 사람들과 명확하고 효과적으로 의사소통하는 기술이다. 게임의 아이디어를 실제 상품으로 만들려면 자신의 팀원부터 경영자, 투자자, 그리고 심지어 친구나 가족까지 여러 차례에 걸쳐 게임을 '영업'해야 한다. 이를 위해 능숙한 언어 구사 능력과 명확한 비전, 그리고 잘 구상된

프레젠테이션이 필요하다. 이것이 자신의 이상을 다른 이들에게 전달하고, 앞으로 나아가기 위한 지원을 받는 유일한 방법이다.

한편 능숙한 의사소통 능력에는 쓰고 말하는 능력 말고도 다른 이의 의견을 경청하고 타협하는 능력도 포함된다. 플레이테스터나 다른 팀원의 이야기를 듣고 신선한 아이디어와 새로운 방향을 생각해낼 수 있다. 의견을 경청해서 팀원들이 창조적 프로세스에 참여하게 하고, 최종 디자인에 관여함으로써 프로젝트에 각자의 역량을 재투자하도록 만들 수 있다. 아이디어에 동의하지 않더라도 전혀 손해는 없으며, 마음에 들지 않는 아이디어도 다른 아이디어의 시발점이 될 수 있다.

마음에 들지 않는 이야기를 들어야 할 때는 어떻게 해야 할까? 타협은 아마 우리 삶에서 가장 어려운 일 중 하나일 것이다. 실제로 많은 게임 디자이너

그림 1.3 팀원과의 의사소통

들이 타협을 나쁜 의미로 받아들이곤 하지만 타협은 종종 필수적이며, 올바르게 행한다면 창조적 협동 작업의 중요한 원천이 된다.

예를 들어, 현재 가용한 시간과 자원으로는 게임에 대한 비전을 구현하기가 불가능한 기술적 요소가 있을 수 있다. 프로그래머가 이 기능에 대한 대체 구현 방안을 제시했지만 원래 디자인의 핵심을 제대로 반영하지 못한다면 어떻게 해야 할까? 이 경우 게임 플레이를 손상시키지 않으면서 아이디어를 실제 상황에 맞게 적용하기 위해 필요한 것이 바로 타협이다. 게임의 재미가 저하되지 않도록 세련되고 성공적인 방안을 찾는 것이 디자이너의 몫이다.

팀워크

게임 제작은 다른 예를 찾아보기 힘들 정도로 진지한 공동 작업 프로세스다. 흥미로운 사실 중 하나는 매우 다양한 사람들이 게임 개발 팀을 구성하고 있다는 것이다. 인공지능이나 그래픽 디스플레이를 디자인하는 열성적인 컴퓨터 과학자부터 캐릭터에 생명을 불어넣는 재능 있는 일러스트레이터와 애니메이터, 그리고 타산적인 경영진과 플레이어에게 게임을 판매하는 비즈니스 관리자에 이르기까지 놀라울

그림 1.4 팀 회의

정도로 다양한 사람들이 팀에 속해 있다.

디자이너는 이러한 모든 사람들과 대화해야 하는데, 이 사람들이 저마다 다른 관점을 가지고 다른 방식으로 이야기한다. 아티스트나 프로듀서는 컴퓨터 전문 용어를 제대로 이해하지 못하는 경향이 있고, 프로그래머는 캐릭터 스케치의 미묘한 음영 변화를 쉽게 포착하지 못한다. 이러한 서로 다른 그룹의 모든 사람들이 하나의 게임 제작에 참여하도록 일종의 만능 통역사 역할을 하는 것이 여러분의 중요한 역할이며, 문서와 명세를 작성하는 이유이기도 하다.

이 책에서는 전반적으로 게임 디자이너를 이야기할 때 한 명의 팀원을 의미하지만 실제로는 게임 디자인 역시 팀 작업인 경우가 많다. 디자이너 팀에서 하나의 게임을 디자인하는 경우나 시각 디자이너, 프로그래머 또는 프로듀서가 모두 디자이너에 참여하는 공동 작업 환경이 있지만 게임 디자이너가 홀로 작업하는 경우는 드물다. 12장에서는 팀 구조를 살펴보고 개발 팀이라는 복잡한 퍼즐에서 게임 디자이너가 어떤 위치를 차지하는지 알아볼 것이다.

프로세스

게임 디자이너는 상당한 부담을 느끼며 일할 때가 많다. 특히 게임을 크게 변경하더라도 프로세스에서 다른 문제가 발생하지 않게 해야 할 때가 있는데, 디자이너가 작업에 너무 밀착된 나머지 한 문제를 해결하는 동안 새로운 문제가 생겨서 게임이 균형을 잃는 경우를 자주 볼 수 있다. 그리고 이러한 실수를 인식하지 못하고 계속해서 다른 부분을 변경해 문제가 악화되고 결국에는 게임이 원래 가지고 있었던 마법까지 잃게 된다.

게임은 각 요소가 서로 밀접하게 연결된 손상되기 쉬운 체계이며, 단 하나의 변수를 변경하더라도 그 영향이 전체로 파급될 수 있다. 개발의 최종 단계에서 시간 부족으로 실수를 해결하지 못해 나머지 부분이라도 제대로 작동하기를 바라는 절름발이 게임이 특히 심각한 상황이다. 다소 섬뜩하기는 하지만 한때 유망했던 일부 게임들이 회생 불능 상태가 되는 이유를 이해하면 이를 방지하는 데 도움될 것이다.

이처럼 끔찍한 운명으로부터 게임을 보호하는 한 가지 방법은 처음부터 좋은 프로세스를 팀에 도입하는 것이다. 제작은 위기가 반복되는 혼란 속에서 아이디어가 난해해지고 목표가 사라질 수 있는 복잡한 과정이다. 그러나 이 책 전체에서 논의하는 플레이테스트라는 플레이 중심 접근법과 제어되는 반복적 변경을 통해, 목표에 집중하고 중요 요소에 우선순위를 부여함으로써 무질서한 접근이라는 함정을 피할 수 있다.

연습 1.2 회생 불능

지금까지 경험한 게임 가운데 회생 불능이었던 게임의 예를 들어보자(즉, 플레이하는 것이 전혀 재미 없는 게임). 게임이 마음에 들지 않았던 이유를 기록하고, 디자이너가 놓쳤던 것이 무엇이고, 어떻게 하면 게임을 개선할 수 있는지 기록한다.

영감

게임 디자이너는 보통 사람과는 다른 시각으로 세계를 볼 때가 많다. 어느 정도는 직업적인 특성 때문이기도 하지만 게임 디자인의 핵심을 이해하려면 복잡한 체계 내부의 관계와 규칙을 파악하고 분석하며, 일상적인 상호작용에서도 재미의 영감을 찾을 수 있어야 하기 때문이다.

게임 디자이너는 도전, 구조, 그리고 놀이의 관점으로 세계를 볼 때가 많다. 게임은 우리가 돈을 관리하는 방법부터 대인관계를 형성하는 방법까지 어디서나 찾을 수 있다. 누구나 삶에 목표가 있으며, 이러한 목표를 달성하려면 장애물을 극복해야 한다. 그

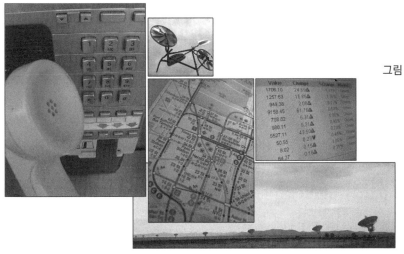

그림 1.5 우리 주변의 다양한 체계들

리고 물론 삶에는 규칙이 있다. 금융 시장에서 성공하려면 주식과 채권 거래, 수익 예측, IPO 등의 규칙을 이해해야 한다. 시장에 참여할 때 투자 역시 게임과 매우 비슷하며, 대인관계 역시 마찬가지다. 성공적인 교제를 위해서는 사회적 규칙을 따라야 하며 이러한 규칙을 이해하고 사회에 적응해야 한다.

게임 디자이너가 되려면 세계를 볼 때 내부 체계의 관점으로 보는 연습은 해야 한다. 우리 주변이 사물이 작동하는 방법, 기반 규칙, 작동 메커니즘을 분석하고 도전이나 재미를 얻을 기회가 있는지 확인하며, 관찰 결과를 기록하고 관계를 분석할 수 있어야 한다. 우리 주변에서 게임의 영감이 되는 무수히 많은 놀이의 가능성을 찾을 수 있으며, 새로운 유형의 게임플레이를 구축하는 데 이러한 관찰과 영감을 활용할 수 있다.

다른 게임에서 영감을 얻는 것은 어떨까? 물론 가능한 방법이며, 이에 대해서는 조금 뒤에 이야기하겠지만 완전히 독창적인 아이디어를 얻으려면 기존 게임에서 모든 아이디어를 얻으려고 해서는 안 된다. 대신 우리 주변의 세계를 둘러보자. 대인관계, 구매와 판매, 그리고 시장 경쟁과 같이 다른 게임 디자이너가 영감을 얻었던 대상에서 새로운 영감을 얻을 수 있을 것이다. 개미 군집의 예를 들면, 개미 군집은 복잡한 일련의 규칙에 따라 구성되는데, 이러한 군집 내부는 물론 다른 경쟁 곤충 그룹 간의 경쟁이 존재한다. 잘 알려진 게임 디자이너인 윌 라이트(Will Wright)는 1991년 개미 군집을 소재로 심앤트(SimAnt)라는 게임을 만들었다. 그의 이야기를 잠시 들어보자. "저는 항상 사회적 곤충에 관심이 많았습니다. 개미는 우리가 연구하고 분석할 수 있는 지능의 흔치 않은 예입니다. 우리는 아직 우리의 두뇌가 어떻게 움직이는지 잘 모르지만 개미 군집에서는 종종 놀라운 수준의 지능을 볼 수 있습니다."[1] 상업적으로 이 게임은 그다지 성공하지 못했지만 개미 군집에 집중하게 만든 그의 선천적인 호기심은 가이아 이론과 같은 환경 체계로부터 심어스에 대한 영감을 얻게 했고, 매슬로우의 욕구단계와 같은 심리학 이론으로부터 심즈의 인공지능에 대한 영감을 얻게 했다. 사물에 대한 남다른 호기심과 배우고자 하는 열정이 윌 라이트가 게임 디자이너로 성공하는 데 큰 부분을 차지했음을 알 수 있다.

여러분은 무엇에서 영감을 얻는가? 각자 관심이 있는 대상을 선택해서 체계를 살펴보고 개체, 동작, 관계 등으로 대상을 분리해 보자. 그리고 체계의 각 요소가 정확하게 어떻게 상호작용하는지 이해해 보자. 이것이 흥미로운 게임의 바탕이 될 수 있다. 생활의 모든 측면에서 게임을 추출하고 정의하는 연습을 통해 디자이너의 기술을 연마할 수 있을 뿐더러 게임을 상상하는 새로운 능력을 얻을 수 있게 된다.

연습 1.3 : 자신의 삶을 게임으로

여러분의 삶에서 게임이 될 수 있는 영역 5가지를 나열한다. 그리고 각 게임에서 가능한 기본 게임 구조를 간단하게 설명한다.

더 좋은 플레이어 되기

플레이어의 입장을 이해할 수 있는 한 가지 방법은 본인이 더 좋은 플레이어가 되는 것이다. 여기서 '좋은'이라는 말은 기술이 좋거나 항상 게임을 클리어한다는 의미가 아니다. 물론 게임 시스템을 연구하다 보면 분명 기술이 향상되지만 여기서는 자신과 게임에 대한 경험을 활용해 좋은 게임플레이에 대한 정확한 감각을 개발하는 것을 의미한다.

예술을 배우는 첫 단계는 이를 구성하는 요소를 제대로 이해하는 것이다. 예를 들어, 악기를 배운 적이 있다면 음악을 듣는 귀를 얻기 위해 다양한 악음(樂音)을 듣는 연습을 해봤을 것이다. 비슷하게 그림을 공부해 봤다면 빛이나 질감을 세심하게 보는 연습을 하라는 이야기를 많이 들었을 것이다. 이것은 시각적 구성을 보는 눈을 얻기 위한 연습이다. 또한 작가라면 비판적으로 읽는 방법을 배워야 한다. 그리고 게임 디자이너가 되려면 자신의 경험을 바탕으로 감수성을 유지하며 게임을 하는 방법과 더불어 다른 예술 분야에 필요한 비판적 분석 능력을 배워야 한다.

2장에서는 게임의 형식적, 극적, 동적 측면을 살펴본다. 이러한 개념을 배움으로써 자신의 게임플레이 경험을 더욱 명확하고 능률적으로 분석하고, 더 나은 플레이어, 나아가 창조적 사상가가 될 수 있다. 이러한 기술을 연습해 더 나은 디자이너가 되기 위한 게임 언어 구사 능력을 갖출 수 있다. 언어 구사 능력은 주로 언어를 읽고 쓰는 능력을 의미하지만 매체나 기술에도 개념을 적용할 수 있다. 게임 언어를 구사할 수 있다는 것은 게임이 작동하는 방법을 이해하고, 의미를 이해하며, 이러한 이해를 바탕으로 자신의 게임을 만들 수 있다는 의미다.

게임 일지를 준비해 분석 내용을 기록하는 습관을 들이자. 게임 일지를 활용하면 일기장과 마찬가지로 기존의 경험을 떠올리고 게임플레이의 세부 사항을 기억하는 데 도움이 된다. 이를 통해 게임 디자이너가 자칫 소홀하기 쉬운 귀중한 통찰력을 얻을 수 있다. 게임 일지를 기록할 때는 게임 경험을 가급적 깊이 있게 기록하려고 노력하자. 단순히 게임을 검토하거나 기능을 이야기하는 것으로는 부족하다. 게임플레이 중 의미 있었던 순간을 설명하고, 세부적인 사항을 기록하자. 어떤 부분에서 놀랐는지, 어떤 생각이나 느낌이 들었는지, 이러한 순간을 만들어낸 기본 메커니즘은 무엇인지, 극적 요소는 무엇이었는지 기록한다. 이러한 관찰 내용을 바탕으로 디자인에 대한 다른 아이디어를 얻을 수도 있다. 무엇보다 스케치와 악기 연습, 그리고 글쓰기와 마찬가지로 디자인에 대한 생각은 게임 디자이너가 되는 데 필수적인 게임에 대한 사고 능력을 개발하는 데 도움이 된다.

연습 1.4 : 게임 일지

게임 일지를 시작하자. 단순히 게임의 기능을 기술하는 것으로 그치지 말고, 게임플레이 중 자신의 선택과 이러한 선택에 대한 생각과 느낌, 그리고 선택을 지원하는 기본 게임 메커니즘에 대해 깊이 있게 기술한다. 가급적 세부적으로 기술하고 게임에 다양한 메커니즘이 존재하는 이유를 생각해 본다. 게임플레이에서 중요한 순간이 발생한 원인을 분석한다. 매일 게임 일지를 기록하려고 노력하자.

창의성

창의성은 정량화하기 어려운 개념이지만 훌륭한 게임을 디자인하려면 반드시 창의성이 필요하다. 사람들은 저마다 다른 방법으로 창의성을 발휘한다. 별다른 노력 없이도 다양한 아이디어를 내놓는 사람이 있는가 하면 하나의 아이디어에 집중하면서 아이디어의 가능한 모든 측면을 탐구하는 사람도 있다. 자신만의 공간에서 가만히 앉아 생각하는 사람도 있지만, 그룹에서 아이디어를 주고받는 상호작용을 새 아이디어의 자극제로 활용하는 사람도 있다. 상상력을 자극하기 위해 새로운 자극제나 경험을 찾아 나서는 사람도 있다. 윌 라이트와 같은 훌륭한 게임 디자이너는 자신의 꿈이나 환상에 생명을 불어넣어 대화식 환경을 만드는 방법을 많이 사용한다.

닌텐도의 시게루 미야모토(Shigeru Miyamoto)는 자신의 어린 시절과 좋아하는 취미에서 자주 영감을 얻는다고 말했다. "저는 어린 시절 도보 여행을 하며 호수를 찾아다니곤 했습니다. 어쩌다 호수를 발견하는 것은 정말 놀라운 경험이었죠. 지도도 없이 산으로 들로 전국을 누비면서 놀라운 것들을 많이 발견했고, 이러한 느낌이 바로 모험이라는 것을 깨달았습니다."[2] 시게루 미야모토의 게임에는 이처럼 탐험과 어린 시절의 놀라운 경험을 표현한 것들이 많다.

자신의 어린 시절을 떠올려보면 게임의 아이디어로 사용할 수 있는 기억이 있을 것이다. 어린 시절이 게임 디자이너에게 강력한 영감이 될 수 있는 한 이유는 어린이들이 게임에 더욱 집중하기 때문이다. 놀이터에서 어린이들의 상호작용을 유심히 관찰하면 이들이 거의 게임을 하고 있음을 알 수 있다. 이들은 놀이를 통해 게임을 만들고 사회 질서와 그룹 역학을 배운다. 게임은 어린이의 생활 모든 측면에 스며들어 있으며, 성장 과정에서 빼놓을 수 없는 요소다. 어린 시절을 떠올리고 재미있었던 일들을 생각해 보면 곧바로 게임을 위한 기본 재료를 찾을 수 있다.

연습 1.5 : 자신의 어린 시절

자신이 어린 시절에 즐겨 했던 게임 10가지를 나열하고 이러한 게임에 어떤 매력이 있었는지 간략하게 기술한다.

창의성은 셰익스피어와 인기 드라마와 같이 무관해 보이는 두 가지를 서로 연결하는 것을 의미하기도 한다. 이런 이상한 조합이 무슨 의미가 있을지 의아하기도 하지만 유돈노우잭(You Don't Know Jack)의 디자이너는 이러한 고급 지식과 저급 지식의 이상한 조합을 사용해 사용자에게 도전 과제를 제공하는 일반 상식 게임을 만들었다. 일반적인 게임의 경계를 초월하는 창의성을 발휘해 결과적으로 남녀노소 모두에게 매력적인 히트 게임이 만들어졌다.

가끔은 독창적 아이디어가 그냥 떠오르기도 하는데, 설득력이 없어 보여도 일단 게임에 접목해 보는 것이 비결이다. 특이하고 혁신적인 히트 게임인 괴혼을 디자인한 케이타 타카하시(Keita Takahashi)는 남코(Namco)에 근무하던 시절, 원래 레이싱 게임의 아이디어를 생각하고 있었다고 한다. 이 젊은 아티

그림 1.6 유돈노우잭(You Don't Know Jack)

그림 1.7 뷰티플 괴혼과 공굴리기

스트는 레이싱 게임보다는 좀 더 독창적인 아이템을 원했고, 종이 클립부터 초밥, 야자나무, 그리고 경찰관까지 모든 것이 들러붙는 접착력 있는 공을 굴리는 게임 아이디어를 떠올렸다. 케이타 타카하시는 피카소의 그림이나 존 어빙의 소설, 그리고 플레이모빌 장난감과 같은 다양한 곳에서 게임의 영감을 얻는다고 말하고 있지만 어린이들의 게임이자 스포츠인 공굴리기에서 얻은 영감을 디지털 게임으로 확장했다는 것은 분명해 보인다. "저는 어린이를 위한 놀이터를 만들고 싶습니다. 바닥이 평평한 보통 놀이터가 아니라 울퉁불퉁한 바닥으로 말입니다."[3]

창의성을 발휘할 때는 과거의 경험이나 관심 분야, 관계, 그리고 자신의 정체성을 모두 활용할 수 있다. 훌륭한 게임 디자이너라면 자신의 창조적 마인드를 끌어내고 자신의 게임에서 가장 좋은 부분을 강조할 줄 알아야 한다. 그 방법이 혼자 또는 팀으로 일하는 것이든, 책을 읽거나 산에 오르는 것이든, 다른 게임을 관찰하거나 삶의 경험을 돌아보는 것이든 관계없이 한 가지 완전한 방법이란 존재하지 않는다. 아이디어를 내고 창의성을 발휘하는 데는 각자의 방법이 있다. 중요한 것은 아이디어를 내는 자체가 아니라 떠오른 아이디어를 활용하는 방법이며, 바로 이 부분에서 플레이 중심 프로세스가 중요하다.

플레이 중심 디자인 프로세스

초기 개념을 다듬어 플레이가 가능한 만족스러운 게임 환경을 만드는 탄탄한 프로세스를 갖추는 것은 게임 디자이너가 되기 위한 또 하나의 필수 요소다. 이 책 전체에서 다루는 플레이 중심 접근법은 구상부터 완료 단계까지 디자인 프로세스에 플레이어를 적극적으로 참여시키는 데 초점을 맞춘다. 이것은 항상 플레이어 경험을 우선시하고 개발의 모든 단계에서 대상 플레이어와 함께 게임플레이를 테스트한다는 의미다.

플레이어 경험의 목표 설정

플레이어는 전체 그림에서 가급적 일찍 등장시키는 것이 좋은데, 이를 위한 첫 번째 방법은 '플레이어 경험의 목표'를 설정하는 것이다. 플레이어 경험의 목표란 말 그대로 플레이어가 게임플레이 중에 느끼도록 게임 디자이너가 의도한 경험을 의미하는데, 게임의 특성을 의미하는 것이 아니라 플레이어가 경험하기를 바라는 흥미롭고 고유한 상황에 대한 설명이다. 예를 들어, '게임에 승리하려면 플레이어들이 협력해야 하지만 서로 믿을 수 없게 구성돼 있다.', '플레이어는 경쟁심보다 행복함이나 즐거움을 느끼게 된다.' 또는 '플레이어는 자신이 선택한 순서에 따라 게임의 목표를 추구할 수 있다.' 등이 있다.

또한, 플레이어 경험의 목표를 사전에 브레인스토밍 프로세스의 부분으로 설정함으로써 디자이너는 창조적 프로세스에만 집중할 수 있다. 플레이어 경험에 대한 설명에는 이러한 경험이 게임 내에서 구현되는 방법은 나오지 않는다. 게임의 특성은 이후에 브레인스토밍을 통해 얻으며, 앞서 설정한 플레이어 경험의 목표가 달성됐는지는 플레이테스트를 통해 확인된다. 초기 단계에는 플레이어들이 게임을 하는 동안 재미와 매력을 느낄 요소와 게임의 장점을 개략적으로 기술하는 것이 좋다.

재미있고 매력적인 플레이어 경험의 목표를 설정하는 방법을 배우려면 게임의 특성에 집중하지 말고 플레이어의 생각을 읽도록 노력해야 한다. 특성에 한눈팔지 않고 플레이어의 게임 경험에 집중하는 것은 게임 디자인을 처음 시작할 때 가장 어려운 일 중 하나다. 플레이어가 게임에서 선택하는 동안 어떤 생각을 하며, 어떤 것을 느끼고, 다양하고 재미있는 선택이 제공되는지 등에 집중해야 한다.

프로토타입 제작과 플레이테스트

플레이 중심 디자인의 또 다른 중요한 개념은 아이디어를 초기에 프로토타입으로 제작하고 플레이테스트를 해야 한다는 것이다. 우리는 아이디어 브레인스토밍 후 디자이너가 곧바로 플레이 가능한 버전을 만들도록 권장한다. 여기서 프로토타입이란 핵심 게임 메커니즘에 대한 물리적 프로토타입을 의미하며, 종이와 연필 또는 색인 카드를 사용하거나 동료와 함께 디자이너가 직접 연기로 표현할 수도 있다. 이 과정의 목표는 프로그래머, 프로듀서 또는 그래픽 아티스트가 프로젝트에 참여하기 전에 이처럼 단순화된 모델을 플레이하고 완성하는 것이다. 이를 통해 게임에 대한 플레이어의 생각을 담은 피드백을 얻고 플레이어 경험의 목표가 달성됐는지 즉각 확인할 수 있다.

상식처럼 보이는 개념이지만 사실 현재 업계에서도 핵심 게임 메커니즘에 대한 테스트를 제작 과정에서 나중으로 미루다가 결과가 불만족스럽게 나타나는 경우가 많다. 게임의 프로토타입을 세심하게 제작하고 조기에 테스트하지 않으면 디자인의 단점이 프로세스의 나중까지 발견되지 않거나 발견되더라도 고치기엔 너무 늦어버릴 수 있다. 이제는 이러한 플레이어 피드백 없이는 게임을 제대로 개발할 수 없다는 것과 문제를 올바르게 해결하려면 게임 개발 프로세스를 바꿔야 한다는 공감대가 업계에 형성되고 있다. 플레이어가 닌텐도 위(Wii) 및 DS와 같은 플랫폼을 선호하는 새로운 플레이어이거나 경험이 많지 않은 플레이어인 경우, 게임 경험을 개선하는 노력에 XEODesign의 니콜 라자로(Nicole Lazzaro)나 마이크로소프트의 케빈 키커(Kevin Keeker)와 같은 사용성 전문가의 손길이 더욱 중요하다(9장 및 6장의 관련 기사 참조). 전문 테스트 시설을 이용할 수 없더라도 플레이 중심 접근법을 사용할 수 있다. 9장에서는 게임 디자인을 향상시킬 수 있는 여러 가지 방법을 소개한다.

게임의 중심 활동인 플레이어 경험 목표를 깊이 있게 이해하지 않고는 제작 과정을 시작하지 않는 것이 좋다. 일단 제작 프로세스가 시작되면 소프트웨어 디자인을 바꾸기가 훨씬 어려워지기 때문이다. 따라서 제작이 시작되기 전에 디자인과 프로토타입 제작을 마치는 것이 중대한 실수를 예방하는 방법이다. 디자인 및 개발 프로세스에 플레이 중심 접근법을 도입해 제작 전에 핵심 디자인 개념이 만족스러운지 확인할 수 있다.

반드시 알아야 할 디자이너들

다음은 디지털 게임에서 기념비적인 업적을 남긴 디자이너들이다. 다양한 방법으로 이 분야에 기여한 훌륭한 사람들이 정말 많기 때문이 이 목록을 정하기가 상당히 어려웠지만 이 분야의 기반을 닦은 일부 디자이너 가운데 후배 디자이너가 배울 점이 있거나 알아두면 도움될 만한 인물을 선정했다. 기고 인터뷰를 통해 이들을 만나보자.

시게루 미야모토(Shigeru Miyamoto)

산업 디자인 학교를 졸업한 시게루 미야모토는 1977년 닌텐도에 입사하고 처음에는 수석 아티스트로 일했다. 그는 처음에 레이더스코프라는 잠수함 게임에 참여했는데, 이 게임은 이 시기의 다른 게임과 마찬가지로 단순한 게임플레이 메커니즘을 사용했고 이야기나 캐릭터가 전혀 없었다. 그는 어린 시절을 사로잡았던 영웅 이야기와 동화를 디지털 게임에 접목할 생각을 하고, 좀 더 감성적인 모험 이야기를 만들기 시작했다. 결국 레이더스코프를 제쳐두고 킹콩이 여자 친구를 납치해 달아난다는 미녀와 야수와 비슷한 이야기를 바탕으로 동키콩이라는 게임을 만든다. 여기서 플레이어의 캐릭터가 바로 마리오였다(처음 이름은 점프맨). 마리오는 아마도 게임 역사상 최장수 캐릭터일 것이며, 더불어 세계에서 가장 유명한 캐릭터일 것이다. 닌텐도는 오리지널 NES부터 시작해 새 콘솔을 선보일 때마다 시게루 미야모토가 주력 타이틀로 개발한 마리오 게임을 함께 소개했다. 그는 독특한 창의성과 상상력이 반영된 게임을 개발한 것으로 유명하며, 마리오와 루이지 게임 말고도 젤다, 스타폭스, 그리고 피크민까지 다양한 게임을 디자인했다.

윌 라이트(Will Wright)

윌 라이트는 경력 초기인 1987년, 헬리콥터로 섬을 공격하는 헬기 대작전(Raid on Bungling Bay)이라는 게임을 만들었다. 섬의 작은 도시를 프로그래밍하면서 큰 재미를 느낀 그는 도시를 재미있는 게임의 소재로 사용하기로 결정한다. 이를 계기로 심시티를 개발했지만 생소하게 받아들인 퍼블리셔 때문에 출시하기까지 상당한 어려움을 겪었다. 우여곡절 끝에 게임이 출시되고 곧바로 히트를 기록했다. 심시티는 파괴가 아닌 창조를 바탕으로 한다는 점에서 충격적인 디자인으로 받아들여졌는데, 설정된 목표가 없다는 점도 게임의 새로운 측면이었다. 윌 라이트는 현실 시뮬레이션에 큰 관심을 가지고 누구보다 많은 시뮬레이션을 대중에게 소개했으며, 심어스, 심앤트, 심콥터 등을 비롯한 시리즈 타이틀을 만들었다. 그의 게임인 심즈는 최고의 베스트셀러이며, 야심 찬 프로젝트인 스포어는 사용자 생성 콘텐츠라는 새 디자인 영역을 개척했다. 161쪽에서 '윌 라이트와의 대화(셀리아 피어스)'를 확인하자.

시드 마이어(Sid Meier)

시드 마이어가 절친한 친구 빌 스틸리와 2주 안에 당시 이들이 즐기던 비행 전투 게임보다 나은 게임을 만들 수 있는지 내기를 했다는 것은 잘 알려진 이야기다. 빌 스틸리는 내기를 받아들였고 함께 마이크로 프로즈(Micro Prose)라는 회사를 설립했다. 2주 안에 게임을 완성하지는 못했지만 1984년 솔로 플라이트라는 타이틀을 출시했다. PC 게임의 아버지라고 불리는 시드 마이어는 계속해서 혁신적인 타이틀을 발표했다. 문명 시리즈는 PC 전략 게임 장르에 근본적인 영향을 주었다. 그의 게임 시드 마이어의 해적은 액션, 어드벤처, 롤플레잉의 요소를 모두 혼합한 혁신적인 장르였으며, 실시간과 턴 방식의 게임을 결합하기도 했다. 그의 게임플레이 아이디어는 수많은 PC 게임에 도입됐다 시드 마이어의 다른 타이틀에는 문명, 시드 마이어의 게티즈버그, 알파센타우리, 그리고 사일런트 서브 등이 있다.

워렌 스펙터(Warren Spector)

워렌 스펙터는 텍사스 오스틴에 위치한 스티브 잭슨 게임스(Steve Jackson Games)라는 보드 게임 회사에서 커리어를 시작했다. 종이 롤플레잉 게임 회사인 TSR로 이직한 그는 그곳에서 보드 게임을 제작했으며, RPG 부록과 몇 가지 소설을 썼다. 1989년에는 디지털 게임으로 포트폴리오를 확장하기 위해 오리진 시스템즈(Origin Systems)로 자리를 옮기고 그곳에서 리차드 게리엇(Richard Garriott)과 함께 울티마 시리즈를 개발했다. 워렌 스펙터는 캐릭터와 이야기를 게임에 접목하는 데 관심이 많았다. 또한, 언더월드, 시스템 쇼크 및 씨프를 비롯한 혁신적인 타이틀 시리즈에서 '자유 형식' 게임플레이를 개척했다. 그의 타이틀 데이어스 엑스(Deus Ex)는 유연한 플레이와 드라마로 게임을 한 차원 끌어올렸다고 평가되며, 최고의 PC 게임 중 하나로 손꼽힌다. 33쪽에서 그의 '디자이너 관점' 인터뷰를 확인하자.

리차드 가필드(Richard Garfield)

1990년, 무명의 수학자이자 시간제 게임 디자이너였던 리차드 가필드는 로보랠리라는 보드 게임의 프로토타입을 만들고 7년 동안 전국의 퍼블리셔의 문을 두드렸지만 아무도 관심을 보이지 않았다. 퍼블리싱을 포기할 무렵, 마지막으로 찾아간 위자드오브더코스트(Wizards of the Coast)의 피터 앳킨슨(Peter Adkison)은 한시간 이내에 즐길 수 있는 휴대용 카드 게임을 만들어 볼 것을 제안한다. 리차드 가필드는 이 제안을 받아들여 각 카드가 다른 방법으로 규칙에 영향을 미치는 대결식 게임 체계를 개발한다. 무한하게 확장 가능한 혁신적인 체계를 가진 이 게임이 바로 '매직 더 게더링'이며 카드 게임 업계에서 시장의 돌풍을 일으킨 주역이 됐다. 이 마법은 디지털 형식의 여러 타이틀에서도 이어졌다. 리차드 가필드는 1995년, 위자드오브더코스트가 3억 2,500만 달러에 하스브로(Hasbro)에 인수되는 과정에서 회사의 지분을 상당 부분 소유하게 되었다. 227쪽에서 '매직 더 게더링의 디자인 혁명'을 확인하자.

피터 몰리뉴(Peter Molyneux)

그의 이야기는 개미집을 관찰하며 시간을 보내던 어린 시절부터 시작된다. 한쪽을 허물면 필사적으로 다시 지으려고 하는 모습이나 먹을 것을 놓아두면 분주해지는 움직임을 보면서 소년은 이 작고 예측 불가능한 생명체에 매료된다. 피터 몰리뉴는 프로그래머/게임 디자이너의 길을 시작하고 결국 디지털 '신 게임'의 개척자가 된다. 그의 히트작인 파퓰러스에서 플레이어는 원주민들이 숭배하는 신의 역할을 맡는다. 이 게임은 턴 방식이 아닌 실시간으로 진행되며, 플레이어가 유닛을 직접 컨트롤하지 않는 혁신적인 전략 게임이었다. 이 게임과 피터 몰리뉴의 다른 게임들은 이후 RTS(실시간 전략 게임)에 큰 영향을 미쳤다. 다른 타이틀로는 신디케이트, 테마파크, 던전키퍼, 그리고 블랙 앤 화이트가 있다. 32쪽에서 그의 '디자이너 관점' 인터뷰를 확인하자.

개리 가이각스(Gary Gygax)

1970년대 초반 위스콘신 주에서 보험업자로 일하던 그는 테이블톱 게임을 비롯한 모든 종류의 게임에 매료됐다. 이 당시 게임에서 플레이어는 장군과 같은 역할을 하면서 많은 수의 모형 군대를 관리했다. 개리 가이각스와 그의 친구들은 전장에서 지휘관, 영웅 등의 다른 역할을 수행하는 데 상당한 흥미를 느끼고 이러한 게임 경험을 바탕으로 체인 메일이라는 게임에서 소규모 전투 파티를 위한 체계를 고안했다. 이 게임에서 플레이어들은 개별 유닛을 더 세부적으로 제어하고 더 자세한 캐릭터 정보를 원했으며, 더 나아가 단일 캐릭터의 역할을 수행하고 싶어 했다. 이에 개리 가이각스는 게임 디자이너인 데이브 아네슨(Dave Arneson)과 함께 정교한 롤플레잉 캐릭터 체계를 구상하고, 결국 던전 앤 드래곤즈(D&D)를 개발한다. D&D 게임 체계는 이후 모든 종이 및 디지털 롤플레잉 게임의 직접적인 조상이라고 할 수 있으며, 디아블로, 발더스 게이트, 월드 오브 워크래프트를 비롯한 현재의 모든 RPG에 영향을 주었다.

리차드 게리엇(Richard Garriott)

일명 '로드 브리티쉬(Lord British)'라고 불리는 리차드 게리엇은 1979년 고등학교를 졸업하고 그의 첫 번째 RPG 게임인 아칼라베스(Akalabeth)를 만들었다. 그는 텍사스 오스틴의 지역 컴퓨터 상점에서 비닐 백으로 포장한 첫 번째 버전을 직접 판매했다. 이후 아칼라베스는 퍼블리셔를 통해 정식으로 판매되고 성공을 거뒀다. 리차드 게리엇은 그간의 경험을 바탕으로 울티마를 만들고, 가장 유명한 게임 시리즈의 역사를 시작했다. 울티마 타이틀은 이후 여러 해 동안 기술과 게임플레이에서 발전을 거듭하며 지속적으로 출시됐으며 최종적으로 온라인 게임으로 진화했다. 1997년에 출시된 울티마 온라인은 멀티 플레이어 온라인 세계를 개척한 게임이었다. 리차드 게리엇은 공상과학 MMO 게임인 타뷸라 라사(Tabula Rasa)를 통해 온라인 게임의 한계를 넓혀가고 있다.

반복

반복이란 게임 개발 과정에서 플레이어 경험이 여러분이 기준을 충족할 때까지 디자인, 테스트, 그리고 결과에 대한 평가를 반복하면서 게임플레이나 기능을 개선하는 것을 의미한다. 반복은 플레이 중심 프로세스에서 매우 중요하다. 그림 1.8에는 게임을 디자인하는 동안 거치는 반복 프로세스의 자세한 흐름이 나와있다.

✓ 플레이어 경험을 설정한다.
✓ 아이디어나 체계를 구상한다.
✓ 아이디어나 체계를 형식화한다(문서 작성 또는 프로토타입 제작).
✓ 아이디어나 체계를 테스트해서 플레이어 경험 목표를 검증한다(플레이테스트 수행 또는 피드백 수집)
✓ 결과를 평가하고 우선순위를 매긴다.
✓ 결과가 부정적이고 아이디어나 체계에 근본적 결함이 있는 경우 첫 번째 단계로 돌아간다.
✓ 결과가 개선된 경우 수정하고 다시 테스트한다.
✓ 결과가 긍정적이고 아이디어나 체계가 성공적이라고 판단되면 반복 프로세스를 완료한다.

여기서 볼 수 있듯이 이 프로세스는 초기 개념 단계부터 최종 품질 관리 테스트까지 게임 디자인의 거의 모든 과정에 적용된다.

1단계: 브레인스토밍

✓ 플레이어 경험 목표를 설정한다.
✓ 플레이어 경험 목표를 달성할 수 있는 게임 개념 또는 메커닉을 구상한다.
✓ 목록을 상위 3개로 압축한다.

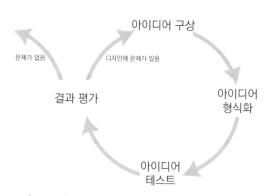

그림 1.8   반복 프로세스 다이어그램

✓ 이러한 각 아이디어에 대한 한 쪽 분량의 간단한 설명을 작성한다. 이를 처리 문서 또는 개념 문서라고 한다.
✓ 기술한 개념을 예비 플레이어와 함께 테스트한다(이 단계에서 원활한 의사소통을 위해 아이디어에 대한 시각적 모형을 만들 수도 있다).

2단계: 물리적 프로토타입

✓ 연필과 종이 또는 다른 재료를 사용해 플레이 가능한 프로토타입을 제작한다.
✓ 7장과 9장에서 설명하는 프로세스를 사용해 물리적 프로토타입을 플레이테스트 한다.
✓ 물리적 프로토타입을 통한 게임플레이로 플레이어 경험 목표가 달성된다고 판단되는 경우 게임 작동 방법을 설명하는 3~6쪽 분량의 게임플레이 개념 문서를 작성한다.

3단계: 프레젠테이션(선택 사항)

✓ 프레젠테이션은 제작 자금을 유치하거나 프로토타입 제작을 위한 팀을 고용하기 위해 진행될 때가 많다. 그러나 자금 지원이 필요 없더라도 완전한 프레젠테이션을 제작하면 자신의 게임을 다시 돌아보고 팀원이나 경영진에 소개해서 피드백을 얻을 수 있다.

- ✔ 프레젠테이션에는 데모 아트워크와 탄탄한 게임플레이 개념 문서가 포함돼야 한다.
- ✔ 자금 지원을 받지 못한 경우, 다시 1단계로 돌아가서 새로운 개념으로 다시 시작하거나 자금 투자자의 피드백을 바탕으로 이들의 요구에 맞게 게임을 수정한다. 아직은 아트워크나 프로그래밍을 많이 진행하지 않은 단계이므로 이 과정까지 드는 비용은 그리 크지 않으며 게임을 변경할 수 있는 유연성도 높다.

4단계: 소프트웨어 프로토타입

- ✔ 프로토타입 팀이 구성되면 핵심 게임플레이에 대한 개략적인 컴퓨터 모델을 제작할 수 있다. 게임플레이의 각기 다른 측면을 여러 개의 분리된 소프트웨어 프로토타입으로 제작하는 경우가 많다. 디지털 프로토타입 제작에 대해서는 8장에서 설명한다(이 단계에서는 제작 비용이 적게 드는 임시 그래픽만 사용해 시간과 비용을 절약하는 것이 좋다).
- ✔ 9장에서 설명하는 프로세스를 사용해 소프트웨이 프로토타입을 플레이테스트 한다.
- ✔ 소프트웨어 프로토타입을 통한 게임플레이에서 플레이어 경험의 목표가 달성된다고 판단되는 경우, 문서 작성 단계로 진행한다.

5단계: 디자인 문서

- ✔ 프로토타입을 제작하고 게임플레이를 다듬는 동안 '실제' 게임에 대한 설명과 아이디어가 모일 것이다. 이 프로토타입 단계에서 얻은 지식을 활용해 게임의 모든 측면과 게임이 작동하는 방법을 개략적으로 기술하는 첫 번째 문서 초안을 작성한다.

- ✔ 이 문서는 보통 디자인 문서라고 하는데, 요즘은 정적인 문서보다는 유연하고 공동 작업이 가능한 온라인 디자인 위키로 전환되고 있는 추세다. 디자인 위키는 훌륭한 공동 작업 도구이며, 제작 중 변경과 추가가 자유로운 살아있는 문서다.

6단계: 제작

- ✔ 전체 팀원들과 함께 작업해 디자인의 모든 측면이 달성 가능하며, 디자인 문서에 올바르게 기술돼 있는지 확인한다.
- ✔ 디자인 문서 초안이 완성되면 제작 단계로 진행한다.
- ✔ 제작 단계는 인력을 확보해서 실제 아트워크 제작과 프로그래밍을 시작하는 단계다.
- ✔ 제작 중에도 플레이 중심 프로세스의 시각을 잃지 않아야 하며, 아트워크, 게임플레이, 캐릭터 등을 지속적으로 테스트해야 한다. 제작 과정에서 반복적 주기를 반복하는 동안, 문제와 필요한 변경 사항들이 점차 적어지는데, 중요한 문제를 플레이테스트 과정에서 해결했기 때문이다.
- ✔ 아쉽게도 지금까지 설명한 바와는 다르게 대부분의 게임 디자이너가 실제로 게임 디자인을 시작하는 시기가 바로 지금이며, 이 때문에 시간과 비용을 비롯한 다양한 문제가 발생한다.

7단계: 품질 관리

- ✔ 프로젝트가 품질 관리 테스트 단계에 돌입하는 시점에는 게임플레이가 탄탄하다고 확신할 수 있어야 한다. 아직은 몇 가지 문제가 있을 수 있으므로 사용성 관점에서 플레이테스트를 계속한다. 이 시기는 전체 대상 사용자가 게임에 접근할 수 있게 하는 시기다.

반복적 디자인 프로세스

에릭 짐머만(Eric Zimmerman), 공동 설립자 및 CEO, 게임랩

다음은 브렌다 로렐(Brenda Laurel)의 저서인 디자인 연구(Design Research, MIT Press, 2004)에 'Play as Research'라는 제목으로 소개된 글을 저자의 허락을 받고 발췌한 것이다. 반복적 디자인이란 프로토타입 제작, 테스트, 분석 및 수정을 단계적으로 수행하는 주기적 프로세스에 바탕을 두는 디자인 방법이다. 이러한 반복적 디자인에서는 디자인된 체계와 상호작용해 보는 것이 프로젝트를 진행하는 기본 과정이다. 여기서는 에릭 짐머만이 참여했던 온라인 멀티 플레이어 게임인 SiSSYFiGHT 2000를 디자인히는 과정에서 수행한 반복적 프로세스를 개략적으로 소개한다.

반복적 디자인 프로세스란 테스트, 분석, 수정을 반복하는 것이다. 플레이어 경험을 완벽하게 예측할 수는 없기 때문에 반복 프로세스에서 프로토타입으로 얻은 경험을 바탕으로 디자인에 대한 결정을 내린다. 프로토타입을 테스트하고, 수정한 다음, 다시 프로젝트를 테스트한다. 이렇게 디자이너, 디자인, 그리고 테스트 참가자 간의 지속적인 대화를 통해 프로젝트를 점진적으로 개선한다.

게임의 반복적 디자인에서 핵심은 플레이테스트다. 디자인과 개발의 전체 프로세스에서 자신은 물론 개발 팀의 다른 팀원들, 사무실의 직원, 그리고 사무실에 방문하는 모든 사람들이 여러분의 게임을 해야 한다. 대상 사용자 층과 일치하는 테스터 그룹을 조직해서 최대한 많은 사람들이 게임을 하게 한다. 이들이 게임을 하는 모습을 관찰하고, 질문을 던지고, 디자인을 수정하고 다시 플레이테스트 한다.

이러한 반복적 디자인 프로세스는 기존의 게임 개발과는 크게 다른 것이다. 기존에는 컴퓨터나 콘솔 타이틀의 디자인 프로세스 시작 단계에 게임 디자이너가 완성된 개념을 구상하고 게임의 가능한 모든 측면을 세부적으로 기술하는 자세한 디자인 문서를 작성하는 것이 일반적이었지만 완성된 게임이 처음 구상한 게임과 비슷한 경우는 거의 없었다. 반면 반복적 디자인 프로세스에서는 개발 자원을 효율적으로 활용할 수 있을 뿐더러 최종 제품 품질은 물론 성공 가능성까지 높일 수 있다.

사례 연구: SiSSYFiGHT 2000

SiSSYFiGHT 2000은 플레이어가 소녀 아바타를 만들고 3~6명의 플레이어가 놀이터 안에서 서로 대립하는 내용의 멀티 플레이어 온라인 게임이다. 플레이어는 각 턴마다 놀리기, 잡담하기, 웅크리기, 사탕 빨기 등의 6가지 동작 중 하나를 선택할 수 있지만 동작의 결과는 다른 플레이어의 결정에 따라 달라지므로 게임 플레이가 매우 사회적이다. SiSSYFiGHT 2000은 또한 활발한 온라인 커뮤니티이기도 하다. 게임은 www.sissyfight.com에서 해 볼 수 있다. 1999년 여름, 필자는 워드닷컴(Word.com)에 취업해 이 회사의 첫 번째 게임이었던 이 프로젝트에 참여했다. 초기에는 게임 디자인을 통해 구현될 프로젝트의 플레이 가치를 구상했다. 우리가 구상한 플레이 가치는 게임에 익숙하지 않은 일반인을 포함하는 넓은 사용자 층, 낮은 기술 장벽,

배우고 즐기기는 쉽지만 깊이 있고 심오한 게임, 근본적으로 사회적인 게임플레이, 그리고 마지막으로 활기차고 독특한 워드닷컴 분위기와의 조화였다.

이러한 플레이 가치는 컴퓨터 및 비컴퓨터 게임의 그룹 플레이와 함께 여러 차례 수행한 브레인스토밍의 기준으로 자리 잡았다. 그리고 최종적으로 소녀들이 놀이터에서 대립한다는 게임의 개념이 만들어졌다. 어떤 게임이든 어느 정도의 대립을 다루고 있지만 우리는 기존의 게임에서 다루지 않았던 대립 양상을 만들어 보고 싶었다. 실시간 채팅은 가능했지만 기술 및 제작의 제한이 있었기 때문에 게임은 턴 방식으로 설계해야 했다.

이러한 기본 형식과 개념이 자리를 잡자 초기 프로토타입의 형태도 점차 명확해졌다. 첫 번째 SiSSYFiGHT 버전은 회의 테이블 위에 포스트잇 메모지를 사용해서 구현됐다. 필자는 각 플레이어가 선택할 수 있는 몇 가지 기본 동작을 디자인하고 플레이어들이 턴마다 선택한 동작을 직접 '처리해' 결과를 플레이어에게 알려주고 점수를 종이에 기록했다.

첫 번째 프로토타입을 디자인하려면 프로젝트의 주요 불확실성을 의미 있는 방법으로 확인하기 위해 게임 가능한 버전을 최대한 신속하게 구현할 수 있는 전략적 사고가 필요하다. 이를 위해 디지털 게임을 종이 위에 표현하거나, 간소화된 짧은 버전의 게임을 디자인하거나, 적은 수의 플레이어로 멀티 플레이어 게임의 상호작용 패턴을 테스트할 수 있어야 한다.

반복 디자인 프로세스의 각 단계에서는 세부 수준은 다음 프로토타입을 만들 수 있는 수준까지만 고려하면 된다. 물론 더 큰 개념, 기술적 사항, 그리고 프로젝트를 좌우하는 디자인 문제와 같은 큰 그림을 이해하는 것도 중요하지만 디자인이 반복 프로세스보다 너무 앞서 가지 않게 해야 한다. 최종 목적지를 인식하되, 플레이테스트를 통해 알아낸 사항을 적용할 수 있게 디자인에 여지를 남겨둬야 하며, 자신의 가정이 틀릴 수 있음을 인식해야 한다.

프로젝트 팀은 게임플레이 목표의 핵심이 될 협력과 경쟁의 균형을 찾기 위해 종이 프로토타입을 계속 개발하면서 기본 규칙, 즉 플레이어가 각 턴에서 선택할 수 있는 동작과 그 결과를 개선해 나갔다. 이러한 규칙을 바탕으로 첫 번째 디지털 프로토타입의 사양을 만들었는데, 이번에는 IRC를 사용한 텍스트 전용 버전이었으며, 한 컴퓨터에서 교대로 진행하는 방식이었다. 초기에 텍스트 전용 프로토타입을 만들어 게임의 상호작용이나 시각 및 음향 기능에 신경 쓰지 않고 게임 논리의 복잡성에 집중할 수 있게 했다.

텍스트 버전을 반복하면서 게임플레이를 테스트하는 동안 디렉터에서 최종 버전을 프로그래밍하는 작업이 시작됐고, IRC 프로토타입용으로 개발했던 핵심 게임 논리를 약간만 수정해서 디렉터 코드로 재사용했다. 그리고 게임 디자인과 동시에 프로젝트의 시각 디자이너들은 게임의 그래픽 언어를 개발하고 가능한 화면 레이아웃을 도식화했다. 그리고 이 그래픽 초안(전체 개발 과정에서 여러 차례 수정됨)을 디렉터 버전의 게임에 사용해 헨리 다거(Henry Darger)의 아웃사이더 아트와 복고풍 게임 그래픽에 영감을 받은 첫 번째 멀티 플레이어 온라인 게임 버전의 SiSSYFiGHT를 만들었다.

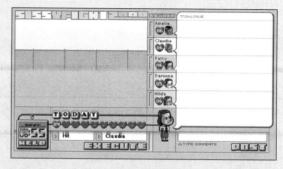

그림 SiSSYFiGHT 2000 인터페이스

웹 버전이 가동되자 개발 팀이 게임을 하기 시작했고, 문제점들을 수정하면서 워드닷컴 직원들도 테스트에 참여했다. 그리고 게임이 점차 안정 단계에 접어들자 IT 업계에서 일하는 친구들을 초대해 업무 후에 함께 게임을 하기 시작했다.

이러한 테스트와 피드백은 게임 논리, 시각적 요소 및 인터페이스를 개선하는 데 도움이 되었다. 가장 까다로운 문제는 플레이어의 행동과 결과 간의 관계를 명확하게 표현하는 것이었는데, 각 턴의 결과가 다른 플레이어들의 행동과 상호 연관되기 때문에 초기 버전에서는 게임이 지나치게 엉뚱하게 돌아가는 것처럼 느껴졌다. 여러 차례 디자인을 수정하고 테스터와 많은 대화를 나눈 끝에 각 턴의 결과를 구성해 각 라운드에서 일어난 일과 이유를 알기 쉽게 전달할 수 있게 됐다.

서버 인프라가 완성된 후 게임을 베타 테스터 커뮤니티에 공개했으며, 정식 출시에 앞서 점차 공개 대상을 확대했다. 공식 테스트 이벤트로 예약된 시간은 있었지만 언제든지 베타 사용자가 온라인으로 접속해서 플레이할 수 있게 했고, 문의 사항이나 버그 보고서를 전자 메일로 손쉽게 보낼 수 있게 했다.

겨우 수십 명이 참가했을 뿐이지만 더 다양한 플레이 패턴이 발견됐다. 예를 들어, 다른 멀티 플레이어 게임과 마찬가지로 방어적인 플레이가 유리했기 때문에 자연스레 소극적인 플레이가 주류를 이뤘다. 그래서 이러한 플레이 스타일을 방지하는 게임 논리를 추가해 두 번 연속으로 '웅크리기'를 사용하는 플레이어에게 겁쟁이 감점을 부여했다. 게임을 출시하자 열성 베타 테스터들이 게임 커뮤니티의 주축으로 자리 잡았으며, 새 플레이어들이 게임의 사회 공간에 적응하도록 돕는 역할을 했다.

SiSSYFiGHT 2000에서 반복적 디자인의 테스트와 프로토타입 제작이 성공적이었던 비결은 각 단계에서 테스트 대상과 테스트 방법을 명확하게 설정했기 때문이다. 우리는 온라인 설문지를 작성해서 사용했고, 각 테스트 세션이

그림 SiSSYFiGHT 2000의 게임 인터페이스

끝난 후에 보고 회의를 했다. 또한 최종적인 환경에 대한 기반을 다져가면서 게임의 각 버전에 이전 버전의 시각, 음향, 게임 디자인 및 기술 요소를 통합하는 방법을 전략으로 활용했다.

게임을 디자인한다는 것은 규칙을 구성하는 것이다. 게임 디자인의 핵심은 플레이어가 규칙을 경험하는 것이 아니라 플레이를 경험하게 하는 것이다. 즉, 게임 디자인이란 게임 디자이너가 만든 규칙의 체계를 통해 간접적으로 플레이를 만들어내는 2단계의 디자인 문제다. 플레이는 플레이어가 규칙 안에서 새로운 행동의 패턴과 느낌, 사회적 교환, 그리고 의미를 만들어낼 때 발생한다. 이것이 반복적 디자인 프로세스가 필요한 이유다. 규칙과 플레이의 섬세한 상호작용은 사전에 기술하기에는 너무 미묘하고 복잡한 것이며, 테스트와 프로토타입 제작을 통한 밸런스 조정을 통해서만 가능하다.

반복적 디자인은 디자이너와 사용자, 그리고 창조자와 플레이어의 융합을 통해 이뤄지며, 플레이의 재발명을 통한 디자인 프로세스다. 반복적 디자인을 통해 디자이너는 체계를 만들고 이를 플레이하며, 비판적인 자세로 자신의 창작물에 참여하고, 변형하며, 부수고, 새로운 것으로 개조한다. 그리고 이러한 연구와 실험의 절차에서 새로운 형태의 발견이 이뤄진다. 반복 프로세스, 즉, 플레이를 통한 디자인은 자신도 미처 몰랐던 질문의 대답을 찾을 수 있는 강력하고도 중요한 디자인 방법이다.

작가 소개

에릭 짐머만은 게이밍의 방법과 이론을 연구하는 게임 디자이너다. 게임 업계에서 13년 이상 게임을 만들었고 현재는 피터 리(Peter Lee)와 함께 2000년 공동으로 설립한 게임랩을 운영하면서 실험적인 온라인 싱글 게임과 멀티 플레이어 게임을 제작하고 있다. 게임랩에 참여하기 전에는 워드닷컴에서 언더그라운드 온라인 히트작 SiSSYFiGHT 2000(www.sissyfight.com) 제작에 참여했으며, 다른 타이틀에는 PC CD-ROM 게임인 기어헤드와 더 로봇 클럽이 있다. 또한 MIT, NYU, 파슨스디자인스쿨, 그리고 SVA(School of Visual Arts)에서 게임 디자인을 가르쳤으며, 케이티 살렌(Katie Salen)과 함께 《Rules of Play》와 《The Game Design Reader》를 저술했고 에이미 스콜더(Amy Schoulder)와 함께 《RE:PLAY》를 저술했다. 388쪽에서 그의 다른 이야기를 들어 보자.

플레이 중심 접근법은 제작 프로세스 전체에 플레이어 피드백을 활용하므로 게임 개발의 모든 단계에서 여러 차례 프로토타입 제작과 플레이테스트를 수행해야 한다. 플레이어의 생각을 모르고는 플레이어를 대변할 수 없으며, 플레이테스트는 피드백을 수집하고 게임에 대한 통찰력을 얻는 최상의 방법이다. 이 점은 아무리 강조해도 지나치지 않을 정도로 중요하므로 게임의 모든 요소를 최대한 철저하게 분리하고 플레이테스트 하도록 제작 일정에 반영해야 한다.

업계의 프로토타입 제작 및
플레이테스트 관행

현재 게임 업계에서는 디자이너가 들어져 프로토타입 제작 과정을 완전히 생략하고 개념 단계에서 곧바로 디자인 작성과 구현 단계로 진행하는 경우가 많다. 이 방법의 문제는 게임 메커닉을 아무도 제대로 이해하지 못한 상태로 소프트웨어 코드 작성이 시작된다는 점이다. 이것이 가능한 이유는 시중의 많은 게임들이 표준 게임 메커닉의 변형이므로 디자이너들이 이미 비슷한 게임플레이를 경험했기 때문이다.

게임 업계도 결국 하나의 업계다. 새로운 게임플레이 메커니즘을 만들기 위해 많은 시간과 비용을 투자하기란 쉬운 일이 아니다. 그러나 이제 게임 업계가 성장하려면 새로운 시장으로 확장해야 하는 시점이다. 이것은 기존의 게임 사용자 층이 아닌 다른 사용자 층을 위한 디자인이 필요하다는 의미다. 닌텐도 위 및 DS와 같은 새로운 플랫폼이나 히어로 같은 독특한 히트 타이틀은 새로운 유형의 게임플레이로 새로운 사용자 층을 시장으로 끌어들일 수 있음을 보여 준 사례다.

업계 전체에서 꾸준한 기술 혁신을 유지하고, 이러한 혁신을 위해 핵심 사용자 층의 요구를 파악하려는 노력은 많지만 독창적인 플레이어 경험을 위한 아이디어 개발에는 그리 적극적이지 못한 것이 사실이다. 새로운 사용자 층을 끌어들이려면 기술적 측면에서 발전을 이룬 것처럼 혁신적인 플레이어 경험을 개발해야 하지만 물리적 프로토타입 프로세스를 생략하면 독창적인 게임을 디자인하기 어렵고, 결국 기존 게임을 참조해야 한다. 이것은 게임이 처음부터 다른 게임에서 파생된다는 것을 의미한다. 일단 제작이 시작되면 참조한 게임에서 벗어나기가 더 어렵다. 팀을 구성해서 프로그래머가 코드 작성을 시작하고, 아티스트가 그래픽을 작업하기 시작하면 핵심 게임플레이를 변경하기가 매우 어렵다.

바로 이것이 유명한 여러 게임 디자이너들이 플레이 중심 접근법을 채택하기 시작한 이유다. 이러한 예로 일렉트로닉 아츠에서는 제작 준비 단계에 대한 사내 교육 워크숍(6장, 188쪽의 관련 기사 참조)을 마련했으며, 수석 비주얼 관리자 글렌 엔티스(Glenn Entis)가 이 워크숍을 운영하고 있다. 이 워크숍에는

그림 1.10 일렉트로닉 아츠 LA 지사의 댄 아즐랙(Dan Orzulak)과 USC 학생들이 게임의 종이 프로토타입을 플레이테스트 하고 있다.

그림 1.9 위를 즐기고 있는 비게이머 사용자들

초기 개발 단계의 일부로 물리적 프로토타입 개발과 플레이테스트가 포함돼 있다. 글렌 엔티스는 일련의 연습을 통해 개발 팀을 운영하고 있는데, 이러한 연습 중 하나가 물리적 프로토타입을 신속하게 제작하는 것이다. 그는 다음과 같이 조언한다. "프로토타입은 가급적 빨리, 적은 비용으로, 공개적이고, 물리적으로 만드는 것이 좋습니다. 팀원들이 논쟁하지 않으면 아이디어를 공유하는지도 알 수 없죠. 물리적 프로토타입은 팀원들이 서로 이야기하고 상호작용하게 합니다."[4]

일렉트로닉 아츠 LA 지사의 수석 프로듀서인 크리스 플러머(Chris Plummer)는 다음과 같이 이야기한다. "종이 프로토타입은 소프트웨어로 개발하기에 비용이 많이 드는 체계나 게임 특성에 대한 아이디어를 얻거나 플레이테스트 하는 경제적인 방법입니다. 아날로그 프로토타입과 같이 경제적인 방법으로 게임 프레임워크를 개발하고 수정한 후에는 이를 소프트웨어로 구현하기 위한 자원을 확보하기도 훨씬 쉽습니다."[5]

혁신을 위한 디자인

앞서 언급했듯이 차세대 게임 디자이너는 차세대 프로그래머들이 기술 혁신을 이룬 것처럼 혁신적인 플레이어 경험을 만들어야 하며, 이 과정에서 시간과 비용의 위험을 최소화해야 한다. 혁신적인 디자인이란 다음과 같은 의미다.

- ✓ 독특한 게임 메커니즘을 지닌 게임 디자인-플레이 장르를 벗어난 구상
- ✓ 새로운 플레이어, 즉 하드코어 게이머와 취향과 수준이 다른 사용자를 위한 디자인
- ✓ 다음과 같은 게임 디자인의 까다로운 문제 해결
  - 스토리와 게임플레이의 통합
  - 게임 캐릭터에 대한 몰입도 향상
  - 감성을 자극하는 게임플레이
  - 게임과 학습과의 관계 발견
- ✓ 게임이란 무엇이며, 개인과 문화에 미칠 수 있는 영향에 대한 어려운 질문 던지기

플레이 중심 접근법을 통해 혁신을 위한 분위기를 조성하고, 게임플레이 가능성에 대한 도발적이고 색다른 질문을 던지며, 기본적으로 부적절하지만 획기적인 게임의 시작이 될 수 있는 아이디어를 활용해 플레이가 가능할 때까지 제작해 보자. 진정한 혁신은 순간적으로 떠오른 아이디어보다는 오랜 개발과 실험을 통해 얻어질 때가 많다. 디자인 프로세스 전체에서 플레이어와 상호작용을 통해 실험적인 아이디어를 얻고 발전시킬 수 있다.

결론

이 책의 목표는 게임 디자이너가 되도록 여러분을 돕는 것이며, 여러분의 아이디어를 바탕으로 이미 시장에 있는 게임의 단순한 확장이 아닌 독창적인 게임을 제작하기 위한 기술과 도구를 제공하는 데 있다. 독창적인 게임을 만들려면 게임 디자인의 한계를 초월해야 하며, 이를 위한 열쇠가 바로 프로세스다. 이 책에서 다루는 접근법을 통해 플레이 중심 디자인 방법을 몸에 익히면 게임 디자이너들이 쉽게 빠지는 여러 함정을 피하고 더 창의적이고 효율적으로 일할 수 있다.

다음 장에서는 디자인에 사용되는 어휘를 소개하고 자신이 즐기고 있는 게임과 디자인하려는 게임을 비판적으로 보는 방법을 배운다. 게임이 작동하는 방법과 플레이어가 이를 플레이하는 이유를 이해하는 것은 게임 디자이너가 되는 다음 단계다.

디자이너 관점: 피터 몰리뉴(Peter Molyneux)

관리 디렉터, 라이온헤드 스튜디오

피터 몰리뉴는 게임 업계에서 20년 경력을 가진 베테랑으로서, 파퓰러스(1989), 파워몽거(1990), 신디케이트(1993), 테마파크(1994), 던전키퍼(1997), 블랙 앤 화이트(2001), 페이블(2004), 더 무비(2005), 그리고 페이블 2(2008)를 비롯해 업계에 많은 영향을 미친 게임을 디자인했다.

영감

게임에 대한 영감은 주로 오래된 게임에서 시작됐는데, 그중 하나가 Apple IIe용 위자드리입니다. 특히 이 게임은 저에게 게임의 시초와도 같은 의미가 있습니다. 던전을 탐험하고, 자신의 캐릭터를 만들어, 영웅적인 퀘스트에 참여하는 등의 내용은 이전 게임에는 없던 것이었습니다.

디자인 프로세스

디자인 프로세스는 아이디어로 시작됩니다. 제 경우, 이러한 아이디어는 논리적으로 점차 구성하는 것이 아니라 전체적인 형태로 머릿속에 떠오릅니다. 그러면 작은 팀을 구성해 이 아이디어에 살을 붙이고 디자인의 여러 영역에 대한 토론을 합니다. 아이디어를 확장한 후에는 프로토타입을 제작하는데, 아트, 애니메이션, 게임플레이, 기술 분야에서 각자 프로토타입을 제작합니다. 이러한 프로토타입은 "게임이 재미있는가?"와 같은 주관적인 개념을 증명하기 위한 것이 아니라 우리가 몰랐던 것들을 찾아내는 데 사용됩니다.

페이블 2

페이블 2에서는 플레이어가 한 번 죽을 때마다 20분 전의 게임플레이로 돌아가야 했기 때문에 이야기의 같은 부분을 여러 번 반복하는 디자인상의 문제가 있었습니다. 이 문제는 모든 컴퓨터 게임에서 기본적인 것이었는데, 플레이어가 이야기에 지치고 지루함을 느끼는 원인이었습니다. 디자인 팀에서는 이 문제를 다르게 해결하는 기발한 방법을 찾았는데, 플레이어를 이전 레벨로 돌려보내지 않고, 플레이어가 아끼는 것을 대신 희생해서 죽음을 처리하는 것이었습니다.

디자이너에게 하고 싶은 조언

게임을 디자인한다는 것은 줄거리를 구상하는 것이 아니라 플레이어가 여러분의 아이디어를 플레이하는 동안 하는 것과 보는 것을 만드는 것입니다. 이 일을 제대로 해낸다면 히트 게임을 디자인할 가능성도 더 높아질 것입니다.

디자이너 관점: 워렌 스펙터(Warren Spector)

사장 및 크리에이티브 디렉터, 정션 포인트 스튜디오

워렌 스펙터는 베테랑 게임 디자이너로서 울티마 VI(1990), 윙커맨더(1990), 마션 드림즈(1991), 언더월드(1991), 울티마 VII(1993), 윙즈 오브 글로리(1994), 시스템 쇼크(1994), 데이어스 엑스(2000), 데이어스 엑스: 보이지 않는 전쟁(2003), 그리고 씨프: 죽음의 그림자(2004)를 비롯한 많은 타이틀을 디자인하고 제작했다.

게임 업계에 진출한 계기

다른 사람들과 마찬가지로 저도 게이머로 시작했습니다. 1983년, 취미를 직업으로 삼기로 결심하고 텍사스 오스틴의 작은 보드 게임 회사인 스티브 잭슨 게임스에 편집자로 취업했습니다. 여기서 TOON: 더 카툰 롤플레잉 게임, GURPS, 몇 가지 카 워즈, 오거, 그리고 일루미나티 게임에 참여했고 많은 분들에게서 게임 디자인에 대한 많은 것을 배웠습니다. 1987년, 던전 앤 드래곤즈 제작사이자 다른 훌륭한 RPG와 보드 게임을 제작했던 TSR로 스카웃됐습니다. 그런데 1989년 즈음에 고향인 텍사스 오스틴에 대한 향수가 찾아왔고, 종이 게임이 정체기에 접어든 비즈니스/예술 양식이라는 생각이 들었습니다. 이 시기에 저는 초기 컴퓨터 게임과 비디오 게임을 많이 즐기고 있었는데, 오리진에 일자리가 생기자마자 바로 뛰어들었습니다. 여기서 보조 프로듀서로 시작해 정식 프로듀서로 승진할 때까지 리차드 게리엇, 크리스 로버츠와 같은 사람들과 함께 일하면서 많은 경험을 쌓았습니다. 오리진에서 최종적으로 수석 프로듀서가 될 때까지 7년을 일했고, 10여 가지 이상의 타이틀을 출시했습니다.

영향을 받은 게임

제가 영향을 받은 게임은 수십 가지가 있지만 몇 가지 중요한 것을 소개하면 다음과 같습니다.

✓ **울티마 IV**: 리차드 게리엇의 걸작품입니다. 플레이어에게 선택을 제공해 게임플레이 경험을 향상시킬 수 있음을 증명한 게임입니다. 그리고 이러한 선택에 대한 결과를 제공해 더 강력한 경험으로 만들었습니다. 단지 몬스터를 죽이고 바보 같은 퍼즐을 해결하는 것이 게임의 전부가 아니라는 것을 깨닫게 해 준 게임입니다. 또한 게임을 만든 사람과 직접 대화하는 듯한 느낌을 받은 첫 번째 게임이기도 한데, 이것이 제가 추구하는 특성입니다.

✓ **슈퍼 마리오 64**: 이 게임에는 정말 놀라울 만큼 다양한 게임플레이가 구현돼 있습니다. 더 놀라운 것은 이 모든 것이 간단한 제어/인터페이스 체계를 통해 구현됐다는 점입니다. 이 게임에서는 10가지 일을 하면서도 답답하지 않고 생기 넘치며 자유가 느껴집니다. 또한 실패를 두려워하지 않고 탐험, 계획, 실험, 실패, 시도할 수 있습니다. 이 게임의 단순성과 깊이에서 영감을 받을 수 있을 것입니다.

✓ **스타 레이더스**: 게임이 단순한 유행이 아님을 알게 해 준 게임이며, 우리의 삶까지 생각하게 해 주었습니다. 이 게임은 우리가 살아 있는 동안은 절대 갈 수 없는 곳까지 보여 줍니다. 이 정도면 게임이 더는 어린이들의 장난감이 아닙니다. 다른 사람의 신발을 신고 걸어 보기 전에는 그 사람을 제대로 판단할 수 없다는 말이 있습니다. 말하자면 게임은 어떤 사람의 신발이라도 신어볼 수 있는 마법의 신발 가게와 같은 존재입니다. 정말 놀라운 일이 아닙니까?

✓ **Ico**: Ico는 플레이어의 감정에 얼마나 큰 영향을 줄 수 있는지를 깨닫게 해 준 게임입니다. 여기서 이야기하는 감정이란 우리가 흔히 말하는 흥분이나 공포를 말하는 것이 아닙니다. Ico는 훌륭한 애니메이션, 그래픽, 사운드, 그리고 스토리 요소를 통해 우정, 충성, 두려움, 긴장, 그리고 흥분을 포함한 다채로운 감정을 느끼게 해 줍니다. 플레이어가 보호해야 하는 여성 캐릭터는 너무나도 느리고 약하지만 이 캐릭터의 손을 잡은 플레이어의 손에는 힘이 느껴집니다. 저는 이러한 미묘한 터치에 큰 감명을 받았고, 제가 만들 게임에도 이러한 힘을 불어넣는 방법을 찾고 있습니다.

✓ **환상수호전**: 대화를 다루는 새로운 방법을 보여 준 작은 플레이스테이션 롤플레잉 게임입니다. 환상수호전은 단순하고 직관적이며 때로 극단적인 두 가지 선택을 제공합니다. 가령 "아버지와 싸우겠습니까? 예/아니오" 또는 "중요한 퀘스트를 완료하기 위해 가장 친한 친구를 위기에 버려두겠습니까? 예/아니요"와 같은 질문은 충격을 주기에 충분했습니다. 이 밖에 게임의 다른 두 가지 중요한 특성으로 성 건축 기능과 연관 플레이어 제어 동맹 체계가 있습니다. 성 건축은 게임 세계에 개인적인 표시를 남길 수 있는

특성의 가능성을 보여 주었고, 자기 만족 측면을 구현한 것이었습니다. 동맹 체계는 퀘스트를 시작하기 전에 받는 정보와 대규모 전투에서 사용할 수 있는 능력에 영향을 주며, 플레이어가 자신의 게임플레이를 직접 만들 수 있는 특성의 가능성을 보여 주었습니다. 경험이 많은 RPG 게임 디자이너도 배울 것이 많은 훌륭한 게임입니다.

자유 형식 게임플레이

이제 자유 형식 게임플레이와 플레이어 선택 경험이 완전한 주류로 자리 잡았다는 것이 상당히 자랑스럽게 느껴집니다. 울티마(IV.VI), 언더월드, 시스템 쇼크, 씨프, 그리고 데이어스 엑스를 제작하는 동안에도 자유도가 높고 디자이너 중심적인 게임을 지지하는 일부 디자이너가 있었지만 이제 오리진, 룩킹 글래스 스튜디오, 이온 스톰, 락스타/DMA 등에서 함께 일해온 사람들 덕분에 이러한 게임플레이가 빛을 발하고 있다는 생각이 듭니다. 게다가 하드코어 게임뿐 아니라 일반 시장에도 변화가 일어나고 있습니다. 정말 멋진 일입니다. 저는 재능 있는 사람들과 함께 일하는 행운을 누렸다는 것을 매우 자랑스럽게 생각합니다. 게임 제작의 공을 한 사람에게 돌리는 것이 업계의 관행이지만 이것은 완전히 잘못된 일입니다. 게임 개발은 많은 사람들의 공동 작업으로 이뤄집니다. 저 역시 나열할 수 없을 만큼 많은 사람들과 함께 일하는 동안 많은 것을 주고받을 수 있었습니다.

디자이너에게 하고 싶은 조언

프로그래밍을 배우세요. 전문가가 될 필요는 없지만 기본적인 사항은 알아야 합니다. 한 가지 탄탄한 기술 기반은 있어야 하지만 이 밖에도 다양한 분야를 공부하세요. 디자이너에게 어떤 지식이 필요하게 될지는 알 수 없습니다. 행동 심리학이 도움이 될 수 있고, 건축이나 경제학 또는 역사가 도움될 수 있습니다. 아트/그래픽에 대해서도 공부해서 직접 아티스트가 되지는 못하더라도 아티스트와 능숙하게 대화할 수 있게 하십시오. 그리고 글이나 대화로 능숙하게 의사소통하는 능력을 기르세요. 무엇보다 게임을 만들어 봐야 합니다. 직접 모드(mod) 팀을 만들어서 맵이나 미션 등을 직접 제작해 보세요. 그리고 정말 이 일을 직업으로 하고 싶은지 다시 한 번 깊게 생각해 보세요. 이 일은 긴 업무 시간이 이어지는 고된 작업이며, 인간 관계를 유지하기도 불가능합니다. 이 직업을 원하는 사람들은 아주 많습니다. 확신이 없다면 이 길을 선택하지 마십시오. 절대 호사가를 위한 길이 아닙니다.

참고 자료

* The Art of Innovation: Lessons in Creativity from IDEO, America's Leading Design Firm - Tom Kelly, 2001.

* Game Design Perspectives - Francois Dominic Laramee, 2002.

* Designing Interactions - Bill Moggridge, 2007.

* The Imagineering Way - The Imagineers, 2003.

* The Game Inventor's Guidebook - Brian Tinsman, 2003.

주석

1. Phipps, Keith. "Keith Phipps의 Will Wright 인터뷰." A.V. Club. 2005년 2월 2일. http://www.avclub.com/content/node/24900/1/1. 2005년 2월 2일.

2. Game Over: How Nintendo Conquered the World - David Sheff, 1994, 51쪽.

3. Alfred Hermida. "Katamari Creator Dreams of Playground." BBC News.com. 2005년 11월. http://news.bbc.co.uk/2/hi/technology/4392964.stm.

4. Glenn Entis. "Pre-Production Workshop." EA@USC Lecure Series. 2005년 3월 23일.

5. Chris Plummer. 전자 메일 인터뷰. 2007년 5월.

2장

게임의 구조

연습 2.1 : 게임 구성

1. 종류에 관계없이 게임 하나를 구상한다. 게임에 대한 설명을 자세하게 기록한다. 이러한 게임을 전혀 경험해 보지 않은 사람에게 설명하듯이 내용을 작성한다.

2. 이제 앞서 게임과는 완전히 다른 종류의 게임을 구상한다. 앞의 게임과 다른 점이 많을수록 더 좋다. 게임에 대한 설명을 자세하게 기록한다.

3. 이제 두 가지 게임에 대한 설명을 비교한다. 어떤 요소가 다르고 어떤 요소가 비슷한가? 각 게임의 기본 메커닉을 구체적으로 생각해 본다.

이 연습에서 잘못된 대답이란 없다. 이 연습의 목적은 게임의 본질에 대해 생각해 보고, 아무리 상이한 게임이라도 공통적인 요소가 있음을 깨닫는 것이다. 이러한 공통적인 요소는 게임에서 특정한 경험을 하거나 하지 않는 이유이며, 이 책에서 설명하는 게임과 게임 디자인에 대한 내용의 바탕이다.

고 피쉬 및 퀘이크 비교

모든 게임이 같은 구조를 공유하지는 않는다. 카드 게임은 보드 게임과 다르며, 3D 액션 게임은 일반상식 게임과 크게 다르다. 그러나 게임이라고 인식되려면 반드시 공유해야 하는 요소가 있다. 고 피쉬와 퀘이크의 예를 들어 알아보자. 이 두 가지는 물론 게임이기 때문에 몇 가지 유사점이 있다. 다른 말로, 이 두 게임은 구조는 다르지만 게임이기 때문에 공유하는 요소는 무엇일까?

두 게임에 어떤 공통점이 있는지 살펴보기 전에 각 게임에 대해 간단히 살펴보자.

고 피쉬

고 피쉬는 표준 카드 52장을 사용하는 3~6플레이어용 게임이다. 딜러는 각 플레이어에게 카드 5장을 돌리며, 나머지 카드는 뒤집어서 뽑기 뭉치에 놓는다. 딜러 왼쪽에 위치한 플레이어부터 시작한다.

한 턴은 한 플레이어가 특정 계급을 요구하는 것
이다. 예를 들어, 여러분의 턴인 경우 "크리스, 당신
의 잭을 주세요."라고 말할 수 있다. 계급을 요구하
려면 요구한 계급의 카드를 한 장 이상 가지고 있어
야 하므로 잭을 한 장 이상 가지고 있어야 이렇게 요
구할 수 있다. 크리스가 이 계급의 카드(이 경우, 잭)
를 가지고 있다면 이 카드를 모두 당신에게 줘야 한
다. 그리고 다시 자신의 턴이 되면 현재 들고 있는 다
른 계급을 다른 플레이어에게 요구할 수 있다.

만약 크리스가 해당 계급의 카드를 가지고 있지
않은 경우 "고 피쉬!"라고 말하면 된다. 그러면 뽑기
뭉치에서 맨 위 카드를 뽑아야 한다. 뽑은 카드가 자
신이 요구한 계급인 경우, 이를 보여주고 다음 턴으
로 넘어간다. 뽑은 카드가 자신이 요구한 계급이 아
닌 경우, 카드를 자신이 가지며 "고 피쉬!"라고 말했
던 플레이어로 턴이 넘어간다.

플레이어가 동일한 계급의 카드 4장을 모으면 이
카드를 보여주고 뒤집어서 버린다. 게임은 카드를
모두 버린 플레이어가 나오거나 뽑기 뭉치에 카드가
없어질 때까지 진행되며, 점수가 가장 높은 플레이
어가 승자가 된다.

퀘이크

싱글 플레이어 퀘이크[1]에서 플레이어는 3D 환경에
서 캐릭터를 조종한다. 캐릭터는 걷기, 뛰기, 점프,
수영, 공격, 물건 줍기를 할 수 있으며, 갑옷, 생명력,
탄약은 제한돼 있다.

게임에는 도끼, 샷건, 2연발 샷건, 네일건, 천공기,
유탄발사기, 로켓발사기, 썬더볼트까지 8가지 무기
가 나오고, 각 무기에는 특정한 탄약이 사용된다. 샷
건 탄약은 두 가지 샷건에 사용되고, 못은 네일건과
천공기에 사용된다. 유탄은 유탄발사기와 로켓발사
기에 사용되며, 건전지는 썬더볼트에 사용된다. 또
한 게임 안에는 플레이어의 힘을 높이거나, 보호하
거나, 치료하거나, 투명 또는 무적으로 만들거나 물
속에서 숨을 쉴 수 있게 해 주는 파워업이 있다.

플레이어의 적으로는 로트와일러, 그런트, 인포
서, 데스나이트, 로트피시, 좀비, 스크래그, 오우거,
스폰, 핀드, 보어, 그리고 섐블러가 있다. 위험한 환
경에는 폭발, 물, 슬라임, 용암, 함정, 텔레포터가 있
다. 게임의 적은(코드 네임 '퀘이크') 슬립-게이트
(트랜스포터 장치)를 사용해 무시무시한 군대를 플
레이어의 기지로 보낸다. 이 게임에는 4개의 에피소

그림 2.1   퀘이크와 고 피쉬

드로 구성돼 있으며, 각 에피소드의 첫 번째 레벨은 슬립-게이트에서 끝난다. 이것은 플레이어가 다른 차원으로 이동한다는 것을 의미한다. 한 차원 전체를 끝내면(8개 레벨을 완료하면) 처음으로 돌아가는 슬립-게이트를 발견하게 된다. 퀘이크에서 플레이어의 목표는 각 레벨에서 모든 적을 죽이면서 살아남는 것이다.

비교

언뜻 보기에 이 두 가지 경험에는 전혀 유사점이 없어 보인다. 하나는 턴 방식 카드 게임이고, 다른 하나는 실시간 3D 액션 슈팅 게임이다. 하나는 상업용 소프트웨어와 이를 실행할 수 있는 개인용 컴퓨터가 필요하지만, 다른 하나는 보통 카드만 있으면 플레이할 수 있다. 하나는 저작권이 있는 상품이고, 다른 하나는 자유롭게 공개된 게임이다. 그렇지만 이 두 가지가 게임이라는 데는 모두 동의하며, 바로 설명할 수는 없지만 주의 깊게 살펴보면 비슷한 경험이 있음을 알 수 있다.

당연해 보이는 개념도 무시하지 않고 신중하게 고려하면 퀘이크와 고 피쉬의 경험에서 무엇이 게임인지 여부를 판단하기 위한 기본 요구사항에 해당하는 몇 가지 유사점을 찾을 수 있다.

플레이어

두 가지 설명에서 가장 분명한 유사점은 플레이어를 위해 설계된 경험을 설명하고 있다는 것이다. 간단한 차이처럼 보이지만 소비자가 적극적으로 참여해야 하는 다른 엔터테인먼트 형태와 분명히 다르게 설계됐음을 알 수 있다. 한 예로 음악이 있다. 음악의 경험은 음악가가 만들지만 음악의 주 소비자는

그림 2.2 플레이어

음악가가 아닌 청중이다. 이와 비슷하게 연극배우가 연극의 경험을 만들지만 이 경우에도 경험은 관객을 위한 것이다.

싱글 플레이어 퀘이크의 설계는 게임의 세계에 참여할 플레이어 한 명이 필요하며, 고 피쉬는 최소한 세 명의 플레이어가 필요하다. 시나리오는 상당히 다르지만 각 상황에서 '플레이어'라는 용어는 엔터테인먼트에 참여해서 소비하는 자발적인 참가자를 의미한다. 플레이어는 적극적이고, 결정을 내리며, 투자를 하고, 승사가 될 가능성이 있다. 이들은 매우 독특하고 한정된 사람들이다. 플레이어가 되려면 게임의 규칙과 제약을 자발적으로 수용해야 한다. 이러한 게임 규칙의 수용은 작가 버나드 슈츠(Bernard Suits)가 '게임의 자세(lusory attitude)'라고 말한 개념의 일부다(lusory는 라틴어로 게임이라는 의미다).

게임의 자세는 '목표를 달성하기 위한 더 좋은 수단을 포기하고 어려운 수단에 적응해야 하는 흥미로운 상태'[2]다. 골프 게임이 이리한 상황을 잘 설명해준다. 작고 둥근 물체를 가장 효율적인 방법으로 바닥에 있는 구멍에 넣으려고 한다고 생각해 보자. 이 경우 손으로 물체를 집어서 직접 구멍에 넣는 것이

자연스러운 방법이다. 금속으로 만든 막대기를 들고, 구멍에서 수백 미터 떨어진 곳으로 간 다음, 공을 힘껏 때려서 구멍으로 날리는 방법을 쓰지는 않는다.[3] 그러나 골프 플레이어는 게임의 목표 달성을 위해 이러한 제약을 받아들이고, 골프의 규칙을 수용한다.

게임 규칙에 대한 자발적인 수용이라는 이 자세는 플레이어의 심리적이고 심정적인 상태이며, 이를 게임 디자인의 플레이 중심 프로세스의 한 부분으로 고려해야 한다.

그림 2.3 목표

연습 2.2 : 플레이어

플레이어가 고 피쉬와 싱글 플레이어 퀘이크 게임에 참가하거나 게임을 시작하는 방법을 설명한다. 각 경우에 필요한 사회적, 절차적 또는 기술적 단계는 무엇인가? 멀티 플레이어 카드 게임과 단일 플레이어 디지털 게임을 시작하는 데는 분명 차이점이 있을 것이다. 그러나 유사점도 있을까? 유사점이 있다면 이를 설명해보자.

목표

두 가지 설명에서 다음으로 명확한 차이는 구체적인 플레이어의 목표가 제시됐다는 것이다. 고 피쉬에서 플레이어의 목표는 최고점을 얻는 것이다. 퀘이크에서는 살아남아 현재 레벨을 완료하는 것이다.

목표는 우리가 참여할 수 있는 경험마다 상당히 다를 수 있다. 영화를 보거나 책을 읽을 때, 그 안의 캐릭터에게는 목표가 있지만 이를 경험하는 우리에게는 완수해야 하는 명확한 목표가 제시되지 않는다. 실제 삶에서 우리는 목표를 설정하고 이를 달성하기 위해 필요한 만큼 노력한다. 성공적인 삶을 위

해 모든 목표를 완수할 필요는 없다. 그러나 게임에서 목표는 경험의 핵심적인 요소이며, 목표가 없으면 구조의 상당 부분을 잃어버리게 된다. 그리고 플레이어가 목표를 위해 해야 하는 일이 게임에 대한 참여 수준을 결정한다.

연습 2.3 : 목표

다섯 가지 게임을 나열하고, 각 게임마다 한 문장으로 게임의 목표를 설명한다.

절차

두 설명은 모두 플레이어가 게임의 목표를 달성하기 위해 할 수 있는 일을 자세하게 제시한다. 예를 들어, 고 피쉬의 게임 설명을 보면 '딜러는 각 플레이어에게 카드 5장을 돌린다' 또는 '한 턴은 한 플레이어가 특정 계급을 요구하는 것이다'와 같은 내용이 있다. 퀘이크의 게임 설명에는 '캐릭터는 걷기, 뛰기, 점프, 수영, 공격, 물건 줍기를 할 수 있다'와 같

은 내용이 있다. 설명에는 이러한 일을 하기 위한 제어 방법도 나온다. 이러한 제어는 플레이어가 게임의 기본적인 절차를 수행하는 방법이다. 예를 들어, 고 피쉬를 컴퓨터로 구현하려면 딜러 역할을 하고 플레이어에게 특정 계급의 카드를 요구하는 제어 방법을 만들어야 한다.

규칙에서 허용하는 절차, 동작, 방법은 우리가 게임이라고 하는 경험의 중요한 차별점이다. 이러한 사항들은 플레이어의 행동을 안내함으로써 게임 내에서만 일어날 수 있는 상호작용을 만든다.

게임의 절차가 없다면 동일한 계급의 카드 네 장을 모으기 위해 각 플레이어에게 원하는 카드를 요구할 필요가 없다. 동시에 모든 플레이어에게 카드를 요구하거나 뽑기 뭉치를 찾아보는 것이 더 쉽기 때문이다. 이렇게 행동하지 않는 이유는 게임에 반드시 따라야 하는 절차가 있기 때문이다. 절차를 따르면서 이러한 요구되는 행동이 게임을 다른 행동이나 경험과 차별화하는 중요한 차이점임을 확인하게 된다.

규칙

두 설명에서는 모두 게임을 구성하는 물체, 그리고 플레이어가 힐 수 있는 일과 힐 수 없는 일을 자세하게 설명했으며, 다양한 상황에서 어떤 일이 일어나는지도 명확하게 설명했다. 예를 들어, 고 피쉬에는 '나머지 카드는 뒤집어서 뽑기 뭉치에 놓는다' 또는 '크리스가 이 계급의 카드를 가지고 있다면 이 카드를 당신에게 주어야 한다'라는 내용이 있고, 퀘이크에는 '8가지 종류의 무기가 있다' 또는 '샷건 탄약은 두 가지 샷건에 사용되고 못은 네일건과 천공기에 사용된다'라는 내용이 있다.

이러한 규칙 중 일부는 게임의 개체와 개념을 정의한다. 카드 덱, 뽑기 뭉치, 무기와 같은 개체는 이러한 체계를 구성하는 기본 구성 단위이며, 디자인의 다른 부분에서 사용된다. 다른 규칙은 플레이어의 행동을 제한하고 역작용을 금지한다. 예를 들어, 네일건에 사용하는 못은 썬더볼트에는 사용할 수 없다. 잭을 가지고 있을 때 다른 플레이어가 이를 요구하면 카드를 내줘야 하며, 거부하면 게임의 규칙을 어기는 것이다. 이리한 규칙을 이기지 못하게 하는

그림 2.4   절차

그림 2.5   규칙

것은 누구일까? 공정한 게임에 대한 개념? 다른 플레이어? 아니면 디지털 게임의 코드일까?

규칙과 질서의 개념에는 특정한 인물이나 대상이 나오지는 않지만 권한이 내포돼 있다. 규칙의 권한은 경험을 위해 참가하는 플레이어들의 임시적인 합의에서 나온다. 규칙을 따르지 않는다면 사실상 더는 게임을 하지 않는 것이다.

따라서 게임 개체와 금지 원칙을 정의하고, 게임 내에서 행동을 제한하는 규칙이 있는 경험이라는 것이 게임의 다음으로 고유한 특성이다. 플레이어가 이러한 규칙을 존중하는 이유는 규칙이 게임의 핵심적인 구조적 요소이며, 이것이 없으면 게임이 작동하지 않음을 이해하기 때문이다.

그림 2.6 자원

연습 2.4 규칙

규칙이 없는 게임을 생각할 수 있을까? 있다면 이에 대해 설명해 보자. 규칙이 하나인 게임은 있을까? 이 연습이 어려운 이유는 무엇일까?

자원

이러한 게임을 설명하면서 게임의 목표를 달성하기 위해 플레이어에게 중요한 가치가 있는 몇 가지 개체에 대해 언급했다. 고 피쉬에서는 각 계급의 카드가 중요하며, 퀘이크에서는 무기, 탄약, 그리고 규칙에서 언급한 파워업이 중요하다. 이처럼 플레이어가 목표를 달성하는 데 필요하지만 디자이너가 부족하게 제공하는 개체를 자원이라고 한다.

자원은 카드, 무기, 시간, 유닛, 턴 또는 지형 중 어떤 것이든 관계없이 이를 찾고 관리하는 것은 여러 게임에서 핵심적인 부분이다. 두 예에서 고 피쉬는

자원을 서로 교환하며, 퀘이크는 게임 디자이너가 배치한 위치에 자원이 고정돼 있다.

자원은 희소성과 유용성 때문에 가치가 있으며, 실제 세계와 마찬가지로 게임 세계에서도 목표를 달성하는 데 사용된다. 자원을 조합해 새로운 제품이나 아이템을 만들거나 다양한 종류의 시장에서 거래할 수 있다.

충돌

앞서 설명한 두 가지 경험은 플레이어가 달성할 특정한 목표를 제시한다. 또한 플레이어를 안내하고 행동을 제한하는 절차와 규칙도 제시한다. 이러한 절차와 규칙은 플레이어가 목표를 간단히 달성하지 못하게 하며, 고 피쉬와 같은 멀티 플레이어 게임에서는 다른 플레이어가 이러한 목표 달성을 방해하게 한다. 예를 들어, 고 피쉬를 하는 동안에는 앞서 언급한 대로 테이블에 앉은 모든 사람에게 한 번에 잭 세 장을 요구할 수 없다. 한 플레이어에게 한 번씩 요구해야 하며, 카드를 얻지 못하고 턴을 넘겨줄 가능성도 있다. 이 경우에는 자신이 원하는 계급을 다른 플레이어에게 노출하게 된다.

퀘이크의 경우도 마찬가지로 현재 레벨을 그냥 탈출하면 목표가 해결되겠지만 결코 쉬운 일이 아니다. 출구를 찾으려면 미로와 같은 장애물을 헤치고 적을 물리치며 나가야 한다. 두 가지 경우 모두 플레이어의 목표와 규칙 및 절차 간의 관계는 플레이어의 행동을 안내하고 제약하면서 충돌이라는 게임의 고유한 요소를 만들어내며, 플레이어는 자신의 취향에 맞게 충돌을 해결해 나간다.

연습 2.5 충돌

축구의 충돌과 포커의 충돌을 비교하고 다른 점을 찾아낸다. 각 게임에서 플레이어를 위한 충돌을 만드는 방법을 설명한다.

경계

두 경험의 다른 유사점으로 명시적으로 설명하진 않지민 게임의 규칙과 목표가 '실제 세계'기 아닌 게임 내에서만 적용된다는 점이 있다. 퀘이크의 경우 3D 공간의 구조가 가상의 경계를 형성하며, 플레이어는 이러한 경계 내에서 기본 코드에 의해 캐릭터를 움직인다.

그림 2.8 경계

그림 2.7 충돌

고 피쉬의 경계는 좀 더 개념적이다. 규칙에서 명확하게 물리적인 경계를 정의하지는 않지만 플레이어는 서로 대화하고 카드를 주고받을 수 있어야 한다. 한편 플레이어들은 개념적으로 함께 게임을 하고 있으며, 카드를 가지고 나가거나 숨긴 카드를 덱에 추가하지 않는다는 사회적 합의를 따른다.

이론가 요한 하위징아(Johan Huizinga)는 개념서인 호모 루덴스(Homo Ludens, 김고 지고 김고)에서 실제 세계의 규칙이 아닌 게임의 규칙이 적용되는 임시 세계이며 게임이 전개되는 물리적 및/또는 개념적 공간을 '마법 서클(magic circle)'이라고 불렀다. 그는 이 책에서 다음과 같이 썼다. "모든 플레이는 실질적 또는 개념적으로 사전에 지정된 운동장에서 이뤄지고 시작된다. 경기장, 카드 테이블, 마법 서클, 사원, 무대, 화면, 그리고 법원 등 모든 공간이 이러한 운동장을 구성하고 움직이며, 특별한 규칙이 적용되는 금지되고, 격리되며, 울타리가 있는 공간을 만들어낸다. 모든 것이 행위 연출을 위해 실제 세계 내에 마련된 임시 세계다."[4]

이러한 경험이 경계라는 요소에 의해 다른 경험과는 구분된다는 것이 게임 구조의 또 다른 특성 중 하나다.

결과

이러한 경험의 마지막 유사점으로 승자/패자와 같이 측정 가능하고 동일하지 않은 결과가 있기는 하지만 모든 규칙과 제약에도 불구하고 경험의 결과는 불확실하다. 예를 들어, 고 피쉬에서는 게임이 끝날 때까지 가장 많은 점수를 올려 목표를 달성하는 플레이어가 승리한다. 퀘이크에서 플레이어는 승리(생존)하거나 패배(죽음)할 수 있다.

게임의 결과가 목표와 다른 점은 모든 플레이어가 목표를 달성할 수는 있지만 실제 게임에서 승리한 플레이어는 체계 내의 다른 요소에 따라 결정될 수 있다는 점이다. 예를 들어, 고 피쉬의 경우 여러 플레이어가 점수를 올리는 목표를 달성할 수 있지만, 동점자가 나오지 않는 한 최고점을 올린 한 명의 플레이어가 게임에서 승리한다. 동점과 같은 특별한 경우는 게임의 규칙에 따라 처리된다.

결과의 불확실성은 플레이어에게 핵심적 동기가 되며, 플레이 중심 프로세스의 중요한 측면이다. 플레이어가 게임의 결과를 예측할 수 있다면 더는 게임을 하지 않을 것이다. 이러한 상황을 종종 경험할 수 있는데, 한 플레이어가 너무 앞선 나머지 다른 플레이어가 도저히 따라잡을 수 없는 상황이 한 예다. 이 경우 모든 참가자가 게임을 끝내는 데 동의하는 것이 보통이다. 체스의 경우 게임을 승리할 수 없는

그림 2.9 결과

상황이 되면 중간에 상대의 승리를 인정하는 경우가 있다.

결말을 알고 있더라도 즐길 수 있는 영화나 책과 달리 게임은 극적인 긴장감을 위해 모든 플레이에서 결과의 불확실성이 필수적이다. 플레이어가 이러한 불확실성을 위해 노력을 투자하면 그 결과로 게임에 대한 만족스러운 결론을 제공하는 것이 게임 디자이너의 몫이다.

형식적 요소

연습 2.1에서 여러분이 설명한 게임에는 여기서 언급하지 않은 특수 장비, 디지털 환경, 복잡한 자원 구조 또는 캐릭터 정의와 같은 다른 요소가 있을 수 있다. 그리고 물론 고 피쉬와 퀘이크에는 고 피쉬의 턴 구조나 퀘이크의 실시간 요소와 같이 여기서 다루지 않은 고유한 요소가 있다. 그러나 여기서 우리가 관심을 두는 요소는 모든 게임에서 공유하며 게임의 핵심을 구성하는 요소들이다.

여러 분야의 많은 학자들이 이 같은 동일한 질문을 다양한 관점에서 연구했다. 그중에서도 충돌, 경제학, 행동 심리학, 사회학, 인류학 측면에 대한 게임의 연구는 가장 많은 영향을 미쳤다. 케이티 살렌과 에릭 짐머만의 저서인 《Rules of Play》(참고 자료 참조)에는 이러한 다양한 관점을 조합한 흥미로운 내용이 있다. 그러나 여기서는 학술적인 내용을 설명하고 용어를 정의하는 것이 목표가 아니고, 유용한 배경 지식과 개념 도구를 소개하고, 게임 디자인의 플레이 중심 프로세스를 설명하는 데 필요한 기본 어휘를 소개하는 것이 목표다.

앞에서 설명한 게임의 고유한 요소는 초보 디자이너가 자신의 디자인 프로세스에서 선택할 수 있는 구조와 형식을 제공하고 플레이테스트 과정에서 발생하는 문제를 이해하는 데 도움이 되므로 반드시 이해하는 것이 중요하다.

다른 예술 형식과 마찬가지로 전통적인 구조를 배우고 마스터하는 이유 중 하나는 대안으로 실험을 할 수 있는 능력을 얻기 위해서다(269쪽 관련 기사에서 실험적 게임인 클라우드 개발에 대한 내용을 참조한다). 우리가 추구하는 게임 업계의 혁신을 위해서는 이러한 기본적인 게임의 요소를 초월하고 게임이라고 하는 경계를 넘나드는 새로운 형식의 상호작용을 연구해야 한다. 이러한 요소는 전통적 게임 체계에서 필수적인 구조라서 이를 게임의 '형식적 요소'라고 한다. 이러한 각 형식적 요소에 대해서는 3장에서 자세하게 살펴보고 이러한 요소의 다양한 조합을 사용해 플레이어의 경험 목표를 달성하는 방법을 알아보겠다.

플레이어 끌어들이기

형식적인 요소가 게임 경험의 구조를 제공한다면 플레이어가 이러한 요소에 의미를 부여하게 하는 것은 무엇일까? 플레이어의 마음을 사로잡는 게임과 잊혀지는 게임이 생기는 이유는 무엇일까? 물론 순수하고 추상적인 도전에 끌리는 플레이어도 있지만 대부분의 플레이어에게는 매력적인 경험과 감성적인 연결 수단이 필요하다. 게임도 역시 하나의 엔터테인먼트 형태이며 지성적, 감성적으로 우리에게 감명을 줄 수 있어야 좋은 엔터테인먼트라고 할 수 있다.

플레이어가 매력적으로 느끼는 요소는 사람마다 다를 수 있으며, 모든 게임에서 이러한 요소를 만들기 위한 정교한 수단이 필요한 것은 아니다. 다음은 플레이어와 게임을 감성적으로 연결할 수 있는 몇 가지 요소다.

도전

앞서 우리는 경험에서 만들어진 충돌을 플레이어가 취향에 맞게 해결해 나간다고 이야기했다. 이러한 충돌은 플레이어에게 도전을 제공하고, 문제를 해결하는 동안 긴장을 조성하며, 다양한 수준의 성취감이나 좌절감을 느끼게 한다. 게임을 진행하는 동안 도전의 강도를 높이면 긴장감을 높일 수 있지만 강도가 너무 심하면 좌절감을 느끼는 원인이 될 수 있다. 반대로 도전 수준이 일정하거나 낮아지면 플레이어는 게임을 마스터했다고 생각하고 흥미를 잃어버린다. 이러한 감성적 반응과 도전의 강도 사이에 균형을 맞추는 것은 플레이어를 게임으로 끌어들이는 데 매우 중요하다.

연습 2.6 도전

가장 어려웠던 게임 세 가지를 나열하고 이 게임이 어려웠던 이유를 설명해본다.

플레이

게임과 플레이 간의 관계는 심오하고 중요하다. 게임 체계에 빠져들려면 이를 플레이해야 하지만 플레이 자체는 게임이 아니다. 케이티 살렌과 에릭 짐머만은 자동차 운전대를 사용한 '자유 플레이'의 예를 들어 '엄격한 구조 안에서 자유로운 움직임'이라고 플레이를 정의했다. "플레이는 체계 안에서 운전대를 움직일 수 있는 정도다. 즉, 자동차 타이어가 움식이기 전까지 운전대를 돌릴 수 있는 정도다. 플레이가 존재할 수 있는 것은 운전이라는 더 실용적인 구조가 존재하기 때문이다."[5] 다소 추상적인 정의지만 엄격한 게임 체계가 플레이어에게 상상력, 환상, 영감, 사회적 기술 또는 다른 자유 형식의 상호작용을 사용해 게임 공간 내에서 목표를 달성하고, 게임을 하며, 게임이 제공하는 도전에 참여하는 기회를 준다는 것을 알 수 있다.

플레이는 체스 국제 선수권 대회장 분위기와 같이 진지할 수도 있고, 퀘이크 토너먼트의 마라톤 플레이처럼 에너지 넘치고 공격적일 수도 있다. 또한 월드 오브 워크래프트와 시티 오브 히어로의 깊이 있는 온라인 환경과 같은 환상의 구현일 수도 있다. 플레이어를 매료시킬 수 있는 플레이 유형을 디자인하고, 여기에 좀 더 엄격한 게임 구조 안에서 약간의 자유 플레이를 위한 자유를 허용하는 것이 플레이어를 게임으로 끌어들이는 데 필요한 핵심이다.

그림 2.10   체스 토너먼트와 멀티 플레이어 퀘이크 토너먼트

퍼즐이란 무엇인가?

스콧 킴(Scott Kim)

스콧 킴은 1990년부터 자신의 회사인 셔플브레인(Shufflebrain)에서 퍼즐 디자이너로 일해왔다. 퍼즐 작품으로는 테트리스 퍼즐, 비쥬얼드, 콜랩스!가 있고 컴퓨터 게임 디자인 작품으로는 헤븐 앤 어스와 옵시디안이 있다. 또한 디스커버지에 퍼즐 칼럼을 연재하고 있으며, 장난감 회사 씽크펀(ThinkFun)을 위해 디자인한 스도쿠 5×5를 비롯해 여러 게임을 디자인했다. 스탠퍼드 대학교에서 음악, 컴퓨터, 그리고 그래픽 디자인 학위를 받았고 여러 곳에서 퍼즐 디자인과 수학 교육에 대한 강의를 하고 있다.

이 기사의 이전 버전은 현재는 문을 닫았지만 보드 게임과 퍼즐을 전문적으로 다루던 더 게임 카페(The Games Cafe) 웹 사이트에 처음 소개됐다.

캐주얼 게임부터 3D 액션 게임까지 퍼즐은 여러 전자 게임의 중요한 부분이다. 웹, 휴대폰, 컴퓨터, 아케이드 또는 콘솔 게임 중 어떤 것을 디자인하든 좋은 퍼즐을 만드는 방법을 알아야 한다. 이 기사에서는 퍼즐이 무엇인지 정의하고, 다른 게임 종류와는 어떻게 다른지 설명하며, 좋은 퍼즐을 디자인하는 방법을 제안한다.

퍼즐이란 무엇인가?

사전에서는 퍼즐을 '재주 또는 노력으로 문제를 해결하면서 재미를 느끼도록 디자인된 장난감이나 도구'라고 정의한다. '나쁜 사용자 인터페이스를 사용한 간단한 작업'이라는 유머러스하지만 통찰력 있는 다른 정의도 있다. 예를 들어, 여러 색의 면이 뒤섞인 루빅 큐브는 모든 면을 같은 색으로 만드는 간단한 작업을 위해 일부로 어렵게 만든 사용자 인터페이스다.

내가 개인적으로 가장 좋아하는 '퍼즐'에 대한 정의는 퍼즐 수집가이자 오랜 친구인 스탠 아이작(Stan Isaacs)과의 대화에서 나온 것이다.

1. 퍼즐은 재미있다.
2. 퍼즐에는 정답이 있다.

첫 번째 정의는 퍼즐이 플레이 양식이라는 것을 말한다. 두 번째 정의는 퍼즐을 게임이나 장난감과 같은 다른 플레이 양식과 차별화한다. 이 용의주도하고 단순한 정의에는 몇 가지 흥미로운 의미가 담겨있다. 예를 들어, 다음의 예는 내가 처음으로 만들었던 퍼즐이다(마틴 가드너가 잡지 게임즈(Games)에서 처음 이에 대한 기사를 썼다). 아래 그림은 알파벳 문자 중 하나를 종이에서 오려내고 한 번 접은 것이다. 일단 L은 아니라는 것을 미리 밝혀 둔다. 어떤 문자일까?

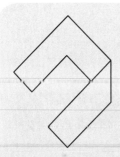

그림 1   어떤 문자를 접으면 이 모양을 만들 수 있을까?

관심이 있다면 잠시 이 퍼즐을 풀어보자. 정답은 이 기사 끝에 있다. 이제 앞서 소개한 퍼즐의 정의가 얼마나 잘 적용되는지 알아보자.

재미있는가?

이 퍼즐을 재미있게 만드는 몇 가지 요소가 있다.

- ✓ **독창적이다**: 퍼즐은 플레이의 한 양식이다. 플레이는 일상 생활의 모든 규칙을 중단하고 실용적이지 않은 일을 할 수 있게 해 준다. 접은 문자에는 분명 실용적인 가치가 전혀 없다. 또한 우리에게 익숙한 것을 독창적으로 변형했는데, 이것은 사람들을 재미로 초대하는 좋은 방법이다.

- ✓ **너무 쉽지도, 너무 어렵지도 않다**: 너무 쉬운 퍼즐은 흥미가 떨어지며 너무 어려운 퍼즐은 힘이 빠지게 한다. 알파벳은 모두 26자이므로 이 퍼즐은 그리 어려운 퍼즐은 아니다. 한편 이 퍼즐은 많은 사람들이 틀릴 만큼 충분히 어렵다. 그러나 처음에는 별로 어렵게 보이지 않기 때문에 흥미를 유발한다.

- ✓ **교묘하다**: 이 퍼즐을 해결하려면 다른 방법으로 그림을 해석해야 한다. 개인적으로 필자는 이처럼 지각적 변화가 필요한 퍼즐을 즐긴다.

그러나 아름다움처럼 재미도 사람마다 다르게 받아들이며, 한 사람에게는 재미있는 것이 다른 사람에게는 고문일 수 있다. 예를 들어, 단어 퍼즐만 좋아하고 시각 퍼즐이나 논리 퍼즐은 거들떠보지도 않는 사람들이 있다. 어떤 사람에게는 너무 쉬운 퍼즐이 다른 사람에게는 너무 어려울 수도 있다. 체스 퍼즐은 체스를 둘 수 있는 사람에게만 흥미로울 것이다. 그래서 퍼즐을 제작할 때 대상 사용자 층의 흥미와 능력에 맞게 퍼즐을 맞춤 구성하는 일을 가장 먼저 한다. 예를 들어, 디스커버 지에 연재하는 퍼즐을 만들 때는 과학과 수학을 테마로 퍼즐을 만든다. 과학 분야에 관심을 가진 사람들과 전문가에게 맞도록 각 퍼즐을 매우 쉬운 것부터 매우 어려운 것까지 몇 개의 질문으로 나눈다. 그리고 예를 들어 각 열에 단어 퍼즐, 시각 퍼즐, 수학 퍼즐을 각기 하나씩 세 개의 퍼즐을 추가해서 다양한 유형의 퍼즐을 선호하는 독자에게 맞는 퍼즐을 만든다.

재미는 주관적인 것이어서 일상적인 문제처럼 보이는 것이 다른 사람에게는 즐거운 퍼즐일 수 있다. 설거지는 허드렛일일까 아니면 게임일까? 누구에게 묻느냐에 따라 다른 대답이 나올 수 있다. 흥미로운 사실은 이 세상의 모든 문제는 아무리 사소해 보이더라도 뛰어들어 해결하려는 사람이 있다는 것이다. 재미가 마음가짐의 문제라면 일을 놀이로 바꾸는 방법을 찾아 우리 생활을 더 즐겁게 만들 수 있다. 학창시절 필자는 필기하는 것을 싫어했다. 그러다가 선생님의 말씀을 단어 그대로 적지 않고 개념을 다이어그램과 만화로 바꾸는 마인드 매핑 기법을 배웠다. 그 뒤로 필기가 더욱 의미 있게 되었을 뿐 아니라 필기하는 일도 단어를 그림으로 바꾸는 흥미로운 게임이 되었다. 반면 아무리 좋은 게임이라도 플레이어가 재미를 느낄 수 없다면 가치가 없는 것이다. 게임 디자이너이자 철학자인 버니 드코벤(Bernie Dekoven)은 저서인 《The Well Played Game》에서 모두가 게임에서 재미를 느낄 수 있게 플레이어가 직접 규칙을 바꾸도록 권장한다. 예를 들어, 체스 고수와 초보자가 겨루는 경우 적은 수의 말로 시작하거나 초보자에게 수를 물리는 기회를 줄 수 있다.

정답이 있는가?

그러면 앞서 소개한 문자 퍼즐에는 정답이 있을까? 답을 보여 주면 대부분의 사람들이 수긍한다는 면에서는 그렇다고 할 수 있지만 사실 이 퍼즐에는 몇 가지 허술한 부분이 있다.

첫째, 문자의 정확한 모양은 다소 주관적인 문제다. 예를 들어, 특이한 모양의 글꼴을 기준으로 하면 다음 모양은 소문자 R이나 대문자 J로 해석될 수 있다

그림 2　이 모양은 R 또는 J일 수 있음

이러한 허점을 이 퍼즐에 활용해 염두에 두고 있는 특정한 알파벳 문자를 보여주는 것도 가능하다.

게다가 정답이 하나가 아니라고 주장하는 것도 가능하다. 다이어그램은 다르게 해석하면 여러 가지 다른 정답이 나올 수 있다. 예를 들어, 다음 모양은 J 또는 G 문자로 해석할 수 있는데 가장자리를 약간 다르게 해석하면 그림 1의 모양을 펴서 만들 수 있다.

ABCDEFGHIJKLM
NOPQRSTUVWXYZ

그림 3　정답에 사용된 글꼴

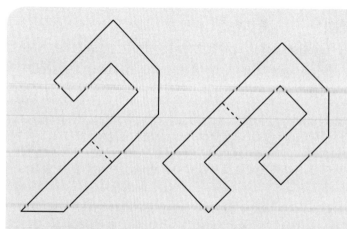

그림 4 그림 1을 꺼는 다른 방법

퍼즐 대 게임

'정답이 있다'라는 정의의 목적은 퍼즐을 게임이나 다른 플레이 활동과 구분하기 위한 것이다. 일부 게임 디자이너들은 퍼즐을 게임의 한 범주로 구분하기도 하지만 필자는 개인적으로 베테랑 게임 디자이너이자 《Chris Crawford on Game Design》의 저자인 크리스 크로포드의 좀 더 구체적인 정의를 선호한다.

이 정의에서는 상호작용이 가장 많은 것에서 가장 적은 것 순으로 플레이 활동을 네 가지로 구분한다.

✔ 게임은 한 플레이어가 승리하는 것이 목표인 역할 기반 체계다. 게임에는 다른 플레이어의 행동을 인식하고 대응하는 상대편 플레이어가 있다. 게임과 퍼즐의 메커니즘은 크게 다르지 않기 때문에 퍼즐이나 육상 경기를 어렵지 않게 게임으로 만들거나 그 반대도 가능하다.

✔ 퍼즐도 게임과 마찬가지로 규칙 기반 체계지만 상대편을 물리치는 것이 아니라 해결책을 찾는 것이 목표다. 게임과는 달리 퍼즐은 재플레이 가치가 적다.

✔ 장난감은 퍼즐과 마찬가지로 가지고 놀기 위한 것이지만 고정된 목표가 없다.

✔ 이야기는 장난감과 마찬가지로 판타지 플레이를 포함하지만 플레이어가 바꾸거나 가지고 놀 수 없다.

컴퓨터 엔터테인먼트 소프트웨어의 영역을 예로 들면 다음과 같다.

✔ 퀘이크는 퍼즐을 약간 포함하는 게임이다.

✔ 요절복통 기계는 퍼즐 제작을 위한 장난감과 비슷한 제작 세트를 포함하는 일련의 퍼즐이다.

✔ 심시티는 플레이어가 자신의 목표를 설정할 수 있는 장난감이다.

✔ 미스트는 부분적으로 퍼즐을 통해 전개되는 이야기다.

앞에서 나온 계층을 통해 퍼즐 디자이너를 위한 유용한 원칙을 세울 수 있다. 좋은 퍼즐을 디자인하려면 먼저 좋은 장난감을 만들어야 한다는 것이다. 그러면 플레이어가 해결책에 도달하기 전에 퍼즐을 조작하는

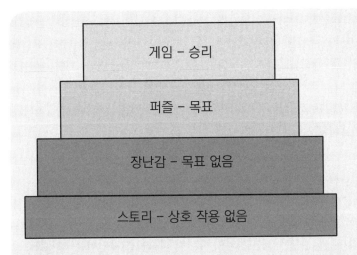

게임 – 승리

퍼즐 – 목표

장난감 – 목표 없음

스토리 – 상호 작용 없음

그림 5 플레이의 네 가지 종류,
모두 전 단계에 기반을 둔다.

동안에도 재미를 느낄 수 있게 된다.

예를 들어, 액션 퍼즐 게임 테트리스의 경우, 플레이어는 목표를 이해하지 못해도 블록을 회전하고 조작하면서 재미를 느낄 수 있다. 카드 게임 솔리테어는 게임과 퍼즐을 조합한 흥미로운 예다. 일반적으로 솔리테어를 싱글 플레이어 게임이라고 생각하지만 사실 덱마다 명확한 해결책이 없을 수도 있다는 점에서 퍼즐이라고도 할 수 있다. 카드를 섞는 것은 무작위로 새 퍼즐을 생성하는 방법이다. 퍼즐의 정답이라는 관점에서 고려해야 하는 다른 유형의 퍼즐에는 일반상식 게임(상식에 대한 지식이 필요), 민첩성 퍼즐(스포츠로 분류할 수 있음), 확률이 적용되는 게임(플레이어가 결과를 완벽하게 제어할 수 없음), 그리고 설문에 바탕을 둔 질문(정답 여부가 다른 사람들의 의견에 따라 결정됨)이 있다.

퍼즐 디자인

다음은 좋은 퍼즐을 디자인하는 몇 가지 팁이다.

첫째, 퍼즐 디자인에는 레벨 디자인과 규칙 디자인의 두 가지 측면이 있다. 레벨 디자인은 고정된 규칙의 집합 내에서 특정 퍼즐 구성을 만드는 것이다. 예를 들어, 십자말풀이 퍼즐은 레벨 디자인의 한 형식이다. 이 경우, 특정한 난이도 수준에 맞게 조정된 드라마와 일관성이라는 분명한 감각을 가지고 퍼즐을 제작하는 것이 레벨 디자이너의 과제다.

퍼즐 디자인의 다른 종류는 규칙 디자인이며, 퍼즐의 전체적인 규칙, 목표 및 형식을 발명하는 것이다. 예를 들어, 에르노 루빅(Erno Rubik)은 루빅 큐브를 발명한 규칙 디자이너다. 규칙 세트에는 스도쿠와 같이 수천 가지 퍼즐을 만들 수 있는 재사용 가능한 형식이 있고, 고유한 한 가지 퍼즐만 만들 수 있는 규칙이 있다. 일반적으로 규칙 디자인이 레벨 디자인보다 어렵다.

둘째, 퍼즐 디자인에는 플레이어가 흥미를 가지고 흐름에 도전하도록 유지해야 하는 목표가 있으며, 이 목표는 기본적으로 게임 디자인과 동일한 것이다. 즉, 매력적인 목표로 플레이어의 흥미를 유발하고, 매끄럽고 흥미로운 방법으로 규칙을 가르치며, 집중할 수 있게 게임플레이 중에 피드백을 제공하고, 완료되면 적절한 보상을 한다.

마지막으로, 창의성을 발휘하자. 지금까지 본 퍼즐을 흉내 내는 것에서 그치지 말자. 앞으로 발명할 수 있는 퍼즐의 종류는 무한하며 노래, 영화, 이야기처럼 퍼즐도 다양한 양식으로 표현할 수 있다. 다른 컴퓨터 게임에서 벗어나서 퍼즐 서적, 미스터리 이야기, 물리적 퍼즐, 과학, 수학 등 상상력을 자극할 수 있는 모든 시도를 해보자.

연습: 퍼즐 고안하기

오늘 신문의 헤드라인에서 얻은 힌트로 컴퓨터 기반 퍼즐을 고안해보자. 먼저 규칙을 고안하고 쉬운 레벨과 어려운 레벨의 최소 두 가지 레벨을 제작한다. 이 연습은 액션 게임이 아니라 퍼즐을 디자인하는 것이므로 퍼즐에 대한 정확하게 정의된 해결책이 있어야 한다.

퍼즐의 종이 프로토타입을 제대로 제작하고 다른 사람들과 테스트한다. 퍼즐의 목표와 규칙, 그리고 플레이어가 행동을 제어하는 방법을 설명한다. 테스터가 퍼즐에 흥미를 보이는지, 어떤 부분에서 어려워하거나 혼란스러워하는지, 더 나은 게임으로 만들려면 퍼즐이나 규칙을 어떻게 변경해야 하는지 알아본다.

문자 퍼즐의 정답

정답: F

전제

게임에 몰입하게 하는 기본적인 한 방법은 형식적 요소에 맥락이 되는 중요한 전제를 제공하는 것이다. 예를 들어, 모노폴리의 전제는 부동산 거물이 되어 전 세계의 주요 부동산을 구입, 판매, 개발하고 게임에서 가장 큰 부자가 되는 것이다. 이 전제는 게임이 개발된 대공황 시기에 경제적으로 어려웠던 사람들에게 상당히 매력적으로 다가왔다. 이 게임은 아직도 가장 인기 있는 게임 중 하나인데, 그 이유 중 하나가 바로 전제가 매력적이기 때문이다. 플레이어들은 돈이 많은 부동산 거물이 되는 환상을 즐긴다.

디지털 게임의 경우 좀 더 정교한 전제가 많이 사용된다. 앞서 퀘이크의 예의 경우, 폭력적이고 군사적 이미지로 가득 찬 몰입도 높은 환경 안에서 게임플레이가 이뤄진다. 월드 오브 워크래프트의 전제는 플레이어가 퀘스트와 모험으로 가득 찬 판타지 세계의 캐릭터가 되는 것이다. 전제의 기본적인 효과는 게임 내 플레이어의 선택에 맥락을 제공하는 것이지만 형식적 요소와의 상호작용을 통해 플레이어를 감성적으로 연결하는 강력한 도구이기도 하다.

게임 리스크, 클루, 피트, 그리고 기타 히어로의 전제는 무엇인가? 이러한 게임을 잘 모르는 경우 익숙한 게임을 선택한다.

캐릭터

최근 25년 동안 게임에서 몰입을 위한 잠재적인 도구로 개발된 것이 캐릭터 개념이다. 전통적인 스토리텔링에서 캐릭터는 극적인 이야기를 전달하기 위한 대리인 역할을 하는데, 이와 비슷하게 게임에서는 플레이어가 캐릭터의 처한 상황에 공감하게 하고 플레이어를 대신해서 게임의 세계에 참여하는 역할을 한다. 또한 게임의 캐릭터는 플레이어 참여를 위

그림 2.12 마리오의 변화 과정

한 대리자이며, 디자이너가 만들고 조율하는 상황과 충돌을 경험하기 위한 진입점이다. 캐릭터는 게임에서 극적 몰입을 위한 유용한 도구이며, 특히 다양한 디지털 게임에서 이 가능성을 활용했다.

스토리

마지막으로, 일부 게임에서는 형식적 요소에 대한 스토리의 힘을 통해 플레이어를 감성적으로 끌어들인다. 스토리는 서술적인 특성이 있다는 면에서 전제와는 다르다. 전제는 처음 그대로 유지되지만 스토리는 게임 내에서 전개된다. 스토리를 게임플레이에 통합하는 데 대해서는 많은 질문이 있고 지금도 논의가 이뤄지고 있다. 예를 들어, 적당한 스토리의 분량은 어느 정도인지, 게임플레이에 따라 스토리가 바뀌어야 하는지, 아니면 스토리에 따라 게임플레이가 정해져야 하는지 등과 같은 질문이 있다. 이러한 질문에 답하기는 어렵지만 스토리를 플레이에 통합해서 강력한 감성적 몰입을 구현할 수 있다는 점은 플레이어와 디자이너의 관점에서 모두 분명하다.

그림 2.11 모노폴리

연습 2.8: 스토리

게임 안에서 감명을 받은 스토리가 있었는지 이야기해 보자. 감성적인 것이었는지 아니면 상상력을 자극하는 것이었는지 말해보고 감명을 받은 이유를 말해보자.

극적 요소

37쪽의 연습 2.1에서 선택한 게임의 디자인에는 분명히 앞서 설명한 요소가 하나 이상 포함돼 있을 것이다. 이처럼 형식적 요소에 대한 극적 맥락을 만들어 플레이어를 감성적으로 끌어들이는 요소를 '극적 요소'라고 한다. 4장(105쪽)에서 이러한 각 요소를 자세하게 살펴보고 극적 요소를 사용해 플레이어를 위한 깊이 있는 게임플레이 경험을 만드는 방법을 설명할 것이다.

모든 부분의 합

여러분이 게임 설명이나 앞서 고 피쉬와 싱글 플레이어 퀘이크의 예에서 곧바로 알 수 없는 사항 중 하나는 우리가 설명한 각 요소의 깊이가 다른 요소에 의존적이라는 사실이다. 게임은 체계이며, 체계는 서로 연결되어 복잡한 전체를 구성하는 상호 연결된 요소의 집합이기 때문이다.

하나의 체계로서 게임에 대해 고려할 때 알아야 하는 중요한 개념으로, 전체는 모든 부분의 합보다 크다는 오래된 사실이 있다. 이것이 의미하는 바는

그림 2.13　파이널 판타지 VIII - 극적 이야기 요소

체계란 요소의 연관성 때문에 실제 작동하기 시작하면 새로운 차원으로 확장된다는 것이다. 예를 들어, 여러분이 잘 알고 있는 체계 중에서 자동차 엔진을 생각해 보자. 물리적 구성과 부품을 살펴보면 엔진의 특성을 이해할 수 있다. 또한, 엔진의 기능을 이해할 수 있고, 심지어 다른 부품과의 상호작용에서 어떻게 작동할지도 예상할 수 있다. 그러나 체계가 작동하기 전에는 엔진의 전체적인 중요한 특성, 즉 동력의 생산 과정을 관찰할 수 없다. 이러한 특성은 일단 체계가 작동하기 시작하면 모든 부품의 상호작용을 통해 드러난다.

게임 체계도 이와 거의 같다. 지금까지 설명한 모든 요소는 가능성을 형성하며, 게임이 플레이되기 전까지는 초기 상태로 유지된다. 플레이를 통해 드러나는 사항은 각 요소를 따로 살펴보는 방법으로는 예측할 수 없다. 게임 디자이너는 게임 체계를 개별 요소로서뿐만 아니라 전체로 볼 수 있어야 한다. 5장에서는 게임을 동적 체계로서 살펴보며, 자신의 게임에서 체계 요소를 사용할 때 알아야 할 몇 가지 핵심 개념을 설명한다.

게임의 정의

지금까지 게임의 다양한 측면을 알아봤으며, 이제는 이 장을 시작할 때 제시한 질문이었던 게임이란 무엇이며, 고 피쉬나 퀘이크 또는 다른 게임을 게임이라고 말하는 이유를 답할 수 있게 됐다.

게임은 형식적 요소로 구성되는 구조이며, 플레이어를 감성적으로 끌어들이는 극적 요소도 있다고 이야기했다. 또 게임은 요소들이 함께 작동해서 전체를 만드는 동적 체계라고 했다. 이전에 설명한 가장 중요한 요소를 이용해 게임을 더 자세하게 정의하는 것도 가능하다.

경계에 대해 이야기할 때 물리적 경계아 개념적 경계를 이야기했는데, 이것은 대부분의 게임에서 이러한 경계만 규칙으로 다루기 때문이다. 생활과 게임 간의 감성적 경계에 대해서는 이야기하지 않았다. 게임을 플레이할 때는 생활의 규칙을 잠시 제쳐 두고 게임의 규칙을 따르기 시작한다. 반대로 게임 플레이를 마치면 게임에서 일어난 사건과 결과는 잊고 일상 생활로 돌아온다. 게임 안에서는 친한 친구를 죽이거나 반대로 친구가 여러분을 죽일 수도 있지만 이것은 게임 안에서의 이야기이며, 게임 밖에는 아무런 영향을 주지 않는다. 말하자면 게임 체계는 실제 세계와는 분리된 닫힌 세계다.

게임은 게임을 구성하는 형식적 요소에 의해 게임이라고 정의되는 형식적 체계라고 했다. 또한 이러한 요소가 연관되는 것을 보여주는 것이 게임의 정의에서 핵심이며, 게임이 체계라는 개념도 설명했다. 즉, 게임에 대해 확실하게 말할 수 있는 것은 게임이 단혀 있는 형식적 체계라는 것이다.

게임은 플레이어를 위한 것이며, 플레이어를 끌어들이는 것이 목적이라고 했다. 플레이어가 없다면 게임은 존재할 이유가 없다. 게임이 플레이어를 끌어들이는 방법은 게임의 형식적 요소와 극적 요소로 구성된 충돌을 이용하거나 목표 달성을 어렵게 만드는 규칙과 절차를 따르면서 목표를 달성하도록 플레이어에게 도전을 제시하는 것이다. 이러한 도전은 싱글 플레이어 게임에서는 체계 자체가 제시하며, 멀티 플레이어 게임에서는 체계나 다른 플레이어 또는 둘 모두가 제시한다. 따라서 게임의 정의에 추가할 수 있는 두 번째 설명은 게임이 구조화된 충돌로 플레이어를 끌어들인다는 것이다.

마지막으로, 게임은 불확실성을 동일하지 않은 결과로 해결한다. 게임 플레이는 근본적으로 불확실하다. 그러나 이러한 불확실성의 끝에서는 승자를 선언해서 보상한다. 게임은 모두가 평등하다는 것을 증명하기 위해 디자인된 경험은 아니다. 게임의 체계는 극대 방대하며, 일부 게임은 결론이나 결과라는 개념을 명확하게 제공하지 않는다. 그러나 월드 오브 워크래프트처럼 끝이 없는 게임이나 심즈 같이 특정한 목적이 없는 게임의 경우도 플레이어에게 해결의 순간과 측정 가능한 달성이라는 개념을 제공한다.

이러한 개념을 모두 정리해서 게임의 본질에 대한 다음과 같은 결론을 내릴 수 있다. 게임의 본질은 다음과 같다.

✓ 게임은 닫힌 형식적 체계다.
✓ 게임은 구조적 충돌로 플레이어를 끌어들인다.
✓ 게임은 불확실성을 동일하지 않은 결과로 해결한다.

정의를 벗어나는 게임

이제 게임을 정의한 후 가장 먼저 할 일은 정의를 벗어나는 것을 알아보는 것이다. 우리가 게임이라고 말하는 개념의 경계에 존재하는 가능성의 영역이 있다. 월드 오브 워크래프트와 같은 온라인 환경이나 심즈와 같은 시뮬레이션에 대해서는 이미 언급했지만 이 밖에도 '진지한 게임'이 있으며 다르푸르 이즈 다잉(Darfur is Dying)이 한 예다. 이 게임은 2003년 수단 다르푸르에서 발생한 대학살을 다룬 게임으로

그림 2.14 다르푸르 이즈 다잉

서, 테러리즘에 대한 군사적 대응의 무의미함이라는 진지한 테마를 게임의 형식적 요소와 극적 요소로 가공해 플레이어들을 이러한 테마로 끌어들였다. 일부는 이를 게임이 아니라고 말하기도 하지만 이러한 시도와 다른 실험적인 게임 디자인을 통해 새로운 플레이와 상호작용의 양식을 발견할 수 있을 것이다.

연습 2.9 배운 내용 적용하기

이 연습을 하려면 종이 한 장, 펜 두 개, 그리고 플레이어 두 명이 필요하다. 잠시 시간을 투자해서 이 간단한 게임을 해 보자.[6]

1. 종이에 임의로 점 세 개를 찍는다. 먼저 시작할 플레이어를 선택한다.
2. 첫째 플레이어가 한 점에서 다른 점을 잇는 선을 그린다.
3. 그리고 이 플레이어가 이 선 위의 임의의 위치에 새 점을 찍는다.
4. 둘째 플레이어도 선과 점을 그린다.
   • 새 선은 한 점을 다른 점과 연결해야 하며, 한 점에는 선을 세 개까지만 연결할 수 있다.
   • 새 선은 다른 선을 가로지를 수 없다.

- 새 점은 새 선 위에 찍어야 한다.
- 선이 원래의 점으로 돌아갈 수 있지만 "한 점은 선을 세 개까지만 연결할 수 있음" 규칙을 어기지 않아야 한다.

5. 한 플레이어가 더 이상 움직일 수 없을 때까지 한 턴씩 진행한다. 마지막으로 움직인 플레이어가 승자가 된다.

이 게임의 형식적 요소를 이야기해보자.

- ✓ 플레이어: 플레이어 수, 특별한 지식이나 역할 등 요구사항이 있는지 여부
- ✓ 목표: 게임의 목표
- ✓ 절차: 게임에 필요한 행동
- ✓ 규칙: 플레이어의 동작에 대한 제한, 행동에 대한 규칙 나열
- ✓ 충돌: 이 게임에서 충돌이 발생하는 원인
- ✓ 경계: 게임의 경계가 물리적인지 또는 개념적인지 설명
- ✓ 결과: 게임의 가능한 결과를 나열하고, 게임에 극적 요소가 있다면 이를 설명
- ✓ 도전: 이 게임에서 도전을 유발하는 요소를 설명
- ✓ 플레이: 게임의 규칙에 맞게 플레이하는 것이 이치에 맞는지 여부를 설명
- ✓ 전제/캐릭터/이야기: 이에 해당하는 요소가 있는지 설명

게임 경험에 추가할 수 있는 극적 요소의 종류를 설명해 본다.

결론

결론에 이르기는 했지만 아직 게임의 절대적인 본질에 대한 완벽한 결론을 얻지는 못했다. 실제로 차세대 게임 디자이너들이 전통적인 게임의 정의를 벗어난 부분을 연구하고 새로운 영역을 개척하기를 바란다는 이야기도 했다. 우리가 알아본 구조의 영역은 디자인 프로세스에서 중요하므로 확실하게 이해해야 한다. 명확하게 다루지 않은 영역도 그만큼 흥미로운데, 여러분이 직접 흥미롭고 고무적인 게임의 측면에 대해 생각해 보길 바란다.

이 분류 연습의 목표는 시작점을 마련하는 것이며, 디자이너로서 여러분을 제한하려는 것이 아니다. 그렇긴 해도 용어는 중요하다. 통일된 용어가 없다는 것은 현재 게임 업계가 처한 가장 큰 문제 중 하나다. 여기서 소개한 용어도 하나의 제안일 뿐이지만 이 책 전체에서 일관적으로 사용해 여러분이 디자인 프로세스를 진행하면서 동료들과 토론하며 디자인을 평가 및 비평하기 위한 공통의 언어를 제공하게 했다.

이 프로세스에 대한 경험을 쌓은 후에 기존의 한계를 초월한 게임을 만드는 것은 여러분의 몫이다. 이 책에서 설명하는 내용을 게임 디자인의 세계를 탐험하기 위한 시작점으로 활용하고 틀을 벗어난 게임을 디자인해서 플레이어가 상상하지 못했던 세계로 안내하길 바란다.

디자이너 관점: 아메리칸 맥기(American McGee)

크리에이티브 디렉터, Spicy Horse Games

아메리칸 맥기는 게임 디자이너이자 기업가로서 이드 소프트웨어(id Software)에서 둠 II(1994), 퀘이크(1996), 그리고 퀘이크 II(1997)와 같은 게임의 레벨을 만들면서 커리어를 시작했다. 이후에는 아메리칸 맥기의 앨리스(2000), 아메리칸 맥기의 스크랩랜드(2004), 아메리칸 맥기의 배드데이 LA(2006), 그리고 그림(2008)과 같은 자신의 게임을 디자인했다.

게임 업계에 진출한 계기

저는 원래 텍사스 메스키트에서 자동차 수리공으로 일했습니다. 그런데 우리 동네에 이드 소프트웨어 사장인 존 카맥(John Carmack)이 살았죠. 존 덕분에 이드 소프트웨어에서 몇 달 동안 베타 테스터를 했는데, 얼마 후에 존이 기술 지원 일자리를 만들어주었습니다. 고객의 전화를 받는 동안 내부 디자인 도구를 사용해 볼 기회가 있었고, 어느 새부터 저는 둠 II의 콘텐츠를 만들고 있었습니다. 나머지는 다들 아시는 대로입니다.

가장 좋아하는 게임

끝없는 세계, 살아 있는 환경, 그리고 개방되고 무한한 환경을 제공하는 게임에 끌립니다. 언젠가는 새로운 게임플레이가 '비디오 게임'의 개념을 벗어나서 우리가 결정하는 것이 게임플레이가 되는 가상 현실이 구현되길 기대합니다.

영감

모든 게임에서 어떤 형태로든 영감을 얻습니다. 3인칭 자동 카메라에 대한 정교한 솔루션이나 수준이 한참 떨어지는 운전 물리 시스템까지 실수에서도 배울 것이 있습니다.

디자인 프로세스

저에게 게임 디자인은 공동 작업이고 반복적인 프로세스입니다. 디자인 초기에 아트 디렉터가 비주얼을 스케치하는 동안 저는 이야기에 집중합니다. 함께 캐릭터와 환경에 살을 붙이고 간단한 게임 개념을 만듭니다. 우리가 아는 것을 바탕으로, 높게 평가하는 게임 아이디어와 다른 매체에서 수집한 자료를 활용합니다. 초기의 개념은 상당히 난잡하고 혼란스럽기까지 합니다. 이 아이디어들을 정제해서 활용 가능한 개념, 게임 메커니즘, 이야기, 아트 스타일, 그리고 창조적 요소로 만듭니다. 이 단계를 완료하는 데는 몇 달이 걸리지만 아주 재미있고 흥미로운 과정입니다.

간단한 디자인 해결책

어려운 문제가 있었다기보다는 간단하게 만들어야 하는 어려운 해결책이 있었습니다. 가령 3인칭 PC 액션 게임을 잘 모르는 사람을 위한 '점프 퍼즐'의 아이디어가 필요한 경우가 있었습니다. 앨리스에서 점프를 자동으로 처리하는 방법이 필요했던 상황인데, 결국에는 앨리스가 점프 후에 이동할 지역에 앨리스의 발 모양을 2D 이미지로 투영하는 아이디어로 해결할 수 있었습니다. 점프 퍼즐에 익숙하지 않은 플레이어도 이해하기 쉬운 정교한 방법이었습니다.

디자이너에게 하고 싶은 조언

게임을 생각하기보다는 엔터테인먼트를 생각해야 합니다. 이 업계에서는 이제 게임 상품에만 집중하지 말고 전체 그림을 고려할 필요가 있습니다. 디자인할 때는 장난감, 책, 영화, 사운드트랙, 의상, 그리고 그 밖에 상상할 수 있는 모든 프랜차이즈 상품을 디자인해야 합니다. 또한 이러한 상품을 자신이나 자신의 팀이 아닌 대상 사용자 층을 위해 디자인해야 합니다. 게임은 이제 더는 디자이너 대 플레이어의 관계가 아니라 아이디어 대 시장의 관계가 되었습니다. 여기에 "작게, 다르게, 그리고 온라인으로 생각하라"라는 말을 덧붙이고 싶습니다. 다행스럽게 현재의 시장은 그 어느 때보다 새로운 아이디어를 잘 수용합니다.

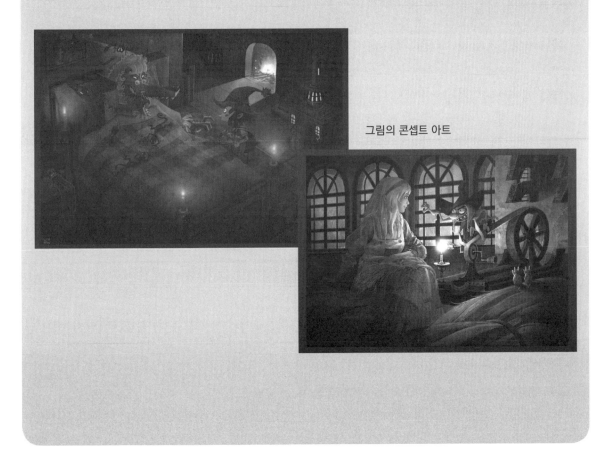

그림의 콘셉트 아트

디자이너 관점: 샌디 패터슨(Sandy Petersen)

디자이너, 앙상블 스튜디오

샌디 패터슨은 둠(1993), 둠 II(1994), 퀘이크(1996), 에이지 오브 엠파이어(1997), AOE: 라이즈 오브 로마(1998), AOE: 에이지 오브 킹스(1999), AOE: 컨커러(2000), 에이지 오브 미솔로지(2002), AOM: 더 타이탄(2003), 에이지 오브 엠파이어 III(2005)를 포함한 컴퓨터 게임과 H.P. Lovecraft의 작품에 바탕을 둔 롤플레잉 게임 콜 오브 크툴루(1981)를 포함한 다양한 작품을 디자인한 게임 디자이너이다.

게임 업계에 진출한 계기

어쩌다 보니 그렇게 되었습니다. 대학 학비를 벌기 위해 게임 회사에서 조판하는 일을 했었는데 말하자면 취미가 직업이 된 경우입니다.

가장 좋아하는 게임

- ✓ **콘트랙트 브리지**: 타의 추종을 불허하는 최고의 카드 게임입니다. 게임을 잘하는 여러 가지 방법이 있기 때문에 고수마다 개성을 가질 수 있고 다양한 스타일을 구상할 수 있습니다.
- ✓ **코스믹 인카운터**: 플레이어마다 다른 능력을 가지는 개념을 처음으로 적용한 게임입니다. 컴퓨터 게임 (예: 문명)에서는 주축이 되었지만 코스믹 인카운터는 간단하면서도 자동으로 밸런스를 맞추는 체계를 가지고 있으며 이 개념을 가장 잘 사용한 게임입니다.
- ✓ **월드 인 플레임 5판**: 이 거대한 복고풍 스타일의 전쟁 게임은 매년 제2차 세계대전을 다시 플레이하게 만드는 깊은 매력이 있습니다. 더는 말이 필요 없는 게임입니다.
- ✓ **문명(보드 게임)**: 문명은 경제를 전면에 내세우고 성공적으로 구현한 흔치 않은 게임입니다. 문명에서 모든 결정은 경제에 긍정적 또는 부정적 영향을 미치며 카드 교환은 신나는 경험입니다.
- ✓ **룬퀘스트**: 룬퀘스트는 제가 가장 좋아하는 롤플레잉 게임입니다. 눈치 빠른 독자라면 아마도 제가 가장 좋아하는 게임 다섯 가지가 모두 컴퓨터 게임이 아니라는 것을 알아챘을 것입니다. 적기 전까지는 저도 몰랐던 사실인데 우연의 일치는 아닌 것 같습니다.

디자이너에게 하고 싶은 조언

컴퓨터 게임뿐 아니라 모든 종류의 게임을 접하길 권하고 싶습니다.

참고 자료

* The Well-Played Game: A Playful Path to Wholeness - Bernie DeKoven, 2002.

* Homo Ludens: A Study of the Play Element in Culture - Johan Huizinga, 1955.

* Rules of Play: Game Design Fundamentals - Katie Salen, Eric Zimmerman, 2004.

* The Grasshopper: Games, Life and, Utopia - Bernard Suits, 1990.

* The Ambiguity of Play - Brian Sutton-Smith, 1997.

주석

1. 싱글 플레이어와 멀티 플레이어 퀘이크는 완전히 다른 게임이라고 보거나 적어도 매우 다른 플레이어 경험을 제공한다고 할 수 있다. 이 책에서는 멀티 플레이어 카드 게임인 고 피쉬와 명확한 대조를 위해 싱글 플레이어 버전을 선택했다.

2. The Grasshopper: Games, Life and Utopia – Bernard Suits, 1990, 23쪽.

3. 같은 책, 38쪽

4. Homo Ludens: A Study of the Play Element in Culture – Johan Huizinga, 1955, 10쪽.

5. Rules of Play: Game Design Fundamentals – Katie Salen, Eric Zimmerman, 2004, 304쪽.

6. Conway, John and Pafterson, Mike. Sprouts, 1967.

3장

형식적 요소를 사용한 작업

연습 3.1 : 진 러미(Gin Rummy)

고전 카드 게임인 진 러미를 사용해 보자(이 게임을 모르는 경우 인터넷에서 규칙을 찾아본다).

진 러미는 가져오기와 버리기의 두 가지 기본 절차로 진행된다. 먼저 버리기 절차를 없애고 게임을 플레이해 보자. 어떤 일이 일어나는가?

다음에는 버리기와 가져오기 절차를 모두 없애고 게임을 플레이해 보자. 게임에서 무엇이 빠졌는가?

가져오기와 버리기 절차를 다시 추가하고, 이번에는 상대편이 일치하지 않는 카드를 '해고'해서 노크한 사람의 세트를 확장하는 규칙을 없애고 플레이해 보자. 이렇게 변경해도 게임을 플레이할 수 있는가?

이번에는 다시 원래 규칙으로 돌아와서 게임의 목표를 없애고 다시 플레이해 보자. 이번에는 어떤 일이 일어나는가?

이 연습을 통해 게임의 형식적 요소에 대해 알 수 있는 것은 무엇인가?

형식적 요소는 지금까지 이야기한 것처럼 게임의 구조를 이루는 요소이며, 이것이 없으면 게임은 더는 게임이 아니게 된다. 이 장을 시작하는 연습에서 확인했듯이 목표가 없는 게임이나 규칙 또는 절차가 없는 게임은 게임이 아니다. 플레이어, 목표, 절차, 규칙, 자원, 충돌, 경계 및 결과는 모두 게임의 필수 요소이며, 이들의 삼재석인 상호 관계를 제대로 이해하는 것이 게임 디자인의 기본이다.

이러한 기본 원칙을 이해한 다음에는 이 지식을 이용해 여러분의 게임을 위한 혁신적인 조합과 새로운 종류의 게임플레이를 만들 수 있다. 이 장에서는 2장에서 논의한 각 형식적 요소에 대해 자세히 살펴보고 기존 게임을 분석하거나 자신의 게임에 대한 디자인 결정을 내리는 데 도움이 되는 개념적 도구를 소개할 것이다.

플레이어

게임은 플레이어를 위해 디자인된 경험이며, 플레이어는 게임을 하기 위해 자발적으로 규칙과 제약을 수용해야 한다고 했다. 플레이어가 플레이에 대한 초대를 받아들이면 2장에서 설명한 하위징아의 '마법 서클'로 들어가게 된다. 그리고 이 마법 서클 안에서는 게임의 규칙이 힘과 잠재력을 갖게 된다. 플레이 규칙 안에서 우리는 평상시라면 하지 않을 행동도 할 수 있지만 불가능한 상황, 희생, 그리고 힘든 결정을 내리는 것처럼 원하지만 기회가 없었던 행동도 할 수 있다. 이상하고 역설적이기도 하지만 이렇게 제한적이고 구속력을 가지는 것이 게임 규칙이며, 마법 서클이라는 안전한 영역 내에서 작동하면 불가사의한 플레이라는 기회를 만들어낸다.

플레이로의 초대

그림의 틀이나 연극의 무대, 영화의 스크린에서 볼 수 있듯이 다른 예술 형태도 임시적 세계를 만든다. 이러한 세계로 입장할 때는 조명을 끄거나 커튼을 젖히는 것과 같이 알아볼 수 있는 신호가 있으며, 게임에서는 플레이로의 초대가 여기에 해당한다. 게임에서 가장 중요한 순간이 바로 초대다. 보드 게임이나 카드 게임의 경우, 초대는 플레이어가 다른 플레이어를 초대하는 사회적 동작이다. 이 초대에 응하면 게임이 시작된다. 디지털 게임에서는 프로세스가 더욱 기술적이며, 일반적으로 시작 버튼이나 시작 화면이 사용된다. 좀 더 감각적인 초대를 구현하기 위해 많은 노력을 투자한 게임도 있다. 가장 좋은 예로 기타 히어로의 컨트롤러가 있다. 작은 기타처럼 생긴 이 컨트롤러를 목에 걸면 갑자기 기타 연주자처럼 행동할 수 있는 특권이 생긴다. 단순히 게임

그림 3.1 에버퀘스트 컨벤션에서 코스튬 의상을 입은 플레이어들

을 하는 것이 아니라 게임의 환상을 즐기는 것이다. 이렇게 플레이로의 초대를 만들고 대상 사용자 층에 감각적으로 어필하는 것은 플레이 중심 디자인의 중요한 부분이다.

플레이어가 게임에 관심을 갖게 하려면 매력적인 초대를 만들어야 한다는 것은 당연해 보일 수 있다. 그러나 게임의 플레이어에 대해 결정해야 하는 다른 사항들이 있다. 예를 들어, 플레이어의 참여를 어떻게 구성해야 할까? 게임에 얼마나 많은 플레이어가 필요한가? 게임이 얼마나 많은 플레이어를 지원할 수 있는가? 플레이어마다 다른 역할을 가지는가? 이들은 서로 경쟁, 협력 또는 둘 다하는가? 이러한 질문의 답에 따라 전체적인 플레이어 경험이 좌우된다. 이러한 질문에 답하려면 플레이어 경험의 목표를 다시 돌아보고 목표를 지원하기 위해 어떤 구조가 필요한지 생각해야 한다.

플레이어 수

한 명이 참여하도록 디자인된 게임은 두 명, 네 명 또는 10,000명이 참여하도록 디자인된 게임과는 근본적으로 다르다. 또한 특정한 수의 플레이어를 지원하는 게임에는 다양한 수의 플레이어를 지원하는 게임과 다른 고려 사항이 적용된다.

솔리테어와 틱-택-토는 특정 수의 플레이어가 필요한 게임이다. 솔리테어는 이름이 의미하듯이 한 명의 플레이어만 지원하며, 틱-택-토는 정확하게 두 명의 플레이어가 필요하다. 플레이어의 수가 맞지 않으면 체계가 작동하지 않는다. 싱글 플레이어 디지털 게임 중에는 단일 플레이어만 지원하는 게임이 많은데, 이러한 게임은 솔리테어와 마찬가지로 플레이어가 게임 체계와 겨루도록 구성돼 있기 때문이다.

반면 다양한 수의 플레이어가 참여하도록 디자인된 게임도 있다. 파치시는 2~4명을 지원하며 모노폴리는 2~8명을 지원한다. 에버퀘스트나 월드 오브 워크래프트 같은 MMORPG는 수만 명까지 다양한 수의 플레이어를 지원하도록 디자인됐지만 에버퀘스트의 세계에 플레이어가 혼자만 있는 것도 가능하며 이 경우에도 체계의 형식적 요소가 대부분 여전히 작동한다.

연습 3.2 3인용 틱-택-토

세 명의 플레이어를 위한 틱-택-토 버전을 만들어보자. 이를 위해서는 보드의 크기나 게임의 다른 요소를 바꿔야 할 수 있다.

플레이어의 역할

대부분의 게임에서는 모든 플레이어의 역할이 동일하다. 예를 들어, 체스와 모노폴리에서는 모든 플레이어가 한 가지 역할을 맡는다. 일부 게임에서는 플레이어가 두 가지 이상의 역할 가운데 원하는 역할을 선택할 수 있다. 마스터마인드의 경우, 한 플레이어가 코드 작성자가 되고 다른 플레이어가 코드 해결사가 될 수 있다. 이 게임에서는 두 역할이 모두 있어야 체계가 작동한다. 또한 축구와 같은 팀 게임에서는 다양한 플레이어 역할이 전체 팀을 구성한다. 롤플레잉 게임은 이름이 의미하는 것처럼 플레이어가 치료사나 전사, 마법사와 같은 다양한 역할 중에서 선택할 수 있다. 이러한 역할에 따라 플레이어의 여러 기본적인 능력이 결정되는데, 플레이어들은 여

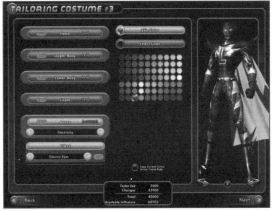

그림 3.2 캐릭터 생성 화면: 월드 오브 워크래프트와 시티 오브 히어로

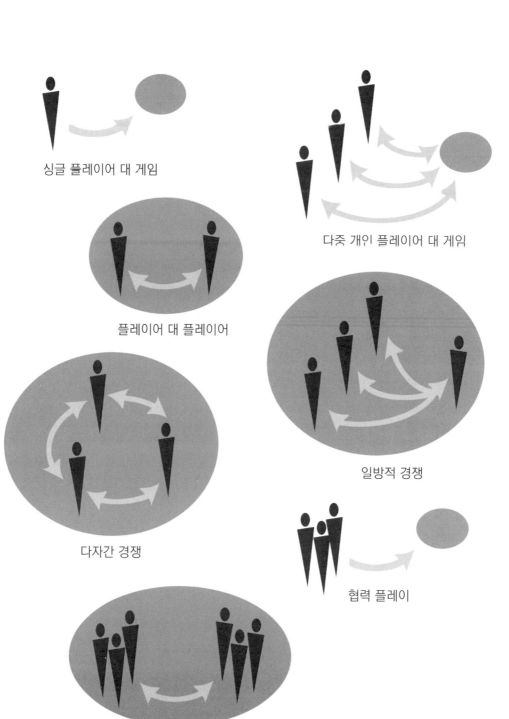

싱글 플레이어 대 게임

다중 개인 플레이어 대 게임

플레이어 대 플레이어

일방적 경쟁

다자간 경쟁

협력 플레이

팀 경쟁

그림 3.3 플레이어 상호작용 패턴

러 다른 역할을 플레이하기 위해 종종 온라인 세계에서 캐릭터를 두 개 이상 만드는 경우가 많다.

게임을 디자인할 때는 게임 규칙 내에 정의되는 역할 외에도 잠재적인 플레이 스타일을 역할의 한 종류로 고려해 볼 수 있다. 최초로 멀티 유저 던전(MUD)을 만든 리차드 바틀(Richard Bartle)은 MUD에서 발견한 네 가지 기본적인 플레이어 유형인 성취가, 탐험가, 사교가, 그리고 킬러에 대한 기사를 썼다.[1] 이 기사에서 플레이어는 한 가지 주요 플레이 스타일을 지닌 경우가 많고 필요한 경우에만 스타일을 변경한다고 설명하고 있다. 세컨드 라이프와 같은 온라인 세계에서는 사용자가 역할을 정의하는 완전하게 엔딩이 개방된 플레이 환경을 제공한다. 이러한 디자인 결정은 경쟁보다는 창의성과 자기표현을 권장하는 경향이 있다. 따라서 플레이어에게 다양한 역할을 제공하거나, 플레이어가 자신의 역할을 정의하는 기회를 제공하는 게임을 디자인하는 경우 이러한 역할의 본질과 균형이 중요한 고려 사항이 된다.

플레이어 상호작용 패턴

게임을 디자인할 때 고려할 다른 사항으로 플레이어, 게임 체계, 그리고 다른 플레이어 간 상호작용의 구조가 있다. 다음 상호작용 패턴은 E. M. 애버던(E. M. Avedon)의 기사인 "The Structural Elements of Games."[2]에서 가져온 것이다. 많은 디지털 게임들이 '싱글 플레이어 대 게임'에 해당하며 최근에는 '다자간 경쟁'에 해당하는 게임이 늘고 있다. 자주 활용되지 않는 다른 패턴에도 많은 잠재력이 있으며, 이러한 아이디어를 바탕으로 여러분의 디자인에

그림 3.4 싱글 플레이어 대 게임 예:
팩맨, 7번째 손님, 툼레이더

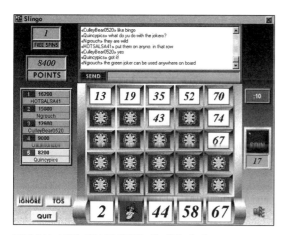

그림 3.5 다중 개인 플레이어 대 게임: 슬링고

사용할 새로운 플레이어 상호작용 패턴과 가능성을 모색해 보길 권장한다.

1. 싱글 플레이어 대 게임

싱글 플레이어가 게임 체계에 대항하는 게임 구조다. 예로는 솔리테어, 팩맨, 그리고 다른 싱글 플레이어 디지털 게임들이 있으며, 디지털 게임의 가장 일반적인 패턴이다. 아케이드 게임과 콘솔 게임, PC 게임에서 이 패턴을 발견할 수 있다. 이 패턴에서는 다른 플레이어가 참여하지 않으므로 퍼즐이나 다른 플레이 구조를 활용해 충돌을 만든다. 디지털 게임에서는 이 패턴이 성공해서 싱글 플레이어가 주류를 이뤘기 때문에 플레이어가 두 명 이상이 게임을 '멀티 플레이어' 게임이라고 부르게 되었을 것이다. 게임은 수천 년 동안 기본적으로 멀티 플레이어였다.

2. 다중 개인 플레이어 대 게임

멀티 플레이어가 서로 게임 체계와 경쟁하는 게임 구조다. 참가자 간 상호작용은 요구되지 않거나 불필요하다. 예로는 빙고, 룰레, 그리고 슬링고가 있다. 디지털 게임에서는 거의 사용되지 않는 패턴이지만 AOL의 온라인 게임 슬링고는 큰 성공을 거뒀다. 기본적으로 이 패턴은 많은 다른 플레이어들이 동일한 게임을 하는 싱글 플레이어 게임이다. 이 패

그림 3.6 다중 개인 플레이어 대 게임: 아타리 2600용 복싱, 엑스박스용 소울 칼리버 II

그림 3.7 일방적 경쟁: 스코틀랜드 야드

턴은 사회적 활동과 무대를 즐기는 경쟁적이지 않은 플레이어에게 적합하다(슬링고 플레이어의 상당수가 여성임). 이 패턴은 도박 게임에도 잘 적용된다.

3. 플레이어 대 플레이어

두 플레이어가 직접 경쟁하는 게임 구조다. 예로는 체커, 체스, 테니스가 있다. 전략 게임의 전통적인 구조이며, 경쟁적인 플레이어에게 적합하다. 일 대 일이라는 경쟁의 본질 때문에 개인 경쟁이 되며, 소울 칼리버 II, 모탈 컴배트와 같은 격투 게임은 이 구조를 성공적으로 활용한 예다. 격렬한 경쟁 때문에 이 패턴은 집중적이며 직접 대면하는 플레이에 적합하다.

4. 일방적 경쟁

두 명 이상의 플레이어가 한 플레이어와 경쟁하는 게임 구조다. 예로는 술래잡기, 피구, 그리고 스코틀랜드 야드 보드 게임이 있다. 가치를 제대로 인정받지 못하고 있는 이 패턴은 술래잡기와 같은 '무한경쟁' 게임이나 스코틀랜드 야드와 같은 치열한 전략 게임에 잘 적용된다. 술래잡기와 마찬가지로 스코틀랜드 야드에서는 플레이어 한 명이 미스터 X 역할을 맡아 다른 모든 플레이어를 상대한다. 술래잡기와 다른 점은 더 많은 그룹(형사)이 플레이어 한 명(범인)을 잡으려고 한다는 점이다. 게임의 균형을 유지하기 위해 범인은 게임의 상태에 대한 완전한 정보를 가지지만 형사들은 범인이 남긴 단서에서 상태를 추론하기 위해 협력해야 한다. 이 구조는 협력과 경쟁 게임플레이를 조합하는 매우 흥미로운 모델이며, 디지털 게임 개발에도 활용할 수 있는 여지가 많다.

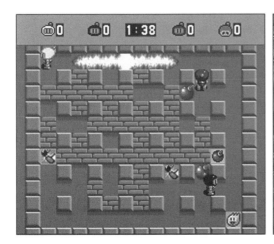
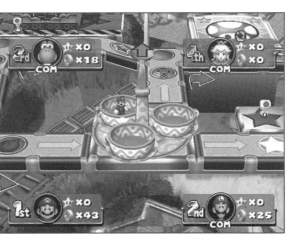

그림 3.8 다자간 경쟁: 슈퍼 봄버맨과 마리오 파티

5. 다자간 경쟁

세 명 이상의 플레이어가 직접 경쟁하는 게임 구조다. 이러한 게임의 예로는 포기와 모노폴리, 그리고 퀘이크, 워크래프트 III, 에이지 오브 미솔로지 등과 같은 멀티 플레이어 게임이 있다. 보통 '멀티 플레이어' 게임을 생각하면 이 패턴을 떠올린다. 현재는 멀티 플레이어라는 용어가 다수의 플레이어를 의미하는 성향이 있지만, 이전의 수천 년 동안 멀티 플레이어 게임의 역사에서 볼 수 있듯이 소규모의 직접적 경쟁 그룹에 혁신적인 사고를 접목할 수 있는 여지는 아직 충분하다. 이러한 사용자 상호작용 패턴을 적용한 보드 게임은 오랜 시간 동안 3~6명의 플레이어에 맞게 진화를 거듭했는데, 이 규모가 직접적인 경쟁을 위한 사회적 작용을 끌어낼 수 있는 최적의 크기라고 볼 수 있다. 디지털 게임에서 새로운 것을 시도해보고 싶다면 여러분의 멀티 플레이어 게임을 수정해서 3~6명 보드 게임에서 일어나는 높은 수준의 사회적 상호작용을 구현하는 것도 좋은 생각이다.

6. 협력 플레이

두 명 이상의 플레이어가 게임 체계에 대항해 협력하는 게임 구조다. 예로는 하베스트 타임, 반지의 제왕 보드 게임, 그리고 월드 오브 워크래프트의 협력 퀘스트가 있다. 이 패턴은 하베스트 타임과 같은 어린이용 보드 게임에서는 많은 관심을 받았지만 성인용 게임에서는 그다지 조명을 받지 못했다. 많은 게임을 디자인한 독일의 게임 디자이너인 라이너 크니지아(Reiner Knizia)는 반지의 제왕 보드 게임에 이 패턴을 활용해 중간계를 구하기 위한 플레이어의 협력을 표현냈다. 또한 롤플레잉 게임에서는 경쟁적인

게임 구조 안에 협력 퀘스트 기능을 구현하는 경우가 많다. 세컨드 라이프의 경쟁적이지 않은 창의적 환경도 협력 플레이의 한 형식이라고 말할 수도 있을 것이다. 더 많은 디자이너들이 이 구조를 사용한 실험을 한다면 재미있을 것이다.

7. 팀 경쟁

둘 이상의 그룹이 경쟁하는 게임 구조다. 예로는 축구, 야구, 제스처게임, 배틀필드 1942, 그리고 트라이브스가 있다. 팀 스포츠는 플레이어는 물론 참가자 전체 그룹과 팬을 통해 플레이어 상호작용 패턴의 우수함이 증명됐다. 이러한 멀티 플레이어 패턴에 대한 요구를 증명이라도 하듯이 멀티 플레이어와

그림 3.9　협력 플레이: 반지의 제왕 보드 게임

그림 3.10 팀 경쟁: 헤일로 3

대규모 멀티 플레이어 디지털 게임이 등장하자마자 팀(클랜 또는 길드)이 생겨났다. 헤일로 2에 포함된 멀티 플레이어 기능에는 플레이어가 자신의 규칙과 팀을 정의할 수 있는 사용자 지정 게임이 포함돼 있다. 팀 플레이에 대한 자신의 경험을 떠올려보자. 무엇이 팀 플레이를 재미있게 만들까? 개별 경쟁과는 어떤 차이가 있을까? 이러한 실문에 대답함으로써 팀 게임에 대한 아이디어를 얻을 수 있을까?

연습 3.3: 상호작용 패턴

각 상호작용 패턴에 해당하는 가장 좋아하는 게임의 목록을 작성해 보자. 특정 패턴의 게임을 모르는 경우 해당하는 분야의 게임을 연구하고 몇 가지를 직접 플레이해 보자.

설득력 있는 게임

이안 보거스트(Ian Bogost)

이안 보거스트는 조지아공과대학교 디지털 미디어 학과 교수이며, Persuasive Games 설립자이다. 《Unit Operations: An Approach to Videogame Criticism》과 《Persuasive Games: The Expressive Power of Videogames》를 저술했다.

비디오 게임은 어떻게 아이디어를 표현할까? 게임에 아이디어를 표현하는 능력이 있다는 것을 이해하지 못하면 게임에 설득력이 있다는 것도 이해하기 힘들다. 비디오 게임은 어떻게 수상을 선낼할까? 비니오 세 임은 음성, 텍스트, 시각 또는 필름 매체와는 다르기 때문에 플레이어를 설득할 때도 연설, 글쓰기, 이미지 또는 동영상과는 다른 방법을 써야 한다.

비디오 게임이 아이디어를 표현하는 방법

비디오 게임은 체계의 동작을 나타내는 데 탁월하다. 비디오 게임을 만들 때는 세계 안의 체계(예: 교통, 축구 등)를 만드는 것으로 시작한다. 여기서는 이를 '소스 체계'라고 부르기로 하자. 게임을 만들려면 이 소스 체계의 모델을 만들어야 한다. 비디오 게임은 소프트웨어이므로 우리가 초점을 맞추려고 하는 동작을 시뮬레이트하는 코드를 작성해서 모델을 만든다. 코드를 작성하는 일은 글쓰기나 사진 찍기 또는 비디오 촬영과는 다르다. 코드는 가능한 결과의 집합을 모델링하며, 이러한 모든 것이 동일한 일반 규칙을 따른다. 이러한 표현 방식을 나타내는 이름 중 하나로 절차성(Procedurality, 1997년 머레이(Murray)가 소개)이 있다. 절차성은 규칙 기반 동작을 수행할 수 있는 컴퓨터의 능력을 의미한다. 비디오 게임은 절차적 표현의 한 종류다.

예를 들어, 매든 풋볼은 미식축구의 절차적 모델이다. 이 게임은 사람의 움직임에 대한 물리적 메커니즘, 다양한 세트 플레이에 대한 전략, 그리고 특정 프로 운동선수의 능력 속성까지 모델링한다. 심시티는 도시 생활의 절차적 모델이다. 이 게임은 주민과 노동자의 사회적 행동, 경제, 범죄율, 오염도 및 다른 환경역학을 모델링한다.

즉, 비디오 게임 안에는 소스 체계와 이 소스 체계의 절차적 모델이 있는 것이다. 모델이 작동하려면 플레이어가 상호작용해야 한다. 비디오 게임은 대화식 소프트웨어이며, 플레이어가 입력을 제공해야 절차 모델이 작동한다. 플레이어는 게임을 하며, 모델링된 체계와 이 체계가 모델링하는 소스 체계에 대한 개념을 얻게 된다. 플레이어는 소스 체계가 시뮬레이트된 방법을 바탕으로 이러한 개념을 얻으며, 한 체계를 절차화하는 데는 여러 가지 방법이 있을 수 있다. 코칭 전략을 바탕으로 미식축구 게임을 만드는 디자이너도 있겠지만 수비 라인맨과 같은 특정 필드 포지션의 역할에 중점을 두는 디자이너도 있을 것이다. 비슷하게 도시 시뮬레이터를 만드는 경우에도 공공 서비스와 신도시 구상에 초점을 맞추거나, 로버트 모지스(Robert Moses) 스타일의 교외 계획에 초점을 맞출 수 있다. 이것은 추측에 근거한 관찰이 아니며, 소스 체계가 완전히 동일하게 존재하는 것이 아니라는 사실을 강조한다. 미식축구나 도시 또는 모든 대상에 대한 사람의 개념은 항상 주관적이다.

비디오 게임의 기본적인 주관성은 디자이너가 만든 소스 체계의 절차적 모델과 플레이어의 주관성, 예상, 그리고 해당 시뮬레이션에 대한 기존의 이해 사이에 불일치와 간극을 만들어낸다. 바로 이것이 비디오 게임이 표현력을 갖는 이유다. 비디오 게임은 플레이어 자신이 알고 있는 실제 세계의 모델과 게임에 제시된 모델을 비교해 조화시키게 한다.

비디오 게임이 설득하는 방법

일반적으로 비디오 게임은 프로선수(매든), 블러드 엘프(월드 오브 워크래프트), 또는 스페이스 마린(둠)과 같은 판타지 세계의 절차적 모델을 만들어낸다. 그러나 이 능력을 활용해 우리가 아는 일반적인 세계를 새로운 방법 또는 다른 방법으로 플레이어에게 소개할 수 있다. 이렇게 비디오 게임을 이용하는 방법 중 하나는 플레이어를 설득해 세계가 움직이는 방법을 주장하는 것이다.

필자가 운영 중인 Persuasive Games에서 개발한 게임 중 하나를 예로 들어 보겠다. 에어포트 인시큐리티(Persuasive Games, 2005)는 미 교통안전국(TSA)을 소재로 다룬 모바일 게임이다. 게임에서 플레이어는 미국 내에서 가장 붐비는 138개 공항 중 한 곳에서 승객의 역할을 맡는다. 게임플레이는 간단하다. 플레이어는 보안수속대를 걸어가면서 앞에 공간이 생기면 뒤처지지 않으면서도, 질서 있고 품위 있게, 그리고 다른 승객들과 직접적인 접촉을 피하면서 빠져나가면 된다. X-레이 검사대 앞에 서면 플레이어는 수화물과 개인 소지품을 벨트에 올려놓아야 한다. 게임은 라이터나 가위와 같은 '의심스러운' 물건이나 칼이나 총과 같은 실제로 위험한 물건을 비롯해 임의로 플레이어에게 수화물과 개인 소지품을 할당한다.

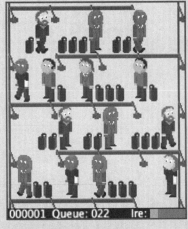 

에어포트 인시큐리티

우리는 대기자 흐름을 모델링하기 위해 교통 및 대기 시간 데이터를 수집했으며, TSA 실적에 대한 공개된 기록도 가능한 한 최대한 수집했다. TSA 실적에 대한 미국 회계감사원(GAO) 분석은 이전까지 공개됐는데, 국가안보에 문제가 될 수 있다는 우려가 제기되자 정보가 기밀로 취급되기 시작했다. 이러한 전략 때문에 보통 시민들은 자신이 포기하는 권리의 대가로 보안 수준이 얼마나 향상되는지 알 수 없게 됐다. 미국 정부에서는 일반 시민들이 보안 강화와 권리 축소를 통해 테러리즘으로부터의 보호 수준이 높아졌다고 믿기를 바라지만 시민의 입장에서 공항보안절차의 효율성은 확신할 수 없는 것이다. 이 게임은 이를 절차적으로 모델링함으로써 이러한 불확실성에 대해 주장했다. 플레이어는 X-레이 벨트 근처에서 위험한 물건을 쓰레기통에 버리거나 그냥 통과해서 검사 절차의 한계를 테스트해 볼 수 있다.

실제 세계 환경에서 휴대폰의 텍스트 메시지를 바탕으로 플레이하는 라이브 액션 게임의 다른 예를 살펴보자. 유비쿼터스 게임 연구가이자 디자이너인 제인 맥고니걸(Jane McGonigal)과 내가 만든 Cruel 2 B Kind는 물총과 같은 미리 정해진 무기로 다른 플레이어를 몰래 제거하는 어새신과 같은 게임을 수정한 게임이다. Cruel 2 B Kind에서 플레이어는 '친절로 플레이어를 암살한다.' 각 플레이어에게는 일상적이고 심지어 사교적인 인사말처럼 들리는 '무기'와 '약점'이 할당된다. 예를 들어, 플레이어는 어떤 사람의 신발을 칭찬하거나 노래를 불러줄 수 있다. 대학강당처럼 폐쇄된 공간에서 플레이하는 어새신과 달리 Cruel 2 B Kind는 대도시 거리와 같이 전 세계 어디서나 플레이할 수 있다.

Cruel 2B Kind

플레이어는 자신의 목표가 누구인지는 물론 누가 플레이하고 있는지도 모른다. 이러한 상황에서 플레이어는 짐작이나 유추를 통해 누가 누구를 목표로 삼고 있는지 알아내야 한다. 결과적으로 플레이어는 엉뚱한 사람이나 심지어 게임을 하고 있지 않은 사람을 '공격'할 수 있다. 대도시에서 모르는 사람에게 인사말을 받는 것은 흔한 일이 아니기 때문에 이러한 상황은 상당히 놀랍기 마련이다. Cruel 2 B Kind는 일반적인 사회적 관행 위에 하나의 단계를 더 추가하도록 요구하고 있다. 주변의 다른 사람들을 그냥 무시하지 않고 이들과 대화하도록 요구하고 있다. 이러한 게임 규칙과 사회 규칙의 병렬 배치를 통해 사람들이 매일 상호작용하는 방법에 관한 관심을 불러일으킨다.

불편하고 이상하게

설득력 있는 게임은 게임 디자이너의 주관적 의견을 바탕으로 세계에 대한 아이디어를 모델링한다. 플레이어로서 우리는 세계와 세계의 작동 방식에 대한 나름대로의 개념을 가지고 비디오 게임을 접한다. 게임은 같은 세계에 대한 모델을 제시하지만 이 모델은 플레이어의 시각과는 다른 속성을 지닌 모델이다. 이러한 두 모델이 하나로 만나면 수렴하거나 일탈하는 현상이 발생한다. 이것은 우리가 게임을 비평적으로 플레이할 때 일어나는 일들이다. 절차적 주장이 할 수 있는 일이 바로 이런 것이다. 부드럽고 편안하게 주장하기보다는 어색하고 이상하게 주장해서 플레이어가 숙고할 기회를 제시하는 것이다.

참고 자료

* Persuasive Games: The Expressive Power of Videogames - Ian Bogost, 2007.
* Unit Operations: An Approach to Videogame Criticism - Ian Bogost, 2006.
* The New Civic Art: Elements of Town Planning - Andres Duany, Elizabeth Plater-Zyberk, Robert Alminana, 2003.
* Hamlet on the Holodeck: The Future of Narrative in Cyberspace - Janet H. Murray, 1997.

목표

목표는 플레이어가 추구할 대상을 제시하며 게임의 규칙 안에서 달성하기 위해 노력할 대상을 정의한다. 최상의 시나리오는 목표가 플레이어가 보기에 까다롭지만 달성할 수는 있는 것이다. 목표는 도전을 제공하는 것 말고도 게임의 분위기를 설정한다. 적군을 포로로 잡거나 사살하는 것이 목표인 게임과 좀 더 긴 단어를 찾는 목표인 게임은 분위기가 매우 다를 것이다.

게임 중에는 플레이어마다 목표가 다르거나, 여러 목표 중에서 하나를 선택하거나, 게임을 하는 동안 자신이 목표를 설정할 수 있는 게임이 있다. 또한 플레이어가 주 목표를 달성하는 데 도움이 되는 부분 목표 또는 미니 목표가 있을 수 있다. 어떤 경우든 목표는 게임의 형식적 체계뿐 아니라 극적 요소에도 영향을 미치므로 신중하게 고려해야 한다. 목표를 전제나 이야기에 제대로 통합하면 게임이 강력한 극적 효과를 발휘할 수 있다.

게임을 디자인할 때 고려해 볼 수 있는 목표에 대한 질문은 다음과 같다.

✓ 플레이해 본 게임의 목표에는 어떤 것들이 있는가?
✓ 이러한 목표는 게임의 분위기에 어떤 영향을 미치는가?

✓ 특정 장르의 플레이가 특정 목표를 부여하는가?

✓ 여러 개의 목표는 어떠한가?

✓ 목표를 명시적으로 전달해야 하는가?

✓ 플레이어가 결정하는 목표는 어떠한가?

다음은 몇 가지 게임의 목표를 정리한 것이다.

✓ **커넥트-포**: 게임 판에서 유닛 4개를 가장 먼저 연속으로 배열한다.

✓ **배틀쉽**: 적의 함선 5척을 모두 격침한다.

✓ **마스터마인드**: 최소한의 단계로 4가지 색 핀의 비밀코드를 추론한다.

✓ **체스**: 상대편의 킹을 잡는다.

✓ **클루**: 누가, 언제, 어떻게 살인을 했는지 추론한다.

✓ **슈퍼 마리오 브라더스**: 각기 미니 목표가 있는 8개의 월드(32레벨)를 모두 완료해 사악한 바우저에게서 공주를 구해낸다.

✓ **스피로 더 드래곤**: 각기 미니 목표가 있는 6개의 월드를 모두 완료해 돌로 변한 친구 용들을 구해낸다.

✓ **문명**: 옵션 1: 보드에서 모든 문명을 정복한다. 또는 옵션 2: 알파 센타우리 행성을 개척한다.

✓ **심즈**: 가상의 가족들의 생활을 관리한다. 가족들이 살아있는 동안 플레이어가 게임의 목표를 설정할 수 있다.

디자인 프로세스에 참조할 만한 일반화된 목표의 종류가 있을까? 여러 게임 전문가들이 목표를 기준으로 게임을 분류하려고 시도했다. 다음은 이들이 정의한 몇 가지 범주다.[3]

1. 함락

함락 게임의 목표는 자신이 함락당하거나 죽지 않게 하면서 상대편의 중요한 것(지역, 유닛 또는 둘 다)을 빼앗거나 파괴하는 것이다. 이러한 종류의 게임으로는 체스, 체커와 같은 전략 보드 게임과 퀘이크, 소콤 II와 같은 액션 게임이 있다. 또한 이 범주에는 워크래프트 시리즈와 커맨드 앤 컨커 같은 실시간 전략 게임도 포함된다. 이러한 종류의 게임은 일반화하기 까다로울 정도로 매우 많다. 상대편을 함락하거나 파괴하는 개념은 예전부터 있었으며, 현재 게임에 깊게 뿌리를 내리고 있다.

그림 3.11 함락 또는 파괴: 소콤 II와 둠

그림 3.12 추적 게임: 맥시멈 체이스

2. 추적

추적 게임의 목표는 상대편을 잡거나 자신이 잡히지 않도록 회피하는 것이다. 추적 게임의 예로는 술래잡기, 여우와 거위(Fox & Geese), 어새신, 그리고 맥시멈 체이스가 있다. 추적 게임은 싱글 플레이어 대 게임, 플레이어 대 플레이어 또는 일방적 경쟁으로 구성할 수 있다. 예를 들어, 술래잡기와 여우와 거위는 일방적 경쟁 또는 싱글 플레이어 대 멀티 플레이어 구조다. 어새신은 각 플레이어가 동시에 서로 쫓고 쫓기는 플레이어 대 플레이어 구조다. 엑스박스 게임인 맥시멈 체이스는 컴퓨터가 조종하는 차를 플레이어가 쫓는 플레이어 대 게임 구조다. 추적 게임에는 술래잡기 및 맥시멈 체이스 같이 속도와 물리적 민첩성이 중요한 게임과 어새신과 같이 잠행과 전략이 중요한 게임이 있다. 또한 69쪽에서 소개한

스코틀랜드 야드는 논리와 추론으로 진행되는 추적 게임이다. 이러한 종류의 목표를 사용하는 게임에는 상당히 많은 가능성이 있다.

3. 경주

경주 게임의 목표는 물리적 또는 개념적 결승점에 다른 플레이어보다 먼저 도달하는 것이다. 예로는 도보 경주, 그리고 엉클 위글리 또는 파치시와 같은 보드 게임, 그리고 버추어 레이싱과 같은 시뮬레이션 게임이 있다. 경주 게임에는 물리적 민첩성이 중요한 게임(예: 도보 경주, 부분적으로는 버추어 레이싱도 해당)과 확률(예: 엉클 위글리, 파치시)이 중요한 게임이 있으며, 백개먼과 같이 전략과 확률의 조합이 중요한 게임도 있다.

그림 3.13   경주 게임: 폴 포지션과 그란 투리스모 4

4. 정렬

정렬 게임의 목표는 게임의 조각을 특정한 공간적 구성에 따라 정리하거나 조각을 개념적으로 정렬하는 것이다. 예로는 틱-택-토, 솔리테어, 커넥트-포, 오델로, 테트리스, 비쥬얼드가 있다. 정렬 게임은 목표를 달성하기 위해 공간적 또는 조직적 문제를 해결해야 한다는 점에서 퍼즐과 비슷하다. 정렬 게임에는 오델로와 펜테처럼 논리와 계산이 중요한 게임과 테트리스와 비쥬얼드와 같이 확률과 기회의 조합이 중요한 게임이 있다. 플레이어가 게임 조각을 일치시키거나 세트로 만들어야 하는 여러 게임에서는 개념적 정렬이 사용된다.

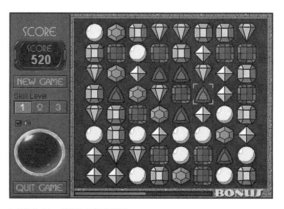

그림 3.14   정렬: 비쥬얼드

5. 구출 또는 탈출

구출 또는 탈출 게임의 목표는 정의된 유닛을 안전한 곳까지 이동하는 것이다. 예로는 슈퍼 마리오 브라더스, 페르시아의 왕자 3D, 응급구조: 파이어파이터, 그리고 Ico가 있다. 이 목표는 다른 부분적 목표와 함께 조합되는 경우가 많다. 예를 들어, 슈퍼 마리오 브라더스에서 전체적인 목표는 앞에서 이야기한 것처럼 공주를 구출하는 것이다. 그러나 각 게임 레벨에는 좀 더 퍼즐에 가까운 세부 목표가 있다(80쪽의 해결책 참조).

그림 3.15　구출 또는 탈출: 페르시아의 왕자 3D

6. 금지된 행동

금지된 행동 게임의 목표는 상대편이 웃거나, 말하거나, 이동하거나, 잘못 움직이거나, 그 밖에 금지된 행동을 해서 규칙을 어기도록 유도하는 것이다. 예로는 트위스터, 오퍼레이션, Ker-Plunk!, 그리고 망치로 얼음깨기가 있다. 이 유형은 디지털 게임에서는 자주 다뤄지지 않는 흥미로운 게임 유형인데, 직접적인 경쟁 요소가 부족하거나 플레이의 공정성을 모니터링하기가 어렵기 때문일 것이다. 예에서 확실하게 드러나는 것처럼 이 목표를 사용하는 게임에는 지구력이나 유연성, 때로는 단순한 확률과 같은 물리적인 요소가 자주 사용된다.

다음에 나오는 목표는 앞서 언급한 전문가의 분류에는 등장하지는 않지만 분명 흥미로운 게임의 목표이며, 알아둘 필요가 있다.

그림 3.16　금지된 행동: 밀톤 브래들리의 오퍼레이션

7. 건축

건축 게임의 목표는 직접적인 경쟁 또는 간접적인 경쟁 환경 내에서 물체를 건축, 유지 또는 관리하는 것이다. 이 목표는 일반적으로 정렬 범주가 더 정교하게 바뀐 것이다. 이 게임의 예로는 동물의 숲, 우주 백만장자, 심시티, 심즈 같은 시뮬레이션 게임이나 세틀러 오브 카탄 같은 보드 게임이 있다. 건축 게임은 자원 관리나 거래를 핵심적인 게임플레이 요소로 활용하는 경우가 많다. 이 게임에는 확률이나 물리적 민첩성보다 전략적 선택이 중요하다. 또한 건축 게임은 게임 내에서 궁극적인 성공이 무엇인지에 대한 해석을 플레이어에게 남겨두는 경우가 있는데, 예를 들어, 심시티에서는 만들려는 도시의 유형을 선택할 수 있고 심즈에서는 원하는 가족을 선택할 수 있다.

8. 탐험

탐험 게임의 목표는 게임의 지역을 탐험하는 것이며, 거의 대부분 다른 더 경쟁적인 목표와 결합된다. 고전 탐험 게임인 거대 동굴 모험(Colossal Cave Adventure)에서 플레이어의 목표는 거대 동굴을 탐험하는 것뿐만 아니라 그 과정에서 보물을 찾는 것이었다. 젤다 시리즈와 같은 게임은 탐험, 퍼즐 해결, 그리고 때로는 전투와 같은 목표가 혼합된 게임플레이를 보여준다. 또한 울티마와 에버퀘스트 같은 온라인 게임에서는 게임 구조의 몇 가지 목표 중 하나로 탐험을 활용했다.

9. 해결

해결 게임의 목표는 문제나 퍼즐을 다른 경쟁 상대보다 먼저(또는 좀 더 정확하게) 해결하는 것이다.

그림 3.17 건축: 동물의 숲과 세틀러 오브 카탄

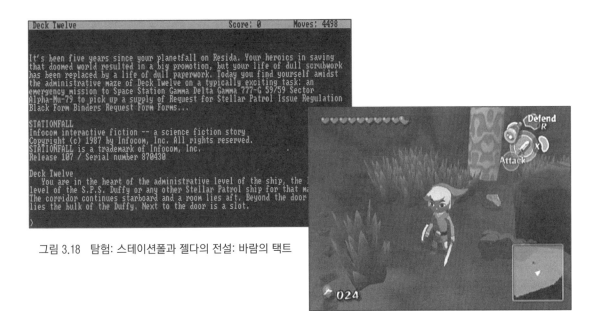

그림 3.18 탐험: 스테이션폴과 젤다의 전설: 바람의 택트

예로는 미스트 시리즈와 같은 고전 그래픽 어드벤처, 인포콤 사의 타이틀과 같은 텍스트 어드벤처, 그리고 다른 범주에 포함되지만 퍼즐 특성을 지닌 많은 게임들이 있다. 이러한 게임에는 이미 앞서 언급한 마리오 및 젤다 게임과 테트리스 및 심즈가 포함된다. 커넥트-포 및 틱-택-토처럼 순수 전략 게임도 퍼즐과 비슷한 이 범주에 속한다.

그림 3.19 해결: 텐타클 최후의 날

10. 지혜

지혜 게임의 목표는 지식을 얻고 사용해 다른 플레이어를 물리치는 것이다. 이러한 게임 중 일부는 트리비얼 퍼수트(Trivial Pursuit) 또는 지오파디(Jeopardy!)와 같이 막대한 지식을 가지는 데 초점을 맞춘다. 서바이버 및 디플로머시와 같은 게임에서는 게임 안에서 지식을 얻고 사용하는 데 초점을 맞춘다. 두 번째 게임 유형은 흥미로운 사회역학을 유발하는데, 아직 디지털 게임에서는 제대로 활용되지 않았다.

그림 3.20 지혜: 디플로머시

요약

여기서 소개한 목표의 목록은 완전한 목록은 아니며, 게임의 목표를 흥미로운 방법으로 혼합해서 더 재미있는 결과를 얻을 수 있다. 예를 들어, 실시간 전략 장르는 전쟁과 건설을 혼합해 순수 전쟁 게임이나 건설 게임에 관심이 없는 게이머를 끌어들였다. 여기서 소개한 목록은 여러분의 게임에 적합하거나 적합하지 않은 목표의 종류를 살펴보고 이러한 목표를 자신의 게임 아이디어로 사용하는 방법을 알아보기 위한 것이다.

연습 3.4 목표

가장 좋아하는 10가지 게임과 각 게임의 목표를 나열한다. 이러한 게임에 유사성이 있는가? 자신이 매력을 느끼는 게임 장르 유형을 정의해 본다.

절차

2장에서 설명한 것처럼 절차는 플레이하는 방법이며, 플레이어가 게임의 목표를 달성하기 위해 수행하는 동작이다. 절차에 관해 생각할 사항은 누가, 무엇을, 언제, 어디서, 어떻게 하는지에 대한 것이다.

✓ 누가 절차를 사용할 수 있는가? 플레이어 한 명? 일부 플레이어? 모든 플레이어?

✓ 플레이어는 정확히 무엇을 하는가?

✓ 절차는 어디서 수행하는가? 위치에 따라 절차 가능 여부가 달라지는가?

✓ 절차는 언제 수행하는가? 턴, 시간 또는 게임 상태에 따라 제한되는가?

✓ 플레이어는 절차를 어떻게 수행하는가? 물리적 상호작용으로 직접 수행하는가? 컨트롤러나 입력 장치로 간접적으로 수행하는가? 음성 명령으로 수행하는가?

대부분의 게임이 보편적으로 지닌 몇 가지 절차 유형이 있다.

✓ **시작 동작**: 게임플레이를 시작하는 방법.

✓ **진행 동작**: 시작 동작 이후 진행되는 절차.

✓ **특수 동작**: 다른 요소 또는 게임 상태에 따라 조건부로 사용 가능.

✓ **완료 동작**: 게임플레이를 완료.

보드 게임에서 절차는 보통 규칙 설명서에 적혀 있으며 플레이어에 의해 실행된다. 디지털 게임의 경우, 플레이어가 컨트롤을 통해 절차를 사용하므로 일반적으로 매뉴얼의 컨트롤 부분에 절차가 포함돼 있다. 절차와 규칙의 중요한 차이점 중 하나는 디지털 게임의 경우 규칙이 사용자에게 공개되지 않을 수도 있다는 점이다(84쪽 참조). 다음은 보드/테이블톱 게임과 디지털 게임에서 모두 발견되는 몇 가지 절차의 예다.

커넥트-포

1. 먼저 시작할 플레이어를 선택한다. 각 플레이어가 빨강 또는 검정을 선택한다.

2. 각 턴마다 한 플레이어가 색 체커를 격자 위쪽의 아무 슬롯 중 하나에 넣는다.

3. 플레이어 중 한 명이 같은 색의 체커 네 개를 연속으로 배열할 때까지 교대로 플레이한다. 체커는 수평, 수직 또는 대각으로 배열할 수 있다.

슈퍼 마리오 브라더스[4]

선택 버튼: 이 버튼을 누르면 플레이하려는 게임의 종류를 선택할 수 있다.

시작 버튼: 이 버튼을 누르면 게임을 시작한다. 플레이 중에는 게임 일시정지/일시정지 해제 기능이 있다.

왼쪽 화살표: 왼쪽으로 걷는다. B 버튼을 누르고 있으면 뛴다.

오른쪽 화살표: 오른쪽으로 걷는다. B 버튼을 누르고 있으면 뛴다.

아래쪽 화살표: 숙인다(슈퍼 마리오만).

A 버튼

점프: 버튼을 오래 누르고 있으면 더 높이 점프한다.

수영: 물에 있는 동안 이 버튼을 누르면 위로 떠오른다.

B 버튼

가속: 이 버튼을 누르면 뛴다. B를 누르고 있는 동안 A를 누르면 더 높이 점프한다.

파이어볼: 해바라기를 먹은 경우 이 버튼으로 파이어볼을 던질 수 있다.

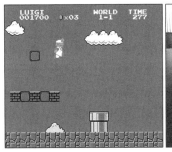

그림 3.21 슈퍼 마리오 브라더스와 커넥트-포

그림 3.22 SSX 트리키: 고난도 트릭을 배워서 '트릭 점수'를 올린다

비교

커넥트-포와 슈퍼 마리오 브라더스에는 모두 시작 동자가 있다. 커넥트-포에서 동작의 진행은 2단계와 3단계에서 명확하게 나와 있지만 실시간 게임인 슈퍼 마리오 브라더스의 경우 게임 내에서 플레이어를 움직이는 왼쪽과 오른쪽 쉬기 명령으로 진행하는 것임을 알 수 있다. 커넥트-포에는 특수 동작이 없지만 슈퍼 마리오 브라더스에는 특정 상황에만 해당하는 명령이 있다. '물에 있는 동안 이 버튼을 누르면 위로 떠오른다'와 '해바라기를 먹은 경우 이 버튼으로 파이어볼을 던질 수 있다'가 특수 동작에 관한 설명이다. 커넥트-포는 한 플레이어가 같은 색의 체커 네 개를 연속으로 배열하면 끝난다는 완료 동작을 명시하고 있다. 반면 슈퍼 마리오 브라더스는 완료 동작을 명시하지 않는데, 이것은 플레이어가 아닌 체계에서 완료를 결정하기 때문이다.

연습 3.5 블랙잭의 절차

블랙잭에 사용되는 절차를 나열한다(이 게임을 잘 모르는 경우 익숙한 다른 게임을 선택한다). 자세하게 기록한다. 게임의 시작 동작, 진행 동작, 특수 동작, 완료 동작은 각각 무엇인가?

디지털 게임은 비디지털 게임에 비해 훨씬 복잡한 게임 상태를 가질 수 있다. 또한 내부적으로 작동하면서 상황과 플레이어 동작에 반응하는 다양한 체계 절차를 가질 수도 있다. 롤플레잉 전투 시스템에서는 특정 플레이어의 동작이 성공했는지, 성공했다면 데미지가 얼마인지 결정하기 위해 캐릭터와 무기 속성을 체계 계산의 일부로 사용할 수 있다. 여러 롤플레잉 게임이 그렇듯이 게임을 종이로 플레이하는 경우 이러한 체계 절차를 주사위를 던져 생성한 난수를 사용해 플레이어가 직접 처리해야 한다. 디지털 방식으로 게임을 하는 경우 같은 체계 절차를 플레이어가 아닌 프로그램이 처리한다.

이 때문에 디지털 게임은 더 정교한 체계 절차를 사용할 수 있으며, 비디지털 게임에 비해 훨씬 빨리 절차를 처리한다. 디지털 게임이 비디지털 게임에 비해 반드시 복잡한 것은 아니다. 5장의 137쪽에서 체계 구조를 설명하면서 절차는 간단하지만 극도로 복잡한 결과를 만드는 체계를 살펴보겠다. 예를 들어 체스나 바둑은 매우 간단한 게임 개체와 간단한 조작 절차를 사용하지만 내재된 복잡성 때문에 여러 세기 동안 플레이어의 호기심을 불러일으켰다.

절차 정의

게임의 절차를 정의할 때는 게임이 플레이될 환경의 제한을 염두에 두는 것이 중요하다. 게임이 비디지털 설정으로 플레이될 것인가? 그렇다면 플레이어가 절차를 기억하기 쉽게 만들어야 한다. 게임이 디지털 설정으로 플레이되는 경우 이 설정에 어떤 종류의 입/출력 장치가 있는가? 플레이어가 키보드와 마우스를 사용하는가? 아니면 전용 컨트롤러를 사용하는가? 고해상도 모니터에 가까이 앉아서 플레이하는가? 아니면 저해상도 화면에서 멀리 떨어져서 플레이하는가?

절차는 기본적으로 이러한 물리적 제한의 영향을 받는다. 디자이너는 이러한 제한을 민감하게 고려해 플레이어가 절차를 직관적으로 이용하고 기억하기 쉽도록 창의적이고 세련된 해결책을 찾아야 한다. 이러한 질문에 대해서는 8장에서 디지털 게임의 인터페이스와 컨트롤의 프로토타입을 제작할 때 자세히 살펴보겠다.

규칙

2장에서 규칙은 게임 개체와 플레이어에게 허용되는 동작을 정의한다고 했다. 규칙에 대해 생각해 볼만한 질문에는 다음과 같은 것이 있다. 플레이어는 규칙을 어떻게 배우는가? 규칙은 어떻게 강제되는가? 특정한 상황에서 가장 잘 적용되는 규칙의 종류는 무엇인가? 규칙 집합에 패턴이 있는가? 이러한 패턴에서 배울 수 있는 것은 무엇인가?

절차와 마찬가지로 규칙은 보드 게임의 경우, 규칙 설명서에서 설명된다. 디지털 게임은 매뉴얼에서 설명되거나 프로그램 자체에서 암시적으로 보여줄 수 있다. 예를 들어, 디지털 게임은 내용을 설명하지 않고도 특정 동작을 금지할 수 있다. 인터페이스에 이러한 동작을 위한 컨트롤을 제공하지 않거나 플레이어가 동작을 시도하면 이를 차단하면 된다.

규칙은 게임 체계에 있는 허점을 해결하는 데도 사용할 수 있다. 이에 대한 전통적인 예 중 하나로 모노폴리의 유명한 규칙인 '출발점을 지나치지 말고 200달러를 지급하지 말 것'이 있다. 이 규칙은 플레이어가 보드에서 감옥으로 갈 경우 적용된다. 이 규칙이 없다면 플레이어가 '출발점'을 지나쳐 감옥으로 가기 때문에 200달러를 받아야 한다고 주장할 수 있으며, 이 경우 의도했던 벌칙이 아니라 상이 되어버린다.

규칙을 디자인할 때는 절차를 디자인할 때와 마찬가지로 플레이어와의 관계를 고려하는 것이 중요하다. 규칙이 너무 많으면 플레이어가 게임을 이해하기가 어려울 수 있다. 규칙을 설명하지 않거나 제대로 전달하지 않으면 플레이어가 혼란을 일으키거나 흥미를 잃어버리고 만다. 디지털 게임에서 게임 체계에 의해 규칙을 올바르게 적용하는 경우에도 플레이어가 특정 규칙에 속았다는 느낌을 받지 않게 제대로 전달해야 한다.

다음은 이후 설명에서 참조로 사용할 몇 가지 다른 종류의 게임에 있는 규칙의 예다.

- ✓ **포커**: 스트레이트는 카드 5장의 계급이 연속으로 이어지는 것이며, 스트레이트 플러시는 무늬가 같은 스트레이트다.
- ✓ **체스**: 플레이어는 체크되는 위치로 킹을 옮길 수 없다.
- ✓ **바둑**: 플레이어는 보드를 이전 상태로 되돌리는 움직임은 할 수 없다. 즉, 전체 보드 상황을 복제할 수 없다.
- ✓ **워크래프트 II**: 기사 유닛을 생산하려면 성으로 업그레이드하고 마구간을 지어야 한다.
- ✓ **유돈노우잭**: 플레이어가 오답을 말하면 다른 플레이어가 대답할 기회를 얻는다.
- ✓ **잭 앤 덱스터**: 플레이어가 녹색 마나를 모두 소비하면 '정신을 잃고' 레벨의 마지막 체크포인트로 이동한다.

위의 짧은 목록을 보면 규칙의 본질에 관한 몇 가지 일반성이 떠오르는데, 이에 관해서는 다음에서 설명한다.

개체와 개념을 정의하는 규칙

게임의 개체는 실제 세계의 개체와는 다른 고유한 상태와 의미를 가진다. 이러한 개체는 게임의 규칙 집합의 일부로 정의되며, 완전히 허구이거나 현실 세계의 개체에 바탕을 두고 만들어질 수 있다. 그러나 익숙한 개체에 바탕을 두고 있더라도 이러한 개체의 추상화일 뿐이며, 게임 내에서 개체의 본질이 규칙으로 정의돼야 한다.

스트레이트나 스트레이트 플러시에 대한 포커의 규칙은 이 게임의 고유한 개념으로서, 포커라는 영역 바깥에는 스트레이트라는 개념이 없다. 포커의 규칙을 배울 때 알아야 하는 핵심 개념이 특정한 패의 구성과 가치다. 스트레이트는 이러한 패 중 하나다.

그리고 체스가 있다. 체스의 체계 안에 있는 킹, 퀸, 비숍 등과 같은 개체는 현실 세계에도 존재한다. 그러나 체스 게임 안의 킹은 본질을 정의하는 명시적 규칙에 따른 추상적 개체일 뿐이다. 실제 세계의 킹은 이러한 추상적 게임 개체와 아무런 유사점이 없다. 체스의 규칙은 단순히 행동의 맥락과 말의 중요성을 부여하기 위해 킹의 개념을 사용했을 뿐이다.

보드 게임과 다른 비디지털 게임에서는 일반적으로 개체를 규칙 집합에서 명시적으로 정의한다. 플레이어는 이러한 규칙을 읽고 이해해서 스스로 게임을 판정할 수 있게 해야 한다. 이 때문에 비디지털 게임에서는 대부분 각각 하나 또는 두 가지 변수 또는 상태만 가능한 비교적 단순한 개체를 사용하며, 이러한 변수나 상태는 장비, 보드 또는 다른 인터페이스 요소의 물리적 측면으로 나타낸다. 체스와 같은 보드 게임에서 각 말의 변수는 계급, 색, 그리고 위치이며 플레이어가 눈으로 확인할 수 있다.

반면 디지털 게임에서는 전체적인 상태를 정의하는 상당히 복잡한 변수 집합으로 구성된 캐릭터나 전투 유닛과 같은 개체를 사용할 수 있다. 보드 게임과는 달리 프로그램이 내부적으로 전체 상태를 관리하므로 플레이어는 이러한 상태를 인식하지 못할 수 있다. 예를 들어, 다음은 워크래프트 II의 기사와 오거의 기본 변수다.

- ✓ 가격: 800 골드, 100 목재
- ✓ 체력: 90

- ✓ 데미지: 2.12
- ✓ 갑옷: 4
- ✓ 시야: 5
- ✓ 속도: 13
- ✓ 범위: 1

이러한 변수는 플레이 진행에 중요하며, 인터페이스를 통해 플레이어가 확인할 수는 있지만, 플레이어가 직접 관리하고 업데이트하는 정보는 아니다. 아무리 고수 플레이어라도 플레이 중에 끊임없이 이러한 수학적 변수를 계산해서 전략을 세우지는 않는다. 이보다는 플레이 경험을 통해 보드상의 다른 유닛과 비교한 기사의 비용, 강점, 파워, 범위 등을 직관적으로 알고 있을 뿐이다.

게임 개체와 개념을 정의할 때는 플레이어가 이러한 개체의 본질을 배우는 방법을 고려해야 한다. 개체가 복잡하다면 플레이어가 이러한 복잡성을 직접 관리해야 하는지, 개체가 단순하다면 플레이어가 게임플레이에서 각 개체의 차이점을 충분히 인식할 수 있는지, 개체가 진화하는지, 개체가 특정 상황에서만 이용 가능한지, 플레이어가 게임 내에서 각 개체의 본질을 배우는 방법은 무엇인지 등의 질문을 고려해야 한다. 한 가지 흥미로운 점은 여러 비디지털 게임에서 현실 세계의 물리법칙을 활용해 게임 개체의 복잡성을 간소화하고 있다는 점이다. 예를 들어, 커넥트-포에서 보드에 피스를 놓는 방법에 대한 암시적인 규칙에 중력의 법칙이 적용된다.

동작을 제한하는 규칙

규칙 목록의 예에서 알 수 있는 규칙의 두 번째 일반적인 개념은 규칙이 동작을 제한한다는 것이다. 체스에서 '플레이어는 체크되는 위치로 킹을 옮길 수 없다'는 규칙은 플레이어가 실수로 패배하는 것을 방지한다. 바둑에서 '플레이어는 보드를 이전 상태로 되돌리는 움직임은 할 수 없다'는 규칙은 플레이가 무한루프에 빠지지 않도록 방지한다. 이 두 가지 규칙은 모두 게임 체계의 허점을 보완하기 위한 것이다.

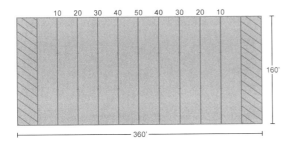

그림 3.24 미식축구장의 크기

또한 동작을 제한하는 규칙은 기본적인 한계를 형성한다. 예를 들어, '경기는 360×160피트 공간에서 진행한다'(미식축구) 또는 '한 팀은 최대 11명의 선수로 구성되며, 그 중 한 명은 골키퍼여야 한다'(축구)와 같은 규칙은 플레이어의 수와 게임의 경계라는 다른 형식적 측면을 겹치는 것을 알 수 있다. 이것은 사실 모든 형식적 측면에 공통적으로 적용되며, 절차나 규칙에 동일하게 나타나게 된다.

동작을 제한하는 규칙의 다른 예로 한쪽 플레이어에게 유리하게 게임의 균형이 무너지지 않도록 방지하기 위한 것이 있다. 워크래프트 II에서 '기사 유닛을 생산하려면 성으로 업그레이드하고 마구간을 지어야 한다' 규칙의 영향을 생각해 보자. 이 규칙은

Unit Properties

☑ Use Default Data

	Knight	Ogre	Elven Archer	Troll Axethrower	Mage
Visible Range:	4	4	5	5	9
Hit Points:	90	90	40	40	60
Magic Points:	0	0	0	0	1
Build Time:	90	90	70	70	120
Gold Cost:	800	800	500	500	1200
Lumber Cost:	100	100	50	50	0
Oil Cost:	0	0	0	0	0
Attack Range:	1	1	4	4	2
Armor:	4	4	0	0	0
Basic Damage:	8	8	3	3	0
Piercing Damage:	4	4	6	6	9

OK / Cancel / Default / Help

그림 3.23 워크래프트 II-유닛 속성

다른 플레이어들이 약한 전투 유닛을 생산하는 동안 한 플레이어가 기사를 생산할 수 없게 금지한다. 모두 플레이어는 더 강력한 유닛을 만들기 위해 거의 비슷한 자원 관리 경로를 밟아야 한다.

연습 3.6: 동작을 제한하는 규칙

동작을 제한하는 규칙의 종류는 다양하다. 트위스터, 픽셔너리, 스크래블, 오퍼레이션, 그리고 폼까지 5가지 게임을 고려해 보자. 이러한 게임에서 플레이어 동작을 제한하는 규칙은 무엇인가?

효과를 결정하는 규칙

규칙은 또한 특정한 상황에 따라 효과를 유발할 수 있다. 예를 들어, '만약'이라는 것이 발생하면 '결과'가 일어나게 하는 규칙이 있다. 앞서 본 규칙의 예에서 유돈노우잭에 있는 조건인 '플레이어가 오답을 말하면 다른 플레이어가 대답할 수 있는 기회를 얻는다'가 이러한 조건이다. 또한 잭 앤 덱스터에 있는 '플레이어가 녹색 마나를 모두 소비하면 정신을 잃고 레벨의 마지막 체크포인트로 이동한다'는 규칙도 이러한 종류에 해당한다.

그림 3.25 잭 II-마나가 거의 떨어진 상태

효과를 유발하는 규칙은 여러 가지로 유용하다. 첫째, 게임플레이에 변화를 유도한다. 이러한 규칙을 유발하는 상황은 간헐적으로 발생하므로 실제로 적용될 때 흥분과 재미를 줄 수 있다. 유돈노우잭의 규칙이 이러한 예를 보여 준다. 이 경우 다음 플레이어는 처음 플레이어가 오답을 말하는 것을 봤기 때문에 이 정보를 바탕으로 정답을 말할 확률이 높아지는 이점이 있다.

또한 이러한 규칙은 게임플레이를 정상으로 돌려놓는 데 사용할 수 있다. 잭 앤 덱스터의 규칙이 이러한 예를 보여 준다. 이 게임은 싱글 플레이어 어드벤처 게임이라는 면에서 경쟁적인 게임이 아니므로 플레이어가 모든 마나를 잃더라도 '죽을' 이유가 없다. 그러나 디자이너는 플레이어가 자신의 플레이를 관리하고 마나를 소모하지 않게 주의하도록 일종의 벌칙을 주기를 원했다. 그 해결책이 바로 모든 마나를 소비했을 때 심하지 않은 벌칙을 부여하는 것이었다. 이를 통해 게임을 정상으로 돌려놓으면서 플레이어가 마나 소모를 관리하는 데 더 신경 쓰도록 주의를 환기했다.

규칙 정의

절차와 마찬가지로 규칙을 정의하는 방법에 따라 플레이 환경이 영향을 받는다. 규칙은 플레이어가 명확하게 이해할 수 있어야 하며, 디지털 게임의 경우 규칙을 직관적으로 이해할 수 있게 해서 특정 상황에 대해 공정하며 즉각 반응하는 것처럼 느껴지게 해야 한다. 일반적으로 규칙이 복잡할수록 플레이어에게 더 많은 것을 이해하도록 요구하는 것이다. 규칙에 대한 플레이어의 이성적 또는 직관적 이해도가 떨어지면 체계 내에서 올바른 선택을 하기가 어려워지며, 자신이 게임을 제어하고 있다는 느낌도 받기 어려워진다.

연습 3.7 블랙잭의 규칙

연습 3.5에서 블랙잭의 절차를 나열해 봤듯이 이번에는 규칙을 나열해 보자. 모든 규칙을 기억하기는 어렵기 때문에 이 연습은 생각보다 까다로울 것이다. 게임을 하면서 규칙을 기록하자. 일부 규칙을 잊어버린 경우도 있을 것이다. 어떤 규칙을 잊어버렸는가? 잊어버린 규칙이 게임플레이에는 어떤 영향을 미치는가?

자원

자원이란 무엇인가? 현실 세계에서 자원은 특정한 목표를 달성하기 위해 사용할 수 있는 자산(천연자원, 경제자원, 인적자원)을 의미한다. 게임의 자원도 거의 같은 역할을 한다. 대부분의 게임 체계에서는 포커의 칩, 모노폴리의 자산, 그리고 워크래프트의 골드 같은 일종의 자원을 사용한다. 자원을 관리하고 플레이어가 자원을 이용하는 방법과 시기를 결정하는 것은 게임 디자이너의 핵심적인 역할이다.

디자이너가 플레이어에게 제공할 자원은 어떻게 결정할까? 또한 게임 내의 도전을 유지하려면 플레이어가 이러한 자원에 어떻게 접근하게 해야 할까? 이러한 질문에 추상적인 대답을 하기는 어렵고, 이보다는 익숙한 예를 통해 이야기하는 편이 이해하기 쉬울 것이다.

디아블로 II와 같은 롤플레잉 게임을 생각해 보자. 이 체계에는 돈, 무기, 갑옷, 물약, 마법 아이템 등의 자원이 있다. 여기에 클립이나 초밥을 자원으로 추가하면 어떨까? 이러한 무작위 아이템이 등장하면

흥미는 있겠지만 초밥은 이 게임의 목표를 달성하는 데 전혀 도움이 되지 않는다. 그런데 같은 아이템이 다른 게임에서는 아주 유용하게 사용될 수 있다. 예를 들어, 1장 18쪽에서 소개한 괴혼에서는 특이한 게임 자원의 두 가지 종류로 클립과 초밥이 등장한다. 이 게임에서 이러한 자원의 가치는 괴혼('끈적한 공')의 크기에 따라 달라진다. 이 예에서 디자이너는 플레이어가 목표를 달성하는 데 필요한 자원을 찾고 획득하는 방법을 신중하게 계획한다. 원하는 만큼 얻지는 못할 수도 있지만 게임이 제시하는 도전을 해결할 수 있다면 진행하는 데 필요한 자원을 얻은 것이다. 이러한 자원을 얻을 수 없다면 게임 체계의 균형이 맞지 않는 것이다.

자원은 기본적으로 게임 체계 내에서 유용성과 희소성이 있어야 한다. 유용성이 없으면 디아블로 II의 초밥과 같이 흥미롭고 이상하지만 근본적으로는 쓸모 없는 것이다. 마찬가지로 자원이 지나치게 풍부하면 체계 내에서 가치를 잃는다.

연습 3.8 유용성과 희소성

스크래블과 둠의 자원은 무엇인가? 이 자원들은 플레이어에게 어떻게 유용한가? 게임 체계에서 이러한 자원을 희소하게 만든 방법은 무엇인가?

아쉽게도 다른 게임의 자원 관리 측면을 그대로 복사하는 수준에 그치는 디자이너가 많은 것이 현실이다. 자신의 게임을 차별화하는 확실한 방법은 좀 더 추상적인 개념으로 자원을 고려하는 것이다. 자원의 기본적인 기능을 생각하고, 새롭고 창의적인 방법으로 자원을 적용해 보자. 우선 게임을 디자인할 때 고려해야 할 몇 가지 자원의 종류를 살펴보자.

생명

액션 게임의 전통적인 자원으로 생명이 있다. 아케이드 게임은 이러한 주요 자원을 관리하는 네 기반을 두고 만들어진다. 이러한 게임의 예로는 게임의 목표를 달성하기 위해 특정한 수의 생명이 주어지는 스페이스 인베이더나 슈퍼 마리오 브라더스가 있다. 생명을 잃으면 처음부터 다시 시작해야 하며, 잘하면 생명을 추가로 받을 수 있다. 자원 종류로서 생명은 일반적으로 많을수록 좋고, 생명을 얻는 것에 대한 부작용은 없는 매우 간단한 패턴으로 구현된다.

유닛

플레이어가 동시에 두 개 이상의 개체를 관리하는 게임에서는 일반적으로 생명보다 유닛을 자원으로 사용한다. 유닛은 체커처럼 한 가지이거나 체스처럼 여러 가지일 수 있다. 유닛은 게임 전체에서 동일한 가치를 유지하거나 실시간 전략 게임처럼 업그레이드하거나 발전시킬 수 있다. 유닛은 손실되면 다시 복구할 수 없는 유한한 형태이거나, 새로 생산할 수 있는 재생 가능한 형태일 수 있다. 재생 가능한 유닛의 경우 생산 비용이 필요한 경우가 많다. 이 유닛당 비용을 결정하는 것과 나머지 자원 구조와 균형을 맞추는 일은 까다로울 수 있다. 유닛당 비용이 균형 잡혔는지 확인하는 데는 플레이테스트가 좋은 방법이다.

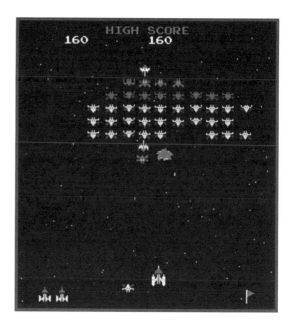

그림 3.26 갤럭시안: 생명 두 개가 남음

그림 3.27 체커: 단순한 유닛

체력

체력은 별도의 자원 종류이거나 게임 안에서 개별 생명을 나타내는 특성이다. 체력을 자원으로 사용하면 생명과 유닛의 손실이나 손실에 가까운 상황에 극적 효과를 부여하는 데 도움이 된다. 체력을 자원으로 사용한다는 것은 체력을 잃는 것처럼 게임플레이에서 체력을 회복하는 방법도 있음을 의미한다.

플레이어가 게임에서 체력을 회복하는 방법은 무엇일까? 여러 액션 게임에서는 레벨 곳곳에 있는 치료키트를 획득하면 체력이 회복된다. 일부 롤플레잉 게임에서는 캐릭터가 음식을 먹거나 휴식을 취해야 한다. 특정 장르마다 각기 다른 방법이 활용된다. 액션 게임에서는 신속하지만 다소 비현실적인 방법을 사용한다. 롤플레잉 게임에서는 게임의 스토리 안에서 좀 더 현실적이지만 느리며 때론 플레이어에게 좌절감을 주는 방법을 사용한다.

그림 3.28 디아블로 – 체력을 거의 잃은 상태(화면 왼쪽 하단)

통화

모든 게임에서 가장 강력한 자원의 종류인 통화를 사용해 거래를 활성화할 수 있다. 5장 145쪽에서 살펴보겠지만 통화는 게임 내 경제의 핵심 요소 중 하나다. 통화가 경제를 만드는 유일한 방법은 아니며, 여러 게임에서 물물교환 체계로 동일한 목표를 달성하고 있다. 게임 내의 통화는 현실 세계와 동일한 역할을 한다. 즉, 거래를 원활하게 하고 플레이어가 다른 물건과 교환할 필요 없이 원하는 물건을 얻을 수 있게 해 준다. 한편으로 통화가 표준 은행권일 필요는 없다.

동작

움직임이나 턴과 같은 동작을 자원으로 활용하는 게임도 있다. 스무고개 게임이 이러한 예다. 이 체계 안에서 질문은 유용성과 희소성이 있으며, 제한에 도달하기 전에 정답을 맞추려면 질문을 효과적으로 분배해야 한다. 다른 예로 매직: 더 게더링에서 턴의 단계 구조가 있다. 각 턴은 단계로 구성되며, 각 단계마다 몇 가지 특성 동작을 수행할 수 있다. 플레이어는 수행할 수 있는 동작을 낭비하지 않도록 신중하게 턴을 계획해야 한다.

실시간 게임의 경우에도 너무 강력한 동작을 제한함으로써 이러한 동작을 플레이어가 관리해야 하는 자원으로 활용한다. 이러한 예로 엔터 더 매트릭스의 '포커스'를 들 수 있는데, 포커스를 사용하면 시간이 느려지는 '불릿 타임' 모드를 발동해 적들보다 빠르게 움직일 수 있다. 포커스가 있는 시간만큼만 불릿 타임을 사용할 수 있으며, 그다음에는 정상 모드로 돌아간다. 이 게임에서는 포커스를 관리하는 것이 게임플레이의 핵심이다.

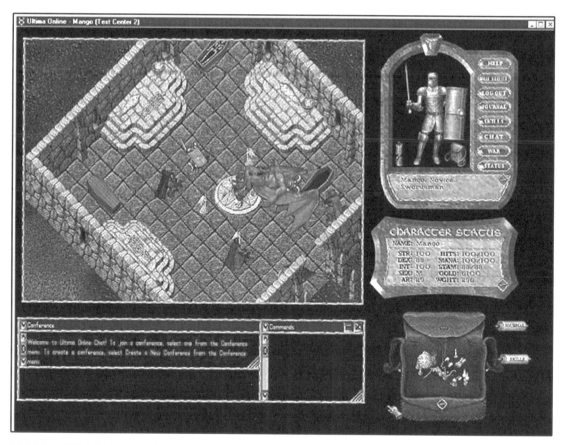

그림 3.29 울티마 온라인 – 금이 들어 있는 플레이어의 배낭

파워업

고전적인 자원의 한 종류로 파워업이 있다. 슈퍼 마리오 브라더스의 마법 버섯이나 잭 앤 덱스터의 파란 에코와 같은 파워업은 이름이 의미하는 것처럼 플레이어에게 향상된 능력을 부여한다. 향상된 능력은 크기, 힘, 속도, 재력, 또는 다른 다양한 게임 변수일 수 있다. 파워업 개체는 게임이 너무 쉬워지지 않도록 희소성이 있는 것이 보통이다. 또한 파워업은 보통 일시적이고 수가 제한되며, 짧은 시간 동안만 사용 가능하거나, 특정 게임 상태에서만 유용하다.

그림 3.31 슈퍼 마리오 브라더스 – 마법 버섯

그림 3.30 엔터 더 매트릭스 - 포커스

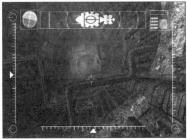

소지품

일부 게임에서 플레이어는 파워업이나 유닛이 아닌 게임 개체를 수집하고 관리할 수 있다. 이러한 게임 개체를 관리하는 방법을 일반적인 용어로 '소지품'이라고 한다. 앞에서 디아블로 II와 같은 롤플레잉 게임에서 갑옷, 무기 및 다른 개체에 대해 언급한 바 있다. 이러한 아이템은 플레이어가 게임의 목표를 달성하는 데 도움이 되며, 구매 비용을 높이거나 아이템을 찾기 위해 강력하고 많은 몬스터가 지키는 던전을 클리어하게 하는 방법을 통해 희소성을 유지

한다. 게임 개체의 소지품이라는 개념이 롤플레잉 게임에만 국한되는 것은 아니며, 매직: 더 게더링과 같은 트레이딩 카드 게임에서도 플레이 덱에 포함할 수 있는 카드 수가 제한되므로 플레이어가 자신의 카드 소지품을 관리해야 한다. 또한 탄약이나 무기와 같은 개체도 소지품으로 생각할 수 있다. 위에서 언급한 다른 모든 종류의 자원과 마찬가지로 소지품 개체도 소비자가 개체를 관리할 때 의미 있는 선택을 하도록 유용성과 희소성이 있어야 한다.

특수 지형

특수 지형은 일부 게임 체계, 특히 전략 게임과 같이 시도에 기반을 두는 체계의 중요한 부분에서 자원으로 사용된다. 워크래프트 III와 같은 게임에서 게임의 통화(목재, 골드)는 지형의 특수한 지역에서 추출하므로 이러한 지역이 주요 자원이 된다. 미처 생각하지 못한 방법으로 지형을 자원으로 사용하는 게임 유형도 있다. 스크래블에서 세 문자 랭킹은 게임보드에 있는 중요한 자원이며, 야구장으로 말하면 내야와 같다.

시간

일부 게임에서는 시간이나 게임 내 단계로 플레이어 동작을 제한해 시간을 자원으로 사용한다. 시간을 자원으로 사용하는 게임의 예로 게임 중 걸리는 전체 시간(예를 들어 10분)이 제한되는 속도 체스가 있다. 보통 체스와 마찬가지로 플레이어가 교대로 턴을 사용하지만 각 플레이어가 사용한 전체 시간을 기록하는 방식이다. 시간을 자원으로 사용하는 다른 예로 어린이 놀이인 뜨거운 감자와 의자 먼저 앉기 놀이가 있다. 두 경우 모두 플레이어는 시간이 됐을 때 뜨거운 감자를 가지고 있거나 의자에 앉지 못한 사람이 되지 않기 위해 노력한다. 시간을 자원으로 사용하면 자연스럽게 극적 힘이 발휘된다. 카운트다운에서 오는 긴장감이나 액션 영화의 시한폭탄이 주는 긴장감을 모두 잘 알고 있을 것이다. 시간을 자원으로 활용해 플레이어에게 배분하고 효과적으로 사용하게 하면 게임 디자인에 감성적 측면을 추가할 수 있다.

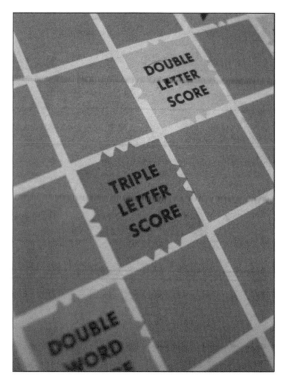

그림 3.32　스크래블 – 세 문자 점수

그림 3.33　체스 시계

　지금까지 설명한 자원은 여러분이 게임을 디자인할 때 고려해야 하는 자원 중 일부다. 자신만의 독창적인 자원을 만들거나, 특정한 종류가 잘 사용되지 않는 장르에서 색다른 자원 모델을 사용하는 것도 고려해 보자. 놀라운 결과가 나올 수도 있다.

연습 3.9: 자원의 종류

지금까지 설명한 자원의 종류별로 자신이 좋아하는 게임 중에서 해당하는 자원을 사용하는 게임을 나열한다. 특정 자원을 사용하는 게임을 모르는 경우 해당하는 게임을 연구하고 몇 가지를 직접 플레이해 보자.

충돌

충돌은 플레이어가 게임의 규칙과 경계 내에서 목표를 달성하려고 노력하는 과정에서 발생한다. 이미 언급한 것처럼 충돌은 플레이어가 곧바로 목표를 달성할 수 없도록 만들기 위해 규칙, 절차 및 상황(예: 멀티 플레이어 경쟁)을 만듦으로써 디자인된다. 절차는 게임 목표를 달성하기 위한 비효율적인 수단을 제공한다. 이러한 효율이 떨어지는 수단은 플레이어로 하여금 특정한 기술을 발휘하도록 도전하게 만든다. 또한 절차는 어느 정도 재미를 느낄 수 있는 경쟁이나 플레이 분위기를 형성해 플레이어가 참여를 통해 얻는 궁극적 성취를 위해 자발적으로 비효율적 체계에 참여하게 한다.

다음은 충돌을 일으키는 몇 가지 요소다.

✓ **핀볼**: 레버와 제공되는 장치만 사용해 공이 플레이 영역 밖으로 벗어나지 않게 한다.

✓ **골프**: 티에서 홀까지 과정의 모든 장애물을 헤치면서 최대한 적은 수의 스트로크로 공을 이동한다.

✓ **모노폴리**: 돈과 자산을 관리해서 게임에서 가장 부자 플레이어가 된다.

✓ **퀘이크**: 자신을 죽이려고 하는 플레이어 또는 적대적인 NPC 속에서 살아남는다.

✓ **워크래프트 III**: 군대와 자원을 관리하고 사용해 지도의 목표를 차지한다.

✓ **포커**: 자신의 패와 블러핑을 활용해 상대편을 이긴다.

이러한 예를 통해 장애물, 상대편, 딜레마라는 게임의 세 가지 충돌의 원천을 확인할 수 있다. 이러한 충돌의 원천을 다양한 유형의 게임플레이라는 측면에서 좀 더 자세히 살펴보자.

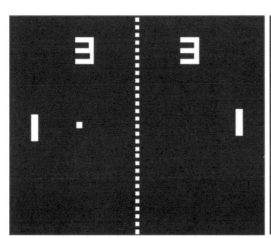 

그림 3.34 퐁과 퀘이크 III에서 등장하는 상대편

장애물

장애물은 싱글 및 멀티 플레이어 게임에서 일반적인 충돌의 원천이지만 싱글 플레이어 게임에서 좀 더 중요한 역할을 한다. 장애물은 자루 달리기의 자루나 골프 코스의 연못, 핀볼 데이블의 범퍼처럼 물리적인 형태이거나, 어드벤처 게임의 퍼즐과 같이 성신적인 기술을 요구하는 형태일 수 있다.

상대편

멀티 플레이어 게임에서 다른 플레이어는 일반적인 주요 충돌의 원천이다. 앞의 예에서 퀘이크는 다른 플레이어와 NPC 적을 사용해 게임에서 충돌을 일으키는 물리적 장애물을 만들어냈다. 또한 모노폴리의 충돌은 다른 플레이어와의 상호작용에서 나온다.

딜레마

물리적 또는 심리적 장애물과 다른 플레이어와의 직접적 경쟁을 통해 발생하는 충돌이 있으며, 이와 다른 유형의 게임 충돌로 플레이어의 선택으로 유발되는 딜레마적 충돌이 있다. 모노폴리에서 볼 수 있는 딜레마의 하나로 돈을 투자해서 새로운 자산을 매입할 것인지, 아니면 이미 소유한 자산을 업그레이드할 것인지에 대한 선택이 있다. 다른 딜레마로 포커에서 남을지 또는 접을지 결정하는 것이 있다. 두 경우 모두 플레이어는 결과가 좋을 수도 있고 나쁠 수도 있는 선택을 해야 한다. 딜레마는 싱글과 멀티 플레이어 게임에서 모두 강력한 충돌의 원천이 될 수 있다.

연습 3.10: 충돌

테트리스, 프로거, 봄버맨, 지뢰 찾기, 솔리테어에서 어떻게 충돌이 발생하는지 설명한다. 이러한 게임의 충돌이 장애물, 상대편, 딜레마 또는 이러한 요소의 조합을 통해 발생하는지 설명한다.

경계

경계는 게임을 게임이 아닌 것과 구분하는 선이다. 43쪽에서 설명한 것처럼 하위징아가 '마법 서클'이라고 말한 개념은 플레이어가 게임에 참여하기로 동의하고 게임의 규칙을 수용함으로써 게임이 일시적인 것이고, 결국에는 끝나며, 더는 플레이하고 싶지 않으면 그만둘 수 있다는 사실을 인식하고, 안심하는 데 중요한 부분이다. 디자이너는 플레이어가 마법 서클로 들어오고 나가는 방법과 게임의 경계를 정의해야 한다. 이러한 경계는 경기장, 운동장 또는 게임 보드 위의 선과 같은 물리적인 것이거나 함께 플레이한다는 사회적 동의와 같은 개념적인 것일 수 있다. 예를 들어, 한 방에 있는 사람 중 10명이 진실

그림 3.35 테니스 코트의 경계

게임을 하고 있지만 2명은 게임에 참여하지 않는다면 2명은 체계의 경계 바깥에 있는 것이다.

경계가 게임 디자인에서 고려할 중요한 측면인 이유는 뭘까? 익숙한 게임 체계에 경계가 없다고 가정해 보자. 경계가 없는 축구장(실제 또는 컴퓨터 설정)에서 축구를 한다면 어떤 일이 벌어질까? 플레이어들은 다른 플레이어의 태클을 받지 않거나 건물이나 자동차 같은 엉뚱한 물건에 막힐 때까지 원하는 만큼 뛸 수 있게 된다. 축구의 전략에는 어떤 영향이 있을까? 플레이에게 필요한 능력은 무엇일까? 이러한 가정을 여러분이 알고 있는 다른 게임에도 적용해 보자. 경계를 닫지 않으면 근본적으로 다른 것이 된다. 모노폴리를 실제 돈으로 플레이한다면 어떻게 될까? 또는 포커의 덱에 카드를 추가하면 어떻게 될까? 체스 판을 무한히 확장한다면 어떤 일이 벌어질까? 이렇게 달라진 게임을 직접 플레이해 보지 않더라도 경계가 없으면 완전히 다른 게임이 되리라는 것을 짐작할 수 있다. 이런 변경이 나쁘기만 한 것은 아니며, 익숙한 게임의 경계를 변경하고 플레이 경험이 어떻게 달라지는지 살펴보는 것도 흥미로운 디자인 연습이다.

게임 경계의 순수한 형식적 측면 외에 감성적 요소도 있다. 게임의 경계는 게임의 모든 것을 현실 생활과 구분하는 역할을 한다. 게임의 경계 안에서 친구의 문명을 파괴하거나 군대를 몰살시키는 악당 역할을 했더라도 게임이 끝나면 그것으로 끝이며, 실제 관계는 전혀 손상되지 않는다. 오히려 게임 세계의 경쟁을 통해 더 가까워질 수 있다.

디자이너에게 경계는 플레이어 경험을 조율하기 위한 도구 중 하나다. 게임 중에는 형식이 매우 자유로워서 엄격하게 정의된 경계가 필요 없는 것도 있다. 예를 들어, 술래잡기는 일반적으로 경계를 느슨하게 정의하고 플레이하지만 재미가 떨어지지 않는다. 일부 현대 게임 디자이너는 외부 요소와의 상호작용이라는 흥미로운 아이디어를 게임에 시도하고 있다. 이렇게 현실 세계와 온라인 상호작용을 조합해서 게임플레이를 만들어 내는 새로운 장르를 대체 현실 게임(ARG)이라고 한다.

© Doug Jaeger. 2004 - doctorjaeger.com

그림 3.36 빅 어번 게임(Big Urban Game)과 팩맨 해튼(PacManhattan) – 도시를 게임 보드로 활용

이러한 게임의 좋은 예로 헤일로 2 출시를 홍보하기 위해 만들어진 아이 러브 비(I Love Bees)가 있다. www.ilovebees.com 웹 사이트에서 이용할 수 있는 이 게임은 플레이어에게 현실 세계의 특정 위치를 알려 주고 공중전화에서 추가 정보와 지시를 제공하는 방식으로 진행된다. 현실과 개념의 경계를 넘나드는 다른 게임들은 때로는 '큰 게임'이라고 부르기도 하는데 공공장소에서 벌어지는 재미있는 상호작용을 포함하는 대규모의 게임이다. 프랭크 란츠, 케이티 살렌, 그리고 닉 포투그노가 만든 빅 어번 게임이나 이안 보거스트와 제인 맥고니걸이 만든 크루얼(Cruel) 2 B Kind(72쪽 이안 보거스트의 관련 기사 참조)는 이러한 경계를 초월하는 게임의 예다.

그러나 이러한 실험적인 게임에서 체계의 경계를 처리하는 방법은 예외적인 것이며, 대부분의 게임은 닫힌 체계다. 일반적으로 게임은 게임의 안팎을 항상 명확하게 구분하며, 게임 내의 요소가 외부의 영향을 받지 않게 보호한다. 그러나 이러한 경계의 위치와 방법을 정의하며, 필요하면 경계를 초월하는 것도 게임 디자이너의 몫이다.

연습 3.11 : 경계

테이블톱 롤플레잉 게임인 던전 앤 드래곤즈에서 경계는 무엇인가? 물리적 및 개념적 경계를 구분할 수 있는가?

결과

앞에서 이야기했듯이 게임의 결과는 불확실해야 플레이어의 관심을 끌 수 있다. 이러한 불확실성은 일반적으로 측정 가능하고 동일하지 않은 결과로 해결되지만 반드시 그런 것은 아니다. 여러 대규모 멀티플레이어 온라인 세계에는 승자의 개념이나 엔딩 상태가 없다. 또한 시뮬레이션 게임에는 미리 정의된 승리 조건이 없을 수 있다. 이러한 게임은 무한하게 지속되는 구조이며, 게임의 승리나 완료가 아닌 다른 방식으로 플레이어에게 보상을 제공한다. 일부에서는 이러한 게임이 게임의 기본 정의를 벗어난다고 주장하지만 게임에 대한 논의에서 이러한 강렬한 경험을 제외한다는 것은 바람직한 선택이 아니다. 이보다는 기존의 정의를 확장하고 더 넓은 영역을 탐험하는 것이 현명한 자세일 것이다.

대부분의 게임 체계에서는 승자가 선언되면 게임이 엔딩 상태가 된다. 정의된 간격마다 플레이어(비디지털 게임의 경우) 또는 체계가 승리 조건이 달성됐는지 확인하고 달성됐다면 체계를 완료하고 게임을 끝낸다.

결과를 결정하는 데는 여러 가지 방법이 있지만 최종 결과의 구조는 항상 앞에서 이야기한 플레이어 상호작용 패턴 및 목적과 관련돼 있다. 예를 들어, 1번 패턴인 싱글 플레이어 대 게임에서는 플레이어가 승리 또는 패배하거나 최종적으로 패배하기 전까지 일정 점수를 획득할 수 있다. 이러한 결말 구조의 예로는 솔리테어, 핀볼 기계, 그리고 여러 다른 아케이드 게임이 있다.

게임의 결과는 64쪽에서 논의한 플레이어 상호작용 패턴 외에도 게임의 목표의 본질에 따라서도 결정된다. 점수에 따라 목표를 정의하는 게임은 거의 반드시 결과를 측정하는 데 이러한 점수를 사용한다. 체스와 같이 함락을 목표로 정의하는 게임에서는 점수 체계를 사용하기보다는 킹을 잡는 주요 목표의 결과에 따라 게임의 승패가 결정된다.

체스는 소위 '제로섬' 게임이다. 즉, 승리를 +1로, 패배를 -1로 계산하면 모든 결과의 합이 0이 된다. 한 플레이어가 승리하면(+1) 다른 플레이어는 패배하므로(-1), 어떤 플레이어가 승리하더라도 합은 항상 0이다.

제로섬 게임이 아닌 게임이 더 많다. 제로섬 게임이 아니라는 것은 한 플레이어의 전체 득실의 합이 0보다 크거나 작다는 것이다. 월드 오브 워크래프트와 같은 게임은 복잡하고 지속적인 세계에서 전체 결과의 합이 절대 0이 아니므로 제로섬 게임이 아니다. 라이너 크니지아의 보드 게임인 반지의 제왕과 같은 협력 게임도 한 플레이어의 득이 다른 플레이어의 실이 아니므로 제로섬 게임이 아니다. 제로섬이 아닌 게임에서는 제로섬 게임의 유한한 판정이 아닌 측정 가능한 다양한 결과를 만들기 위해 랭킹 체계, 플레이어 통계, 다중 목표 등과 같이 좀 더 세부적인 보상과 패배 단계를 사용하는 경우가 많다.

379쪽에서는 제로섬이 아닌 게임에서 흥미로운 플레이어 딜레마와 흥미로운 게임플레이를 위한 복잡하고 상호 의존적인 위험/보상 시나리오를 만드는 방법을 살펴보겠다. 여러분이 플레이하는 게임에서 어떤 종류의 결과가 가장 만족스러웠는지 생각해 보자. 예를 들어, 사회적 게임과 스포츠 행사처럼 상황에 따라 대답이 달라지는가? 여러분이 디자인하는 게임의 결과를 결정할 때는 이러한 사항을 고려하자.

연습 3.12: 결과

제로섬인 게임과 제로섬이 아닌 게임을 각각 두 가지씩 이야기해 보자. 이러한 게임의 결과에서 주요 차이점은 무엇인가? 이러한 차이가 게임플레이에 어떤 영향을 주는가?

결론

이러한 형식적 요소는 함께 작동할 때 우리가 게임이라고 인식하는 것을 형성한다. 이 장에서 살펴본 것처럼 이러한 여러 요소를 조합해서 다양한 경험을 만들 수 있다. 이러한 요소가 어떻게 작동하는지 이해하고 새로운 조합 방법을 고안함으로써 여러분의 게임에 맞는 새로운 종류의 게임플레이를 창안할 수 있다. 처음 시작하는 게임 디자이너에게는 이러한 형식적 요소를 기준으로 자신이 플레이하는 게임을 분석해 보는 것이 좋은 연습이다. 1장에서 시작한 게임 일지를 활용해 자신이 플레이하는 게임에 대한 분석을 기록해 보자. 이를 통해 게임플레이에 대한 이해도를 높이고 복잡한 게임 개념을 분할하는 능력을 기를 수 있다.

연습 3.13 : 규칙과 절차 변경하기

백개먼의 규칙과 절차는 상당히 간단하다. 확률에 의존하지 않도록 규칙과 절차를 변경해 보자. 이러한 변경이 게임플레이에는 어떤 영향을 주는가?

디자이너 관점: 론 래닝(Lorne Lanning)

**사장, 크리에이티브 디렉터, 공동 설립자, 오드월드 인해비턴트
(Oddworld Inhabitants)**

론 래닝은 게임 디자이너이자, 작가, 그리고 애니메이션 영화 감독으로서 이상한 나라의 에이브(1997), 이상한 니리의 에이브 2: 엑소더스(1998), 오드월드: 뭉크의 오디세이(Oddworld: Munch's Oddysee)(2001) 및 오드월드: 낯서이의 부노(Oddworld: Stranger's Wrath)(2005)를 포함한 게임 제작에 참여했고 현재 프로젝트는 시티즌 시즈: 애니메이트 모션 픽처와 온라인 게임 시티즌 시즈: 웨이지 워즈가 있다.

디자인 프로세스

제 경우 디자인 프로세스는 제가 열성적으로 아끼는 삶의 문제에서 시작되는 아주 추상적인 프로세스입니다. 그리고 관련이 없는 주제에 대해서도 많이 연구합니다. 최상의 아이디어는 보통 생각하지 못했던 곳에서 나올 때가 많기 때문에 다른 사람들이 관계없다고 생각하는 곳에도 시간을 많이 투자합니다. 창의적인 프로세스란 이전에는 시도하지 않았던 영역과 아이디어를 결합하는 것이기 때문입니다. 디자이너가 자신의 분야가 아닌 영역을 연구하는 것은 필수라고 생각합니다. 폭넓게 연구하지 않고 자신의 분야에 한정한다면 독특하고 신선한 아이디어를 얻기가 어렵습니다.

프로토타입

프로토타입은 필수입니다. 프로젝트의 실현 가능성과 재미 요소라는 가장 중요한 요소에 집중하면서 사전에 프로토타입을 제작하십시오. 제대로 되지 않는다는 것을 뻔히 알면서 일하는 것만큼 힘든 일은 없습니다. 프로토타입 제작 단계는 게임 제작 과정에는 물론 팀의 사기에도 중요합니다.

영향을 받은 게임

✓ **플래시백/아웃 오브 디스 월드/페르시아의 왕자:** 이 플랫폼 게임들은 새로운 수준의 극적 효과와 함께 게임 디자인에 생명을 불어넣었습니다. 흥미로운 이야기를 전달하는 실감나는 애니메이션, 연결되는 커트 장면, 그리고 스토리 기반 퍼즐 메커니즘은 플레이스테이션용 첫 번째 오드월드 게임에 영감을 제공하기도 했습니다. 이러한 게임들은 언젠가는 게임과 영화가 더 많은 것을 공유하게 될 것임을 알려 주는 빛나는 등대 같은 존재입니다.

- **터미네이터 2(오락실용)**: 놀이공원 컨벤션에서 이 오락실용 게임을 처음 접했는데, 일반에 공개되기 전이었고 제가 아직 게임 디자인 일을 시작하기 전이었습니다. 이 게임을 보면서 콘텐츠의 미래가 디지털 데이터베이스를 통해 다양한 전달 매체로 구현되리라는 것을 알 수 있었습니다. 이 게임은 실제 영화 제작 자료를 게임에 성공적으로 사용한 첫 번째 게임입니다. "이 방향이 디지털 멀티미디어를 시작하는 세계의 미래다"라는 표지판과 같았습니다.

- **워크래프트 II**: 자신이 직접 생산하고 육성한 많은 수의 유닛을 관리하는 즐거움을 준 게임입니다. 또한 운명에 대한 완벽한 제어를 통해 드러나는 강렬한 심리적 요소를 이해하게 해 주었습니다. 다른 게임에서도 이러한 시도가 없었던 것은 아니지만 워크래프트 II에는 지루함 없이 감성적 반응을 이끄는 부드럽고 간단한 컨트롤/관리 인터페이스가 있습니다. 또한 이전까지 실시간 전쟁 게임에서 부족한 요소였던 시뮬레이션과 전략의 적절한 배합을 선보였습니다.

- **슈퍼 마리오 64**: 솔직히 어린이 취향이기에 이 콘텐츠에 흥미를 유지하기는 상당히 어려운 일이지만 아날로그 컨트롤과 아날로그 애니메이션을 혼합해서 인터랙티브 3D 캐릭터에 새로운 수준의 생명력과 유연함을 불어넣었다는 점을 높이 평가합니다. 많은 사람들이 경직된 디지털 컨트롤을 용인하고 때로 선호하는 것은 상당히 놀라운 일입니다. 개인적으로 저는 살아 있는 생명체를 다루는 게임에서 경직되거나 디지털 느낌의 컨트롤을 사용해 캐릭터가 마치 로봇과 같은 게임은 좋아하지 않습니다. 좋을 수도 있는 게임을 제대로 즐기지 못하게 하는 원인입니다. 마리오는 훌륭한 3D 아날로그 캐릭터 컨트롤에 대한 바탕을 마련했습니다.

- **심즈**: 게임의 혁신이라는 면에서 많은 기록을 보유한 이 게임은 상품의 수명 연장에 기여하는 mod 커뮤니티를 육성하고 지원하는 개발자의 능력 면에서도 놀라운 예를 보여줍니다. 이 제품은 기존 장르의 틀을 깨는 제품이지만 커뮤니티의 일반 사용자 층을 상대로 포커스 테스트를 거쳤다면 개발 중에 프로젝트가 취소될 수도 있었던 게임입니다. 그러나 이 시리즈는 게임을 기존의 생각대로 만들 필요는 없다는 사실과 기존 게임에 무관심한 잠재적 플레이어를 위한 막대한 시장이 존재한다는 사실을 확신시켜 주었습니다. 이 시리즈는 게임 디자인의 구조와 성질이라는 측면에서는 물론, 다른 게임들과는 다른 이 게임의 독특함이라는 면에서 게임 디자인의 혁명이며, 미래에 대한 희망을 제시합니다.

- **타마고치**: 심즈와 마찬가지로 가상 생명체를 완전히 새로운 단계로 육성하는 개념을 활용하는 게임의 가능성은 아직 많이 남아 있습니다. 일본항공과 같은 대기업에서 항공기 이륙을 지연시키는 우는 어린이들(전자장치를 모두 꺼야 하기 때문)을 위해 게임의 사회적 영향을 고려해 운영 정책까지 변경하는 것을 보면서, 사람들이 단순히 도전적인 게임에 중독되는 것 이상의 심오한 현상을 확인하게 됩니다. 이제 우리는 가상 생명체에 대한 전에 없던 감성적 애착과 상호 의존 현상을 목격하고 있습니다.

디자이너에게 하고 싶은 조언

강한 직업 의식을 갖고, 배울 점이 있는 모든 게임들을 연구하며, 프로그래밍과 디자인, 컴퓨터 애니메이션, 글쓰기 등 자신의 전문 기술을 갈고닦는 것 이에도 주변에 있는 게임 외부의 세계에도 관심을 갖고 공부해야 합니다. 최상의 아이디어를 얻고자 한다면 다른 게임이 아니라 게임과 아무 관련이 없는 영역을 둘러보십시오. 다른 영역과 다른 예술 형식, 그리고 사회학, 농학, 철학, 동물학 또는 심리학과 같은 다른 학문에서 색다른 아이디어를 얻을 수 있을 것입니다. 의도한 매체의 영역에서 벗어나는 곳에서 더 많은 영감을 찾아낼수록 다른 사람들이 여러분의 창작물에서 느끼는 신선한 느낌도 더 강해질 것입니다.

디자이너 관점: 마크 르블랑(Marc LeBlanc)

기술 디렉터, 선임 디자이너, 마인드 컨트롤 소프트웨어(Mind Control Software)

마크 르블랑은 게임 업계에서 게임 디자이너이자 프로그래머, 그리고 프로젝트 관리자로 14년간 일해왔다. 그가 참여한 제품에는 울티마 언더월드 II(1993), 시스템 쇼크(1994), 씨프: 다크 프로젝트(1998), 시스템 쇼크 2(1999), 씨프 2: 메탈 에이지(2000), 오아시스(2004), Arrrrr!(2007)가 있다.

게임 업계에 진출한 계기

MIT에서 공부할 때 웨스트 41번가 기숙사 건물에서 살았는데, 당시 이곳에는 별난 친구들이 많았습니다. 1990년 즈음 댄 슈미츠(Dan Schmidt), 존 마이아라(Jon Maiara), 제임스 플레밍(James Fleming), 팀 스텔마크(Tim Stellmach), 더그 처치(Doug Church)를 비롯해 웨스트 41번가 친구들 몇 명이 폴 뉴라스(Paul Neurath)와 함께 블루 스카이 프로덕션이라는 회사를 세웠습니다. 이 사람들이 당시 개발하던 게임이 언더월드였습니다. 이 게임은 나중에 울티마 언더월드가 되었고, 이 회사는 룩킹 글래스 스튜디오가 되었습니다. 저는 1992년에 회사에 참여했고 나머지는 다들 아시는 대로입니다.

가장 좋아하는 게임

✓ **X-Com: UFO Defense**: 이제는 고전 대접을 받는 이 게임은 전략 자원 관리와 전술 전투라는 두 가지 작은 게임을 완벽하게 하나로 결합했습니다. X-Com은 몰입도 높은 묘사의 교과서입니다. 아주 간단한 트릭을 활용해 플레이어의 상상력으로 게임의 캐릭터와 이벤트를 묘사했습니다. 제군들, 장비를 챙기게! 화성으로 출격할 준비를 해야지!

- 피크민: 이제까지 실시간 전략 게임의 사용자 인터페이스에는 문제가 많았습니다. 고수 플레이어가 되려면 복잡한 손가락 묘기를 마스터해서 키보드 연주의 달인이 돼야 했습니다. 피크민은 이러한 문제를 모두 해결해 고유의 '긴장감'을 제대로 구현한 최초의 실시간 전략 게임이며, 정말 탁월한 게임입니다.
- 스타 컨트롤 II: 이 게임은 자체 제작한 줄거리와 몇 가지 간단한 실시간 트릭을 사용해 다른 곳에서 볼 수 없는 새로운 방식의 유기적인 묘사를 만들어냈습니다. 이를 멋진 전투와 결합해 스페이스 워의 후계자로 손색이 없으며 고전으로 꼽기에 충분합니다.

영향을 받은 게임

- 시드 마이어의 심골프: 이 게임은 모든 게임 디자이너가 의무적으로 연구해야 하는 게임입니다. 골프라는 테마에 속지 마십시오. 이 게임은 레벨 디자인에 대한 자습서라고 할 수 있습니다.
- 라이너 크니지아의 보드 게임들, 특히 그중에서도 모던 아트와 티그리스 & 유프라테스에 주목하십시오. 하드웨어와 RAM이 부족해서 좋은 게임을 만들 수 없다고 생각한다면 이 사람이 10장 분량의 규칙과 판지 몇 장으로 해내는 일들을 생각해 보기를 바랍니다.
- GTA III: 이 게임의 소재에는 그리 찬성하는 입장이 아니지만 이처럼 엔딩이 개방된 게임플레이로 주류 콘솔 사용자층을 사로잡을 수 있다는 점에는 느끼는 점이 많습니다.

디자이너에게 하고 싶은 조언

- 게임에 대한 비판적인 안목을 기르십시오. 가장 좋아하는 게임이라고 해도 게임에서 단점을 찾아낼 수 없다면 여러분은 아직 아마추어입니다.
- 프로그래밍을 배우십시오. 프로그래밍 지식 없이 게임을 디자인한다는 것은 붓 없이 그림을 그리는 것과 같습니다.
- 게임을 많이 플레이하십시오. PC, 콘솔, 보드 게임, 파티 게임, 그리고 스포츠를 비롯한 모든 종류의 게임과 고전 게임을 하고, 바둑도 배우십시오.

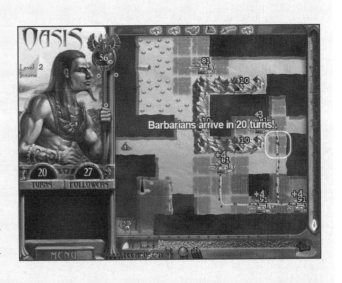

- 운이 좋다면 수백만 명이 여러분의 게임을 한다는 것을 기억하십시오. 자신이 아닌 이들을 위한 게임을 디자인하십시오.

참고 자료

* Man, Play and Games - Roger Callois, 2001.

* "Formal Abstract Design Tools" Game Developer - Doug Church, 1999년 8월.

* "MDA: A Formal Approach to Game Design and Game Research." AAAI Game AI Workshop Proceedings - Robin Hunicke, Marc LeBlanc, Robert Zubek.

* 2004년 6월 25~26일, http://www.cs.northwestern.edu/~hunicke/pubs/MDA.pdf.

* The Game Design Reader: A Rules of Play Anthology - Katie Salen, Eric Zimmerman, 2006.

주석

1. "Hearts, Clubs, Diamonds, Spades: Players who Suit MUDS." - Richard Bartle, 1996년 4월, http://www.mud.co.uk/richard/hcds.htm.

2. "The Structural Elements of Games" The Study of Games - Avedon, E. M, 1979, 424쪽, 425쪽.

3. "The Dimensions of Games," The Study of Games - Fritz Redl, Paul Gump, and Brian Suon-Smith, 1979, 417쪽, 418쪽; The Oxford History of Boardgames - David Parle, 1999.

4. Nintendo, 슈퍼 마리오 브라더스 매뉴얼, 1986.

4장

극적 요소를 사용한 작업

연습 4.1 체커를 극적인 게임으로 만들기

체커 게임은 상당히 추상적이다. 스토리도 캐릭터도 없으며, 게임의 목표라는 사실을 제외하면 상대편의 피스를 모드 잡아야 하는 설득력 있는 이유도 없다. 이 연습에서는 게임에 감성적 매력을 추가하기 위해 체커를 위한 일련의 극적 요소를 고안해 보자. 예를 들어, 배경 이야기를 만들어 각 피스에 이름과 고유한 외모를 부여하거나 보드에 특정한 영역을 정의하거나, 그밖에 이처럼 간단하고 추상적인 체계에 플레이어를 연결할 수 있는 다른 창의적인 아이디어를 생각해 본다. 그런 다음 친구나 가족과 함께 새로운 게임을 하고 반응을 확인한다. 극적 요소는 경험을 향상시켰는가? 아니면 저하시켰는가?

지금까지 형식적 요소를 결합해 우리가 게임이라고 하는 경험을 만드는 방법을 살펴봤다. 이제는 플레이어가 감성적으로 게임 환경에 몰입하게 하는 게임의 극적 요소를 살펴보자. 극적 요소는 게임플레이에 맥락을 부여하며, 체계의 형식적 요소를 더하고 통합해서 의미 있는 경험을 만든다. 기본적인 극적 요소인 도전과 플레이는 모든 게임에 존재한다. 이보다 복잡한 전제, 캐릭터 및 스토리와 같은 극적 기법은 형식적 체계의 좀 더 추상적인 요소를 부연 설명하고 덧붙여서 플레이어에게 더 밀접하게 연결된 느낌을 제공하고, 전체적인 경험을 풍부하게 만든다.

이러한 요소들이 놀입을 이끌어내는 방법과 다른 게임과 다른 매체에서 이러한 요소가 사용된 방법을 살펴보는 것은 더욱 매력적인 게임을 만드는 한 방법이다. 이러한 극적 요소와 전통적 도구를 살펴보면 자신의 디자인을 위한 새로운 아이디어와 상황을 구상하는 데 도움될 것이다.

연습 4.2: 극적 게임

극적으로 흥미로운 게임 5가지를 나열해 보자. 이러한 게임이 매력적인 이유는 무엇이었는가?

도전

대부분의 사람들이 게임에 몰입하는 이유 중 하나로 도전을 꼽을 것이다. 이들이 말하는 도전이란 실제로 무엇을 의미할까? 단순히 달성하기 어려운 임무를 의미하는 것은 아니다. 만약 그렇다면 게임의 도전이 일상생활의 도전과 그다지 다르지 않을 것이다. 플레이어들이 도전이라고 말하는 것은 적당한 수준의 작업으로 달성할 수 있으며, 완료했을 때 만족을 느낄 수 있는 임무를 말한다.

이 때문에 도전은 개인차가 매우 크며, 게임에 대한 플레이어의 세부적인 능력에 따라 결정된다. 이제 막 산수를 배운 어린이에게 미끄럼과 사다리 (Chutes and Ladders) 게임은 너무 어렵겠지만 산수에 익숙한 어른에게는 이 게임이 지루할 것이다.

개인별로 다르다는 점 외에 도전은 또한 동적이기도 하다. 즉, 게임을 시작할 때는 어렵다고 느낀 플레이어도 어느 정도 지나면 익숙해지기 때문에 계속해서 플레이어의 수준에 맞는 도전을 제공하고 경험이 많은 플레이어의 흥미를 유발해야 한다.

개인적인 경험이라는 정의 이외의 도전의 본질을 알아보는 방법은 없을까? 게임을 디자인할 때 염두에 두고 있어야 할 기본적인 개념은 없을까? 게임의 기본 도전을 구상하기 시작하면 사람들이 어떤 경우에 즐거움을 느끼고, 어떤 일에서 행복을 느끼는지 생각하게 된다. 이 질문에 대한 대답은 곧바로 도전의 개념, 그리고 경험이 제시하는 도전의 수준과 관련이 있다.

심리학자 미하이 칙센트미하이(Mihaly Csikszent mihalyi)는 여러 다양한 작업과 다양한 유형의 사람을 대상으로 경험의 유사성을 연구해 즐거움의 요소를 찾는 연구를 했는데, 놀랍게도 사람들은 나이, 사회적 지위, 성별에 관계없이 자신들의 즐거운 활동에 대한 거의 동일한 이야기를 했다. 연구에 참여한 사람들의 활동 분야는 악기 연주, 산악 등반, 그림 그리기, 게임플레이 등 다양했지만 설명한 즐거움은 비슷했다. 사람들은 이러한 모든 분야의 활동을 즐겁게 만드는 조건으로 다음과 같은 사항을 이야기했다.

첫째, 경험(즐거움)은 일반적으로 우리가 완료할 가능성이 있는 임무를 대했을 때 발생한다. 둘째, 우리가 하는 일에 집중할 수 있어야 한다. 셋째와 넷째, 집중이 가능한 것은 일반적으로 수행하는 작업에 명확한 목표가 있고, 즉각적인 피드백이 제공되기 때문이다. 다섯째, 사람들은 일상생활의 걱정과 좌절을 잊을 수 있도록 깊이 있지만, 어렵지는 않은 활동에 참여한다. 여섯째, 즐거운 경험은 사람들이 자신의 행동을 제어할 수 있음을 느끼게 한다. 일곱째, 자신에 대한 걱정이 사라지지만 경험의 흐름이 끝나면 역설적으로 자아의식이 강해진다. 마지막으로, 시간에 대한 개념이 달라진다. 몇 시간이 몇 분으로 느껴지거나, 몇 분이 몇 시간처럼 느껴지기도 한다. 이러한 모든 요소의 조합을 통해 발생하는 깊이 있는 즐거움을 느끼기 위해 사람들은 자발적으로 상당히 많은 에너지를 소비한다.[1]

연구 내용을 바탕으로 미하이 칙센트미하이는 그림 4.1에 나오는 '몰입(flow)'이라는 이론을 만들었다. 처음 활동을 시작할 때는 대체로 능력 수준이 낮게 발휘되므로 활동의 도전 수준이 너무 높으면 좌절을 느끼게 된다. 그러나 활동을 진행할수록 능력이 상승하므로 도전 수준이 동일하게 유지되면 반대로 지루함을 느끼게 된다. 그림 4.1에는 증가하는 도

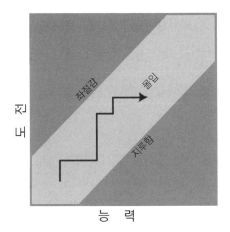

그림 4.1 몰입 다이어그램

The diagram labels: 능력 (x-axis), 내전 (y-axis), 적절감, 몰입, 지루함

그림 4.2 기술이 필요한 동작: 토니호크 프로 스케이터

전과 능력을 좌절과 지루함 사이에서 조심스럽게 균형을 맞추어 사용자를 위한 최적의 경험을 만드는 경로가 나온다.

도전 수준을 능력 수준에 맞게 적절하게 조정하고 능력 수준이 상승함에 따라 도전 수준을 높이면 미하이 칙센트미하이가 '몰입'이라고 설명한 그림의 가운데 영역에 해당하는 경험 상태를 유지할 수 있다. 몰입 안에서 도전과 능력, 좌절감과 지루함 간의 활동의 균형을 맞춤으로써 달성과 행복의 경험을 만들 수 있다. 도전과 능력 사이의 균형은 게임 디자이너가 게임플레이를 통해 달성하려는 것이기 때문에 이 개념은 상당히 흥미롭다. 이러한 몰입을 달성하는 데 도움이 되는 요소를 더 자세하게 살펴보자.

기술을 요구하는 도전적인 활동

미하이 칙센트미하이에 따르면 이러한 몰입은 '목표를 향하고 규칙을 따르며, 올바른 기술 없이는 수행할 수 없는 활동'[2]을 할 때 가장 자주 발생한다고 한다. 이러한 기술은 신체, 정신 또는 사회적인 것일 수 있으며, 활동에 필요한 기술이 전혀 없으면 좌절을 느끼게 되고 의미가 없어진다. 필요한 기술을 가

지고 있지만 결과에 대해 확신할 수 없는 활동이 도전이 된다. 게임 디자인에서는 이러한 사실이 특히 중요하다.

연습 4.3 기술

자신이 즐기는 게임에 필요한 기술의 종류를 나열한다. 자신이 디자인하는 게임에 넣을 수 있는 다른 종류의 기술에는 어떤 것들이 있는가?

동작에 대한 몰입과 인식

미하이 칙센트미하이는 다음과 같이 설명했다. "도전을 해결하는 데 필요한 모든 해당하는 기술을 가지고 있어야 활동에 온전히 집중할 수 있다. 사람들이 자신이 하고 있는 활동에 완전히 동화되어 활동과 분리된 자신에 대한 인식을 중단한 무의식 상태가 된다."[3]

명확한 목표와 피드백

일상생활에서 우리가 추구하는 목표는 종종 명확하게 정의되지 않을 때가 많다. 그러나 몰입 경험에서 우리는 어떤 일을 해야 하는지 알며, 목표를 제대로

그림 4.3 동작에 대한 몰입과 인식: 메탈기어 솔리드 3

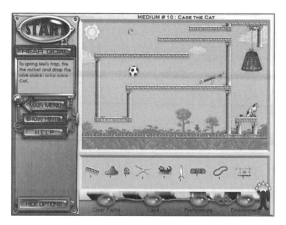

그림 4.4 명확한 목표와 피드백: 요절복통 기계

달성하고 있는지에 대한 즉각적 피드백을 얻는다. 예를 들어, 음악가는 자신이 다음에 연주할 음표를 알고 있으며, 실수하면 즉시 알 수 있다. 테니스 경기나 암벽 등반의 경우에도 마찬가지다. 명확하게 정의된 목표가 있는 게임의 경우 플레이어는 다음 레벨로 진행하고, 전략에서 다음 단계를 달성하기 위해 해야 하는 일을 알 수 있으며, 목표를 향해 수행하는 동작에 대한 피드백을 즉시 얻을 수 있다.

연습 4.4: 목표와 피드백

세 가지 게임을 선택하고 각 게임에서 생성되는 피드백의 종류를 나열한다. 그런 다음 피드백이 각 게임의 궁극적인 목표와 어떻게 연관되는지 설명한다.

주어진 임무에 대한 집중

몰입의 다른 일반적인 요소는 현재 의미가 있는 사항에 대해서만 우리가 인식한다는 것이다. 음악가가 연주하는 동안 건강이나 세금 문제에 신경 쓴다면 곧 실수를 하게 된다. 의사가 수술 중 다른 생각을 하면 환자의 생명을 보장할 수 없다. 게임 몰입에

서 플레이어는 지금 텔레비전에 나오는 프로나 나중에 할 빨래에 대한 생각은 접어두고, 현재 게임에서 제시하는 도전에만 집중한다. 여러 게임에서는 PC의 전체 화면을 차지하는 인터페이스를 많이 사용하며, 사용자의 주의를 끌기 위한 인상적인 시청각 세계를 만든다. 다음은 자신의 몰입 경험을 설명하는 등산가의 이야기지만 에버퀘스트 플레이어의 이야기도 크게 다르지 않을 것이다. "생활의 다른 골칫거리는 잊게 됩니다. 그 자체만의 세상이 되고 다른 것은 의미가 없어집니다. 주어진 상황에 집중하면 모든 것이 달라지고, 내가 모든 것을 제어할 수 있게 됩니다. 완벽하게 내 세상이 됩니다."[4]

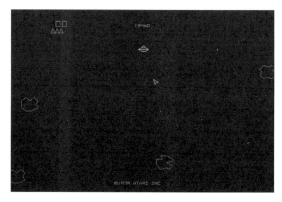

그림 4.5 임무에 대한 집중: 아스테로이드

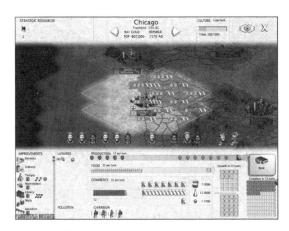

그림 4.6 제어의 역설: 문명 III

제어의 역설

사람들은 자신이 어려운 상황을 제어하고 있다는 느낌을 즐기지만 결과가 불확실하면 이러한 제어하는 느낌을 받을 수 없다. 즉, 실제로는 완벽하게 제어하고 있는 것이 아니다. 미하이 칙센트미하이는 다음과 같이 설명했다. "확신할 수 없는 결과가 있고 이 결과에 영향을 줄 수 있어야만 자신이 제어하고 있다는 느낌을 받을 수 있다."[5] 이러한 제어의 역설은 게임 시스템의 즐거움에서 핵심적인 요소다. 플레이어에게 완벽한 제어나 확실한 결과를 제공하지 않으면서 의미 있는 선택을 제공하는 것은 이 책 전체에서 여러 차례에 걸쳐 다룰 주제다.

자아의식의 상실

우리는 일상생활에서 자부심을 보호하기 위해 항상 자신이 다른 사람에게 어떻게 보이는지 신경 쓴다. 몰입 안에서는 우리가 하는 것에 너무 열중한 나머지 이러한 자아를 보호할 겨를이 없다. "자신을 바라볼 여지는 없다. 즐거운 활동에는 명확한 목표와 안정적인 규칙, 그리고 기술에 맞는 도전이 있기 때문에 자아에 대한 위협을 인식하기가 어렵다."[6] 몰입하

그림 4.7 자아의식의 상실: DDR

는 동안 자아의식을 망각하게 되지만 활동이 끝난 후에는 일반적으로 더 강한 자아개념이 생겨난다. 어려운 도전을 해결했다는 것을 알기 때문이다. 예를 들어, 음악가는 우주의 소화를 느끼고, 운동선수는 팀과 하나가 되며, 게임 플레이어는 자신의 전략의 효율성을 자랑스럽게 여기게 된다. 역설적이지만 자아의식 상실을 통해 자아가 확장된다.

시간의 왜곡

미하이 칙센트미하이는 다음과 같이 설명했다. "최상의 경험에 대한 가장 일반적인 설명은 시간이 평소와는 다르게 흐른다는 것이다. 종종 몇 시간이 몇 분처럼 느껴지기도 하는데, 대부분의 사람들은 이러한 경험 중에 시간이 훨씬 빠르게 흐른다고 이야기한다. 그러나 종종 반대의 효과도 있다. 무용가들은

실제로는 일 초도 걸리지 않는 어려운 회전 동작을 연기하는 동안이 몇 분처럼 느껴진다고 말하기도 한다."[7] 디지털 게임은 시간의 흐름을 왜곡하는 몰입의 경험으로 플레이어를 유도해 많은 시간을 소비하게 하는 것으로 악명이 높다.

그 자체가 목적이 되는 경험

이러한 대부분의 조건이 충족되는 경우 우리는 이러한 경험을 만들어내는 것을 즐기게 되고 그 자체가 목적인 활동이 된다. 우리 생활에서 대부분의 활동에는 다른 목적이 있다. 이러한 활동을 하는 것은 활동을 즐겨서가 아니라 다른 목표를 달성하기 위해서다. 그러나 예술, 음악, 스포츠, 그리고 게임은 일반적으로 그 자체가 목적이며, 그 과정에서 얻는 경험을 즐기는 것 외에 다른 이유가 없다.

이러한 즐거움의 요소 자체가 즐겁고 도전적인 게임 환경을 만들기 위한 단계별 가이드는 아니며, 이러한 개념이 여러분의 게임에 어떻게 적용되는지는 여러분이 직접 알아내야 한다. 그러나 명확한 초점과 피드백이 있는 목표 지향적이며 규칙이 적용되는 활동이라는 점이 좋은 지침이 될 수 있을 것이다.

게임을 디자인하는 동안 다음과 같은 질문을 고려해 보자.

- ✓ 대상 사용자 층이 지닌 기술은 무엇인가? 이들의 기술 수준은 어느 정도인가? 이러한 지식을 바탕으로 플레이어의 능력에 맞게 게임의 밸런스를 맞추는 최상의 방법은 무엇인가?
- ✓ 플레이어에게 명확하고 집중적인 목표, 의미 있는 선택, 확실한 피드백을 제공하는 방법은 무엇인가?
- ✓ 플레이어가 게임에 대해 생각해야 하는 것과 실제로 하고 있는 것을 연결하는 방법은 무엇인가?
- ✓ 집중을 방해하는 요소와 실패에 대한 두려움을 없애는 방법은 무엇인가? 즉, 플레이어가 자아의식을 잊고, 현재 임무에만 집중할 수 있는 안전한 환경을 만드는 방법은 무엇인가?

그림 4.8 시간의 왜곡: 다크 에이지 오브 카멜롯

✓ 게임을 그 자체가 목적인 즐거운 활동으로 만들려면 어떻게 해야 하는가?

이러한 질문에 답하는 것은 도전이 너무 어렵거나 너무 단순하지 않고, 플레이어를 감성적으로 매료시키는 환경을 만들기 위한 첫 번째 단계다.

놀이

놀이의 잠재성은 플레이어를 감성적으로 게임으로 끌어들이는 다른 주요 극적 요소다. 2장에서 설명한 것처럼 좀 더 엄격한 구조 안에서의 자유로운 움직임이라고 생각할 수 있다. 게임의 경우 규칙과 절차의 제한이 바로 엄격한 구조이며, 놀이는 이 구조 안에서 규칙에 따라 행동할 수 있는 플레이어의 자유로서, 몰입도 있는 경험과 개인의 표현을 위한 기회다.

놀이의 본질

다큐멘터리 영화 '놀이의 약속'(The Promise of Play)은 놀이라는 주제를 조사하고 많은 사람들에게 놀이의 본질에 관한 질문을 던졌다. 사람들의 대답 중 몇 가지를 살펴보면 다음과 같다. "놀이는 활기 넘치는 것이다." "자율적인 것이다." "자발적인 것이다." "대본이 없는 것이다." "시끄러운 것이다." "일이 아

니다." "육체적인 것이다." "재미있는 것이다." "좋은 시간을 보내고 있을 때의 감정 상태다." "놀이는 근본적으로 무의미한 행동이다. 고유한 가치 때문에 참여하지만 유용한 면도 있다. 놀이로 기술을 개발할 수 있고, 이 기술을 다른 영역에 사용할 수 있다." "우리 세계의 형태를 느낄 수 있는 한 방법이라고 생각한다." "놀이는 어린이의 생활에서 중심적인 것이다. 성인의 일만큼 중요하다. 어린이는 놀이를 통해 배운다." "놀이는 어린이의 일이다. 어린이들이 세계에 대해 배우기 위해 하는 행동이다."[8]

이러한 답변을 통해 놀이의 여러 가지 측면을 알 수 있다. 놀이는 기술을 배우고 지식을 얻도록 도와주고, 다른 사람과 어울리게 해 주며, 문제 해결을 도와주고, 긴장을 풀어 주며, 사물을 다르게 볼 수 있게 해 준다. 놀이는 가벼운 것이며, 웃음과 재미를 가져다주므로 건강에도 좋다. 반면에 놀이는 진지한 것일 수도 있다. 한계를 넓히고 새로운 것을 시도하는 실험의 절차로서의 놀이는 어린이는 물론 예술가와 과학자의 공통적인 영역이다. 실제로 전문가 어린이의 노는 모습을 관찰하면서 알아낸 사실이기도 하다. 놀이는 사물을 다른 방법으로 보거나 예상치 못한 결과를 얻는 데 도움이 되므로 혁신과 창의성을 발휘할 수 있는 한 가지 방법으로 인식되고 있다. 이렇게 놀이에 대해 고찰함으로써 알 수 있는 사실은 놀이는 하나의 대상이 아니며, 활동에 대한 다양한

	자유 형식 놀이(paida)	역할 기반 놀이(ludus)
경쟁 놀이(agon)	자유로운 체육 활동 (달리기, 레슬링)	복싱, 당구, 펜싱, 체커, 풋볼, 체스
기회 기반 놀이(alea)	운율 세기	내기, 룰렛, 복권
가장 놀이(mimicry)	어린이의 소개, 가면, 분장	극장, 일반적인 공연
현기증놀이(ilinx)	얼니이의 제자리 돌기, 말타기, 왈츠	스키, 산악 등반, 줄타기

그림 4.9 《Man, Play and Games》에 나오는 예(다이어그램은 살렌과 짐머만의 《Rules of Play》를 바탕으로 작성)

접근 방식이라는 것이다. 재미는 동작이 아니라 하나의 마음가짐이므로 가장 심각하고 어려운 주제에도 흥미로운 접근 방식을 적용할 수 있다.

놀이 이론가 브라이언 서튼-스미스(Brian Sutton-Smith)는 자신의 지시인 《놀이의 모호함(Ambiguity of Play)》에서 공상과 같은 생각 놀이, 수집 또는 공예와 같은 혼자 하는 놀이, 농담이나 춤과 같은 사회적 놀이, 연주나 연기와 같은 공연 놀이, 보드 게임이나 비디오 게임과 같은 경연 놀이, 행글라이더나 극한 스포츠와 같은 위험한 놀이를 비롯해 놀이로 간주할 수 있는 다양한 활동을 설명했다.[9] 사회학자 로저 카이요아(Roger Caillois)는 1958년에 지은 책 《인간, 놀이, 게임(Man, Play and Games)》에서 이러한 놀이 활동을 네 가지 기본적인 놀이 유형으로 분류했다.

- ✓ 경쟁 놀이(agon)
- ✓ 기회 기반 놀이(alea)
- ✓ 가장 놀이(mimicry)
- ✓ 현기증 놀이(ilinx)

로저 캘로이스는 역할 기반 놀이(ludus)와 자유 형식 놀이의 개념으로 이러한 범주를 수정했다. 그림 4.9에는 이러한 범주에 포함되는 놀이 종류의 예가 나온다. 이 분류 체계는 다양한 종류의 게임 체계에 있는 놀이에서 얻을 수 있는 즐거움에 대해 구체적으로 이야기할 수 있는 자료가 된다는 점에서 게임 디자이너에게 흥미롭다. 예를 들어, 체스나 워크래프트 III와 같은 전략 게임은 분명하게 경쟁적이고 규칙 기반 놀이인 반면, 롤플레잉 게임은 규칙 기반 환경에서의 경쟁과 흉내 내기를 포함한다. 이러한 놀이 종류에서 얻을 수 있는 즐거움을 살펴보면 자신의 게임 시스템에서 추구할 플레이어 경험의 목표를 결정하는 데 도움될 것이다.

플레이어의 유형

놀이 자체를 분류한 다음에는 다양한 필요와 목적을 가지고 게임에 접근하는 플레이어의 유형을 식별할 수 있다. 3장의 67쪽에서 알아본 리차드 바틀의 기본적인 플레이어 유형과 비슷하게 이러한 범주는 플레이어의 관점에서 놀이의 즐거움을 설명한다.[10]

- ✓ **경쟁가**: 게임에 관계없이 다른 플레이어를 이기려고 하는 플레이어
- ✓ **탐험가**: 세계에 대한 호기심을 가지고 탐험하기를 즐기며, 실질적 또는 심리적 경계를 초월하려고 한다.
- ✓ **수집가**: 아이템, 트로피 또는 지식을 얻기 위해 플레이하며, 컬렉션을 만들고 역사를 정리하는 등의 작업을 선호한다.
- ✓ **성취가**: 다양한 수준의 성취를 위해 플레이하며, 단계와 수준이 성취가에게 동기를 부여한다.
- ✓ **장난꾼**: 게임을 심각하게 받아들이지 않고 재미를 위해 플레이한다. 진지한 플레이어의 심기를 건드릴 수 있지만 장난꾼은 게임을 덜 경쟁적으로 만들고 사회성을 높이는 역할을 한다.
- ✓ **예술가**: 창의성, 창조, 디자인에 끌리는 플레이어
- ✓ **지도자**: 책임을 맡고 플레이를 지시하는 것을 좋아하는 플레이어
- ✓ **이야기꾼**: 환상과 상상의 세계를 창조하거나 이러한 세계에 머무르려고 하는 플레이어
- ✓ **연기자**: 다른 사람에게 볼거리를 제공하는 것을 즐기는 플레이어

✓ **공예가**: 사물을 생산, 제작, 수리 또는 문제를 해결하려는 플레이어

이 목록은 완전한 목록은 아니며, 현재의 디지털 게임에서 이러한 모든 유형의 플레이어를 동일하게 고려하는 것도 아니지만 게임 디자이너가 플레이어를 감성적으로 매료시킬 수 있는 새로운 놀이 영역을 모색할 때 흥미로운 자료다.

연습 4.5 : 플레이어의 유형

위에 나열된 각 플레이어 유형마다 다양한 플레이어에게 매력적으로 느껴질 수 있는 게임을 나열한다. 자신은 어떤 유형의 플레이어인가?

참여 수준

놀이의 범주와 플레이어의 유형에 대한 고려 외에도 참여의 수준도 다를 수 있다. 모든 플레이어가 동일한 즐거움을 얻기 위해 동일한 수준으로 게임에 참여하는 것은 아니다. 예를 들어, 관람객은 스포츠, 게임 또는 다른 이벤트에 참가하는 것보다 관람하면

그림 4.10 피스메이커

서 더 만족을 느낀다. 관람객을 위한 게임을 디자인하지는 않겠지만 실상 많은 사람들이 이렇게 게임을 즐긴다. 친구가 콘솔 게임의 레벨을 플레이하는 동안 옆에 앉아 집중하며 구경해 본 경험이 있을 것이다. 게임을 디자인할 때 이러한 관람객 모드를 고려할 수 있는 방법은 없을까?

참가자 놀이는 가장 일반적인 놀이 방법이다. 위험이 거의 없는 관람객 놀이와는 달리 참가자 놀이는 동적이며 적극적이다. 또한 지금까지 설명한 모든 이유로 직접적인 보람도 느낄 수 있다. 참가자는 종종 변화를 경험하기도 하는데, 심도 있는 놀이는 플레이어의 생활에 영향을 준다. 놀이를 통해 생활의 지혜를 배우는 어린이들이 이러한 예인데, 어린이가 놀이에 집중하는 한 가지 이유이기도 하다.

진지한 게임이라는 새로운 장르에서는 플레이 경험의 주요 목표로 이러한 플레이어 삶의 변화를 제시한다. 예를 들어, 플레이어가 중동 지역의 평화를 위해 노력하는 지도자의 역할을 맡는 게임인 피스메이커는 현실 세계의 상황과 관련된 복잡한 문제를 직접 경험하게 함으로써 플레이어를 교육하는 게임의 예다.

이러한 영역은 게임을 예술 형식으로 발전시키기 위해 고려해야 할 흥미로운 영역이다. 다른 예술 형식에서는 분명 삶의 변화와 경험을 통한 깊이 있는 학습의 기회를 제공한다. 이러한 수준의 플레이를 구현하는 방법을 찾는다면 게임을 예술 형식으로 발전시킬 수 있을 것이다.

전제

게임은 도전과 놀이 외에도 여러 전통적인 극적 요소를 사용해 형식적 체계에 대한 플레이어의 몰입을 이끈다. 가장 기본적인 개념 중 하나가 게임의 액션을 설정이나 은유로 확립하는 전제의 개념이다. 극적 전제가 없다면 대부분의 게임은 플레이어가 감성적으로 접근하기에 지나치게 추상적일 것이다.

자신이 데이터의 역할을 하는 게임을 상상해 보자. 플레이어의 목표는 값을 증가시켜서 데이터를 변경하는 것이다. 이를 위해서는 복잡한 상호작용 알고리즘에 따라 다른 데이터와 계산을 해야 한다. 분석 결과 자신의 데이터가 우수하면 게임에서 승리한다. 개념적이고 지루하게 들리지만 사실 이것은 일반적인 전투 시스템에 대한 형식적인 관점의 설명이다. 게임 디자이너는 플레이어를 게임과 감성적으로 연결하기 위해 형식적 체계를 표현하는 상호작용에 대한 극적 전제를 만들어내야 한다. 앞서 예에서 데이터 집합 대신 그레고르라는 이름의 난쟁이를 플레이한다고 가정해 보자. 다른 데이터 집합이 아닌 악한 마법사에 맞서, 복잡한 상호작용 알고리즘이 아닌 브로드소드를 손에 들고 싸운다. 이러한 두 데이터 집합 간의 상호작용과 형식적 측면 위에 갑자기 극적 맥락이 더해지는 것을 확인할 수 있다.

전통적인 드라마에서는 전제가 이야기에 대한 해설을 통해 확립되며, 이러한 해설은 시간과 장소, 캐릭터와 관계, 중요한 현재 상태를 설정한다. 해설에서 다뤄질 수 있는 이야기의 다른 중요한 요소로는 현재 상태를 틀어지게 만들고 충돌을 야기하는 이벤트인 문제, 그리고 문제가 도입되고 이야기가 시작되는 위치인 시발점이 있다. 정확하게 일 대 일 관계가 성립하지는 않지만 해설의 마지막 두 요소는 이

전 장에서 설명한 게임의 형식적 요소 정의에서 목표와 시작 동작에 해당한다.

전제를 더 잘 이해할 수 있두록 게임보다는 영화와 소설의 잘 알려진 몇 가지 이야기를 예로 들어보자.

스타워즈: 에피소드 IV에서는 은하계 먼 곳이 이야기의 배경이다. 주인공 루크 스카이워커는 삼촌의 농장을 떠나 반란군에 참여하고 싶어 하지만 가족에 대한 애정과 책임감 때문에 갈등한다. 이야기는 그의 삼촌이 반란군에게 중요한 비밀 정보를 담고 있는 드로이드 두 대를 구입하면서 시작된다.

반지 원정대에서는 이야기의 배경이 이상한 종족과 인물들이 살고 있는 판타지 세계인 중간계다. 주인공 프로도 배긴스는 고향 마을에서 행복하게 살고 있는 호빗이다. 이야기는 프로도가 삼촌에게서 중간계의 생존을 위협하는 강력한 유물인 반지를 물려받으면서 시작된다.

다이하드에서는 로스앤젤레스 시내의 최신식 오피스 타워가 이야기의 배경이다. 주인공 존 맥클레인은 소원해진 아내와의 관계를 회복하기 위해 이곳을 찾은 뉴욕 경찰관이다. 이야기는 테러리스트들이 건물을 장악하고 맥클레인의 아내를 인질로 잡으면서 시작된다.

이러한 예는 전통적인 이야기에서 전제가 정의되는 방법을 보여준다. 여기서 볼 수 있듯이 전제는 시간, 장소, 주 캐릭터와 목표, 그리고 이야기를 진행시키는 액션을 설정한다.

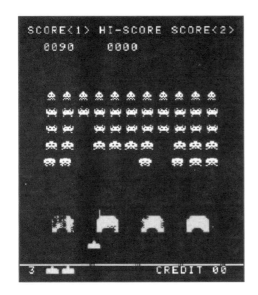

그림 4.11　스페이스 인베이더

이번에는 여러분도 플레이해 봤을 법한 게임의 전제를 살펴보자. 게임의 전제는 앞에서 언급한 것처럼 캐릭터와 극적 동기를 포함하는 복잡한 것이거나 추상적 체계를 덮는 간단한 은유일 수 있다.

먼저 아주 간단한 게임의 전제를 살펴보자. 스페이스 인베이더에서 이야기의 배경은 우주인으로부터 공격받는 행성(아마도 지구)이다. 여러분은 침입자로부터 행성을 보호하는 익명의 주인공 역할을 맡는다. 이야기는 첫 번째 공격과 함께 시작된다. 이 전제에는 분명 이전의 이야기에서 본 풍성한 내용은 없지만 게임의 전제로서 매우 강력한 단순함과 효율성을 지니고 있다. 접근하는 우주인에게서 긴장감을 느끼기 위해 스페이스 인베이더의 배경 이야기를 들을 필요는 없는 것이다.

이번에는 더 발전된 전제를 만들려고 시도한 몇 가지 게임을 살펴보자. 게임 피트폴에서 여러분은 '금지된 정글의 어둡고 깊숙한 곳'[11]에서 '세계적으로 유명한 정글 탐험가이자 탁월한 보물 사냥꾼'인

피트폴 해리의 역할을 맡는다. 여러분의 목표는 정글을 탐험하고 숨겨진 보물을 찾으면서 함정, 통나무, 악어, 흘러내리는 모래 등과 같은 다양한 위험으로부터 살아남는 것이다. 이야기는 여러분이 정글에 들어서면서 시작된다.

디아블로에서는 악마 디아블로에 의해 파괴된 마을 트리스트럼에 도착한 전사의 역할이 주어진다. 마을 사람들은 교회 지하 던전 깊숙한 곳에 있는 디아블로와 그의 언데드 군단을 물리쳐 줄 것을 부탁한다. 이야기는 이 요청을 받아들이면서 시작된다.

미스트의 세계는 신비로운 기계 유물과 퍼즐로 가득 찬 버려진 섬이다. 플레이어는 미스트 섬과 섬 주민에 대한 지식이 없는 익명의 주인공 역할을 맡는다. 이야기는 섬 도서관에서 마법 책에 갇힌 두 형제인 사이러스와 아크너를 만나면서 시작된다. 형제가 책에서 탈출하도록 도와주려면 책의 없어진 페이지를 찾아야 하지만 형제는 서로 배신자라고 주장하며 상대 형제를 도와주지 말라고 경고한다.

연습 4.6 : 전제

자신이 플레이해 본 게임 5가지의 전제를 적고 이러한 전제가 게임을 어떻게 향상시켰는지 설명한다.

전제의 첫 번째 역할은 게임의 형식 체계를 사용자가 플레이할 수 있게 만드는 것이다. 스페이스 인베이더에서 플레이어는 추상적 블록이 아니라 외계인의 우주선을 공격한다. 피트폴에서는 5,000점짜리 점수가 아니라 다이아몬드 반지를 찾는다. 징교하게 구상된 전제는 추상적 체계의 개념을 구체화하고 게임을 플레이 가능하게 만드는 것을 넘어서 플레이어가 게임에 매료되게 만든다.

그림 4.12 피트폴과 디아블로

예를 들어, 미스트의 전제는 마법 책에 갇힌 형제를 구하기 위해 없어진 페이지를 찾는 퀘스트를 부여하지만 형제 중 한 명 또는 둘 모두 플레이어를 속이고 있다는 암시를 던져준다. 이를 통해 각 페이지에서 얻은 단서를 바탕으로 어떻게 형제를 도울지 결정하는 과정을 통해 플레이어의 경험이 풍성해진다.

형식적 및 극적 요소를 통합하는 전제를 만드는 것은 게임 디자이너가 플레이어의 경험을 향상시킬 수 있는 또 하나의 기회다. 디지털 게임이 발전하면서 점차 많은 디자이너들이 자신의 디자인에 정교한 전제를 사용하기 시작하고 있으며, 곧 확인하게 되겠지만 이러한 전제는 현실적이고 완전한 이야기로 볼 수 있는 수준까지 발전했다.

그림 4.13 미스트

캐릭터

캐릭터는 극에서 전달하려는 액션을 대신하는 대리자다. 캐릭터와 플레이어가 추구하는 목표의 최종적인 결과를 이야기함으로써 관객은 이야기의 흐름을 내면화하고 해결을 향한 캐릭터의 움직임에 공감하게 된다.

가상의 캐릭터를 이해하는 데는 몇 가지 방법이 있다. 첫째이자 가장 일반적인 심리적 접근은 캐릭터가 관객의 두려움과 욕구를 대변한다는 것이다. 그러나 캐릭터는 종교적 이상, 아메리칸 드림, 민주주의 이상과 같은 더 큰 개념을 나타내는 상징일 수 있다. 또는 사회 경계적 또는 민족적 집단이나 특정 성별을 가진 집단을 대변하거나 현실의 역사적 인물일 수도 있다. 이야기에서 캐릭터가 사용되는 방법은 이야기가 전달되는 방법에 따라 크게 달라진다. 액션 어드벤처 이야기에서는 진부한 특정 문화의 전형적인 캐릭터만 다루는 경우가 많다. 은유나 풍자로 이야기하는 액션 이야기도 가능하다. 액션 이야기를 주도하는 주 캐릭터가 사실은 진실, 정의, 미국식 방법이라는 더 큰 개념을 나타내는 상징일 수 있다.

이야기의 주 캐릭터를 주인공이라고도 하며, 주인공이 문제에 개입함으로써 이야기를 주도하는 충돌이 발생한다. 문제를 해결하려는 주 캐릭터에 대항해서 맞서는 캐릭터를 적대자라고 한다. 적대자는 주 캐릭터에 대항하는 한 명의 사람이거나 세력일 수 있다. 캐릭터에는 이야기의 결과에 중대한 영향을 미치는 주 캐릭터와 영향이 크지 않은 부 캐릭터가 있다.

그림 4.14 디지털 게임의 캐릭터(왼쪽 상단부터 시계 방향으로): 듀크 뉴켐, 가이브러시, 뭉크, 링크, 바람돌이 소닉, 라라 크로프트, 마리오

캐릭터는 이야기 내에서 이들의 말과 행동, 외모, 그리고 다른 캐릭터들이 이들에 관해 말하는 내용으로 정의된다. 이를 성격 묘사의 방법이라고 한다. 또한 캐릭터에는 다양한 수준의 성격 묘사를 활용할 수 있다. 캐릭터가 잘 정의된 특성과 현실적인 성격을 가지거나 이야기를 진행하는 동안 상당한 성격의 변화를 겪는다면 이러한 캐릭터를 '입체적' 캐릭터라고 한다. 입체적 캐릭터의 예로는 영화 카사블랑카에서 험프리 보가트가 연기한 릭 블레인이나, 바람과 함께 사라지다의 여주인공 스칼렛 오하라, 그리고 햄릿이 있다. 정의된 특성이 적거나(또는 없거나) 성격의 깊이가 없는 캐릭터를 평면적 캐릭터라고 한다. 평면적 캐릭터는 성격의 변화가 적거나 아예 없으며, 다른 캐릭터의 요소를 돋보이게 하는 들러리로 자주 사용된다. 이들은 또한 게으른 경비, 악한 새엄마, 쾌활한 문지기와 같은 전형적 인물로 자주 묘사된다.

캐릭터의 복잡성 수준과는 관계없이 자신의 이야기에서 캐릭터의 존재 의미를 충분히 생각했는지 확인하려면 다음 네 질문을 고려해야 한다.

✓ 캐릭터가 원하는 바는 무엇인가?
✓ 캐릭터에게 필요한 것은 무엇인가?
✓ 관객/플레이어가 바라는 바는 무엇인가?
✓ 관객/플레이어가 두려워하는 것은 무엇인가?

이러한 질문은 전통적은 매체는 물론 게임 캐릭터에도 적용할 수 있다. 실제로 게임 캐릭터는 전통적인 캐릭터와 동일한 특성과 기능을 많이 공유하며, 동일한 성격 묘사 기법을 사용해 만들어질 때가 많다.

또한 게임 캐릭터에는 고유한 고려 사항이 있다. 가장 중요한 사항은 '대리감'과 '공감' 간의 균형이다. 대리감은 게임에서 플레이어를 대신하는 캐릭터의 실질적인 기능이다. 대리감은 그대로 사용하거나 롤플레잉과 같이 창의적으로 활용할 수 있다. 공감은 캐릭터에 대한 감성적 애착을 형성해 캐릭터의 목표, 결과적으로 게임의 목표를 발견하게 하는 가능성이다.

캐릭터가 포함된 게임 디자인의 모든 수준에서 대리감과 공감을 고려해야 한다. 예를 들어, 캐릭터가 미리 정의돼 있는지, 기존의 배경 이야기와 동기가 있는지, 아니면 플레이어가 만든 캐릭터인지, 사용자 지정과 성장이 허용되는지 등을 고려해야 한다. 초기의 게임 캐릭터는 완전히 외모에 의해 정의됐으며, 성격을 묘사하려는 시도는 거의 없었다. 가령 마리오는 동키콩에 처음 등장했을 때 우스운 모양의 코와 특이한 모자로 정의되었다. 폴린을 구한다는 그의 동기가 게임의 형식적 및 극적 측면에 녹아 있기는 했지만 궁극적으로 그는 게임이 진행되는 동안 변화하거나 성장하지 않는 평면적이고 정적인 캐릭터였다. 더 중요한 것은 플레이어의 컨트롤이 없으면 그는 목표를 달성하기 위해 아무것도 하지 않는다는 것이다.

현재의 여러 게임 캐릭터들은 게임에 대한 플레이어의 경험에 영향을 주는 깊이 있는 배경 이야기와 풍부한 성격 묘사를 가지고 있다. 갓 오브 워의 주 캐릭터인 크라토스는 신 아레스를 죽이기 위해 보내진 스파르타의 장군이다. 그의 임무는 운명과 뒤얽히며, 게임이 진행되는 동안 그의 동기가 단순한 명령이 아닌 훨씬 깊은 것이라는 사실을 발견하게 된다. 그는 가족의 죽음을 아레스의 탓으로 돌리며 복수를

캐릭터 대 아바타

미리 정의된 캐릭터,
배경 이야기, 동기

플레이어가 만든 캐릭터,
롤플레잉, 성장, 사용자 지정

그림 4.15 캐릭터 대 아바타

위해 임무를 수행한다. 다른 예로 완다와 거상의 주인공 완다가 있다. 완다는 제물로 바쳐진 소녀인 모노를 되살리려는 동기를 가지고 있다. 완다와 모노의 관계는 물론이고 완다 자신에 대해서도 많은 내용이 알려지지는 않는다. 그러나 그의 캐릭터는 그의 행동과 태도를 통해 점차 입체적으로 바뀌며, 게임이 진행되는 동안 그가 파괴하려는 적인 거상의 형태로 그 자신이 변해가면서 캐릭터가 변화한다.

반면 월드 오브 워크래프트나 시티 오브 히어로와 같은 게임의 아바타는 플레이어가 만든 캐릭터이며, 플레이어는 종종 많은 시간과 돈을 아바타에 투자한다. 플레이어가 만든 캐릭터는 이야기를 끌어가는 캐릭터로서 플레이어가 공감(또는 그 이상)을 느낄 수 있는 가능성을 가지고 있다. 중요한 것은 어떤 방법이 더 좋은지가 아니라, 게임의 디자인과 플레이어의 경험 목표에 더 적합한 방법이 무엇인가에 대한 것이다.

그림 4.16 갓 오브 워 II와 완다와 거상

"자유 의지" AI로
컨트롤되는 캐릭터

혼합: "플레이어가 컨트롤하는
캐릭터의 성격"을 나타내는
시뮬레이션의 요소 첨가

"오토마톤" 플레이어
컨트롤 캐릭터

그림 1.17 자유 의지 대 플레이어 컨트롤

디자이너가 게임의 캐릭터를 만들 때 고려할 다른 사항으로 '자유 의지'와 플레이어 컨트롤이 있다. 플레이어가 컨트롤하는 게임 캐릭터는 자신의 의지대로 움직일 수 있는 기회가 많지 않다. 플레이어가 캐릭터의 행동에 대리감을 느끼게 하려면 캐릭터의 개성이나 내면의 사고 절차를 표현할 수 있는 여지가 제한된다. 그러나 플레이어가 항상 게임 캐릭터를 컨트롤하는 것은 아니며, 종종 캐릭터는 인공지능에 의해 움직인다. 인공지능으로 움직이는 캐릭터는 자율성을 가지므로 플레이어가 원하는 것과 캐릭터가 원하는 것 사이에 흥미로운 긴장감을 유발할 수 있다.

초창기 자율성을 보여 주는 버전으로 마리오에 대응한 세가 사의 캐릭터였던 바람돌이 소닉이 있다. 플레이어가 소닉을 조정하는 것을 그만 두면 소닉은 팔짱을 끼고 초조하게 발을 두드리면서 불만을 표시한다. 조급함은 소닉의 가장 핵심적 성격이며, 소닉은 모든 동작을 빠르게 하고 잠시도 쉬지 않는다. 플레이어가 제어하는 엄청나게 빠른 동작과는 달리 발을 두드리는 행동은 소닉의 자유 의지의 표현이었고 소닉을 고유한 캐릭터로 확립하는 한 요소로 자리 잡았다.

물론 발을 두드리는 소닉의 행동은 게임플레이에 영향을 미치지 않지만 플레이어 컨트롤 동작과 캐릭터 제어 동작 간의 충돌은 심즈, 오드월드: 뭉크의 오디세이, 그리고 블랙 앤 화이트 같은 최근의 게임에서 흥미로운 영역으로 다뤄지고 있다. 심즈에서는 자유 의지 기능이 켜져 있으면 플레이어가 특정한 명령을 내리지 않는 한 캐릭터가 자신의 동작을 결정한다. 플레이어는 언제든지 캐릭터의 특정한 동작을 중단할 수 있지만 이 기능이 켜져 있는 동안에는 게임 안에서 플레이어의 의사와 캐릭터의 '희망' 사이에 흥미로운 줄다리기가 펼쳐진다. 이 정교한 모델은 플레이어에게 책임감을 느끼게 하면서도 종종 놀라운 극적 결과를 낸다.

심즈 캐릭터의 그럴듯한 인공지능은 최근의 게임 디자인에서 플레이어가 제어하는 캐릭터와 NPC 모두에 대한 궁극적인 목표로 받아들여진다. 액션 게임에서 적과 NPC의 그럴듯한 인공지능은 게임을 더욱 흥미롭게 만들고 게임 레벨의 재플레이 가치를 높여 준다. 예를 들어, 헤일로 시리즈의 적과 NPC 동맹은 지역에 대한 자신들의 지식을 활용하고 때로 겁을 내기도 하는 등 정교한 인공지능을 가지고 있다. 이러한 인공지능 캐릭터는 수에서 밀리면 두려워하며 도망가기도 한다. 마이클 메이티어즈(Michael Mateas)와 앤드류 스턴(Andrew Stern)의 실

그림 4.18 파사드

험적인 게임인 파사드(Facade)는 그럴듯한 캐릭터 인공지능뿐 아니라 그럴듯한 이야기 인공지능이라는 새로운 분야를 개척했다. 파사드에서 주 캐릭터인 그레이스와 트립은 여러분(플레이어)을 저녁 식사에 초대한다. 이 운명의 저녁 식사 파티에서 벌어지는 일은 고유한 '이야기 비트(줄거리를 진행시키는 드라마 내 캐릭터 간의 상호작용)' 인공지능, 캐릭터 인공지능, 플레이어의 선택에 따라 단계적으로 생성된다.

전반적으로 게임 캐릭터는 점차 입체적으로 발전하고 있으며, 여러 게임의 극적 구조에서 중요한 역할을 수행하고 있다. 전통적인 극적 도구와 발전하고 있는 인공지능 개념을 활용해 매력적인 캐릭터를 만드는 방법을 이해한다면 여러분의 게임에 등장하는 캐릭터에 생동감을 더할 수 있을 것이다.

연습 4.7 : 게임 캐릭터

자신이 매력적이라고 생각하는 게임 캐릭터 셋을 나열해 보자. 게임 내에서 이러한 캐릭터에 생명을 불어넣은 방법은 무엇인가? 캐릭터에 공감하게 만든 요소는 무엇인가? 캐릭터는 입체적 또는 평면적인가? 동적 또는 정적인가?

이야기

게임의 결과는 불확실해야 하며, 이것이 게임의 형식적 구조의 일부라고 말한 바 있다. 이것은 이야기의 경우에도 마찬가지이며, 이야기의 결말도 불확실하다(적어도 처음 접할 때는 그렇다). 연극, 영화, 텔레비전 및 게임은 모두 불확실성으로 시작해 시간의 흐름에 따라 해결되는 스토리텔링과 묘사를 포함하고 있다. 그러나 영화나 연극의 불확실성은 작가에 의해 해결되지만 게임의 불확실성은 플레이어에 의해 해결된다는 점이 다르다. 이 때문에 전통적인 스토리텔링 방법을 게임에 접목하기란 상당히 어렵다.

많은 게임에서 이야기는 전제를 풀어서 전달하는 일종의 배경 이야기로 제한될 때가 많다. 배경 이야기는 게임의 충돌에 대한 설정과 맥락을 설명하며, 캐릭터의 동기를 유발하지만 배경 이야기의 진행은 게임플레이의 영향을 받지는 않는다. 배경 이야기의 예로, 각 게임 레벨의 앞부분에 이야기 장을 삽입하고 이야기 전개에 영향을 주지 않는 게임플레이와 함께 전통적 서술 진행에 따라 분산 배치함으로써 선형적 진행을 만드는 추세다. 워크래프트나 스타크래프트 시리즈와 같은 게임은 싱글 플레이어 모드에서 이 모델을 따르고 있다. 이러한 게임에서는 레벨을 시작할 때 이야기의 포인트를 배치하며, 플레이어가 다음 레벨로 진행해야 다음 이야기 포인트도 진행된다. 마치 빌 머레이의 영화 '사랑의 블랙홀'을 게임플레이로 만든 것처럼 실패하면 성공할 때까지 레벨을 다시 플레이해야 하며, 성공해야만 이야기가 진행된다.

일부 게임 디자이너는 게임의 동작에 따라 이야기의 구조가 바뀌도록 허용해 플레이어의 선택이 최종 결과에 영향을 주는 구조에 관심을 가지고 있다. 이를 가능하게 하는 몇 가지 방법이 있다. 첫째이자 가장 간단한 방법은 이야기 라인에 분기를 만드는 것이다. 이러한 구조에서 가 갈림길에서 플레이어가 몇 가지 가능성 중 하나를 선택하면 이야기에서 미리 결정된 변화가 일어난다. 그림 4.19의 다이어그램에는 간단한 동화 이야기를 사용한 이야기 구조의 예가 나온다.

이야기 구조를 분기할 때 한 가지 문제점은 범위가 제한적이라는 점이다. 이러한 구조에서는 플레이어의 선택이 심각하게 제한적이어서 게임이 단순하고 너무 쉽게 느껴질 수 있다. 또한 경로 중에 흥미롭지 않은 결과로 이어지는 것이 있을 수 있다. 미리 정의된 구조가 아니라 게임플레이를 통해 이야기가 발생하는 구조에 훨씬 많은 가능성이 있다고 생각하는 게임 디자이너들이 많다. 예를 들어, 심즈에서 플레이어는 형식적 체계에서 제공하는 기본적인 요소를 사용해 자신의 게임 캐릭터에 대한 이야기를 무한하게 만들어낼 수 있다. 이 게임의 체계에서는 게임플레이의 스냅샷을 찍고, 주석이 달린 스크랩북에 스냅샷을 정리하며, 스크랩북을 웹에 올려서 다른 사용자와 공유하는 기능을 포함해 몰입도 높은 스토리텔링을 지원한다.

시뮬레이션 게임 외에 다른 장르에서도 몰입도 높은 스토리텔링을 위한 디자인의 가능성을 모색하고 있다. 이러한 게임에는 시뮬레이션 요소에 전략과 롤플레잉을 결합한 블랙 앤 화이트, 그리고 플레이어의 동작에 반응해 이야기를 시작하는 액션 게임 하프라이프, 그리고 NPC에 인공지능 기법을 활용해 플레이어의 동작에 대한 독특하고 극적인 대응을 만들어내는 헤일로 2가 있다.

이처럼 몰입도 높은 스토리텔링을 형식적 게임 체계에서 끌어올리려는 시도가 게임에 중요한 영향을 주게 될지 여부는 아직 분명하지 않지만 게임 디자이너들이 게임플레이를 저해하지 않으면서 이야기를 체계에 통합하는 더 나은 방법을 찾고 있다는 점은 확실하다.

연습 4.8 : 이야기

줄거리를 게임플레이에 성공적으로 녹여냈다고 생각하는 게임을 선택해 보자. 이 게임이 성공한 이유는 무엇인가? 게임이 진행되는 동안 줄거리는 어떻게 전개되는가?

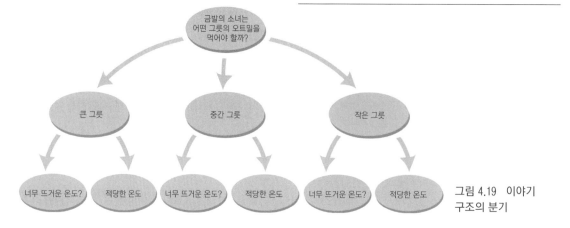

그림 4.19 이야기 구조의 분기

인터랙티브 스토리텔링에 대한 두 가지 근거 없는 생각

제시 셸(Jesse Schell)

근거 없는 생각 1: 인터랙티브 스토리텔링은 전통적 스토리텔링과는 관계가 적다

스토리 기반 게임이 매년 수조 달러의 돈을 벌어들이는 현재 시점에는 이러한 구시대적 생각을 하는 사람이 없으리라 생각했다. 그런데 아쉽게도 이런 생각은 마치 잡초와 같이 신세대 게임 디자이너에게 자리 잡고 있는 것 같다. 이들이 주장하는 내용을 들어 보면 다음과 같다.

> "인터랙티브 스토리텔링은 전통적 스토리텔링과는 근본적으로 다르다. 전통적인 스토리텔링에서 관객은 단순히 가만히 앉아 수동적인 자세로 이야기를 들을 뿐이며, 관객이 있든 없든 이야기가 흘러가기 때문이다."

이쯤이면 화자는 눈에 더욱 힘을 주고 열변을 토하게 된다.

> "반면 인터랙티브 스토리텔링에서는 능동적으로 참여해서 결정을 내린다. 수동적인 관찰이 아니라 직접 수행하는 것이다. 인터랙티브 스토리텔링은 새로운 예술 형식이므로 인터랙티브 디자이너가 전통적 스토리텔링에서 배울 내용은 별로 없다."

전통적 스토리텔링은 인간의 커뮤니케이션 능력에 내재된 것이며, 인터랙티브에 의해 조금이라도 무효화된다는 생각은 완전한 오해다. 청취자가 이야기를 듣는 동안 끊임없이 생각하거나 결정하도록 유도하지 못한다면 이야기가 제대로 전달되고 있지 않은 것이다. 인터랙티브 방식이든 전통적 방식이든 우리는 이야기를 들을 때 끊임없이 결정한다. "다음에는 무슨 일이 일어나지?" "이 사람이 어떻게 해야 하지?" "토끼는 어디로 간 걸까?" "그 문을 열면 안 돼!" 차이점은 오직 참가자에게 동작을 취하는 능력이 있는지 여부뿐이다. 행동하려는 욕구, 모든 생각과 감정은 전통적 방식과 인터랙티브 방식 모두에서 유효하다. 숙련된 스토리텔러는 청취자의 마음에 이러한 욕구를 만들어내는 방법과 언제 어떻게 이러한 욕구를 해결해야(또는 해결하지 않아야) 하는지 정확하게 이해한다. 이러한 기술은 인터랙티브 매체에서도 잘 발휘될 수 있다. 물론 스토리텔러가 참가자의 동작을 예측, 계산, 대응하고, 매끄럽게 경험에 통합해야 한다는 점에서 더 어려운 것은 사실이다.

숙련된 인터랙티브 스토리텔러는 은밀하게 참가자의 선택을 제한하는 미묘한 방법을 사용하는 전통적인 기법을 통해 이러한 복잡성을 관리한다. 이러한 방법으로 참가자에게 자유로운 느낌을 허용하면서도 숙련된 스토리텔링 기법을 활용할 수 있다. 매력적인 인터랙티브 이야기를 전달하려면 이렇게 자유 자체가 아닌 자유로운 느낌이 유지돼야 한다.

근거 없는 생각 2: 인터랙티브 스토리텔링은 전통적 게임 디자인과는 관계가 적다

엄청나게 훌륭한 게임 디자인 아이디어를 가지고 있지만 아이디어를 구현할 팀이 없어서 능력을 발휘할 수 없다고 이야기하는 게임 디자이너 지원자를 흔히 본 수 있다.

이것은 완전히 잘못된 생각이다. 게임은 게임일 뿐이다. 보드 게임, 카드 게임, 주사위 게임, 파티 게임, 또는 스포츠 게임의 디자인 프로세스는 비디오 게임의 디자인 프로세스와 다르지 않다. 또한 디자이너 혼자서도 이러한 비디지털 게임의 완전히 작동하는 버전을 비교적 짧은 시간에 제작할 수 있다. 전통적인 게임을 제작하고 분석하는 과정에서도 배울 것이 많다. 훨씬 짧은 시간에 훨씬 많은 것을 배울 수 있으며, 인터랙티브 디지털 매체와 연관된 기술적 문제와 제한 때문에 골치를 썩을 이유가 없다. 좋은 인터랙티브 엔터테인먼트를 제작하는 방법을 배우고 싶다면 먼저 예전의 방법을 배우고 이를 바탕으로 기술을 발전시키면 된다. 수수께끼, 십자말 퍼즐, 체스, 포커, 술래잡기, 축구, 그리고 수천 가지의 다른 예술적으로 디자인된 인터랙티브 엔터테인먼트 경험들은 우리가 컴퓨터가 무엇인지 알기도 전부터 존재했다.

요약하자면 새로운 기술을 통해 이야기와 게임을 흥미로운 방법으로 접목할 수 있게 됐지만 근본적으로 새로운 요소는 많지 않다. 대부분의 디자인은 잘 알려진 요소를 새롭게 접목한 것일 뿐이다. 인터랙티브 스토리텔링의 새로운 세계를 마스터하고 싶다면 먼저 오래된 게임과 이야기를 이해하는 것이 현명하다.

작가 소개

제시 셸은 월트 디즈니 기획 VR 스튜디오의 크리에이티브 디렉터로서 월트 디즈니 사에서 인터랙티브 엔터테인먼트의 미래를 설계했다. 현재는 카네기멜론대학의 엔터테인먼트 기술 교수이며, 게임 디자인을 전문적으로 가르치고 있다. 그는 또한 독특한 비디오 게임을 디자인하고 개발하는 셸 게임즈(Schell Games)의 CEO이자 수석 디자이너이기도 하다.

세계관 구축

이야기 구조는 게임과 인터랙티브 매체에서 그 자체만으로 어려운 문제지만 게임 디자인을 보완하는 이야기 구축의 다른 측면으로 세계관 구축이 있다. 세계관 구축은 가상의 세계를 디자인하는 심오하고 복잡한 작업이며, 지도와 역사를 제작하는 것으로 시작하는 경우가 많지만 주민, 언어, 정부, 정치, 경계 등을 포함하는 포괄적인 문화적 연구를 포함할 수 있다. 가장 유명하고 아마도 가장 완전한 가상의 세계로는 J.R.R. 톨킨의 중간계(Middle-earth)가 있다.

톨킨은 먼저 언어를 만들고, 그 언어를 말하는 생물을 만든 다음, 그 세계에서 벌어지는 이야기를 만들었다. 많은 게임과 영화들이 세계관 구축 기법을 사용해서 만들어지고 있는데, 중간계처럼 자세하지는 못하지만 플레이어가 오랫동안 관심을 가질 수 있을 만한 깊이와 이야기의 잠재성을 제공한다. 월드 오브 워크래프트 세계는 게임 기반 세계관의 좋은 예이며, 스타워즈 세계는 영화와 게임을 포함하는 세계관의 좋은 예다.

극적 곡선

지금까지 플레이어가 게임 시스템에 몰입하게 하는 몇 가지 핵심 요소를 살펴봤다. 이러한 요소 가운데 가장 중요한 요소는 이미 이야기한 갈등이다.

갈등은 모든 좋은 드라마의 핵심에 있으며, 형식적 요소에 대한 설명에서 다룬 것처럼 게임 체계의 핵심에도 충돌이 있다. 형식적 요소에 대한 설명에서 지적한 것처럼, 의미 있는 충돌이란 플레이어가 목표를 너무 쉽게 달성하지 못하게 하는 것뿐만 아니라 긴장을 유발해 플레이어를 감성적으로 게임에 매료시키는 역할도 해야 한다. 이 극적 긴장감은 게임은 물론 훌륭한 영화나 소설의 성공에도 매우 중요하다.

전통적 드라마에서 충돌은 주인공의 목표 달성을 방해하는 문제나 장애물이 발생할 때 일어난다. 이야기에서 주인공은 일반적으로 주 캐릭터다. 게임에서 주인공은 플레이어이거나 플레이어가 나타내는 캐릭터다. 플레이어가 마주하는 충돌은 다른 플레이어, 게임 체계 내의 장애물, 또는 다른 세력이나 딜레마일 수 있다.

전통적인 극적 충돌은 캐릭터 대 캐릭터, 캐릭터 대 자연, 캐릭터 대 기계, 캐릭터 대 자신, 캐릭터 대 사회 또는 캐릭터 대 운명으로 분류할 수 있다. 게임 디자이너들은 여기에 플레이어 대 플레이어, 플레이어 대 게임 체계, 플레이어 대 여러 플레이어, 팀 대 팀 등과 같은 추가적인 분류 그룹을 고려해야 한다. 게임의 충돌을 이런 방법으로 고려하면 게임의 극적 전제와 형식적 체계를 통합해 플레이어의 이에 대한 관계를 심화하는 데 도움이 된다.

충돌이 드라마에서 효율을 발휘하려면 점차 수준이 증가해야 한다. 충돌의 상승은 긴장을 유발하며, 대부분의 이야기에서 긴장은 완화되기 전까지 계속 악화하면서 전통적인 극적 곡선을 형성한다. 이 곡선은 이야기 내에서 시간이 지나면서 극적 긴장의 강도를 나타낸다. 그림 4.20은 전형적인 이야기의 진행 단계에서 긴장이 증가하고 감소하는 방법을 보여 준다. 이 곡선은 게임을 비롯해 모든 극적 매체의 기본이다.

그림에 나오는 것처럼 이야기는 앞으로 펼쳐질 액션의 중요한 설정, 캐릭터 및 개념을 소개하는 해설로 시작하며, 주인공이 환경이나 적대자 또는 두 가지 모두의 방해를 받는 목표를 추구하면서 충돌이 시작된다. 충돌과 이를 해결하려는 주인공의 시도는 상승부로 유도하는 일련의 사건을 일으킨다. 상승부는 절정으로 이어지며, 여기에서 일종의 결정적 요인이나 사건이 발생한다. 절정에서 어떤 일이 일어나는지에 따라 드라마의 결과가 결정된다. 절정에 이어 충돌이 해결되기 시작하는 하강부를 거쳐 결말이나 대단원에서 충돌이 완전히 해결된다.

전통적 극적 곡선을 이해하는 데 도움이 되도록 여러분도 잘 알고 있는 간단한 이야기를 예로 활용해보자. 영화 죠스에서 주인공은 보안관 브로디다. 그의 목표는 아미티 시의 시민들을 보호하는 것이다. 적대자인 상어는 아미티 시의 시민들을 공격함으로써 브로디의 목표를 방해한다. 이로써 브로디와 상어 간의 충돌이 발생한다. 물을 두려워하는 브로디는 사람들이 바다에 들어가지 못하게 해서 사람들을 보호하려고 하지만 이 계획은 실패한다. 상어가 더 많은 사람들을 공격하고 브로디의 자식마저 위협

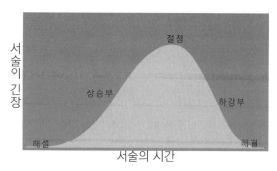

서술의 긴장 (y축)
서술의 시간 (x축)
절정
상승부
하강부
해설
해결

그림 4.20 전통적인 극적 곡선

하면서 긴장이 더욱 고조된다. 결국 브로디는 두려움을 극복하고 상어를 사냥하기 위해 바다로 나서기로 결심한다. 이야기의 절정에서는 상어가 브로디를 공격한다. 이야기는 브로디가 상어를 죽이면서 해결된다. 생각보다 간단한 것을 알 수 있는데, 다른 이야기에 적용해 보더라도 이러한 극적 곡선의 구조를 발견할 수 있을 것이다.

이번에는 게임의 시각으로 극적 곡선을 다시 살펴보자. 게임에서 상승부는 형식적 및 극적 체계와 연결되는데, 이것은 게임이 점차적으로 더 많은 도전을 제공하도록 디자인되기 때문이다. 게임에는 또한 이러한 요소를 형식적 체계와 연결해 도전의 수준이 높아질수록 이야기의 전개를 돕는 잘 통합된 극적 요소가 있다. 고전 게임인 동키콩의 예를 통해 확인해 보자. 이 게임에서 주인공은 마리오다. 거대 유인원 동키콩은 마리오의 여자 친구 폴린을 납치해 건축 중인 빌딩 꼭대기에 가둔다. 마리오의 목표는 제한 시간 내에 폴린을 구출하는 것이다. 이를 위해 마리오는 동키콩이 던지는 불덩어리, 드럼통 등을 피하면서 대들보와 엘리베이터, 컨베이어 벨트를 통과해 건물을 한 층씩 올라가야 한다. 마리오가 폴린에 가까이 갈 때마다 동키콩은 그녀를 데리고 더 높은 층으로 올라가는데, 각 레벨마다 난이도가 상승해서

플레이어의 긴장감을 높인다. 마지막으로 게임의 절정에서 마리오는 동키콩의 공격을 피하는 데서 그치지 않고 레벨의 각 층에 있는 고정핀을 제거해서 동키콩를 공격해야 한다. 고정핀을 모두 뽑으면 동키콩이 대들보 더미 위로 떨어져서 정신을 잃으며, 마리오가 폴린을 구할 수 있게 되고 형식적, 극적 긴장이 모두 해결된다.

이 간단한 설명에서도 죠스의 이야기와 캐릭터가 더욱 수준이 높다는 사실을 알 수 있다. 브로디는 문제를 해결하기 위해 극복해야 하는 두려움이 있으며, 아미티 시의 시민들과 자신의 가족, 그리고 자신을 상어로부터 보호해야 한다는 동기 속에 그의 캐릭터도 변화했다. 마리오에게도 목표가 있고 그 역시 동키콩의 공격에 취약하지만 그에게는 목표 달성을 방해하는 내적 충돌이 없고, 목표 역시 흔들리는 법이 없다. 폴린이 처한 위험도 수위가 높아지지 않는데, 이러한 사소한 손길이 있었다면 게임의 형식적, 극적 체계를 더욱 정교하게 통합할 수 있었을 것이다.

그러나 마리오에게는 있고 브로디에게는 없는 것은 성패가 플레이어의 손에 달려 있었다는 것이다. 공격을 피하고 목표를 향해 접근하는 방법을 배워야 하는 것은 마리오가 아닌 플레이어이며, 게임의 절정에서 동키콩을 아래로 떨어뜨려 기절시키는 방법을 알아내야 하는 것도 플레이어다. 따라서 죠스의 절정, 즉 브로디가 상어를 죽이는 방법을 알아낸 순간은 이야기를 진행하는 동안 그의 캐릭터와 캐릭터의 고난을 통해 쌓아온 공감에 의해 긴장이 해소되는 순간이며, 동키콩에서 절정의 순간에 나오는 우리의 반응과는 상당히 다른 것이다.

동키콩에서 긴장을 해결하기 위해 필요한 중요한

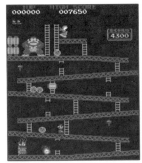
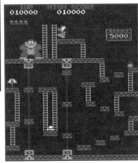
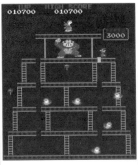
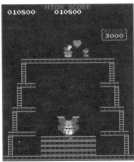

그림 4.21 동키콩

동작을 알아내는 것은 바로 우리 자신이며, 이러한 긴장도 우리가 레벨을 플레이하는 동안 축적된 것이다. 이러한 긴장을 해소하는 순간에는 마리오와 폴린의 이야기를 해결함으로써 느끼는 동정적인 감정 외에 개인적인 성취의 느낌이 더해진다. 충돌을 형식적 및 극적 체계에 통합해 게임 경험에서 플레이어를 위한 강력한 조합을 제공할 수 있다.

연습 4.9 : 이야기 구성하기 1부

처음부터 끝까지 플레이해 본 게임 하나를 선택한다. 반드시 이야기가 있는 게임이어야 한다. 좋은 예로는 헤일로 2, 데이어스 엑스, 기어스 오브 워 또는 스타워즈: 공화국 기사단이 있다. 이제 극적 곡선에 따라 게임의 이야기를 풀어본다.

✓ 해설은 어떻게 처리됐는가? 주인공은 누구인가? 주요 충돌은 무엇이고 언제 시작되는가?

✓ 주인공은 충돌을 해결하기 위해 무엇을 하는가?

✓ 이야기에서 긴장을 유발하는 것은 무엇인가? 이야기가 절정에 이르렀다고 판단하는 기준은 무엇인가?

✓ 해결 단계에서는 어떤 일이 일어났는가?

연습 4.10 : 이야기 구성하기 2부

이번에는 같은 게임의 게임플레이를 극적 곡선에 따라 풀어본다.

✓ 게임플레이의 요소는 무엇이고(있는 경우) 이 요소가 극적 곡선의 각 지점을 어떻게 지원하는가?

✓ 게임플레이의 해설은 어떻게 처리되는가? 컨트롤과 메커닉이 명확하게 설명되는가? 이러한 사항이 극적 전제와 통합돼 있는가? 목표가 명확하게 설명되고 이야기의 주요 충돌과 통합됐는가?

✓ 게임플레이가 어떻게 극적 긴장을 높이고 있는가?

✓ 게임플레이가 절정에 이르렀다고 판단하는 기준은 무엇인가?

✓ 해결 단계에서는 어떤 일이 일어났는가? 극적 요소와 게임플레이 요소가 서로 보완하는가? 아니면 방해하는가?

✓ 이러한 요소를 다른 방법으로 통합해 감성적 관점에서 게임을 개선할 수 있는가?

연습 4.11: 이야기 구성하기 3부

같은 게임에서 이야기와 게임플레이를 더 잘 통합하기 위한 세 가지 변경 사항을 생각해 본다.

결론

지금까지 살펴본 드라마의 요소는 게임 디자이너가 플레이어에게서 강력한 감성적 반응을 끌어낼 수 있는 기본적인 도구다. 도전과 플레이와 같은 필수적인 게임의 개념부터 전제, 캐릭터 및 이야기의 복잡한 통합까지, 이러한 도구는 제대로 사용했을 때만 가치 있다. 게임 디자인이라는 매체의 규모는 이제 영화와 텔레비전에 필적할 만큼 성장했지만 아직 게임의 감성적 영향력은 잠재력만큼 성장하지 않은 것이 분명하며, 앞으로 게임은 중요한 극적 예술 형식으로 자리 잡을 것이다.

여러분은 극적 가능성의 어떠한 영역을 주시하는가? 여러분은 디자인의 어떤 분야를 혁신할 것인가? 이러한 질문에 답하려면 전통적 드라마의 도구를 확실하게 이해하고 이를 구현하기 위한 좋은 게임플레이와 프로세스에 대해 알아야 한다. 게임의 체계 역학에 대한 내용으로 진행하기 전에 이 장에서 소개한 연습에 좀 더 시간을 투자하자. 이러한 연습은 이 전통적인 도구의 사용법을 익히도록 고안돼 있다.

디자이너 관점: 레이 뮤지카(Ray Muzyka) 박사

CEO 및 공동 수석 프로듀서, 바이오웨어

레이 뮤지카 박사는 게임 디자이너이자 프로듀서, 그리고 기업가로서 발더스 게이트(1998), 발더스 게이트: 테일즈 오브 소드 코스트(1999), MDK 2(2000), 발더스 게이트 II(2000), 발더스 게이트 II: 스론 오브 바알(2001), 네버윈터 나이트(2002), 네버윈터 나이트: 섀도우 오브 언드렌타이트(2003), 네버윈터 나이츠: 호드 오브 언더다크(2003), 스타워즈: 공화국 기사단(2003), 제이드 엠파이어(2005), 그리고 매스 임펙트(2007)를 비롯한 다양한 게임 제작에 참여했습니다.

게임 업계에 진출한 계기

저는 원래 의학 박사로 일했습니다. 그렉 제셕(Greg Zeschuk) 박사와 저는 함께 일하던 대학에서 두 가지 의학 교육 프로젝트의 프로그래밍과 아트 작업에 참여한 후 1995년 바이오웨어를 공동 창립했습니다. 그리고 훌륭한 프로그래머와 아티스트 몇 명을 영입해서 바이오웨어의 첫 번째 게임 쉐터드 스틸을 제작했습니다. 우리 둘은 뒤돌아보지 않았고, 이제 바이오웨어는 160여 명의 재능 있고, 창의적이며, 똑똑한 직원들이 동시에 3~6가지 프로젝트를 진행하는 큰 회사가 됐습니다.

가장 좋아하는 게임

제가 좋아하는 게임들은 오랜 기간 여러 플랫폼에 걸쳐 있습니다. 1980년대에는 Apple II용 위자드리나 울티마와 같은 훌륭한 롤플레잉 시리즈의 팬이었습니다. 이후에는 IBM PC용 시스템 쇼크나 울티마 언더월드와 같은 훌륭한 게임의 팬이 됐습니다. 이 게임들도 롤플레잉 게임이었는데, 그 시대에는 인터페이스와 그래픽, 줄거리 등에서 혁신적이었고 지금도 플레이할 가치가 있습니다. 그리고 최근에는 파이널 판타지 VII, 크로노 크로스, 그리고 젤다 시리즈와 같은 콘솔 RPG를 즐기고 있습니다. 또는 실시간 전략 게임(워크래프트 II, 스타크래프트, 에이지 오브 엠파이어)과 헤일로, 배틀필드: 1942, 그리고 하프라이프와 같은 일인칭 액션 게임도 즐기고 있습니다. 이 게임들의 공통점은 각자의 분야에서 최고의 게임이라는 것입니다. 우리가 바이오웨어에서 추구하는 것 역시 매번 이전 게임보다 나은 게임을 만드는 것입니다.

디자이너에게 하고 싶은 조언

열정을 가지되 자기 비판적이어야 합니다. 품질을 양보해서는 안 되겠지만 노력해도 더는 성과를 거두기 힘든 선이 있다는 것과 모든 게임에 '가능한 최선의' 선이 있다는 점을 이해해야 합니다. 대부분의 게임이 가능한 최선의 선에 이르지는 못하지만 여러분이 해낸다면 게임이 성공할 확률이 크게 높아질 것입니다. 그리고 기업 운영을 생각하는 분들은 재능 있고, 창의적이며, 똑똑한 사람들을 고용하고 이들을 제대로 대우하십시오. 비디오 게임은 한 명의 노력으로 만들어지는 것이 아니며 점차 높아지고 있는 비디오 게임 사용자의 눈높이를 맞추려면 큰 규모의 팀이 필요합니다.

디자이너 관점: 던 대글로(Don Daglow)

사장, 스톰프론트 스튜디오

던 대글로는 게임 디자인 업계의 개척자로서 PDP 게임인 베이스볼(1971.1974), 스타트랙(1972.1973), 던전(1976.1978)을 비롯해 유토피아(1982), 월드 시리즈 베이스볼(1983), 어드벤처 컨스트럭션 세트(1985), 레이싱 디스트럭션 세트(1985), 얼 위버 베이스볼(1987), 나스카 99(1998), 나스카 2000(1999), 토니 라 루사 얼티메이트 베이스볼(1991), 네버윈터 나이트(1991), 그리고 반지의 제왕: 두 개의 탑(2002)을 비롯한 다양한 상업용 타이틀 제작에 참여했다.

게임 업계에 진출한 계기

대학과 대학원 시절 학교 메인프레임에서 취미로 게임을 만들곤 했었는데, 그러다가 대학원 강사가 되고, 교수가 되고, 작가가 되었습니다.

메텔 사에서 내부 인텔리비전 게임 디자인 팀을 시작하면서 비디오 게임 개발에 참여할 프로그래머를 모집한다는 라디오 광고를 했습니다. 신문에서 게임 개발 일을 찾아보려는 생각은 안 했지만 우연히 라디오 광고를 듣고는 전화를 했습니다. 컴퓨터 공학 학위는 없지만 9년 동안 게임 프로그래밍을 했었다고 이야기하니까 처음에는 거짓말로 생각하더군요. 당시는 퐁이 출시된 지도 5년밖에 되지 않은 때였습니다. 다행히도 일이 잘 풀려서 메텔의 인텔리비전 게임 디자인 팀의 초기 멤버 5명 중 한 명이 될 수 있었습니다. 팀이 성장하면서 인텔리비전 게임 개발 부서의 관리자가 되었습니다.

가장 좋아하는 게임

- ✓ **일곱 개의 황금 도시**: 이 게임은 적은 수의 자원을 관리하면서 엄청나게 넓은 지도를 탐험하면서 보물을 찾는 게임이었습니다. 기본적인 그래픽의 저사양 장비에서도 제대로 고안된 도전과 긴장감, 그리고 정교하고 미묘한 보상을 제공한다면 매력적인 게임을 만들 수 있다는 증거였습니다.

- ✓ **오리지널 슈퍼 마리오 브라더스**: 게임 스타일이 계속해서 변했지만 저는 이 게임이 다른 모든 스타일의 기반이라고 생각합니다. 눈과 손 조율의 적절한 균형, 환경과 적의 변화, 숨은 내용들, 그리고 지속적인 긍정적 강화를 통해 어른과 어린이가 함께 즐기고 좋아할 수 있는 게임이 되었습니다.

- ✓ **심시티**: 이 게임은 컴퓨터 게임이 어떠해야 하는지를 다시 정의했고, 공통적으로 인정되던 디자인의 원칙을 깼지만 재미가 있었습니다. 이 게임에는 진정한 적이 없었고(가끔씩 등장하는 고질라가 있지만), 점수도 명확한 최종 목표도 없었기에 얼마든지 원하는 만큼 플레이할 수 있었습니다. 게임을 출시하기 전까지 여러 퍼블리셔에서 게임을 거절했지만 결국 역사상 가장 대단한 히트작이 됐습니다.

- ✓ **존 매든 풋볼**: 업계에서 엄청난 히트를 기록한 시리즈물의 첫 번째 매든 풋볼이지만 이 게임을 빛나게 하는 것은 무엇보다 친구와 함께 재미나게 즐길 수 있는 직접 대면 게임플레이 구조였습니다.

- ✓ **메탈기어 솔리드 2**: 잠입과 전투에 사용된 영화적 기술은 게임에서 카메라 사용 기법의 수준을 한 차원 끌어올렸습니다. 파이널 판타지가 단편적인 걸작이었다면 메탈기어 솔리드는 영화와 게임 간의 경계를 흐리게 만들었다고 할 수 있습니다.

- ✓ **반지의 제왕: 두 개의 탑**: 영화에서 게임으로 부드러운 전환을 구현해 마치 계속 영화를 보는 것과 같은 대화식 경험을 만들어 보고 싶다는 이야기가 발단이었습니다. 여러 해 동안 함께 이야기했던 꿈이기도 했는데, 이번에는 실제로 행동에 나섰습니다. 게임을 완성한 후에는 앞으로 게임에서 만들어낼 수 있는 더 많은 효과에 대한 영감을 얻었습니다.

디자이너에게 하고 싶은 조언

결과보다 과정을 즐기십시오. 이 업계에 들어온 사람들 중에는 시계루 미야모토나 윌 라이트와 같이 되려는 사람이 많은 것 같습니다. 잘 알려진 디자이너들은 대부분 그들의 시대에 특별한 사례일 뿐이며 꾸준하게 명성을 유지하는 경우는 많지 않습니다. 한때 명성을 얻었다가도 곧 업계의 무대에서 잊혀지는 경우가 많습니다.

이 업계에서 지난 10년, 15년 또는 20년 동안 가장 성공한 사람들에 대해 생각해 보면 한 가지 간단한 사실이 자명해집니다. 자신의 일을 좋아해야 하고, 하는 동안 개인적으로, 전문적인 기술면으로 계속 성장해야 한다는 것입니다.

게임을 사랑하고 이를 만드는 과정을 사랑한다면 주변의 사람들은 모두 잃어버릴 수 있겠지만 항상 지난번보다 일을 더 잘하기 위해 노력한다면 여러분은 성장할 것입니다. 커리어에는 오르막과 내리막이 있겠지만 그래도 발전할 것입니다.

30살까지 비디오 게임 분야에서 유명인이 되겠다는 계획을 세우고 있다면 좋은 게임을 만든다는 생각은 중단한 것입니다. 게임 디자인에 쏟아야 할 에너지를 커리어 계획에 사용하고 있다는 것입니다. 물론 이것은 자신의 커리어를 망치는 지름길이기도 합니다. 자신의 목표를 달성할 때까지 행복해하지 못하는 사람은 대부분의 시간을 불행한 상태로 보내게 됩니다. 반면 목표를 향한 여행을 즐기고 목표를 달성하려는 확고한 신념이 있는 사람은 대부분의 시간 동안 행복할 것입니다.

참고 자료

1. The Psychology of Optimal Experience – Mihaly Csikszentmihalyi, 1990, 49쪽.

2. Designing Disney: Imagineering and the Art of the Show – John Hench, 2003.

3. How to Build a Great Screenplay – David Howard, 2004.

4. Better Game Characters by Design: A Psychological Approach – Katherine Isbister, 2006.

5. Understanding Comics: The Invisible Art – Scott McCloud, 1994.

6. Hamlet on the Holodeck: The Future of Narrative in Cyberspace – Janet Murray, 1997.

주석

1. The Psychology of Optimal Experience – Mihaly Csikszentmihalyi, 1990, 49쪽.

2. 같은 책.

3. 같은 책, 53쪽

4. 같은 책, 58~59쪽

5. 같은 책, 61쪽

6. 같은 책, 63쪽

7. 같은 책, 66쪽

8. The Promise of Play – Stuart Brown, David Kennard, 2000.

9. The Ambiguity of Play – Brian Sutton-Smith, 1997, 4~5쪽.

10. The Promise of Play.

11. 액티비전, 피트폴 설명 매뉴얼, 1982.

5장

체계 역학 다루기

앞서 두 장에서는 게임의 형식적 요소와 극적 요소에 대해 알아봤다. 지금부터 이러한 게임의 요소가 플레이 가능한 체계를 형성하는 방법과 디자이너가 체계의 속성을 사용해 자신의 게임에서 균형을 맞추는 방법을 알아보겠다.

체계는 공통적인 목표나 목적을 가지고 통합된 전체를 형성하는, 상호작용하는 요소의 집합으로 정의된다. 체계의 요소 간에 발생하는 상호작용을 다양한 지식 분야에서 연구할 수 있다는 일반 체계 이론의 개념은 1940년대 생물학자 루드비히 폰 베르탈란피(Ludwig von Bertalanffy)가 처음 제안했다. 이후로 각기 다른 유형의 체계에 초점을 맞춘 다양한 체계 이론이 발전했다. 여기서는 다양한 체계 이론의 원칙을 알아보려는 것이 목표가 아니라 기본적인 체계 원칙을 이해해서 우리의 게임 체계 내에서 일어나는 상호작용의 특성을 제어하고, 시간의 흐름에 따라 이러한 체계의 성장과 변화를 관리하려는 것이다.

게임 체계

체계는 자연과 사람이 만든 세계 전체에 존재하며, 분리된 요소 간의 상호작용에 복잡한 동작이 발생하면 체계가 있다는 것을 알 수 있다. 체계는 기계적, 생물학적 또는 사회적으로 다양한 형태로 존재할 수 있다. 또한 스테플러처럼 단순한 것부터 정부와 같은 복잡한 것까지 다양한 복잡성을 지닌다. 각 경우에도 모두 체계가 작동하면 요소가 상호작용해서 종이를 고정하거나 사회를 통치하는 것과 같은 의도한 목표를 달성한다.

게임 역시 체계다. 모든 게임의 핵심에는 형식적 요소의 집합이 있으며, 이미 살펴본 바와 같이 이러한 체계가 작동하면 플레이어가 몰입하는 동적인 경험이 만들어진다. 그러나 다른 대부분의 체계와 달리 게임의 목표는 제품 생산, 작업 수행 또는 과정의 단순화가 아니다. 게임의 목표는 참가자를 즐겁게 하는 것이다. 형식적 및 극적 요소에 대해 이야기할 때 게임은 구조적 충돌을 만들고 플레이어가 이 충돌을 해결하는 재미있는 프로세스를 제공한다고 이야기한 바 있다. 형식적 및 극적 요소의 상호작용이 구성되는 방법에 의해 게임의 기본 체계가 형성되며, 플레이어의 경험과 게임의 본질에 대한 많은 부분이 결정된다.

앞서 인급했듯이 체계는 긴단할 수도 있고 복잡할 수도 있다. 체계는 정확하고 예측 가능한 결과를 제공할 수도 있고 다양하고 예측할 수 없는 결과를 제공할 수도 있다. 여러분의 게임에는 어떤 유형의 체계가 적합할까? 이것은 여러분만이 결정할 수 있다. 일정한 수준의 예측 가능성이 있는 게임을 만들려는 경우, 하나 또는 두 가지 가능한 결과만 있는 체계를 디자인할 수 있다. 반면 플레이어의 선택과 게임 요소의 상호작용에 의해 무수히 많은 결과가 나오는 예측 불가능한 체계를 만들 수도 있다.

체계가 이렇게 다른 방식으로 작동하는 이유를 이해하고, 게임의 결과에 영향을 미치는 체계 요소의 유형을 제어하려면 먼저 체계의 기본적인 요소와 이러한 요소의 어떤 측면이 체계가 작동하는 방법에 영향을 미치는지 확인해야 한다.

체계의 기본 요소로는 개체, 속성, 행동, 그리고 관계가 있다. 체계 내의 개체는 자체의 속성, 행동 및 관계에 따라 다른 개체와 상호작용해서 체계 상태에 변화를 일으킨다. 이러한 변화가 나타나는 방법은 개체와 상호작용의 본질에 따라 다르다.

개체

개체는 체계의 기본 구성 요소다. 체계는 체계의 본질에 따라 물리적, 추상적 또는 두 가지 모두일 수 있는 개체라고 하는 상호 연관된 조각의 그룹이라고 생각할 수 있다. 게임의 개체에 해당하는 예로는 게임의 말(예: 체스의 킹 또는 퀸), 게임 내의 개념(예:

모노폴리의 은행), 플레이어, 그리고 플레이어를 나타내는 대리자(예: 온라인 환경의 아바타)를 들 수 있다. 격자 보드의 칸이나 경기장의 야드 라인과 같은 지역이나 지형도 개체라고 볼 수 있다. 이러한 개체 역시 다른 개체와 동일하게 상호작용하며, 정의할 때 같은 수준의 고려가 필요하다.

개체는 속성과 행동으로 정의된다. 또한 다른 개체와의 관계로도 정의된다.

속성

속성은 개체의 물리적 또는 개념적 측면을 정의하는 특성으로서, 일반적으로 개체를 나타내는 값의 집합이다. 예를 들어, 체스 말의 특성에는 계급(킹, 퀸, 비숍, 나이트, 루크, 폰), 색(하양 또는 검정), 그리고 위치가 있다. 롤플레잉 게임의 캐릭터의 경우, 체력, 힘, 민첩성, 경험치, 레벨, 그리고 온라인 환경에서의 위치, 심지어 해당 개체와 연결된 아트워크 및 다른 매체를 비롯해 매우 복잡한 속성을 가질 수 있다.

개체의 속성은 체계 내 개체의 상호작용을 처리하는 데 필수적인 정보 데이터의 블록을 형성한다. 가장 단순한 유형의 게임 개체는 적은 수의 속성을 가지며, 이러한 속성은 게임플레이 중에 변경되지 않는다. 이러한 유형의 개체로 체커 게임의 체커가 있다. 체커에는 색, 위치, 종류의 세 가지 속성이 있으며 체커의 위치는 바뀌지만 색은 바뀌지 않는다. 체커의 종류는 체커를 보드에서 다른 쪽으로 이동하면 '보통'에서 '킹'으로 바뀔 수 있다. 이러한 세 가지 속성이 게임 내 각 체커의 상태를 완벽하게 정의한다.

좀 더 복잡한 속성을 지닌 게임 개체의 예로는 어떤 것이 있을까? 롤플레잉 게임의 캐릭터는 어떨까? 그림 5.1에는 디아블로에서 캐릭터의 주 속성이 나

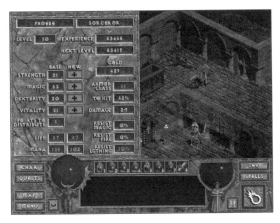

그림 5.1 디아블로: 캐릭터 속성

온다. 그림에서 볼 수 있듯이 이 목록은 첫 번째 예보다 훨씬 복잡한 수준으로 개체를 정의한다. 또한 개체의 이러한 속성은 게임이 진행되는 동안 체커보다 훨씬 복잡한 방식으로 바뀐다. 이러한 복잡성 때문에 이 개체는 체계 내의 다른 개체와 상호작용에 있어 체커와 같은 단순한 개체에 비해 예측 가능한 요소가 적을 것이다.

연습 5.1 : 개체와 속성

집에 보유하고 있는 보드 게임 가운데 개체와 해당 속성을 명확하게 식별할 수 있는 게임을 선택한다. 전략보드 게임은 쉽게 식별이 가능한 속성이 있는 개체를 사용할 때가 많다. 선택한 게임의 모든 개체와 해당 속성의 목록을 작성한다.

행동

체계의 개체를 정의하는 다음 특성은 개체의 행동이다. 행동은 개체가 주어진 상태에서 수행할 수 있는 잠재적인 동작이다. 체스에서 비숍의 행동에는 현재 위치에서 대각선 방향으로 다른 말에 의해 막히거나 다른 말을 잡을 때까지 이동하는 것이 있다. 앞서 설명한 롤플레잉 캐릭터의 행동에는 걷기, 뛰기, 싸우기, 아이템 사용 등이 포함될 수 있다.

속성의 수와 마찬가지로 개체의 잠재적인 행동의 수가 많을수록 체계 내에서 예측할 수 있는 동작의 수는 줄어든다. 다시 체커의 예를 살펴보자. '보통' 체커는 대각선 방향으로 한 칸 이동하거나 대각선 방향으로 점프해 다른 피스를 잡을 수 있다. 이 행동은 다음과 같은 세 가지 규칙에 따라 제한된다. 상대편을 향해서만 점프할 수 있다. 상대편의 피스로 점프할 수 있는 경우 반드시 해야 한다. 가능한 경우 한 턴에 여러 번 점프할 수 있다. '킹'도 동일한 행동 양식을 가지지만 상대편을 향해 이동한다는 규칙이 적용되지 않으며 보드에서 앞뒤로 이동할 수 있다. 이것이 게임에서 체커가 할 수 있는 모든 동작이다. 행동의 수가 제한돼 있으므로 게임의 패턴이 상당히 예측 가능하리라는 사실을 알 수 있다.

이번에는 다시 디아블로 캐릭터의 예를 살펴보자. 이 캐릭터가 할 수 있는 행동은 무엇일까? 이 캐릭터는 뛰거나 걸어서 이동할 수 있으며, 소지품에 있는 무기나 마법 스펠과 같은 기술을 사용해서 공격하거나, 개체를 줍고, 다른 캐릭터와 대화하며, 새로운 기술을 배우고, 물건을 거래하거나, 문이나 상자를 여는 등의 행동을 할 수 있다. 광범위한 행동이 가능하기 때문에 게임에서 이 개체의 진행 방향은 체커보다 훨씬 예측하기 어렵다.

그러면 게임이 자연스럽게 더 재미있어질까? 138쪽 '카드 게임 세트(Set) 분석' 관련 기사에서 단순하면서도 매력적인 카드 게임인 세트를 분석하며 확인하겠지만 게임플레이가 복잡해지더라도 플레이어에게 더 많은 즐거움을 주는 것은 아니다. 현재로서는 가능한 행동을 추가하면 선택이 증가하고 게임의 결과에 대한 예측 가능성이 낮아진다는 정도만 알아두자.

연습 5.2 : 행동

연습 5.1에서 만든 개체와 속성의 목록에 각 개체의 행동에 대한 설명을 추가한다. 다양한 게임 상태에서 모든 행동을 고려한다.

관계

앞에서 언급한 것처럼 체계에는 개체 간의 관계가 있다. 관계는 디자인의 핵심 개념이다. 개체 간에 관계가 없다면 이러한 개체의 모음은 체계가 아닌 컬렉션이 된다. 예를 들어, 빈 인덱스 카드의 뭉치는 컬렉션이다. 각 카드에 숫자를 쓰고 특정한 슈트 표시를 그린다면 카드 간에 관계를 만든 것이다. 12장의 연속적인 카드에서 '3' 카드를 뺀다면 이러한 카드를 사용하는 체계의 역학을 변경한 것이다.

관계는 여러 방법으로 나타낼 수 있다. 보드에서 플레이하는 게임은 개체 간의 관계를 위치를 기준으로 나타낼 수 있다. 또는 앞에서 설명한 연속적인 카드 번호와 같이 계층적으로 개체 간의 관계를 나타낼 수 있다. 체계의 개체 간에 관계가 정의되는 방법은 체계가 작동할 때 전개되는 양상에 큰 영향을 미친다.

카드의 계층은 고정된 관계의 예이며, 숫자 값에 의해 집합 내에서 각 카드 간의 논리적 관계가 고정된다. 게임플레이 중 바뀌는 관계의 예로는 체커 보드에서 체커의 이동이 있다. 피스는 보드에서 다른 곳으로 이동하며, 그 과정에 상대편의 피스로 점프하고 잡는다. 그동안 피스와 보드, 그리고 다른 피스와의 관계가 끊임없이 변화한다.

관계의 다른 예로 모노폴리와 같은 보드 게임에서 공간의 발전이 있다. 이러한 관계는 게임플레이를 일정한 가능성의 범위로 제한하는 고정된 선형적 관계다. 반면 개체가 다른 개체와 느슨한 관계에 있다면 인접성이나 다른 변수를 바탕으로 상호작용하는 경우가 있다. 이러한 예로 심즈를 들 수 있는데, 이 게임에서 캐릭터와 다른 개체와의 관계는 캐릭터의 현재 필요성과 환경 내에서 이러한 필요성을 충족할 수 있는 개체의 능력에 따라서만 정의된다. 이러한 관계는 캐릭터의 필요성이 변화하면서 달라진다. 예를 들어, 냉장고는 방금 식사를 마친 캐릭터보다는 배고픈 캐릭터에게 더 흥미로운 개체다.

관계의 변화는 플레이어의 선택에 따라서도 발생한다. 체커 게임에서 이러한 변화를 볼 수 있는데, 플레이어는 보드에서 피스를 이동할 위치를 선택한다. 게임 관계에 변화를 도입하는 다른 방법도 있다. 여러 게임에서는 게임 관계를 변화시키기 위해 확률 요소를 사용한다. 전투 알고리즘에서 좋은 예를 찾을 수 있다. 다음은 워크래프트 II의 전투 알고리즘이 작동하는 방법을 설명한 것이다.[1]

게임의 각 유닛에는 전투에서의 효율을 결정하는 네 가지 속성이 있다.

- ✓ **체력**: 유닛이 죽기 전까지 견딜 수 있는 피해.
- ✓ **갑옷**: 유닛이 입고 있는 갑옷, 피해에 대한 기본 저항.
- ✓ **기본 피해**: 유닛이 공격할 때마다 가할 수 있는 피해의 양. 기본 피해가 대상의 갑옷 수치만큼 줄어든다.
- ✓ **관통 피해**: 유닛이 갑옷을 관통할 수 있는 능력. (용의 브레스와 같은 마법 공격은 갑옷을 무시한다.)

한 유닛이 다른 유닛을 공격했을 때 피해를 계산하는 공식은 다음과 같다. (기본 피해 - 대상의 갑옷) + 관통 피해 = 최대 피해. 공격자는 각 공격에서 이 최대 피해의 50~100% 랜덤 피해를 입힌다. 이 알고리즘이 우리가 유닛이라고 부르는 개체 간의 관계에 확률을 적용하는 방법을 알아보기 위해 배틀넷에 나와 있는 예를 살펴보자.

> 오거와 풋맨이 전투에 돌입한다. 오거의 기본 피해는 8이며 관통 피해는 4다. 풋맨의 갑옷 등급은 2다. 오거는 풋맨을 공격할 때마다 최대 (8 -2) + 4 = 10포인트의 피해를 입히거나 50% 피해가 적용될 경우 5포인트 피해를 입힌다. 평균적으로 오거는 체력이 60인 풋맨을 8번의 공격으로 죽일 수 있다.

> 반면 불쌍한 풋맨의 기본 피해는 6이며, 관통 피해는 3이므로 갑옷 등급이 4인 오거를 공격할 때마다 3~5 포인트의 피해만 입힐 수 있다. (즉, (6 -4) + 3 = 5) 풋맨이 아무리 운이 좋고 공격할 때마다 최대 피해를 준다고 가정해도 체력이 90인 오거를 죽이려면 18번 공격해야 한다. 물론 그 이전에 오거는 풋맨을 때려눕히고 자리를 떠날 것이다.

이 예에서는 관계를 결정하는 두 가지 방법, 즉 확률과 규칙 집합을 소개하고 있다. 계산을 통해 알 수

그림 5.2 워크래프트 II: 오거와의 전투

있는 것처럼 우선 가할 수 있는 피해의 범위를 결정하는 기본 규칙 집합이 있다.

범위가 설정된 후 최종 결과를 결정하는 것은 확률이다. 게임 중에는 계산에 확률의 비중에 높은 게임이 있는 반면 규칙 기반 계산에 치중하는 게임도 있다. 어떤 방법이 더 좋은가는 여러분이 추구하는 경험에 따라 다르다.

연습 5.3 : 관계

연습 5.1와 5.2에서 만든 개체, 속성 및 행동의 목록에서 각 개체 간의 관계를 설명한다. 이러한 관계가 위치, 능력, 또는 값 중 어떤 것을 기준으로 정의되는가?

체계 역학

언급한 것처럼 체계의 요소들은 단독으로 작동하지 않는다. 체계의 기능과 관계에 영향을 주지 않고 구성 요소를 빼낼 수 있다면 그것은 체계가 아니라 컬렉션이다. 체계는 그 정의상 모든 요소가 있어야 목표를 달성할 수 있다. 또한 체계의 구성 요소는 특정한 방법으로 구성해야 본래의 목적(즉, 플레이어에게 의도한 도전을 제공)을 달성할 수 있다. 이러한 구성이 변경되면 상호작용의 결과도 바뀐다. 체계 안에서 관계의 본질에 따라 이러한 변화는 눈치 채지 못할 수준일 수도 있고 치명적인 수준일 수도 있지만 어느 정도의 변화는 반드시 일어난다.

앞에서 알아본 워크래프트 II의 오거와 풋맨의 전투에서 공격의 피해 범위를 결정하는 데 기본 피해, 관통 피해, 대상의 갑옷 등급을 사용하지 않고 1~20 사이의 임의의 수를 사용한다고 가정해 보자. 이러한 변경이 각 전투의 결과에는 어떤 영향을 주게 될

까? 게임의 전체적인 결과는 어떻게 달라질까? 자원과 업그레이드의 가치는 어떻게 될까?

먼저, 게임의 개별 전투 접촉과 전체적인 결과에 확률적 요소가 증가한다. 또한 유닛과 갑옷에 대한 업그레이드가 결과에 미치는 영향이 없어지므로 자원과 이러한 자원을 통해 수행할 수 있는 업그레이드의 가치가 사라진다. 유닛의 수는 여전히 중요한 요소이므로 이 게임에서 플레이어가 선택 가능한 유일한 전략은 오로지 많은 양의 유닛을 생산하는 것뿐이다. 전투에서 유닛 간의 관계를 변경하자 워크래프트 II 체계의 전체적인 본질이 바뀌었음을 알 수 있다.

반면 원래의 피해 계산 방법에서 마지막 랜덤 요소를 생략해서 모든 유닛이 최대 피해를 주게 한다면 각 전투의 결과는 어떻게 달라질까? 이 경우 플레이어는 각 유닛이 다른 유닛을 파괴하는 데 필요한 공격 횟수를 정확하게 예측할 수 있게 된다. 이러한 예측 가능성은 전략뿐 아니라 플레이어의 몰입에도 영향을 미친다. 첫 번째로 완전한 랜덤 피해 체계는 플레이어가 결정을 내리더라도 전략적 가치가 별로 없으며 완전한 확정적 피해 체계는 개별 전투와 전체 게임에 불확실성을 구현할 수 없다.

체계의 상호작용에서 이해해야 할 한 가지 중요한 특성은 체계가 각 부분의 합보다 크다는 사실이다. 즉, 각 체계 요소의 개별적 특성을 별도로 연구해서는 이러한 요소 간의 관계를 이해할 수 없다. 이 개념은 게임 디자이너에게 특히 중요한데, 게임은 플레이 중에만 체계 역학이 명확하게 드러나기 때문이다. 케이티 살렌과 에릭 짐머만은 우리가 게임을 디자인할 때 플레이어의 경험과 규칙이 작용하는 방법을 직접적으로 판단할 수 없다는 점에서 게임 디자인을 '이차적' 문제라고 불렀다[2]. '가능성의 공간'을 최대한 정교하게 만들고 철저하게 플레이테스트 해야 하지만 각 게임플레이의 결과를 예측할 수는 없다.

게임 체계의 역학이 개체의 속성, 특성 및 관계에 따라 어떤 영향을 받게 되는지 일반화하기는 어렵다. 이러한 요소가 서로에게 미치는 영향을 이해하는 가장 좋은 방법은 다양한 유형의 동적 행동을 나타내는 간단한 예부터 복잡한 예까지 체계의 예를 살펴보는 것이다.

카드 게임 세트(Set) 분석

세트는 1988년 마샤 팔코(Marsha Falco)가 디자인한 카드 게임이다. 당시 영국 케임브리지에서 인구 유전학을 공부하던 마샤 팔코는 독일 셰퍼드의 간질이 실제로 유전되는지 조사하고 있었다. 그녀는 변수를 이해하기 위해 개들에 대한 정보를 파일 카드에 기록하고 각기 다른 유전 조합을 나타내는 데이터 블록을 기호로 그려 넣었다. 그러던 어느 날, 그녀의 아이들이 이 연구 카드를 가지고 게임을 하고 있다는 사실을 발견한다. 이 게임은 아주 재미있어서 가업으로 게임 사업을 시작하게 된다. 이 게임은 곧바로 고전으로 자리 잡았고 멘사 상을 비롯한 많은 상을 받았다.

세트의 규칙

세트의 체계는 상당히 정교하다. 이 게임은 81장의 고유한 카드로 구성된 특별한 카드 덱으로 플레이한다. 카드는 게임의 기본 개체이며 각각 모양, 수, 패턴, 색의 네 가지 속성이 있는 기호 그룹이 그려져 있다. 아래의 다이어그램에는 속성의 수와 각 옵션으로 덱이 다양해지는 방법이 나와 있다. 덱이 얼마나 복잡한지는 고유한 카드의 수로 알 수 있다.

세트를 플레이하는 방법은 아주 간단하다. 먼저 덱을 섞은 다음 아래 다이어그램과 같이 12장의 카드를 나눈다(카드 색은 다이어그램의 진하기에 따라 짐작해야 하지만 실제 카드는 세 가지 색으로 돼 있다). 플레이어들은 모두 카드를 보면서 '세트'를

	1	2	3	고유한 카드
모양	타원형	다이아몬드	꽈배기	3
숫자	1	2	3	9
패턴	채움	외곽선	줄무늬	27
색	초록	빨강	보라	81

세트의 요소와 각 요소가 복잡성에 영향을 미치는 방법

찾아야 한다. 한 세트는 모든 속성이 같거나 모두 다른 카드 세 장으로 구성된다. 예를 들어, 이 레이아웃에서 A1, A2, A3은 (1) 모양 = 모두 동일, (2) 숫자 = 모두 다름, (3) 패턴 = 모두 다름, (4) 색 = 모두 다름이 성립하므로 세트. A1, A4, C1 역시 (1) 모양 = 모두 다름, (2) 숫자 = 모두 같음, (3) 패턴 = 모두 다름, (4) 색 = 모두 다름이 성립하므로 세트다.

세트를 발견한 플레이어는 "세트!"라고 외치고 자신이 세트라고 생각하는 카드를 지목한다. 세트가 맞는 경우, 플레이어가 이 카드를 가지고 다시 세 장을 추가해 세트를 찾기 시작한다. 세트가 아닌 경우, 플레이어가 가진 세트 중 하나를 버리기 뭉치로 내놓아야 한다. 더는 카드가 없으면 가장 많은 세트를 보유한 플레이어가 승리한다.

세트에 대한 분석

이미 이야기했듯이 세트의 디자인은 매우 정교하다. 이 그림에 나오는 카드를 자세히 살펴보면 어떤 임의의 카드 두 장을 선택하더라도 세트를 만드는 데 필요한 세 번째 카드를 지목할 수 있다. 예를 들어, B2와 C4를 보자. 이 두 장을 포함하는 세트를 만들려면 어떤 카드가 필요할까? 첫째, 이 두 카드는 모양이 다르므로 다른

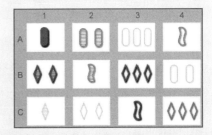

세트 플레이 카드

모양인 타원이 필요하다. 둘째, 이 두 카드는 숫자가 다르므로(하나는 일, 다른 하나는 셋) 타원이 두 개인 카드가 필요하다. 셋째, 이 두 카드는 패턴이 다르므로 다른 패턴인 채움이 필요하다. 넷째, 이 두 카드는 빨강으로 색이 같으므로(그림에서는 중간 회색) 다른 빨강이 필요하다. B2와 C4로 세트를 만들려면 채워진 빨간 타원이 두 개인 카드가 필요하다. 덱에는 이 카드가 한 장뿐이며, 그림에는 나와 있지 않으므로 이 두 카드로는 세트를 만들 수 없다.

마샤 팔코가 게임 세트에서 이러한 체계 구성을 선택한 이유는 무엇일까? 속성을 추가하거나, 줄이거나, 옵션을 더하지 않은 이유는 뭘까? 143쪽에서 마스터마인드의 클루를 분석하면서 다시 논의하겠지만 체계의 복잡성은 기본적인 수학적 구조에 큰 영향을 받는다. 세트의 카드 81

	1	2	3	고유한 카드
모양	타원형	다이아몬드	꽈배기	3
숫자	1	2	3	9
패턴	채움	외곽선	줄무늬	27
색	초록	빨강	보라	81
배경	하양	검정	회색	243
테두리	은색	금색	칠흑	729
애니메이션	정지	깜박임	회전	2187

세트에 속성을 추가한 경우

장은 충분한 도전을 제시하면서도 플레이가 가능한 수준의 가능성을 제공한다. 세트를 플레이하는 방법을 배우는 동안에는 게임을 쉽게 하려고 색 속성을 제외하는 경우가 많은데, 색 속성을 제외하면 덱에 27가지 카드만 포함되므로 세트를 찾기가 훨씬 쉬워진다. 플레이어가 게임에 익숙해지고 나면 나머지 카드를 추가해서 81장의 원래 카드 덱으로 플레이할 수 있다.

여기에 배경색이라는 속성 하나를 추가한다고 가정해 보자. 그림에 나오는 것처럼 243장의 카드가 덱 하나를 구성한다. 다시 배경 테두리를 추가하면 729장이 된다. 다음은 세트

	1	2	3	4	고유한 카드
모양	타원형	다이아몬드	꽈배기	사각형	4
숫자	1	2	3	4	16
패턴	채움	외곽선	줄무늬	빗금	64
색	초록	빨강	보라	노랑	256

세트의 원래 속성에 옵션을 추가한 경우

의 디지털 버전을 만든다고 가정하고 애니메이션을 추가하면 디지털 버전의 세트는 덱 하나가 카드 2,187 장으로 구성된다. 플레이어가 게임의 규칙을 적용하려면 이제 7가지 속성을 고려해야 하며, 한 번에 분배된 패에서 세트를 찾아낼 확률이 약 1/30로 줄어든다. 이렇게 복잡성을 높이더라도 플레이어의 경험이 개선되지는 않을 것임을 짐작할 수 있다. 실제로 이러한 세트 버전은 거의 플레이가 불가능하다.

다음 그림은 원래의 속성에 옵션 하나를 더한 가능성을 보여 준다. 이번에는 덱 하나가 256장의 카드로 구성되며, 원래 게임 체계보다 3배 복잡해진다. 그러나 게임은 이미 충분히 어렵다. 이렇게 변경했을 때 플레이어 경험이 어떻게 달라지는지 확인하기 위해 직접 새로운 옵션으로 세트 덱을 만들고 플레이테스트 해보자.

결론

이 분석에서는 여러 디지털 게임에 비해 상당히 단순한 게임을 다뤘다. 그러나 직접 확인한 것처럼 체계 요소의 작은 부분을 바꾸더라도 단순한 시스템과 플레이어 경험의 복잡성을 기하급수적으로 바꿀 수 있다. 자신의 게임 디자인의 수학적 구조를 이해하고 속성을 추가하거나 제거해서 다른 수준의 복잡성으로 테스트

하는 것이 중요하다. 그 방법 중 하나가 여기 세트 분석에서 보여 준 것처럼 표를 만들고 복잡성의 수준을 수학적으로 계산하는 것이다. 그리고 좀 더 복잡한 수학적 솔루션이 더 만족스러운 게임플레이 결과를 제공하지는 않는다는 점을 기억하자. 목표는 플레이어가 흥미로움을 느낄 만큼 복잡한 체계를 만드는 것이지, 플레이어가 좌절하게 만드는 것이 아니다.

틱-택-토

틱-택-토에서 개체는 보드상의 공간이다. 공간은 모두 9개가 있으며 공간의 속성, 행동, 그리고 관계로 정의된다. 예를 들어, 속성은 '비어 있음' 'x' 또는 'o'이며, 관계는 위치에 따라 정의된다. 가운데 공간 하나와 모서리 공간 4개, 옆면 공간 4개가 있다. 게임을 시작할 때 첫 번째 플레이어에게 공간 간의 관계에 있어 의미 있는 선택은 가운데, 모서리 또는 옆면의 세 가지뿐이다.

두 번째 플레이어에게는 첫 번째 플레이어가 'x'를 놓은 위치에 따라 의미 있는 선택이 2개 또는 5개가 된다. 가능한 움직임이 나오는 다이어그램을 보면 첫 번째 'x'를 가운데에 놓는 경우, 의미 있는 움직임이 2개로 줄어드는 것을 알 수 있다. 첫 번째 'x'를 모서리나 옆면에 놓으면 5가지 움직임이 가능하다.

틱-택-토 다이어그램을 끝까지 작성해 보면 가능성의 트리가 그리 크지 않다는 것을 알 수 있다. 실제로 이처럼 극도로 단순한 체계에서 가능한 최적의 움직임을 배우면 항상 승리하거나 최소한 무승부를 만들 수 있다. 틱-택-토의 무엇이 이 체계를 배우기 쉽게 만든 것일까?

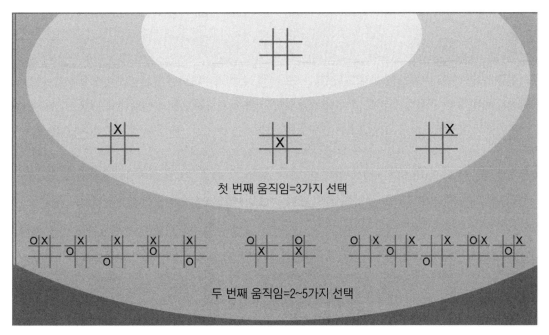

첫 번째 움직임=3가지 선택

두 번째 움직임=2~5가지 선택

그림 5.3 틱-택-토 게임 트리의 일부

첫째, 게임 개체 자체가 단순하다. 개체에는 세 가지 속성과 한 가지 행동만 있다. 또한 보드에서 공간의 위치가 변하지 않기 때문에 개체 간의 관계 또한 고정돼 있다. 개체(보드의 크기)와 관계의 수가 제한돼 있기 때문에 이 체계는 매우 적은 수의 결과만 나올 수 있고, 이러한 결과는 완벽하게 에측할 수 있다. 그리고 이렇게 플레이의 가능성이 제한돼 있어서 플레이어가 주어진 상황에서 최적의 움직임을 익힌 후에는 흥미를 잃는 경우가 많다.

체스

두 가지 이상의 개체, 좀 더 복잡한 행동, 그리고 개체 간의 관계가 있는 체계의 예로 체스가 있다. 체스에는 6가지 종류의 유닛과 보드상의 64개의 고유한 공간이 있다.

각 유닛에는 색, 계급 및 위치의 속성과 행동의 집합이 있다. 예를 들어, 흰색 퀸의 시작 위치는 D1(첫째 줄, 넷째 계급의 교차 지점에 있는 공간)이다. 퀸에는 수평, 수직 또는 대각으로 다른 말로 막히지 않는 한도까지 이동할 수 있는 행동이 있다. 이러한 속성과 행동 자체만으로는 체스의 개체도 틱-택-토 보드의 공간에 비해 더 복잡하지 않다. 그러나 개체의 다양한 행동과 개체의 관계에 의해 발생적 게임플레이가 더 복잡해진다. 각 유닛에 움직임과 잡기에 있어 특정한 행동이 있고, 이러한 능력에 의해 보드상에서 유닛의 위치가 변경되므로 각 유닛 간의 관계가 실질적으로 모든 움직임마다 변경된다.

이론적으로는 틱-택-토의 시작 움직임을 설명하기 위해 그렸던 트리를 체스에도 적용할 수 있지만 처음 몇 번의 움직임으로도 결과의 복잡성이 크게 증가하므로 이러한 시도는 무의미하거나 불가능한

것이 된다. 이것은 플레이어들이 게임에 접근하는 방법이 아니며, 컴퓨터 체스 응용 프로그램에서 최상의 움직임을 판단하는 데 사용하는 방법도 아니다. 고수 플레이어와 프로그램은 패턴 인식을 활용해 문제를 해결하는 경우가 많다. 즉, 각 움직임마다 최적의 솔루션을 계산하는 것이 아니라 이전에 플레이한 게임에 대한 기억(컴퓨터의 경우에는 데이터베이스)에 의존해 해결책을 찾는다. 이것은 게임 체계의 요소가 실제 작동하면 가능한 상황의 범위가 너무 넓어져서 트리로 구현하는 것이 불가능하기 때문이다.

틱-택-토와 달리 체스에서 가능한 결과의 수가 막대한 이유는 뭘까? 그것은 단순하지만 다양한 게임 개체의 행동과 보드 상에서 서로 간에 변화하는 관계 때문이다. 체스는 극도로 다양한 가능성 때문에 기본 규칙을 마스터한 후에도 플레이어에게 오랫동안 도전 의식을 제공하며, 흥미롭게 받아들여진다.

게임의 가장 중요한 측면 중 하나는 언제든지 플레이어가 접했을 때 가능성의 느낌을 받을 수 있는가다. 이전 장에서 도전에 대해 이야기할 때 설명했듯이, 디자이너의 목표는 플레이어의 능력에 준하는 상황을 제공하고 이러한 능력에 맞게 도전의 수준을 높이는 것이다. 틱-택-토와 체스의 예를 통해 알 수 있는 것은 체계가 구성된 방법에 의해 시간의 흐름에 따른 체계 역학과 플레이어에게 제시되는 가능성의 범위가 극적으로 달라진다는 것이다.

체계 안의 가능성의 범위와 유형이 많은 것이 항상 더 좋은 것은 아니다. 다소 제한적인 가능성을 가지고 있지만 흥미로운 게임플레이를 제공하는 성공적인 게임이 많다. 예를 들어, 트리비얼 퍼수트와 같은 선형 보드 게임은 결과 면에서 매우 작은 가능성

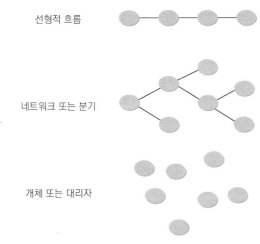

선형적 흐름

네트워크 또는 분기

개체 또는 대리자

그림 5.4 다양한 게임 구조

의 공간을 가지고 있지만 전체적인 게임의 도전은 여기에 영향을 받지 않는다. 수평 스크롤 방식의 일부 콘솔 게임도 비슷하게 도전을 성공적으로 마치거나 실패하는 좁은 범위의 가능성을 지니고 있다. 그러나 이 유형의 게임에는 이러한 범위가 적합하다. 스토리 기반 어드벤처 게임에서는 제한된 수의 결과를 포함하는 분기 구조를 사용할 때가 많다. 이러한 게임의 플레이어에게는 정의된 가능성을 탐색하는 것이 도전의 일부다.

반면 일부 게임에서는 체계 안의 가능성의 공간을 확대하려는 시도를 하고 있다. 이를 위해 다른 개체와의 관계를 정의한 개체를 체계에 추가하는 방법을 사용한다. 시뮬레이션 게임(예: 심즈), 실시간 전략 게임, 그리고 대규모 멀티 플레이어 세계에서는 이러한 모든 방법을 사용해 가능성을 확장한다. 가능성의 공간을 확장함으로써 기대되는 효과는 플레이어에게 다양한 범위의 선택 제공, 게임 문제에 대한 창의적인 해결책 제공, 재플레이 가치 상승이 있으며, 이러한 효과는 모두 특정한 유형의 게임 플레이어의 관심을 유발하는 데 도움이 된다.

다음은 매우 비슷한 목표와 연관된 체계 디자인을 가지고 있지만 가능성의 범위 면에서 큰 차이가 있고, 이에 따라 완전히 다른 플레이어 경험을 제공하는 두 가지 게임을 살펴보자.

마스터마인드와 클루 비교 분석

마스터마인드 게임은 상당히 단순하다. 간단히 소개하자면 마스터마인드는 한 플레이어가 퍼즐 제작자가 되고 다른 플레이어가 퍼즐 해결사가 되는 2인용 퍼즐 게임이다. 퍼즐은 6가지 색에서 선택한 4개의 색 핀으로 구성되며, 최소한의 짐작으로 퍼즐을 풀어내는 것이 퍼즐 해결사의 목표다. 절차 또한 간단하다. 각 턴마다 퍼즐 해결사가 짐작한 퍼즐을 제시하면 퍼즐 제작자가 (1) 색이 맞은 핀 수와 (2) 순서에서 맞은 위치를 알려 준다. 퍼즐 해결사는 소거 절차와 논리를 사용해 가능성을 좁혀서 최소한의 짐작으로 퍼즐을 풀어야 한다.

이번에는 체계 구조를 살펴보자. 게임의 개체는 핀이고, 속성은 색이며, 관계는 퍼즐 제작자가 퍼즐 순서를 만들 때 설정된다. 공통적인 버전의 마스터마인드 퍼즐은 6가지 색의 핀 4개를 사용하며, 같은 색을 반복할 수 있으므로 64개 또는 1,296개의 고유한 코드를 만들 수 있다. 코드 길이에 핀 하나를 추가하면 65개 또는 7,776개의 고유한 코드를 만들 수 있으며, 다른 색을 추가하면 74개 또는 2,401개의 코드를 만들 수 있다.

이러한 선택이 게임 체계 구조의 일부이며, 플레이어에게 제공되는 가능성의 범위를 규정한다.

수학자가 아니라도 코드에 핀 하나를 추가하면 가능성의 수가 기하급수적으로 증가하고 게임플레이가 불가능해지거나 적어도 크게 어려워진다는 사실

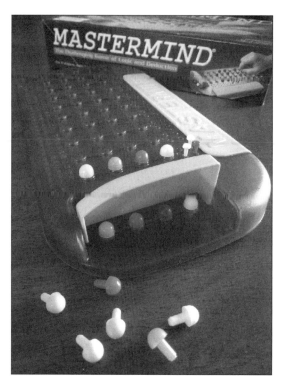

그림 5.5 마스터마인드

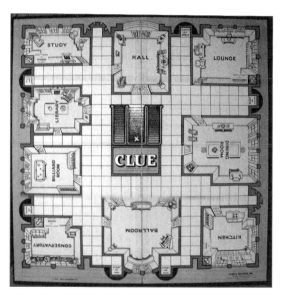

그림 5.6 클루 보드, 1947년경

을 알 수 있다. 색을 추가해도 핀만큼 큰 변화는 아니지만 퍼즐의 가능성이 두 배가 되고 게임이 크게 어려워진다. 마스터마인드의 디자이너는 분명 6가지 색의 핀 4개로 결정하기 전에 다양한 조합으로 플레이테스트 했을 것이다.

이번에는 클루에 대해 살펴보자. 클루 역시 퍼즐을 해결한다는 비슷한 목표를 가지고 있지만, 이 목표는 수학적 구조 면에서 조금 다르며, 다른 절차적 요소의 집합으로 구현되어 결과적으로 완전히 다른 플레이어 경험을 제공한다.

클루 역시 퍼즐을 해결하는 논리와 추리의 게임이다. 그러나 클루는 3~6명이 참여하며 특별한 역할을 맡는 플레이어가 없고 모든 플레이어가 퍼즐의 정답을 추리한다. 게임은 살인사건을 해결한다는 전제를

퍼즐 체계에 적용했으며, 보드와 이동 체계를 통해 절차에 확률 요소를 추가했다.

수학적 구조 면에서 클루에는 훨씬 적은 수의 가능성 집합이 있다. 용의자 6명, 가능한 무기 6가지, 가능한 방 9개가 있으므로 $6 \times 6 \times 9 = 324$가지 조합이 가능하다. 수학적으로는 이 퍼즐이 더 해결하기 쉽지만 플레이어는 주사위를 던져 보드 위를 이동하면서 정보를 얻고 혐의를 제기해야 하므로 추측할 수 있는 능력이 제한된다. 확률적 요소를 추가함으로써 추리 능력이 부족한 사용자층(즉, 어린이들)도 게임에 참여할 수 있게 됐다. 또한 미스터리한 전제와 화려한 캐릭터를 도입해 다양한 사용자층에 어필할 수 있는 '가족 게임'으로 자리 잡았다.

마스터마인드와 클루를 비교하면 두 가지 모두 퍼즐 해결이라는 비슷한 목표가 있으며, 두 퍼즐이 모두 조합에 의한 것임을 알 수 있다(기존의 조합을 사용해 플레이마다 '랜덤' 퍼즐을 만든다). 마스터마인드에는 가능한 조합이 더 많기 때문에 퍼즐을 유

추하기가 더 어렵다. 반면 클루에는 정보를 물어볼 수 있는 사회적 구조가 있고 다른 플레이어의 표정을 읽는 등의 방법으로 정보를 찾아낼 수 있는 방법이 더 많다. 마스터마인드는 논리와 추리를 사용한다. 클루 역시 논리와 추리를 사용하지만 확률(주사위와 이동)과 이야기(캐릭터와 설정)를 체계에 가미했다.

플레이어의 성향이 다양하듯이 이러한 비교는 게임 체계를 디자인하는 데 한 가지 옳은 방법이 있음을 보여 주기 위한 것이 아니다. 여러분도 발견했겠지만 가장 좋아하는 게임을 분석해 보면 개체의 속성, 행동, 관계 면에서 성공적인 체계 디자인을 공유한다는 사실을 알 수 있다. 이러한 체계의 역학이 작동하는 방법을 공부하면 여러분의 생각과 연구를 집중하고 플레이어 경험의 목표를 달성하는 데 도움될 것이다.

연습 5.4 : 체계 역학

연습 5.1, 5.2, 5.3에서 사용한 게임을 다시 사용해 게임의 핵심 개체의 속성, 행동 또는 관계에 대해 실험해 봄으로써 체계 역학을 어떻게 변경할 수 있는지 알아보자.

1. 예를 들어, 모노폴리와 같은 게임을 선택한 경우 보드에 있는 모든 자산의 가격, 위치 및 임대료를 변경하거나 이동을 위한 규칙을 변경한다. 어떻게 변경할지는 여러분의 마음이지만 중대한 수준으로 변경해야 한다.

2. 이제 게임을 해 본다. 어떤 일이 일어나는가? 변경이 게임의 밸런스에 영향을 미쳤는가? 게임이 여전히 플레이 가능한가?

3. 게임이 여전히 플레이 가능한 경우 다른 사항을 변경한다. 예를 들어, 모노폴리에서 모든 '긍정적' 확률 카드를 제거하고 '부정적 또는 중립적' 카드

만 남겨 놓는다. 게임을 다시 플레이한다. 어떤 일이 일어나는가?

4. 게임을 더는 플레이할 수 없게 될 때까지 연습을 계속한다.

어떤 변경이 가장 중대한 변경이었는가? 이 변경이 게임을 망쳐놓은 이유는 무엇인가?

게임에서 자주 사용되는 중요한 유형의 체계 구조로 경제가 있다. 경제는 게임의 근본적인 형식적 요소 중 하나인 자원을 둘러싼 역학과 연관되므로 이 구조에 대해 좀 더 자세하게 살펴보기로 하자.

경제

경제란 무엇인가? 3장에서 자원의 유용성과 희소성에 대해 논의할 때 간단하게 언급한 것처럼 일부 게임에서는 체계(예: 모노폴리의 은행) 또는 플레이어 간에 자원 교환을 허용한다. 게임에서 이러한 유형의 교환을 허용하는 경우, 거래 체계가 간단한 경제를 형성하게 된다. 좀 더 복잡한 체계의 경우, 현실 세계 경제의 규칙이 적용될 수도 있지만 일반적으로 게임의 경제는 현실 세계의 시장과는 다르며 심한 제약을 받는다. 그러나 우리가 만들 게임 경제의 지표로 사용할 수 있는 몇 가지 기본적인 경제 이론의 개념이 있다.

무엇보다 경제가 성립하려면 게임에 자원이나 다른 교환 가능한 아이템, 플레이어나 은행과 같은 교환의 주체, 그리고 시장이나 다른 교환 기회와 같은 교환 방법이 있어야 한다. 또한 경제에 거래를 원활하게 하는 통화가 사용될 수도, 그렇지 않을 수도 있다. 현실 세계와 같이 시장을 제어하는 방법에 따라 경제 안의 가격이 설정되며, 체계 디자인에 따라 자

유, 고정 또는 혼합 방식이 사용될 수 있다. 또한 플레이어가 거래할 수 있는 기회도 완전한 자유 체계부터 가격, 시간, 파트너, 거래량 등에 대한 제어 체계까지 다양하다. 다음은 디자이너가 게임 경제를 디자인할 때 생각해 봐야 할 몇 가지 질문이다.

✓ 게임이 진행되는 동안 경계 규모가 성장하는가? 예를 들어, 자원이 생산되는가? 그렇다면 체계에 의해 성장이 제어되는가?

✓ 통화를 사용한다면 통화의 공급은 어떻게 제어되는가?

✓ 경제 안에서 가격은 어떻게 정해지는가? 시장의 힘으로 정해지는가? 아니면 게임 체계에서 정하는가?

✓ 턴, 시간, 비용 또는 다른 제약과 같은 참가자 간에 거래 기회를 제한하는 요소가 있는가?

게임에서 이러한 경제적 변수를 처리하는 방법을 이해할 수 있게 고전 보드 게임부터 대규모 멀티 플레이어 온라인의 세계까지 몇 가지 예를 살펴보자.

단순 물물 교환

피트는 플레이어가 다양한 상품을 물물 교환해서 '시장을 장악'하는 간단한 카드 게임이다. 상품은 8가지 슈트가 있고 각 슈트에는 9장의 카드가 있다. 각 상품에는 50~100 범위의 다양한 포인트 가치가 있다. 예를 들어, 오렌지는 50포인트, 귀리는 60포인트, 옥수수는 75포인트, 밀은 100포인트와 같은 식이다. 3~8명의 플레이어들은 덱에서 동일한 수의 슈트로 시작한다.

먼저 카드를 섞고 모든 플레이어에게 동일하게 분배한다. 각 라운드마다 플레이어들은 자신이 거래하고자 하는 카드의 수를 이야기하고 제공하는 카드의 상품 이름은 밝히지 않는 방법으로 카드를 거래한다. 한 플레이어가 단일 상품의 카드 9장을 모두 모아서 시장을 '장악'할 때까지 거래를 계속한다.

이처럼 단순한 물물 교환 체계에는 몇 가지 주목할 사항이 있다. 첫째, 체계 안에서 상품(즉, 카드)의 양이 계속 일정하게 유지된다. 즉, 플레이 중에 카드가 추가되거나 수비되지 않는다. 또한 덱의 다른 카드와 비교해서 각 카드의 가치는 변하지 않는다. 카드의 가치는 게임이 시작할 때 인쇄된 포인트 값으로 고정된다. 또한 거래의 기회는 숫자로만 제한되며, 모든 거래는 반드시 동일한 수의 카드로만 이뤄진다. 그 외에 모든 플레이어가 항상 자유롭게 거래할 수 있다.

이 간단한 물물 교환 체계의 경제는 경제 성장의 여지, 수요 공급에 따른 가격 변동, 그리고 시장 경쟁의 기회가 없다는 게임의 규칙에 의해 제한된다. 그래도 거래 체계는 현실 세계 경제의 복잡함 없이도 부산하고 사회적인 거래 분위기를 형성하는 데 충분한 역할을 한다. 요약하면 이 체계의 특성은 다음과 같다.

그림 5.7 피트

- ✓ 상품의 양 = 고정
- ✓ 자금 공급 = 없음
- ✓ 가격 = 고정
- ✓ 거래 기회 = 제한되지 않음

복잡한 물물 교환

세틀러 오브 카탄은 디자이너 클라우스 토이버 (Klaus Teuber)의 보드 게임으로, 플레이어는 새로운 땅을 개발하는 개척자 역할을 맡는다. 게임을 진행하는 동안 플레이어는 벽돌, 목재, 양털, 광석, 밀 등의 자원을 생산하는 정착지와 도로를 건설한다. 플레이어는 이러한 자원을 다른 플레이어와 거래해서 더 많은 정착지를 건설하거나 자원을 더 많이 생산하는 도시로 업그레이드하는 데 사용할 수 있다.

피트와 마찬가지로 자원 거래는 게임플레이의 중요한 부분이며, 거의 제한이 없는 편이지만 다음과 같은 예외가 있다.

- ✓ 턴이 돌아온 플레이어하고만 거래할 수 있다.
- ✓ 정착지나 다른 게임 개체가 아닌 자원만 거래할 수 있다.
- ✓ 거래는 양측에서 자원을 하나 이상 교환해야 성립한다(플레이어가 단순히 자원을 기부할 수 없다). 그러나 동등하지 않은 양의 자원을 거래하는 것은 가능하다.

이러한 제한을 제외하면 플레이어는 자신이 원하는 자원을 얻기 위해 마음대로 거래할 수 있다. 예를 들어, 벽돌이 부족한 경우, 벽돌 카드 하나를 밀 카드 두 개 또는 세 개로 거래할 수 있다.

이미 짐작할 수 있겠지만 세틀러 오브 카탄의 경제는 피트의 단순 물물 교환 체제보다 훨씬 복잡하다. 핵심적인 차이점 중 하나는 자원의 상대적 가치가 시장 상황에 따라 변동한다는 것인데, 이 특성은 게임을 할 때마다 다른 경험을 제공하는 흥미롭고 예측 불가능한 특성이다. 게임 안에서 밀이 풍부하게 생산되면 밀의 가치가 즉시 떨어진다. 반면 광석이 부족하면 플레이어들이 공격적으로 광석 확보에 나서게 된다. 수요 공급의 법칙이라는 이 간단한 예는 피트의 예에서는 보지 못했던 흥미로운 측면을 게임플레이에 더해주는 것이다.

피트의 단순 물물 교환과 세틀러 오브 카탄 체계의 또 다른 주요 차이점은 게임이 진행되는 동안 경제 안에서 전체 상품의 양이 변화한다는 것이다. 각 플레이어의 턴에는 생산 단계가 있으며, 주사위를 굴린 값과 플레이어 정착지의 위치에 따라 생산량이 결정된다. 이 과정 중에 상품이 체계 안으로 유입된다. 유입된 상품은 플레이어 턴의 두 번째 단계 중에 거래 및 '소비'(도로, 정착지 등 구매)된다.

체계 안에서 상품의 총량을 제어하기 위해 너무

그림 5.8 세틀러 오브 카탄에서 거래 가능한 자원들

많은 자원을 보유하는 데 대한 벌칙도 포함돼 있다. 플레이어가 생산 단계 중에 굴린 값이 7인 경우 7보다 많은 카드를 가진 플레이어는 보유량의 절반을 은행에 기부해야 한다. 이러한 방식으로 플레이어가 재산을 축적하지 않고 확보한 즉시 사용하도록 권장하고 있다.

이 경제 체계의 흥미로운 점은 물물 경제 체계가 상당히 개방돼 있지만 인플레이션에 대한 방지책도 가지고 있다는 점이다. 즉, 은행에서 어떠한 자원이라도 4:1 비율로 거래해 준다. 이를 통해 실질적으로 모든 자원의 최대 가치가 제한된다. 또한 이미 언급한 것처럼 거래할 수 있는 기회도 플레이어 턴으로 제한된다.

두 물물 교환 체계의 마지막 차이점은 정보 체계에 있다. 세틀러 오브 카탄에서 플레이어는 자신의 패를 숨기지만 생산 단계가 공개되므로 각 턴마다 어떤 플레이어가 어떤 자원을 받는지 주의해서 살펴보면 전부는 아니더라도 게임의 상태를 부분적으로 파악할 수 있다.

- ✓ 상품의 양 = 제어되는 증가
- ✓ 자금 공급 = 없음
- ✓ 가격 = 시장 가치(상한 있음)
- ✓ 거래 기회 = 턴으로 제한

연습 5.5: 물물 교환 체계

이 연습에서는 단순한 물물 교환 게임인 피트의 거래 체계에 새로운 수준의 복잡성을 추가해 본다. 한 가지 예로 각 상품의 가치를 동적으로 변경하는 개념을 만들 수 있다.

단순 시장

앞서 살펴본 두 예에서는 모두 물물 교환 체계를 사용했으며, 통화를 활용하지 않았다. 다음으로 살펴볼 체계는 모노폴리의 단순 시장 체계다. 모노폴리에서 플레이어는 게임에서 가장 큰 부자가 되기 위해 부동산을 구입, 판매, 임대 및 개발한다.

게임 내의 부동산 시장은 한정돼 있으며, 전체 시장에 철도와 공공시설을 포함해 28개의 자산이 있다. 플레이어가 해당 보드의 공간에 도착하기 전까지는 자산을 구입할 수 없지만 구입 가능한 상태라는 면에서는 이미 활성화돼 있다고 할 수 있다.

각 플레이어는 시작할 때 부동산을 구입하고 임대료와 다른 비용을 낼 수 있게 은행에서 1,500달러를 받는다. 이 경제의 성장 속도는 플레이어가 보드

그림 5.9 모노폴리의 돈과 자산

를 한 바퀴 도는 속도에 따라 제어되며, 플레이어가 '출발점'을 지날 때마다 200달러를 받는다. 공식 규칙에 따르면 은행은 절대 파산하지 않으며, 돈이 부족해지면 은행 역할을 하는 플레이어가 다른 종이에 돈을 새로 찍어내게 돼 있다.

거래 기회 측면을 보면 규칙에서는 플레이어 간에 자산 구입과 거래는 언제든지 가능하다고 돼 있지만 '다른 플레이어의 턴 사이에 거래하는 것이 에티켓'[3]이라고 설명하고 있다.

게임 안의 자산 가치는 두 가지 기본적인 방법으로 정해진다. 첫째, 자산의 액면 가격이 있다. 플레이어가 부동산에 도착하면 이 가격에 부동산을 구입할 수 있다. 이 플레이어가 해당 부동산을 구입하지 못하면 경매에 부쳐지고 최고가를 부른 사람에게 판매된다. 경매는 액면가에 제한되지 않으며, 처음에 구입하지 못한 플레이어도 경매에는 참가할 수 있다. 구입한 자산은 언제든지 플레이어 간에 합의한 가격으로 거래할 수 있다. 따라서 두 번째이자 좀 더 중요한 자산의 가치는 경쟁하고 있는 플레이어들이 정한 실제 시장 가치다.

✓ 상품의 양 = 고정
✓ 자금 공급 = 제어되는 증가
✓ 가격 = 시장 가치
✓ 거래 기회 = 제한되지 않음

복잡한 시장

복잡한 시장 경제의 대해서는 울티마 온라인과 에버퀘스트의 두 예를 살펴보자. 두 경제는 전반적으로 공통점이 매우 많지만 디자인에서 각기 다른 부분에 중점을 두었기 때문에 각기 다른 특이한 상황이 발생했다. 이러한 두 게임과 다른 온라인 세계의 주요 유사점은 한 플레이어의 단일 게임 세션을 초월하는 지속적인 경제라는 점이다. 이 한 가지 사실만으로도 지금까지 본 다른 예와는 비교할 수 없을 만큼 체계가 복잡해진다. 이러한 게임에서는 경제가 지속된다는 점과 게임이 대안적 세계를 만들어 내려고 노력한다는 면에서 실제 세계의 경제 원리가 게임의 경제 체계에 직접 적용되리라고 생각하는 경우가 많다.

두 게임에서는 플레이어가 캐릭터(또는 아바타)를 만들면 울티마는 약간의 골드를, 에버퀘스트는 약간의 백금과 최소한의 갑옷과 무기를 포함한 적은 양의 자원을 지급한다. 그런 다음 플레이어는 더 많은 자원을 얻기 위해 '노동 시장'에 뛰어든다. 두 게임에서 모두 플레이어는 저레벨 캐릭터를 위한 노동 시장부터 참여해 작은 동물을 죽이거나 다른 사소한 일을 해서 돈을 번다. 플레이어는 노동의 결과물을 체계 대리자(상점의 형태) 또는 흥미를 가진 다른 플레이어에게 판매한다. 노동 시장 외에도 플레이어는 노동을 통해 얻는 것보다 정교한 아이템을 발견, 생산, 구입 또는 판매할 수 있다. 무기, 갑옷, 마법 아이템과 같은 아이템들은 정교한 '상품' 시장의 일부다.

두 게임에서 모두 상품과 노동은 플레이어 대 플레이어, 그리고 플레이어 대 체계라는 두 가지 방법으로 거래된다. 두 게임 모두 게임 디자이너가 제어하는 플레이어 대 체계 거래는 저레벨 캐릭터에 대한 '고용'을 유지하고, 플레이어가 좀 더 희소한 아이템 거래에 관심을 갖도록 장려하는 역할을 한다. 예를 들어, 상점 주인들은 이미 시장에 상품이 많이 있음에도 플레이어가 팔려고 하는 물건을 대부분 구

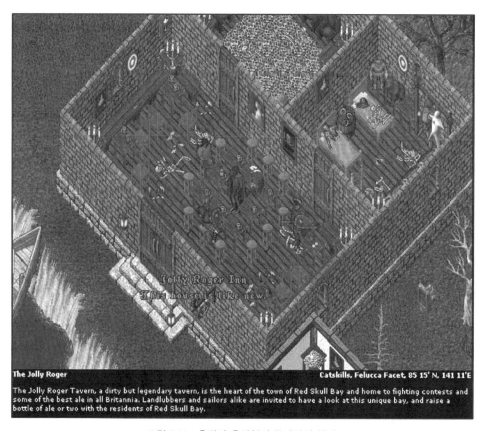

The Jolly Roger　　　　　　　　　　　　　　　Catskills, Felucca Facet, 85 15' N, 141 11'E

The Jolly Roger Tavern, a dirty but legendary tavern, is the heart of the town of Red Skull Bay and home to fighting contests and some of the best ale in all Britannia. Landlubbers and sailors alike are invited to have a look at this unique bay, and raise a bottle of ale or two with the residents of Red Skull Bay.

그림 5.10　울티마 온라인의 플레이어 영지

입해 준다. 결과적으로 초보 플레이어들은 계속 '고용' 상태를 유지할 수 있다. 반면에 상점의 고레벨 아이템을 구매하는 가격은 플레이어 대 플레이어 시장보다 낮으므로 다른 플레이어에게서 더 높은 가격을 받고 팔도록 유도한다.

게임은 이러한 방식으로 현실 세계의 상황을 모방하지만 다른 방식으로는 현실 세계의 예상과 모순된 운영을 보여 준다. 고레벨 플레이어를 위한 시장에서는 희소하고 고유한 아이템의 수요와 공급이 하나의 요소로 적용되지만 초보 플레이어가 시작하는 환경에는 적용되지 않는다.

체계 내 물품의 양은 게임 디자이너에 의해 제어된다. 울티마의 경우, 플레이어가 자원을 '소비'하면 해당 자원 및 다른 재료가 새로운 몬스터와 함께 '재생성'되는 자체 조율 흐름을 최초로 시도했지만 얼마 지나지 않아 체계로 유입되는 자원의 흐름을 디자이너가 직접 제어하는 방식으로 바꿨다. 여기에는 몇 가지 이유가 있었지만 그중 하나는 게임 아이템을 비축하는 플레이어의 습성 때문에 유통되는 물품이 줄어들었기 때문이다.

두 게임 모두 공식 게임플레이와는 별도의 메타 경제가 발생해서 게임 아이템이 현실 세계 시장에서 판매되고 있다. 이베이와 야후! 옥션에 거래되는 캐릭터는 레벨과 보유 소지품에 따라 수백 달러에 판매되기도 한다. 메타 경제는 이러한 롤플레잉 게임에서 의도한 기능은 아니지만 디자인에 메타 경제의 개념을 활용한 게임도 있다.

- ✓ 상품의 양 = 제어되는 증가
- ✓ 자금 공급 = 제어되는 증가
- ✓ 가격 = 시장 가치(기본값 있음)
- ✓ 거래 기회 = 제한되지 않음

메타 경제

매직: 더 게더링의 경우 게임 자체에는 거래나 교환의 요소가 포함돼 있지 않다는 점에서 지금까지 살펴본 다른 게임의 예와는 다소 다르다. 이 게임의 주체계는 플레이어가 맞춤 디자인한 덱을 사용해 서로 겨루는 대결식 게임이다. 플레이어가 별도로 구입하는 이러한 카드는 게임을 둘러싼 메타 경제에서 핵심 자원이다.

매직: 더 게더링은 리차드 가필드가 디자인했으며, 시애틀의 게임 회사인 위자드오브더코스트에서 1993년 출시했다. 당시 리차드 가필드는 위트만 대학에서 수학 교수로 지냈으며 피트 다임으로 게임을 디자인했다. 위자드오브더코스트에서는 한 시간 이내에 즐길 수 있는 빠르고 재미있는 카드 게임을 디자인해달라고 요구했지만 리차드 가필드는 플레이어가 자신의 팀을 구성하는 스트라토매틱 베이스볼 (StratO-Matic Baseball) 식의 특성을 결합한 트레이딩 카드 또는 구슬치기와 비슷한 수집 게임을 구상했다. 그 결과, 게임의 마약으로 비유되는 중독성이 매우 높은 수집 카드 게임이 만들어졌다.

이미 언급한 것처럼 리차드 가필드는 판타지 테마의 2인용 대결식 게임을 만들었다. 각 플레이어는 다양한 스펠, 생물 및 대지로 구성된 카드 덱을 가진

다. 대지는 스펠을 강화하는 마나를 제공하며, 이러한 스펠은 상대편을 공격하는 생물을 소환한다. 이것만으로는 상당히 단순해 보이지만 기본 게임 덱에는 체계의 모든 카드가 포함돼 있지 않다. 실제로는 사용 가능한 카드의 극히 일부만이 포함돼 있을 뿐이다. 플레이어는 개정판이 새로 발매될 때마다 부스터 셋을 구입해 자신의 덱을 업그레이드한다. 또한 플레이어들은 서로 적극적으로 카드를 거래하는데, 매직: 더 게더링 카드와 다른 비슷한 트레이딩 게임 카드의 시장은 전 세계적이며, 인터넷을 통해 더욱 활성화됐다.

이 경제의 전체적인 형태는 카드 발매 매수를 결정할 수 있는 게임의 퍼블리셔에서 제어한다. 아주 귀한 카드가 있는 반면, 일부 카드는 흔치 않고, 어떤 카드는 너무 많아서 가치가 낮다. 그러나 카드가 발매된 이후, 이러한 카드가 거래되는 장소와 방법에 대해서는 퍼블리셔도 제어할 수 없으며, 카드의 희소성 말고는 이러한 게임 개체에 정해지는 가격에 대해서도 제어할 수 없다.

매직: 더 게더링의 수집이 가능하다는 본질과 게임 개체의 거래에 의해 형성된 메타 경제 외에도 이 메타 경제에는 게임에 영향을 미치는 측면도 있다. 플레이어는 자신의 컬렉션에서 카드를 선택해서 승리할 수 있는 균형을 맞춘 대지의 양과 생물, 스펠의 종류를 맞춘 덱을 구성한다.

이렇게 덱을 구성하고 테스트하는 절차는 게임 디자이너가 자신의 체계의 밸런스를 조정할 때 거치는 과정과 비슷한데, 매직: 더 게더링의 디자이너 역시 각 카드나 카드의 조합이 너무 강력해져서 게임의 균형을 해치지 않게끔 많은 시간을 투자했다. 그러나 자원 균형에 대한 최후의 결정은 플레이어의 손

에 달려 있으며 게임을 둘러싼 메타 경제에 많은 영향을 받는다.

매직: 더 게더링 체계의 개방성과 게임 자체, 그리고 상업적인 성공의 영향을 받아 전체 트레이딩 게임 장르가 발생했다. 온라인 세계에 대한 현재의 관심과 마찬가지로 이러한 미래의 게임들이 성공하려면 게임 내 경제와 메타 경제가 어떻게 관리되는지가 중요하다는 사실을 알 수 있다.

✔ 상품의 양 = 제어되는 증가

✔ 자금 공급 = 없음

✔ 가격 = 시장 가치

✔ 거래 기회 = 제한되지 않음

지금까지 살펴본 것처럼 단순 물물 교환부터 복잡한 시장에 이르기까지 다양한 유형의 경제가 있다. 이러한 경제 체계를 게임의 전체 구조와 매끄럽게 연결하는 것이 디자이너의 역할이다.

경제는 반드시 게임 내 플레이어의 목표와 직접적으로 연결돼야 하며, 경제적 유용성과 희소성 면에서 자원의 균형을 맞춰야 한다. 플레이어가 경제 체계에 대해 수행하는 모든 동작은 게임 내에서 발전을 가속하거나 둔화시킨다.

경제는 기본적인 게임을 복잡한 체계로 변모시킬 수 있는 잠재성이 있으며, 디자이너가 창의력을 발휘한다면 플레이어가 서로 상호작용하게 만드는 데 활용할 수 있다. 사회 활동을 게임으로 만들어 주는 기반 경제만큼 커뮤니티 육성에 효과적인 수단은 없다.

새로운 유형의 게임 내 경제를 개발하는 것은 최신의 게임 디자인에서 이제 막 가능성을 모색하기 시작한 분야다. 에버퀘스트와 이보다 최근의 월드 오브 워크래프트의 성공에도 불구하고 이러한 체계의 강력함을 겨우 이해하기 시작했을 뿐이다. 경제 모델과 사회 상호작용의 융합은 앞으로의 게임에 대한 실험에서 가장 유망한 영역이며, 몇 년 이내에 게임에 대한 우리의 개념을 뒤흔드는 새로운 유형의 인터넷 기반 게임들이 선보일 것이다.

발생 체계

게임 체계가 일단 작동하면 복잡하고 예기치 못한 결과가 나타날 수 있다고 이야기했다. 그러나 이를 위해 기반 체계의 디자인이 복잡해야 하는 것은 아니다. 실제로 매우 단순한 규칙 집합의 경우에도 일단 작동하면 예기치 못한 결과를 야기할 수 있다. 자연에는 발생(emergence)이라고 하는 이러한 현상으

그림 5.11 매직: 더 게더링 카드

로 가득 차 있다. 예를 들어, 개미 한 마리는 단순한 규칙에 따라 살아가는 보잘것없는 생물이다. 그러나 각각 단순한 규칙을 따르는 개미들이 모여 군집을 이루면 자발적인 지능이 발생한다. 일개미가 모이면 정교한 엔지니어링, 방어, 식량 저장 등의 일을 할 수 있게 된다. 이와 비슷하게 일부 과학자들은 인간의 의식 역시 발생의 산물일 수 있다고 믿고 있다. 이 경우에는 정신에 있는 수백만 개의 단순한 '대리자'들이 상호작용해서 이성적 사고를 만든다는 것이다. 발생이라는 주제는 이전에는 무의미한 것으로 간주되던 자연적 현상의 연결에 대한 십여 권의 책에서 자세하게 다뤄졌다.

게임 디자이너가 흥미를 느낄 만한 발생에 대한 실험 중 하나로 생명 게임(Game of Life)이 있다(밀턴 브래들리의 보드 게임인 게임 오브 라이프와는 관련이 없음). 이 실험은 1960년대 케임브리지 대학의 수학자 존 콘웨이(John Conway)가 수행했다. 당시 그는 단순한 규칙에 따라 상호작용하는 기본적인 요소가 복잡하고 예측 불가능한 결과를 만들어낸다는 개념에 매료돼 있었다. 그는 체커 보드와 같은 2차원 공간에서 관찰할 수 있게 이 현상의 간단한 예를 만들려고 했다.

존 콘웨이는 이전의 다른 수학자들이 연구한 내용을 바탕으로 보드의 인접한 다른 공간에 따라 보드의 공간을 '켜거나' '끄는' 간단한 규칙을 실험했다. 그는 케임브리지 대학의 그의 부서에서 동료들과 몇 년 동안 이러한 셀 구조에 대한 다양한 규칙 집합을 디자인, 테스트 및 수정했다.

최종적으로 몇 가지 규칙 집합을 만들었다.

✓ **탄생**: 채워지지 않은 셀 주변에 정확하게 세 개의 셀이 채워지면 해당 셀이 다음 세대에 채워진다.

✓ **외로움으로 죽음**: 채워진 셀 주변에 다른 채워진 셀이 두 개 미만이면 해당 셀이 다음 세대에 비워진다.

✓ **인구 과잉으로 죽음**: 채워진 셀 주변에 다른 채워진 셀이 네 개 이상이면 해당 셀이 다음 세대에 비워진다.

존 콘웨이와 그의 동료들은 직접 손으로 체커 보드 위에 바둑알을 사용해 셀을 채우면서 규칙을 적용했다. 이들은 시작하는 조건에 따라 매우 다른 방법으로 결과가 전개된다는 사실을 발견했다. 몇 가지 단순한 조건은 보드 전체를 채우는 멋진 패턴으로 진화했지만 정교한 시작 조건이 결국 흔적도 남기지 않고 사라지는 경우도 있었다. R 펜토미노라고 하는 구성에서는 흥미로운 결과가 발견됐다. 그림 5.12에는 R 펜토미노의 시작 위치와 이후 몇 단계의 세대가 나와 있다.

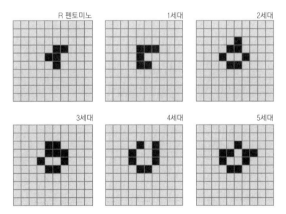

그림 5.12 R 펜토미노와 이후 세대

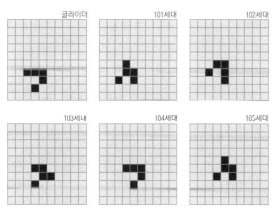

그림 5.13 글라이더 '걷기' 주기

그림 5.14 심즈

존 콘웨이의 동료 중 한 명인 리차드 가이는 이 구성으로 실험을 계속하면서 수백 세대 동안 다양한 모양이 나타나고 사라지는 현상을 관찰했다. 그러던 중 그룹에서 발생한 셀 중 일부가 보드에서 '걷는' 듯한 모습을 보이는 것을 발견했다. 그는 이 모양을 가리키면서 "이것 봐, 이 녀석이 걷고 있어!"[4]라고 말하고 이 그룹에 '글라이더'라는 이름을 붙였다. 글라이더는 일련의 모양을 거치면서 보드에서 걷는 듯한 움직임을 보이는 구성이다. 그림 5.13에는 리차드 가이의 글라이더가 몇 세대 동안 변하는 모습이 나와 있다.

이 체계에는 게임 오브 라이프라는 이름이 붙여졌는데, 단순한 시작에서 생명체와 비슷한 패턴이 발생할 수 있다는 것을 보여 주었기 때문이다. 온라인에서 내려받아서 실험해 볼 수 있는 다양한 에뮬레이터들이 있다. 그중에는 다른 규칙을 사용하며 원하는 시작 조건을 만들 수 있는 것도 있다.

게임 디자이너들이 이러한 유형의 체계에 흥미를 느끼는 이유는 발생 기법을 활용해 더 그럴듯한 예측 불가능한 시나리오를 만들 수 있기 때문이다. 심즈, GTA 3, 헤일로, 블랙 앤 화이트, 피크민, 뭉크의

오디세이, 그리고 메탈기어 솔리드 2 같은 다양한 게임에서 게임 디자인에 발생학적 속성을 실험했다.

최근의 예로 4장에서 설명한 헤일로 시리즈의 인공지능이 있다. 이 게임의 NPC는 세 가지의 단순한 충동에 따라 움직이는데, 바로 (1) 자기 주변을 둘러싼 세계에 대한 인식(청각, 시각 및 촉각), (2) 세계의 상태(목격한 적 및 무기의 위치에 대한 기억), 그리고 (3) 감정(공격을 받으면 두려움이 커짐)이다.[5] 이러한 세 가지 규칙이 캐릭터의 의사결정 체계로서 상호작용한다. 그 결과로 게임 안에서 현실과 유사한 행동 양식을 보여 줄 수 있게 됐다. NPC는 디자이너가 작성한 스크립트에 따라 움직이는 것이 아니라 현재 처한 상황에 따라 직접 결정을 내린다. 예를 들어, 모든 동료가 살해되고 혼자서 압도적인 병력을 상대하게 되면 남아서 싸우기보다는 도망가는 선택을 한다. 다른 게임에서도 다른 방법을 활용해 발생학적 행동을 만든다. 심즈에서는 캐릭터와 환경의 아이템 모두에 간단한 규칙을 추가했다. 심즈의 디자이너 윌라이트는 게임의 집기 아이템에 가치를 적용했다. 캐릭터가 침대나 냉장고 또는 핀볼 기계와 같은 아이템 근처로 이동하면 캐릭터의 규칙과 아이

템의 규칙이 상호작용한다. 만약 캐릭터의 규칙이 캐릭터가 피곤하다고 나타내면 편안함을 제공하는 침대와 같은 아이템이 캐릭터의 관심을 끈다.

지금까지의 예는 모두 간단한 규칙이 체계 안에서 상호작용을 통해 복잡한 행동을 유발할 수 있다는 동일한 기본 개념을 공유한다. 이 개념은 오늘날 게임 분야에서 흥미롭고 빠르게 발전하고 있으며 실험과 혁신의 여지가 많이 남아 있다.

체계와의 상호작용

게임은 플레이어 상호작용을 위해 디자인되며, 게임 체계의 구조는 이러한 상호작용의 본질과 밀접한 관련이 있다. 상호작용을 디자인할 때 고려해야 할 몇 가지 사항은 다음과 같다.

- ✓ 플레이어는 시스템의 상태에 대해 정보를 얼마나 얻을 수 있는가?
- ✓ 플레이어가 제어할 수 있는 시스템의 측면은 무엇인가?
- ✓ 이러한 제어는 어떤 구조를 가지는가?
- ✓ 체계는 플레이어에게 어떤 유형의 피드백을 제공하는가?
- ✓ 이러한 피드백이 게임플레이에는 어떤 영향을 주는가?

정보 구조

플레이어가 게임을 진행하는 방법을 결정하려면 게임 개체의 상태와 다른 개체와의 현재 관계에 대한 정보가 필요하다. 제공되는 정보가 적으면 플레이어가 올바른 결정을 내리기 어렵다. 제공되는 정보의 양은 플레이어가 자신의 진행 방향을 제어하고 있다는 느낌에도 영향을 준다. 정보가 적어지면 체계 안에서 확률이 더 많이 적용되며, 게임의 한 부분으로 잘못된 정보나 기만이 허용될 여지가 많아진다.

게임 체계에서 정보의 중요성을 이해하는 데 도움이 되도록 자신이 좋아하는 게임에서 어떤 유형의 정보가 제공되는지 생각해 보자. 자신이 수행하는 모든 움직임의 영향을 알고 있는가? 다른 플레이어에 대해서는 어떤가? 특정한 시간 동안에만 이용할 수 있는 정보가 있는가?

게임에서 정보가 구성되는 방법은 플레이어가 결정을 내리는 데 큰 영향을 미친다. 체스나 바둑과 같은 고전 전략 게임에서 플레이어는 게임 상태를 완벽하게 볼 수 있다. 이것은 개방 정보 구조의 예다.

개방 구조는 플레이어의 지식을 강조하며 게임 상태를 완벽하게 공개한다. 이러한 구조는 일반적으로 체계 안에서 계산 기반의 전략을 허용한다. 자신의 체계에서 이와 같은 플레이 유형을 권장하려는 경우, 사용자에게 중요한 정보를 제공해야 한다.

반면 추측, 허세 또는 기만에 기반을 두는 플레이 상황을 만들고자 한다면 플레이어에게서 정보를 숨기는 것을 고려할 수 있다. 숨겨진 정보 구조에서 플레이어는 상대편의 게임 상태에 대한 구체적인 데이터를 얻지 못한다. 좋은 예로 모든 카드를 덮고 플레이하는 5카드 스터드 포커의 변형이 있다. 이 게임에서 플레이어가 상대편의 패에 대해서 알 수 있는 정보는 상대편이 받은 카드의 수와 이들이 배팅하는 방법이다. 숨겨진 정보 구조는 계산이 아닌 플레이어가 주고받는 신호와 기만에 기반을 두는 다른 종류의 전략을 유도하며, 완전히 다른 유형의 플레이어에게 어필하게 된다.

전략 게임 중에는 플레이어가 게임의 상태에 대한 완벽한 정보에 접근하도록 허용하는 개방 정보 구조를 띤 것들이 많다. 이러한 게임의 예로는 체스, 체커, 바둑, 만칼라 등이 있나. 이러한 개방 정보 구조의 게임 중 하나를 선택해서 구소를 변형해 숨겨신 성보 묘소를 추가한다. 그러자면 게임에 새로운 개념을 추가해야 할 수 있다. 그런 다음 새 디자인을 테스트한다. 숨겨진 정보를 추가하는 것이 전략의 본질을 어떻게 변화시켰는가? 그 이유는 무엇이라고 생각하는가?

게임 중에는 개방 및 숨겨진 정보 구조를 혼합해서 플레이어에게 상대편의 게임 상태 대한 정보를 일부만 제공하는 것들이 많다. 이러한 혼합 정보 구조의 예로는 배팅하는 동안 플레이어의 카드 중 일부만 펴서 상대편의 패에 대한 부분적인 정보를 제공하는 7카드 스터드 포커의 변형이 있다. 블랙잭 역시 몇 가지 이유로 혼합 정보 구조의 예라고 할 수 있다.

플레이어가 상대편의 상태에 대해 받을 수 있는 정보의 양은 게임을 하는 동안 변하는 경우가 많다. 이것은 상대편과 상호작용해서 정보를 알아내야 하기 때문이거나 게임에 구현된 동적 정보 구조의 개념 때문일 수 있다. 예를 들어, 워크래프트 시리즈와 같은 실시간 전략 게임에서는 '전장의 안개' 개념을 사용해 상대편의 상태에 대한 동적으로 변화하는 정보를 제공한다. 이 게임에서는 자신의 유닛을 상대편의 지역으로 이동하면 해당 지역의 상태를 볼 수 있다. 해당 지역에서 유닛을 퇴각하면 다시 지역을 탐험하기 전까지 마지막으로 본 정보가 정지 상태로 제공된다.

동적으로 변화하는 정보 구조는 지식에 기반을 둔 전략과 술책과 속임수에 기반을 둔 전략 사이에서 지속적으로 변화하는 균형을 제공한다. 이러한 수준 높은 정보 구조는 컴퓨터의 능력을 활용해서 플레이어 간의 복잡한 상호작용을 조율할 수 있는 디지털 게임이 출현한 이후 기능해졌다.

언리얼 토너먼트, 에이지 오브 엠파이어, 잭 II, 매든 2008, 레밍스, 스크래블, 마스터마인드, 그리고 클루에서 제공되는 정보 구조의 유형은 무엇인가? 개방, 숨겨진, 혼합 또는 동적 정보 구조인가? 모르는 게임이 있는 경우 언급하지 않은 게임을 선택해서 대체한다.

컨트롤

게임 체계의 기본적 컨트롤은 게임의 물리적 디자인과 직접 연관돼 있다. 보드 게임이나 카드 게임에서는 게임의 장비를 직접 조작하는 컨트롤을 사용한다. 컴퓨터 게임에서는 키보드, 마우스, 조이스틱 또는 다른 유형의 컨트롤 장치를 사용할 수 있다. 콘솔 게임에서는 일반적으로 전용 컨트롤러를 제공한다. 아케이드 게임은 전용 게임 컨트롤러를 사용하는 경우가 많다. 이러한 각 유형의 컨트롤은 특정한 유형의 입력에 가장 적합하다. 이 때문에 특정 유형의 입력이 필요한 게임이 일부 플랫폼에서만 성공하는 경우가 많다. 예를 들어, 텍스트 입력이 필요한 게임은 콘솔보다는 PC에서 인기가 많다.

게임의 컨트롤은 연필과 종이부터 모형 비행기 조종석까지 다양하고 광범위하다. 예를 들어, 오락실 시뮬레이션 게임에서는 실제 크기의 오토바이와 경주용 차 모양의 실감 나는 컨트롤을 제공하는 경우가 많다. 일부 게임에서는 최대한 현실적이고 반응 속도가 빠른 게임 체계의 컨트롤을 제공하는 것을 목표로 한다. 반면 좀 더 추상적이고 현실감이 떨어지는 컨트롤 체계를 제공하는 게임도 있다.

근본적으로 다른 유형보다 나은 컨트롤 체계라는 것은 없다. 중요한 것은 특정한 컨트롤 체계가 게임의 경험에 적합한지 여부이며, 이를 가려내는 것은 디자이너의 역할이다. 자신이 좋아하는 게임을 생각해 보자. 어떤 유형의 컨트롤을 선호하는가? 3D 슈팅에서 캐릭터를 움직이는 것처럼 게임 요소에 대한 직접적인 컨트롤을 선호하는가? 아니면 심시티와 같은 간접적인 컨트롤을 선호하는가? 워크래프트와 같은 실시간 컨트롤을 선호하는가? 아니면 워로드 II와 같은 턴 방식 컨트롤을 선호하는가? 이러한 결정은 여러분이 디자인하는 게임의 유형과 게임을 구성하는 방식에 중대한 영향을 미친다.

움직임을 직접 컨트롤하는 것은 플레이어가 게임의 상태를 변화시키는 직접적인 방법이며, 아이템 선택과 같이 다른 유형의 입력에 대해서도 직접적으로 컨트롤할 수 있다. 그러나 직접 컨트롤을 제공하

그림 5.15 간접 컨트롤: 롤러코스터 타이쿤

지 않는 게임도 있다. 예를 들어, 롤러코스터 타이쿤과 같은 시뮬레이션 게임에서 플레이어는 놀이공원에 방문한 손님을 직접 컨트롤할 수 없다. 대신 놀이 기구의 가격을 낮추거나, 수용 인원을 늘리거나, 디자인을 개선해서, 특정 놀이 기구를 더 매력적으로 만들어 손님을 유혹할 수 있다. 이러한 간접 컨트롤은 게임의 상태에 영향을 주기 위한 단계 중 한 단계가 제거된 방법이며, 특정한 게임 체계의 경우 흥미로운 유형의 도전을 플레이어에게 제시한다.

디자이너가 플레이어에게 제공할 컨트롤의 유형을 선택하는 것은 게임의 매우 중요한 부분을 결정하는 것이다. 이 결정은 플레이어가 게임에서 느낄 최상위 경험을 형성한다. 게임 전체에서 반복적 절차나 행동으로 수행해야 하는 컨트롤을 '핵심 메커닉'이라고 한다. 이러한 기본적인 행동이 어렵거나, 직관적이지 않거나, 재미가 없으면 플레이어는 게임을 그만 두게 된다.

컨트롤의 수준을 결정하는 것 외에 디자이너는 일부 요소에 대한 컨트롤을 완전히 제한하는 것도 고려해야 한다. 충돌에 대한 디자인을 설명할 때 언급한 것처럼 게임은 플레이어가 해결책에 대한 지름길을 선택할 수 없게 만들어서 도전을 제시해야 한다. 컨트롤을 디자인할 때도 이 개념이 적용된다. 일부 게임에서는 플레이어 컨트롤에 높은 자유도를 부여한다. 예를 들어, 3D 슈팅 게임은 자유로운 실시간 움직임이 가능한 환경을 제공한다. 반면, 플레이어의 컨트롤을 엄격하게 제한하며, 이러한 구조를 통해 도전을 제시하는 게임도 있다. 이러한 게임의 예로는 바둑이나 체스와 같은 턴 방식 게임이 있다.

플레이어에게 허용할 컨트롤과 허용하지 않을 컨트롤을 결정하는 것은 디자인 과정의 핵심이다. 다

양한 수준의 입력이 게임에 미치는 영향은 여러분에게 익숙한 게임에서 플레이어 입력 중 일부를 제거했다고 가정하고 결과를 예상해 보면 쉽게 알 수 있다.

워크래프트 III와 같은 실시간 전략 게임의 예를 생각해 보자. 이 게임에서 플레이어는 금을 캘 유닛과 나무를 벨 유닛의 수를 지정할 수 있다. 이러한 작업에 할당할 수 있는 유닛의 수는 사용 가능한 유닛에 달려 있지만 기본적으로 플레이어가 제어할 수 있다. 여기서 컨트롤의 기회가 제거된다면 어떨까? 사용 가능한 유닛의 50%는 금을 캐고 50%는 나무를 베도록 체계에서 할당한다면 어떤 일이 벌어질까? 플레이어에게서 이러한 컨트롤을 뺏는다면 체계에는 어떤 영향이 있을까? 여러 플레이어의 자원에 균형이 맞게 될까? 게임플레이에서 지루한 부분이 없어질까? 아니면 중요한 자원 관리 측면이 없어질까? 이러한 질문이 체계에서 플레이어에게 제공할 컨트롤의 수준을 결정할 때 디자이너가 고려해야 할 질문이다.

연습 5.8 : 컨트롤

연습 5.6에서 선택한 것과 동일한 게임에서 사용되는 컨트롤 방법이 직접 또는 간접 방식인지, 실시간 또는 턴 방식인지 이야기해 보고, 이러한 방식이 혼합된 사례가 있는지도 이야기해 본다.

피드백

체계와의 상호작용의 다른 측면으로 피드백이 있다. 일반적으로 '피드백'이라고 이야기하면 상호작용 중에 받는 정보를 나타내며 이를 사용한 다른 작업을 의미하지는 않는다. 그러나 체계에서 피드백은 상호작용으로 얻은 출력으로 다른 체계 요소를 변경하는 직접적인 관계를 의미한다. 피드백은 양성 또는 음성일 수 있으며, 체계 안에서 분화와 밸런스에 기여할 수 있다.

그림 5.16은 두 가지 다른 게임 점수 체계의 피드백 루프의 예를 보여 준다. 첫 번째 예에서는 플레이어가 점수를 얻으면 턴을 추가로 얻는다. 이 경우, 점수 획득에 대한 긍정적 영향이 강화되어 해당 플레이어가 더 많은 이득을 본다. 반면 오른쪽의 음성 피드백 루프의 경우, 점수를 얻으면 부정적으로 작용하며, 플레이어가 점수를 얻을 때마다 다른 플레이어에게 턴을 넘겨야 한다. 이 예에서는 한 플레이어가 큰 이득을 보지 못하게 해서 두 플레이어 간에 균형을 맞추는 효과가 있다.

'양성' 및 '음성'이라는 용어에 대한 선입견이 있을 수 있는데, 일부 체계 이론에서는 대신에 '보강 (reinforcing)' 및 '균형 조정(balancing)'이라는 용어를 사용한다. 일반적으로 보강 관계는 한 요소에 대한 변화가 직접적으로 다른 요소에 대해 같은 방향으로 작용한다. 이 관계는 체계를 특정 방향으로 극단적으로 유도할 수 있다. 반면 균형 조정 관계에서는 한 요소에 대한 변화가 다른 요소에 대해 반대 방향으로 작용해 체계가 평형을 이루게 한다.

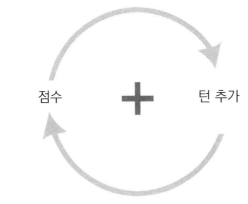 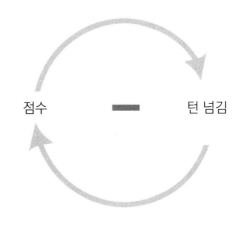

점수 **＋** 턴 추가   점수 **－** 턴 넘김

그림 5.16 양성 및 음성 피드백 루프

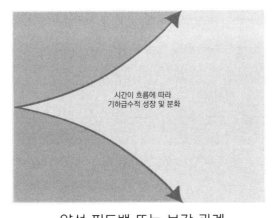 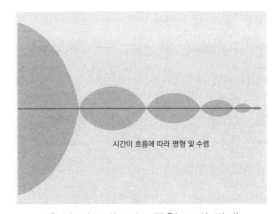

시간이 흐름에 따라 기하급수적 성장 및 분화

시간이 흐름에 따라 평형 및 수렴

양성 피드백 또는 보강 관계   음성 피드백 또는 균형 조정 관계

그림 5.17 시간 흐름에 따른 보강 및 균형 조정 관계

예를 들어, 지오파디 게임에서는 플레이어가 정답을 맞추면 보드에 대한 제어를 유지할 수 있다. 이것은 선두 플레이어에게 다음 문제를 풀 수 있는 이점을 제공해 게임 안에서 선두 플레이어의 이점을 강화하고 이들이 원하는 방향으로 체계를 끌어갈 수 있도록 만들기 위한 것이다. 이것은 보강 관계 또는 루프다. 동일한 유형의 반대 영향을 가진 효과를 지오파디에 적용한다면 플레이어가 오답을 말했을 때 다음 질문에 답할 기회를 주지 않을 수 있다. 실제 게임에는 이런 규칙이 없지만 만약 있다면 오답을 말했을 때의 파장이 커질 것이다.

보강 루프는 결과가 계속 증가하거나 감소하게 만든다. 여러 게임에서는 보강 루프를 사용해 플레이어의 선택에 따라 동일하지 않은 결과로 게임을 이끄는 만족스러운 위험/보상 시나리오를 만든다. 그러나 게임이 너무 쉽게 풀리지 않게 하는 균형 조정 관계도 사용된다.

균형 조정 관계는 반대로 변화의 효과에 대응하는 반작용 역할을 한다. 균형 조정 관계에서 요소를 변경하면 다른 요소가 반대 방향으로 변경된다. 균형 조정 관계의 전통적인 예로, 축구에서 한 팀에서 점수를 얻으면 공을 실점 팀으로 넘기는 것이 있다. 이 규칙은 실점 팀에 이점을 제공하고 균형을 맞추려고 시도한다. 득점 팀에 이점을 제공했다면 보강 관계의 예가 됐을 것이다.

균형 조정 관계 중에는 명확하게 드러나지 않는 것이 있다. 예를 들어, 세틀러 오브 카탄에는 플레이어가 한 번에 보유할 수 있는 자원의 수를 조정하려는 목적의 절차가 있다. 이 게임에서 육면체 주사위 두 개를 굴려서 7이 나올 때마다 자원을 8개 이상 보유한 모든 플레이어가 자원의 절반을 기부해야 한다. 이것은 유리한 플레이어가 너무 강력해져서 게임이 지나치게 빨리 해결되는 것을 방지하는 효과가 있다.

좋은 게임 디자이너는 게임이 진행되는 속도를 평가하고, 보강 루프에 의해 체계에서 성장이나 수축이 발생하는 패턴이 있는지 여부를 이해하며, 균형 조정 인자를 적용할 시기와 방법을 파악해서 게임플레이를 개선할 수 있어야 한다.

윌 라이트와의 대화

셀리아 피어스(Celia Pearce)

윌 라이트는 게임 개발사 맥시스의 공동 설립자다. 그는 게임 디자인에 대한 틀을 벗어난 아이디어로 유명하며 심시티, 심즈 및 다양한 타이틀을 디자인했다. 윌 라이트가 심즈 개발을 시작할 당시 퍼블리셔에서는 아무도 즐기지 않을 게임이라며 프로젝트를 포기하도록 설득하기도 했다. 심즈는 최고의 베스트셀러다. 이 글은 윌 라이트와 게임 디자이너/연구자인 셀리아 피어스와의 대화를 정리한 것이다. 전체 대화 내용은 온라인 저널인 〈게임 연구(Game Studies)〉(http://www.gamestudies.org/0102/pearce/)에서 볼 수 있으며, 이 책에는 허가를 받고 실었다.

게임을 디자인하는 이유

셀리아 피어스: 먼저 게임을 디자인하는 이유부터 이야기하고 싶군요. 인터랙티브 경험이라는 양식이 매력적이었던 이유는 무엇입니까? 그리고 그 공간에서 만들려고 했던 것은 무엇입니까?

윌 라이트: 저는 재료에 상관없이 언제나 만드는 것을 정말 좋아했습니다. 어렸을 때는 모델을 많이 만들었죠. 컴퓨터가 나온 후에는 프로그래밍 언어를 배우기 시작했는데, 무엇을 만들고 단순한 정적 모델이 아닌 동적 모델과 행동을 모델링하는 데 컴퓨터가 훌륭한 도구라는 점을 알게 됐습니다. 제가 게임을 시작한 것은 게임을 한 단계 발전시켜서 무엇인가를 만들 수 있는 도구를 플레이어에게 전달하고 싶어했던 것 같습니다. 그리고 그러한 창조에 대한 약간의 배경 이야기를 제공하는 것이죠. 이것이 무엇이고, 이것이 사는 세계는 어떠하며, 이것의 목적은 무엇인지 말입니다. 그리고 자신이 만드는 것으로 무엇을 하려는지 생각하게 하고, 플레이어에게 디자이너의 역할을 맡기는 것입니다. 그리고 실제 세계가 이러한 디자인에 반응하게 해서, 플레이어가 무엇인가를 디자인하면 컴퓨터 안의 작은 세계가 여기에 반응하게 하는 것입니다. 그리고 디자인을 다시 고려하고, 부수고 새로 만들게 하는 것입니다. 그러니까 제가 인터랙티브 엔터테인먼트에서 노력한 것은 플레이어가 창의성을 발휘할 기회를 제공하는 것이었습니다. 게임 안에서 문제를 해결할 수 있는 매우 넓은 해결의 공간을 만들어 주는 것이죠. 그러니까 게임은 이 문제를 담는 풍경인 것이죠. 대부분의 게임은 좁은 해결의 공간을 가지고 있어서 한 가지 가능한 해결책과 한 가지 해결 방법이 있습니다. 반면에 더 창의적인 게임은 넓은 해결의 공간을 가지고 있어서 다른 사람이 시도하지 않은 방법으로 문제를 해결할 수가 있습니다. 넓은 해결의 공간을 제공하면 플레이어에게 더 강한 공감을 제공할 수 있습니다. 자신만의 독특한 방법으로 문제를 해결할 수 있다는 사실을 알게 되면 더 애착을 갖게 됩니다. 이것이 제가 지향하는 방향인 것 같습니다.

심시티에 영향을 준 게임

셀리아 피어스: 심시티를 처음 개발하기 시작할 당시 게임 업계에 대해 궁금합니다. 그 당시 게임에 관심이 있었습니까? 아니면 다른 게임을 원했습니까? 그 당시 게임 업계에서 영향을 준 게임이 있었습니까? 아니면 완전히 다른 생각을 가지고 있었습니까?

윌 라이트: 많이는 아니지만 영향을 받은 게임은 있었습니다. 빌 버지(Bill Budge)의 핀볼 컨스트럭션 세트라는 아주 오래된 게임이 있었는데, 정말 훌륭했죠. 이 게임은 아이콘 기반이었던 맥 이전의 리사(Lisa) 인터페이스를 애플 II 게임에서 구현했어요. 나중에 맥 인터페이스가 된 기능을 흉내 낸 거예요. 사용하기 편한 인터페이스로 핀볼 세트를 만들어서 직접 플레이할 수가 있었죠. 정말 멋진 게임이라고 생각했습니다.

그리고 초기의 모델링 작품으로 브루스 아트윅(Bruce Artwick)의 최초의 비행 시뮬레이터와 같이 컴퓨터 안에 자신만의 규칙을 담은 작은 세계를 구현한 게임이 있었습니다. 어느 정도 현실에 가까운 세계를 구현했지만 해상도는 매우 낮았죠. 그래도 하늘을 날고 상호작용이 가능한 나름대로 일관성이 있는 세계였습니다.

제가 영향을 받은 게임은 이 정도입니다. 사실 이보다는 책에서 영향을 많이 받았습니다. 시뮬레이션이라는 개념에 흥미를 가지면서 제이 포레스터(Jay Forrester)의 초기 연구와 같은 것부터 시작해서 다양한 책을 읽었습니다. 제가 심시티를 만들었을 당시의 게임은 아케이드 스타일 액션이나 그래픽에 집중한 강렬한 경험을 위한 게임이 많았죠. 긴장을 풀고 즐길 수 있는 복잡한 게임은 없었습니다.

셀리아 피어스: 당시에는 액션 게임이 더 많았다는 거죠?

윌 라이트: 예, 더 복잡한 게임으로는 세밀한 전쟁 게임들이 있었습니다. 저도 어렸을 때 이렇게 두꺼운 규칙 설명서가 있는 보드 게임들을 플레이하고는 했습니다.

셀리아 피어스: 어떤 것이 있었죠?

윌 라이트: 팬저 블리츠가 대단했고, 글로벌 워, 스나이퍼 등이 있었죠.

셀리아 피어스: 육각 격자를 사용한 게임들 말씀이시죠?

윌 라이트: 예, 친구들과 함께 두꺼운 규칙 설명서와 씨름하면서 플레이하곤 했습니다. 아시겠지만 이 게임들은 변호사가 되기 위한 연습으로 아주 그만입니다. 앉아서 플레이하는 시간 대부분은 정교한 규칙을 어떻게 해석할지를 놓고 이야기하면서 보내니까 말입니다. 그러면서 결국에는 규칙을 조합해서는 "음, 지금은 긴급 상황이니까 거기까지는 갈 수 없어" "간접 사격이니까 세 칸까지 공격받는 거야"라는 식으로 규칙의 세부적인 부분을 가지고 논쟁하게 되죠. 이 게임들을 하면서 느끼는 재미의 절반은 이런 것이었습니다. 자기 부대가 죽으면 안 되는 이유를 찾아내는 것이죠. 저한테는 이런 부분이 익숙했지만 대부분의 다른 사람들은 이런 부분에 관심을 두지 않는다는 사실도 알고 있었죠. 그래도 당시의 전략 게임들은 상

당히 흥미로웠습니다. 가만히 앉아서 생각하게 만드는 게임이 있다는 것은 흥미로운 일이고, 이러한 게임의 모델은 우리 머릿속으로 돌릴 수 없을 만큼 정교한 것이었습니다. 그러니까 다른 방법으로 접근해야 했었죠.

실험적인 플레이 메커니즘

셀리아 피어스: 플레이 메커니즘으로서 실험이라는 개념에 대해 묻고 싶습니다. 디자인하신 게임을 보면 플레이와 실험이 중요한 부분을 차지하는 것으로 보입니다.

윌 라이트: 우리가 만드는 게임들은 시뮬레이션 기반이며, 현실을 아주 정교하게 묘사하는 경우가 많습니다. 플레이어들은 주로 시뮬레이션을 분석해서 체계 안의 문제를 해결하려고 합니다. 심시티에서 교통 문제를 해결하려고 하거나, 심즈에서 누군가와 결혼하려고 하는 등으로 말이죠. 이 모델을 좀 더 정확하게 머릿속에서 시뮬레이션으로 만들어낼수록 더 좋은 전략을 만들어낼 수 있습니다. 우리 디자이너들은 플레이어를 위한 이러한 멘탈 모델을 구성하는 일을 합니다. 컴퓨터는 진행 단계일 뿐이고, 플레이어의 머릿속에서 모델링하기 위한 중간 모델이라는 것입니다. 플레이어가 이러한 모델을 이해하려면 일정한 단계가 필요합니다. 수천 가지 변수가 있는 정교한 체계를 플레이어가 한 번에 이해할 수는 없기 때문에 일반적으로 우리는 항상 더 쉽게 접근할 수 있는 간단한 은유와 바로 플레이할 수 있는 단순한 멘탈 모델, 그리고 최소한 기본 사항을 이해할 수 있는 방식을 찾기 위해 노력합니다. 잘못된 모델일 수도 있지만 적어도 플레이어가 학습 과정을 시작할 수 있습니다. 그러니까 우리 게임들에는 시뮬레이션에 접근하는 것을 돕는 명백한 은유가 있습니다.

셀리아 피어스: 예를 들면요?

윌 라이트: 심시티를 예로 들면 이 게임을 기차 세트로 생각하는 경우가 많았습니다. 박스를 보고는 "오, 기차 세트를 게임으로 만들었군"하고 생각하는 것이죠. 심즈의 경우에는 "이건 인형 집을 게임으로 만들었구나"하고 생각합니다. 일단 게임을 하기 시작하면 점차 의도했던 역학을 이해하게 되지만 명확하게 드러나지 않는 근본적인 은유도 많습니다. 가령 심시티의 경우 이 게임에 대해 깊게 생각해 보면 이 게임이 정원 가꾸기와 더 비슷하다는 것을 알 수 있습니다. 정원을 나누고 거름을 주면 꽃들이 자라는 것을 보면서 놀라게 되죠. 그리고 가끔씩 잡초를 없애고 다듬으면서 이 정원을 넓히면 어떨까 하는 생각을 합니다. 그러니까 심시티를 플레이하는 실제 과정은 정원 가꾸기와 정말 비슷합니다. 두 경우 모두 시뮬레이션의 멘탈 모델이 끊임없이 발전합니다. 그리고 다른 사람이 디자인한 도시를 보면 이 모델에 대한 그 사람의 현재 이해를 담은 스냅샷이라고 볼 수 있습니다. 게임에서 한 일들을 보면 "여기에 고속도로를 지은 것을 보니 생각을 알겠군"이라는 식으로 알 수 있다는 것이죠. 그러니까 게임에 대한 그 사람의 멘탈 모델을 알 수 있게 해 줍니다.

셀리아 피어스: 심즈에서도 정원 가꾸기 예처럼 겉으로 드러나지 않는 근본적인 은유가 있습니까?

윌 라이트: 게임을 어떻게 플레이하는가에 따라 다릅니다. 이 게임을 접시 돌리기처럼 묘기와 비슷하게 플레이하는 사람들이 많습니다. 심즈에서는 하루 안에 원하는 일을 모두 하기에는 시간이 부족한데, 처음에는 서두르기도 하지만 점차 시간에 맞출 수 있는 결정을 하게 됩니다. 그러니까 중간에 실수라도 하게되면 모든 것이 무너져 내릴 것 같은 느낌으로 게임을 합니다. 그런데 이와는 다르게 플레이하는 사람도 있기 때문에 심즈가 무엇인지 명확하게 말하기는 힘들 것 같습니다. 심즈와 비교하면 심시티는 좀 더 획일적인 플레이 스타일을 제공하는 것 같습니다. 플레이어들이 심즈를 스토리텔링의 도구로 활용하는 것처럼 다른 방향으로 즐기는 경우가 있습니다. 이 경우에는 무대 위의 감독을 은유하는 것입니다. 심즈라는 배우들에게 자신이 원하는 일을 시키려고 하지만 이들도 각자의 생활이 있습니다. 그러니까 플레이어와 심즈 간에 플레이어가 게임을 통해 전하려는 이야기와 심즈들의 욕망이 묘하게 충돌하는 현상이 발생합니다.

셀리아 피어스: 실제 배우처럼 말이죠.

윌 라이트: 예, 맞습니다. 연기를 지도하기 어려운 작은 배우라고 할 수 있습니다.

가장 좋아하는 게임

셀리아 피어스: 가장 좋아하는 게임에 대해 이야기해 주세요. 컴퓨터 게임으로 제한할 필요는 없고 가장 좋아하는 게임은 무엇입니까?

윌 라이트: 가장 좋아하는 게임은 보드 게임인 바둑입니다.

셀리아 피어스: 어느 정도는 예상했습니다.

윌 라이트: 이 정교한 게임에는 사실 단 두 가지 규칙이 있지만 그중 하나는 거의 사용되는 법이 없습니다. 그럼에도 이 놀랍도록 복잡한 게임이 매끄럽게 운영됩니다. 존 콘웨이의 휴대폰 오토마타 게임인 게임 오브 라이프를 보드 게임 버전으로 바꾼 것과 비슷합니다. 사실 이 두 가지 게임은 아주 비슷합니다.

게임의 발생학적 특성

셀리아 피어스: 바둑에 대해 이야기하실 때 현재 환경의 멘탈 모델을 만드는 과정에 향후 원하는 모델의 방향도 고려하는 것이 아닌가, 라는 생각을 했습니다. 그러니까 바둑의 경우 멘탈 모델은 플레이어가 원하는 게임의 방향과 관련이 있지 않습니까?

윌 라이트: 맞습니다.

셀리아 피어스: 게임이 진행되면서 발생학적 속성들이 드러나는데요...

윌 라이트: ... 물론 플레이어가 하려는 것에 대한 모델링이 이러한 모델의 일부입니다. "내 생각에는 플레이어들이 적극적으로 플레이할 것 같아, 그러니까 이 모델에서는 이것을 최적의 전략이라고 알려주는 것이 좋겠어."

셀리아 피어스: 이전에 암시했던 상상력이라는 측면에서 흥미로운데요.

심시티와 심즈에 대한 다른 궁금증을 떠오르게 합니다. 이 두 게임에는 분명 다른 수준의 추상화가 사용되고 있고, 디자인의 관점에서 다른 선택이 있었다는 점은 분명합니다. 그런데 아이디어를 모델로 만드는 측면을 이야기하면 스토리텔링 도구라는 감독의 관점으로 심즈를 사용하는 것에 대해 간단하게 언급하셨는데요, 게임이 진행되는 방향이나 캐릭터가 사용되는 방법에 몇 가지 역학이 적용되는 것 같습니다.

분명히 이러한 면을 염두에 두고 디자인하셨을 텐데요. 게임을 스토리보드 도구로 사용하는 방법을 만드신 겁니까? 아니면 캐릭터가 이러한 종류의 컨트롤을 거부하게 해서 의도적으로 긴장을 조성한 겁니까?

윌 라이트: 실제로 심즈를 플레이하면서 일어나는 변화는 아주 흥미롭습니다. 게임을 하면서 이렇게 이야기하죠. "먼저 직장을 구해야지, 그런 다음 이걸 하고, 다음은 저걸 해야지" 그러다가 캐릭터가 명령을 거부하기 시작하면 "왜 시키는 대로 하지 않지?" 아니면 "지금 뭘 하는 거야?"라고 생각합니다. 그러니까 이 작은 사람을 조종하면서 "이것은 나야, 나는 직장을 구하고 x, y, 그리고 z를 할거야"라고 생각하다가 캐릭터가 거부하기 시작하면 내가 아닌 그가 되는 거죠. 그러면 그에게서 내가 분리되고, 나와 그의 일이 됩니다. 무슨 말인지 아시겠죠?

셀리아 피어스: 네, 그렇습니다. 제가 흥미롭게 느끼는 부분은 캐릭터를 이렇게 반자율적인 존재로 만드셨다는 겁니다. 완전하게 자율적이지도 않고 그렇다고 완전한 아바타도 아닌 중간 정도 성격을 가지는데요. 이러한 특성이 플레이어를 혼란스럽게 하지 않을까요? 아니면 게임을 재미있게 만들까요?

윌 라이트: 물론 게임을 재미있게 만든다고 생각합니다. 사람들은 이 측면을 놀라울 정도로 자연스럽게 받아들입니다. "이제 내가 이 사람이야, 그럼 x, y를 하고 z를 해야지" 그러다가 "이 사람이 지금 왜 이러지?" 이렇게 방금 전까지 나였던 사람이 다른 사람이 됩니다. 이것은 우리가 사물을 모델링할 때 상상력에서 많이 사용하는 방법이라고 생각합니다. 아주 잠깐 동안 다른 사람의 관점에서 생각한다는 것이죠. "어디 보자, 내가 이 사람이라면 x, y를 하고 z를 했겠지"라고 다시 나로 돌아와서 그와 이야기합니다.

모든 것들이 공간과 시간뿐만이 아닌 다른 수준으로 연결돼 있다는 사실을 플레이어들이 이해하기를 기대했습니다. 그리고 이를 위해 간단한 장난감의 세계를 만들고 플레이어에게 전달해야 했습니다. 제가 기대하는 것은 이 장난감을 누군가에게 건넸을 때, 내가 예상한 것과는 다른 방법으로 각자의 멘탈 모델을 만드는 것입니다. 그러나 그것이 무엇이든지 이 장난감에 대한 이들의 멘탈 모델은 확장될 것이고, 그 방법이 예측하지 못한 것이라도 저는 오히려 환영합니다. 저는 플레이어마다 같은 멘탈 모델을 찍어내고 싶지는 않습니다. 저는 이것을 촉매와 비슷한 것으로 생각합니다. 플레이어의 멘탈 모델을 성장시키는 촉매와 같은 도구이며, 성장 방향이 어디가 될지는 알 수 없지만 이러한 변화를 시작하는 것 자체만으로도 가치가 있다고 생각합니다.

셀리아 피어스: 그보다는 규칙의 공간을 설정하고 플레이어의 실험을 바탕으로 결과가 발생하게 하는 데 더 관심이 있지 않습니까?

윌 라이트: 그렇습니다, 제가 정말 원하는 것은 할 수 있는 가장 큰 가능성의 공간을 만드는 것입니다. 모든 사람들이 동일한 방법으로 경험하게 되는 구체적인 가능성을 만들고 싶지는 않습니다. 이보다는 모든 플레이어가 고유한 경험을 할 수 있는 광활한 가능성의 공간이 더 좋습니다.

셀리아 피어스: 예상하지 못한 결과가 나오더라도 이를 즐기는 인터랙티브 디자이너의 역할 모델로 받아들여지고 계시는데요. 예상하지 못한 일이 일어나도 수용하시는 것처럼 보입니다.

윌 라이트: 저는 그것을 성공이라고 생각합니다.

작가 소개

셀리아 피어스는 게임 디자이너, 아티스트, 교수, 그리고 작가다. 그녀는 가상 현실 게임인 버추얼 어드벤처: 네시 호 탐험(Virtual Adventures: The Loch Ness Expedition)을 제작했고 《Interactive Book: A Guide to the Interactive Revolution》(Macmillan, 1997)을 저술했으며, 게임 디자인과 인터랙티브 매체에 대한 다양한 글을 썼다. 현재는 조지아공대 문학대학원에서 조교수로 근무하며, 익스페리멘탈 게임랩(Experimental Game Lab)과 이머전트 게임 그룹(Emergent Game Group)을 이끌고 있다.

게임 체계 튜닝

앞서 언급했듯이, 체계를 완벽하게 이해하는 유일한 방법은 체계를 전체적으로 살펴보는 것이며, 이를 위해서는 체계를 가동해야 한다. 그러자면 게임 디자이너는 체계의 요소를 정의한 후 체계를 플레이테스트 하고 튜닝해야 한다. 디자이너는 먼저 자신이, 그리고 가급적 다른 디자이너와 함께 게임을 하며, 그런 다음 디자인 절차에 참여하지 않은 다른 플레이어와 게임을 한다. 10장과 11장에서 튜닝 과정에 대해 자세히 알아보고 게임 체계에서 발생할 수 있는 구체적인 문제를 확인하겠지만, 디자이너가 게임 체계의 밸런스를 조정할 때 확인할 몇 가지 핵심적인 사항이 있다.

첫째, 디자이너는 체계가 내부적으로 완전한지 확인해야 한다. 즉, 플레이 중에 발생하는 함정을 규칙을 통해 해결해야 한다. 내부적으로 완전하지 않은 체계에서는 플레이어가 충돌을 해결할 수 없거나 의도한 충돌을 우회할 수 있는 상황이 발생한다. 이 경우 게임플레이에 '막다른 골목'이 생기거나 플레이어와 규칙 사이에 충돌이 발생할 수 있다. 플레이어가 특정 상황에 규칙이 적용되는 방법에 대해 이의를 제기하는 경우, 체계가 내부적으로 완전하지 않은 증거일 수 있다.

체계가 내부적으로 완전한 것으로 판단되는 경우, 디자이너는 이어 공정함과 밸런스를 테스트한다. 모든 플레이어에게 게임의 목표를 달성할 수 있는 동일한 기회를 부여하는 경우, 게임이 공정하다고 할 수 있다. 한 플레이어가 다른 플레이어에 비해 유리하며, 이러한 유리함이 체계의 기본 특성이라면 플레이어들은 속은 느낌을 받고 체계에 흥미를 잃게 된다. 또한 339~341쪽에서 설명할 예와 같이 지배적 전략이나 너무 강력한 개체에 의해 게임의 밸런스가 무너질 수 있다. 이러한 경우, 탁월한 전략이나 개체가 있으면 플레이어에게 주어지는 의미 있는 선택의 가짓수가 줄어드는 효과가 있다.

체계가 내부적으로 완벽하고 모든 플레이어에게 공정한 경우, 디자이너는 게임이 재미있고 도전적인지 테스트해야 한다. 이것은 게임 플레이어마다 다른 의미일 수 있기 때문에 달성하기 쉽지 않은 목표다. 게임이 재미있고 도전적인지 테스트할 때는 명확한 플레이어 경험의 목표를 염두에 두고 의도한 대상 사용자 층과 함께 게임을 테스트하는 것이 중요하다. 일반적으로 이러한 대상은 디자이너 자신이나 친구가 아니다.

예를 들어, 디자이너가 어린이용 게임을 테스트하는 경우, 난이도 수준을 제대로 판단하지 못해서 어린이에게 너무 어렵게 만들 수 있다. 대상 플레이어의 필요성과 기술 수준을 파악하고 이들에 맞게 체계의 밸런스를 맞추려면 먼저 대상 플레이어가 누구인지를 명확하게 이해하고 이러한 대상 플레이어를 모집해서 플레이테스트를 진행해야 한다. 9장에서 플레이테스트에 대해 이야기할 때, 이러한 플레이어를 식별하고 디자인 과정에 참여시키는 방법을 알아볼 것이다. 게임의 재미와 도전에 대한 테스트는 플레이어의 경험과 11장에서 다룰 의미 있는 선택을 위한 기회 개선과 관련된 몇 가지 문제를 제기한다.

결론

지금까지 게임 체계의 기본 요소를 살펴보고 상호작용, 변화, 그리고 성장의 다양한 역학을 발생시키는 개체, 속성, 행동 및 관계의 본질에 대해 알아봤다. 이러한 요소에 대한 플레이어 상호작용이 정보의 구조, 컨트롤, 그리고 피드백에 의해 영향을 받을 수 있다는 점을 확인했다.

게임 체계를 디자인하고 튜닝하는 과정에서 어려운 부분 중 하나는 게임플레이에 문제를 유발하는 개체나 관계를 격려하고 다른 새로운 문제를 유발하지 않으면서 이러한 문제를 해결하도록 변경하는 것이다. 모든 요소가 제대로 상호작용하면 훌륭한 게임플레이를 달성할 수 있다. 이러한 요소의 완벽한 조합을 구성해서 조합이 작동할 때 플레이어를 계속 돌아오게 만드는 다양한 게임플레이를 만들어내는 것이 게임 디자이너의 역할이다.

디자이너 관점: 알란 R. 문(Alan R. Moon)

게임 디자이너

알란 R. 문은 배신과 협력(Reibach & Co)(1996), 엘프랜드(1998), 유니온 퍼시픽(1999), 다스 아뮬렛(2001), 캐피톨(2001), 산마르코(2001), 카날 그란데(2002) 및 티켓 투 라이드(2004)를 비롯한 다수의 보드게임과 카드 게임을 제작한 디자이너다.

게임 업계에 진출한 계기

볼티모어에 위치한 아발론힐에 사내 잡지 더 제너럴(The General)의 편집자로 채용된 것이 계기였습니다. 입사 후에는 곧바로 게임 개발을 시작했기 때문에 실제로 편집자 일을 하지는 않았습니다. 사실 편집보다는 게임 제작에 마음이 있었습니다. 개발자로 경험을 쌓고 게임을 디자인하기 시작했습니다. 그리고 4년 후에 아발론힐을 떠나 메사추세츠 베벌리에 위치한 파커 브라더스(Parker Brothers)의 비디오 부서에 디자이너로 들어갔습니다.

가장 좋아하는 게임

✓ **스페이드**: 지금까지 개발된 최고의 파트너십 카드 게임입니다. 언제 봐도 매력적이죠. 아무리 나쁜 패를 가지고 있어도 최대한 집중해서 많은 점수를 얻어야 합니다.

✓ **사냥꾼과 채집꾼(Hans im Glueck의 두 번째 카르카손 게임)**: 자신의 턴이 되면 타일을 그리고 이를 플레이한 다음, 자신의 미플 중 하나를 놓을지 결정해야 합니다. 이것이 전부지만 게임은 끝까지 긴장감이 넘치고 흥미진진합니다. 할 때마다 새롭고 끝까지 게임이 직전까지 자기가 이길 것처럼 보이죠.

✓ **노블리스 오블리제(원래는 F.X. Schmid 및 아발론힐, 현재는 ALEA 및 리오 그란데)**: 이 게임은 진보한 '가위 바위 보'라고 할 수 있습니다. 턴마다 5명의 플레이어가 두 위치 중 하나를 선택해서 두 그룹으로 나누고 각 그룹의 플레이어들이 경쟁을 시작합니다. 이 게임은 궁극적으로 플레이어의 성향과 심리에 대한 게임입니다. 자신의 본래 성향을 거스를 줄 알아야 하고 그렇지 않으면 상대 팀에게 읽히게 되죠. 같은 사람들하고 많이 플레이할수록 더 잘하게 됩니다.

엘프랜드

- ✓ **라이어스 다이스/블러프**(원래는 밀톤 브래들리 및 F.X. 슈미드, 현재는 레이븐버거 및 엔드리스 게임): 달러를 걸고 플레이하는 도박사 게임의 주사위 버전이라고 할 수 있습니다. 주사위는 메커니즘을 제공하는 역할이며 운은 크게 작용하지 않습니다.

- ✓ **크로키놀**(Generic): 제가 액션 게임이나 플리킹 게임을 좋아하게 되리라고는 생각하지 못했는데

티켓 투 라이드

이 게임은 아주 중독성이 높습니다. 보통 사람들도 연습을 하면 더 잘하게 되는데 이 때문에 게임이 보람 있고 재미있습니다.

영향을 받은 게임

어린 시절 우리 가족은 일요일마다 함께 게임을 즐겼습니다. 저는 아직도 하트, 리스크, 그리고 팩트 인 파이브와 같은 게임을 기억합니다. 그중에서도 하트와 브리지는 카드 게임에 대한 애정의 근간이 되었습니다. 제 친구 리차드 보그(Richard Borg)는 카드의 매력을 "5분이나 10분마다 패를 새로 받을 수 있고 지금까지 받았던 그 어떤 패보다 좋은 패를 받을 수 있는 기회가 매번 생긴다"라고 표현했습니다. 리스크는 아발론힐에서 많이 출시했던 정교한 역사 시뮬레이션을 이끌었습니다. 유럽식 게임들은 이러한 복잡한 게임의 전략과 의사결정을 유지하면서 다중 플레이어의 사회적 요소를 추가해서 더 인터랙티브한 게임으로 만들었습니다. 이것이 제가 게임을 하고 디자인하는 힘입니다. 그러나 저에게 가장 많은 영감을 준 게임 하나를 선택하라면 시드 색슨(Sid Sackson)의 어콰이어일 것입니다. 안타깝게도 시드 색슨은 2002년에 세상을 떠났지만 그는 게임 디자이너의 영원한 귀감으로 남을 것입니다. 저의 첫 번째 대형 보드 게임 에어라인(Abacus, 1990)은 어콰이어의 영향을 받아 디자인한 것입니다.

디자이너에게 하고 싶은 조언

최대한 많은 게임을 해 보세요. 이것이 연구이고 게임을 배우는 유일한 방법입니다. 이미 만들어진 게임과 성공한 아이디어, 그리고 실패한 아이디어에 대한 지식 없이 진공 상태로 게임을 디자인할 수는 없습니다. 거의 모든 게임의 아이디어는 다른 게임에서 온 것입니다. 때로는 형편 없는 게임에서 좋은 아이디어를 얻을 수 있고, 좋은 게임을 하면서 새로운 변형을 찾을 수도 있습니다. 계속 플레이하고 끊임없이 디자인하세요. 확신을 가지되 항상 배울 것이 있다는 점을 기억하세요. 다른 것과 마찬가지로 연습을 통해 더 나아질 수

있습니다. 저는 디자이너로 성공하기까지 14년의 힘든 시간을 보냈지만 값진 시간이었습니다.

디자인에 대한 플레이테스트는 최대한 철저하게 하고 핵심 플레이테스터 그룹을 육성하는 방법을 배우세요. 하던 일을 포기하고 다른 곳에 집중해야 하는 때가 전망이 좋지 않더라도 계속 노력해야 하는 때를 구분하는 방법을 배우세요. 게임 디자이너가 된다는 것은 단순히 창의성을 발휘하는 것을 의미하지는 않습니다. 좀 더 조직적이고, 철저하며, 유연해야 합니다. 또한 수완 있는 세일즈맨이 되어야 합니다. 게임을 디자인한 다음에는 누군가에게 팔아야 하기 때문입니다.

디자이너 관점: 프랭크 란츠(Frank Lantz)

크리에이티브 디렉터, 공동 설립자, area/code

프랭크 란츠는 게임 개발 분야에서 지난 20년간 일해왔다. area/code를 시작하기 전에는 온라인 및 다운로드 가능 게임을 개발하는 게임랩에서 게임 디자인 디렉터로 일했다. 또한, 개발사 팝앤코(Pop&co.)에서 게임 디자이너로 일하면서 카툰 네트워크(Cartoon Network), 라이프타임 TV(Lifetime TV), 및 VH1과 같은 게임들을 제작했다. 1988에서 1998년 사이에는 뉴욕에 위치한 디지털 디자인 회사인 R/GA 인터랙티브에서 크리에이티브 디렉터로 일했다.

게임 업계에 진출한 계기

학교에서는 영화와 그림을 공부했고 뉴욕 디지털 디자인 스튜디오인 R/GA에서 몇 년간 컴퓨터 그래픽을 했습니다. 이 회사의 원래 주력 분야는 영화와 TV의 그래픽과 특수 효과였지만 게임을 포함한 인터랙티브 미디어 디자인으로 주력 분야를 바꾸는 데 제가 많은 역할을 했죠. 결국에는 R/GA를 떠나서 게임 디자인을 전문적으로 하게 됐는데, 처음에는 프리랜서 게임 디자이너로 일했고, 그러다가 인디 개발사인 게임랩에 수석 디자이너로 들어갔습니다.

가장 좋아하는 게임 5가지

✓ **바둑**: 단순성과 깊이, 전체적 측면과 지역적 측면, 완전한 흑백이라는 점, 그리고 삶과 죽음이라는 개념이 좋습니다.

- ✓ **포커:** 바둑과 마찬가지로 무술과 정신적 수양으로서 접근할 수 있죠. 물론 제가 이렇게 플레이한다는 것은 아닙니다.
- ✓ **완다와 거상:** 슬프고도 아름다울 뿐 아니라 여러 게임 디자인의 규칙을 어기면서도 여전히 훌륭하게 작동합니다.
- ✓ **펑거스:** 라이언 쿠프먼(Ryan Koopmans)이라는 무명의 천재 게임 디자이너가 만든 맥용 멀티 플레이어 게임입니다. 펑거스는 아마도 제가 게임이 얼마나 깊어질 수 있는가를 이해하기 시작할 만큼 진지하고 오랫동안 플레이한 최초의 게임일 것입니다.
- ✓ **와이프아웃:** 음악과 그래픽이 좋았고 무엇보다 정확한 기술 마스터를 권장하고 보람을 느끼게 한 방법이 훌륭했습니다.
- ✓ **하프라이프:** 제가 숫자에 약합니다. 같은 이유로 크랙다운, 리듬천국, 스타크래프트, 네트핵, 그리고 무사도 블레이드도 가장 좋아하는 게임입니다.

영향을 받은 게임

가장 먼저 생각나는 게임은 매직: 더 게더링입니다. 제가 이 게임에서 받은 영향은 아무리 강조해도 지나치지 않을 정도입니다. 무엇보다 게임의 메커니즘만이 아니라 완전히 새로운 장르를 발명할 수 있다는 것이 놀랍고, 게임을 하는 완전히 새로운 방법과 사회적인 맥락까지 고려한 놀라운 게임입니다. 그리고 이 게임의 풍요로운 조합이 있습니다. 플레이어들은 이러한 가능성의 공간을 탐험하면서 조합의 엔진을 구성해가는 겁니다. 정말 아름다운 체계죠!

그리고 라이너 크니지아의 보드 게임과 근래 나오고 있는 독일산 보드 게임들은 메커니즘의 꾸준한 독창성과 표면과 재실에 대한 관심, 그리고 테마에 대한 가벼운 터치까지 상당히 고무적입니다.

디자인 프로세스

재미있는 게임으로 시작해서 요소를 추가하고 빼는 것입니다.

프로토타입

저는 훌륭한 게임을 만드는 궁극적인 방법으로 프로토타입 > 플레이테스트 > 다시 디자인의 주기를 철저하게 신봉하는 사람입니다. 종종 현실적으로 아이디어의 프로토타입을 제대로 제작할 수 있는 시간과 자원이 충분하지 않은 경우가 있는데 그래도 괜찮습니다. 꾸준히 게임을 만든다면 각 게임을 다음에 더 좋은 게임을 만들기 위한 프로토타입으로 생각할 수 있습니다.

어려운 디자인 문제의 해결

A&E에서 소프라노스(Sopranos)에 대한 게임을 개발한 적이 있습니다. 주 아이디어는 플레이어가 쇼에 등장하는 인물, 장소, 그리고 물체에 대한 조각들이 컬렉션을 선택하면 실제 쇼가 방송될 때 일어난 일들을 바탕으로 각 조각에 대한 점수를 부여한다는 것입니다.

그런데 아주 이상하고 흥미로운 제약들이 있었습니다. 첫째, 이 게임에는 상이 있었고 셈블링 방시법의 적용을 받았기 때문에 확률을 적용할 수 없고, 완전하게 결정론적으로 구현해야 했습니다. 동시에 수십만 명의 플레이어 중 단 한 명의 승자를 가려내야 했고, 동점자를 허용할 수 없었습니다. 그러니까 상위권에 공간을 많이 만들어서 고득점자 플레이어들의 점수를 벌려야 했습니다. 쇼나가 시즌1 새방송이있기 때문에 많은 에피소드들이 DVD로 나와 있는 상황이었습니다. 그러니까 진지한 플레이어라면 모든 에피소드를 완벽하게 봤을 테고, 우리가 사용하려는 점수 체계에 대해서도 알고 있을 것이라고 가정해야 했습니다. 한마디로 숨은 정보가 없었다는 것입니다. 게다가 이 게임은 게이머가 아닌 광범위한 시청자층이 재미를 느낄 수 있도록 이해하기 쉬워야 했습니다.

요약하자면 이 게임은 캐주얼 플레이어에게는 단순하고 명확하면서도 게임에서 일어날 모든 상황을 완벽하게 알고 있고 최적의 해결책을 찾을 충분한 시간이 있는 전문가 플레이어는 '풀기 어려운' 도전을 제공해야 했습니다. 그런데 사실 이러한 문제를 해결하는 것이 게임의 묘미이기에 별로 어려운 문제는 아니었습니다.

저는 그다지 수학에 능통한 사람은 아니었지만 이 게임에 NP 완전(NP-complete)인 게임 체계가 필요하다는 사실을 깨달았습니다. NP-완전은 확장될수록 해결하기가 매우 어려워지는 문제이며, 은행에서 은행계좌를 암호화하는 데 사용하는 방식입니다. 상당히 복잡하게 들리지만 테트리스, 지뢰찾기, 그리고 프리셀 솔리테어를 비롯해 상당히 많은 게임들이 NP-완전 체계입니다.

결국에는 플레이어들이 연결하는 그룹의 조각을 모아서 그룹의 크기에 따라 더 많은 점수를 부여하는 체계를 디자인했습니다. 돌이켜 생각해 보면 당연한 선택이었는데, 퍼즐 게임이라는 면에서는 아주 익숙했지만 거의 무한하게 다양한 정렬이 가능하고 다양한 전략을 사용할 수 있는 체계였습니다.

디자이너에게 하고 싶은 조언

많이, 그리고 깊이 있게 플레이하고 주의를 기울이세요. 단순화하는 연습을 하고, 프로그래머나 아티스트처럼 생각하는 방법을 배우세요. 플레이어를 대변해야 하지만 플레이어를 어린이처럼 생각해서는 안 됩니다. 실패도 경험입니다. 자신이 좋아하는 게임에서 얻은 아이디어를 새로운 것과 결합하는 것도 좋은 생각일 수 있습니다. 자신이 플레이하고 싶지 않은 게임은 만들지 마세요. 그리고 일관성을 가지세요.

참고 자료

* Complexification: Explaining a Paradoxical World Through the Science of Surprise - John Casti, 1995.

* Synthetic Worlds: The Business and Culture of Online Games - Edward Castronova, 2002, 2005.

* Beginning Math Concepts for Game Developers - John Flynt, 2007.

* Emergence: The Connected Lives of Ants, Brains, Cities and Software - Steven Johnson, 2002.

주석

1. Blizzard 웹 사이트, 2003년 8월 자료. http://www.battle.net/war2/basic/combat.shtml

2. Rules of Play: Game Design Fundamentals – Katie Salen, Eric Zimmerman, 2004, 161쪽.

3. Parker Brothers, 모노폴리 디럭스 판 규칙 설명서, 1995.

4. Poundstone, William. Prisoner's Dilemma. New York: Doubleday, 1992.

5. Johnson, Steven. 'Wild Things.' Wired 10.03판.

Game Design Workshop

2부

게임 디자인

지금까지 게임의 기본 요소를 살펴봤으며, 다음은 자신의 게임을 디자인하는 과정을 살펴볼 차례다. 그러나 여러분의 궁극적인 목표가 지금 상점에서 판매되는 것과 같은 복잡한 애니메이션과 정교한 프로그래밍으로 무장한 게임을 만드는 것이라면 이런 과정이 다소 부담스럽게 느껴질 수 있을 것이다. 따라서 이러한 측면을 다루기 전에 궁극적인 목표에서 한걸음 물러서서 단계적 디자인 과정을 처음부터 알아보자.

먼저 게임에 대한 아이디어를 내는 개념화 단계를 소개한다. 이미 게임에 대한 아이디어를 가지고 있다면 이 과정에 중요하지 않게 느껴질 수도 있다. 그러나 지금 아이디어에 대한 지원을 받지 못하는 경우에도 대비해야 한다. 이를 위해 디자인 과정을 통해 손쉽게 아이디어를 내는 '아이디어맨'이 되는 훈련 방법을 소개한다.

게임에 대한 아이디어를 얻은 다음에는 이를 실행해야 한다. 많은 디자이너들이 이 단계에서 디자인 문서 작성 단계로 서둘러 넘어가려고 하는 실수를 하지만, 아이디어의 프로토타입을 제작하고 초기 과정부터 플레이테스터를 참여시키는 방법을 설명할 것이다. 1장 19쪽에서 간단하게 소개했던 플레이

중심 디자인 프로세스를 7장(프로토타입 제작), 8장(디지털 프로토타입 제작), 그리고 9장(플레이테스트)에서 자세하게 다룬다. 초기에 프로토타입을 제작하고 플레이테스트 함으로써 자신의 체계에서 제대로 작동하는 개념과 그렇지 않은 개념을 구분할 수 있다. 플레이어가 여러분의 아이디어와 상호작용하는 것을 확인한 후에야 비로소 세부적인 디자인 문서 작성을 고려해 볼 수 있는 단계가 된다.

어떤 부분을 테스트해야 할까? 10장과 11장에서는 게임이 완벽하고, 공정하며, 의미 있는 선택을 제공하는지, 그리고 재미있고 이용하기 쉬운지 확인하는 전략을 살펴보겠다.

여기서는 디자인 과정에 대한 정확한 그림을 전달하는 데 목표를 둔다. 이 장의 연습을 충실히 따라 한다면 자신이 디자인한 게임의 프로토타입을 하나 이상 완성할 수 있을 것이다. 이 과정을 진행하면서 개념화, 제작 및 검사 작업의 중요한 방법을 스스로 깨우치자. 이 과정을 마치면 게임을 디자인 및 플레이테스트 하고 게임의 형식적, 극적 및 동적 측면에 대한 지식을 활용해 게임플레이를 완성하는 방법을 이해할 수 있을 것이다.

6장

개념화

아이디어를 내는 것은 쉽지 않은 일이며, 훌륭한 아이디어를 내는 것은 더더욱 어려운 일이다. 그러나 아이디어를 내는 것은 창의적 과정의 시작일 뿐이다. 아이디어를 가공하고, 살을 붙이며, 생명을 부여하는 과정은 독창적인 개념을 개선하고 발전시키기 위한 단계적이고 반복적인 프로세스다. 이 과정은 다른 영감의 출처부터 다양한 결과까지 게임 디자이너마다, 그리고 작업하는 게임마다 다르다.

개인마다 다른 개념화 과정을 대신 선택해 줄 수는 없지만 여러분과 여러분의 팀에 맞는 방법을 알아내는 데 도움이 되도록 개념화 과정에 대한 몇 가지 통찰력과 최상의 방법을 제시할 수는 있다. 여기서 제시하는 다양한 방법을 시도해 보는 데서 그치지 말고 자신만의 방법을 고안하고 프로젝트마다 다른 방법을 활용해 보자. 다수의 게임을 디자인한 라이너 크니지아는 다음과 같이 이야기했다. "저에게는 정해진 디자인 과정이 없습니다. 출발점이 동일하면 동일한 결말에 이르는 경우가 많다고 믿고 있습니다. 새로운 작업 방법이 혁신적인 디자인으로 이어지는 경우가 많습니다."[1]

아이디어 내기

아이디어에 대해 가장 먼저 이해해야 하는 사실은 종종 그렇게 보이는 경우가 있지만 아이디어가 그냥 떠오르는 것은 아니라는 것이다. 훌륭한 아이디어는 훌륭한 입력과 감각으로부터 나온다. 호기심, 흥미로운 사람들과 장소, 생각 그리고 이벤트로 가득 찬 완전한 삶을 사는 것이 아이디어로 가득 찬 사람이 되기 위한 방법의 시작이다. 1장에서 윌 라이트와

시게루 미야모토와 같은 디자이너들이 개미집이나 여행과 같은 개인적 흥미와 취미에서 영향을 받았다는 이야기를 했다. 여유 시간의 대부분을 게임을 하면서 보내기보다는 책이나 신문 읽기, 영화나 음악 감상, 사진 찍기, 운동, 스케치 그리기, 지역 사회 봉사 활동, 연극 감상, 새로운 언어 배우기와 같이 열정과 호기심에 따라 다양한 활동에 참여해 보자. 잠

재적인 아이디어로 정신을 채우려면 게임 외에 다른 것에 대한 흥미를 사용해 보자.

4장에서 흐름에 대한 연구를 설명하면서 소개한 심리학자 미하이 칙센트미하이는 창의적인 사람들과 이들이 일하는 방법을 이해하기 위해 창의성에 대한 연구도 했다. 그의 책에서는 창의성의 전형적인 단계를 다음과 같이 설명한다.

✓ **준비기**: 준비기는 관심 주제 또는 영역, 문제가 되는 사항에 집중하기 시작하는 시기다.

✓ **배양기**: 배양기는 아이디어가 의식의 임계점 아래에서 점차 떠오르는 기간이다.

✓ **통찰력**: 통찰력은 퍼즐 조각이나 아이디어를 깨닫는 순간을 의미한다.

✓ **평가기**: 평가기는 통찰력이 더 모색할 가치가 있는지, 독창적인지 여부를 결정하는 기간이다.

✓ **완성기**: 완성기는 창의적 절차에서 가장 긴 부분이며, 가장 많은 시간이 걸리고 가장 어려운 기간이다. 천재는 1%의 영감과 99%의 땀으로 이뤄진다고 했던 에디슨의 이야기와 같은 의미다.[2]

미하이 칙센트미하이는 창의성이 한 단계에서 다음 단계로 규칙적으로 진행되지는 않는다고 경고하면서 다음과 같이 이야기했다. "창의적 과정은 선형적이기보다 반복적이다. 다루는 문제의 깊이와 범위에 따라 거쳐야 하는 반복 횟수, 포함되는 루프 횟수, 필요한 통찰력의 수가 다르다. 배양기는 몇 년이 걸릴 수도 있지만 몇 시간에 끝나기도 한다. 창의적 아이디어는 하나의 심오한 통찰력과 무수한 작은 통찰력이 합쳐진 결과일 때가 많다."[3]

게임 이외의 활동에 참여하고 흥미를 가지라고 이야기한 것의 실제 의미는 항상 창의성의 준비기와

배양기 상태를 유지하라는 것이다. 깨달음의 순간이 언제 찾아올지는 아무도 모른다. 가만히 앉아 아이디어를 생각할 때일 수도 있지만, 샤워를 하는 중이거나 고속도로를 운전하고 있을 때일 수도 있다. 처음 영감의 단계가 지나고 아이디어가 머릿속에서 사라지기 전에 적어 놓을 수 있도록 노트나 스마트폰을 항상 가지고 다니는 습관을 들이자.

창의성의 다른 단계인 평가기와 완성기 역시 초기 통찰력과 마찬가지로 중요하다. 게임에 대한 아이디어를 낸다는 것은 "중국어를 배우는 방법에 대한 게임을 만들겠어!"와 같은 식으로 단순한 것이 아니다. 3장에서 설명한 것처럼 게임은 형식적 체계이며 게임에 대한 아이디어에는 일반적으로 이러한 체계의 측면이 포함된다. 중국어를 공부하는 과정에서 상징 문자를 사용해 게임 체계의 숨겨진 개념을 나타내는 흥미로운 통찰력을 얻었을 수 있다. 그러나 실제 게임은 중국어와는 전혀 관련이 없을 수 있다. 아이디어를 다듬고 고유한 요소를 완성하다 보면 아이디어가 처음 시작된 계기가 언어 배우기라고 하더라도 플레이어의 최종 경험에는 언어에 대한 개념이 전혀 드러나지 않을 수 있다. 게임 디자이너처럼 생각하는 훈련을 하고 일상생활의 표면 아래를 보며, 기본적 체계의 핵심에 흥미를 갖기 시작하면 이러한 구조에 게임 체계를 위한 아이디어가 풍부하다는 사실을 발견하게 된다.

연습 6.1 : 표면 아래 보기

최근에 읽은 책이나 신문 기사의 주제에 대한 체계적 측면을 생각해 보자. 이러한 주제에서 배울 수 있는 목표, 규칙, 절차, 자원, 충돌 또는 기술이 있는지 생각해보고, 주제나 활동에 대한 체계적 요소의 목록을 작성한다. 한 주에 몇 번씩 다른 활동이나 취미에 대해 이러한 과정을 반복한다.

기존 게임과 활동을 분석하면서 아이디어를 얻을 수도 있다. 1장 연습 1.4에서 게임 일지를 시작할 것을 권장하면서 게임에 대한 비판적 분석 능력에 대한 이야기한 바 있다. 일정 기간 동안 게임 일지를 작성하다 보면 게임에 대해 비판적으로 논의할 수 있는 능력이 향상되는 것을 느끼게 될 것이다. 또한 자연스럽게 기존 게임 체계의 비평에 대한 개념도 생긴다. 중요한 것은 일지를 사용해 플레이하는 게임의 기능이나 '멋진 특성'을 기록하는 데서 그치지 말고 게임을 세부적으로 분석해야 한다는 것이다. 게임 잡지의 기사는 게임의 새로운 피상적 기능에만 집중하는 경우가 많은데, 이러한 스타일에 익숙해지지 말자. 플레이하고 있는 게임의 형식적, 극적 및 동적 요소를 주의 깊게 살펴보자. 또한 게임플레이에 대한 자신의 감성적 반응에도 주의를 기울여야 한다. 좌절감, 흥분, 확신, 의구심, 자신감, 긴장, 호기심과 같은 감정의 변화를 기록하자. 나중에는 이러한 감정을 기억하기 힘들 수 있으며 언젠가 영감을 찾을 때는 특정 게임에서 처음 받은 영향을 기록하는 것이 큰 도움이 될 수 있다.

게임 일지에 게임에 대한 분석을 기록하는 방법 외에 비평 기술을 향상시키는 다른 방법으로 게임 디자인을 공부하는 친구나 다른 사람들에게 게임에 대한 자신의 분석을 보여 주고 함께 토론하는 것이 있다. USC 영화 예술 학교의 게임 혁신 실습실에서는 정기적으로 한두 명의 학생이 선택한 게임의 분석에 대한 정식 프레젠테이션을 준비하는 '게임 비평 모임'을 가진다. 이 분석에서는 게임을 형식적, 극적 및 동적 요소로 분리하고 이러한 분석과 이를 보강하는 몇 가지 세부적인 게임 섹션의 설명을 토대로 업계 전문가와 게임에 대한 토론하는 기회를 마련한다. 이러한 유형의 공개 토론과 분석은 비판적 분석 능력을 기르는 데는 물론이고 토론을 통해 새로운 아이디어를 얻는 데도 유용하다.

연습 6.2 : 게임 비평

자신이 게임 일지에서 분석한 게임 중 하나를 선택해 '게임 비평' 프레젠테이션을 만들어 보자. 게임의 형식적, 극적 및 동적 요소를 분석한다. 가능하다면 분석을 바탕으로 파워포인트 프레젠테이션을 만들고 적절한 대상 앞에서 프레젠테이션을 시연해 보자. 프레젠테이션 시연 후 아이디어에 대해 토론한다.

비디오 게임 디자인을 위한 훌륭한 이해와 영감의 원천으로 독특하고 흥미로운 보드 게임을 꼽을 수 있으며, 취미 상점이나 www.funagain.com 또는 www.boardgames.com과 같은 온라인 사이트에서 이러한 게임을 찾을 수 있다. 다음과 같은 훌륭한 게임이 있다.

✓ 세틀러 오브 카탄(Selers of Catan): 클라우스 타우버(Klaus Teuber)

✓ 카르카손(Carcassonne): 클라우스-위르겐 리드(Klaus-Jurgen Wrede)

✓ 스코틀랜드 야드(Scotland Yard): 레이븐스버거(Ravensburger)

✓ 엘 그란데(El Grande): 볼프강 크레이머, 리차드 울리히(Wolfgang Kramer, Richard Ulrich)

✓ 모던 아트(Modern Art): 라이너 크니지아(Reiner Knizia)

✓ 일루미나티(Illuminati): 스티브 잭슨(Steve Jackson)

✓ 푸에르토리코(Puerto Rico): 안드레아스 세이파스(Andreas Seyfarth)

✓ 어콰이어(Acquire): 시드 색슨(Sid Sackson)

✓ 코스믹 인카운터(Cosmic Encounter): 빌 에벨(Bill Eberle), 잭 키트레지(Jack Kittredge), 빌 노턴(Bill Norton)

✓ 아임 더 보스(I'm the Boss): 시드 색슨(Sid Sackson)

여기에 소개한 게임은 극히 일부일 뿐이며 이 밖에도 많은 게임이 있다. 게임 디자이너를 지망하는 사람들에게 이러한 게임을 플레이하고 분석하도록 권장하는 이유 중 하나는 이러한 게임이 매우 혁신적이고 복잡한 메커니즘을 가지고 있기 때문이다. 또한 보드 게임의 본질상 이러한 메커니즘은 디지털 게임처럼 코드에 숨겨져 있지 않다. 표면에 노출돼 있어 쉽게 볼 수 있으며 비평과 분석이 가능하다.

연습 6.3 : 보드 게임 분석

위에 나열된 게임 중 하나를 선택해 친구들과 플레이해 본다. 게임의 형식적, 극적 및 동적 요소에 대한 분석을 자신의 게임 일지에 기록한다. 다음은 해당 게임을 해 보지 않은 플레이어 그룹을 찾아서 이 게임을 하게 하고 플레이 과정을 관찰해서 기록한다. 이들이 규칙을 배우는 과정을 도와주지 말자. 이들의 학습 과정 단계는 물론 게임에 대한 이들의 느낌도 분석에 기록한다.

브레인스토밍 기술

지금까지는 우리를 통찰력의 순간으로 이끌 수 있는 흥미로운 생각으로 우리의 생활과 정신을 채우기 위한 시속적인 연습에 대해 이야기했다. 그러나 때로 특정한 문제를 해결하거나 당면한 아이디어를 내야 할 때가 있다. 창의적 전문가와 일할 때는 이러한 영감의 순간이 오기를 기다릴 시간이 없는 경우가 많고 아이디어 생성을 위한 좀 더 형식화된 체계가 필요하다. 이를 '브레인스토밍'이라고 한다.

브레인스토밍은 강력한 기술이다. 그리고 다른 기술과 마찬가지로 익숙해지려면 연습이 필요하다. 브레인스토밍 초보자와 전문가 사이에는 평범한 골퍼와 타이거 우즈 정도의 실력 차이가 있다. 브레인스토밍 전문가는 동료 팀원의 아이디어를 바탕으로 사용 가능한 아이디어와 문제에 대한 해결책을 이끌어낼 수 있는 훈련을 받은 사람들이다. 물론 혼자서 브레인스토밍을 하는 것도 가능하지만 궁극적으로 게임 개발은 공동 작업 예술이므로 훌륭한 팀 브레인스토밍 기술도 개발하는 것이 바람직하다. 다른 사람과 함께 흥미롭고 혁신적인 아이디어를 생각해내는 일은 고무적일뿐더러 매우 생산적이다. 또한 업무의 필수 도구인 경우가 많으며, 모든 팀원들에게 디자인 과정에 대한 주인 의식을 심어 주는 좋은 방법이기도 하다.

디즈니 사에서 브레인스토밍은 문화의 한 부분으로 이 회사의 기획자들은 브레인스토밍 전문가다. 이들이 개발하는 기술 중 하나는 올바른 질문을 하는 것이다. 연구 개발부 이사 브루스 본(Bruce Vaughn)은 다음과 같이 이야기한다. "동료에게 도움을 구하려는 것이든, 아니면 스스로 문제를 해결하려는 것이든 상관없이 먼저 문제가 무엇인지 명확하게 정의할 수 있어야 합니다. 문제를 명확하게 정의하려면 지금 고려하고 있는 가능한 해결책을 모두 잊고 다시 문제의 핵심을 생각해야 합니다. 자신의 앞에 놓인 문제의 본질이 무엇인지 이해해야 한다는 것입니다"[4] 문제를 명확하게 정의하는 것은 혼자 일하는 것이든 아니면 팀으로 일하는 것이든 관계없이 자신의 창의력 흐름을 개선하는 단 하나의 브레인스토밍 규칙이다. 다음은 디자인 자문 회사인 IDEO의 기획자들과 다른 창의적인 전문가들이 활용하는 최상의 방법을 정리한 목록이다.

최상의 브레인스토밍 방법

1. 과제를 명시하라

브레인스토밍을 시작할 때는 세션의 과제를 명확하게 정의해야 한다. 다음은 몇 가지 예다.

- ✓ 플레이어들이 강한 연합을 맺고 또 서로 배신하는 게임을 디자인한다.
- ✓ 부모들이 특별한 역할을 맡아 자녀들과 함께 플레이하는 게임을 디자인한다.
- ✓ 버튼 하나만 가지고 컨트롤하는 흥미로운 게임을 만든다.

서로 완전히 다른 종류의 과제임을 알 수 있다. 첫 번째는 우리가 1장에서 플레이어 경험의 목표로 설명했던 내용이다. 이 경우, 특정한 유형의 게임플레이 잠재성을 만드는 것이 과제다. 두 번째 과제도 대상에 초점을 맞추고 있지만 특정 플레이어 경험을 다루고 있지는 않다. 세 번째 과제는 완전히 기술과 관련된 것이다. 이러한 과제로 브레인스토밍 세션을 주도할 수 있지만 앞의 두 가지 과제는 플레이어 경험의 목표를 지정하기 위해 궁극적으로 개선이 필요하다.

2. 비판하지 말라

혼자 브레인스토밍을 진행하는 경우, 스스로 아이디어를 삭제하거나 편집하려고 해서는 안 된다. 아이디어의 품질에 대해서는 나중에 걱정하기로 하고 생각나는 모든 아이디어를 기록한다. 팀으로 브레인스토밍 하는 경우, 브레인스토밍 과정 중에는 동료의 아이디어를 비판하거나 무시해서는 안 된다. 이 과정은 다른 사람의 생각에 바탕을 두는 자유로운 사고 과정이며, 아이디어가 완전히 성립하기 전에 비판하거나 편집하려고 하면 이러한 흐름이 끊어지고 만다. 또한 팀원 중 일부가 마음이 상하게 되면 참여 의지가 줄어들고 결과적으로 창의성에 좋지 않은 영향을 준다. 이를 위한 좋은 방법으로 브레인스토밍의 '맞아요, 그리고' 규칙을 활용하는 것이다. 대화에 참여하려고 할 때마다 이야기를 "맞아요, 그리고..."로 시작하는 것이다. 그러면 자신의 아이디어가 자연스럽게 다른 사람의 아이디어에 바탕을 두게 되고, 모든 구성원들이 하나의 신나는 아이디어 창출 과정의 일부가 된다.

3. 방법을 다양화하라

브레인스토밍의 한 가지 방법에만 의존하지 말고 방법을 혼합해서 사용하자. 그룹 리더에게는 맞지만 다른 구성원에게는 적합하지 않은 구조가 있을 수 있다. 180쪽부터 아이디어를 내는 데 사용할 수 있는 구조를 소개했다. 자신이 리더인 경우 편안하게 느껴지지 않는 구조에 대해서는 미리 실험을 해야 한다. 또한 팀원에게 브레인스토밍 세션을 수행하기 위한 대안을 물어보자. 그룹을 이끌 수 있는 기회를

제공할 수도 있다. 통제권을 잃는 상황을 미리 두려워하지 말자. 만약 그렇다면 이미 통제권을 잃은 것이다

4. 흥미로운 환경을 조성하라

때로는 책상에 앉아 컴퓨터 화면을 주시하는 보통의 업무 공간 안에서 긴장을 풀고 창의력을 발휘하기가 어려울 수 있다. 일어나서 회의실이나 특수한 브레인스토밍 전용 공간과 같은 중립적인 영역으로 이동하자. 브레인스토밍 세션에 장난감을 가져가자. 때로는 공을 던지거나 블록을 쌓는 등의 놀이가 생각하는 데 도움이 되기도 한다. 물론 노는 데 너무 집중하면 안 되겠지만 브레인스토밍 공간에서 하는 약간의 놀이는 긴장을 풀고 창의적으로 생각하는 데 예상 밖의 큰 도움을 준다.

5. 벽에 적어라

아이디어를 시각화하는 것이 중요하다. 가장 인기 있는 기법은 큰 종이를 벽에 고정하거나 하이트보드를 이용하는 것이다. 이 방법은 사람들이 의자에서 일어나서 밀하고 생각하도록 도와준다. 화이트보드에 적을 내용으로는 중요한 아이디어, 스케치, 메모가 적합하다. 벽에 아이디어를 적으면 전체 그룹이 이를 보고 받아들일 수 있으며 더 많은 아이디어를 창출하며 공동 작업을 용이하게 한다.

6. 많은 아이디어를 시도하라

가급적 많은 아이디어를 시도하는 것이 좋다. 한 시간 안에 아이디어를 100개 정도 내 보자. 자유롭게 생각하는 것이 중요하며 아이디어가 터무니없지 않

그림 6.1 화이트보드를 사용한 작업

은가 미리 걱정할 필요는 없다. 브레인스토밍 중에 아이디어에 번호를 매기는 것도 좋은 생각이다. 번호를 사용하면 큰 개념을 개발할 때 이전 아이디어를 간단하게 참조할 수 있으며, 긴 생각의 흐름을 놓칠 우려가 없다. 또한 브레인스토밍 세션 중에 많은 아이디어를 냈다는 만족감도 느낄 수 있다. 번호는 결과를 측정하는 역할을 하며 달리기에서 거리를 재는 것과 비슷한 기능을 한다.

7. 너무 오래 하지 마라

브레인스토밍은 에너지를 많이 소비하는 활동이다. 세션이 제대로 진행되면 60분 정도면 자연스럽게 끝이 난다. 이렇게 집중적인 시간을 보낸 다음에는 몸과 마음에 휴식이 필요하다. 무리한 수준까지 몰아붙이지 말자. 나중에 떠오른 아이디어는 다음 시간에 다시 다듬을 기회를 활용하면 된다.

연습 6.4 : 뜬구름 브레인스토밍

이 연습에서는 지금까지 설명한 기법을 사용해 '뜬구름' 프로젝트에 대한 브레인스토밍을 진행한다. 여기서 뜬구름이라는 것은 프로젝트가 실제 프로젝트는 아니지만 실제인 것으로 생각하자는 의미이다. 이 브레인스토밍의 과제는 전형적인 캐릭터를 위한 '리모컨'에 대한 아이디어. 다음과 같은 캐릭터 목록 중에서 선택한다.

- ✓ 방문 세일즈맨
- ✓ 바쁜 엄마
- ✓ 신
- ✓ 슈퍼히어로
- ✓ 정치인

첫째, 캐릭터에 대한 브레인스토밍을 한다. 캐릭터는 무엇을 하는가? 캐릭터의 흥미 유발 요소는 무엇

인가? 캐릭터의 어떤 측면이 제어하는 데 몰입을 제공하는가? 캐릭터는 어떻게 반응하는가? 캐릭터에게 자유 의지가 있는가? 다음은 가상의 리모컨에 대한 브레인스토밍을 한다. 리모컨은 어떤 모양인가? 각 버튼은 어떤 일을 하는가? 이 프로젝트는 '뜬구름' 프로젝트이므로 버튼에 이상한 기능을 넣어도 상관없다. 재미있게 작업을 진행하고 가급적 아이디어를 많이 내 보자.

다른 방법

때로는 브레인스토밍에 약간의 도움이 필요할 수 있으며, 앞에서 제안한 것처럼 과정에 약간의 변형을 시도해 볼 수 있다. 다음 절에서는 실험해 볼 수 있는 몇 가지 창의적인 방법을 간단하게 소개할 것이다. 한 가지 최상의 방법이란 존재하지 않지만 자신에게 맞는 방법을 찾을 수는 있을 것이다. 접근 방법을 달리하면서 모든 방법을 시도해 보자. 생산적인 브레인스토밍의 핵심은 자극과 구조의 올바른 균형을 찾아내는 것이다. 이렇게 할 수 있다면 결과물의 양과 품질을 모두 향상할 수 있을 것이다.

목록 만들기

브레인스토밍의 한 가지 간단한 형태로 목록 만들기가 있다. 특정 주제에 대해 생각 나는 모든 것을 나열한다. 그런 다음 해당 주제에 대한 다양한 사항을 목록으로 만든다. 단순한 목록에서 놀라울 정도로 훌륭한 아이디어가 나올 수 있다. 또한 목록으로 적는 과정이 아이디어를 연결하거나 정리하는 데 도움이 된다.

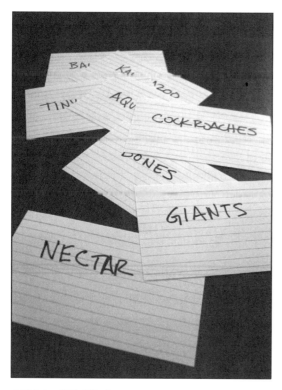

아이디어 카드

인덱스 카드 한 벌을 구해 카드마다 아이디어를 하나씩 적는다. 그런 다음 큰 그릇에 카드를 넣고 섞는다. 이제 카드를 꺼내서 짝을 맞춘다. 예를 들어, '과일'과 '거인'이라는 짝이 만들어졌다면 다음 게임에는 몸에서 달콤한 과일 향기가 나는 '과일 거인'을 등장시킬 수 있을 것이다. 2장, 3장 또는 4장의 카드를 연결할 수 있으며, 카드 수는 문제가 되지 않는다. 그릇에 넣는 아이디어가 독특할수록 더욱 풍부한 조합이 만들어진다.

마인드 맵

마인드 맵은 아이디어를 시각적으로 표현하는 한 가지 방법이다. 우선 중앙에 핵심 아이디어로 시작해 점차 바깥쪽으로 아이디어를 확장한다. 선이나 다른 색의 펜으로 아이디어를 연결할 수 있다. 마인드 맵

그림 6.2 아이디어 카드

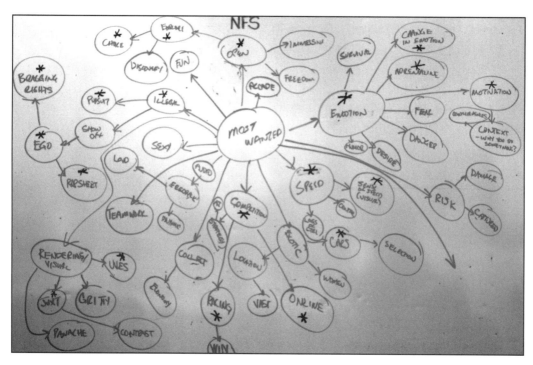

그림 6.3 게임 단어에 대한 마인드 맵

은 선형적이지 않은 방법으로 생각하는 구조를 제공한다. 사실 마인드 맵을 작성하는 소프트웨어 도구도 나와 있지만 팀 작업에서는 화이트보드를 사용하는 것이 가장 효과적이었다. 마인드 맵을 작성하는 한 가지 좋은 방법은 중앙에 게임의 핵심 아이디어를 적고, 이러한 중심 개념 주변에 동사와 동작, 그리고 이러한 동작과 연결된 느낌을 배치하는 것이다. 그림 6.3은 188쪽에 있는 글렌 엔티스의 관련 기사에서 소개할 EA 제작 준비 워크숍에서 15분 동안 작업한 연습의 예다. 이 마인드 맵 연습은 히트 게임 니드 포 스피드: 모스트 원티드를 제작했던 팀에서 수행한 것이다. 글렌 엔티스는 게임 단어들의 마인드 맵을 만드는 것에 대해 다음과 같이 이야기했다. "상당히 기본적으로 보이지만 팀에서 자신들이 만들 게임을 설명할 때 간단한 핵심 용어를 사용하지 않거나 같은 용어를 다른 의미로 사용하는 것을 보게 되면 생각이 달라집니다."

생각의 연속

컴퓨터 앞에 앉거나 펜과 종이를 준비하고 자신의 게임에 대해 떠올리면서 생각나는 내용을 아무것이나 적는다. 이치에 맞지 않는 내용이라도 좋고, 맞춤법은 신경 쓰지 않아도 된다. 다만 최대한 빠른 속도로 쓰자. 어떤 내용이든 상관없다. 10분 동안 특정 주제에 대해 단어를 쏟아낸 후, 자신이 쓴 내용을 읽어 본다. 이 과정 중에는 자신의 생각을 편집하지 않기 때문에 며칠 동안 다듬은 것보다 더 참신한 아이디어가 나올 수도 있다.

녹음하기

위에 소개한 생각의 연속과 비슷하지만 이번에는 글로 적는 것이 아니라 녹음기를 틀어 놓고 생각나는 내용을 그대로 녹음하는 방법이다. 5분 정도 정신없이 녹음하고 녹음기를 들려서 자신의 이야기를 들어 본다. 정신없이 쏟아낸 이야기 중에 건질 만한 덩어리가 있을 수 있다.

잘라내기

신문이나 잡지를 아무 쪽이나 펴고 임의의 단어와 이미지를 오려낸다. 내용은 상관없으며 자신의 시야를 끄는 것이면 아무 것이나 좋다. 조각이 어느 정도

그림 6.4 잘라내기 게임

만들어지면 짝을 맞추거나 배열하는 등의 방법으로 이러한 임의의 모음에서 게임 개념을 만들어 본다. 임의의 웹 페이지 검색이나 사전 또는 전화번호부를 사용해도 된다.

초현실주의 게임

여기서 소개한 기법 중에는 초현실주의와 허무주의 예술가들이 힘들게 충돌과 무의식을 통해 예상치 못한 아이디어를 얻기 위해 사용하는 기법이 많다. 앞에서 소개한 잘라내기와 생각의 연속과 같은 방법부터 단어나 이미지를 사용해 플레이하는 우아한 시체(Exquisite Corpse)와 같은 형식적인 게임에 이르기까지 이러한 여러 유형의 게임을 브레인스토밍 방법으로 활용할 수 있다.

연습 6.5 : 우아한 시체

이 버전은 단어를 사용해 플레이한다. 참가자들은 모두 종이에 관사와 형용사 하나를 적고, 종이를 접어 내용을 가려서 옆 사람에게 전달한다. 다음은 자신이 들고 있는 종이에 명사 하나를 적고, 종이를 접어 내용을 가려서 옆 사람에게 전달한다. 다음은 명사를 적고 과정을 반복하고, 다시 관사와 형용사를 적고 과정을 반복한다. 마지막으로 명사를 적고 과정을 반복한다. 이제 모두가 자신의 종이를 펴서 그 안에 적힌 내용을 큰 소리로 읽는다. 이 게임을 처음 했을 때 나온 내용이 "아름다운 시체가 새 와인을 마실 것이다"라는 것이었고 여기서 이 게임의 이름이 유래했다.

조사

지금까지 소개한 기법은 모두 어느 정도 무작위를 바탕으로 창의성을 이끌어내는 방법이다. 반면 자신이 관심이 있는 주제에 대해 조사하는 방법이 있다. 가령 대왕 오징어에 관심이 있다면 이에 대해 최대한 자세하게 조사하는 것이다. 이것이 어떻게 살고 주변 환경과는 어떻게 상호작용하는지 알아볼 수 있으니 이러한 조사 내용에 게임에서 사용할 수 있는 아이디어나 개념이 있을 수 있다.

또한 조사는 자신의 게임에서 모델링하려는 체계에 대해 물리적으로 경험하고 이해하는 것을 의미한다. 낚시에 대한 게임을 만들고 있다면 당장 낚시 여행을 가 본다. 나비 채집에 대한 게임을 만든다면 직접 나비를 채집하거나 전문가를 만나 이야기를 들어보자. 조사를 한다는 것은 해당 주제에 몰두한다는 뜻이며, 게임 체계를 현실과 동일하게 만들지 않더라도 현실의 체계가 어떻게 작동하는지 이해하면 최적의 게임플레이를 위해 어디에 초점을 맞춰야 하고 무엇을 생략할지를 결정하는 데 도움이 된다.

특정한 대상에 초점을 맞춘 게임을 디자인하는 경우에는 해당하는 대상 플레이어들이 다른 게임을 하는 과정을 조사해야 한다. 이것은 포커스 그룹과는 다르며 시장 조사와 비슷하지만 조금 더 재미있다. 예를 들어, 10대 소녀들을 위한 게임을 만들려고 한다면 지금 이들이 플레이하고 있는 게임을 알아보고, 이들이 기존의 게임을 하고 있는 모습을 관찰해야 한다. 기존에 게임에 부족한 것이 무엇인지, 어떤 것이 추가되기를 바라는지 질문해 보자. 이들의 이야기에서 아이디어로 이어질 수 있는 통찰력을 얻을 수도 있다.

연습 6.6 : 직접 하기

이제 자신의 아이디어를 브레인스토밍할 차례다. 먼저 자신과 함께 게임을 디자인하는 데 관심이 있는 사람들을 모아서 예비 팀을 구성한다. 그룹을 만들 수 없다면 혼자 해도 된다. 연습 6.4의 뜬구름 브레인스토밍에서 했던 것처럼 자신의 게임에 대한 흥미로운 과제를 제시하고 화이트보드나 큰 종이를 준비해서 60분 동안 100개 가량의 아이디어를 내 본다. 너무 많은 것처럼 보일 수도 있지만 집중력을 유지하면 충분히 가능하다.

편집과 개선

브레인스토밍 세션을 성공적으로 마친 뒤에는 무엇을 해야 할까? 이제 많은 아이디어가 있지만 아직 갈길이 멀다. 다음은 이러한 아이디어들을 편집하고 개선할 차례다. 이 단계는 아이디어가 가치가 있고 더 모색할 필요가 있는지 결정하는 '평가' 단계다. 최종 목록의 아이디어를 편집하는 데는 몇 가지 이유가 있으며 다음과 같이 분류할 수 있다.

기술적 실현 가능성

때로는 연습 6.4의 뜬구름 프로젝트에서 캐릭터 리모컨처럼 기술적으로 불가능한 아이디어일 수 있다. 기술적 실현 가능성을 고려하지 않고 브레인스토밍을 할 수는 있지만 실제 구현은 불가능할 수 있다는 것이다. 때로는 기술 수준이 높고 규모가 큰 제작 팀이라면 가능한 아이디어를 자원과 기술 수준이 제한된 팀에 맞게 수정해야 하는 경우도 있다. 그러나 당장 실현할 수 없다고 해서 나쁜 아이디어라는 것은 아니다. 나중을 위해 이러한 아이디어를 잘 보관해두자. 언제 기술이 발전해서 아이디어가 실현 가능하게 될지 모르는 일이다.

시장 기회

때로는 시장에서 특정 아이디어를 상품화하는 것이 불가능할 수 있다. 그러나 이 경우에도 당장 실행하는 것이 권장되지 않는다는 것이지, 아이디어 자체가 나쁘다는 것은 아니다. 시장 동향은 세계적인 사건, 다른 제품의 성공(또는 실패), 전체적인 경제 상황, 기술 주기, 그리고 그 밖의 여러 외부 요인의 영향을 받는다. 다른 사람의 결정을 따라가기 위해서가 아니라 자신의 아이디어에 대한 창의적인 비즈니스 결정을 내리기 위해 시장의 경향을 따르는 것이 바람직하다.

일렉트로닉 아츠 제작 준비 워크숍

글렌 엔티스(Glenn Entis)

글렌 엔티스는 일렉트로닉 아츠의 선임 부사장이자 수석 비주얼 및 기술 관리자이며 EA에서 전 세계 3,000명 이상의 재능 있는 아티스트와 엔지니어들의 커뮤니티를 이끌고 있다. EA에 참여하기 전에는 드림웍스 인터랙티브의 CEO였으며 애니메이션 스튜디오인 퍼시픽 데이터 이미지를 공동 설립하기도 했다.

EA 제작 준비 워크숍은 사전 제작 기술을 개선하고 전 세계 EA 스튜디오에서 통용될 수 있는 제작 준비 관련 용어를 확립하기 위한 목적으로 2004년 출범한 전사적인 프로그램이다.

이 워크숍은 날로 복잡해져 가는 게임과 팀, 그리고 제작 준비 기술의 발전 속도보다 빠르게 성장하는 플랫폼에 대한 우려를 해소하기 위해 만들어졌다. 이전부터 게임 디자인, 핵심 역할 그리고 필수 과정에 불명확성, 제작 준비 과정의 중요성과 초점에 대한 인식, 그리고 제작 과정 후반에 일정 부족으로 발생하는 공황 상태와 같은 경고 신호에 대한 광범위한 공감은 있었다.

팀에 필요한 것이 기존의 교육은 아니라는 것은 알고 있었다. 문제가 무엇인지는 다들 이해하고 있었고, 어떻게 해결해야 할지 이미 알고 있는 경우도 많았다. 그러나 제작 준비 기술을 향상시키기 위해 팀이 노력하는 과정을 보면서, 새로운 기법을 연습하고 이러한 기법의 충분한 성공을 통해 장기적인 제작 준비의 습관을 들일 필요가 있다는 사실을 깨달았다. 연습과 습관은 기존의 자료나 강의로는 얻을 수 없는 것이며, 각 스튜디오의 지역 문화와 관심사를 반영한 실습 세션에 집중적으로 참여해서 체득해야 하는 것이다.

그 결과로 만들어진 것이 전 세계 12개 스튜디오에서 참가해서 2일 일정의 실습 워크숍으로 진행되는 EA 제작 준비 워크숍이었다. 각 팀은 6~10명 정도의 인원으로 주요 분야당(프로듀서, 기술 디렉터, 아트 디렉터, 게임 디자이너, 그 밖의 수석 담당자, 개발 디렉터/프로젝트 관리자) 한 명씩 구성된다. 각 워크숍에는 3~10개 정도의 팀을 초대하는데, 공통적인 문제를 해결하고 장벽을 극복하며 새로운 시도를 위한 긴장 해소를 위해서는 이러한 팀들이 직접 만나는 것이 중요하다.

워크숍을 더욱 효과적으로 운영하기 위해 마련한 몇 가지 기본 원칙이 있다.

실제 일을 하라

- ✓ **현재 진행 중인 게임 가져오기**: 교실에서 배우는 연습이 아닌 실제 문제를 다룬다.
- ✓ **행동으로 배우기**: 프레젠테이션은 보통 최대 15분 정도로 제한되고, 워크숍 기간 대부분은 특정 기법이나 제작 준비 단계에 대한 팀 작업에 할애된다.

✓ **빠른 속도로 진행**: 대부분의 연습은 15~20분 정도로 팀에 속도와 집중을 요구한다. 이러한 집중적인 시간을 통해 많은 심리적 장애물을 걸러낼 수 있다. 15분이라는 짧은 시간 동안 팀으로 어려운 일을 해결하려면 엔지니어가 디자인 아이디어를 내는 것처럼 평소라면 하지 않는 일들에 대한 생각을 할 여유가 없다. 모두가 즉시 달려들어서 한 팀으로 일해야 한다.

✓ **제작 준비 계획 완성하기**: 이틀 동안 각 팀은 화이트보드 위에 포스트-잇 메모로 제작 준비 계획과 일정을 완성하게 된다. 개략적인 계획이지만 포스트-잇은 떼고 붙일 수 있으므로 부담이 없다. 계획이 엉성하다는 것은 구체적인 제작 준비 일정을 만드는 것이 처음인 팀이 많기 때문이다. 좀 더 중요한 것은 각 분야의 책임자가 모여 각 분야의 관점을 드러내고 한 자리에서 충돌과 문제를 식별하고 해결할 수 있는 계획을 처음으로 만들어 보는 팀이 많다는 것이다.

이 관련 기사의 사진들은 워크숍에서 볼 수 있는 몇 가지 기법, 팀, 그리고 공동 작업 과정을 담은 것이다.

메달 오브 아너 – 모래 상자: 메달 오브 아너 프론트라인을 비롯해 최소 두 개의 후속작이 레벨을 테스트하기 위한 저렴하고 빠른 방법인 모래 상자를 사용해 디자인됐다. 모래 상자는 사진으로 보는 것처럼 간단하지만, 이 안에 있는 사람들은 수석 게임 디자이너, 프로듀서, 아트 디렉터, 수석 환경 아티스트 역할을 맡아서 신속하게 아이디어를 만들어내야 하며, 현장에서 다양한 관점으로 문제를 해결해야 한다. 게다가 재미있다.

반지의 제왕 – 종이와 주사위 프로토타입: 종이, 카드 및 주사위 프로토타입은 메타게임과 전체적인 점수 체계를 만들 수 있는 빠르고 경제적인 방법이다. 사진의 프로토타입은 EA 레드우드 쇼어(Redwood Shores)에 소속된 반지의 제왕 팀에서 만든 것이다.

15분 프로토타입 연습을 진행 중인 EA 로스엔젤레스 팀: 제작 준비 워크숍에서 아주 빠르게 결과를 내도록 요구한 상황이다. 한 연습에서 게임의 핵심 요소를 20분 안에 물리적 프로토타입으로 만들게 했다. 게임 팀에서 물리적 프로토타입을 만드는 경우가 많지 않기 때문에 이 연습은 놀라운 결과가 낳는 경우가 많고 자신의 디자인에 대한 새롭고 감각적인 경험을 팀에 제공한다.

열정적인 매트 버치(Matt Birch): 영국 EAUK 워크숍에서 진행된 이 연습에서 각 팀에게 자신의 게임에서 주요 특징 중 하나를 연기해 보도록 요구했다. 사진에서는 당시 번아웃 팀에서 일하고 있던 게임 디자이너 매트 버치가 앞의 검은 의자와 충돌하기 전에 불길에 둘러싸여 질주하는 모습을 연기하고 있다.

EA 레드우드 쇼어 맥시스 제작 준비 워크숍: 각 팀에서 자신의 게임에 대한 제작 준비 과정을 진행 중인 모습. 물리적 프로토타입 제작에 대한 이 연습에서 월 라이트가 스포어에 나오는 생물을 가지고 상호작용을 시연하고 있다.

브레인스토밍 세션을 마친 번아웃 팀: 제작 준비 워크숍의 연습은 각각 15~20분 단위로 진행되지만 이러한 연습은 워크숍을 마친 뒤에도 적용하고 확장할 수 있는 새로운 도구를 연습하기 위한 것이다. 번아웃 팀의 경우 마인드 맵 브레인스토밍이 새로운 도구였으며, 워크숍을 마친 후에도 계속해서 이 방법으로 팀의 기술을 개발했다. 이 사진은 약 한 시간 동안 집중적인 브레인스토밍을 마친 후 촬영한 것이다. 이 사람들이 각기 다른 분야의 전문가라는 점도 흥미로운 사실이다. 이 10명의 브레인스토밍 팀은 프로듀서, 게임 디자이너, 컨셉트 아티스트, 아트 디렉터, 사운드 디자이너, 프런트-엔드 디자이너, 수석 엔지니어로 구성돼 있다.

재미있게 하기

✓ 사람들은 재미있을 때 더 창의적이고, 수용적이며, 생산적이다.

✓ 이 워크숍에서 재미는 생산성의 원인이었을까? 아니면 결과였을까? 아마도 둘 다였을 것이다.

✓ 다른 사람을 가르치는 것은 리더로 자리 잡는 빠른 방법이다. 워크숍에서는 각 지역 스튜디오의 리더에게 워크숍 운영에 참여하도록 부탁했다. 지역 리더들은 각 팀의 게임과 해당 스튜디오의 문제에 맞게 워크숍을 맞춤 구성하는 과정을 도왔으며, 추가적인 지역 워크숍은 물론 후속 프로젝트도 적극적으로 진행했다. 이 방법을 통해 각 지역의 상황에 맞게 워크숍을 운영할 수 있을 뿐더러 제작 준비의 이후 과정을 적극적으로 이끌어 나갈 지역 리더를 육성할 수 있었다.

워크숍을 통해 전달된 몇 가지 핵심적인 개념은 다음과 같다.

1. **스튜디오 전체 수준에서 공유되는 제작 준비의 개념 및 용어**
   - 용어의 의미를 통일해서 제작 준비를 위한 공통적인 언어 구축
   - 수평적 커뮤니케이션(팀 내부, 다른 팀 그리고 다른 스튜디오) 및 수직적 커뮤니케이션(관리 계층을 통해) 활성화

2. **신속한 조기 반복**
   - 필요하다면 최대한 일찍, 그리고 경제적으로 실수하기

3. **신속한 프로토타입 제작**
   - **종류:** 종이 게임(카드와 주사위), 3D 물리적 모델, 간단한 소프트웨어 프로토타입을 비롯해 모든 프로토타입을 다뤘다.
   - **설명:** 초기 프로토타입을 빠르게, 경제적으로, 공개적으로, 그리고 물리적으로 만든다.
   - **빠르게:** 프로토타입과 반복을 빠르게 만든다.
   - **경제적:** 저렴한 프로토타입은 완전히 폐기하거나 급격하게 변경하더라도 부담이 적고 충분히 저렴하다면 만들기 전에 허락을 받을 필요도 없다. (생각보다 프로토타입을 만들기 전에 허락을 받아야 하는 경우가 많다)
   - **공개적:** 여기서 '공개적'이라는 것은 팀에서 프로토타입을 의미 있는 방법으로 확인하고 경험할 수 있어야 한다는 것이다. 디자인 문제는 두꺼운 문서를 뒤적이는 것보다 공유 플레이와 디자인을 통해 해결하는 편이 수월할 때가 많다.
   - **물리적:** 물리적 프로토타입은 과소평가되고 충분히 활용되지 않고 있다. 게임의 측면을 즉각적이고 감각적으로 체험할 수 있는 기회를 만들어내는 일은 재미있을 뿐 아니라 우리 두뇌의 모든 부분을 활용하기 때문에 문자 그대로 맹점에 가려져 있던 부분을 발견하는 기회가 된다.

4. 제작 준비 과정과 교육

- 창의적 생산성을 위한 교육은 소프트웨어 개발을 위한 교육 못지않게 중요하다. 기존의 솔루션들도 있지만 몇 가지 기본적인 원칙을 이해하고 각자의 집합적인 경험을 창의적인 과정에서 조합한다면 팀만의 고유한 방법과 창의적 생산성을 위한 우수한 표준을 만들 수 있다.

결과

제작 준비 워크숍은 EA 캐나다에서 폴린 몰러(Pauline Moller), 가이반 창(Gaivan Chang), 그리고 필자가 주축이 되어 시작한 것이 시초이며, 이후 더 개선한 워크숍을 전 세계적으로 확장해서 2004년에는 전 세계의 EA 스튜디오를 대상으로 14차례 워크숍을 주최했다. 그 밖에도 전 세계에서 수많은 EA의 가족들이 워크숍의 개발과 발전에 도움을 주었다.

예술적 고려 사항

때로는 단순히 아이디어가 충분하게 마음에 들지 않을 수 있다. 이 역시 아이디어를 편집하는 합당한 이유다. 여러분 자신이나 팀에서 프로젝트를 시작할 때부터 열정이 느껴지지 않는 아이디어로 몇 달이나 몇 년 동안 작업한 후에는 어떤 느낌이 들지 생각해 보자. 게임 디자이너로서 예술가적인 기질을 발휘하고 아이디어가 이 기준에 미치지 않으면 과감하게 잘라내자. 인기 있는 게임 장르에 안주하거나 이미 증명된 아이디어에 의존하기보다 혁신적인 새로운 아이디어를 구상하자. 아이디어가 예술적으로 충분하지 않다고 생각되면 포기하는 것이 올바른 결정일 수 있다.

비즈니스/비용 제한

때로 아이디어를 구현하는 데 비용이 너무 많이 들거나, 보유하고 있는 팀이나 기간 또는 예산에 비해 아이디어가 너무 야심적일 수 있다. 아이디어를 축소할 수 없다면 목록에서 제외하는 것이 가장 좋은 해결책일 수 있다. 그리고 지금까지 보류했던 다른 아이디어와 마찬가지로 더 규모가 크고 야심적인 게임을 디자인할 기회를 위해 이러한 아이디어의 목록을 정리해 두는 것이 좋다.

작업을 혼자 하든지 아니면 팀으로 하든지 관계없이 편집 세션은 브레인스토밍 미팅과는 다른 날로 예약하는 것이 좋으며, 며칠 정도 시차를 두고 두 과정을 진행하는 것이 바람직하다. 두 과정을 명확하게 구분하지 않고 편집과 브레인스토밍을 조합하면 브레인스토밍 세션의 생산성이 저하되는 부작용이 나타난다.

대부분의 경우, 브레인스토밍과 편집 세션 사이의 기간 동안 사람들은 아이디어에 대해 더 생각하고 가장 마음에 드는 아이디어의 목록을 만들게 된다. 상위 5~10개 정도의 아이디어를 선정해서 세부적으로 토론하고 각 아이디어의 장점을 비교하자. 토론의 분위기를 긍정적으로 유도하고 다른 아이디어를 비난하지 않게 하자. 위에서 나열한 아이디어의 네 가지 특성 측면에서 각 아이디어의 상대적인 장점을 비교하면서 아이디어에 기술적 실현 가능성, 시장성, 예술성이 있는지, 그리고 팀의 역량을 감안해서 구현 가능한지 고려한다.

아이디어의 목록을 3개까지 줄인다. 그런 다음 이러한 아이디어를 구체화할 다른 새로운 브레인스토밍 세션을 예약한다. 이러한 2차 브레인스토밍 세션에서는 특성에 초점을 맞추며 일렉트로닉 아츠의 프로듀서들이 게임의 'X'라고 부르는 것을 명확하게 정의한다. X는 게임의 창의적 중심이다. 또한 개발 팀, 마케팅, 광고 및 고객에게 각 대상이 이해할 수 있는 용어로 게임의 가치를 설명하기 위한 도구이기도 하다.

일렉트로닉 아츠의 수석 비주얼 관리자인 글렌 엔티스는 X에 '칼날'과 '구호'라는 두 가지 부분이 있다고 설명했다. 칼날은 잘라낸다. 즉, 팀에서 자신과 연관된 특성과 그렇지 않은 특성을 구분하도록 도와준다. 구호는 기억하기 쉽다. 즉, 마케팅과 플레이어는 구호를 보고 이 게임이 자신이 원하는 것인지 결정할 수 있다. 예를 들어, 오리지널 메달 오브 아너의 칼날은 '2차 세계 대전 배경의 플레이스테이션용 골든아이'였다. 이를 통해 팀은 게임에 반드시 필요한 것이 무엇인지를 명확하게 알 수 있다. 그러나 구호는 그다지 좋지 못했다. 박스에 적힌 "최고의 순간을 위해 준비하라"라는 구호는 멋지기는 했지만 개발 과정에 도움이 되는 것은 아니었다.[5]

주요 특성과 X를 명확하게 정의한 후에는 아이디어를 한 쪽 정도의 설명으로 정리한다. 이어 격식 없는 분위기의 피드백 그룹(이 과정은 9장, 플레이테스트에서 다룬다)을 만들고 대상 플레이어들이 게임의 개념을 어떻게 받아들이는지 알아본다. 이 단계에서는 아주 쉽게 개념을 변경할 수 있다. 과정을 유연하게 유지해서 너무 일찍 하나의 아이디어에 고착되지 않고 문서를 작성하는 데 너무 많은 시간을 투자하지 않는 것이 중요하다. 초기 플레이어들의 의견으로 원래 개념을 개선하거나 플레이어와의 대화를 통해 더 나은 아이디어를 얻을 수도 있다. 여러분과 여러분의 팀에서 추구할 아이디어가 명확하게 제시될 때까지 이러한 아이디어를 바탕으로 추가로 피드백 그룹을 진행한다.

연습 6.7 : 자신의 게임 설명하기

하나 또는 두 단락으로 자신의 게임 아이디어의 핵심을 설명한다. 게임을 흥미롭게 만드는 요소와 기본적인 게임플레이의 작동 방식이 포함되게 하고 게임에 대한 설명에 칼날과 구호를 비롯한 X를 밝히자.

아이디어를 게임으로

이제 마음에 드는 아이디어 하나와 가능성 있는 특성 목록, 그리고 게임의 X가 준비됐다. 그러나 프로토타입을 제작하고 개념을 플레이테스트 하기 전에는 확신이 서지 않을 것이다. 게임이 작동하는지 확인하는 방법은 실제로 플레이하는 방법뿐이다.

이 시점에 상당수의 게임 디자이너들이 지름길을 선택하려고 한다. 기존 메커닉의 집합, 즉 플레이의 '장르'로부터 시작하는 것이 게임 개념을 개발하는 최상의 방법이라고 보는 시각을 취하는 것이다. 물론 장르로 입증된 게임플레이를 만들 수 있다. 이것이 일반적으로 퍼블리셔에서 원하는 것이며 때로 플레이어들도 이런 것을 원한다고 말한다. 이것도 어느 정도 수준까지는 문제가 없다. 사실 기존의 메커닉을 변경하는 '특성 혁신'을 활용해 좋은 성과를 거두는 디자이너들이 많이 있다. 특성 혁신을 활용해 주요 장르의 핵심 플레이어들을 끌어들일 수 있으며, 자신이 추가한 새로운 특성을 통해 어느 정도 참신성까지 갖출 수 있다.

그러나 여러분의 아이디어가 기존의 게임플레이 장르에 잘 맞지 않는 경우에는 어떨까? 아이디어를 억지로 변형해서 일인칭 슈팅이나 실시간 전략 게임과 비슷하게 만들어야 할까? 이보다는 자신의 게임 메커닉을 다양하게 실험해 새로운 플레이의 방향을 모색하길 권한다. 이것은 기존의 플레이 장르가 좋지 않기 때문이 아니라 이러한 영역이 게임플레이의 '문제가 해결된' 영역이기 때문이다. 지금 우리가 아는 일인칭 슈팅 게임의 구체적인 부분들은 여러 디자이너들이 오랜 시간을 투자해서 완성한 것들이다. 이 장르와 관련한 여러 게임플레이 문제는 이미 해결돼 있다. 이 장르에 대한 새로운 질문을 던질 수 있다고 생각하는 경우가 아니라면(아마도 가능할 것이다) 게임플레이의 새로운 영역을 탐색하기를 권한다. 1장에서 설명한 것처럼 자신이 만들려고 하는 플레이어 경험에 대한 비전을 제시해야 한다. 형식적 구조는 이 비전을 따르게 된다. 여기에 기존 게임의 요소가 있을 수도 있지만 전체적으로는 완전히 새로운 느낌이어야 한다.

게임 아이디어에 대한 브레인스토밍, 편집, 그리고 개선을 진행하는 동안 플레이어들이 어떻게 반응하고 느끼길 원하는지 자문해보고, 마인드 맵 방식에서 설명한 게임 동사의 목록을 만들어 보자. 플레이어의 역할은 무엇인가? 플레이어에게 명확하게 정의된 목표가 있는가? 이러한 목표 달성을 방해하는 장애물은 무엇인가? 이러한 목표를 달성하는 데 사용할 수 있는 자원에는 어떤 것들이 있는가? 게임 메커닉은 핵심 아이디어로부터 파생돼야 하고, 전체

적인 비전이 성장한 모습이어야 한다.

이 과정을 진행하는 동안 2장부터 5장까지 설명한 게임 디자인의 형식적, 극적 및 동적인 요소를 참조하게 된다. 게임 아이디어의 각 측면을 이러한 요소의 관점에서 살펴보자. 이 내용이 기억나지 않는다면 돌아가서 복습하자. 여러 가지 게임을 하고 게임 일지로 분석해 봤다면 자신의 게임에서 추구하는 특정한 종류의 감정이나 플레이어 경험을 끌어내는 형식적 요소의 조합을 이해할 수 있을 것이다. 그러나 이러한 메커닉을 그대로 복사하기보다는 배움의 기회로 활용하기를 권한다. 더 많은 게임을 분석하는 동안 게임에서 익숙한 구조를 발견하고 이러한 구조가 게임플레이에 어떤 영향을 주는지 좀 더 잘 인식할 수 있게 될 것이다. 이렇게 축적한 경험을 바탕으로 자신만의 새로운 체계를 구축할 수 있게 된다.

초보 디자이너들이 많이 하는 실수 중 하나는 극적 요소에 주의를 빼앗기는 것이다. 스토리와 캐릭터가 중요한 이유는 이미 설명했지만 이것이 게임플레이에 대한 여러분의 시야를 가리지 않게 해야 한다. 물론 염두에 두고 있어야 하지만 형식적 요소가 자리 잡기 전까지는 부수적인 요소로 감안해야 한다.

형식적 요소에 대한 집중

형식적 요소는 설명한 대로 게임의 기반 체계이자 메커닉이다. 초기 개념에도 게임의 몇 가지 형식적 요소가 포함되지만 보통은 디자인을 진행하는 동안 형식적 요소를 추가하면서 체계를 완성하게 된다. 다음은 고려해 봐야 할 몇 가지 질문이다.

- ✓ 게임의 충돌은 무엇인가?
- ✓ 규칙과 절차는 무엇인가?
- ✓ 플레이어는 언제 어떤 동작을 취하는가?
- ✓ 턴이 있는가? 있다면 어떻게 작동하는가?
- ✓ 몇 명이 플레이할 수 있는가?
- ✓ 게임이 해결되는 데 걸리는 시간은 얼마인가?
- ✓ 게임의 가제는 무엇인가?
- ✓ 대상 사용자는 누구인가?
- ✓ 게임을 실행할 플랫폼은 무엇인가?
- ✓ 환경의 제한이나 기회는 무엇인가?

자신에게 묻는 질문은 많을수록 좋지만 아직 답하지 못하는 질문이 있더라도 괜찮다. 처음에는 짐작만 가능할 뿐이며 실제 게임을 하고 작동해 보기 전까지는 올바른 길을 가고 있는지 알 수 없다. 그래도 게임을 개념화하는 것을 중단해서는 안 된다. 아무 것도 없는 상태로 시작해서 점차 형태를 잡아가는 것이 게임 디자인의 과정이다.

게임 구조를 구체화할 때 고려할 사항은 다음과 같다.

- ✓ 각 플레이어의 목표를 정의한다.
- ✓ 플레이어가 게임에서 승리하려면 무엇을 해야 하는가?
- ✓ 게임에서 가장 중요한 플레이어의 동작을 적어 본다.
- ✓ 이 동작이 작동하는 방법을 설명한다.
- ✓ 개략적인 형태로 절차와 규칙을 적어 본다.
- ✓ 우선 가장 중요한 규칙에만 집중한다.
- ✓ 다른 모든 규칙은 나중에 처리한다.
- ✓ 일반적인 턴이 전개되는 방법을 적어 본다. 흐름

도는 시각화에 사용할 수 있는 가장 효과적인 방법이다.
- ✓ 몇 명이 플레이할 수 있는지 정의한다.
- ✓ 플레이어들은 어떻게 서로 상호작용하는가?

이 사항들은 프로토타입 제작의 초기 단계에 고려할 사항이며, 7장과 8장에서 프로토타입 제작 과정을 설명할 때 자세히 다룰 것이므로 여기서 더 설명하지는 않겠다. 현재로서는 개념화 및 발견 과정이 진행되면 자연스럽게 프로토타입 제작과 플레이테스트로 넘어간다는 것을 알아두면 충분하다.

지금 단계의 목표는 게임이 지향하고 있는 곳을 간단한 개념 문서와 게임 메커닉에 대한 개략적인 개념으로 묘사하는 것이다. 진행이 막히거나 특정한 아이디어를 개선할 수 있다는 생각이 들면 언제든지 브레인스토밍 기법을 활용할 수 있다.

연습, 연습, 연습

이 과정은 처음 수행할 때 가장 어렵지만 반복할수록 점차 실용적인 아이디어를 낼 수 있게 된다. 게임 디자이너는 항상 실제 게임으로 구현하는 것보다 훨씬 많은 아이디어를 낸다. 핵심은 꾸준하게 계속 연습하는 것이다.

연습 6.8 : 개념 문서 작성

연습 6.7에서 작성한 설명을 바탕으로 게임 아이디어에 대한 3~5쪽 분량의 개념 문서를 작성한다. 문서를 작성하는 동안 형식적 및 극적 요소에 대해 생각해 보자. 이 문서는 아직 초안이며 이러한 질문에서는 프로토타입 제작 단계에서 좀 더 자세하게 알아보겠다.

특성 디자인

게임 아이디어를 얻는 한 가지 좋은 방법으로 기존 게임의 새로운 특성을 디자인하는 것이 있다. 전체 게임에 대한 아이디어를 내려고 하지 말고 기존 게임의 특정 영역을 개선하는 데 초점을 맞춘 한정적 브레인스토밍을 하는 것이다. 다음은 여러분이 이미 알고 있는 게임의 새로운 특성에 대한 아이디어의 예다.

중간계전투 II

새로운 특성: '성장 영웅' - 중간계전투 II의 일반 유닛이지만 기술을 쌓아서 영웅 유닛이 될 수 있다. 영웅 유닛이 된 다음에는 아라곤, 간달프, 김리 등과 같은 다른 영웅과 비슷한 영웅 능력을 발휘한다. 그러나 성장 영웅은 불사의 몸은 아니며 죽게 되면 회생할 수 없다. 성장 영웅은 플레이어가 자신의 유닛에 간섭적으로 더 집중할 수 있게 한다.

아이디어는 어디에서 오는가?

노아 팔스타인(Noah Falstein), 인스파이러시

나는 게임 개발에서 게임 디자인을 가장 좋아하며, 게임 디자인 과정 중에서도 브레인스토밍을 가장 좋아한다. 브레인스토밍 미팅은 변화무쌍한 과정이어서 때론 비포장 도로를 달리는 고물 자동차처럼 더디게 진행되다가도 가끔은 경주 트랙을 질주하는 페라리처럼 아이디어를 적기도 힘들 만큼 순탄하게 풀리기도 한다. 아이디어는 어디서나 얻을 수 있다. 대표적으로 책, 영화, 텔레비전, 그리고 물론 다른 게임 역시 아이디어의 출처가 될 때가 많지만 개인적으로 나는 대인 관계, 꿈, 과학 원칙, 예술, 음악 이론, 그리고 어린이들의 장난감에서 아이디어를 많이 얻었다. 궁극적으로 나는 대부분의 좋은 아이디어는 무의식에서 얻어지며 서로 상이한 것을 독창적인 방법으로 연결하는 것이 중요하다고 생각한다. 디자인 과정이 막히는 경우, 나는 종종 전혀 관련이 없어 보이는 곳에서 새로운 생각의 불꽃을 찾으려는 시도를 한다. 예를 들어, 빠르게 진화하는 에이리언 생물에 대한 실시간 전략 게임에서 새로운 생물과 공격 유형에 대한 아이디어가 필요하다면 로맨틱 코미디 영화를 보는 식이다. 영화 해리가 샐리를 만났을 때를 보면 맥 라이언이 붐비는 식당 안에서 가짜 오르가슴을 연기하는 장면이 나온다. 이 아이디어를 게임에 적용한다면 상대 성별의 적을 유혹하는 소리를 내서 잠시 동안 주변으로 몰려들게 하는 사이렌 유닛을 만들 수 있을 것이다. 아이디어는 어디에나 있다.

아이디어 전개 과정을 보여 주는 가장 좋아하는 예로 루카스아츠에서 제작했던 원숭이섬의 비밀 원작이 있다. 이 게임의 프로젝트 리더였던 론 길버트(Ron Gilbert)는 이전에 나와 인디아나존스 최후의 성전을 함께 제작했던 경험이 있었다. 이 게임에는 인디가 적과 싸울 수 있도록 복싱 인터페이스가 필요했는데, 단순하고 재미있는 검술 전투 인터페이스가 있었던 시드 마이어의 해적을 기억한 나는 검을 주먹으로 바꾼 인터페이스를 넣었고 이 기능은 아주 성공적이었다. 문제는 내가 아이디어를 어디에서 얻었는지 미리 이야기하지 않았다는 것이다. 원숭이섬의 비밀을 기획하면서 전에 만들었던 복싱 인터페이스를 검술 전투로 바꾸면 좋겠다고 말하는 론을 보고는 이 아이디어를 어디서 얻었는지 고백할 수밖에 없었고, 결국 한동안 작업이 진행되지 못했다. 그러다가 영화에 등장하는 최고의 고전 검술에는 사실 칼보다 말로 싸우는 경우가 더 많다는 생각이 들었다. 에롤 플린(Errol Flynn)의 영화나 이보다는 최근 영화인 프린세스 브라이드와 같은 영화가 이러한 예다. 게다가 게임의 만화풍 분위기에 이 아이디어가 더 어울린다는 생각이 들었다. "원숭이섬의 전투를 찌르기와 피하기가 아니라 놀리기와 응수하기로 만들면 어떨까?" 이렇게 영화에서 얻은 아이디어는 고전 게임 메커니즘으로 다시 탄생했고 원숭이섬에서 인기 있는 부분이 되었다.

이렇게 이야기를 하면 누군가는 시드 마이어의 아이디어를 사용한 것에 대해 창피하게 생각하지 않느냐고 말할지 모르겠다. 시드 마이어가 이 게임의 아이디어를 대니 번튼(Dani Bunten)의 일곱 개의 황금 도시(Seven Cities of Gold)에서 많이 얻었다고 공개적으로 밝히지 않았다면, 그리고 대니 번튼이 자신의 게임이 보드 게임에 바탕을 둔 것이라고 말하지 않았다면 조금은 그럴지도 모르겠다. 나는 완벽하게 독창적인 아이디어란 없다는 생각을 자주 한다.

작가 소개

노아 팔스타인은 1980년부터 전문적으로 게임을 개발해왔다. 현재는 www.theinspiracy.com을 운영하면서 프리랜서 디자이너이자 프로듀서로 일하고 있다. 또한 게임 디벨로퍼 매거진에서 디자인 칼럼니스트로도 일하고 있다.

배틀필드 2

새로운 특성: '스텔스 팩' - 배틀필드 2를 위한 새로운 종류의 게임 플레이. 플레이어는 속도가 매우 빠르고 근접 전투에서 강력한 은신 유닛인 스텔스 요원을 선택할 수 있다. 요원은 경장갑을 착용하고 근접 전투에 맞는 무기로 무장하고 있다. 스텔스 요원 '외교관 구출', '무선 타워 파괴' 같은 특수 임무를 포함하는 특수 스텔스 맵에서만 선택할 수 있다. 배틀필드 2의 다른 목표와 마찬가지로 이러한 미션을 완료하면 공격 팀의 티켓이 소진된다.

가라오케 레볼루션

새로운 특성: '월드 파티' - 아메리칸 아이돌과 유튜브(YouTube)의 결합을 가라오케 레볼루션에서 구현한다고 생각하는 개념이다. 플레이어가 아이토이(EyeToy) 카메라를 이용해 녹화한 자신의 공연을 플레이스테이션 3를 사용해 곧바로 인터넷으로 업로드하면 온라인에서 수많은 관중들이 공연을 평가하고 가장 높은 점수를 얻은 플레이어가 상품을 받고

상위 토너먼트로 진출한다.

특성에 대한 아이디어는 모두 USC 영화 예술 학교에서 게임 디자인 과정 초기에 학생들이 제작한 것이다. 새로운 특성 구상은 모든 수준의 디자이너에게 좋은 연습이며, 최종적으로 만들어진 개념은 채용 면접에 제출할 포트폴리오로도 훌륭하다. 중견 게임 회사에서는 신입 디자이너가 게임을 처음부터 디자인하는 경우가 거의 없다. 입문 단계의 디자이너에게 자주 할당되는 업무는 바로 기존 게임을 위한 특성을 디자인하는 것이다. 우리 학교의 학생들에게 이러한 경험을 제공하는 것이 과제의 목표였다.

연습 6.9 : 특정 디자인 연습, 1부

자신이 좋아하는 게임에 추가하면 좋을 법한 특성을 생각해 보자. 이러한 아이디어는 많이 가지고 있을 것이다. 실제로 구현할 것은 아니므로 구현 가능성이나 기술적 어려움은 고려할 필요가 없으며, 스토리보드와 적절한 어휘를 사용해 아이디어를 표현해 보자.

그림 6.5 특성 디자인 제안서

포커스 그룹의 활용 극대화

**케빈 키커(Kevin Keeker), 선임 사용자
연구원, 마이크로소프트 게임 스튜디오**

케빈 키커는 커리어의 대부분을 사용자 연구원이자
게임 디자이너로서 게임 프로젝트에 참여하면서 보
냈다. 여기서는 포커스 그룹에서 일어나는 심리 작
용과 이를 최대한으로 활용하는 방법을 소개한다.

포커스 그룹을 자신의 게임을 평가하기 위한 좋은 수단이라고 생각하는 사람들이 많지만 사실은 포커스
그룹은 아이디어의 품질이나 인기를 측정하는 데 그다지 좋은 방법이 아니다. 이보다는 게임을 위한 아이디
어를 창출하는 방법으로 포커스 그룹을 활용해야 한다. 자유롭게 이야기할 수 있지만, 필요하다면 다른 의
견을 말할 수 있는 분위기가 형성돼야 제대로 운영되는 포커스 그룹이라고 할 수 있다. 이러한 환경은 창의
력을 발휘할 수 있는 시발점이 되고, 게임 사용자 층의 공통적인 생각과 주요한 의견 차이를 엿볼 수 있게 한
다. 여기서는 포커스 그룹이 아이디어 평가보다는 창출에 더 적합한 이유를 설명하고, 이러한 목표를 달성
하는 데 도움이 되는 몇 가지 조언을 소개한다.

예를 들어, 여러분이 스노우보드 게임을 디자인하고 있고 상당히 자신 있는 상태라고 가정해 보자. 이 게
임의 대상 층은 청소년과 젊은 성인이며, 속도감과 멋진 배경, 다양한 자세, 그리고 놀라운 기술이 주요 요소
가 되리라는 점은 이미 파악한 상태다. 청소년과 젊은 성인을 대상으로 얻은 사용성 피드백을 바탕으로 게
임의 기본 플레이를 조정했고, 다양한 기술을 추가했으며, 코스 전체에 배치할 어려운 과제도 찾아냈다. 그
리고 자세 부분을 다듬고 있다.

스노우보드 문화에서 음악이 중요한 부분을 차지한다는 것은 여러분도 알고 있다. 청소년들이 펑크록을
선호한다는 것을 알고 있었고, 여러분도 비디오 게임을 디자인하는 젊은 사람이기 때문에 음반사에 조언을
구해 몇 가지 음악을 선택하는 데 별 어려움이 없었고, 이러한 선택을 검증할 포커스 그룹을 계획한다.

포커스 그룹에 참가한 스노우보드 동호인들이 허세를 부리기 전까지는 아주 재미있는 과정이었다. "제일
좋아하는 밴드가 뭐죠?" 적극적으로 밴드 이름을 나열하는 사람도 있지만, 일부는 빈정거리며 다른 의견을
혹평하고, 일부는 시무룩한 표정으로 의자에 앉아 움직일 생각을 안 한다. 벌써 화장실로 자리를 뜬 사람도
있다.

분위기를 정리하기 위해 참가자들에게 각자의 의견을 존중하는 브레인스토밍을 하고 있다는 사실을 환
기시킨다. 결국 상당히 방대한 밴드 목록이 나왔지만, 취향이 일치하는 밴드는 인기가 많아서 사용료가 비
쌀 것이 분명하다.

그나마 다행스러운 것은 언급한 밴드를 대부분 약간 너그럽게 분류한다면 펑크로 분류할 수 있다는 점이다. 적어도 스노우보드 동호인들이 가장 즐기는 음악 스타일이 펑크라는 것을 확인했다는 사실을 위안으로 생각한다.

이제 선택된 음악을 직접 사람들에게 들려 주고 느낌이나 의견을 묻는 과정으로 넘어간다. 그런데 사람들이 서로를 의식하고 있다는 것을 발견한다. 결정을 내리기 전에 주변을 살피기도 한다. 사람들에게 마음을 터놓고 결정을 내리도록 이야기했지만 결과적으로 널리 알려진 밴드만 좋은 반응을 얻는다. 적어도 여러 명이 알고 있는 밴드들만 반응을 얻을 뿐, 대부분의 음악에는 냉담하고 일부는 전혀 좋은 반응을 얻지 못한다. 정리 단계에서 참가자들이 합의해서 음악을 선택하도록 요청한다. 그런데 펑크 음악 외의 음악을 적극적으로 선택하려는 사람이 별로 없다. 그룹 전체로는 다양성이 중요하다는 것을 인식하면서도 말이다.

이쯤 되면 상당히 불편한 느낌이 들 것이다. 지금까지 뭘 한 걸까? 그냥 내 생각대로 밀고 나갈 수도 있다. 그러면 포커스 그룹은 엄청난 시간과 돈의 낭비가 된 것이다. 하는 수 없이 그나마 좋은 반응을 얻었던 음악 목록을 정리하기로 한다. 그러나 이렇게 해서는 방송에서 이미 잘 알려진 사실 그렇게 훌륭하지도 않은 목록을 얻을 뿐이다.

이 시나리오는 방법 선택에 대한 근본적인 문제를 제시한다. 즉, 포커스 그룹은 아이디어를 생성하는 데는 훌륭하지만 평가하는 데는 좋지 않다는 것이다.

포커스 그룹이 아이디어를 생성하는 데 개별적인 반응보다 효과적인 이유는 뭘까? 그룹 상호작용은 자신의 의견과 다른 의견과의 차이를 인식함으로써 개인의 창의성을 일깨우는 효과가 있다. 다른 사람의 생각은 우리 자신이 느끼는 것을 다시 생각하게 한다. 자신의 아이디어와 다른 아이디어 간의 차이는 자신의 아이디어를 차별화하게 하는 자극제다. 또한 다른 사람의 관점에서 생각해 보고 이러한 관점을 자신의 아이디어에 반영할 수 있는 기회도 된다. 창조성은 이렇게 새로운 요소를 우리 아이디어로 통합하고 별개의 아이디어를 합쳐 새로운 아이디어로 만드는 과정이다.

그러나 비슷한 과정에서 사람들이 서로의 차이점을 이야기하기를 꺼리게 될 수 있다. 분위기에서 오는 압박을 극복하고, 다른 사람과 다른 의견을 표시하며, 자신이 다르게 생각하는 타당한 이유를 생각해내는 데는 상당한 정신적 노력이 필요하다. 더구나 어떤 의견을 가진 사람이 자기 혼자인 것을 알게 되면 다른 의견을 말하기가 더욱 어려워진다. 한 사람이 의견을 말하면 다른 사람이 금방 동의를 표할 수 있는 그룹 환경에서는 이러한 차이가 금방 드러난다. 반대 의견을 말하는 데 책임이 따르게 되고, 반대 의견을 말하기 전에 다시 생각하는 시간을 들이게 된다. 그리고 이러한 중단은 다른 사람들로 하여금 현재 의견에 대한 합의가 있다는 느낌을 주게 된다.

반면에 대중과 반대 의견을 내기 위해 노력하는 참가자가 있을 수 있다. 이러한 태도는 토론의 성과를 향상시키거나 적어도 흥미를 높여 주는 효과가 있지만 이러한 반대 자세가 음악에 대한 의견 표시인지, 아니면 사회적 설정에 대한 반응인지 구분하기 어렵다. 심리학적 용어로 그룹 토론이 극한의 태도(긍정적 또는 부정적 방향으로)를 낳는 경향을 그룹 양극화(Group Polarization)라고 한다. 물론, 자기 확신의 증폭 (Incestuous Amplification)이라는 군사 용어를 선호하는 사람도 있다. 그룹 양극화는 참가자들의 태도를 명확하게 측정하는 데 방해가 된다.

그러면 어떻게 해야 할까? 우선 답하려는 질문에 대한 올바른 방법을 선택해야 한다. 아이디어를 만들려면 포커스 그룹을 이용하자. 포커스 그룹의 중재자로서 원활하게 아이디어를 생성할 수 있게 하는 것이 여러분의 역할이다. 토론에 반대 의견을 초대할 때는 ("다르게 생각하는 분의 의견을 듣고 싶습니다..."). 아이디어를 명확하게 할 때는 ("그러니까 말씀하시는 의미는..."). 건전한 합의를 이끌 때는 ("...라는 데 동의하는 분들이 있군요"). 아이디어 간의 유사점을 지적할 때는 ("켈리의 초콜릿과 당신의 땅콩 버터를...하면 어떨까요"). 한 영역에 너무 오래 머물지 않고 대화를 진행시키는 데 이러한 모든 기법을 동시에 활용할 수 있다. 요약하자면, 자신의 아이디어를 명확하게 말할 수 있고 그룹에서 서로의 아이디어를 결합하고 이를 바탕으로 다른 아이디어를 내놓을 수 있는 편안하고 건설적인 분위기를 조성해야 한다는 것이다.

아이디어를 평가하고자 한다면 개별적으로 설문 조사를 해야 한다. 사람들에게 구체적인 선택의 목록을 제시하고 목록을 선택하거나 순위를 매기자. 현실적인 선택을 제공했을 때 명확한 대답을 얻을 수 있다. "두 음악 중 어떤 것이 더 좋습니까?" "게임에서 듣고 싶은 음악의 순위를 매겨 보세요." 명확한 기준을 제시한다. 어떤 음악을 좋아하는지 묻지 말고 스노우보드 게임에서 듣고 싶은 음악이 무엇인지 물어봐야 한다는 것이다.

작가 소개

케빈 키커는 일리노이대학교와 워싱턴대학교에서 사회 및 개인 심리학을 공부했으며, 이후 사용성 엔지니어링의 세계에 발을 들여놓았다. 1994년부터는 마이크로소프트에서 다양한 엔터테인먼트 및 미디어 관련 제품 개발에 참여했으며 마이크로소프트 게임 스튜디오의 사용성 그룹 관리자를 거쳐 엑스박스 스포츠 게임에서 그의 사용자 중심 디자인의 경험을 발휘하기 시작해, 현재는 마이크로소프트 게임 스튜디오에서 수석 사용자 연구원을 맡고 있다.

특성 스토리보드

새로운 특성에 대한 아이디어를 설명하는 가장 강력한 방법은 아이디어를 시각화하는 것이다. 포토샵이나 다른 이미지 편집 프로그램으로 기존 게임의 스크린샷을 편집해 새로운 특성에 대한 아이디어를 구현했을 때 사용자가 보게 될 내용을 설명하는 것이다.

예를 들어, 특성이 어떻게 시작되는지(특성이 활성화될 때 화면에 어떻게 표시되는지), 특성을 사용하기 위해 플레이어가 조작할 때 인터페이스가 어떻게 변하는지 보여 준다. 조금씩 다른 여러 정지 이미지를 사용해 플레이어가 해당 특성을 사용해 게임을 진행하는 방법을 보여 준다. 이러한 종류의 스크린보드는 특성이 작동하는 방법을 정확하게 보여 주기 위해 조금씩 다른 여러 장의 정지 이미지를 사용한다. 예술적 감각이 없다고 걱정할 필요는 없다. 여러분의 목표는 그래픽 실력을 자랑하는 것이 아니라 간단한 이미지로 아이디어를 전달하는 것이다.

스토리보드를 구성하고 간략한 설명 텍스트를 추가한다. 파워포인트나 키노트 같은 프레젠테이션 프로그램을 사용할 수 있는데, 이러한 프로그램을 사용하면 편리하게 연속적인 이미지와 약간의 텍스트를 배치할 수 있다. 아이디어를 시각적으로 전달하는 것이 목표이므로 설명을 너무 많이 넣지는 말자.

적절하게 연습한다면 다른 사람들에게 특성 디자인을 매끄럽게 전달할 수 있다. 궁극적으로는 자신의 아이디어를 다른 사람에게 전달하는 효과적인 커뮤니케이션의 연습이므로 소홀하지 않게 하자.

연습 6.10 : 특성 디자인 연습

연습 6.9에서 만든 특성 아이디어의 사용 과정을 단계적으로 설명하는 시각적 스토리보드를 만든다. 플레이어가 게임을 하는 과정을 시각적으로 말해줄 수 있는 스토리보드를 구성한다. 예를 들어, 가라오케 레볼루션 월드 파티의 스토리보드에서는 플레이어가 초보자로 시작해서 인듭으로 수상할 때까지 모드 인터페이스를 보여 줄 수 있다. 학급 동료나 게임 디자인 클럽과 같은 적절한 대상에게 아이디어를 소개하고 비평을 구한다.

위에서 설명한 방법으로 새로운 게임의 특성을 시각화하려면 특성 디자인의 어려운 문제를 충분히 생각해야 한다. 아이디어와 디자인 사이에는 큰 차이가 있다. 아이디어가 말이나 간단한 글로 제시할 수 있는 느슨한 개념이라면 디자인은 아이디어를 실행하는 구체적인 방법이다. 아이디어를 디자인으로 변환하는 기술은 전문 게임 디자이너에게 매우 중요하다.

결론

초보 게임 디자이너들은 단순히 성공한 게임의 요소를 빌려와서 자신의 용도에 맞게 변형하려고 할 때가 많다. 물론 이것도 좋은 방법이며, 숙련된 게임 디자이너들도 같은 방법으로 커리어를 쌓아 나간다. 그러나 아이디어를 빌려오고 개선하는 것 이상의 일도 할 수 있어야 한다.

우리가 존경하는 게임 디자이너는 관례를 깨고 아무도 도전하지 않았던 영역을 개척한 사람들이다. 컴퓨터의 장점은 기술이 발전하면 이전에는 불가능했던 일들이 가능해진다는 것이다. 덕분에 게임 디자이너에게는 새로운 유형의 게임플레이를 실험할 수 있는 고유한 기회가 생긴다.

그러나 디자인의 새로운 길을 개척하는 데 기술 발전에만 의존하지는 않게 하자. 3훌륭한 디자인 중에는 지칠 줄 모르는 실험을 통해 얻어진 것들이 많

다. 보드 게임을 예로 들면 기술적인 면으로는 판지와 주사위, 그리고 토큰을 사용한다는 점에서 지난 200년간 큰 변화가 없지만 그래도 꾸준하게 발전해왔다. 최고의 디자이너들은 계속해서 오래된 규칙을 깨고 창의성과 게임플레이에서 한계를 초월해왔다. 연습 6.3에서 소개한 게임들을 직접 플레이해 보자.

컴퓨터 세계에서도 마찬가지다. 가장 창의적인 게임 중에는 지금 관점에서는 다소 '원시적'인 시스템에서 개발된 것들이 있다. 때로는 자신을 기본으로 제한해서 더욱 명확하게 아이디어에 집중할 수 있다. 이러한 사항을 염두에 두고, 다음은 아이디어가 실제로 작동하는지 확인할 차례다. 이 과정이 프로토타입 제작과 플레이테스트이며, 이어지는 세 개의 장에서 다룰 주제다.

디자이너 관점: 빌 로퍼(Bill Roper)

CEO, 플래그쉽 스튜디오

빌 로퍼는 게임 디자이너이자 프로듀서로서 주요 작품으로는 워크래프트: 오크와 인간(1994), 워크래프트 II: 어둠의 물결(1995), 디아블로(1996), 스타크래프트(1998), 스타크래프트: 브루드 워(1998), 디아블로 II (2000), 디아블로 II: 파괴의 군주(2001), 워크래프트 III: 레인 오브 카오스(2002), 그리고 워크래프트 III: 프로즌 쓰론(2003)이 있다.

게임 업계에 진출한 계기

제가 5살 때 덧셈에 도움이 된다고 어머니와 아버지가 각각 크리비지(cribbage)와 블랙잭을 가르쳐 주신 이후로 저는 줄곧 열성 게이머였습니다. 레이저타입(Lasertype)이라는 탁상 출판 회사에서 오후 4시부터 새벽 1시까지 교대 근무를 하던 시절이 있었습니다. 그러던 중 잘 아는 친구 중 하나가 자기가 일하는 작은 게임 회사에 일거리가 있다는 이야기를 해 주었습니다. 알고 보니 첫 번째 자체 출시 타이틀 때문에 바쁜 음악 담당자를 대신해서 PC로 이식할 게임의 음악 담당자가 필요한 것이었습니다. 이 회사가 바로 블리자드였는데, 블랙쏜(Blackthorne) PC 버전에서 음악 작업을 마친 후에도 다행히 회사에 계속 남아서 워크래프트: 오크와 인간의 보이스오버, 세계 디자인, 그리고 매뉴얼 작업에 참여했습니다. 원래 다니던 회사에 사직서를 내고 게임 업계에 발을 들여놓은 그 날은 제 인생에서 최고의 순간이었습니다.

가장 좋아하는 게임

엄청나게 많은 게임을 하기 때문이기도 하지만 좋아하는 게임의 목록은 사실 매번 조금씩 바뀝니다. 그리고 현재 플레이하고 있지 않더라도 항상 목록에 포함되는 게임도 몇 개가 있는데 아마 몇 달 후에 같은 질문을 해도 이 게임들은 목록에 포함될 것입니다.

- ✓ **위자드리**: 애플 II에서 구현된 초기의 걸작 게임 환경 중 하나로서, 저는 아직도 던전을 걸으면서 몬스터와 싸울 때 느꼈던 경이로움을 기억하고 있습니다. 던전 디자인과 퍼즐, 인터페이스, 그리고 아이템(쿠지나트와 보팔 블레이드)과 스토리까지 모든 것이 재미있었고 흥미진진했습니다. 위자드리는 분명 제 고등학교 시절 가장 열심히 했던 게임입니다.

- ✓ **카르카손**: 도시와 도로 건설에 초점을 맞춘 환상적인 독일의 보드 게임입니다. 이 게임은 플레이어들이 턴마다 임의로 타일을 뽑기 때문에 플레이할 때마다 매번 다릅니다. 또한 이 게임에는 다양한 사회적인

측면이 있으며, 각 피스를 회전하면서 최적의 플레이 방법을 찾아갑니다. 아무리 해도 지겹지 않은 게임입니다.

- ✓ **디아블로 II**: 제가 참여한 게임이기는 하지만 확장팩을 포함해서 아직도 제가 좋아하는 게임입니다. 모든 것이 랜덤이기 때문에 아무리 해도 새로운 재미가 있습니다. 게임 커뮤니티도 잘 발달돼 있어서 배틀넷(Battle.net)을 통해 다른 플레이어를 만나기도 쉽고 15분이든 주말 내내든 시간이 날 때마다 싱글이나 멀티 플레이어로 즐기기에 더없이 좋은 게임입니다.

- ✓ **GTA III**: 게임 세계의 신랄한 전제에 동의하는지 여부에는 관계없이 이 게임에 녹아 있는 메커닉과 배려는 절대 무시할 수 없는 것입니다. 이 게임이 출시된 이후로 줄곧 플레이하고 있지만 아직도 새롭고 흥미로운 것을 찾아내고는 합니다. 열려 있는 디자인과 아찔한 스피드 드라이브에서 얻는 쾌감은 이 게임을 가장 좋아하는 게임으로 꼽는 이유입니다.

- ✓ **포커**: 개인적으로 포커는 가장 완벽한 게임이라고 생각합니다. 간단한 규칙과 적절한 수의 피스를 사용하고, 확장팩 없이도 무한한 변형 게임을 만들 수 있으며, 열성적인 게이머와 보통 게이머가 함께 즐길 수 있고, 가지고 다닐 수 있으며, 보상과 위험률을 조정할 수 있고, 기술과 운이 동시에 작용하기 때문입니다. 게다가 멀티 플레이어 게임이라는 점까지 감안하면 훌륭한 게임이 되는 데 필요한 모든 조건을 가지고 있다고 할 수 있습니다.

영감

독서나 영화 감상, 음악 감상, 여행, 스포츠 등과 같이 우리가 생활에서 하는 모든 일들이 게임의 영감이 될 수 있다고 생각합니다. 또한 훌륭한 요리사라면 다른 레스토랑을 다니면서 많은 음식들을 맛봐야 하듯이, 게임을 만들려면 게임을 많이 플레이해야 한다고 생각합니다. 문명, 모노폴리, 에버퀘스트, 슈퍼 마리오 브라더스, 스타크래프트, 바드테일, 하프라이프, 매든 NFL까지 모든 게임들에서 게임을 움직이게 한 요소와 더 개선할 수 있는 요소를 찾아낼 수 있습니다. 어떻게 보면 가만히 앉아서 세부적인 부분을 분석하지 않으면서 단순히 게임을 즐기는 것이 더 어려운 일일 것입니다. 이것도 직업 의식이라고 할 수 있겠죠.

디자이너에게 하고 싶은 조언

유명한 마케팅 캠페인 가운데 'Just Do It'이라는 구호가 있었죠. 직접 게임을 만들어 보지 않으면 좋은 게임을 만들 수 없습니다. 여러 베스트셀러 타이틀에서 제공하는 레벨 디자인 도구를 사용해 자신의 게임 아이디어를 직접 구현해 보세요. 보드 게임을 분석해서 자신의 게임의 프로토타입을 만들어 보는 것도 좋습니다. 기존 게임의 규칙이나 목표, 각 구성 요소의 장단점을 바꿔가면서 밸런스가 어떻게 작동하는지 확인해 보십시오. 가장 중요한 것은 항상 플레이하는 것입니다.

디자이너 관점: 조시 홈즈(Josh Holmes)

부사장, 스튜디오 관리자, 프로 파간다 게임즈

조시 홈즈는 전문 게임 프로듀 서이자 디자이너로서 수요 작품 으로는 NBA 라이브 '98(1997), NBA 라이브 '99(1998), NBA 라 이브 2000(1999), NBA 스트리트 (2001), 데프 잼 벤데타(2003) 및 튜록(2008)이 있다.

게임 업계에 진출한 계기

한때 영화배우 생활을 했지만 생활비를 대기도 힘들 정도로 일이 잘 풀리지 않았습니다. 그래서 연기만큼 흥미가 있는 다른 분야를 찾기 시작했는데, 항상 게임을 좋아했었고 직접 게임을 만드는 것을 꿈꿔왔기 때 문에 EA에 지원했습니다. 면접에서는 5년 안에 게임 디자이너가 되는 것이 목표라고 이야기했는데, 처음에 는 게임 테스터로 시작해서 1년 6개월 만에 QA 부서로 옮겼고 다시 제작 부서로 옮겨서 게임을 만들기 시작 했습니다.

가장 좋아하는 게임

- ✓ **시드 마이어의 해적:** 언제나 제가 가장 좋아하는 게임입니다. 이 게임은 여러 다른 게임 스타일을 하나의 응집력 있는 경험으로 조합하는 가장 성공적인 하이브리드 게임의 예입니다. 게임플레이 자체는 대개 선형적이지만 플레이할 때마다 사용자의 동작에 따라 다른 풍부한 서술의 느낌을 제공합니다. 또한 다 중 목표와 보상을 가지고 있어 재플레이 가치가 매우 높습니다.
- ✓ **심시티:** 궁극 모래 상자라고 할 수 있는 게임입니다. 단순하면서도 풍부한 시뮬레이션인 이 게임은 사용 자에게 자신만의 재미를 만들어낼 수 있는 도구를 제공합니다. 심시티를 플레이하는 방법은 정말 다양 합니다. 게임을 하는 동안 플레이어가 창의성을 발휘할 수 있게 해준다는 점이 윌 라이트 게임이 대단한 이유입니다.
- ✓ **테트리스:** 평생 동안 한 가지 게임만 플레이할 수 있다면 아마 테트리스를 선택할 겁니다. 단순하고 추상 적이지만 교묘하게 중독성 있는 이 게임은 절대 질리는 법이 없습니다. 여기서 단순성의 가치를 배울 수 있습니다.

✓ **GTA III**: 매력적인 액션 환경과 자신의 재미를 스스로 찾을 수 있는 모래 상자 개념, 그리고 여러 유명한 영화에서 빌려온 어두운 유머 픽션을 성공적으로 결합한 게임입니다. 주류 엔터테인먼트와 문화의 상호 보완적인 부분이라는 미래의 게임에 대한 저의 비전에 가장 가까운 게임이기도 합니다.

✓ **버추어 파이터 2**: 가장 좋아하는 격투 게임입니다. 무엇보다 캐릭터와 다양한 격투 스타일, 그리고 몰입도 높은 컨트롤 체계가 있는 게임입니다. 특히 이 게임의 컨트롤 방법을 익히게 되면 다른 격투 게임에서는 느낄 수 없는 파이터와의 유대감을 느낄 수 있습니다. 단순히 스크립트로 짜여진 콤보를 시작하기 위한 버튼 조작을 외우는 데서 그치는 것이 아니라 액션과 리액션의 잘 짜여진 무도가 됩니다. 격투의 본질을 제대로 표현한 게임입니다.

NBA 스트리트 제작에 대해

이 게임에 대한 모든 사람들의 기대는 기본적으로 아케이드와 같은 농구 게임의 경험이었습니다. 우리는 여기서 더 나아가서 대담하고 새로운 게임플레이 개념을 추가하고 거리 농구 문화를 접목시켰습니다. 게임플레이 엔진도 처음부터 다시 만들었고 여러 면에서 기본적인 농구 게임을 한 차원 발전시켰습니다.

지금 디자이너를 지망하는 사람들을 위한 조언

1. 소비자를 생각하라

게임은 자신을 위해 디자인하는 것이 아닙니다. 개인적으로 어떤 게임을 하고 싶어 하는지에 관계없이 여러분은 대상 사용자를 위한 게임을 만들 필요가 있습니다. 뻔한 결과물을 내놓으라는 것이 아닙니다. 사용자가 원하는 것을 제공하지만 기대하지 못한 방법으로 제공하라는 것입니다.

2. 재미를 우선하라

현실감과 재미 사이에서 선택할 때는 항상 재미를 선택하십시오. 재미보다 현실감을 선택하려는 사람이 있으면 크게 혼내주십시오.

3. 항상 밸런스를 생각하라

디자이너는 새로운 특성이나 개념을 추가할 때 항상 게임 밸런스를 가장 먼저 생각해야 합니다. 모든 보상에는 위험이 따라야 하고 모든 공격에는 방어 수단이 있어야 합니다. 밸런스는 훌륭한 게임 경험의 열쇠입니다.

4. 크게 보라

아이디어가 생길 때마다 최대한 깊게 생각해 보십시오. 미묘한 부분들은 쉽게 드러나지 않습니다.

5. 속도감을 기억하라

게임의 경험을 일련의 감정적 정점과 바닥으로 디자인하십시오. 아무리 끊임없는 액션으로 무장한다고 해도 경험이 한 수준으로 유지되면 단조롭고 지루해집니다(단조로운 액션의 결정판을 보고 싶다면 스테이트 오브 이머전시(State of Emergency)를 찾아보십시오). 움츠리지 않으면 뛰어오를 수 없음을 항상 기억하십시오.

6. 좋지 않은 게임도 플레이해 보라

다른 사람의 실수로부터 배우십시오. 성공적인 게임과 그에 가려 실패한 게임을 비교하고 무엇이 잘못됐는지 분석해 보십시오. 그리고 똑같은 함정에 빠지지 않도록 하십시오.

7. 게임 바깥을 보는 안목을 기르라

최고의 혁신적인 디자이너는 종종 우리에게 익숙한 핵심 메커닉을 통해 한 번도 플레이해 보지 못한 새로운 경험을 만들어냅니다. 게임 바깥에서 새로운 아이디어를 찾고 이를 입증된 게임플레이 메커닉과 접목해 보십시오. 완벽한 예로 심즈가 있습니다. 우리 생활은 게임으로 표현되기만을 기다리는 새로운 경험으로 가득 차 있습니다. 기존의 게임을 재현하는 데서 만족하지 말고 도전하십시오.

참고 자료

* A Book of Surrealist Games - Alastair Brotchie, Mel. Gooding, 1995.

* reativity: Flow and the Psychology of Discovery and Invention - Mihaly Csikszentmihalyi, 1996.

* The New Drawing on the Right Side of the Brain - Betty Edwards, 1999.

* Blink: The Power of Thinking Without Thinking - Malcolm Gladwell, 2005.

* Thinkpak: A Brainstorming Card Deck - Michael Michalko, 2006.

주석

1. Rules of Play: Game Design Fundamentals – Katie Salen, Eric Zimmerman, 2004, 22쪽.

2. Creativity: Flow and the Psychology of Discovery and Invention – Mihaly Csikszentmihalyi, 1996, 77~80쪽

3. 같은 책, 80~81쪽

4. The Imagineering Way – The Imagineers, 2003, 53쪽.

5. Glenn Entis, EA@USC 강의 시리즈, 2005년 1월.

7장

프로토타입 제작

프로토타입 제작은 훌륭한 게임 디자인의 핵심이다. 프로토타입 제작은 아이디어의 실현 가능성을 검증하고 아이디어를 개선하기 위해 작동하는 모델을 만드는 것이다. 게임 프로토타입은 플레이는 가능하면서도 일반적으로 개략적이고 단순화된 아트워크, 사운드 및 특성만 포함한다. 또한 게임 메커닉이나 특성 중 일부에만 집중할 수 있게 하거나 이들이 작동하는 방법을 확인할 수 있게 한다는 점에서 스케치와 비슷하다.

초보 게임 디자이너들은 프로토타입 제작을 생략하고 곧바로 '실제' 게임 제작으로 넘어가려고 할 때가 많다. 그러나 어느 정도 시간을 투자해 보면, 게임플레이를 개선하는 데 프로토타입 제작만큼 유용한 것이 없다는 사실을 깨닫게 된다. 프로토타입을 제작할 때는 겉모습이나 기술 최적화에 대해서는 신경 쓸 필요가 없다. 여러분이 신경 쓸 유일한 사안은 기반 메커닉이며 이러한 메커닉으로 플레이테스터의 관심을 유지할 수 있다면 자신의 디자인이 탄탄하다는 사실을 알 수 있는 것이다.

프로토타입 제작의 방법

프로토타입에는 물리적 프로토타입, 시각적 프로토타입, 비디오 프로토타입, 소프트웨어 프로토타입을 비롯한 여러 가지 유형이 있으며 한 프로젝트에서 각기 다른 의문이나 특성을 확인하기 위해 몇 가지 다른 프로토타입이 필요한 경우도 있다. 프로토타입을 제작할 때는 최종 디자인을 만드는 것이 아니라는 점을 기억해야 한다. 아이디어를 형식화하고 문제를 격리함으로써 최종 디자인을 만들기 전에 제대로 작동하는 것을 확인하는 것이 프로토타입 제작의 목표다. 이 장에서는 주로 펜, 종이, 카드, 주사위 등을 사용해 핵심 게임 메커닉을 테스트하는 물리적 프로토타입에 대해 다룬다. 이러한 종이 디자인은 디자이너가 활용할 수 있는 강력한 도구지만 프로토타입 제작을 위한 유일한 방법은 아니다. 8장에서는 디지털 프로토타입에 대해 논의하고 디자인 과정에 소프트웨어 프로토타입을 활용하는 방법을 설명한다.

물리적 프로토타입

물리적 프로토타입은 대부분의 게임 디자이너가 직접 가상 손쉽게 만들 수 있는 프로토타입으로서, 일반적으로 종이, 판지, 그리고 직접 표시를 그려 넣은 일상생활의 물건을 사용해서 만든다. 금속 모형부터 다른 게임에서 빌려온 플라스틱 군인까지 어떤 물건이라도 자유롭게 사용할 수 있다.

물리적 프로토타입에는 여러 가지 장점이 있다. 첫째, 기술이 아닌 게임플레이에 집중할 수 있게 해준다. 팀에서 일단 프로그래밍을 시작하면 자신들의 코드에 상당히 집착하게 된다는 사실은 오랫동안 수많은 게임 디자인 수업과 워크숍을 통해 확인됐다. 그러면 게임플레이를 변경하기가 어려워진다. 그러나 종이로 구현한 디자인이라면 변경하고 반복하는 것이 어렵지 않다. 가령 턴 구조가 마음에 들지 않으면 변경한 후 다시 시도해 보면 된다. 짧은 기간 동안 더 적은 노력으로 더 다양하게 반복해서 시도해 볼 수 있다. 플레이어의 피드백에 실시간으로 반응할 수 있다는 것도 물리적 프로토타입의 또 다른 장점이다. 플레이어가 문제를 제기하거나 아이디어를 내면 즉석에서 이를 반영해 어떻게 작동하는지 확인해 볼 수 있다.

물리적 프로토타입을 제작하면 숙련된 기술이 없는 팀원도 디자인 과정에 참여할 수 있다. 프로그래밍 언어에 대한 특별한 지식이나 전문 기술이 없어도 의견을 제시할 수 있으므로 디자인 과정에 더 폭넓은 관점을 반영할 수 있다. 또한 비용이나 자원 소비가 많지 않기 때문에 더 광범위하고 심도 있는 실험 과정을 거칠 수 있다.

초기 단계의 물리적 프로토타입에서는 아트워크의 품질에는 신경 쓰지 않는 것이 좋다. 선으로 몸을 그리고 원으로 머리를 그리는 막대그림 정도면 충분하다. 체계 구성 요소를 개략적으로 구현해서 게임이 메커니즘 수준에서 작동하는 것을 확인하는 것이 목표이므로 아트워크에 시간을 투자하면 과정만 늦춰질 뿐이다. 게다가 프로토타입의 모양과 느낌을 다듬는 데 시간을 많이 투자하면 결과물에 애착이 생겨서 변경하기를 꺼리게 될 수 있다. 프로토타입 과정의 핵심이 반복과 변경임을 감안하면 생산성에 역효과를 준다는 사실을 알 수 있다.

배틀쉽 프로토타입

물리적 프로토타입을 만들고 사용하는 방법을 이해할 수 있도록 몇 가지 물리적 프로토타입 제작 과정을 직접 진행해 보자. 여기서는 여러분도 이미 플레이해 봤을 법한 고전 게임 배틀쉽을 소재로 사용하겠다. 잘 모르는 독자를 위해 간단히 소개하자면 배틀쉽은 상대편의 함대를 모두 격침하는 것이 목표인 2인용 보드 게임이다.

이 게임의 물리적 프로토타입을 제작해 보자. 프로토타입을 시작할 때는 게임의 핵심 요소를 확인하고 각 요소를 제작하는 것이 좋다. 여기서는 우선 종이 4장을 준비하고 각각에 10×10 격자를 그린다. 각 격자의 행에 A부터 J까지 문자를 적고, 열에 1부터 10까지 문자를 적는다. 그리고 종이 4장에 각각 플레이어 1 바다 격자판, 플레이어 1 목표 격자판, 플레이어 2 바다 격자판, 플레이어 2 목표 격자판이라고 적는다. 그림 7.2는 완성된 세트다.

이제 플레이어 두 명을 선택하고 각 플레이어에게 바다 격자판과 목표 격자판, 펜 하나를 준다. 플레이어는 자신의 격자판이 상대편에게 보이지 않게 해야 한다. 각 플레이어는 다음과 같은 함선 5척을 자신

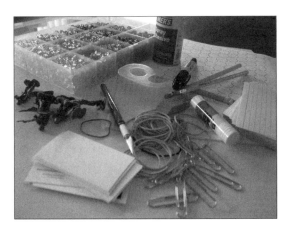

그림 7.1 프로토타입 제작 재료들

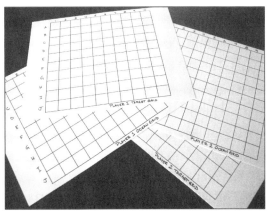

그림 7.2 배틀쉽 격자판

의 바다 격자판에 그려서 배치한다. 괄호 안의 숫자는 격자에서 배의 크기다.

- ✓ 항공모함(1×5셀)
- ✓ 전함(1×4셀)
- ✓ 구축함(1×3셀)
- ✓ 잠수함(1×3셀)
- ✓ 초계정(1×2셀)

모든 함선 영역은 바다 격자판에 그려야 하며, 함선은 대각선으로 놓을 수 없다. 그림 7.3에는 격자판에 함선을 배치한 예가 나온다.

이제 프로토타입을 만들었고, 다음은 플레이할 차례다. 플레이어는 자신의 턴이 되면 격자판의 좌표를 하나(예: "B5")를 외친다. 상대편은 자신의 함선 위치를 확인해서 해당 좌표에 자신의 함선이 있으면 "맞힘"이라고 대답하고 그렇지 않으면 "빗맞힘"이라고 대답한다. 그리고 함선의 모든 영역이 맞으면 상대편은 "내 함선이 격침됐습니다!"라고 대답하면 된다. 아주 간단한 규칙임을 알 수 있다.

플레이어는 자신의 목표 격자판에 맞힘과 빗맞힘

을 표시한다. B5에서 맞은 경우 자신의 목표 격자판에 H를 표시한다. 이 과정을 한 플레이어의 함선 5척이 모두 격침될 때까지 반복하면 된다. 그림 7.4에는 플레이 중인 격자판의 예가 나온다.

이 게임을 직접 플레이해 보고 프로토타입이라는 면에서 어떤지 판단해 보자. 게임의 메커닉을 명확하게 나타내고 있는가? 아직 아트워크는 조잡하고 규칙도 단순하지만 플레이어가 게임의 개념을 이해하고 피드백을 제공하기에 충분한가? 만약 그렇다면 프로토타입이 성공한 것이다.

이제 알 수 있겠지만 프로그래밍 기술이나 아트 기술 없이도 플레이 가능한 게임 프로토타입을 제작할 수 있다. 종이 버전의 배틀쉽을 플레이하면서 얻는 경험은 정식으로 판매되는 밀톤 브래들리 버전을 플레이하면서 얻는 경험과 거의 동일하다.

프로토타입에서 얻을 수 있는 장점은 게임의 메커닉이 작동하는 방법을 눈과 손으로 직접 확인할 수 있다는 것이다. 추상적이었던 규칙도 이제는 구체적인 사항이 된다. 격자판을 보면서 "더 크게 만들어 보면 어떨까? 게임플레이는 어떻게 될까?"라는 생각이 든다면 새 종이를 구해서 원하는 크기로 격자판을 그리면 된다. 게임을 다시 플레이해 보고 게임플레이가 개선됐는지 확인할 수 있다.

연습 7.1 : 프로토타입 수정

배틀쉽 프로토타입에서 게임의 세 가지 측면을 수정해 보자. 게임에 사용되는 격자, 함선, 개체, 그리고 플레이하는 절차 등을 변경할 수 있다. 창의성을 발휘해 보자. 그런 다음 수정한 게임을 친구와 함께 플레이하고, 수정한 내용이 게임플레이에 어떤 영향을 주었는지 설명해 보자.

게임 구조의 요소를 조작하는 동안 새로운 아이디어들이 떠오를 것이며, 이 과정에 완전히 새로운 체계가 만들어지는 경우도 있다. 그러면 이러한 체계를 분리해서 새로운 게임으로 만들 수 있다. 프로토타입 제작에 익숙해지면 아이디어의 메커닉을 곧바로 확인할 수 있고, 다른 방법으로는 실험할 수 없는 수준까지 가능한 이 방법이 게임플레이를 만드는 가장 효과적인 방법임을 알 수 있다.

다른 프로토타입

물리적 프로토타입은 보드 게임은 물론 정교한 디지털 게임에도 필수적이다. 여러 유명한 디지털 게임들이 종이 게임에 기반을 두고 있다. 디아블로 II, 발더스 게이트, 에버퀘스트, 애쉬론즈 콜, 월드 오브 워크래프트와 같은 디지털 롤플레잉 게임의 체계는 종이 기반 체계인 던전 앤 드래곤즈에서 파생된 것이다. 비슷하게 유명한 컴퓨터 게임 문명은 아발론 힐에서 출시한 보드 게임 문명에 바탕을 두고 있다.

이러한 게임의 디자이너와 프로그래머들은 종이 기반 원작을 바탕으로 디지털 방식으로 구현할 수 있는 것을 가려낸다. 워런 스펙터(Warren Spector, 23쪽 참조)와 샌디 패터슨(Sandy Petersen, 60쪽 참조)을 비롯한 많은 비디오 게임 디자이너들이 실제로 보드 게임디자이너로 시작했다. 종이 프로토타입을 제작하고 수정하는 과정을 통해 소프트웨어 개발의 복잡성에 영향받지 않고 게임의 원칙을 심도 있게 이해할 수 있다.

게임 메커닉 디자인을 스스로 훈련할 수 있는 좋은 방법으로 기존의 게임 체계에 대한 새로운 플레이어 경험의 목표를 세우고 게임 체계를 수정해서

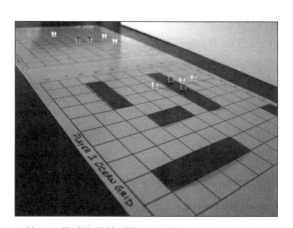

그림 7.3 배틀쉽 격자판에 함선을 추가한 모습　　　그림 7.4 플레이 중인 배틀쉽 격자판

그림 7.5 업 더 리버

그림 7.6 업 더 리버 프로토타입

이러한 목표를 달성해 보는 것이 있다. 게임을 처음부터 디자인하는 것보다는 어렵지 않지만 디자인 문제와 목표 달성을 위한 디자인을 심도 있게 고려할 수 있는 매우 좋은 연습이다.

이번에는 레이븐스버거 사의 어린이용 게임인 업 더 리버(Up the River)를 프로토타입으로 만들어 보자. 이 게임을 접해 보지 않은 독자도 있을 텐데, 배틀쉽 프로토타입을 제작할 때와 마찬가지로 원래 규칙과 초기 프로토타입 제작 과정을 소개할 것이므로 걱정할 필요는 없다. 이 게임은 전 세계 수백 명의 학생들과 함께 연습 과제로 활용한 소재인데, 단순하면서도 광범위한 게임의 개념을 실험하는 데 효과적이다.

업 더 리버 프로토타입

업 더 리버는 그림 7.5에 나오는 것처럼 같은 크기의 조각 10개로 나눠진 독특한 디자인의 보드를 사용한다. 이 조각들이 연결되어 강이 되는데, 그림 7.6

에 나오는 것처럼 보통 흰색 종이를 잘라서 보드 조각을 만든다. 게임이 시작되면 강 맨 밑 조각은 강어귀가 되고, 밑에서 다섯 번째 조각은 만조가 된다. 이 조각들은 조금 뒤에 설명할 특수 지형이 되는데, 우선 프로토타입 보드 조각에 이를 표시해 두자. 강 맨 위에는 항구 또는 목표 카드가 있으며, 이 역시 따로 만들어야 한다. 이 카드에는 번호가 붙은 부두 12개가 있다. 보드 이외에도 몇 개의 플레이어 피스와 육면체 주사위가 필요하다. 플레이어의 피스(또는 보트)를 나타내는 네 가지 다른 색의 매듭이나 단추를 사용할 수 있으며, 각 색마다 피스가 세 개씩 필요하다. 시작하면 그림 7.5에 나오는 것처럼 밑에서 네 번째 보드 조각 위에 모든 플레이어들의 피스를 나란히 놓는다.

게임의 목표는 자신의 보트 세 척을 부두로 이동하고 가장 높은 점수를 얻는 것이다. 보트가 도착한 모든 부두의 번호를 합한 숫자가 자신의 점수이며 점수가 가장 높은 플레이어가 승리한다.

게임의 절차는 간단하다. 가장 어린 플레이어가 가장 먼저 시작한다. 자신의 턴이 되면 플레이어는 자신의 보트 중 하나를 선택해서 나온 숫자만큼 전진한다. 플레이어는 한 번에 한 대의 보트만 이동할 수 있다. 보트가 강어귀에 닿으면 주사위 수가 더 높게 나왔더라도 해당 플레이어의 다음 턴이 돌아올 때까지 기다려야 한다. 보트가 만조에 정확하게 도착하면 세 칸만큼 더 앞으로 이동하며 항구에 도착하게 될 수 있다. 항구에 도착할 때는 주사위 수가 정확하게 나오지 않아도 된다.

지금까지 설명한 내용만으로는 평범한 주사위 게임처럼 보이지만 게임을 흥미롭게 만드는 두 가지 특별한 규칙이 있다. 첫 번째 규칙은 폭포다. 플레이어가 모두 한 턴을 마치면 보드 맨 밑 조각을 맨 위로 올리는데, 이것은 보트가 강 아래로 흘러가는 강의 흐름을 흉내 낸 것이다. 이때 맨 밑 조각에 있던 보트는 유실된 것으로 처리되고 게임에서 빠진다. 간단하던 주사위 게임에 갑자기 극적 긴장감이 더해졌다! 움직일 보트를 선택할 때마다 다른 보트의 위치를 고려해서 현재 위험한 위치에 있는지 생각해야 한다. 다음 폭포가 떨어질 때 보트가 위험해질까? 이전에 설명했던 것처럼 이 간단한 딜레마가 체계에 충돌을 더했다.

두 번째 특수 규칙은 순풍/역풍이다. 이 규칙은 플레이어가 6을 던질 때마다 적용된다. 6을 던지면 6칸을 이동하는 것이 아니라 자신의 보트 중 하나를 강에서 가장 위에 있는 자신의 보트 위치로 이동할 것인지(순풍), 아니면 상대편의 보트 중 하나를 강에서 가장 아래에 있는 같은 색의 보트 위치로 이동할 것인지(역풍) 선택할 수 있다. 순풍을 선택한 경우, 보트가 강어귀를 지나게 되면 강어귀에서 멈춰야 한다. 역풍을 선택한 경우에는 보트가 강어귀를

지나더라도 멈출 필요가 없다. 6을 던진 플레이어에게 보트가 하나밖에 없거나 모든 보트가 같은 카드에 있는 경우, 순풍 옵션은 사용할 수 없다. 반대로 상대편에게 보트가 하나밖에 없거나 모든 보트가 같은 카드에 있는 경우 역풍 옵션은 사용할 수 없다. 두 옵션을 모두 사용할 수 없는 경우, 6을 던진 플레이어는 턴을 잃고 다음 플레이어로 넘어간다. 순풍 옵션으로 항구로 이동할 수는 없다.

순풍/역풍 옵션은 이 간단한 체계에 흥미로운 선택을 더해 준다. 플레이어가 자신의 이익이나 상대편의 불이익을 선택할 수 있다. 이 선택의 순간은 흥미로운 게임플레이의 순간을 만드는 플레이어 대 플레이어 상호작용의 예를 보여 준다. 플레이어가 자신의 보트를 항구로 이동하면 비어 있는 부두에 보트를 대고 해당 부두의 번호를 점수로 받는다. 게임은 모든 보트가 폭포에 빠지거나 항구에 들어올 때까지 계속된다. 게임이 끝나면 점수를 더해서 가장 높은 점수를 획득한 플레이어가 승리한다.

자신의 업 더 리버 프로토타입을 플레이하고 이 간단한 체계의 각 요소가 게임을 구성하는 방법을 분석한다. 형식적 체계에 대한 다음과 같은 질문에 답해 보자.

✓ 보드 크기와 주사위의 점수 사이에는 어떤 관계가 있는가? 보드 크기를 변경하면 어떻게 되는가?

✓ 각 플레이어가 시작 위치에 보유하는 보트 수에는 어떤 관계가 있는가? 시작 위치를 변경하면 어떻게 되는가?

✓ 강어귀의 시작 위치가 중요한 이유는 무엇인가? 만조 카드의 시작 위치가 중요한 이유는 무엇인가?

✓ 이 게임을 하려면 어떤 기술이 필요한가? 이 게임에 궁극적으로 기술과 확률 중 어떤 것이 더 중요한가?

✓ 순풍/역풍 옵션은 게임에 어떤 요소를 더하는가?

✓ 가장 어린 플레이어가 먼저 시작하는 이유는 무엇인가? 이 게임의 시장은 어떤 사용자 층을 대상으로 하는가?

이러한 질문을 고려하면 게임 체계에서 시도할 수 있는 몇 가지 변경 사항이 떠오를 수 있는데 변경을 위한 변경이 목표는 아니다. 이 체계를 수정하기 전에 브레인스토밍을 진행해서 새로운 게임 버전을 위한 몇 가지 플레이어 경험의 목표를 설정한다. 다음은 몇 가지 예다.

✓ 확률보다는 전략에 의해 해결되는 게임

✓ 각 플레이어가 특정한 역할을 수행하는 팀 게임

✓ 협상을 포함한 다양한 플레이어 대 플레이어 상호작용이 있는 게임

플레이어 경험의 목표 이외에 게임에 새로운 극적 은유를 가미해서 플레이어 경험의 목표를 반영하게 할 수도 있다. 그림 7.7에는 체계에 거래와 절도를 추가한 해적 게임, 팀워크가 필요한 등산 게임, 그리고 USC 캠퍼스 주변의 교통 정체를 다룬 경주 게임을 포함해 업 더 리버의 다양한 변형이 나와 있다.

연습 7.2 : 업 더 리버 변형

자신의 업 더 리버 변형을 만들어 보자. 먼저 플레이어 경험의 목표를 설정하고 브레인스토밍을 진행해 이 목표를 충족할 수 있는 아이디어를 얻는다. 그런 다음 업 더 리버 프로토타입을 수정하거나 변경사항을 적용해 새로 만든다. 변경된 버전을 친구와 함께 플레이하고 경험의 목표가 충족됐는지 확인한다.

자신만의 디자인 연습을 구상하고 디자인 연습 과정을 반복할 수 있다. 기존의 게임 체계의 분석해 형식적, 극적 및 동적 요소를 명확하게 이해하고 새로

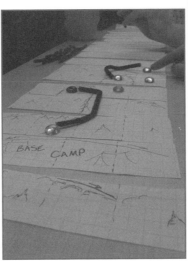

그림 7.7 업 더 리버의 변형

운 플레이어 경험의 목표를 설정하고 이러한 목표를 달성하도록 체계를 수정하면 된다. 처음에는 아주 간단한 게임부터 시작하는 것이 좋다. 그리고 밸런스가 타이트하게 맞춰진 게임의 경우 작은 부분에 대한 변경도 게임플레이에 큰 영향을 줄 수 있다는 점을 기억하지. 이 과정을 연습함으로써 더 유능한 디자이너가 되고 여러 다른 유형의 메커닉을 깊이 있게 이해할 수 있을 것이다.

일인칭 슈팅 게임의 프로토타입 제작

단순한 보드 게임의 프로토타입은 당연한 것이지만 액션 비디오 게임도 물리적 프로토타입으로 만들 수 있는지 궁금할 것이다. 물론 가능하다. 디지털 체계의 종이 프로토타입에는 분명 제약이 있지만 디자인 과정으로서 상당한 가치가 있다. 예를 들어, FPS(일인칭 슈팅 게임) 장르의 게임을 위한 종이 프로토타입을 제작할 수 있다. 일인칭 슈팅 게임의 전형적인 예로는 퀘이크, 캐슬 울펜슈타인, 배틀필드 1942, 하프라이프, 언리얼 토너먼트, 그리고 메달 오브 아너가 있다. 이러한 게임의 핵심 게임 메커닉은 플레이어 유닛을 이동해 다른 유닛을 맞추는 것이다. 이해하기는 쉽지만 이러한 게임을 종이로 모델링하려면 어떻게 해야 하고 여기서 무엇을 얻을 수 있을까?

일인칭 슈팅 게임의 물리적 프로토타입을 사용하면 무기 밸런스, 지형 제어 등에 대한 큰 전술적 및 전략적 문제를 이해할 수 있지만 3D 환경에서의 이동, 조준 및 공격의 유기적인 흐름을 이해하는 데는 도움이 되지 않는다. 이러한 측면에서 일인칭 슈팅 게임을 정확하게 종이 프로토타입으로 제작하더라도 플레이어 경험의 핵심을 제대로 포착하기 어려울 수 있다. 그러나 디지털 프로토타입 제작에 대해 다

루는 다음 장에서 확인하겠지만 하나의 게임을 개발하는 동안 디자인의 각기 다른 측면을 확인하기 위한 여러 다른 프로토타입을 제작할 수 있다. 일인칭 슈팅 게임의 종이 프로토타입은 레벨 디자인이나 무기 밸런스와 같은 측면을 살펴보는 데 적합하지만 다른 문제에는 적합하지 않을 수 있다. 이러한 차이는 일인칭 슈팅 게임의 첫 번째 물리적 프로토타입을 제작하면서 점차 명확하게 드러날 것이다.

아레나 지도

먼저 큰 육각 격자 그래프용지를 준비한다. 육각 격자 대각선으로도 이동이 가능하므로 프로토타입에 적합하다. 이 그래프용지는 대부분의 보드게임 상점에서 구매할 수 있으며, 온라인에서 구할 수 있는 몇 가지 프리웨어 및 셰어웨어(예: HexPaper 2)를 사용

그림 7.8 FPS 프로토타입의 예

해서 인쇄해도 된다. 이 격자판은 게임의 아레나 역할을 하게 된다.

격자 하나를 오려 내고 빨강으로 칠해서 스폰 지점을 표시한다. 스폰 지점은 유닛이 죽었을 때 새로 태어나는 격자 상의 셀이다.

격자판 위에 벽을 나타내는 선을 추가한다. 유닛은 이 벽을 통과해서 이동하거나 공격할 수 없다. 벽은 격자판 위에서 이동할 수 있는 물건으로 나타내는 것이 좋은데 성냥개비 정도면 충분하다. 벽을 이동할 수 있으면 게임을 수정하기 편리하다.

비극적인 프로토타입 제작, 그리고 다른 이야기들

차임 진골드(Chaim Gingold)

차임 진골드는 스포어(Spore) 원작의 개념 팀에 참여했으며, 스포어 생물 크리에이터와 게임 내의 창의성 도구에 대한 디자인을 맡고 있다. 월 라이트와 함께 일하기 전에는 재닛 머레이와 조지아공대에서 공부했으며, 이곳에서 디지털 매체 학위를 취득했다. 그는 게임 디자인, 프로토타입 제작, 그리고 플레이어 창의성에 대한 다양한 연구를 했으며, 현재는 즉흥 연주, 기차, 그리고 일본 철학을 탐구하고 있다.

내 하드디스크에는 실패작들이 가득하다. 프로그래밍을 배운 지 12년이 됐지만 그동안 한 일을 되돌아보면 제대로 완성된 것들이 별로 없었다. 야심 차게 시작했던 프로젝트는 마치 추진력 부족으로 본래 궤도에 진입하지 못한 로켓이 땅으로 곤두박질치듯이 처참한 모습을 하고 있었다. 물론 여기저기에 흥미로운 아이디어나 익살스러운 장난감도 많았고, 몇 번은 큰 프로젝트를 시도하기도 했었지만, 내가 항상 꿈꾸던 훌륭한 게임이나 소프트웨어로 완성된 것들은 없었다.

물론 그 과정에 상당히 좋은 프로그래머가 됐고 많은 것들을 배우기는 했지만 실질적인 성과가 없었다는 것이다. 꼭 필요한 뭔가가 부족했던 것이다.

부족한 부분을 채우기 위해 조지아공대 대학원에 진학해서 공부를 시작했고, 학교에서 크리스 크로포드(Chris Crawford)의 책을 읽을 기회가 생겼다. 이 책에서 그도 나와 같은 문제를 겪었지만 그 문제들을 실패라고 생각하지 않았다는 사실을 발견했다. 그에게 있어 이 문제들은 개발 과정의 유기적인 부분이며, 더 모색할 필요가 있는 아이디어를 결정하는 데 도움이 되는 프로토타입이었다. 말하자면 좋은 아이디어 하나를 얻기 위해 작동하지 않는 여러 바보 같은 아이디어를 시도해야 하며, 이 유명한 디자이너에게 실패란 좋은 아이디어를 찾기 위한 한 가지 방법이었던 것이다. 나에게도 엄청난 깨달음이 찾아왔다. 아직 기회가 있다는 것이었다.

그러던 중, 학교에서 감성적 소프트웨어 배우에 대한 켄 펄린(Ken Perlin) 교수의 강의를 들을 기회가 있었다. 그의 연구 내용은 작고 멋진 장난감을 무한하게 만들어낼 수 있는 정말 놀라운 것이었다. 에셔나 고흐 같은 거장들이 그냥 앉은 자리에서 한 번에 걸작을 만들어내는 것은 아니다. 아티스트가 그림 한 장을 그리는 데도 수없이 많은 스케치와 연구를 거치는데, 걸작을 만드는 데 필요한 노력이야 더 말할 필요도 없을 것이다. 쿽 펄먹이 소개한 데모는 이전의 데모에서 알아낸 내용을 바탕으로 모두가 하나의 긴 연구와 조사 과정을 그대로 보여주는 것이었다. 그의 세계에서 나의 실패들은 프로토타입이라고 할 수 있었고, 아티스트들의 연구와 마찬가지로 중요한 과정을 위해 필수적인 부분이었던 것이다.

스포어의 프로토타입

　지금은 프로토타입이나 스케치, 아니면 연구라고 생각하는 이전의 모든 소프트웨어 실패작에서 사실은 디자인과 프로그래밍에 대해 적어도 하나 이상은 배운 것이다. 그림을 그리는 방법을 배우려면 수없이 많은 습작을 그려 봐야 한다. 연습과 실패의 차이는 단순한 태도의 문제라는 것이다. 그러다가 쌓은 경험도 인정받고 약간의 운도 따라서 맥시스(Maxis)에 인턴으로 일할 기회를 얻었다. 당시 윌 라이트는 스포어라는 새로운 게임을 진행 중이었고 작은 팀에서 프로토타입을 제작하는 단계였다.

　여름 방학 동안 당시 월넛 크릭에 있던 맥시스 본사에서 스포어 제작 팀에 합류했고 모든 것이 순조롭게 진행되기 시작했다. 당시 맥시스는 심즈 온라인을 제작하느라 바쁜 분위기였고, 나와 다른 인턴들은 윌 라이트의 사무실 바깥쪽 엘비스 기념상 옆에 접이식 테이블에서 일했다. 내 책상 아래에는 윌 라이트가 1990년대 중반에 사용하던 오래된 맥이 한 대 있었는데 정말 보물 창고 같은 녀석이었다. 맥시스에서 보낸 여름은 마치 북극에 있는 산타클로스의 작업실에서 엘프들이 장난감을 만드는 것을 구경하는 것과 같은 경험이었다.

　이 오래된 맥은 진귀한 설계도, 프로토타입, 프로젝트, 개념들이 가득 찬 보물 창고와도 같았다. 심앤트, 심시티, 심시티 2000과 같이 내가 좋아하던 게임들의 소스 코드를 살펴볼 수 있었는데, 이것이 전부가 아니었다. 1990년대 초반에 진행하다가 중단된 부족 문명에 대한 야심 찬 프로젝트도 찾을 수 있었는데, 이 프로젝트가 중단된 이유는 나로서는 이해할 수 없는 미스터리였다. 또한 이 하드디스크에는 나중에 심즈로 태어난 비밀 프로젝트에 대한 프로토타입이 가득했다. 맥시스에서 꽤 오래전부터 이 게임을 만들고 있었다는 것을 알 수 있었고, 2.5차원 애니메이션 체계와 편집기, 동기 및 의사결정 인공지능, 그리고 주택 편집기를 비롯한 게임 안의 다양한 측면을 별도의 프로토타입으로 제작하고 있었다. 마지막 프로토타입은 심시티 2000 엔진을 해킹한 것이 분명해 보였다. 심시티 스타일의 건물과 눈먼 시계공 스타일의 인터페이스를 단계적으로 생성하는 범용 알고리즘을 사용한 프로그램도 찾았는데, 런타임 관점으로는 아니었지만 구현 관점에서는 정말 효과적으로 개발된 프로그램이라는 것을 알 수 있었다. 이 프로그램은 신속한 실험을 위해 심시티 2000 코드 기반을 마치 숙주 생물처럼 사용하고 있었다. 분명 당시 소프트웨어 엔지니어링 기술이 윌 라이트의 상상력을 따라가지 못했던 것 같았다. 이러한 흥미로운 발견과 스포어 팀에 함께 만들어낸 굉장한 프로토타입들은 나에게 큰 영향을 주었고 나 역시 나름대로 익살스러운 프로토타입들을 만들면서 프로젝트에 기여했다.

대체 이것은 어떤 의미였을까? 돌이켜 생각해 보면 나는 두 가지 고전적인 실수를 하고 있었다. 첫째, 과욕을 부리고 있었다. 과거 나의 야심 찬 프로젝트들이 실패한 원인은 핵심 아이디어를 프로토타입으로 증명하는 과정을 거치지 않았다는 것이다. 간단한 장난감 로켓 실험부터 시작하지 않으면 달에 로켓을 보내는 시도가 성공할 수 없다. 부족 문명 게임 역시 제작자가 올바른 연구와 스케치, 프로토타입을 거치지 않고 곧바로 최종 프로젝트에 돌입한 것이 실패의 원인이었다고 생각된다.

둘째, 성공/실패 평가가 잘못돼 있었다. 심즈 프로토타입의 코드는 최종 게임에 포함되지는 않았지만 분명 최종 제품에 영향을 미쳤다. 이전 '실패' 역시 실제로는 디자인 기술을 향상시킨 작은 성공의 연속이었고, 더 큰 프로젝트에 활용할 수 있는 경험이었다. 지금껏 반대로 생각하고 있었던 것이다. '성공적'이라고 생각했지만 완전하지 않은 큰 프로젝트가 사실은 진정한 실패작이었던 것이다. 충분히 숙제를 하지 않았기 때문에 실패할 수밖에 없었던 큰 프로젝트에 에너지를 너무 많이 투자했다. 이것은 힘든 과정을 통해 얻은 귀중한 교훈이었다.

이러한 깨달음을 바탕으로 이전에 가지고 있었던 ACM 프로그래밍 대회 기술을 활용하면서 최소한의 시간으로 부수적 요소를 최소화하면서 집중적으로 프로그램을 작성하기 시작했고 이전보다 훨씬 나은 디자이너가 될 수 있었다. 그 이후에도 수많은 몬스터들을 해치우면서 나의 디자인 경험을 쌓았다.

이후 학교를 마치고 스포어 팀에 정식으로 합류했다. 이전에 작업했던 막대한 분량의 작은 학생 프로젝트, 소형 개인 프로젝트, 작업 프로토타입들이 엄청난 수준의 경험과 직관으로 다시 태어났다. 동료들과 비교하자면 나는 아이디어를 적고, 평가하고, 버리는 면에서 월등하게 많은 디자인 경험을 가지고 있었다. 실제로 좋은 프로토타입으로 놀라운 결과를 얻은 사례를 많이 봤다. 나는 종종 훌륭한 프로토타입 제작자를 강력한 프로토타입의 무기로 까다로운 디자인의 과제나 지루한 논쟁을 끝장내는 강력한 닌자로 비유하기도 한다.

다음은 프로토타입의 제작을 위한 원칙들이다. 프로토타입이 성과 없이 표류할 때 원인을 조사하면 이러한 규칙 중 하나를 제대로 지키지 않은 것을 종종 발견하게 된다.

✓ **항상 질문하라.** 항상 질문을 던져서 목표를 세우고, 테스트할 구체적인 아이디어를 제시할 가설을 세워야 한다. 가령, 물고기 떼를 마우스로 제어하는 체계를 구상하고 있다면 어떻게 하면 물고기 떼를 마우스로 제어할 수 있을까?라고 질문할 수 있을 것이고, 무리 알고리즘을 사용해서 물고기를 모이게 하며 마우스를 클릭할 때마다 눈에 보이지 않고 일정 시간 뒤에 터져서 물고기 떼를 흩어지게 하는 가상의 '폭탄'을 떨어뜨린다는 가설을 세울 수 있다. 나도 종종 하는 실수지만 제대로 정립되지 않은 아이디어를

구현하면서 시간을 낭비하지 않는 좋은 방법은 먼저 종이 위에 아이디어를 다이어그램으로 그리고 최대한 구체적인 부분을 구상하는 것이다. 이 방법으로 프로토타입을 제작하는 속도도 높일 수 있다.

✓ **변화에 대비하라.** 과학에서와 마찬가지로 실험 결과를 검증해야 한다. 가설이 작동했는지, 물고기 무리 제어 체계가 자신의 마음에 드는지, 동료도 결과를 마음에 들어 하는지, 게임 안에서도 아이디어로 사용 가능한지 등, 아이디어에 대한 이러한 테스트와 검증은 일찍 시작할수록 좋다. 아이디어를 낸 사람이 지나치게 방어적 태도를 취하고, 외부의 피드백을 믿으려 하지 않거나 사람들의 반응을 자의적으로 해석하거나, 자신의 의견만을 주장하다가 훌륭한 아이디어가 사장되는 경우를 많이 봤다. 늦으면 늦을수록 디자인을 수정하기가 더욱 어려워진다. 실험기를 위대한 일찍 디자인 과정으로 초대하라. 자신에게는 물론 플레이어를 최대한 정직하게 대한다면 좋은 결과를 얻을 수 있을 것이다. 내 경우에는 항상 다른 사람을 즐겁게 하고 변화시키기를 원했고, 내 일이 다른 사람에게 어떤 영향을 주는지 관심이 있었기 때문에 이 부분은 어렵지 않았다. 또한 자신이 만든 것을 다른 사람이 사용하는 것을 관찰하면서 더 나은 디자이너가 될 수 있다.

✓ **설득하고 영감을 불어넣으라.** 우리가 하는 일은 엔터테인먼트이자 예술이다. 우리의 프로토타입은 멋지고 재미있으며 사람들을 흥분시켜야 한다. 자신과 동료가 모두 매료될 수 있는 디자인이라면 플레이어도 매료시킬 수 있을 것이다. 반면 사람들에게서 좋은 반응을 얻지 못한다면 아이디어나 접근 방법을 다시 생각해 볼 필요가 있다. 프로토타입은 설득을 위한 강력한 도구다. 괴혼을 디자인한 케이타 타카하시는 프로토타입을 만들 때까지 끈적한 공을 굴리는 게임에 관심을 갖지 않았다고 한다.

✓ **빠르게 일하라.** 첫 번째 '실패'(가설의 거부)를 얻기까지 걸리는 시간을 최소화하고 폐기 단추를 눌러야 할 때는 용기를 가져야 한다. 핵심 디자인 아이디어를 입증하는 데 전혀 관련이 없는 엔진, 아키텍처 또는 다른 사항에 몇 달을 소비하는 것은 흔히 볼 수 있는 전형적인 실수다. 프로토타입에는 엔진이 필요 없다. 프로토타입이란 말하자면 최대한 신속하게 아이디어를 증명하기 위해 풍선껌으로 고정한 철사로 얼기설기 만드는 기계다. 몇 주일 또는 몇 달 동안 프로젝트를 진행해서 얻은 것이 엔진이라면 이미 실패한 것이다. 검증해야 하는 구체적인 게임플레이 아이디어를 세분화해야 할 수 있다. 내 경우엔 프로토타입을 시작해서 완료하는 데 걸리는 시간(디자인, 구현, 테스트 및 반복 포함)은 대략 2일에서 2주 사이다. 이보다 오래 걸린다면 문제가 있다는 신호.

✓ **경제적으로 일하라.** 작고 아름답게, 그리고 현명하게 개발 노력을 투자하자. 가급적 빠르고 작게 작업하고 한번에 너무 많이 하려고 하지 말자. 현실적으로 생각하자. 프로토타입의 엔지니어링, 아트, 인터페이스 디자인 또는 다른 측면에 투자할 적절한 노력의 수준을 결정할 때는 이 프로토타입의 목적이 무엇인지, 누가 사용하는지, 외형, 운동 감각, 로드 시간, 실행 시간, 사용성, 동료 설득 중에서 무엇이 중요한지와 같은 질문을 고려하자. 프로그래밍은 꼭 필요한 부분에만 아껴서 사용하자. 아이디어를 테스트할 수 있을 정도면 충분하다. 프로토타입의 프로그래밍, 아트 또는 다른 측면에 필요 이상으로 집중하지 않도록 하자.

✓ **문제를 세심하게 분해하라.** 한 번에 처리할 수 있는 이상으로 욕심을 부리지 말자. 전체 체계를 동시에 프로토타입으로 만들려고 하면 작업 속도가 느려지고 다양한 문제가 발생해서 결국 실패하게 된다. 모두 동시에 만들려고 하는 것은 한 번에 실제 게임을 만들려는 것처럼 어려운 일이다. 프로토타입을 디자인할 때는 바둑 플레이어처럼 상대의 돌을 분리해서 마음대로 처리할 수 있는 작고 약한 그룹으로 나누자. 현명하게 문제를 관리 가능한 조각으로 나누자. 그러나 때로 문제가 불분명한 방법으로 서로 연결된 경우, 나중에 문제가 될 수 있으므로 주의해야 한다. 연습을 통해 쌓은 디자이너의 직감과 경험을 바탕으로 서로 연결된 문제를 파악하고 손상 없이 현명하게 분리할 수 있다.

아마도 격자판의 육각 격자의 숫자나 격자의 크기, 스폰 지점의 숫자, 그리고 벽은 얼마나 많이 만들어야 하는지 등과 같은 의문이 있을 것이다. 이 의문에 대한 답은 여러분의 짐작을 따르라. 게임을 해 보기 전까지는 이러한 구체적인 사항을 알 수가 없다. 게다가 어떤 결정을 내리든지 결국에는 수정해야 할 가능성이 높다. 상황에 적합하다고 생각되는 매개변수를 선택하고 과정을 진행하면 된다.

유닛

유닛은 게임에서 아군이며 프로토타입에는 동전이나 플라스틱 군인 또는 다른 일상 생활의 물건을 사용할 수 있지만, 격자판의 셀 하나에 맞는 크기여야 한다. 또한 유닛이 현재 조준하는 방향이 명확하게 나타나야 한다. 예를 들어, 동전을 유닛으로 사용하는 경우 동전에 화살표를 그려서 방향을 나타낼 수 있다.

이 프로토타입은 여러 유닛을 동시에 플레이할 수 있게 디자인됐다. 격자판상에서 다른 유닛의 시작 셀을 결정하려면 주사위를 사용할 수 있다. 가장 낮은 수가 나온 플레이어가 먼저 격자판에 유닛을 배치하고 다음 플레이어부터 시계 방향으로 각 플레이어의 시작 위치를 선택하면 된다. 그림 7.8에는 이러한 프로토타입의 예가 나온다.

연습 7.3 : 이동과 공격

과제에 도전해 보고 싶다면, 이 프로토타입에 사용할 이동과 공격 규칙을 생각해보자. 그리고 이러한 규칙에 대한 근거를 설명한다.

이동과 공격 규칙

다음은 이동과 공격에 대한 하나의 솔루션이다. 이 외에도 무수하게 많은 창의적 가능성이 있으므로 직접 자신만의 솔루션을 찾아 실험해 보자.

플레이어마다 다음과 같이 카드 9장을 가진다.

✓ 1칸 이동(1장)

✓ 2칸 이동(1장)

✓ 3칸 이동(1장)

✓ 4칸 이동(1장)

✓ 방향 바꾸기(2장)

✓ 발사(3장)

플레이는 라운드 단위로 실행된다.

1. 스택 구성: 각 플레이어는 카드 세 장을 선택해서 스택을 만들고 테이블 위에 뒤집어 놓는다.

2. 공개: 각 플레이어는 맨 위 카드를 공개한다.

3. 발사 카드 처리: 발사 카드를 가진 플레이어는 유닛이 가리키는 방향으로 무기를 발사한다. 무기는 격자판에서 가상의 선을 따라 발사된다. 이 선이 다른 유닛이 있는 셀과 교차하면 해당 유닛이 공격받는다. 이 선이 벽에 맞거나 다른 유닛과 교차하지 않으면 공격이 빗나간다. 발사는 동시에 처리되므로 두 명 이상의 플레이어가 동시에 공격할 수 있다.

4. 방향 바꾸기 카드 처리: 방향 바꾸기 카드를 가진 플레이어는 자신이 원하는 방향으로 유닛의 방향을 바꿀 수 있다. 두 명 이상의 플레이어가 방향 바꾸기 카드를 가진 경우, 주사위를 던져서 먼저 방향을 바꿀 플레이어를 결정한다.

5. 이동 카드 처리: 이동 카드를 가진 플레이어는 카드에 지정된 공간만큼 자신의 유닛을 이동한다. 두 명 이상의 플레이어가 이동 카드를 가진 경우, 주사위를 던져서 먼저 이동할 플레이어를 결정한다. 여러 플레이어가 같은 셀로 이동할 수 없다.

6. 스택의 두 번째 카드로 2~5단계를 반복한다.

7. 스택의 세 번째 카드로 2~5단계를 반복한다.

공격당한 유닛은 격자판에서 제거되며, 다음 라운드 시작 시 선택한 스폰 지점에서 다시 나타난다.

연습 7.4 : 직접 제작하기

지금까지 설명한 물리적 프로토타입을 제작하고 테스트해 보자. 발견한 문제를 설명하고 프로토타입을 제작하는 동안 떠오른 의문 사항도 나열한다.

액션 게임의 프로토타입 제작 과정은 복잡하게 보일 수도 있지만 잠시 생각해 보면 종이와 펜을 사용해서 일인칭 슈팅 게임이 구성되는 방법을 완벽하게 묘사하는 놀라운 일을 했음을 알 수 있다. 또한 직접 플레이해 보면 매우 유연하며 단순한 모델이라는 것도 확인할 수 있다.

첫 번째 일인칭 슈팅 프로토타입에 추가할 수 있는 사항은 다음과 같다

✓ 점수 체계 추가: 플레이어의 킬 점수를 기록해 가장 먼저 10점을 얻은 플레이어가 승리한다.

✓ 명중 확률 포함: 공격 유닛과 목표 유닛이 격자판에서 이웃한 격자에 있는 경우 명중할 확률이 100%라고 가정하고 거리가 추가될 때마다 이 확률을 10%씩 낮출 수 있다. 공격이 명중했는지 여부는 10면체 주사위를 던져서 결정한다.

✓ 체력 포인트 추가: 유닛이 체력 포인트 5점으로 시작해서 공격이 명중할 때마다 1점씩 깎이게 한다.

✓ 치료 키트 투하: 유닛이 보드 상의 치료 키트 격자에서 한 라운드 동안 대기하면 체력 포인트가 원래 상태로 회복된다.

✓ 탄약 추가: 유닛은 탄약 10개를 가지고 시작하며, 공격할 때마다 탄약을 한 개씩 소비한다. 유닛이 탄약 격자에서 한 라운드 동안 대기하면 탄창을 재장전할 수 있다.

✓ 다른 무기 추가: 새로운 무기를 격자판에 배치한다. 유닛이 무기가 있는 격자로 이동하면 무기를 획득하고 다음 라운드부터 사용할 수 있다. 무기의 향상된 기능으로는 데미지 추가, 정확도 향상, 탄약 장전 수 증가 등이 있다.

연습 7.5 : 특성

앞에서 소개한 특성 중 일부 또는 전부와 자신이 직접 구상한 특성을 물리적 프로토타입에 통합하고 이러한 특성이 게임플레이에 어떤 영향을 주는지 기록해 보자.

새로운 규칙과 특성을 추가, 변경 및 제거하거나 체계를 활용해서 깃발 뺏기, 협동 플레이 미션, 데스매치 등을 구현할 수 있다. 마음에 드는 조합을 찾을 때까지 특성 추가, 테스트, 세부 조정을 반복하자. 규칙이나 특성을 추가할 때마다 다른 새로운 아이디어가 떠오르거나 예상과는 다른 방향으로 전개될 수 있다. 이것이 창조적 과정의 핵심이며, 이상하고 터무니없어 보이는 시도라도 무시하지 말고 게임으로 플레이했을 때 어떤 결과가 나오는지 확인해야 한다. 이 연습을 마치면 일인칭 슈팅 게임과 3D 어드벤처 게임이 구성되는 방법을 깊이 있게 이해할 수 있을 것이다.

그림 7.9 특성을 추가한 FPS 프로토타입: 왼쪽 위부터 시계 방향으로 명중 확률, 체력 포인트, 치료 키트

연습 7.6 : 반대 순서로 작업

지금까지 배운 내용을 다른 유형의 게임에 적용해 보자.

1. 워크래프트 및 에이지 오브 엠파이어와 같은 실시간 전략(RTS) 게임 두 개를 선택해서 반대 순서로 작업해 보자. 게임에서 외부 특성들을 제거하고 게임이 가진 공통적인 요소를 확인한다. 이것이 핵심 게임 메커닉이다.
2. 두 RTS 게임 중 하나의 핵심 게임 메커닉을 플레이 가능한 종이 프로토타입으로 전환해 보자.

중요한 것은 두 게임의 상관관계를 알 수 있는 규칙이다. 이러한 규칙이 핵심 게임 메커닉이며, 앞으로 만들 물리적 RTS 프로토타입의 기반이 된다.

물리적 프로토타입에 대한 관점

물리적 프로토타입을 사용해 보지 않은 사람들은 이 방법이 컴퓨터상의 플레이어 경험을 정확하게 반영하지 않는다고 주장할 수 있다. 이들은 펜과 종이 프로토타입이 턴 방식 게임에는 적합할 수 있지만 근본적으로 3D 환경에서 구현되고 플레이어가 실시간으로 움직일 수 있는 액션 기반 슈팅 게임에는 적합하지 않다고 생각하는 것이다. 물리적 프로토타입이 이러한 체계를 대체할 수 있다고 말하는 것은 아니며, 이러한 게임 체계도 물리적 프로토타입을 제작하면 초기 단계에서 상당히 많은 장점이 있다는 것이다.

물리적 프로토타입을 제작하면 게임의 구조를 제작하고, 다양한 요소가 상호작용하는 방법을 심도 있게 고려하며, 게임이 작동하는 방법에 체계적으로 접근할 수 있다. 디지털 게임에서 만들어내는 감각적 경험, 즉 3D 공간을 이동하는 느낌은 매력적인 게임 경험의 한 구성 요소일 뿐이다. 중요한 구성 요소이기는 하지만 이후 과정으로 분리해서 처리할 수 있다. 물리적 프로토타입을 제작하면 최소한 디자인 요소를 깊이 있게 생각하고 정의해야 한다. 진행하는 과정에서 얼마든지 변경할 수 있는 요소지만 시각화 수 있는 기반이라는 점은 분명하며, 제작 팀을 준비하고 시작하면서 부딪히게 되는 문제를 미리 방지할 수 있다.

프로젝트에 대한 사전 경험이 전혀 없는 프로그래머들에게 여러분의 머릿속에 있는 게임을 설명한다고 가정해 보면 분명 쉬운 일이 아님을 알 수 있다. 아직까지 사람들이 한 번도 경험해 보지 못한 게임플레이를 설명하려고 한다면 아예 불가능할 수도 있다. 앞서서 직접 플레이해 볼 수 있는 물리적 프로토타입은 게임에 대한 비전을 확실하게 전달할 수 있는 수단이다. 또한 구체적인 작업 재료로도 활용된다. 개념 문서나 디자인 명세도 좋지만 복잡한 체계를 설명할 때는 실제 플레이해 볼 수 있는 프로토타입에 비교할 수는 없다.

독창적 게임 아이디어의 프로토타입 제작

이제 몇 가지 프로토타입을 만들고 수정하면서 배운 내용을 바탕으로 자신의 게임 개념을 사용해 독창적인 프로토타입을 만들 차례다. 첫 번째 단계는 6장 개념화에서 브레인스토밍으로 얻은 아이디어 중 하나를 선택하는 것이다. 아이디어와 개념 문서가 완료되면 첫 번째 프로토타입을 제작할 준비가 된 것이다. 그러나 본격적으로 프로토타입 제작을 시작하기 전에 만들 핵심 게임플레이를 명확하게 설명할 수 있는지 확인해야 한다.

핵심 게임플레이의 시각화

전체 게임을 한 번에 디자인하려고 한다면 혼란스럽고 당황스러울 것이다. 게임에는 시작하는 시기와 방법을 결정하기 어려운 요소가 너무나 많다. 이럴 때는 핵심 게임플레이 메커니즘을 분리하고 이를 바탕으로 제작하길 권장한다.

핵심 메커닉이라고도 하는 핵심 게임플레이 메커니즘은 게임의 전체적인 목표를 달성하기 위해 플레

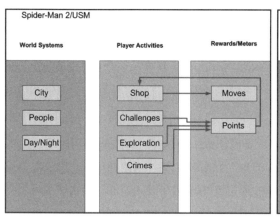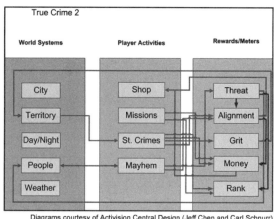

Diagrams courtesy of Activision Central Design (Jeff Chen and Carl Schnurr)

7.10   스파이더맨 2와 트루 크라임 2의 게임플레이 메커닉 다이어그램

이어가 반복하는 동작을 정의한다. 게임은 원래 반복적이다. 플레이어 행동의 의미와 결과는 게임이 진행되는 동안 달라질 수 있지만 핵심적인 동작은 시작부터 끝까지 동일하게 유지되는 것이 일반적이다. 그림 7.10은 게임 스파이더맨 2와 트루 크라임 2에서 플레이어의 핵심 동작을 시각화해서 분석한 것으로 이 다이어그램에서 플레이어의 동작이 기록과 보상으로 상호연관돼 있음을 볼 수 있다. 스파이더맨 2의 경우 과제, 탐험, 보상은 모두 상점에서 업그레이드, 콤보, 체력 등을 구매하는 데 사용할 수 있는 포인트로 받는다. 이것은 플레이어가 더 많은 포인트를 찾도록 동기를 부여하는 아주 단순한 보상 체계다. 반면에 트루 크라임의 다이어그램을 보면 훨씬 복잡한 디자인이 사용되고 있음을 알 수 있다. 플레이어의 동작은 여러 형태로 보상되며 이러한 보상과 기록이 전체적인 월드 체계에 영향을 미친다. 그러나 복잡한 디자인이 반드시 더 나은 플레이어 경험을 제공하지는 않는다는 것을 알아두자.

5장에서 설명한 것처럼 메커닉에 의해 양성 또는 음성 피드백 루프가 발생해 밸런스에 영향을 줄 수 있다. 핵심적인 게임 동작을 다이어그램으로 작성하면 이러한 문제를 조기에 찾아낼 수 있다. 앞에서 예로 살펴본 것처럼 형식적인 프레젠테이션 스타일로 만들 필요는 없다. 그림 7.11과 같이 종이나 화이트보드 위에 개략적인 스케치로 만들어도 된다. 이런 개략적인 스케치로도 기본 메커닉에 제대로 통합되지 않은 특성을 가려내고 이런 특성을 다시 디자인해서 올바르게 통합할 수 있다.

다음은 몇 가지 유명한 게임들의 핵심 게임플레이 메커니즘에 대한 간단한 설명이다.

✓ **워크래프트**: 상대편의 유닛을 전투에서 파괴하기 위해 실시간으로 지도 상에서 유닛을 생산하고 이동한다.

✓ **모노폴리**: 자신의 땅에 도착하는 다른 플레이어에게 임대료를 받기 위해 부동산을 구매하고 개발한다.

✓ **디아블로**: 부를 축적하고 더 강해지기 위해 몬스터를 처치하고 보물을 찾으며 던전을 탐험한다.

✓ **슈퍼 마리오 브라더스**: 마리오(또는 루이지)가 걷고, 뛰고, 점프하도록 조정해서 함정을 피하고 장애물을 넘어서 보물을 모은다.

✓ **아토믹 봄버맨**: 미로 안에서 봄버맨을 움직이고 폭탄을 설치해서 상대편을 날려버린다.

연습 7.7 : 핵심 게임플레이 다이어그램 작성 1

언급한 게임을 잘 알고 있다면 이 게임의 게임플레이 메커니즘을 금방 다이어그램으로 그려낼 수 있을 것이다. 이 게임들을 잘 모르는 경우에는 익숙한 게임을 2~3개를 선택해서 핵심 게임 플레이에 대한 설명을 간단하게 적고, 앞서 소개한 것과 비슷하게 다이어그램을 그려 보자.

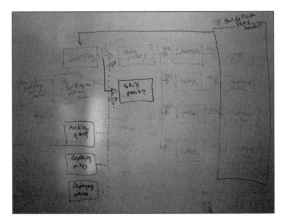

그림 7.11 　 개략적인 핵심 게임플레이 다이어그램

이번에는 자신의 게임 아이디어에 대한 핵심 게임플레이를 다이어그램으로 만들어 보자. 195쪽의 연습 6.8에서 작성한 개념 문서를 출발점으로 사용할 수 있다. 아직 일부 동작이 상호 연관되는 방법을 결정하지 못한 경우 생략하는 내용를 삭어도 된다. 이러인 내용들은 프로토타입을 제작하고 게임을 수정하는 동안 자연스럽게 달라지므로 처음부터 시간을 낭비할 필요가 없다.

물리적 프로토타입 제작

지금까지 기존 게임의 프로토타입을 제작, 수정하는 연습을 해 봤으며, 이제 독창적인 게임 개념을 프로토타입으로 제작할 준비가 끝났다. 다음은 물리적 프로토타입을 효과적으로 제작하는 데 도움이 되는 네 가지 단계다.

1. 기반 구축

기반 구축은 핵심 게임플레이를 묘사하는 단계로서 판지, 풀, 펜, 가위 등과 같은 미술/공작 재료를 사용해 보드 레이아웃이나 개략적인 지도를 만들고, 판지나 종이에서 조각을 잘라내면서 보내게 된다.

이 과정을 거치는 동안 플레이어가 한 번에 움직일 수 있는 거리, 플레이어는 서로 상호작용하는 방법, 충돌을 해설하는 방법 등에 대한 의문이 나오를 것이다. 지금 당장은 이러한 의문에 모두 답하려 하기보다 잠시 제쳐두고 핵심 게임플레이에 집중하는 것이 중요하다.

기본 게임 개체(물리적 설정, 유닛, 자원 등)와 게임의 핵심 절차(게임 진행 중 반복되는 동작의 주기)를 디자인하는 것이 기반 구축 단계의 중심이다.

핵심 게임플레이를 직접 플레이해 보자. 아직은

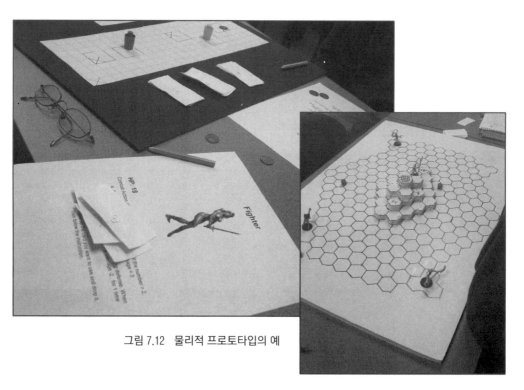

그림 7.12 물리적 프로토타입의 예

게임이라고 할 수 없겠지만 기본 개념이 계속 작업할 가치가 있는지 결정하는 데는 충분할 것이다. 기반을 구축한 후에는 답을 찾아야 할 질문들이 좀 더 명확해진다. 그러나 이 단계에서는 가급적 규칙을 확장하지 않으면서 게임을 테스트하도록 노력해야 한다. 메커닉을 플레이 가능하게 만들기 위해 규칙이 필요할 때는 괜찮지만 반드시 필요한 경우로 한정해야 한다. 최소한의 규칙으로 핵심 게임플레이 메커니즘을 유지하는 것이 이 단계의 목표다.

FPS 프로토타입의 경우, 가장 먼저 구체화한 요소는 게임의 핵심 메커닉이었던 동시 이동이었다. 모든 플레이어가 동시에 동작 카드를 공개한다는 것은 동시 움직임을 흉내 낸 것이다. 이것이 시작점이다. 다음 논리적 질문은 동작 카드에 사용할 수 있는 옵션에 대한 것이고 그 대답은 이동, 방향 바꾸기, 발사가 있다. 동작 카드를 위한 다른 아이디어로는 일어서기, 수그리기, 엎드리기 등이 있지만 처음에는 가급적 옵션을 간단하게 하기로 결정했다. 이러한 옵션들은 프로토타입의 다음 단계인 구조 설계로 이어진다.

매직 더 게더링의 디자인 혁명

매직 더 게더링은 현존하는 게임 중 가장 중요하고 많은 영향을 미친 게임으로 손꼽힌다. 이 게임은 1993년 Gen Con 게임 컨벤션에서 선보인 직후 히트작이 되었고 지금까지도 꾸준한 인기를 이어오고 있다. 여기에서는 이 게임의 디자이너인 리차드 가필드(Richard Garfield)가 이 게임의 구상과 개발 과정을 설명하기 위해 썼던 두 기고문을 소개하는 기회를 마련했다. 1부 '매직 더 게더링 개발 과정'은 거의 20년 전 게임을 처음 출시하고 쓴 글이며, 트레이드 카드 게임이라는 새로운 장르를 디자인하는 과정에서 겪은 경험을 회상하면서 환상적이었던 게임의 플레이테스트 과정을 소개했다.

2부 '매직 디자인: 10년 후'는 원래 디자인 노트에 대한 회고 성격의 글이다. 이 글에서 그는 게임이 발전하는 방법과 이유에 대한 통찰력 있는 안목을 제시하고, 매직 프로 선수권 대회, 매직 온라인, 그리고 게임의 향후 10년에 대해 이야기한다.

매직 더 게더링 개발 과정

리차드 가필드(Richard Garfield) 1993년

매직의 혈통

게임은 진화합니다. 새로운 게임들은 이전의 게임들에서 가장 사랑받은 특성과 자신만의 고유한 성격을 함께 가지고 태어납니다. 매직 더 게더링의 개발 과정 역시 이러한 예라고 할 수 있습니다.

매직에 직접적인 영향을 준 게임은 십여 개가 넘지만 가장 많은 영향을 준 게임은 제가 항상 존경해 마지않는 코스믹 인카운터(Cosmic Encounter)입니다. 이 게임에서 참가자는 우주의 한 영역을 정복하려는 외계 종족의 역할을 맡습니다. 플레이어는 홀로 우주 정복을 시도하거나 다른 외계 종족과 연합을 맺을 수 있습니다. 각기 고유한 능력을 거의 50여 가지의 종족을 플레이할 수 있는데, 가령 아메바(Amoeba)는 우즈(Ooze) 능력을 사용해 토큰을 제한 없이 움직일 수 있고, 스니블러(Sniveler)는 뒤처졌을 때 징징대기 능력을 사용해 다른 플레이어를 따라잡을 수 있습니다. 코스믹 인카운터의 가장 훌륭한 점은 거의 무한할 정도의 다양성을 보여 준다는 것입니다. 지금까지 벌써 수백 번을 플레이해 봤지만 아직도 외계 종족들이 만들어내는 다양한 상호작용에 놀라곤 합니다. 코스믹 인카운터는 끊임없이 새롭기 때문에 항상 재미있습니다.

코스믹 인카운터는 저의 디자인 아이디어에 상당히 흥미로운 참고 자료가 되었습니다. 사실 저에게는 상당히 오래전부터 라운드마다 다른 조합의 카드 덱을 사용하는 게임에 대한 아이디어가 있었습니다. 게임을 즐기는 동안 플레이어가 덱에 카드를 추가하거나 빼서 플레이할 때마다 완전히 다른 카드 조합으로 플레이한다는 것이 핵심 개념이었습니다. 초등학교 시절에 친구들과 즐기던 구슬치기는 각자가 자신만의 컬렉션을 모으면서 서로 거래하고 컬렉션을 완성하는 재미가 있었습니다. 또한 실제 야구 선수의 작년 실적을 바탕으로 만든 카드로 즐기는 스트라토매틱 베이스볼이라는 게임에도 관심이 많았습니다. 하지만 게임의 구조에만 관심이 있었지 이 게임의 소재인 야구에 대해서는 그다지 흥미를 느끼지 못했습니다.

이런 생각들이 결국에는 매직의 탄생으로 이어집니다. 코스믹 인카운터에서 얻은 경험과 다른 게임에서 얻은 영감을 바탕으로 1982년에 파이브 매직(Five Magics)이라는 카드 게임을 만들었습니다. 파이브 매직은 코스믹 인카운터가 가진 모듈적 특성을 카드 게임으로 축소해서 구현하려는 시도였습니다. 코스믹 인카운터의 본질은 와일드하고 완전히 예측할 수는 없지만 완전한 미지의 세계도 아니며, 거의 이해할 수 있지만 완벽하게 이해할 수는 없는 마법 카드 게임에 적합하다는 생각이 들었습니다. 몇 년 뒤 파이브 매직은 저의 여러 친구들에게 새로운 마법 카드 게임에 대한 영감을 제공하기도 했습니다.

10년 후에도 저는 여전히 보드 게임을 디자인하고 있었는데, 마이크 데이비스(Mike Davis)와 함께 로보랠리(RoboRally)라는 보드 게임을 개발했습니다. 당시 마이크는 에이전트 역할도 하면서 여러 회사와 접촉했는데 그중 하나가 위자드오브더코스트라는 신생 회사였습니다. 일은 상당히 잘 진행되는 것처럼 보였기 때문에 그 해 8월 마이크와 저는 위자드오브더코스트에서 담당자로 나온 두 명의 사람들과 피자 레스토랑에서 만났습니다.

이 사람들은 로보랠리에 대해서는 상당히 호의적이었지만 당장 보드게임을 출시할 형편은 아니라고 말했습니다. 상당히 실망스러웠지만 미팅을 위해 오리건 주 포틀랜드까지 여행한 노력이 완전히 낭비되는 것은 더 싫었기에 그러면 회사에서 관심이 있는 게임은 무엇인지를 물었습니다. 이들은 최소한의 장비로 짧은 시간 동안 플레이할 수 있는 게임을 찾고 있다고 말했는데, 이런 게임은 당시 관행을 크게 벗어나는 것이었습니다. 과연 이게 가능했을까요?

이후 며칠 동안 제가 1985년에 만들었지만 그다지 성공하지는 못했던 세이프크랙커(Safecracker)라는 카드 게임을 바탕으로 트레이딩 카드 게임의 초기 개념을 만들었습니다. 그리고 파이브 매직을 기억해냈습니다.

첫 번째 디자인

펜실베이니아대학교 대학원으로 돌아가서 남는 시간 동안 카드 게임 디자인을 계속했는데, 결코 쉬운 작업이 아니었고, 3개월 동안 작업한 프로젝트를 포기하기도 했습니다. 카드 게임의 디자인에서 트레이딩 카드 게임을 디자인하기 위해 다시 고려해야 하는 측면이 너무 많았던 것입니다. 무엇보다 나쁜 카드라는 것이 생기지 않게 해야 했습니다. 플레이어들은 제일 좋은 카드로 플레이하려고 할 것이므로 너무 여러 면에서 유용한 카드가 나오지 않게 해야 했습니다. 사람들이 원하지 않는 카드를 만들 필요가 무엇이겠습니까? 게다가 카드 파워의 균질성은 처음부터 게임 개념을 위협했던 '부잣집 아이 신드롬'을 해결할 수 있는 유일한 방법이었습니다. 도저히 이길 수 없는 덱을 만들지 못하게 하는 방법이 무엇일까요?

이것이 가장 중요한 디자인의 관심사였습니다. 경제력이 게임의 밸런스를 해치는 방법에 대한 다양한 이론을 생각했지만 모두 약간씩만 효과가 있을 뿐 완벽한 해결책은 없었습니다. 이러한 '사재기' 전략에 대한 가장 효과적인 대비책은 앤티였습니다. 앤티를 정하고 열 개의 덱에서 뽑아낸 덱으로 플레이하는 경우 게임에서 이기면 더 가치 있는 카드를 갖게 됩니다. 또한 충분한 기술이 개발된 게임이라면 돈을 투자해서 능력을 높이려는 플레이어는 결국 좋은 덱에 대비하는 다른 플레이어에게 좋은 먹잇감이 될 수 있습니다. 게다가 포커에서도 칩을 많이 구입한 사람이 무조건 승자가 되는 것은 아니라는 인식도 있었습니다. 결국 '부잣집 아이 신드롬'은 큰 문제가 아니라는 결론을 내렸습니다. 덱을 어떻게 구했는지는 중요한 문제가 아니었고, 너무 강력한 덱은 자체적인 단점이 있다는 사실이 플레이테스트에서 확인됐기 때문입니다. 반면 핸디캡을 적용하지 않으면 사람들이 앤티를 놓고 플레이하지 않으려고 했고, 이에 대응해서 더 효과적인 덱을 구성하려고 하는 동기가 됐습니다.

첫 번째 매직은 애정을 담아 알파(Alpha)라고 이름지었습니다. 이 버전은 카드 120장을 두 플레이어에게 임의로 분할하고 두 플레이어는 앤티를 놓고 이를 따기 위해 흥미를 잃을 때까지 대결하는 방식이었습니다. 이 단계에서도 매직은 중독성이 아주 높아서 오랫동안 플레이해도 쉽게 질리지 않았습니다. 한 번은 창문도 없고 에어컨만 나오는 펜실베이니아대학교 천문학 휴게실에서 동료 교수 베리 '비트' 라이시와 함께 밤 10시쯤 게임을 시작해 새벽 3시가 돼야 건물을 나온 적도 있을 정도입니다.

이 시기에 개인별로 덱을 소유하고 맞춤 구성하는 개념을 지원하는 게임 구조가 완성됐습니다. 게임은 빠르게 진행할 수 있었고 속임수와 전략을 사용할 수 있으면서도 계산 때문에 지나치게 복잡해지지도 않았습니다. 흥미롭고 때로 놀랍기까지 한 다양한 조합을 찾아냈는데, 이러한 카드 조합이 게임의 밸런스를 해치는 경우도 없었습니다. 즉, 한 사람이 이기기 시작하더라도 역전이 불가능한 상황으로 흘러가지는 않았습니다.

알파에서 감마로

카드 조합을 제외하면 매직은 알파 이후 크게 변한 것이 없습니다. 알파에서는 벽도 공격할 수 있었고 특정 색의 대지를 모두 잃으면 이와 연결된 스펠이 파괴되기는 했지만 그 밖에 플레이테스트 초기 단계의 규칙은 지금의 규칙과 거의 같습니다.

알파에서 베타 버전으로 넘어가는 단계는 마치 야수를 풀어놓은 것 같았습니다. 즐거운 대결 게임이었던 알파는 이제 상대편의 영역을 마구 침범하는 공격적인 게임으로 변모했습니다. 플레이어들은 게임마다 자유롭게 카드를 거래했으며, 약한 플레이어를 찾아 도전하거나 더 강한 플레이어에게 투지 있게 도전하거나 오히려 피하는 모습을 보여줬습니다. 플레이어마다 꾸준하게 강한 사람이라거나 몇 번 블러핑으로 이긴 사람이라는 식의 평판이 생겼습니다. 플레이어들은 카드 조합을 잘 이해하지 못했기에 대결에서 게임을 배워나 갔습니다. 아주 조심스러운 플레이어조차 종종 황당한 상황에 처하는 경우가 있었습니다. 이렇게 미지의 세계를 끊임없이 발견해 나가는 과정에서 게임이 무한한 크기와 가능성을 가지고 있다는 느낌을 받았습니다.

감마 버전에서는 새로운 카드가 추가됐고 여러 생물 카드의 가격이 올랐습니다. 플레이테스터의 수도 두 배로 늘렸고 스트라토매틱 베이스볼 플레이어 그룹도 영입했습니다. 당시 우리는 매직이 리그 플레이에 적합한지 여부에 관심이 많았습니다. 또한 감마는 카드 전체에 일러스트를 적용한 첫 번째 버전이기도 했습니다. 당시 스카프 엘리아스(Skaff Elias)가 아트 디렉터를 맡고 있었는데, 그와 다른 아티스트들은 카드에 적합한 아트를 찾기 위해 며칠 동안 오래된 그래픽 잡지와 만화, 게임 책들을 뒤적이며 시간을 보냈습니다. 흑백 인쇄용지에 복사기로 만들어낸 것을 감안하면 이 당시의 플레이테스트 덱은 상당히 매력적이었습니다. 대부분의 카드에는 진지한 분위기의 일러스트가 실렸지만 유머러스한 카드도 많았습니다. Heal은 스카프가 발로 일러스트를 했고, Power Sink는 만화 캘빈과 홉스에 나오는 캘빈이 화장실에 있는 모습을 그렸습니다. Berserk는 영화 토요일 밤의 열기에 나오는 존 트라볼타였고, Righteousness는 커크 선장의 모습을, Blessing은 스팍의 '장수와 번영을 빕니다' 제스처를 담았습니다. 오래된 만화책에서 Holy Strength에 사용할 찰스 아틀라스의 모습을 찾아냈고, Weakness에도 그를 등장시켰습니다. Instill Energy는 리차드 시몬스의 모습이고, 악명 높은 Glasses of Urza는 카탈로그에서 발견한 X-레이 안경이었습니다. Firebreathing 에서는 불을 뿜는 아기의 모습을 담았습니다. 저 역시 Goblins로 출연하는 영광을 누렸습니다. 일러스트를 추가하고 플레이어의 수를 늘리면서 게임에 분위기가 생기기 시작했습니다. 게임은 기본적으로 두 명의 대결이었지만 참여하는 플레이어가 많을수록 더 재미있었습니다. 어떻게 보면 각각의 대결은 더 큰 게임의 일부라고도 볼 수 있었습니다.

밸런스 조정

플레이테스트를 진행하면서 특정한 카드들이 퇴출됐습니다. 알파와 베타에서 흔하게 볼 수 있었던 카드 종류가 감마에서는 귀해졌고 이제는 볼 수 없게 됐습니다. 바로 경쟁자의 카드 중 하나를 자신이 가져오는 카드 종류입니다. Control Magic으로 상대편의 생물을 영구적으로 훔쳐올 수 있었고, Steal Artifact로는 성물을 가져올 수 있었습니다. Copper Tablet은 원래 두 생물을 서로 바꾸는 역할을 했으니 이제는 완전히 다른 카드가 됐다고 할 수 있습니다. ("그래, 내 Merfolk와 당신의 Dragon을 바꿉시다. 아니다, 그보다는 못생긴 Goblins하고 바꿉시다.") 스펠 중에 Planeshift는 대지를 훔칠 수 있었고, 모든 대지에서 수집되는 Ecoshift는 대지를 섞고 다시 분배하는 역할을 해서 4~5가지 색의 마법 사용자에게 아주 유용했습니다. Pixies는 상당히 골칫거리였는데 공격을 받으면 핸드의 카드 중 하나를 상대편과 교환해야 했습니다. 이러한 카드는 자신의 생물을 상대편이 영원히 뺏기 전에 스스로 파괴하거나 자신의 덱을 지키기 위해 게임을 포기하는 등의 독특한 요소를 게임에 추가했습니다. 그러나 결국 게임 환경에 추가했던 이러한 짓궂은 요소가 그다지 가치가 없다고 결론을 내렸고, 앤티를 놓고 플레이하지 않는 이상 플레이어가 카드를 잃는 일은 없어졌습니다.

이 시기에는 게임에 대해 어떤 결정을 내리더라도 일부 플레이어들의 반대를 겪었는데, 때로 극심한 반대에 부딪히기도 했습니다. 카드 조합에 포함될 카드와 제외될 카드에 대한 큰 의견 차이 때문에 일부 플레이어들은 각자의 버전으로 플레이테스트를 했고, 4,000여 장의 카드를 디자인, 제작, 혼합 및 배포하는 작업도 만만치 않았습니다. 이러한 게임에는 모두 저마다의 장점이 있었고 플레이테스터들도 새로운 환경의 별난 특성과 비밀을 찾아내는 과정을 즐겼습니다. 이러한 노력의 결과로 이후에 주로 새로운 카드를 포함하는 더 게더링의 구조를 사용하는 덱마스터 게임의 기반이 형성됐습니다.

더 좋은 덱을 구성하기 위해

덱마스터 게임의 플레이테스트는 아주 어려웠습니다. 아마도 정교한 멀티 플레이어 컴퓨터 게임 다음으로 플레이테스트가 까다로운 게임일 것입니다. 이제 매직의 기본 프레임워크가 견고하다고 판단을 내린 후에는 막대한 수의 카드를 분류하는 방법을 결정해야 했습니다. 보통 카드는 단순하면서도 레어 카드보다 크게 약하지 않게 해야 했습니다. 강한 카드가 모두 레어라면 운이 좋지 않거나 부자가 아닌 플레이어는 좋은 덱을 만들 수 없을 것입니다. 너무 강력하거나 많이 사용되면 밸런스를 저해할 수 있는 카드를 레어로 만들어야 했지만 이보다는 미묘하거나 특별한 용도를 지닌 카드가 레어 카드가 되는 경우가 많았습니다. 이러한 디자인 가이드라인은 아주 중요했으며 아무 문제 없는 몇 가지 카드가 없어지거나 또는 비중이 달라지는 것만으로도 게임 전체의 분위기가 크게 달라질 수 있었습니다. 추가할 카드와 제외할 카드를 결정할 때는 마치 300가지 재료를 사용해야 10,000명을 대접할 요리를 준비하는 주방장의 심정을 느낄 수 있었습니다.

당시에는 한 가지 색의 카드만 사용하면 여러 문제를 방지할 수 있었는데, 저는 이보다 플레이어들이 여러 색의 카드를 사용하기를 원했습니다. 그래서 전체 색을 마비시키는 Karma, Elemental Blast, Circles of Protection과 같은 여러 스펠을 추가했습니다. 명백하고 단순한 전략을 좌절시키는 카드를 추가하고 이후에는 유행하는 전략을 방해하는 카드를 새로 추가해서 전략적 환경을 동적으로 유지한다는 것이 원래의 계획이었습니다. 예를 들어, 대형 생물에 너무 많이 의존하는 플레이어는 Meekstone에 취약했고, Fireballs를 많이 사용해서 마나가 많이 필요한 플레이어는 Manabarbs로 쉽게 물리칠 수 있었습니다. 그러나 아쉽게도 이러한 전략 및 대응 전략 디자인은 플레이어들이 구성하는 덱의 다양성을 저해했고 자신에게 강한 카드를 사용하는 플레이어와 대결을 거부하는 분위기를 만들었습니다. 플레이어가 다양한 플레이어와 대결하지 않고 매번 상대편을 선택한다면 좁은 범위의 덱이 상당히 강력했습니다.

그래서 다양성을 권장하는 덜 가혹한 방법을 개발했습니다. 한 가지 색으로 구성된 덱에서는 플레이어가 필요한 모든 기능을 갖추기 어렵게 만들었습니다. 예를 들어, 삼마에서는 블루 매직을 단독으로 사용할 수 없었습니다. 극히 음흉한 두 가지 커먼 스펠(Ancestral Memory, Time Walk)을 가지고 있어 가장 강력한 마법이었지만 스펠을 레어로 바꿨고 훌륭한 카운터 스펠 능력과 놀라운 생물이 있었지만 최상의 생물 두 개를 언커먼으로 바꿨습니다. 블루 매직은 카운터 스펠 능력을 유지했지만 생물은 아주 부족해졌고 직접 데미지를 입히는 능력은 미약해졌습니다. 레드 매직은 방어는 취약하지만 직접 데미지와 파괴 능력이 크게 강화됐습니다. 그린 매직은 다수의 생물과 마나를 보유하게 됐지만 다른 능력은 약해졌습니다. 블랙은 반생물 매직의 마스터로서 약간의 유연성이 있었지만 생물이 아닌 위협에 대해서는 취약했습니다. 화이트 매직은 보호 마법으로서 커먼 등급을 보유한 유일한 마법이었지만 데미지를 입히는 능력이 부족했습니다.

때로는 무해해 보이는 카드가 결합하면 무서운 결과를 낳기도 했습니다. 그래서 이기기 어렵고 게임을 지루하게 만드는 덱인 '타락한' 덱을 만드는 데 일조하는 카드를 찾는 데 플레이테스트 노력을 많이 집중했습니다. 가장 충격적인 덱은 의심할 여지없이 다음 2~3턴에 대형 생물 8개를 해치울 수 있었던 톰 폰테인의 '곧 찾아올 죽음' 덱일 것입니다. 첫 번째 매직 토너먼트에서는 데이브 '허리케인' 패티가 '대지 파괴' 덱으로 승리를 차지했습니다 (데이브는 또한 '스펙터', '마인드트위스트', '방해하는 스펙터' 덱을 디자인하기도 했는데 이 덱들은 너무 섬뜩해서 아무도 사용하지 않을 것 같습니다.) 스카프가 만든 '위대한 백색 죽음' 덱은 생존 능력이 정말 좋았고, 찰리 카틴의 '위니 매드니스' 덱은 작은 생물로 상대편을 뒤덮는 능력이 훌륭했습니다. 이 덱은 앞서 소개한 덱처럼 주요 경기에서 활용되지는 않았지만 앤티를 놓고 플레이할 때는 찰리가 지는 경우가 별로 없었습니다. 그리고 네 게임 중 한 게임만 이기더라도 잃은 카드 전부와 추가 카드를 거래할 수 있는 카드를 따내곤 했습니다.

결국에는 타락한 덱도 재미의 일부라는 결정을 내렸습니다. 사람들은 이러한 덱을 만들어 지루해지거나 상대가 대결을 거부할 때까지 플레이하겠지만 이후에는 덱의 구성 요소를 다른 카드로 대체하게 됩니다. 말하자면 매직의 챔피언들이 은퇴하는 것과 비슷합니다. 대부분의 플레이어들은 타락한 덱을 롤플레잉 게임에서 자신의 최고 레벨 캐릭터와 비슷하게 따로 잘 보관하다가 가끔씩 이따금 새로운 플레이어를 상대할 때 꺼내 드는 비장의 무기처럼 사용합니다.

순수한 강력함을 추구하는 경향이 줄어들자 이상한 테마 덱이라는 다른 종류의 덱이 만들어졌습니다. 이러한 덱은 일반적으로 정해진 테마의 범위 안에서 강력한 능력을 발휘했습니다. 비트는 자신의 '서펜트' 덱에 실증을 느끼자(그는 Serpent를 소환할 때마다 고무 뱀을 꺼내놓고 뱀 소리를 내고는 했습니다) 대지 없이 성물로만 구성된 '아티펙트' 덱을 개발했습니다. '아티펙트'로 'Nevinyrral's Disk'를 사용하는 플레이어와 대결하는 모습은 상당히 재미있었습니다. 그러나 이상한 덱의 왕은 단연 찰리 카틴일 것입니다. 그는 한 리그에서 'The Infinite Recursion'이라고 부르는 덱을 선보였습니다. 기본 아이디어는 상대편이 자신을 공격할 수 없게 하고 자신은 생물에 Swords to Plowshares를 사용하는 상황을 만드는 것이었습니다. 그러고는 Timetwister를 사용해서 사용 중인 카드를 무덤, 핸드, 그리고 서고와 섞어서 새로운 서고를 만들게 하는 것입니다. Swords to Plowshares는 게임에서 생물 하나를 제거하므로 상대편의 생물도 하나가 없어지고 이를 여러 번 반복하면 상대편은 Swords to Plowshares가 부여하는 생명력으로 거의 60포인트까지 생명력이 늘어나지만 덱에는 생물이 남아나지 않게 됩니다. 그러면 찰리의 Elves가 본격적으로 활동을 시작해서 이 슬픈 게임의 막을 내리게 됩니다. 지금도 이 덱을 생각하면 묘한 슬픈 감정이 느껴집니다. 결정적인 한 방은 이 리그에서는 플레이어가 덱으로 10번 대결하게 했다는 것입니다. 게다가 찰리의 게임은 보통 1시간 30분 정도나 걸렸기 때문에 보통 한 번 이상 기권승을 거두기도 했습니다.

정확한 표현의 어려움

플레이어와 디자이너가 올바른 카드 조합을 결정하는 것만 어렵게 느낀 것은 아니었습니다. 이 사실은 규칙과 카드를 편집하는 끝없는 프로세스에 참여하면서 더욱 분명하게 느껴졌습니다. 초기 플레이테스터들이 지적한 것처럼(실은 좋지 않은 분위기에서) 매직의 원래 개념은 카드에 모든 규칙이 나와 있기 때문에 세상에서 가장 단순한 게임이었습니다. 그러나 이 개념은 이미 없어진 지 오래였습니다.

함께 고생할 필요가 없는 사람들의 관점에서는 정확성을 위한 우리의 노력이 재미있게 보였을 것입니다. 카드 문구에 실을 규칙에 대해서는 주로 짐 린(Jim Lin)과 함께 논의했는데, 규칙 문제에 대한 논의는 보통 다음과 같이 진행됐습니다.

짐: 흠. 아무래도 이 카드가 문제인 것 같아. 여기 문제를 해결할 수 있는 7쪽짜리 추가 규칙을 준비했어.

리차드: 차라리 다른 카드를 전부 회수하는 게 빠르겠는걸. 차라리 이 방법을 써 보자.

짐: 흠. 여기에도 문제가 있는데.

[계속 반복...]

리차드: 이건 정말 말도 안 돼. 아주 바보나 완벽주의자가 아니면 이 카드를 잘못 해석할 리가 없어.

짐: 맞아, 이 문제를 너무 오래 생각한 것 같아. 그렇게 생각하는 사람을 대하느니 다른 친구를 찾아보는 게 나을 거야.

우리를 고민하게 했던 구체적인 문제의 예로 Consecrate Land가 Stone Rain으로부터 대지를 보호할 수 있는지 여부가 있었습니다. 대지가 보호된다는 사람과 대지가 파괴된다고 말하는 사람들이 있는 것이 사실입니다. 이것은 모순이 아닐까요? 아직도 이 문제를 생각하면 머리가 아파오는데 아마도 이것은 결국 종이에 지나지 않은 물건을 사람들이 사게 만드는 이유와 비슷한 고민 같습니다.

그러나 다른 한편으로 사람들이 혼란스러워 하는 것이 이해가 되지 않기도 합니다. 한번은 플레이테스터 중 한 명이 비밀을 털어놓았습니다. "저는 제 덱이 정말 마음에 들어요. 게임에서 제일 강력한 카드가 있거든요. 이걸 사용하면 무조건 다음 턴에 이길 수 있죠." 대체 이것이 무슨 이야기인지 이해하려고 했지만 게임 승리를 보장하는 방법이 무엇인지 도저히 알 수 없었습니다. 그 방법이 무엇인지 묻자 그는 상대편이 턴을 건너뛰게 만드는 카드를 저에게 보여 줬습니다. 카드에 적힌 문구는 'Opponent loses next turn'이었는데, 이 사람은 이것을 "상대편이 다음 턴에서 진다"라고 해석한 것입니다. 카드에 적힌 문구를 모든 사람들이 동일하게 해석하게 만든다는 것이 얼마나 어려운 일인지를 깨닫게 한 첫 번째 사건이었습니다.

매직의 시장

2년 동안 플레이테스트를 진행하면서 아주 놀라운 사실을 발견했는데, 매직이 제가 지금까지 본 최상의 경제 시뮬레이션이라는 것이었습니다. 흥미로운 역학의 모든 요소를 갖춘 자유 시장 경제가 만들어졌습니다. 사람들은 카드의 가치를 각기 다른 방법으로 평가했는데, 가치를 정확하게 평가하기 않기 때문이기도 했지만 이보다는 카드의 가치가 사람들마다 달랐기 때문인 경우가 많았습니다. 예를 들어, 강력한 그린 스펠은 블랙과 레드 매직에 집중하는 사람보다는 주로 그린 카드로 덱을 구성하는 사람에게 가치가 높았습니다. 이러한 특성은 차익 거래의 가능성을 많이 열어 주었습니다. 어떤 플레이어 그룹에서는 거의 사용되지 않는 카드가 다른 그룹에서는 마치 금덩어리처럼 취급되는 경우를 자주 발견했습니다. 이런 경우 양쪽 그룹이 모두 이익을 보도록 카드를 교환하는 것도 가능합니다.

때로는 카드의 가치가 새로운 용도(또는 새로운 용도에 대한 예상)에 의해 등락하기도 했습니다. 예를 들어, 찰리가 블랙 마나를 생산하는 모든 스펠을 수집하기 시작했을 때 우리는 걱정할 수밖에 없었습니다. 이 카드의 가격은 점점 올라갔고 카드를 수집하는 의도를 알 수 없어 모두 불안해 했습니다. 그리고 데이브가 '대지 파괴' 덱을 만들기 전에는 Stone Rain이나 Ice Storm과 같은 대지 파괴 스펠이 그다지 인기가 많지 않았습니다. 덕분에 데이브는 저렴하게 덱을 만들 수 있었고 첫 번째 매직 토너먼트를 우승한 후에는 카드를 팔아서 짭짤한 수익을 거뒀습니다. 거래 금수 조치도 생겨났습니다. 어느 순간에는 꽤 잘 나가는 플레이어 그룹에서 스카프나 스카프와 거래하는 사람들과 거래하지 않기 시작했습니다. 한번은 다음과 같은 대화를 듣기도 했습니다.

플레이어 1이 플레이어 2에게: 카드 A하고 카드 B하고 바꾸기로 하죠.

이를 보고 있던 스카프: 무슨 그런 거래가 있어요. 카드 A를 나한테 주면 카드 B랑 카드 C, D, E, 그리고 F도 줄게요.

플레이어 1과 플레이어 2: 당신하고는 거래 안 해요, 스카프.

아마도 스카프가 처음에 대결이나 거래에서 이익을 너무 많이 본 모양입니다.

사람들이 자신이 사용할 의도가 없는 카드를 뺏으려고 하는 경우에도 흥미로운 경제 현상이 발생했습니다. 이들이 카드 풀에서 특정 카드를 빼려는 것은 카드가 짜증나거나(예: Chaos Orb) 아니면 자신의 특정 덱에 치명적이기 때문이었습니다.

제가 가장 큰 이익을 본 거래는 이튼 루이스와 비트가 거래하는 것을 구경하다가 우연히 이뤄졌습니다. 마침 이튼은 새 카드 팩을 받은 상황이었고 비트는 이튼과 거래하는 데 관심이 있었는데 이튼에게 Jayemdae Tome이 있는 것을 발견하고는 군침을 흘리면서 교환할 카드를 제시했습니다. 한쪽에서 이를 보고 있던 저는 가격이 너무 낮다고 생각하고 같은 카드를 테이블에 올려 놓았습니다.

비트가 저를 보고 말하기를, "똑같은 걸 제시하는 게 어디 있어! 나보다 더 좋은 걸 제시하든가 해야지."

그래서 저는, "이건 교환할 카드를 제시하는 게 아니라 나랑 먼저 거래하는 조건으로 그냥 주는 선물이야."

비트는 어이없다는 듯이 저를 쳐다보고는 한쪽으로 저를 끌고 가서 조용하게 얘기했습니다. "이봐, 10분만 자리를 비워 주면 이 카드 뭉치를 그냥 줄게." 저는 이 뇌물을 받아들였고 비트는 원하던 카드를 손에 넣는 데 성공했습니다. 간단히 말해 비트가 저보다는 구매력이 좋았던 것입니다. 지금 와서 생각해 보면 비트를 상대로 사용하기에는 다소 위험한 계략이었다는 생각이 듭니다. 불쌍한 찰리의 카드를 풀로 붙이고, 비눗물로 닦아내고, 남은 카드를 믹서에 넣고 돌린 사람이 비트라는 것을 감안하면 말입니다.

카드에 대한 평가가 다른 사람과 꾸준하게 달랐던 카드로 Lord of the Pit가 있었습니다. 플레이테스트를 할 때마다 매번 이 카드를 받았는데 분명 사용하기 어려운 카드인 것은 사실이었습니다. 그래도 이 카드의 유일한 가치가 상대편이 자신을 얕보게 하는 것이라는 스카프의 의견에는 동의할 수 없었습니다. 스카프는 빈 카드를 사용하면 저라도 손해는 보지 않기 때문에 빈 카드보다도 못한 카드라고 이야기하기도 했습니다. 저는 잘 사용하면 충분히 이익을 볼 수 있는 카드라고 반박했습니다.

스카프는 그 카드가 도움이 된 경우를 하나라도 이야기해 보라고 말했고, 저는 잠시 생각하다가 아주 이색적인 승리 경험을 떠올렸습니다. 제 상대는 저를 궁지로 몰아넣은 상태였고 손에 Clone을 쥐고 있었습니다. 그러니까 제가 상황을 모면할 스펠을 캐스팅하더라도 저를 무리 없이 상대할 수 있었습니다. 저는 Lord of the Pit를 사용했고 상대는 이를 복제하거나 죽을 수밖에 없었기에 결국 복제를 선택했습니다. 그다음부터는 상대가 공격할 때마다 저는 양쪽 Lord를 치료하거나 Fog를 캐스팅해서 공격을 무효화하거나 거부할 수 있었습니다. 결국 상대는 Lord of the Pit를 유지할 생물이 떨어졌고 끔찍한 패배를 당했습니다.

이야기를 들은 스카프는 재미있어 하더니 "그러니까 Lord of the Pit가 유용했던 경우라는 게 고작 누가 바보 같이 그걸 복제했을 때뿐이라는 거야!"라고 말했습니다.

도미니아와 롤플레잉의 역할

카드에 대한 다른 평가가 가능한 카드 조합을 선택하는 것으로는 부족했으며, 카드들이 합당한 수준으로 서로 상호작용할 수 있는 환경을 개발해야 했습니다. 매지에 맞는 올바른 설정을 만들어내는 것이 중요한 디자인 과제였습니다. 실제로 디자인의 문제 중에는 대결이 펼쳐지는 마법 세계의 체계가 게임 자체에 의해 정의되도록 두기보다 우리가 직접 정의하고 그 주변의 카드를 디자인하려는 과정에서 발생하는 것이 많았습니다. 카드 간의 관계에 대한 걱정이 있었던 것은 사실입니다. 카드들이 통일된 설정의 일부처럼 보이길 원했지만 다른 디자이너의 창의성을 제한하거나 제가 모든 카드를 만들고 싶지는 않았습니다. 결국에는 응집력이 부족할 것이기 때문에 모두가 하나의 판타지 세계를 만든다는 것은 어렵게 생각됐습니다. 저는 이보다 믿을 수 없을 만큼 거대하며, 그 안의 우주에서 다소 이상한 상호작용도 허용되는 다중 우주(multiverse)의 개념이 마음에 들었습니다. 이 방법으로 응집력 있고, 플레이 가능한 게임 구조를 유지하면서도 게임에 다양한 분위기를 추가하는 판타지의 공상적인 측면을 그려낼 수 있었습니다. 다중 우주에서는 거의 어떤 카드나 개념도 적용 가능합니다. 또한 끊임없이 증가하는 다양한 카드 풀을 지원하는 것도 어렵지 않습니다. 확장 세트의 분위기가 아주 다르더라도 다른 우주에서 온 창의적인 요소의 어우러짐이라고 이야기하면 같은 게임에 사용하는 데 무리가 없습니다. 그래서 마법사들이 마법 에너지의 원천을 찾아 여행하는 무한한 플레인의 체계인 도미니아(dominia)라는 개념을 만들었습니다.

구조적인 복잡성이라는 면에서 이 게임 환경은 롤플레잉 세계와 매우 비슷합니다. 물론 이러한 설정 때문에 매직이 롤플레잉 게임이라는 것이 아니라 어떤 카드 게임이나 보드 게임보다도 롤플레잉에 가깝다는 것입니다. 개인적으로 저는 롤플레잉 게임과 접목했다고 이야기하는 다른 게임에는 그다지 관심을 두지 않았는데, 왜냐하면 롤플레잉에는 너무 다양한 특성이 있어서 다른 형식으로 포착할 수 없기 때문입니다. 사실 토너먼트 게임이나 리그 게임과 같은 제한된 형식의 경우 매직은 롤플레잉과의 공통점이 그리 많지 않습니다. 이러한 경우 매직은 각 플레이어가 제한된 규칙 집합에 따라 승리를 달성하기 위해 노력하는 전통적인 의미의 게임입니다. 그렇지만 친구와 함께 기분에 따라 맞춘 덱을 사용해 플레이하는 자유 형식 대결 게임에서는 몇 가지 흥미로운 롤플레잉의 요소가 나타납니다.

각 플레이어의 덱은 캐릭터와 같이 제각기 성격과 특성을 지닙니다. 그래서 이러한 덱에는 종종 '브루즈', '리애니메이터', '위니 매드니스', '곧 찾아올 죽음', '이 덱으로 오라', '위대한 백색 흔적', '뒷마당 바베큐', '길리안의 섬'과 같이 덱의 성격을 나타내는 이름이 붙습니다. 제가 만든 덱 중에는 각 생물에 이름을 붙인 것도 있었습니다. 덱은 '백설공주와 일곱 난장이'라고 불렀는데, 백설공주라는 Wurm 하나와 일곱 난장이의 이름을 붙인 7개의 Mammoth로 구성돼 있었습니다. 나중에는 Mammoth를 몇 개 더 추가해서 다른 이름을 붙였습니다. Veteran Bodyguard에는 개구리 왕자라는 이름을 붙이기도 했습니다.

롤플레잉과 마찬가지로 비구조적인 모드의 플레이에서 게임의 목표는 많은 부분 플레이어에 의해 결정됩니다. 대결의 목표는 주로 승리지만 이를 위한 수단은 크게 달라질 수 있습니다. 대부분의 플레이어들은 카드 거래와 덱 구성과 비교하면 대결 자체는 게임의 상당히 작은 부분이라는 점을 금방 발견합니다.

롤플레잉을 닮은 매직의 다른 특성은 플레이어가 자신이 탐험할 세계를 미리 완벽하게 알지는 못한다는 점입니다. 저는 매직을 일련의 작은 대결이 아니라 덱을 구입한 모든 사람들이 함께 플레이하는 거대한 게임이라고 생각하고 있습니다. 디자이너가 게임 마스터의 역할을 하는 수만 명을 위한 게임이라는 것입니다. 게임 마스터가 환경을 결정하면 플레이어가 이러한 환경을 탐험하는 것입니다. 이것이 카드가 처음 판매될 때 카드 판매 목록이 제공되지 않은 이유이기도 합니다. 카드와 카드의 역할을 발견하는 것이 게임의 필수적인 부분입니다.

그리고 롤플레잉 게임과 마찬가지로 플레이어들이 흥미로운 모험을 위해 게임 마스터만큼 게임에 참여하는 것입니다. 저는 매직의 모든 후원자와 특히 플레이테스터들에게 깊은 감사의 마음을 가지고 있습니다. 이들이 없었다면 이 제품은 이처럼 크게 성공할 수 없었을 것입니다. 이들은 모두 게임 자체나 게임이 만들어갈 이야기에 자신만의 자취를 남겼습니다. 지금 이순간 플레이어들이 제가 테스트 버전을 플레이하면서 느꼈던 재미의 1/10만 느낄 수 있다면 매직에 매우 만족하실 것입니다.

매직 디자인: 10년 후

리차드 가필드(Richard Garfield) 2003년

매직과 트레이딩 카드 게임 업계는 제가 처음 디자인 노트를 썼을 때와는 많이 달라졌습니다. 그동안 매직도 매년 더욱 발전했고 트레이딩 카드 게임 업계에도 포켓몬이나 유희왕과 같은 제품들이 추가됐습니다.

지금의 시각으로는 우리가 1990년대 초반 게임 디자인의 영역에 발을 들였을 때 모르는 것이 얼마나 많았는지 제대로 이해하기가 어려울 것입니다. 처음 디자인 노트에서는 이 부분을 제대로 밝히지 못했는데, 가장 큰 증거는 피터 앳킨슨에게 트레이딩 카드 게임의 개념을 설명하고는 "물론, 이런 게임을 디자인한다는 것은 불가능할 수 있습니다"라고 조심스럽게 덧붙였다는 것입니다. 트레이딩 카드 게임이 거의 모든 주요 엔터테인먼트 분야에 확고하게 자리 잡은 현재로서는 그 당시 제가 어떤 생각을 했었는지 기억하기가 쉽지 않습니다. 이제는 트레이딩 카드 게임이 컴퓨터 게임부터 보드 게임에 이르기까지 게임 디자인의 모든 영역에 이 영향을 미치며, 셀 수 없이 다양한 게임에 영감을 제공하고, 코믹 만화에서 제이슨 폭스가 나와서 자기가 구매한 카드 덱에 에이스가 4개 밖에 없다고 불평하는 내용이 확장 키트를 판매하기 위한 전략으로 사용되는 그런 시대입니다.

여기까지 이야기하고 끝을 맺을 수도 있을 것입니다. 매직은 이렇게 디자인됐고 10년이 지난 지금도 건재하다고 말입니다. 그러나 그렇게 끝을 맺는다면 매직을 정적인 게임으로 결론 짓는 것이고 이야기의 많은 부분이 제대로 설명되지 않은 것입니다. 매직의 변화와 발전에 대한 이야기만으로도 하나의 디자인 소개로서 충분합니다.

무엇보다 중요한 개념 - 게임

게임 시장에 대해 어느 정도 아는 사람들이 저의 첫 번째 소개를 읽고 의아하게 여기는 부분 중 하나는 매직의 게임 형태를 '수집 카드 게임(CCG)'이 아닌 '트레이딩 카드 게임(TCG)'이라고 설명했다는 것입니다. 저는 아직도 CCG보다는 TCG라는 용어를 사용하는데, 초창기 저의 노력에도 불구하고 CCG가 업계 표준이 됐습니다. '수집'보다 '트레이딩'을 선호하는 이유는 '수집'의 경우 게임의 플레이 측면보다 투기적 측면이 부각되기 때문입니다. 수집품을 대하는 사고방식은 게임을 대하는 사고방식과는 크게 다릅니다. 일단 수집품이라는 인식이 자리를 잡으면 가격이 상승하기 때문에 새로운 플레이어의 진입이 어려워지고 오래된 플레이어는 게임을 그만두려는 경향이 생깁니다. 매직에서 중점을 두었던 부분은 먼저 게임으로 인식되고 그 다음으로 수집품으로 인식되게 하는 것이었습니다. 좋은 게임은 영원하지만 수집품은 유행에 따라 나타났다 사라집니다.

단순한 이론적 추측이 아니라 실제로 수집품으로서 매직의 엄청난 성공은 게임 자체에는 큰 위협이 됐습니다. 몇 달러에 팔리도록 계획한 부스터 팩이 발매되자마자 일부 지역에서 20달러에 거래되기도 했습니다. 이를 매직의 황금기라고 보는 사람도 많았지만 디자이너들은 이것이 장기적으로 게임에 독이 될 것임을 알고 있었습니다. 이렇게 가격에 거품이 있다면 누가 게임을 시작하려고 하겠습니까? 게임을 하다가 귀중한 자산에 흠집이 생길 수도 있는데 누가 이것으로 게임을 하겠습니까? 투기성 거품을 잠시 유지할 수도 있겠지만 매직이 고전 게임으로서 오랫동안 사랑받을 수 있는 유일한 방법은 투자 가치가 아니라 게임으로서의 장점으로 빛을 발하는 것이었습니다.

매직의 5번째 확장 '폴른 엠파이어(Fallen Empires)'에서 투기성 시장을 붕괴시킬 수 있을 만큼 충분한 카드를 생산하는 데 성공했습니다. 아마도 장기적인 매직의 번성에는 기여하겠지만 새로운 플레이어가 부담 없이 시작할 수 있을 만큼 즉시 가격을 내리지는 못할 것입니다. 얼마 동안 매직에 어두운 그늘이 있었고 폴른 엠파이어에도 그늘이 있었지만 그 자리에서 가라앉거나 아니면 게임성의 힘으로 힘차게 헤엄쳐 나가는 것은 매직의 역할이었습니다. 다행히도 매직은 살아남았습니다.

매직의 성장 방향

지난 10년간 제 생각이 달라졌음을 보여 주는 대목은 매직과 비슷한 메커닉의 다른 게임을 발매하겠다는 대목이었습니다. 제가 당시에 생각하던 것은 지금은 매직의 두 확장팩인 아이스 에이지(Ice Age)와 미라지(Mirage)가 됐습니다. 지금은 본 게임의 확장팩이 된 게임을 처음에는 완전히 새로운 게임으로 만들겠다고 생각한 이유는 무엇이었을까요?

애초부터 우리는 매직에 꾸준히 카드를 추가하는 것만으로는 인기를 유지할 수 없다는 사실을 알고 있었습니다. 그 한 가지 이유는 매번 추가하는 카드 세트는 전체 카드 풀에 비해 점점 비중이 작아지므로 게임 전체에 미치는 영향도 점점 줄기 때문입니다. 이러한 사실은 아이스 에이지의 플레이어들이 이 확장팩의 전체 세트 중에서 게임에 중요한 카드가 단 두 장이라고 이야기하는 데서 명확하게 드러납니다. 몇 년 동안 아이스 에이지를 훌륭한 게임으로 만들기 위해 노력한 결과가 단 두 장으로 압축된다는 것을 알았을 때 디자이너가 받았을 충격은 쉽게 상상할 수 있을 것입니다. 이보다 더 중요한 이유는 새로운 플레이어가 이미 수천 장의 카드가 발매된 게임을 시작하려고 하지 않을 것이기 때문에 플레이어 층이 점차 줄어들 것이라는 사실입니다.

이 문제에 대해서는 다음과 같은 두 가지 해결책을 생각했습니다.

1. 계속해서 더욱 강력한 카드를 만든다. 여러 트레이딩 카드 게임 제작사에서 선택하고 있는 방법이지만 저는 마음에 들지 않았습니다. 게임 가치를 제공하기보다는 카드를 더 많이 구매하는 플레이어에게만 힘을 실어주는 것처럼 느껴지기 때문입니다. 그러나 오래된 카드의 가치가 없어지기 때문에 새로운 플레이어를 불러들이는 효과는 있습니다.

2. 최종적으로 매직 더 게더링을 종료하고 새로운 게임(예: 매직 아이스 에이지)을 시작한다. 흥미롭고 새로운 게임 환경을 무한하게 만들 수 있다고 믿었기 때문에 제가 지지한 방법입니다. 하나의 세트가 완료되면 플레이어는 경쟁력을 유지하기 위해 새로운 게임을 구매할 필요가 없으며, 변화를 원한다면 새로운 게임을 시작할 수도 있고, 새로운 플레이어들도 동등한 입지에서 게임을 시작할 수 있습니다.

그러나 아이스 에이지를 작업하는 동안 플레이어들이 원하는 것이 매직의 새로운 버전이 아니라는 것을 알았기 때문에 다른 방향을 생각해야 했습니다. 또한 플레이어 층을 분할하는 것이 좋지 않은 아이디어일 수 있다는 걱정을 했습니다. 서로 다른 여러 개의 게임을 만들면 사람들이 플레이어를 찾기가 더 어려워질 수 있다는 것이었습니다.

우리가 찾은 해결책은 최신 카드 세트만 포함하는 다른 형식의 게임 플레이를 권장하는 것이었습니다. 최신 카드만 사용하는 형식이 인기를 끄는 동안, 다른 곳에서는 지난 2년간 출시된 카드를 사용하고, 또 다른 곳에서는 지난 5년간 출시된 카드를 사용하는 것입니다. 원하는 형식을 플레이할 다른 플레이어를 찾지 못할 가능성이 있기에 여전히 플레이어 층이 분할되는 문제는 있지만 보유한 카드를 여러 다른 형식에 적용할 수 있으므로 문제의 심각성이 크게 완화됩니다. 플레이어가 새로운 게임을 시작하도록 강제하지 않으며, 원한다면 새롭게 시작할 수도 있고, 새로운 플레이어도 부담 없이 게임을 시작할 수 있는 훨씬 유연한 방법이었습니다.

트레이딩 카드 게임은 보드 게임이 아니다

트레이딩 카드 게임이 실제보다 보드 게임과 더 비슷하다고 생각하던 때가 있었습니다. 매직 이전에는 참고할 수 있는 트레이딩 카드 게임이 없었기에 기존의 게임 세계를 통해 TCG에 대한 생각을 정립하다 보니 당연한 결과였습니다. 이러한 오해에서 비롯된 디자인의 결정이 많았습니다. 예를 들어, 저의 두 번째 트레이딩 카드 게임은 4명 이상의 플레이어가 참여할 때 가장 재미있도록 디자인됐고, 플레이하는 데 두어 시간이 걸렸습니다. 보드 게임이라면 나쁘지 않은 설정이지만 카드 게임의 경우 덱을 수정하거나 완전히 새로운 덱으로 다시 플레이하는 것이 게임의 핵심이므로 훨씬 빨리 끝낼 수 있어야 했습니다.

비슷한 맥락에서 규칙에 대한 설명에서도 보드 게임의 표준이 적용되는 방법을 사용했습니다. 보드 게임의 경우 그룹마다 조금씩 다른 규칙을 사용하거나 지역에 따라 취향에 맞는 지역 규칙을 사용하는 것이 일반적이었습니다. 보드 게임에서 규칙의 다른 해석이나 다른 플레이 방법은 플레이어들이 상당히 격려된 그룹으로 플레이했기 때문에 중요한 문제가 되지 않았습니다. 이런 경험 때문에 '올바른' 플레이 방법에 대해 상당히 반(反)권위주의적인 자세가 되었습니다. 그러나 트레이딩 카드 게임에서는 게임의 사용자 층이 훨씬 활발하게 상호 교류하기 때문에 보드 게임에 비해 통합 표준의 중요성이 훨씬 높았습니다.

이것은 플레이의 규칙과 표준을 정의할 때 더 많은 책임을 져야 한다는 의미였습니다. 어떻게 보면 게임의 토너먼트 규칙을 설정하는 것과 비슷했습니다. 실제 토너먼트 자체는 그리 복잡하지 않지만 공식 토너먼트 규칙을 자세하게 글로 설명하려면 개요서가 필요할 정도가 됩니다.

저는 그리고 덱에 대한 제한을 플레이어가 직접 관리하기를 바랬습니다. 특정한 카드 조합은 상당히 흥미롭고 다른 사람을 놀라게 할 수 있지만 지속적으로 사용하면 재미를 떨어뜨릴 수 있다는 점을 알고 있었습니다. 그래서 이러한 덱과 해당하는 카드 제한을 플레이어들이 알아내기를 바랬습니다. 그러나 고도로 상호 연결된 매직의 특성상 이를 기대하기는 어려웠습니다. 모든 플레이 그룹들이 다양한 제한과 규칙을 만들어내고 이들 그룹들이 함께 플레이했기 때문입니다. 이것은 카드를 디자인하는 우리의 책임이 더욱 무거워졌고, 게임에 악영향을 주는 카드를 금지해야 했다는 의미입니다.

프로 선수권 대회

규칙과 카드를 정확하게 디자인하는 데 많은 노력을 기울인 덕분에 매직은 점차 진지하게 플레이해도 좋을 만큼 안정적인 게임이 되었습니다. 실력이 충분하다면 매직을 직업으로 삼을 수 있을 정도의 상금을 걸고 토너먼트 대회를 여는 아이디어에 대해 생각하기 시작했습니다. 이 아이디어는 회사 내에서도 논쟁거리가 됐는데, 게임이 너무 진지하면 재미가 떨어질 수 있다는 우려가 있었기 때문입니다. 저는 NBA의 예를 들어서 NBA가 농구의 인기를 높이면서도 농구 자체를 즐기는 데 방해가 되지 않는다는 논리로 프로 선수권 대회를 지지하는 입장이었습니다.

프로 선수권 대회 개최 소식은 즉각적인 효과를 가져왔습니다. 플레이어들의 실력이 급상승했고 최상위 플레이어들이 게임을 분석하는 데 많은 시간을 투자하면서 고급 기술이 더 많이 보급됐습니다. 저 역시 대회 전에는 세계 최고 수준 실력이라고 자부했지만 지금은 잘해봐야 중간 정도라는 것을 알게 됐습니다.

이제 매주 수천 개의 토너먼트가 열리고 있으며 수만 달러의 많은 상금을 획득하는 플레이어들도 생겨났습니다. 지난 세계 챔피언 대회에서는 56개 국가의 선수들이 참여했습니다. 플레이어들이 끊임없이 변화하는 매직의 전략을 마스터하려고 노력하면서 항상 매직의 분석과 플레이에 대한 정보가 쏟아지고 있습니다.

저는 일부 그룹의 사람들이 게임을 잘 하려고 노력하는 것이 매직의 지속적인 인기에 중요한 역할을 한다고 믿고 있습니다.

매직 온라인

매직 온라인은 작년까지는 크게 알려지지 않았습니다. 저는 오랫동안 매직이 최대한 실제와 비슷한 모습의 온라인 버전으로 만들어지길 기대했습니다. 즉, 온라인 게임을 통해 지금보다 쉽게 사람들을 연결하고 게임과 토너먼트를 실행하며 규칙을 판결하는 것을 생각했습니다. 처음에는 컴퓨터 게임 회사와 제휴를 맺고 게임을 만들려고 했지만 회사들마다 컴퓨터용 매직을 만드는 방법에 대해 우리와 이견이 있었습니다. 결국에는 우리가 직접 프로그래밍 스튜디오를 고용해서 우리 방식대로 매직 온라인을 만들었습니다.

매직 온라인의 가장 놀라운 점은 실제 게임과 동일한 수익 모델을 사용했다는 점입니다. 정액제 모델을 사용하자는 의견도 많았지만 우리는 다른 플레이어와 온라인으로 거래할 수 있는 가상의 카드를 판매하는 방식을 선택했습니다. 이 방식에서는 약간의 카드를 구입하면 실제와 마찬가지로 추가 요금 없이 무제한으로 게임을 즐길 수 있었습니다.

우리는 온라인에도 오프라인과 동일한 조건을 제시하는 것이 중요하다고 생각했습니다. 종이 게임이 매직의 인기에 크게 기여하고 있다고 봤고 너무 많은 플레이어가 온라인으로 이동하는 것도 좋지 않다고 판단했습니다.

이런 이유로 온라인 매직 게임의 주된 대상 층을 과거의 플레이어로 맞췄습니다. 플레이어들이 매직을 플레이하는 기간과 게임을 떠나는 이유에 대한 많은 연구를 통해 이들이 게임을 떠나는 이유는 게임에 흥미를 잃어서가 아니라 취업하거나 아이를 가지는 등 생활의 변화 때문에 플레이하기 어려워졌기 때문이라는 사실을 알아냈습니다. 이러한 플레이어들이 자신의 집에서 원하는 시간에 플레이할 수 있게 된다면 게임으로 돌아올 가능성이 있었습니다.

매직 온라인은 아직 미래를 확신할 수 없을 만큼 초기 단계이지만 종이 게임에 대한 부작용 없이 충분한 플레이어 층을 확보한 것으로 보입니다. 우리가 기대한 대로 플레이어 중 상당수는 복귀한 플레이어였습니다.

다음 10년

누가 앞으로 10년 후를 알 수 있을까요? 10년 전의 저는 전혀 예상하지 못했습니다. 흥분되는 시간이었고, 우리 모두 롤러코스터를 타는 기분이었습니다. 이제는 확신할 수 있습니다. 앞으로 10년 후에도 매직의 세계는 안정적일 것이고 다시 10년이 흐르더라도 건재할 것이라고 믿는 충분한 이유가 있습니다. 이제는 매직이 단순한 유행이 아니라는 것이 분명합니다. 게임을 떠나는 플레이어만큼 새로운 플레이어들이 게임에 발을 들여놓고 있습니다.

저에게는 매직이 항상 신선하게 다가옵니다. 리그에 참여하기 위해, 그리고 때로 토너먼트에 도전하기 위해 덱을 구성하면서 가끔씩 다시 게임에 빠져듭니다. 다시 돌아올 때마다 게임은 게임을 새롭고 흥미진진했는데, 이전과는 조금씩 다른 느낌이었지만 실력을 발휘하는 데는 충분했습니다. 저는 게임의 다음 10년이 더욱 기다려집니다.

2. 구조 설계

기반이 자리를 잡았고 제대로 작동한다고 판단되면 구조 설계로 진행할 차례다. 구조를 설계하는 가장 좋은 방법은 게임에 가장 중요한 것에 우선순위를 부여하는 것이다. 앞서 FPS 프로토타입에는 (1) 유닛이 이동할 수 있는 공간의 수 (2) 방향을 바꾸는 절차 (3) 공격 성공 및 실패 규칙이라는 세 가지 액션의 옵션을 구조적 요소로 추가했다. 규칙을 사용하는 유닛의 움직임을 흉내 내기 위해 테이블 위에서 군인 모형을 이동하고 방향을 바꿨다.

이러한 실험을 통해 이동과 공격에 대한 몇 가지 아이디어를 굳히고 다른 아이디어는 버려서 기본적인 동시 이동과 공격을 위한 매우 기초적인 체계를 만들어냈다. 또한 플레이어에게 순서를 부여하는 것은 물론 이동과 시작 지점에 대한 규칙을 추가하는 것도 고려했다.

이제 기반을 구축했고 다음은 게임의 기본 구조를 만들 차례다. 이 단계는 멋있거나 시장성이 있는 것을 고려하는 단계가 아니며, 게임을 완성하기 위한 풍부하고 다양한 특성 집합을 지지할 수 있는 골격 구조를 만드는 것이다. 가장 먼저 해야 할 일은 어떤 규칙이 필수적이며, 이러한 구조적 요소가 지원해야 하는 특성이 무엇인지 결정하는 것이다. 게임플레이 시각화가 이러한 결정을 내리는 데 도움이 된다.

FPS 프로토타입을 구성하는 이 단계에서 이동과 공격 기반으로부터 점수 체계와 유닛 체력 포인트에 대한 구조가 파생됐고 이러한 요소를 추가해서 이동과 공격 체계를 다시 테스트했다. 이 테스트를 통해 체계가 동작한 때만 확인되는 문제를 발견하고 전체 체계를 수정해 문제를 해결할 수 있다. 이 시점에도 체계는 아직 엉망이고 제대로 정의되지 않은 상태이며, 고정된 것은 없다. 아직 답해야 할 질문이 많이 남아 있지만 체계는 기본적으로 작동한다.

이 단계를 진행하는 동안 특성과 규칙의 차이를 명확하게 염두에 둬야 한다. 특성은 새로운 무기나 탈것, 또는 공간을 이동하는 실용적인 방법을 추가하는 것처럼 게임을 풍성하게 만드는 속성이다. 규칙은 승리 조건, 충돌 해결, 턴 순서와 같이 게임이 작동하는 방법을 변경하는 게임 메커닉에 대한 수정이다.

규칙을 추가하면서 특성을 추가하지 않을 수는 있지만, 특성을 추가하면서 규칙을 변경하거나 추가하지 않을 수는 없다. 예를 들어, 레이저 총이라는 새로운 종류의 무기를 게임에 추가하려면 이 총을 사용하는 방법, 데미지, 게임의 다른 모든 요소와 연관되는 방법 등을 결정하는 규칙이 있어야 한다. 새 특성 하나를 추가하기 위해 이를 지원하는 새 규칙 여러 개가 필요할 수 있다. 게임을 수정해가는 동안 게임 플레이를 향상하고 특성을 추가하기 위해 끊임없이 규칙을 수정하게 된다.

구조를 추가하는 최상의 전략은 먼저 규칙에 집중하고 특성을 나중에 처리하는 것이다. 규칙은 본질적으로 핵심 게임플레이와 본질적으로 연결되지만 특성은 부수적일 때가 많다. 다소 일반화된 감이 없지 않지만, 기억해 두고 있으면 게임의 구조를 개발하는 데 도움될 것이다.

3. 형식적 세부요소

다음 단계는 필요한 규칙과 절차를 체계에 추가해 완전하게 작동하는 게임으로 만드는 것이다. 형식 체계에 대한 지식을 바탕으로 게임에 필요한 것을 결정하자. 목표가 흥미롭고 달성 가능한가? 플레이어 상호작용 구조가 최상의 선택인가? 핵심 메커닉의 일부는 아니지만 추가하고 싶은 규칙이나 절차가 있는가? 비결은 적절한 세부요소를 적절한 수준으로 추가하는 것이다. 초보 게임 디자이너들은 일반적으로 너무 많이 추가하려고 한다. 게임 디자인의 진수는 다수의 특성 아이디어를 작고 중요한 집합으로 압축하는 것이다.

FPS 프로토타입 개발의 이 단계에서는 명중 확률, 체력 및 점수를 추가했다. 이 밖에도 지뢰, 방패, 차량, 은신 메커니즘을 비롯한 여러 다른 아이디어가 논의됐지만 모두 폐기하고 게임을 더 흥미롭게 만들 것으로 생각되는 새로운 특성보다 중심 게임플레이에 영향을 미치는 규칙에 초점을 맞췄다. 선택하는 요소와 버리는 요소는 플레이테스터의 의견에 바탕을 두고 창의적인 판단으로 결정하면 된다.

형식적 세부요소를 효율적으로 추가하는 한 가지 방법은 새로운 각 규칙을 격리하고 개별적으로 테스트하는 것이다. 이 규칙이 없으면 게임이 작동할 수 없다고 생각되면 규칙을 게임에 남겨두고 다른 규칙을 추가한다. 그러나 이 권리를 과용하지 말자. 모든 규칙이 필수적인 것은 아니며, 규칙이 적을수록 골격이 깔끔해진다. 규칙이라고 생각하는 것 중 상당수가 특성일 수 있다. 명확하게 구분하는 선을 긋고 핵심 규칙 집합을 최대한 깔끔하게 유지하자.

각 규칙을 테스트하고 제거한 다음, 다른 규칙을 추가하고 테스트한다. 일부 규칙은 선택적인 반면 게임 플레이를 확장하려면 필수적으로 추가해야 하는 규칙도 있다는 사실을 알 수 있으며, 이 기준이 시금석이다. 특정한 규칙이 없이도 게임을 계속 구성할 수 있다면 그 규칙이 얼마나 멋있게 보이든지 제

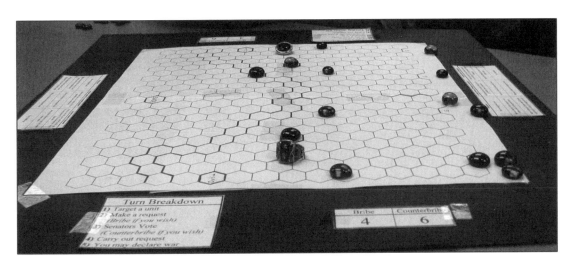

그림 7.13 개략적인 절차가 포함된 물리적 프로토타입

외해야 한다. 나중에 언제든지 다시 추가할 수 있지만 초기 단계에는 포함하지 않아야 한다는 것이다.

4. 개선

프로세스의 이 시점에 프로토타입은 이직은 다소 개략적이지만 플레이 가능한 체계이며, 실험과 조정을 통해 플레이 체계가 점차 개선된다. 게임을 통한 플레이 경험은 아직 변화하는 단계다. 게임의 기본 원칙에 대한 질문보다 작은 세부 요소에 대해 질문하고 게임이 매력적인지, 매력적이지 않다면 그 이유가 무엇인지와 같은 큰 질문도 고려한다. 이 개선 프로세스는 몇 차례 반복할 수 있다.

또한 개선 단계는 테스트 단계에서 제시됐지만 필수적이지 않아 제외됐던 훌륭한 특성에 대한 아이디어를 추가할 수 있는 시기다. 이 단계에서 지뢰와 텔레포트 패드에 대한 아이디어를 다시 고려했다. 이번에도 역시 지나치게 앞서가지 않도록 주의해야 한다. 대여섯 가지 새로운 특성과 이러한 특성을 지원하는 규칙을 왕창 추가하고 플레이를 시작해 보고 싶은 유혹을 느낄 수 있지만, 그러면 게임에 대한 시야가 흐려질 수 있다. 어떤 특성이 게임을 재미있게 만들고, 어떤 것이 문제를 일으키는지 구분하기가 어려워진다.

이를 방지하려면 필요성을 기준으로 특성에 순위를 매기고, 하나씩 도입하고 테스트한 다음, 전체 게임플레이에 미치는 영향을 확인하고 다시 제거하는 과정을 반복해야 한다. 다소 부담스럽게 느껴질 수 있지만 게임 구조가 뒤얽히는 것을 예방할 수 있다. 너무 일찍 너무 많은 특성을 추가하면 게임에 대한 개념을 잃어버리게 된다. 초보 디자이너들이 이러한 실수를 반복하는 것을 너무나도 많이 봐왔기 때문에 초기 단계에는 이상적인 게임을 만드는 즐거움을 잠시 미루고 필요한 것을 단계적으로 진행하는 데 초점을 맞추도록 권장하는 것이다.

그림 7.14 추가적인 물리적 프로토타입의 예

이 과정에서 훌륭한 아이디어라고 생각했던 일부 규칙과 특성이 실제로는 플레이의 재미를 떨어뜨리거나, 평범하다고 생각했던 아이디어가 플레이어의 경험을 새로운 차원으로 끌어올리는 경우도 발견하게 된다. 이러한 사실은 다른 특성의 간섭이 없는 제어된 환경에서 테스트할 때만 발견할 수 있다. 새로운 특성을 모두 테스트한 다음에는 분석한 바를 기록한다. 반드시 플레이테스터를 영입해서 활용하고 이들의 피드백을 분석에 포함하자. 플레이테스터는 게임을 느끼는 눈과 귀다. 마음에 들어 하는 특성이나 기능의 단점은 자신이 보기가 쉽지 않을 수 있기 때문에 테스터를 신뢰해야 한다.

연습 7.9 : 자신의 게임 프로토타입 제작

지금까지 배운 내용을 활용해 195쪽의 연습 6.8에서 자신이 설명한 게임 아이디어를 종이 프로토타입으로 제작해 보자. 이 연습은 쉽지 않은 작업이다. 242~245쪽과 226~227쪽에서 설명한 반복적인 단계(기반 구축, 구조 설계, 형식적 세부요소, 개선)로 작업을 분리한다. 막히는 단계가 있으면 해당 시점에서 적당하게 마무리 짓고 다음 단계로 넘어간다. 프로토타입이 있으면 얼마든지 반복할 수 있는 여지가 있다.

시각화 개선

프로토타입을 만드는 동안 게임 안의 다양한 작업의 관계를 변형해야 하는 상황이 발생할 것이다. 변화가 체계의 전체적인 흐름에 미치는 영향을 볼 수 있게 진행 과정에서 게임플레이 시각화를 개선하는 것이 좋다. 구조를 분석하고 개선하는 동안 플레이어에게 도움이 되지 않는 작업이나 과대평가된 작업을 찾을 수 있다. 핵심 작업이 플레이어에게 많은 영향을 주는지, 존재하는 적절한 이유가 있는지 확인해

야 한다. 게임의 밸런스와 튜닝에 대해서는 10장과 11장에서 자세히 알아보겠다.

물리적 프로토타입 개선하기

만든 프로토타입은 재미있을 수도 있지만 그렇지 않을 수도 있다. 밸런스가 맞지 않거나, 규칙이 충돌하거나, 게임 진행이 느리거나 또는 구조가 허술하기 때문이다. 일부 초보 디자이너들은 이 단계에서 게임에 희망이 없다고 느끼고 다른 게임 아이디어를 처음부터 다시 작업하는 것이 유일한 해결책이라고 생각하기도 한다.

물론 올바른 결정일 수도 있지만 이렇게 극단적인 조치를 취하기 전에 핵심 게임 메커닉을 다시 살펴보는 것이 좋다. 모든 추가 규칙을 들어내고 하나씩 단계적으로 다시 추가하면서 문제를 찾아본다. 이 과정에서 각 규칙과 특성이 체계에 적합한지 정확하게 볼 수 있다. 무해해 보이는 특성이나 규칙이라도 추가하고 제거하는 과정에서 전체 체계의 밸런스를 저해한다는 점이 명확하게 드러나곤 한다.

게임은 복잡한 체계이며 특정 요소가 다른 요소와 상호작용해서 예기치 못한 결과가 발생하기도 한다. 여러분의 역할은 문제를 체계적으로 확인하고 최종적으로 해결될 때까지 적절한 해결책을 실험하는 것이다. 때로는 반복해서 규칙을 떼어내고 다시 구성하는 과정이 고되기도 하지만 이것이 게임에서 망가진 부분을 제대로 알아내는 유일한 방법이다.

프로토타입이 확실히 플레이 가능하고 재미있다고 느껴지는 시점이 되면 다시 과정을 처음부터 반복할 준비가 된 것이다. 바로 그렇다. 좋은 게임을 개선해서 훌륭한 게임으로 만들 수 있으며, 훌륭한 게

임을 개선해 위대한 게임을 만들 수 있다. 그리고 위대한 게임이라도 개선의 여지가 있을 수 있다.

물리적 프로토타입을 넘어

물리적 프로토타입 제작과 몇 번의 디자인 반복을 경험하면 게임 디자이너가 된다는 것의 의미를 이해하게 된다. 비록 완벽하게는 아니더라도 자신의 독창적인 게임의 개념이 실제로 작동하는 것을 확인할 수 있으며, 9장에서 설명할 내용을 바탕으로 프로토타입을 플레이테스트 할 수도 있게 된다.

그러나 물리적 프로토타입은 작동하는 디지털 게임을 완성하기 위한 긴 단계의 첫 번째 단계일 뿐이다. 물리적 프로토타입은 팀에서 소프트웨어 프로토타입을 만들기 위한 설계도로 사용해야 한다. 물리적 프로토타입을 제작하면서 핵심 메커닉과 가장 중요한 특성에 대해 고려하는 데 많은 시간을 투자했으므로 훨씬 수월하게 이러한 메커닉을 명확하게 설명할 수 있을 것이다.

물론 물리적 프로토타입을 디지털 디자인으로 옮기면 플레이어가 게임에 접근하는 방법이 본질적으로 달라지지만 체계의 핵심 메커닉은 여전히 유효하다. 예를 들어, FPS 프로토타입을 만드는 경우, 물리적 프로토타입에서 했던 것과 동일하게 아레나를 구성하고, 스폰 지점, 탄약, 치료 키트 등을 배치할 수 있다. 프로그래머가 실시간 이동 및 공격 체계를 구현하면 카드 체계는 더 이상 의미가 없어지지만 기본 게임 플레이는 여전히 유효하며 맵은 훌륭한 디자인 가이드로 사용 가능하다.

물리적 프로토타입을 디지털 디자인으로 변환하는 동안 해결해야 하는 가장 큰 차이점은 대상 체계의 컨트롤과 인터페이스다. 이제는 격자판에서 군인 모형을 이동하는 대신 키보드의 마우스, 전용 컨트롤러 또는 다른 입력 장치를 사용하는 컨트롤 방법을 제공해야 한다. 또한 PC 화면이나 텔레비전에서 게임 환경을 위한 가상 디스플레이를 디자인해야 한다. 이 프로세스에 대해서는 8장에서 자세히 설명한다.

결론

물리적 프로토타입 제작은 독창적 게임 개념을 디자인하는 필수적인 단계로서 물리적 프로토타입을 제작하면 만들려는 게임을 모든 사람들에게 명확하게 보여줄 수 있기 때문에 팀에서 많은 시간을 절약할 수 있다. 또한 제작과 프로그래밍 프로세스에 주의를 뺏기지 않고 게임 메커닉에 창조적 에너지를 집중할 수 있게 한다. 무엇보다 중요한 것은 프로토타입을 제작함으로써 자유로운 실험이 가능하다는 것이다. 혁신은 실험을 통해서만 나올 수 있다.

디자이너 관점: 제임스 어니스트(James Ernest)

사장, 치프애스 게임스

제임스 어니스트는 많은 게임을 디자인한 게임 디자이너로 서 주요 게임으로는 킬 닥터 럭키, 글로리아 문디, 버튼 맨, 다이스랜드, 기브 미 브레인/로드 오브 플라이, 폴링, 브라 울 및 파이트볼이 있다. 또한 하스브로와 마이크로소프트 를 포함한 대형 게임 회사에서 프리랜서 디자인 업무를 하 기도 했다.

게임 업계에 진출한 계기

위자드오브더코스트에서 매직 더 게더링을 출시하기 얼마 전인 1993년 이 회사와 접촉한 것이 인연이 되었 습니다. 이 회사에서 매직 더 게더링의 지원 자료를 만들면서 일을 시작했는데 몇 가지 게임을 디자인했고 약간 성공하기도 했습니다. 그리고 결국에는 출시되지 않은 디자인을 가지고 1996년에 직접 회사를 차렸습 니다.

가장 좋아하는 게임

저는 깊이 있는 전략이 있는지 여부에 관계없이 일단 간단한 게임을 좋아합니다. 예를 들어, 저는 모든 종류 의 카지노 게임을 너무나 좋아합니다. 플레이한 시간을 기준으로 가장 좋아하는 게임을 꼽는다면 아마도 포 커(큰 차이로), 다이스랜드, 블랙잭, 던전 앤 드래곤즈, 그리고 우리 집안 버전의 컷스로트 피치 순서일 것입 니다. 그리고 캐주얼, 퍼즐, 그리고 아케이드 류의 컴퓨터 게임도 많이 즐겼습니다. 포커가 최고를 차지한 이 유는 여러 가지가 있지만 몇 가지를 꼽는다면 우선 돈을 딸 수 있어서 스릴이 있고, 규칙은 믿을 수 없을 만 큼 단순하지만 전략은 깊이가 있고, 몇 분이면 한 게임을 즐길 수 있고, 매번 새로 시작할 수 있으며, 수학적 전략과 심리적 전략의 강력한 구성 요소를 모두 가지고 있어 기분에 따라 초점을 바꿀 수 있다는 것입니다.

영향을 받은 게임

좋은 디자인을 배운다는 측면과 실수에서 배운다는 측면 모두에서 매직 더 게더링을 꼽을 수 있겠습니다. 매직이 나오기 전까지는 형식적 게임 디자인에 대해 심각하게 생각해 본 적이 없었습니다(체스 변형 류의 몇 가지 게임을 만들기는 했지만). 초기 단계부터 매직 개발에 밀접하게 참여하면서 느낀 것은 게임 디자인 이 직업으로서 충분한 도전 가치가 있다는 것이었습니다. 매직의 가장 고무적인 면은 독창적인 형식입니다. 저 역시 끊임없이 새로운 형식을 시도했습니다. 아직 히트작은 없지만 적어도 어느 정도는 인정받고 있는 것 같습니다. 이 밖에도 세틀러 오브 카탄이나 푸에르토리코 같은 유명한 유럽 게임의 팬으로서 이러한 구조와 밸런스를 높게 평가합니다. 또한 많은 규칙을 사용하지 않고도 매력적인 게임을 제공하는 전통 게임과 카지노 게임들을 좋아합니다.

디자인 프로세스

많은 디자이너들이 게임 메커닉에 먼저 집중하고 그다음 테마에 눈을 돌리거나 적어도 메커닉에 관심을 더 많이 두는 것 같습니다. 제 경험으로는 게임에 테마나 이야기를 담으려는 경우 이 부분을 먼저 정하지 않고 나중으로 미뤄놓으면 일이 훨씬 어려워집니다. 이미 완벽하게 작동하는 게임(제 게임이나 다른 사람의 게임)을 완성했음에도 이름이나 테마를 정하지 못해서 디자인 회의를 반복하는 경우를 많이 경험했습니다. 이러한 회의는 끔찍한 경험이고 올바른 대답을 얻는 것이 불가능한 경우도 많습니다. 반면 게임에 대한 테마가 정해져 있다면 이러한 테마를 제공하는 메커닉을 제공하는 데는 전혀 문제가 없습니다. 사실 좋은 테마는 이전에는 전혀 생각하지 못했던 새로운 메커닉의 시발점이 되는 경우가 많습니다.

프로토타입

컴퓨터 게임을 디자인하는 경우에도 저는 최대한 종이 프로토타입을 먼저 만듭니다. 실제 플레이어들을 상대로 몇 차례 신속하고 반복적인 테스트를 하려면 수정하기 쉬운 종이 프로토타입이 필요합니다. 또한 종이 게임을 만들 때는 게임의 모든 의미 있는 요소를 최대한 프로토타입으로 제작합니다. 예를 들어, 위지키즈 (Wizkids)를 위한 미니어처 게임인 파이래츠 오브 스페니쉬 메인(Pirates of the Spanish Main)을 제작하는 동안에는 레고 블록을 사용해 미니어처 해적선과 정확히 같은 크기의 해적선을 만들었습니다. 이 방법으로 게임에서 제대로 되는 부분과 그렇지 않은 부분을 명확하게 알 수 있었습니다. 범용적인 조각이 아니라 실제 모델을 사용하면 게임을 테스트하고 개선하기가 훨씬 수월합니다.

다이스랜드의 밸런스 조정 과정

다이스랜드는 제가 디자인한 게임 가운데 가장 작업하기 어려운 게임이었고, 초기 개념 구상부터 최종 제품까지 약 6년이 걸렸습니다. 기본적으로 이 게임은 종이 주사위를 사용하는 미니어처 게임이었는데, 데미지, 범위 및 거리를 추상적인 방법으로 처리했습니다. 각 캐릭터는 8면체 주사위였고, 주사위의 각 면은 부상, 건강, 실명, 지휘 등과 같은 캐릭터의 다른 상태를 나타냈습니다. 핵심적인 디자인 과제는 가볍고 민첩한 전사와 거구의 전사 간의 밸런스를 이치에 맞게 자연스럽게 맞추는 것이었습니다. 해결책은 주사위 면의 연결과 데미지 경로의 제어, 그리고 각 면과의 모든 관계를 이해함으로써 얻을 수 있었습니다. 캐릭터가 이동하면 한 면에서 인접한 다른 면으로 이동합니다. 데미지를 받을 때도 항상 같은 방향은 아니지만 비슷한 일이 일어납니다. 캐릭터가 약한 면에서 강한 면으로 이동하는 '회복' 움직임을 이해하고 연결함으로써 작은 전사에게 민첩성이라는 느낌을 부여할 수 있었습니다.

디자이너에게 하고 싶은 조언

한 분야를 새로 시작할 때는 모든 것이 힘든 일처럼 느껴지고, 힘들게 일한 것은 포기하기가 어렵습니다. 자신이 솔직하게 받아들일 수 없는 작업에는 집착하지 마십시오. 변화가 필요하다면 기본 뿌리까지 모든 것을 바꿀 준비가 필요합니다. 또한 단순성에 집중하십시오. 게임에 문제가 있으면 규칙을 추가해서 문제를 해결하려는 유혹이 생기지만 이보다는 나쁜 규칙을 제거해서 문제를 해결하는 것이 더 바람직한 방법입니다.

여러 게임 디자이너들이 기존의 게임에서 아이디어를 빌려서 사용하라고 말하는데, 적어도 자기가 무엇을 하고 있는지 이해하십시오. 제일 좋아하는 게임에서 카드를 7장 사용한다고 해서 똑같이 하는 것은 실수라는 것입니다. 게임에 필요한 선택을 할 수 있어야 합니다.

시장에서 본 것을 복사하는 것은 쉽지만 시장에 없는 것을 보는 것이 좀 더 생산적입니다. 미지의 대상을 위한 게임을 만들 수도 있지만 최고의 사용자는 바로 자신입니다. 제 사무실에 "내가 하고 싶은 게임을 만들자"라는 문구를 붙여 놓은 이유이기도 합니다.

디자이너 관점: 케이티 살렌(Katie Salen)

파슨스디자인스쿨 부교수, 게임랩 이사

케이티 살렌은 게임 디자이너이자 작가, 교육자로서 디자인한 게임으로는 스퀴드 볼(2003), 비어번 게임(2004), 드롬 레이싱 챌린지, 더 라스트 팩스(2006), 포겟미(2006), 스큐(2006), 크로스 커런트(2006), 그리고 게임스타 메커닉(제작 중)이 있다.

게임 업계에 진출한 계기

학생 몇 명과 함께 텍사스 주의 복권 프로젝트를 진행하면서 게임에 빠져들었습니다. 이 시기에 저는 복권을 형식적, 사회적, 문화적 인터페이스로 사용하는 방법에 흥미가 많았는데, 매력적인 인터랙티브 경험을 만들어내는 플랫폼으로서 게임이 놀라운 플랫폼이라는 사실을 깨달았습니다. 이 작업을 위해 게임을 만들기 시작하면서 오스틴과 뉴욕에서 여러 흥미로운 게임 디자이너들을 만났으며 머시니마(machinima)를 비롯한 다양한 게임 하위문화에 빠져들었습니다. 게임 디자이너와 작가로서 저의 커리어는 이렇게 시작했습니다.

가장 좋아하는 게임

사랑하는 게임이 너무 많기 때문에 이 질문은 답할 때마다 너무 어렵습니다. 그래도 저의 생각과 작업에 가장 큰 영향을 준 게임을 선택한다면 레즈(Rez), 마피아, 기타 히어로, 포스퀘어, 그리고 DDR이 있습니다. 이 게임들은 플레이어가 자신의 사회적 및 물리적 환경과 상호작용하는 방법을 바꾸는 게임 디자인에 대한 저의 생각에 큰 영향을 끼쳤고 각기 다른 매력적인 인터랙티브 미학을 가지고 있습니다. 또한 목록의 일부 게임에서 제작 과정의 문화와 이러한 각 게임들이 플레이의 일부로 공연 공간을 형성한 방법에 크게 감명받았습니다.

영감

저는 게임 전체보다는 게임의 특정한 순간에서 디자인의 영감을 얻는 편입니다. 때로 예기치 못했지만 게임 디자인을 통해 의도된 게임 플레이의 특정한 순간이나 정교한 핵심 메커닉에서도 영감을 얻습니다. 예를 들어, 손에 땀을 쥐게 하는 Ico의 강렬한 경험이나 뉴욕마라톤과 같은 경주 게임의 평등주의 구조는 게임이 제공할 수 있는 경험의 종류에 대해 다시 생각하게 했습니다. 괴혼은 이상한 스토리와 세계의 발명으로 안내하는 핵심 메커닉에 대한 영감을 주었습니다. DS용 슈퍼마리오는 게임 밸런싱의 가치와 실패의 순수한 즐거움을 알려줬습니다. 대학 졸업 이후에 운동선수로도(배구) 생활했기 때문에 매우 경쟁적이면서도 전체적으로는 공동 작업이 필요한 환경에 대해서도 관심이 많았습니다. 플레이어로서는 게임이 저에게 요구하는 것을 존중하는 방법을 배웠다면 디자이너로서는 이러한 존중의 느낌을 플레이어 대 플레이어, 그리고 플레이어 대 게임의 사회적 계약으로 변환하는 방법을 배웠습니다. 이런 상호존중의 상태가 게임 디자인을 흥미롭게 만든다고 생각합니다.

디자인 프로세스

게임 디자인을 제약에 대한 체계적 분석과 이전 게임들에 대한 이해, 그리고 풍부한 상상력이라고 생각합니다. 보통은 가장 먼저 플레이어에게 제공하려는 경험을 정의하는 것으로 시작합니다. 즉, 플레이어가 느끼는 것, 허용되는 물리적인 움직임이나 행동, 다른 플레이어나 환경과 상호작용하는 방법 등을 구상합니다. 또한, 게임으로 표현하고자 하는 의미와 게임을 어디서 누가 플레이하는지에 대해서도 많이 고려합니다. 이러한 질문에 답하기에 적합한 핵심 메커닉을 알아보고, 메커닉의 효과를 확인하는 물리적 또는 종이 프로토타입을 제작한 다음, 팀과 함께 이러한 메커닉을 더 큰 디자인 체계에 삽입하는 작업을 합니다. 이미지를 보고 게임 아이디어를 얻는 경우도 있습니다. 예를 들어, 빅 어번 게임은 거리를 지나는 거대한 볼링 핀 이미지에서 시작됐고, 슬로 게임 스큐는 게임 피스를 들고 카운터에서 계산하는 플레이어들의 이미지를 보고 힌트를 얻었습니다. 또한 동료 디자이너와 함께 아이디어의 목록을 만들고 게임을 통해 제공할 경험을 구상하는 데 브레인스토밍을 적극적으로 활용합니다.

프로토타입

프로토타입 제작은 플레이어의 경험을 이해하고 게임이 제공하는 가능성의 공간을 볼 수 있는 최고의 방법이기 때문에 디자인 프로세스에서 핵심적인 부분입니다. 프로토타입을 제작하는 방법으로는 종이 프로토타입, 물리적 프로토타입, 시나리오 작성, 인터랙티브 프로토타입 등과 같은 방법을 사용합니다. 프로토타입은 전체 디자인 프로세스에서 사용하는 플레이테스트의 기본 재료가 됩니다. 때로 메모와 카드 몇 장으로 만든 놀라울 정도로 단순한 프로토타입으로 핵심 메커닉이나 밸런싱 체계를 모델링하기도 하지만 프로세스 후반에는 특히 디지털 게임의 경우 여러 명이 작업해야 할 만큼 복잡한 프로토타입을 제작하는 경우도 있습니다. 게임에서 작동하는 요소와 작동하지 않는 요소를 파악하고, 예기치 못한 결과를 확인하며, 플레이어 경험의 품질을 지속적으로 파악하기 위해 항상 프로토타입과 플레이테스트를 활용합니다.

어려운 디자인 문제의 해결

프랭크 란츠, 닉 포투그노와 함께 빅 어번 게임을 디자인하면서 게임의 전체 밸런스 때문에 고민하던 기억이 납니다. 5일 동안 세 팀이 벌이는 경주 게임이었기에 한 팀이 초반에 리드하더라도 매일 각 팀이 우승할 수 있다는 희망을 가질 수 있게 게임 전체에 극적인 느낌을 부여하는 방법이 필요했습니다. 우리가 선택한 방법은 경주 체크 포인트 중 하나에서 거대한 주사위 두 개를 던져서 나온 결과에 따라 팀의 게임 피스에 '파워업'을 적용하는 방법이었습니다. 이 특성은 주사위 결과에 따라 역전의 기회를 제공하는 원래 의도를 충족하면서도 다른 유형의 플레이어를 게임으로 초대하는 부수적인 효과도 가져왔습니다. 순수하게 주사위를 던지기 위해 게임에 참여하는 극히 캐주얼한 플레이어였습니다. 주사위 던지기 메커닉이 사회적인 맥락에(여러 플레이어들이 휴식을 취하는 체크 포인트에서 진행) 삽입됐기 때문에 이러한 캐주얼 플레이어들도 하드코어 플레이어와 마찬가지로 게임에 적극적으로 참여할 수 있었습니다. 한 번의 움직임으로 여러 플레이어들이 며칠 동안 플레이한 성과를 뒤바꾸는 게임을 디자인하면서 놀라운 경험을 했고, 이후 작업에도 이러한 경험을 접목하려는 시도를 하고 있습니다. 이 게임을 다시 디자인한다면 이 특성을 더욱 적극적으로 활용할 것입니다.

디자이너에게 하고 싶은 조언

역사와 다양성, 그리고 중요하다고 여기는 아이디어를 개방적으로 받아들이십시오. 이야기하는 데 그치지 말고 아이디어를 프로토타입으로 제작하십시오. 무엇보다 연습이 중요합니다.

참고 자료

* Sketching User Experiences: Getting the Design Right and the Right Design - Bill Buxton, 2007.

* "The Paper Chase: Saving Money via Paper Prototyping" - John Henderson, Gamasutra. com, 2006년 5월 8일. http://www.gamasutra. com/features/20060508/henderson_01.shtml.

* Nielsen Norman Group. Paper Prototyping: A How-to Training Video. http://www.nngroup. com/reports/prototyping/에서 DVD 제공.

* "The Siren Song of the Paper Cutter: Tips and Tricks from the Trenches of Paper Prototyping" - Tyler Sigman, Gamasutra.com, 2005년 9월 13일. http://www.gamasutra.com/ features/20050913/sigman_01.shtml.

* Paper Prototyping: The Fast and Easy Way to Design and Refine User Interfaces - Carolyn Snyder, 2003.

8장

디지털 프로토타입 제작

이제 물리적 프로토타입을 제작하는 경험을 통해 디자인을 심도 있게 고려하고 조기에 플레이어 피드백을 얻는 프로토타입의 가치를 이해할 수 있을 것이다. 그러나 물리적 프로토타입에는 한계가 있다. 최종 게임을 디지털 플랫폼으로 출시하려는 경우, 개발 프로세스의 어느 시점에서는 개념에 대한 디지털 프로토타입을 제작해야 한다. 물론 완전히 처음부터 다시 작업해야 하는 것은 아니다. 물리적 프로토타입을 제작하면서 게임 메커닉을 형식화하고 기반을 구축하는 과정을 완료했기 때문이다. 디지털 프로토타입을 통해 디자인 작업을 디지털 형식으로 확장하고 게임의 본질을 원래 의도된 형태로 테스트할 수 있다. 물리적 프로토타입 제작하면서 체득한 형식적 체계에 대한 이해는 디지털 게임을 디자인하는 동안에도 빛을 발한다. 결정을 내리는 데 필요한 정보와 놓칠 수 있는 아이디어를 떠올릴 기회를 제공한다.

디지털 프로토타입을 제작하는 프로세스의 일부로서 게임 논리, 특별한 물리 체계, 환경, 레벨 등과 같이 의문이 있었던 핵심 체계에 대한 모델을 만들 수 있다. 또한 디지털 프로토타입을 제작하면서 대상 디지털 플랫폼의 입출력 장치를 사용해 게임플레이를 가시화할 수 있다. 즉, 키보드, 마우스, 전용 컨트롤러와 같은 컨트롤 체계의 프로토타입을 제작하고, 직관적이고 반응 속도가 빠른 디지털 인터페이스 형식으로 게임 플레이를 구현한다는 의미이기도 하다.

디지털 프로토타입을 제작하는 동안 각 프로토타입을 만드는 이유를 고려해야 한다. 찾으려는 해답이 게임 디자인에 대한 것인가? 아니면 기술적 질문에 대한 것인가? 효과적인 제작 파이프라인을 구축하려는 것인가? 자신의 비전을 팀이나 퍼블리셔에 전달하려는 것인가? 다음 장에서는 이러한 다양한 상황에 맞는 디지털 프로토타입을 제작하기 위한 내용을 설명한다.

디지털 프로토타입의 유형

물리적 프로토타입과 마찬가지로 디지털 프로토타입도 기본적인 요소만 사용해서 제작된다. 디지털 프로토타입은 정식 게임이 아니며, 정식 게임을 제작하는 것처럼 시간을 많이 소비하면 프로토타입을 제작하는 의미가 없어진다. 일반적으로 디지털 프로토타입은 최소한의 아트와 사운드를 포함하며 확인하려는 질문이나 디자인의 측면에 집중하기 때문에 게임플레이도 불완전한 경우가 많다. 스포어 개발 디렉터인 에릭 토드(Eric Todd)는 그림 8.1에 나오는 것처럼 프로토타입 프로세스를 게임 메커닉, 미학, 운동학, 기술이라는 네 가지 고유한 조사 영역으로 구분했다.[1]

게임 메커닉에 대한 프로토타입 제작

게임 메커닉은 이미 설명했듯이, 게임의 형식적 측면의 고유한 특성이다. 물리적 프로토타입을 제작했다면 이 디자인 영역에서는 좀 더 유리하게 출발할 수 있다. 그러나 게임플레이 영역을 물리적 프로토

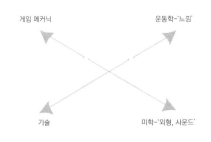

그림 8.1　디지털 프로토타입의 네 가지 조사 영역

타입으로는 모델링하기 어려운 경우가 있다. 이 경우 디지털 게임플레이 프로토타입으로 모델링을 시작할 수 있다. 이 경우 특정한 질문에 집중하고 단순하게 만드는 것이 중요하다. 적어도 처음에는 게임에 대한 다른 질문을 함께 해결하려고 하지 않는 것이 좋다. 프로토타입에서 특성을 통합하는 과정은 이후에 진행하기로 하고, 처음에는 FPS 프로토타입을 제작할 때처럼 핵심 메커닉부터 시작해야 한다.

　게임플레이 질문을 위해 디지털 프로토타입을 사용하는 예로 게임 개발자 컨퍼런스(GDC)에서 정기적으로 실험적 게임플레이 워크숍을 이끄는 독립 게임 디자이너인 조나단 블로우(Jonathan Blow)의 작

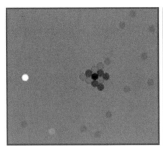

그림 8.2　오라클 당구와 브레이드

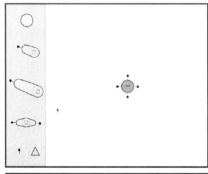

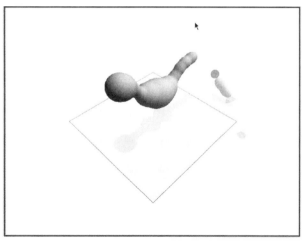

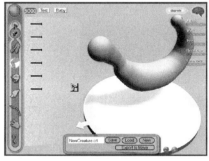

그림 8.3 스포어의 2D 및 3D 생물 편집기 프로토타입

업을 들 수 있다. 블로우는 2007년 시간과 관련된 실험적 게임플레이에 대한 그의 작업을 주제로 강연했다. 그의 게임 브레이드(Braid)는 플레이어가 독특한 방법으로 시간을 '되감을' 수 있는 특성을 게임플레이에 통합한 혁신적인 액션 플랫폼이었다. 최종 메커닉을 결정하기 전까지 블로우는 시간과 관련된 몇 가지 다른 메커닉을 프로토타입으로 제작했다. 그는 당구에서 플레이어가 미래를 볼 수 있을 때 나올 결과에 대한 궁금증을 바탕으로 오라클 당구라는 흥미로운 프로토타입을 제작했다. 이 프로토타입에서는 당구대 위의 공 위치와 함께 공을 쳤을 때 각 공의 최종 위치를 보여줬다. 프로토타입을 테스트한 결과 재미가 없다는 결론을 내렸지만 유용한 정보를 얻을 수 있었다. 그는 다음과 같이 말했다. "내 생각과는 달랐습니다. 하지만 그 전까지 어떤 게임에서도 느끼지 못한 독특한 느낌을 받았습니다"[2] 이러한 프로토타입에서 얻은 경험을 바탕으로 브레이드의 디자

인이 탄생했다.

스포어 프로토타입 제작 과정에서 얻은 경험을 주제로 에릭 토드가 게임 개발자 컨퍼런스(GDC)에서 발표한 프레젠테이션에서도 비슷한 예를 볼 수 있다. 그의 디자인 팀에서 가장 고심한 부분은 게임플레이의 생물 편집 부분이었다. 생물 편집기는 3D 디자인 경험이 없는 플레이어도 간단하게 사용 가능하면서도 고유한 생물을 만들 수 있을 만큼 다양한 결과물을 편집할 수 있어야 했다. 팀원 중 한 명이 특성에 대한 아이디어를 내놓았지만 나머지 팀원들에게 정확하게 아이디어를 설명할 수 없었다. 그래서 팀원들과 함께 간단한 2D 프로토타입(그림 8.3 왼쪽)을 제작했고, 덕분에 나머지 팀원들도 이 아이디어를 완벽하게 이해할 수 있었다. 팀원들이 아이디어를 이해하자 프로토타입을 개량하자는 의견이 모아졌고 그림 8.3 오른쪽에 나오는 3D 프로토타입을 제작했다. 결과적으로 3D 프로토타입을 통해 게임플

그림 8.4 학생 연구 프로젝트 – 클라우드

레이의 많은 부분을 정의할 수 있게 됐다.

　이러한 게임플레이 프로토타입은 전문 개발자만 만들 수 있는 것은 아니며, 학생이나 초보 디자이너에게도 매우 유용하고 실용적이다. 예를 들어, USC 게임 혁신 실습실에서 학생 연구 프로젝트로 진행된 게임인 클라우드(Cloud) 개발 과정에서는 플레이어가 편안함과 자유로움을 느낄 수 있는 게임플레이 메커닉에 대한 여러 가지 질문에 대답하기 위해 여러 개의 프로토타입을 제작했다. 클라우드의 프로토타입 제작 프로세스에 대한 내용은 269쪽에 나온 관련 기사를 참조하자.

　게임플레이 프로토타입을 반드시 독립 실행형 프로그램으로 만들어야 하는 것은 아니다. 수치 계산과 관련된 메커닉에 대한 질문은 엑셀 또는 구글 스프레드시트를 활용해 간단하게 해결할 수 있는 것이 많다. 이런 도구를 사용하면 비교적 복잡한 게임 논리를 스프레드시트에 넣고 게임 메커닉의 순열을 간소화해서 테스트할 수 있다. 260쪽에 나온 니키타 미크로스의 관련 기사인 '게임 디자인에 소프트웨어 프로토타입 사용'에서 관련 내용을 볼 수 있다.

미학에 대한 프로토타입

미학은 게임의 시각 및 청각적 요소로서, 물리적 프로토타입의 경우에는 신경 쓸 필요가 없다고 계속 강조했다. 이것은 디지털 프로토타입의 경우에도 해당하지만 때로 이 규칙을 어기고 싶을 수가 있다. 프로토타입에 약간의 시각적 디자인과 사운드를 추가해도 게임 메커닉을 명확하게 전달하는 데 큰 도움이 될 때가 있다. 비결은 귀중한 시간을 낭비하지 않도록 딱 필요한 수준만 추가하는 것이다.

　또한 초기에 테스트하고 싶은 게임의 미학적 문제에 대한 질문이 있을 수 있다. 예를 들어, 캐릭터 애니메이션이 전투 체계 안에서 작동하는 방법이나, 새로운 인터페이스 솔루션이 환경 안에서 작동하는 방법이 궁금할 수 있다. 이를 위한 간단한 방법으로는 스토리보드, 컨셉트 아트, 애니매틱스, 인터페이스 프로토타입, 오디오 스케치가 있다.

✓ 스토리보드는 비주얼 시퀀스의 개략적 스케치를 보여 주는 일련의 그림이다. 스토리보드는 영화 제작에서 특정 장면을 촬영하는 방법을 설명하는 데 자주 사용되지만, 게임의 컷신과 레벨

안에서 일어날 수 있는 플레이를 설명하는 데도 효과적이다.

✓ 컨셉트 아트는 캐릭터와 환경에 대한 그림이나 스케치로 이뤄지며, 잠재적인 외형, 팔레트, 시각적 예술의 스타일을 살핀다.

✓ 애니매틱스는 게임 작동을 보여 주는 애니메이션 모형이다. 애니매틱스는 실제 게임 기술을 사용하지는 않으며, 운동학의 느낌도 제공하지 않지만 게임의 미적 측면과 게임플레이의 몇 가지 부분을 설명하는 데 도움이 된다.

✓ 인터페이스 프로토타입은 시각 인터페이스의 모형으로서 정적 보드나 애니매틱스를 사용할 수 있다. 종이 프로토타입으로 먼저 만들고 플레이테스트 한 다음 디지털 형식으로 진행하는 것도 가능하다.

✓ 오디오 스케치는 음악과 사운드 효과에 대한 초안이며, 게임의 분위기를 설명하는 데 도움이 되고, 애니매틱스와 다른 프로토타입에 생동감을 불어넣는 데 유용하다.

인솜니악 게임즈(Insomniac Games)의 개발 팀에서는 라쳇 앤 클랭크의 애니메이션 프로토타입으로 애니메이터의 시간을 절약하는 것은 물론이고 디자인과 프로그래밍 팀에도 도움이 됐다고 말하고 있다. 애니메이션 기술 디렉터인 존 랠리(John Lally)는 다음과 같이 이야기했다. "우리는 스타일보다 기능에 초점을 맞춰서 프로토타입을 디자인합니다... 애니메이터의 경우 프로토타입 캐릭터는 정확한 높이로 점프하고, 디자인 사양에 맞게 공격하며, 정확한 속도로 뛰어야 합니다." '프로토타입 캐릭터'는 그림 8.5에서 볼 수 있듯이 기본적인 개체로 구성되며, 이후 제작할 정식 캐릭터와 비슷한 정도로만 만든다. 이러한 애니메이션 프로토타입을 사용하면 아티스트가 타이밍, 크기, 다른 캐릭터와의 상호작용과 같은 속성을 테스트할 수 있으며, 이러한 속성이 모두 게임플레이에 직접적인 영향을 미친다.[3]

비슷한 사례로 잭 시리즈를 개발한 너티 도그(Naughty Dog)의 개발 팀에서는 잭 X: 컴뱃 레이싱의 커스텀 인터페이스를 디자인하면서 여러 아트 프로토타입을 사용해 디자인 아이디어를 증명해야 하는 복잡한 과제를 해결해야 했다. 게임 디렉터인 리처드 리마칸트(Richard Lemarchand)는 다음과 같이 경험을 소개했다.

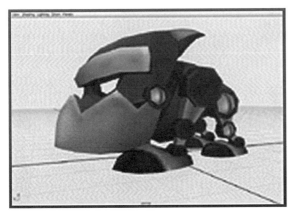
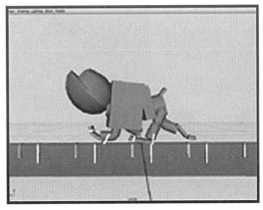

그림 8.5 라쳇 앤 클랭크의 애니메이션 프로토타입

잭 X: 컴뱃 레이싱의 인터페이스 체계는 너티 도그에서 지금까지 제작한 그 어떤 게임보다 복잡했습니다. 플레이어가 자신의 차량을 개조하고, 멀티 플레이어 미션을 선택하거나, 싱글 플레이어 게임을 신행할 수 있게 해야 했습니다. 우리는 먼저 순서도와 화면에 대한 간단한 연필 스케치를 작성하고 매크로미디어 플래시로 프로토타입을 제작했는데, 이 방법으로 다양한 구성요소 간의 흐름이 어떤 느낌을 주는지, 그리고 고안한 인터페이스의 기능이 실제로 작동할지를 개략적으로 알 수 있었습니다. 플래시 프로토타입으로 제작한 원래 디자인에서 이미 문제를 해결했기 때문에 최종 인터페이스를 구현할 때 시간을 많이 절약할 수 있었습니다.

그림 8.6에는 진행 중인 프로토타입의 두 가지 단계가 나온다.

운동학에 대한 프로토타입 제작

운동학은 컨트롤의 느낌, 인터페이스가 반응하는 방법에 대한 '느낌'이다. 디지털 프로토타입으로 진행하기 전에 물리적 또는 아날로그적인 방법으로 테스트 가능한 게임플레이와 미학적 요소와는 달리 디지털 게임의 운동학은 반드시 디지털로 프로토타입을 제작해야 한다. 268쪽의 컨트롤 부분에서 설명하겠지만 디지털 게임의 느낌은 사용할 수 있는 컨트롤의 종류와 밀접한 관계가 있다. 키보드와 마우스를 사용하도록 디자인된 게임의 느낌은 닌텐도 위(Wii)용으로 디자인된 게임의 느낌과는 매우 다르다. 따라서 게임플레이를 구상할 때는 최종 플랫폼에서 사용 가능한 컨트롤을 염두에 둬야 한다.

괴혼의 개발 과정에 대한 이야기에서도 운동학 프로토타입을 유용하게 활용한 예를 발견할 수 있다. 괴혼의 디자이너 케이타 타카하시는 끈적한 공을 굴려서 물체를 붙이는 게임에 대한 아이디어를 떠올리

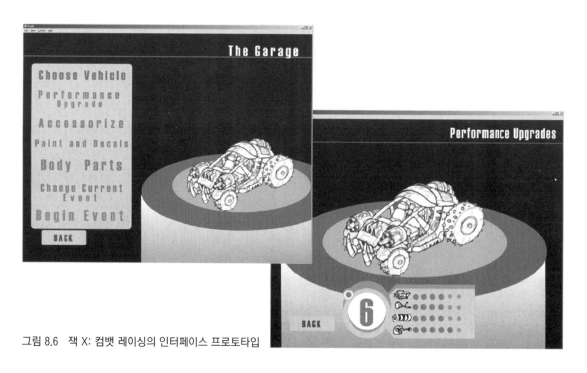

그림 8.6 잭 X: 컴뱃 레이싱의 인터페이스 프로토타입

는데, 당시 남코에서 후원하는 대학의 학생이던 그는 학위 과제로 괴혼 프로토타입을 제작했다. 문제는 특정한 게임플레이 장르에 속하지 않는 이 게임의 느낌을 말이나 스토리보드로 제대로 전달하기 어려웠다는 것인데, PS2 컨트롤러의 아날로그 스틱 두 개를 사용한 프로토타입을 남코의 경영진에게 선보였을 때는 간단하고 매력적인 컨트롤 체제를 통해 게임의 단순성과 매력을 충분히 어필할 수 있었다.[4]

성공적인 운동학 프로토타입의 다른 예는 사실은 영리한 설정을 사용한 애니매틱스였다. 게임 디자이너 케이치 야노(Keiichi Yano)는 당시 신제품이었던 닌텐도 DS 데모를 처음 본 순간 비트 매칭 게임 도와줘! 리듬 히어로에 대한 아이디어를 떠올렸다. 게

그림 8.7 도와줘! 리듬 히어로

임의 핵심 메커닉은 음악과 화면 표시에 맞춰 DS 화면을 두드려서 게임 캐릭터의 '흥을 돋우는' 것이었다. 개발 팀은 먼저 플래시로 인터페이스와 컨트롤의 느낌을 흉내 낸 피치를 만들었다. "닌텐도에 가서는 제 노트북으로 시연했습니다. 참석한 분들에게는 보통 펜을 드렸는데, 게임의 느낌을 알아보려면 제 노트북 화면을 펜으로 터치해야 했고... 결국 아끼던 노트북 화면이 상처투성이가 됐습니다."[5] 이 애니매틱스/운동성 프로토타입의 게임플레이는 최종 버전과 거의 비슷하게 느껴졌고, 컨셉트 단계에서 닌텐도 경영진에게 판매하는 데 성공했다.

기술에 대한 프로토타입

기술 프로토타입이란 말 그대로 게임이 기술적으로 작동하기 위한 모든 소프트웨어의 모델을 말한다. 여기에는 게임을 위한 그래픽 기능, AI 체계, 물리, 또는 게임에 한정된 다른 문제에 대한 프로토타입이 포함될 수 있으며, 제작 파이프라인에 대한 프로토타입도 포함될 수 있다. 이 영역의 프로토타입 제작은 게임에 콘텐츠를 넣기 위한 도구와 워크플로를 테스트하고 디버깅하기 위한 것이다.

그러나 프로토타입 제작은 소프트웨어 엔지니어링이 아니며, 아이디어를 빠르고 간단하게 확인해볼 수 있는 기회일 뿐이다. '실제' 코드가 아니다. 게임 개발자 컨퍼런스(GDC)에서 이 주제[6]에 대한 프레젠테이션을 발표하면서 맥시스의 크리스 헤커(Chris Hecker)와 차임 진골드(Chaim Gingold)는 "훔쳐라, 속여라, 재탕해라"라고 조언했다. 필요한 내용은 모두 배운 다음에는 실제 코드를 훨씬 깔끔하고 빠르게 작성할 수 있다. 여기서 핵심은 프로토타입의 코드를 최종 게임 코드로 사용하려고 하지 않

는 것이다. 프로토타입에서 얻는 것은 알고리즘이나 게임플레이 개념과 같은 추상적인 아이디어여야 한다.

프로토타입이 최종 제품으로 변하는 함정을 피하는 한 가지 좋은 방법은 자바나 플래시 같은 다른 언어로 프로토타입을 만드는 것이다. 최종 게임을 C++로 작성한다면 프로토타입을 직접 사용할 수 없게 된다. 그러나 여기에도 예외는 있는데 소규모 게임 제작의 경우, 프로토타입을 개선해서 최종 게임 코드로 만들 수 있다. 이상적인 상황은 아니지만 한 가지 언어로 작업하는 소규모 팀의 경우, 실용적인 제작 프로세스일 수 있다.

물리적 프로토타입에서는 게임을 프로토타입 하나로 만드는 데 집중했다. 반면 디지털 프로토타입의 경우, 작고, 빠르며, 쓰고 버리는 프로젝트에서 좀 더 효과적이다. 이를 '쾌속 프로토타이핑(rapid prototyping)'이라고 하는데, 게임플레이의 특정 측

면에 대한 의문을 생기면 가능한 솔루션을 제시하고, 해당 솔루션에 대한 빠르고 간단한 모델을 작성해서 아이디어가 작동하는지 확인하는 것이다. 헤커와 진골드가 지적했듯이 프로토타입은 아이디어를 생성하기 위한 것이 아니라 좋은 아이디어를 검증하고 나쁜 아이디어를 가려내기 위한 것이다. 올바르고 빠른 프로토타입은 테스트 가능한 주장을 만들고 이 주장에 대한 배움을 제공한다. 차임 진골드의 프로토타입 기법에 대해서는 217쪽의 관련 기사를 참조하자.

연습 8.1 : 프로토타입의 대상

자신의 독창적 개념의 게임플레이, 미학, 운동학 또는 기술 측면에서 관심사는 무엇인가? 이러한 관심사 중에서 가장 중요한 것은 무엇인가? 이 가운데 제대로 작동하지 않았을 때 게임에 치명적인 것은 무엇인가? 질문의 대답에 따라 첫 번째 디지털 프로토타입에서 노력을 집중할 대상을 결정한다.

게임 디자인에 소프트웨어 프로토타입 사용

니키타 미크로스(Nikita Mikros), CEO, 수석 게임 디자이너, 타이니 맨티스 엔터테인먼트

성공적인 게임에서는 게임의 규칙이 상호작용해서 흥미로우면서도 제어되는 발생적 하위 체계와 매력적인 플레이 패턴을 이끌어낸다. 한 체계가 다른 체계와 상호작용하는 방법에 대한 확고한 이해는 포괄적인 디자인 문서를 작성하고, 프로젝트에 대한 팀원의 질문에 대답하며, 이전에 보지 못했던 문제를 해결하고, 궁극적으로 매력적이고 균형 잡힌 게임을 만드는 데 필수적이다. 게임이 점차 복잡해지면서 게임 디자이너가 게임플레이의 모든 요소나 체계의 이미지를 머릿속에 유지하기가 어려워지고 있다.

과학자들이 복잡한 데이터를 이해하기 위해 시뮬레이션과 시각화를 사용하듯이 게임 디자이너도 자신의 도구를 사용해 결과물을 깊이 있게 살펴볼 수 있다. 이러한 도구에는 일일 로그, 디자인 문서, 종이 프로토타입, 소프트웨어 프로토타입이 있다. 소프트웨어 프로토타입은 게임 디자이너가 선택할 수 있는 도구여야 하고 매우 유용하지만 명확한 목표 없이 사용하면 문제를 해결하는 것이 아니라 오히려 유발하는 괴물로 변할 수 있다. 소프트웨어 프로토타입을 제작하는 목표는 멋진 그래픽이나 정교한 소프트웨어 아키텍처를 자랑하려는 것이 아니라 게임 디자인 노력에 도움이 되는 도구를 만들기 위한 것이어야 한다.

소프트웨어 프로토타입은 언제 필요한가?

종이 프로토타입은 다양한 게임에 적합하며, 전체 게임을 이 방식으로 모델링할 수 없더라도 격리된 부분을 이 방식으로 플레이테스트 및 디자인할 수 있는 경우가 많다. 그러나 소프트웨어 프로토타입이 아니면 게임에 대한 느낌을 제대로 얻을 수 없을 때가 있다. 또한 게임 프로토타입 중에는 소프트웨어로 더 간단하게 구현할 수 있는 것도 있다. 간단한 예로 테트리스가 있다. 테트리스는 다섯 가지 기본적인 블록으로 구성된 조각을 사용하는 퍼즐/장난감인 펜토미노에 기반을 둔다. 테트리스에서는 이러한 조각이 네 가지(테트로미노)로 간소화됐으며, 조각이 일정한 속도로 떨어지는 동안 플레이어가 조각을 회전하거나 이동해 보드 바닥에 수평 행을 완성하는 것이 목표다. 수평 행이 완성되면 해당 블록 행이 게임에서 제거된다. 조각은 계속 쌓이며 플레이어가 더는 보드에 조각을 놓을 수 없게 되면 게임이 끝난다. 여러 비슷한 속성을 공유하고 있기는 하지만 펜토미노로 만든 모양으로 테트리스를 플레이하기는 매우 어렵다. 그러면 테트리스 게임을 물리적/종이 프로토타입으로 만드는 것은 어떨까? 테트리스는 물리적 퍼즐에 기반을 두고 있지만 컴퓨터에서만 모델링 가능한 상호작용 유형과 밀접하게 연관돼 있다. 이 경우에는 소프트웨어 프로토타입보다 물리적/종이 프로토타입을 제작하는 것이 더 어렵다.

슈프리머시: 권력의 네 갈래 길(Supremacy: Four Paths to Power)

소프트웨어 제작에는 시간과 비용이 많이 필요하므로 소프트웨어 프로토타입 도구 제작 여부는 신중하게 고려해야 한다. 이러한 프로젝트를 시작하기 전에 디자이너가 고려해야 하는 질문은 다음과 같다.

✓ 도구/프로토타입이 정말 필요한가?

✓ 도구/프로토타입의 요구사항은 무엇인가?

✓ 도구를 제작하는 가장 빠른 방법은 무엇인가?

✓ 도구가 충분히 유연한가?

다음 절에서는 필자가 몇 년 전에 완료했던 프로젝트를 진행하면서 이러한 질문을 해결한 방법을 알아보자.

슈프리머시: 권력의 네 갈래 길는 우주에서 벌어지는 메타게임과 개별 행성을 차지하기 위한 지상 전투의 두 가지 전선에서 벌어지는 자유형 전략 전쟁 게임이다. 각 행성에는 채취해서 고유한 군사 유닛을 만들고 궁극적으로 적을 물리치는 데 활용할 수 있는 다양한 천연 자원이 있지만 너무 욕심을 부리면 인구 증가로 행성이 파괴될 수 있었다.

도구/프로토타입이 정말 필요한가?

가장 먼저 할 일은 종이/물리적 프로토타입을 제작해서 플레이테스터 팀에서 피드백을 얻어 아이디어를 테스트하는 것이었다. 우선은 지상 전투 시뮬레이션과 우주 전투 시뮬레이션을 두 가지 별도의 종이 프로토타입으로 제작하기로 결정했다. 지상전 프로토타입은 제대로 작동했다. 계산이 직관적이었고 모든 통계를 추적하는 작업도 비교적 간단했다. 첫 번째 프로토타입의 성공에 용기를 얻어 자신 있게 우주 전투 프로토타입을 시작했지만 결과는 참혹했다. 몇 시간을 고생한 끝에 7~8턴 정도 게임을 진행할 수 있었지만 결국 포기하는 것이 좋다고 결론 내렸다. 처리해야 하는 자원의 양이 너무 막대하다는 것이 문제였다. 계산 처리에 너무 집중한 나머지 나무만 보고 숲을 보지 못한 것이다. 결국 플레이테스터 중 한 명이 "이 게임은 정말 골치가 아프네요"라고 말하는 것을 듣고 나서야 소프트웨어 프로토타입이 필요하다고 결정했다.

도구/프로토타입의 요구사항은 무엇인가?

처음에는 완벽한 시각적 프로토타입을 제작하면 좋겠다는 생각도 했지만 충분한 고려 끝에 단순한 솔루션이 낫다고 결론 내리고 게임의 비시각적인 표현은 소프트웨어로 처리하고, 시각적 표현은 종이 프로토타입으로 처리하기로 했다. 사람이 하려면 시간이 많이 걸리는 유닛 이동, 거리 측정, 시선 계산과 같은 일도 코드로 처리하면 간단해진다. 또한 회계 계산과 턴을 추적하는 것과 같은 다른 지루한 작업도 소프트웨어로 간단하게 구현할 수 있다. 이 프로토타입은 게임이라기보다는 버튼이 여러 개 포함된 복잡한 엑셀 스프레드시트였고 작성하는 데 하루 반이 걸렸다.

도구/프로토타입을 제작하는 가장 빠른 방법은 무엇인가?

처음에는 스프레드시트로 도구를 제작하려고 했지만 일부 계산을 제대로 처리하기가 어려웠기 때문에 자바와 메트로웍스 RAD(Rapid Application Development) 툴셋을 사용하기로 결정했다. 이 조합을 사용하면 테이블, 버튼 및 다른 위젯과 장식을 빠르고 쉽게 배치할 수 있고 이미 이 언어와 환경에 익숙했기 때문에 자연스러운 선택이었다. 이러한 유형의 소프트웨어는 사용하고 버리는 것이었기 때문에 편하게 작업할 수 있었다. 소프트웨어 디자인, 아키텍처, 최적화, 코딩 표준, 그리고 그밖에 안정적인 소프트웨어 개발을 위한 모든 다른 사항에 크게 신경 쓸 필요가 없다는 것이다. 목표는 게임 디자인 작업에 도움이 되는 도구를 만드는 것이지, 정교하고 완벽한 소프트웨어를 만드는 것이 아니다. 중요한 것은 편안하게 쓸 수 있고 필요한 부분을 쉽고 빠르게 변경하고 실험할 수 있는 언어나 저작 도구로 프로토타입을 제작하는 것이다. 프로그래머가 아니거나 저작 소프트웨어에 익숙하지 않은 경우 프로그래밍 팀의 도움을 받아야 하는데, 프로그래머들은 기본적으로 최종 제품에 사용할 수 있게 제대로 엔지니어링된 코드를 작성하려는 경향이 있으므로 원하는 대로 진행되지 않을 수 있다. 게임의 모든 요소에 대한 명확하게 이해하고 있다면 처음부터 제대로 코드를 작성해도 되겠지만 빠른 게임 디자인 프로토타입 제작의 측면에서 보면 이것은 모래성을 쌓기 위해 트랙터를 제작하는 것과 비슷하다. 과잉 투자이며 원하지 않는 사항에 너무 일찍 고정될 수 있다.

도구가 충분히 유연한가?

종이 프로토타입으로 작업할 때와 마찬가지로 규칙과 값을 쉽게 바꾸고 빠르게 실험할 수 있는 능력을 원할 것이다. 달성하기 쉽지 않은 목표지만 소프트웨어 프로토타입을 유연하게 만들 수 있는 몇 가지 방법이 있다. 다음은 몇 가지 제안이다.

1. 모든 것을 변수로 만든다.
2. 코드에 리터럴 상수를 사용하지 않는다. 예를 들어, 다음 코드보다는

   ```
   totalOutput = 15 x 2
   ```

   다음 코드가 좋다.

   ```
   totalOutput = rateOfProduction x numFactories
   ```

3. 인터페이스에 최대한 많은 변수를 노출한다.
4. 프로토타입 도구에 편집 가능한 텍스트 필드를 추가한다. 나중에라도 변경할 가능성이 있는 값은 이러한 필드를 통해 편집할 수 있게 해야 한다. 프로토타입의 겉모양은 볼품없어지지만 플레이테스트 세션 중에 코드를 다시 컴파일하거나 변수를 수정하기 위해 코드를 찾아 헤맬 필요가 없다는 사실을 알게 되면 기분이 한층 좋아질 것이다.
5. 코드 재사용은 생각도 하지 않는다. 필자가 미술을 전공하던 시절에 별명이 아저씨인 마빈 빌렉(Marvin Bileck) 회화 교수님의 강의를 들은 적이 있었다. 하루는 교수님이 다음 시간에는 최고급 회화용지를 준비하라고 하셨고, 다음 시간이 되자 우리는 모두 아름다운 회화용지를 준비해서 그림을 그릴 준비를 하고 있었다. 그런데 교수님이 이 아까운 종이를 바닥에 던져서 발로 밟으라고 하시는 것이 아닌가! 열심히 밟지 않는 학생이 있으면 교수님이 직접 종이를 망가뜨리는 것을 도와주셨다. 이 연습이 끝나자 교수님은 그제서야 우리가 그림을 그릴 준비가 됐다고 말씀하셨다. 이 수업의 교훈은 아주 분명했다. 창의력을 발휘하려면 어떤 것에도 얽매여서는 안 되며, 너무 귀중해서 버릴 수 없는 것은 아예 만들지 말라는 것이었다. 프로토타입 코드도 이런 시각으로 봐야 한다. 코드 일부를 재사용하는 경우도 있겠지만 처음부터 재사용을 목표로 해서는 안 되며 완전히 버릴 준비를 해야 한다.

결론

소프트웨어 프로토타입은 게임의 요소를 이해하고 관리하는 데 사용할 수 있는 도구다. 게임에서 이미 완벽하게 이해하는 부분이나 종이 프로토타입과 같이 더 간편한 방법으로 플레이테스트 할 수 있는 부분은 소프트웨어 프로토타입으로 만들더라도 추가적인 소득이 없다. 모든 게임은 서로 다르며, 각기 다른 특성이나 요구사항이 있다. 일인칭 슈팅 게임이나 격투 게임을 만들려고 했다면 예와는 완전히 다른 프로토타입을 만들어야 했을 것이다. 필자는 제작했던 소프트웨어 프로토타입이 성공적이었다고 생각하는데, 종이 프로토타입에서는 알아낼 수 없는 게임의 발생적 동작을 시각화하는 데 도움이 되었기 때문이다. 이 프로토타입이 성공한 이유는 해결하려고 했던 특정한 문제에 집중했고, 빠르고 쉽게 만들 수 있었기 때문이다.

작가 소개

니키타 미크로스는 타이니 맨티스 엔터테인먼트의 CEO이자 수석 게임 디자이너이다. 타이니 맨티스는 피를 빨아서 세계를 구하는 모스키토 프로젝트(Mosquito Project), 에피소드 방식의 어드벤처 게임인 쿵푸 몽키(Kong Fu Monkey), 테이블톱 및 전자 카드 게임인 THUGS!를 비롯해 주로 웹 기반의 별난 게임들을 제작하고 있다. 타이니 맨티스에 참여하기 전에는 블랙 해머(Black Hammer) 게임을 공동 설립하고 수석 게임 디자이너로 일했으며, 수상 기록을 보유한 게임보이 어드밴스 타이틀인 아이스파이 챌린저에서 기술 디렉터와 수석 프로그래머로 참여했다. 블랙 해머 이전에는 존 미크로스(John Mikros)와 함께 1997년 플라잉 마크로스 인터랙티브를 설립하고 인터넷용 전자 엔터테인먼트와 매킨토시 및 PC용 그래픽과 엔터테인먼트 소프트웨어를 개발했다. 이들의 PC 게임 더 에그 파일(The Egg Files)은 2002년 독립 게임 페스티벌 상위 10개 결선작에 뽑히기도 했다. 또한 비주얼 아트스쿨의 MFA 컴퓨터 아트 부서에서 지난 12년간 다양한 프로그래밍과 게임 디자인 강의를 진행하고 있다.

http://www.tinymantis.com/
http://www.supremacygame.com/

게임의 느낌에 대한 프로토타입

스티브 스윙크(Steve Swink)

스티브 스윙크는 게임 디자이너이자 교사이며 열렬한 외바퀴 자전거 광이기도 하다. 이전에는 네버소프트와 현재는 문을 닫은 트레모어 엔터테인먼트에서 잠시 일했으며, 현재는 애리조나 주 탬피에 위치한 작은 개발 스튜디오인 플래시뱅 스튜디오에서 디자이너로 일하고 있다. 피닉스 아트스쿨(Art Institute of Phoenix)에서 게임과 레벨 디자인을 강의하고 있으며 《Game Feel: a Game Design Guide to Virtual Sensation》을 집필하기도 했다.

좋은 게임의 느낌이란 무엇인가? 여러 가지가 있겠지만 무엇보다 게임을 컨트롤하는 느낌이 기본적으로 즐겁다는 것을 의미할 것이다. 예를 들어, 슈퍼 마리오 64의 느낌은 필자에게 게임의 모든 측면을 향상하는 순수한 즐거움을 안겨 주었다. 게임을 접하고 불과 몇 초 만에 완전히 매료됐고, 이 감질나는 동작이 의미하는 끊임없는 도전과 가능성을 탐색하는 데 얼마든지 시간을 투자할 준비가 됐다. 이 게임에서 경험할 모든 상호작용에는 이 촉각적, 운동학적 즐거움이 함께할 것이다. 이러한 느낌은 어떻게 디자인됐을까? 커튼 뒤에는 무엇이 있을까? 게임의 느낌이라는 '마법'은 어디에 있는 것일까?

게임의 느낌이라는 주제는 곧바로 전체적인 디자인의 문제와 밀접하게 관련되지만 게임의 느낌에 관련된 구성 요소를 따로 분리해서 조금 더 편리하게 관리하는 것도 가능하다.

- ✓ **입력**: 플레이어가 자신의 의도를 체계에 표현하는 방법
- ✓ **응답**: 체계가 플레이어의 입력을 실시간으로 처리, 수정 및 응답하는 방법
- ✓ **배경**: 제약을 통해 동작에 공간적인 의미를 부여하는 방법
- ✓ **손질**: 반응 동작, 선행 동작, 사운드 및 효과의 계층과 이러한 계층 간의 시너지를 통해 생성되는 물질적인 느낌
- ✓ **은유**: 동작에 감정적 의미를 부여하고 익숙함을 제공함으로써 학습의 어려움을 완화하는 구성 요소
- ✓ **규칙**: 제한된 동작에 수준 높은 의미를 부여하고 추가적인 과제를 제시하는 임의의 변수를 적용 및 수정

참고: 손질, 은유 및 규칙의 개념도 중요하지만, 간결하게 소개하기 위해 여기서는 입력, 응답 및 배경에 대해서만 설명한다.

입력

입력은 게임 세계에서 플레이어가 표현하기 위한 도구로서, 플레이어의 표현 잠재력은 입력 장치의 물리적 속성과 밀접한 연관이 있다. 버튼과 컴퓨터 마우스 간의 차이를 생각해 보자. 보통의 버튼에는 켜짐과 꺼짐의 두 가지 상태가 있다. 즉, 두 위치 중 하나가 될 수 있다는 것이며, 이것이 민감도 면에서 최소한이다. 반면 마우스는 두 축에서 완벽한 움직임의 자유가 있고 제약이 없으며, 표면에서 허용되는 만큼 빠르게 움직일 수 있다. 즉, 입력 장치에는 근본적인 민감도의 한계가 있으며, 이를 '입력 민감도'라고 한다.

입력 장치에서 자연스러운 매핑이라고 하는 특성을 제공할 수도 있다. 자연스러운 매핑은 입력 장치의 제한, 동작, 그리고 민감도에 의해 나타나는 동작의 유형이다. 필자가 가장 좋아하는 예로 엑스박스 360용 지오메트리 워즈가 있다. 지오메트리 워즈 게임과 엑스박스 360 컨트롤러를 비교해 보면 조이스틱의 형태와 움직임이 지오메트리 워즈에서 거의 그대로 재현되며, 거의 일 대 일 관계로 움직이는 것을 알 수 있다. 조이스틱은 움직임을 원형으로 제한하는 둥근 플라스틱 케이스 중앙에 있다. 즉, 컨트롤 스틱을 플라스틱 테두리 쪽으로 밀고 앞뒤로 움직이면 작은 원형이 만들어지며, 이 움직임은 지오메트리 워즈에서 화면 상으

로 거의 동일하게 재현된다. 이것이 도널드 노만 (Donald Norman)이 이야기한 '자연스러운 매핑'이다, 입력 장치의 위치와 움직임이 게임에서 컨트롤하는 대상의 위치와 움직임으로 그대로 적용되므로 부가적인 설명이나 지침이 필요 없다.

마리오 64의 컨트롤에도 이러한 속성이 있어서 아날로그 스틱을 회전하면 움직임에 맞게 마리오가 돌아보거나 급격하게 방향을 전환한다.

게임의 느낌에 대한 프로토타입에서 의미하는 것은 체계의 전체적인 민감도를 고려하고 민감도를 더하거나 줄여서 충분하면서도 과하지 않

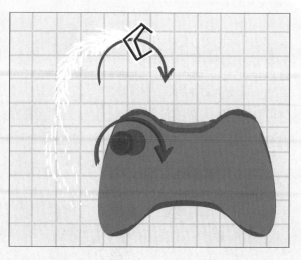

그림 1 자연스러운 매핑

은 느낌을 만들어내라는 것이다. 최적의 균형을 찾기는 어려울 수 있지만 주어진 입력에 대한 체계의 응답에 따라 입력 장치의 민감도를 높이거나 낮추면서 찾아낼 수 있다.

응답

민감도가 아주 낮은 아주 간단한 입력 장치라도 게임의 미묘한 응답을 통해 아주 민감한 컨트롤 체계를 구성할 수 있다. 사용자 입력과 게임 응답을 연결해서 만드는 이러한 민감도를 '반응 민감도'라고 한다.

NES 컨트롤러는 단지 여러 개의 버튼에 불과하지만 마리오는 시간에 따라, 버튼의 조합에 따라, 그리고 상태에 따라 높은 민감도를 보여 준다. 마리오는 최고 속도가 될 때까지 점차 뛰는 속도를 높이며, 다시 멈출 때도 서서히 속도를 낮춘다. 점프 버튼을 오래 누르고 있으면 마리오가 더 높게 점프하는 것도 시간에 따른 민감도의 다른 예다. 점프와 왼쪽 방향 패드 버튼을 함께 누르면 마리오가 왼쪽으로 점프하는데, 이것은 버튼의 조합을 허용함으로써 버튼을 개별적으로 누를 때와는 다른 의미를 제공함으로써 민감도를 더 높이는 효과를 가져왔다. 마지막으로 마리오에게는 다른 상태가 있다 즉, 땅에 있을 때 왼쪽 단추를 누를 때의 반응과 하늘에 있을 때 왼쪽 단추를 누를 경우의 반응이 다르다. 이것은 게임 안에서 인위적으로 만들어낸 차이지만 플레이어가 상태 변화가 일어날 때 올바르게 해석하고 적절하게 반응한다면 상당히 높은 민감도를 체계에 더할 수 있다.

이렇게 입력에 대한 미묘한 반응의 차이를 통해 매우 유연한 움직임을 만들어냈고, 이러한 차이는 동키콩과 같이 민감도가 없는 게임과 비교해 보면 더욱 명확하게 드러난다.

그림 2의 슈퍼 마리오 브라더스와 동키콩 간의 비교를 보면 마리오의 컨트롤에서 표현성과 유연성이 크게 개선된 것을 알 수 있다. 흥미로운 점은 동키콩에서는 NES 컨트롤러보다 훨씬 민감한 입력 장치인 조이스틱을 사용했다는 점이다. 입력의 단순함과는 관계없이 체계의 응답은 훨씬 민감할 수 있다.

배경

다시 마리오 64의 예로 돌아와서 주변에 아무 물체도 없는 빈 공간에 마리오가 있다고 가정해 보자. 아무 물체도 없는 빈 공간에서 고공 점프나 삼단 점프, 또는 벽 차기와 같은 마리오의 능력이 의미가 있을까?

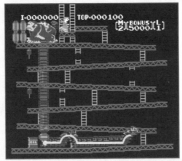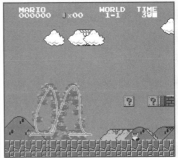

그림 2   동키콩과 슈퍼 마리오 브라더스 간의 캐릭터 움직임 비교

상호작용할 물체가 없다면 이런 마리오의 곡예 능력은 무의미하다. 우선 벽이 없으면 벽 차기도 없다. 가장 실용적인 측면에서 보자면 세계 안에서 이런 물체들의 배치는 이동 속도, 점프 높이, 그리고 다른 움직임을 정의하는 매개변수의 균형을 맞추기 위한 다른 변수들이라고 할 수 있다. 게임의 느낌이라는 관점에서는 제한을 통해 느낌을 만들어낸다. 물체들이 밀집해서 아바타의 움직임을 방해한다면 게임의 느낌이 투박하고 억압적으로 변해서 불안과 불만을 유도한다. 반면 물체의 간격이 멀어지면 느낌이 점차 사소한 것으로 변해서 튜닝의 중요성이 떨어지고 즐거움이 지루함으로 바뀌게 된다.

체계를 구현할 때 움직임에 대한 일종의 공간적 배경을 만들어야 한다. 즉, 움직임에 의미를 부여하는 일종의 플랫폼과 적, 그리고 지리적 체계가 있어야 한다. 마리오가 아무것도 없는 끝없는 공간을 뛰고 있다면 얼마나 높이 뛸 수 있어야 하는지 판단하기 어려울 것이다. 따라서 물체로 채워진 층을 달리는 느낌을 받을 수 있게 플랫폼을 추가해야 한다.

제한은 또한 기술과 도전을 정의한다. 축구장을 특정한 크기로 제한하는 규정이 없다고 가정해 보자. 아마도 지금과는 상당히 다른 기술이 필요할 것이고 플레이어들이 원하는 만큼 달릴 수 있기 때문에 재미도 지금보다는 떨어질 것이다. 즉, 축구의 기술은 공간을 한정 짓는 제한에 의해 정의된다.

결론

게임의 느낌에서 미학적 아름다움이 발생할 수 있다. 즉, 플레이어가 게임을 하는 동안 미학적, 청각적, 시각적 및/또는 촉각적 아름다움이 만들어질 수 있다는 것이다.

코딩을 시작하기 전에 체계의 전체적인 민감도, 입력 장치의 성능, 게임 응답의 민감도를 고려해야 한다. 또한 움직임에 대한 공간적 배경을 만들어야 한다. 즉, 제공된 변수를 조정함으로써 원하는 게임의 느낌과 플레이어를 매혹시키고, 빠져들게 하며, 계속 플레이하게 만드는 즐거움을 향상할 수 있는 '가능성의 공간'을 만드는 것이다.

컨트롤 체계 디자인

사용하기 쉬운 좋은 컨트롤을 개발하는 것은 디지털 게임을 디자인하는 작업 가운데 핵심적인 작업이다. 기술적인 관점에서 디지털 게임은 입력, 출력, 그리고 인공지능으로 이뤄져 있으며 컨트롤은 이 방정식에서 입력에 해당한다.

비디오 게임이 처음 발명됐을 때의 컨트롤은 상당히 제한된 형태였다. 1962년, 스티브 러셀(Steve Russell)과 MIT의 다른 학생들이 최초의 디지털 게임인 스페이스워를 프로그래밍할 당시, 이들은 플랫폼으로 사용한 DEC PDP-1의 토글 스위치가 다루기 힘들다고 판단하고 게임에서 사용할 특수 컨트롤러를 따로 제작했다. 스페이스워에는 왼쪽으로 돌기, 오른쪽으로 돌기, 추진, 발사의 네 가지 컨트롤이 있었다.

컨트롤은 1960년 이후 크게 발전했으며 현재는 키보드, 마우스, 게임 패드, 조이스틱, 운전대, 플라스틱 종, 기타, 봉고 드럼, 터치 스크린, 모션 센서, 데이터 장착, 가상 현실 헤드셋 등을 비롯한 무수히 많은 컨트롤이 있다. 그러나 이러한 컨트롤이 모두 실용적인 것은 아니며, 사실상 현재 가장 널리 사용되는 컨트롤은 최초의 콘솔에서 사용된 동일한 방향 화살표/선택 버튼 디자인을 좀 더 정교하게 변형한 것이다.

최근에는 DDR용 발판, 닌텐도 DS의 터치 스크린, 그리고 물론 닌텐도 위용 'Wiimote' 같은 새로운 종류의 컨트롤러가 개발되기도 했다. 이러한 새로운 컨트롤 기술은 위의 활동적이고 사회적인 플레이나 DS가 제공하는 이해하기 쉬운 플레이로 새로운 사용자 층을 끌어들이는 힘이 되었다.

그림 8.8 DEC PDP-1로 제작된 스페이스워와 전용 커스텀 컨트롤러

그림 8.9 왼쪽 위부터 시계 방향으로 닌텐도 DS, 엑스박스, 위 및 플레이스테이션 3용 컨트롤러

클라우드(Cloud) 프로젝트의 프로토타입 제작

트레이시 풀러턴(Tracy Fullerton)

클라우드는 USC 게임 혁신 실습실에서 진행된 학생 연구 프로젝트로서 하늘을 날면서 구름으로 모양을 만드는 어린이의 꿈처럼 평온하고 편안하며 즐거운 감성적 경험을 제공한다는 독특한 디자인 목표를 가지고 시작됐다. 트레이시 풀러턴은 프로젝트의 지도 교수로서 디자인을 정의하고 개선하는 프로세스의 각 단계에 참여했다. www.thatcloudgame.com에서 내려받을 수 있는 이 게임은 150만 번 이상 다운로드 횟수를 기록했고 게임 디자인 관련 상을 수상하기도 했다.

클라우드를 시작할 때 우리가 가진 것은 맑은 여름날 풀밭에 누워 파란 하늘을 바라봤을 때 느끼는 편안한 감상과 즐거움을 느끼면서 하늘을 나는 기분을 구현한다는 혁신적인 디자인 목표뿐이었다. 이런 상상은 누구나 해 본 적이 있을 것이다. 구름을 헤치며 하늘을 날면서 구름으로 동물이나 웃는 모양, 사탕 또는 생각나는 아무 모양을 만드는 것이다. 게임으로서는 완전히 새로운 영역이었고 다소 위험해 보이기도 했지만 흥미롭다고 생각했기에 시도해 보기로 결정했다.

어떻게 시작해야 할까? 첫 번째 단계는 날기와 구름 모으기라는 핵심 메커닉을 바탕으로 프로토타입 여러 개를 만드는 것이었다. 이 프로토타입들은 프로세싱 개발 환경을 사용해서 구현됐으며, 2D부터 시작해 단순한 3D까지 컨트롤, 카메라 및 게임플레이 통합을 테스트하기 위해 여러 세대로 나눠서 진행됐다.

플레이테스터 몇 명을 모집해서 팀과 함께 핵심 게임플레이를 테스트했고 몇 가지 결론에 도달했다. 처음은 2D 시점이었고, 단순하고 실용적이었지만 감성적인 느낌이 부족했다. 최종 프로젝트는 3D 게임으로 계획됐지만 알아보기 쉬운 플레이어 시점을 구현하는 방법과 3D 환경을 사용하면서 3D 세계 안에서 2차원 평면 환경으로 플레이를 제한하는 방법이 나은지에 대해서도 의문이 있었다.

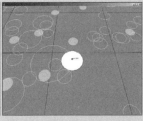

그림 1 　2D로 구현된 구름 모으기 프로토타입(왼쪽)과 컨트롤, 카메라 및 기본 게임플레이 프로토타입(오른쪽)

이 시점에 팀에서는 2D 플레잉 필드가 요구되는 게임플레이의 명확성과 3D 공간 안에서 자유 이동이 요구되는 자유로운 비행이라는 감성적 느낌의 목표가 상충된다는 점을 깨닫기 시작했다. 그래서 마야를 사용해서 플레이어가 마음대로 카메라를 확대/축소할 수 있는

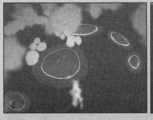

그림 2 　카메라 시뮬레이션 프로토타입, 왼쪽은 전체 하늘을 보기 위해 축소한 상태, 오른쪽은 캐릭터가 가까이 보이도록 확대한 상태

아이디어를 테스트하는 카메라 프로토타입을 제작했다. 예를 들어, 플레이어는 자신이 하늘에 쓴 내용을 보기 위해 화면을 축소하기를 원하기도 하지만 하늘을 나는 느낌을 느끼기 위해 최대한 캐릭터와 가깝게 화면을 확대하고 싶어하기도 했다. 나중에 밝혀진 사실이지만 이 확대/축소 개념과 3D 공간 내의 '자유 비행'을 결합하면 실용적 인터페이스 문제와 감성적 문제를 모두 해결할 수 있었다.

핵심 메커닉과 시점에 대한 실험을 진행하면서 대부분의 게임에서 핵심이 되는 전통적인 목표와 충돌이 없는 게임을 구상하게 된다. 즉, 창의성과 즐거움을 위한 긴단한 게임을 목표로 삼았다. 이를 위해 플레이어가 분필을 사용하듯이 하늘에 구름을 그리고 지울 수 있는 기능을 디자인하기 시작했다. 또한 이런 긍정적 감성을 북돋을 수 있게 게임이 모든 측면은 강화해야 한다는 사실도 깨달았다. 게임은 모양과 느낌뿐 아니라 플레이하는 동안에도 편안하고 신선한 느낌을 줄 수 있어야 했다. 그래서 모든 심리적 스트레스를 없애기 위해 게임에서 시간 제한을 없앴고, 게임에 실패하는 것이 거의 불가능하게 했다. 플레이어를 방해하는 어떤 요소도 없게 했고 언제라도 부담 없이 게임에서 나갔다가 돌아올 수 있게 했다.

메커닉과 카메라 컨트롤에 초점을 맞춘 게임플레이 프로토타입을 진행하는 동안 프로그래밍 팀에서는 원래부터 예상하고 있었던 문제를 해결하기 시작했다. 가장 중요한 것은 그럴듯하고 자유롭게 변형 가능하며 컴퓨팅 측면에서 실용적인 방법으로 구름을 만들어내는 것이었다. 팀에서는 레오나드-존스(Leonard-Jones) 파티클 시뮬레이션을 사용해 수은 방울을 가지고 노는 듯한 느낌으로 구름의 동적 구조를 만들어내는 흥미로운 해결책을 내놓았다.

이 개념의 첫 번째 구현에서는 동적 파티클의 뭉치로 '구름' 모양을 만들 수 있다는 것과 충분한 수의 파티클이 지원된다는 사실을 확인하는 수확을 거뒀다. 파티클 시뮬레이션 프로토타입 그림을 보면 프로토타입 환경에서 수천 개의 파티클을 만든 결과를 보여 주며, 다행히도 컴퓨터에 무리를 주지 않았다. 이 파티클로 팀에서 구상했던 구름으로 그리기 기능에 필요한 잡기와 모양 만들기를 구현할 수 있었다.

다음 프로토타입 단계는 기본 파티클 시뮬레이션을 더 뭉실뭉실한 느낌으로 만드는 데 초점을 맞췄다. 이전의 그림에 이 테스트 장면이 나오는데 이 버전은 구름 뭉치를 사용해 얼굴이나 그림을 그려 보는 테스트 위주로 진행됐으며, 구름을 사용해 플레이하는 재미를 이해하기 시작하는 단계였다.

팀에서는 이 기본 시뮬레이션을 만드는 작업 이외에 구름 아트를 시뮬레이션으로 렌더링하기 위해 빌보딩(billboarding) 방식을 구현했다. 다음에 나오는 구름 시뮬레이션 레이어 스크린샷은 최종 게임에서 렌더링을 켠 화면과 끈 화면이며, 최종 시뮬레이션에 이 방식이 적용된 방법을 보여 준다.

프로토타입 프로세스와 제작 과정 전체에서

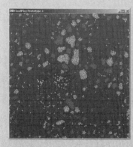 

그림 3 파티클 시뮬레이션 프로토타입

팀과 외부 플레이어 대상의 광범위한 플레이 테스트가 수행됐으며, 그 결과를 바탕으로 여러 가지 변화가 이뤄졌고 결정이 내려졌다. 구름 시뮬레이션과 자유 비행 컨트롤에 집중하기 위해 여러 기술적 특성이 제거됐고, 플레이테스터의 반응을 바탕으로 동적인 하늘과 직관적인 비행 컨트롤을 위해 바람, 밤/낮

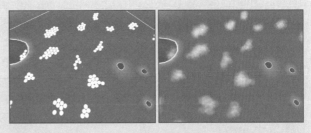

그림 4 　구름 시뮬레이션 레이어(왼쪽), 렌더링된 구름 오버레이 시뮬레이션(오른쪽)

주기, 구름 상태와 연관된 지형 특성 등의 개념에 우선순위가 정해졌다.

이러한 결정은 디자인과 개발 프로세스에서 플레이 중심 디자인의 중요성을 보여 주는 예다. 전통적인 디자인 팀이라면 깊이가 부족하더라도 일단 모든 기능을 구현하려고 했겠지만 반복적인 테스트와 전체적인 경험을 바탕으로 디자인을 다시 평가한 결과를 통해 플레이어들이 집중하는 것은 인터랙티브 지형, 밤/낮 주기, 바람이나 그밖의 다른 요소가 아닌 구름과 비행의 느낌이라는 것이 밝혀졌다.

클라우드는 학생 연구 프로젝트도 게임 플레이 혁신에 대한 강력한 모델이 될 수 있다는 것을 증명했다. 전체적으로 볼 때 디자인 프로세스가 점진적으로 진행됐고 성공을 확신할 수는 없었지만 플레이 중심 디자인이라는 방법과 게임의 감성적 경험의 새로운 영역을 찾는다는 명확한 디자인 목표 덕분에 안전하게 프로젝트를 완료할 수 있었다. 위험성은 높았지만 탐험하려고 하던 혁신과 탐험하는 방법의 측면에서 모두 확신이 있었다.

디자이너는 게임을 디자인하는 대상 플랫폼의 컨트롤러 성능을 정확하게 이해해야 한다. 즉, 운동학 프로토타입을 제작하고 게임플레이에 완벽하게 통합될 때까지 컨트롤을 테스트해야 한다. 388쪽에서는 게임랩의 디자이너인 에릭 짐머만이 흥미로운 컨트롤 아이디어를 만들려는 과정에서 새로운 게임인 루프(Loop)에 대한 아이디어를 얻은 경험을 들려 준다. 이 팀에서는 '루프' 컨트롤이라는 핵심 메커닉에 대한 디지털 프로토타입을 만들었고, 완벽하게 테스트해서 직관성과 재미가 있다는 것을 확인한 후에 다음 단계로 진행했다.

입력 장치를 이해한 다음에는 게임에서 이를 가장 잘 활용하는 방법을 생각해야 하는데, 277쪽에서 설명할 인터페이스 디자인과 병행해서 결정을 내려야

한다. 이 과정을 시작하는 좋은 방법으로 물리적 프로토타입에 포함된 절차의 목록을 확인하는 것이 있다. 이 절차들은 일련의 디지털 컨트롤로 변환해야 한다. 예를 들어, 첫 번째 일인칭 슈팅 프로토타입에서는 전진, 후진, 왼쪽으로 돌기, 오른쪽으로 돌기와 무기 발사, 무기 변경 등의 절차가 있었다. 이러한 절차를 모두 컨트롤에 연결해야 한다. 세부적인 컨트롤 집합이 있는 경우, 이를 메뉴 체계로 그룹화하거나 단일 컨트롤 또는 컨트롤 집합으로 액세스할 수 있는 다른 시각 장치로 그룹화한다.

컨트롤 작동 방법을 결정할 때는 모든 사항을 고려했는지 확인할 수 있게 컨트롤 표를 만든다. 표를 작성할 때는 한 열에 컨트롤을 적고, 다음 열에 해당 컨트롤을 사용할 때 수행되는 게임 절차를 적는다.

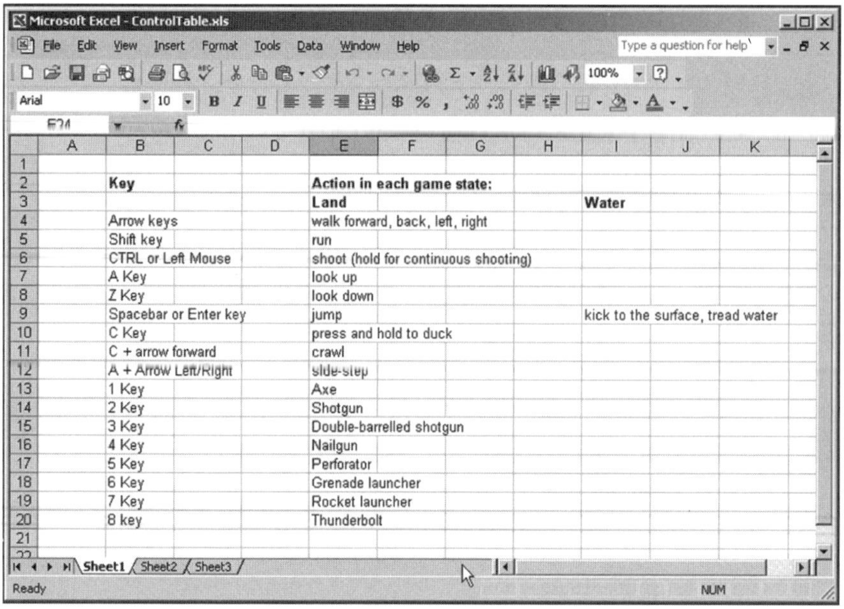

Microsoft Excel - ControlTable.xls

	Key	Action in each game state:	
		Land	Water
	Arrow keys	walk forward, back, left, right	
	Shift key	run	
	CTRL or Left Mouse	shoot (hold for continuous shooting)	
	A Key	look up	
	Z Key	look down	
	Spacebar or Enter key	jump	kick to the surface, tread water
	C Key	press and hold to duck	
	C + arrow forward	crawl	
	A + Arrow Left/Right	slide-step	
	1 Key	Axe	
	2 Key	Shotgun	
	3 Key	Double-barrelled shotgun	
	4 Key	Nailgun	
	5 Key	Perforator	
	6 Key	Grenade launcher	
	7 Key	Rocket launcher	
	8 key	Thunderbolt	

그림 8.10 간단한 컨트롤 표

게임이 복잡한 경우, 각기 다른 게임 상태를 나타내는 여러 장의 표를 만들어야 할 수 있다. 컨트롤이 바뀌면 새로운 게임 상태가 생긴다고 할 수 있다.

예를 들어, 차를 운전하거나, 비행기를 조종하거나, 오토바이를 탈 수 있는 게임이 있다면 이 게임에는 세 가지 게임 상태가 있는 것이다. 이 경우 디자이너는 플레이어의 혼란을 방지하기 위해 세 가지 상태의 컨트롤을 최대한 비슷하게 유지하도록 노력해야 한다.

연습 8.2 : 독창적인 게임 컨트롤

자신의 독창적인 게임을 위한 컨트롤 체계를 정의하자. 예를 들어, 위(Wii)와 같은 게임 콘솔용 게임을 디자인하고 있다면 컨트롤러의 모든 버튼에 레이블을 지정한다. 버튼에 기능이 없는 경우, 기능 없음이라고 레이블을 지정한다. 컨트롤에 모션 센서가 사용되는 경우, 버튼 열에 각 게임 동작에 대한 컨트롤러 이동을 기록한다.

컨트롤 디자인은 게임플레이 디자인과 마찬가지로 반복적인 프로세스다. 처음 시도는 생각한 것보다 사용하기 쉽지 않을 수 있다. 컨트롤이 작동하는지 제대로 확인하는 유일한 방법은 테스트하는 것이다.

컨트롤은 최대한 편리하게 만드는 것이 목표여야 한다. 게이머는 게임을 하면서 생각하고 싶어 하지 않으며, 컨트롤은 최대한 사용하기 쉬워야 한다. 이 경우에는 단순할수록 좋다. 컨트롤을 너무 많이 추가하면 보통 플레이어들이 좌절을 느끼게 된다. 상급 플레이어는 세부적인 컨트롤과 사용자 지정 컨트롤 체계를 선호할 수 있지만 충분한 플레이테스트를 통해 미숙한 플레이어가 어려움을 느끼지 않게 해야 한다.

시점 선택

디지털 게임의 인터페이스는 게임 환경의 카메라 시점과 게임 상태의 시각적 표시, 그리고 사용자가 체계와 상호작용하기 위한 컨트롤 간의 조합이다. 컨트롤, 시점 및 인터페이스는 공생적으로 함께 어우러져서 게임 경험을 만들어내며, 플레이어가 체계를 이해하고 체계 안에 대리자를 가질 수 있게 한다.

초기의 비디오 게임의 시점은 컨트롤 체계와 같이 제한적이었으며, 환경에 대한 텍스트 설명이 시점을 대신하는 경우가 많았다. 그러나 이러한 시점이 비효율적인 것은 아니었으며, 오히려 반대였다. 인포콤의 텍스트 어드벤처를 기억하는 사람이라면 잘 구성된 줄거리에서 상당한 몰입감을 느낄 수 있었다는 것도 기억할 것이다.

컴퓨터 디스플레이가 그래픽을 표시할 수 있게 발전하면서 인터페이스를 위한 몇 가지 주요 그래픽 시점이 비교적 초기에 개발됐다. 이러한 시점은 기술이 발전하는 동안 함께 발전했지만 근본적으로는 고전 게임인 퐁(Pong)이 처음 등장했을 때와 동일하게 유지되고 있다.

오버헤드 시점

물체를 곧바로 위에서 내려다보는 다소 부자연스러운 각도이며, 이제 이 시점은 주로 레벨 맵이나 보드 게임의 디지털 버전에만 사용되지만 초기 게임에서

그림 8.11　오버헤드 시점: 아타리 어드벤처와 풋볼, MSN 게임 존 백개먼

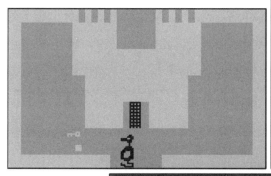
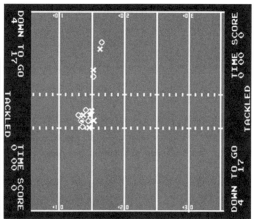
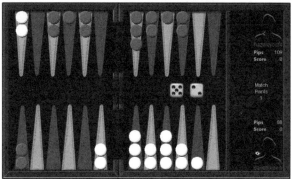

는 스포츠, 어드벤처 게임, 그리고 팩맨과 같은 액션 퍼즐까지 광범위하게 사용됐다.

측면 시점

측면 시점은 동키콩, 테트리스, 요절복통 기계 같은 아케이드와 퍼즐 게임에서 인기가 많지만 무엇보다 가장 많은 영향을 미친 것은 수평 스크롤 게임일 것이다. 이 인터페이스 스타일은 지금은 유행이 많이 지났지만, 이 시점이 가진 강력함과 단순함을 무시해도 좋다는 의미는 아니다. 플레이어가 두 평면에서만 유닛을 컨트롤하면 되기 때문에 복잡한 퍼즐과 다른 유형의 플레이를 해결하는 데 상당히 편리하다.

쿼터뷰 시점

전략 게임, 건축 시뮬레이션, 롤플레잉 게임에서 인기 있는 시점으로서 지선 원근법을 적용하지 않은 3D 공간의 시점이다. 특히 '신의 눈' 시점을 제공하는 데 아주 유용하다. 이 시점의 가장 큰 특성은 플레이어가 손쉽게 많은 양의 정보를 얻을 수 있다는 것이다. 미쓰나 워크래프트 III와 같은 최근의 게임들은 인건 3D 환경에 쿼터뷰를 사용해 플레이어가 액션이 벌어지고 있는 부분을 확대하거나 축소할 수 있게 했다.

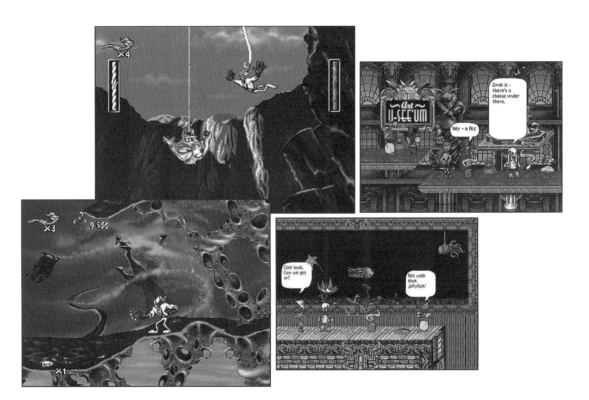

그림 8.12   측면 시점: 어스웜 짐과 캐슬 인피니티

그림 8.13 쿼터뷰 시점: 미쓰와 던전 시즈

일인칭 시점

일인칭 시점은 현재 많은 게이머와 디자이너 사이에서 가장 인기 있는 시점이다. 말 그대로 플레이어가 캐릭터의 입장이 되게 해서 주 캐릭터와 친밀감과 공감을 이끌어낸다. 이 시점은 또한 플레이어의 시야를 제한해서 적이 사방은 물론 뒤에서도 달려들 수 있다는 극적 긴장감과 기습의 요소를 가능하게 한다.

3인칭 시점

3인칭 시점은 측면 시점의 직계 후손이라고 할 수 있으며, 캐릭터를 가까운 거리에서 따라가지만 직접 캐릭터의 시점으로 보지는 않는다. 어드벤처 게임, 스포츠 게임, 그 밖에 캐릭터의 액션을 세부적으로 컨트롤해야 하는 게임에서 이 시점을 자주 사용한다.

요약

이러한 내용은 이제 게임에 깊게 자리 잡아서 디자이너들이 종종 인터페이스의 역할, 게임의 상태, 플레이어에게 제공할 정보의 양과 같은 중요한 질문을 고려하지 않는 경우가 많아졌다.

5장에서는 게임의 정보 구조와 플레이어에게 제공하는 게임 상태에 대한 정보의 양과 유형에 대해 이야기했다. 방금 설명한 시점은 세계의 상태에 대한 액세스 수준을 결정하며, 플레이어와 캐릭터 및

그림 8.14 일인칭 시점: 언리얼 2

그림 8.15 3인칭 시점: 라쳇 앤 클랭크

게임에서 다뤄야 하는 다른 게임 개체 간의 관계에 영향을 준다. 즉, 인터페이스 시점을 선택하면 형식적 및 극적 디자인 요소에 모두 영향을 준다.

플레이어가 게임 캐릭터와 밀접하게 가까운 느낌을 받고, 이동하는 느낌이나 주변 시야에 대한 제한도 공유해야 할까? 아니면 캐릭터와 가깝게 유지하면서도 외부 시점에서 환경에 대한 더 많은 정보를 보고 캐릭터 시야에는 보이지 않는 단서나 도구를

볼 수 있어야 할까? 때로는 게임에 캐릭터가 없거나 세계가 없을 수도 있는데, 이 경우 디자인에 가장 맞는 게임 상태에 대한 시점은 무엇일까?

연습 8.3 : 시점

자신의 독창적인 게임에 가장 적합한 시점이 무엇이고 그 시점을 선택한 이유를 설명해 보자. 이 선택이 게임의 형식적 및 극적 요소에 어떤 영향을 주었는지 설명한다.

효과적인 인터페이스 디자인

게임의 시야와 함께 플레이어가 알아야 하는 다른 정보와 수행해야 하는 동작을 고려할 필요가 있다. 이러한 사항에는 게임 내의 지점이나 진행 상황, 다른 유닛의 상태, 다른 플레이어와의 의사소통, 항상 제공되는 선택 사항 또는 동작을 수행할 수 있는 특별한 기회가 있다. 이 정보를 주 시점에 통합하려면 어떻게 해야 할까? 게임에 대한 이 인터페이스는 이미 언급한 것처럼 컨트롤 및 시점과 함께 작동해서 게임의 경험을 만들고 무엇보다 이해하기 쉬워야 한다.

컨트롤을 디자인할 때와 마찬가지로 인터페이스를 디자인할 때도 이해하기 쉽게 만드는 것이 중요하다. 가장 이상적인 인터페이스는 신선하고 혁신적이면서도 이미 많이 사용해 본 것 같은 익숙함이 느껴지는 것이며, 사실 아주 어려운 디자인 문제다. 다음은 디자이너의 독창적인 사고와 사용자가 요구하는 민감도를 게임에 반영하는 데 도움이 되는 몇 가지 디자인 기법이다.

형태는 기능을 따른다

'형태는 기능을 따른다'라는 이야기를 들어 본 적이 있을 것이다. 대중문화에 이 유명한 말을 소개한 루이스 설리반(Louis Henri Sullivan)은 개체를 디자인할 때 용도를 바탕으로 해야 한다는 사실을 분명하게 이야기한 것이다. 건물을 지으려면 문을 디자인하기 전에 우선 건물의 용도를 생각해 봐야 한다. 마찬가지로 게임을 제작하려면 게임의 인터페이스나 컨트롤을 디자인하기 전에 게임의 형식적인 요소가 무엇인지 질문해야 한다. 그렇지 않으면 다른 게임

과 같은 모양과 동작을 가진 게임을 만들게 된다.

요즘에는 많은 디자이너들이 '제 게임은 기어스 오브 워하고 비슷하지만 일급 형무소에서 탈출하는 과정을 다루고 있습니다'와 같이 스스럼없이 이야기하는 경우를 볼 수 있다. 이 경우 디자이너는 기어스 오브 워의 인터페이스와 컨트롤 체계를 차용해 자신의 매개변수에 맞게 콘텐츠를 디자인하고 여기에 약간의 새로운 특성을 추가한다. 물론 이 방법으로 게임이 재미있을 수도 있지만 절대 혁신적인 게임은 될 수 없다. 기존 게임의 복제품에서 탈피하는 방법의 핵심은 자신의 독창적 게임 아이디어로 돌아가서 '이 아이디어의 특별한 점이 무엇인가?'라는 질문을 하는 것이다.

앞서 감옥의 예에서 개념은 감옥에서 탈출하는 것이었고 충돌은 간수보다 똑똑한 탈옥수가 되어야 한다는 것이었다. 이 목표를 새로운 방법으로 달성하는 방법은 무엇일까? 탈옥수가 감옥에서 탈출하려면 어떻게 해야 할까? 사용 가능한 도구, 부기, 그리고 장애물에는 어떤 것이 있을까? 디자이너는 컨트롤과 인터페이스에서 이러한 특정한 상황의 긴장과 흥분을 나타내는 방법을 다양하게 시도해야 한다. 이러한 요소를 시각화하는 새로운 방법을 실험하고, 여기에 속성을 할당하며, 다른 요소와 상호작용할 수 있게 한다. 인터페이스는 게임플레이에서 나오는 것이며 그 반대가 아니다.

최상의 방법은 인터페이스를 먼저 디자인하지 말고 게임의 기능에서 유발된 필요성으로부터 발생하게 하는 것이다. 다른 말로 하면 기능을 따르게 하는 것이다.

은유

시각적 인터페이스는 컴퓨터라는 신비로운 우주를 탐험하도록 도와주는 그래픽 기호로서 근본적으로 은유적이다. 컴퓨터 사용자라면 마이크로소프트 윈도우와 매킨토시 운영체제에서 공유하는 바탕 화면의 은유에 익숙할 것이다. 파일 폴더, 문서, 받은 편지함, 휴지통 등은 다양한 시스템 특성과 개체에서 모두 영리한 은유를 담고 있다. 이러한 은유는 사용자가 컴퓨터의 다양한 개체를 사용하는 작업에 사용자가 익숙한 맥락을 제공했기에 성공적이었다.

게임 인터페이스를 디자인할 때는 기본 은유를 고려해야 한다. 게임에 포함돼 있는 가능한 모든 절차, 규칙, 경계 등을 가장 잘 나타낼 수 있는 시각적 은유는 무엇인가? 전체적인 테마와 연결된 물리적인 은유를 사용하는 게임이 많다. 예를 들어, 롤플레잉 게임에서 캐릭터가 소지할 수 있는 물건은 가방에 들어간다. 4장 114쪽에서 전제에 대해 논의하면서 이야기했듯이 인터페이스의 은유는 컴퓨터의 메모리에 표현된 메마르고 통계적인 사실을 게임의 경험에 맞는 방식으로 표시한다.

은유를 만들 때는 플레이어가 게임에서 느낄 '감성 모델'을 염두에 둬야 한다. 이 감성 모델은 플레이어가 게임을 이해하는 데 도움이 되거나 오해하게 만드는 원인이 된다. 감성 모델은 우리가 특정한 배경에 연관 지은 다양한 범위의 아이디어와 개념을 모두 포함한다. 예를 들어, 서커스를 떠올릴 때 생각나는 개념을 목록으로 만든다면 단장, 원형 무대, 광대, 줄타기 줄, 호객꾼, 부속 공연, 동물, 팝콘, 솜사탕, 진행자 등을 나열할 수 있다.

인터페이스에 서커스의 은유를 사용하는 게임을 제작하는 경우, 호스트나 도움말 체계에 단장 이미지를 사용하고 게임의 다른 영역은 원형 무대로 표현하며, 팝콘과 사탕을 파워업으로 사용할 수 있다. 이러한 은유를 사용해 이 정보를 흥미로운 방법으로 시각화할 수 있다.

그러나 주의하지 않으면 의도하는 바를 은유가 방해할 수 있다. 앞서 나열한 모든 개념에는 각각의 범위가 있는데, 때로는 은유로 가져온 감성 모델이 명확함이 아닌 혼란을 초래하는 경우도 있다.

연습 8.4 : 은유

자신의 독창적인 게임 인터페이스에 사용할 수 있는 은유의 목록을 만들어 보자. 은유는 원하는 어떤 것이라도 될 수 있다. 이어 5분 동안 각 은유를 자유롭게 서로 연관시켜 보고, 생각나는 개념을 모두 나열해 보자.

시각화

게임이 진행되는 동안 플레이어는 종종 상당히 많은 양의 정보를 빠르게 처리해야 한다. 플레이어를 도울 수 있는 좋은 방법은 간단히 보아도 일반적인 상태를 알 수 있게 정보를 시각화해서 제공하는 것이다. 이러한 시각화 기법에 대해서는 우리 모두 이미 익숙하다. 자동차 계기판의 연료 미터는 E부터 F까지 하나의 원호로 표시되며, 온도계의 수은주는 온도가 오를수록 상승한다. 이러한 예는 원호가 왼쪽이나 아래쪽으로 이동하는 것이 연료 소진을 의미한다거나 막대가 상승하는 것이 뭔가가 올라가고 있음을 나타낸다는 문화적 예상을 활용하고 있다. 이를 '자연스러운 매핑'이라고 하며, 264쪽 스티브 스윙크의 관련 기사에서 설명했듯이, 게임 인터페이스에서도 이 개념을 효과적으로 활용할 수 있다.

앞서 살펴본 퀘이크의 인터페이스는 사실 자연스

그림 8.16 퀘이크 체력 표시의 세 가지 상태

러운 매핑으로 게임 상태의 측면을 시각화한 훌륭한 예다. 가운데에 보이는 얼굴은 체력을 나타내는데, 게임이 시작되면 얼굴은 화난 표정을 짓고 있지만 건강해 보인다. 그러나 캐릭터가 공격을 받으면 얼굴이 점차 멍들고 피를 흘려서 건강 상태를 한눈에 보여 준다.

연습 8.5 : 자연스러운 매핑

자신의 독창적 게임 인터페이스에 자연스러운 매핑을 사용할 수 있는 여지가 있는가? 여지가 있다면 디자인이 작동하는 방법을 명확하게 알 수 있게 이러한 아이디어를 간단하게 설명해 본다. 이러한 아이디어는 이후에 전체 인터페이스 디자인의 레이아웃을 결정할 때 사용할 수 있다.

특성 그룹화

우리는 책상을 정리할 때 문서나 명함, 펜과 연필과 같이 비슷한 특성을 가진 물건들을 함께 정리한다. 인터페이스를 디자인할 때도 이와 비슷한 개념을 사용한다. 플레이어가 원하는 것을 쉽게 찾을 수 있게 비슷한 특성을 시각적으로 함께 그룹화하는 것이 좋다.

예를 들어, 몇 가지 종류의 체력 표시가 있다면 화면 모서리에 따로 배치하지 말고 함께 배치한다. 여러 가지 전투 기능이 있다면 이를 단일 컨트롤 패널에 정리해서 편리하게 사용 가능하도록 만들 수 있다. 또한, 게임에 커뮤니케이션 기능이 있다면 이러한 기능도 그룹화하는 것이 이치에 맞다.

연습 8.6 : 그룹화

인덱스 카드 한 벌을 구해 카드마다 인터페이스의 컨트롤을 하나씩 적은 다음 본인이 생각하는 최적의 그룹으로 카드를 분류한다. 3~4명의 다른 사람과 함께 같은 연습을 진행하고 사람들이 내린 결정에서 유사점과 차이점을 비교한다. 이 연습으로 게임의 컨트롤을 그룹화하는 최적의 아이디어를 얻을 수 있는가?

일관성

게임의 화면이나 영역을 변경할 때 특성을 한 영역에서 다른 영역으로 옮기면 안 된다. 노아 팔스타인이 게임 디벨로퍼 매거진 칼럼인 'Better By Design'에서 언급했듯이 일관성은 소갈머리 없는 고블린 같은 존재일 수 있지만 사용하기 쉬운 인터페이스에 중요한 요소이기도 하다.[7] 종료 버튼이 오른쪽 위에 있다가 오른쪽 아래로 내려오는 게임을 본 적이 있는가? 그런 경험이 있다면 여러분은 일관성이 없는 혼란을 경험한 것이다.

피드백

플레이어가 시도하는 동작이 허용되는지 여부를 시각적 또는 청각적 피드백으로 제공하는 것은 매우 중요하다. 항상 플레이어가 수행하려는 동작에 대한 피드백을 어떤 형태로든 제공하게 해야 한다.

청각적 피드백은 입력이 받아들여졌거나 새로운 일이 일어날 것임을 플레이어에게 암시하는 데 효과적이다. 오디오 디자이너 마이클 스위트(Michael Sweet)가 397쪽의 관련 기사에서 청각적 피드백에 대해 소개한다. 청각적 피드백은 반응을 중시한 인터페이스를 만드는 데 유용하지만 플레이어의 자원 상태나 유닛 위치와 같은 정확한 정보를 제공하는 데는 적합하지 않다. 이 경우에는 시각적 피드백 방법을 활용해야 한다.

연습 8.7 : 게임에 피드백 활용

자신의 게임에서 플레이어와 효과적으로 의사소통하는 데 필요한 피드백의 종류를 생각해 보고 이러한 청각, 시각, 촉각 등의 피드백을 가장 잘 전달하는 방법을 설명해 본다.

프로토타입 제작 도구

이 장에서 게임의 프로그래밍에 대해 처음으로 언급했다는 것을 알 수 있을 것이다. 그 이유는 게임을 경험 디자인의 관점에서 접근해야 하며, 기술은 디자인 프로세스를 주도하는 것이 아니라 이러한 경험을 지원하기 위한 수단이 돼야 한다고 생각하기 때문이다. 프로그래밍을 설명하는 것은 이 책의 범위를 벗어나지만 프로그래머가 될 계획이 아니더라도 최소한 한 가지 프로그래밍 언어를 배우길 권장한다. 게임 디자이너는 기술적으로 실현 가능한 디자인을 만들고 기술 팀원들과 효과적인 커뮤니케이션을 위해 프로그래밍 개념에 익숙해야 한다(프로그래머도 같은 이유로 디자인 프로세스 개념에 익숙해야 한다). 프로그래밍 개념에 익숙하다는 것을 우리는 "절차

적 개념에 익숙하다"라고 말한다. 이것은 컴퓨터가 작동하는 방법, 코드를 구성하는 방법, 그리고 게임 프로그래밍에 대한 일반적인 원칙을 제대로 이해하고 있음을 의미한다.

프로그래밍 언어

프로그래밍 기술이 없다면 주변의 지역 커뮤니티 대학이나 대학교 또는 하원 등에서 기초적인 프로그래밍에 대한 강좌를 들어 보기를 권한다. 적당한 강좌가 없더라도 이 주제에 대한 다양한 책이 있다. 책을 선택할 때는 연습을 바탕으로 하는 책을 선택하자. 연습은 프로그래밍을 배우는 가장 좋은 방법이다. 어떤 프로그래밍 언어를 배울지는 자신에게 달려 있다. 현재 PC와 콘솔 게임 업계에서 사실상 표준 언어는 오랫동안 C++였지만 C#과 같은 새로운 언어가 C++을 대체할 가능성도 있다. C++와 C#의 공통적인 장점 중 하나는 객체지향 언어이기 때문에 코드의 일부를 재사용할 수 있다는 것이다. 이 특성은 한 프로젝트에 열댓 명의 프로그래머가 함께 작업하는 대규모 응용 프로그램의 제작 과정에서 효율을 높이는 데 도움이 된다. 인기 있는 언어에는 자바, 액션스크립트(플래시에서 사용), 비주얼 베이식, 파이썬, 프로세싱이 있다.

게임 엔진

게임 엔진을 프로토타입으로 사용하면 시간과 자원을 많이 절약할 수 있지만 게임 엔진의 기능에 따라 디자인 결정이 강요될 수 있어 장단점이 있는 선택이다. 일부 게임 엔진은 오픈소스 방식으로 제공되므로 능력이 있으면 독창적인 게임플레이 아이디어를 지원하도록 엔진의 코드를 수정할 수 있다. 그렇

지 않은 경우에는 엔진의 기존 기능을 사용해 게임의 동작을 스크립트로 작성해야 한다.

GarageGames에서는 2D부터 3D까지 다양한 게임 엔진과 이 엔진을 바탕으로 개발하기 위한 도구를 제공한다. GarageGames 엔진에는 프로그래밍 지식 없이도 간단한 게임 프로토타입을 제작할 수 있는 훌륭한 초보자 자습서가 포함돼 있다. 또한 학생과 독립 개발사를 위한 저렴한 가격 정책이 마련돼 있어 구매하는 데 큰 비용이 들지 않는다. 배우기 쉬운 다른 게임 엔진으로는 게임 메이커, RPG 메이커 XP, 어드벤처 게임 스튜디오, 더 게임 팩토리 등이 있다. 이러한 게임 엔진에는 각각 한계가 있지만 초보 게임 디자이너/프로그래머가 빠르고 효과적으로 아이디어를 프로토타입으로 제작할 기회를 제공한다. 이 밖에도 완전한 게임 엔진은 아니지만 프로토타입 제작에 유용한 다른 개발 도구로 플래시와 쇽웨이브(Shockwave)가 있다.

가장 강력하고 널리 사용되는 게인 엔진은 아마도 언리얼 엔진일 것이다. 이 엔진은 기어스 오브 워, 레인보우 시스 베가스, 그리고 물론 언리얼을 개발하는 데 사용됐다. 그림 8.17의 언리얼 엔진 편집기 스크린샷을 주의해서 보면 첫 번째 일인칭 슈팅 프로토타입에서 알아본 형식적 요소인 맵 격자, 방, 유닛, 개체 등이 포함돼 있음을 알 수 있다. 실제로 시간을 투자해서 이러한 편집기를 천천히 살펴보면 특정 게임 장르를 이해하는 데 도움이 된다.

레벨 편집기

컴퓨터 과학에 대한 배경 지식 없이도 프로그래밍에 대해 배울 수 있는 유용하고 재미있는 방법 중 하나로 레벨 편집기를 사용해 보는 것이 있다. 레벨 편집

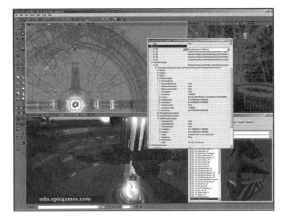

그림 8.17 언리얼 엔진 편집기(게임 유형: 일인칭 슈팅)

기는 PC와 콘솔 게임의 사용자 지정 레벨을 제작하는 데 사용되는 프로그램으로서, 일반적으로 드래그 앤 드롭 방식의 도구라서 프로그래머가 아니라도 사용할 수 있다. 사용자 지정 레벨을 제작해 보면 게임의 형식적 체계를 이해하고 자신의 게임을 프로토타입으로 제작하는 데도 도움이 된다. 일부 레벨 편집기는 게임과 함께 제공되며, 일부는 타사에서 제작한 것이다. 또한, 게임을 구입하면 인터넷에서 무료로 내려받을 수 있는 것도 많다.

그림 8.18에는 심즈 2용 타사 편집기가 나오는데, 이 편집기로 이웃, 개체 및 행동을 편집해서 게임의 새로운 콘텐츠를 제작할 수 있다. 워크래프트 III의 경우, 매우 정교한 레벨 편집기를 기본 제공한다. 개발사인 블리자드 엔터테인먼트에서는 이 편집기를 '월드 에디터'라고 부르는데, 이 도구를 사용해 자신의 워크래프트 III 맵을 제작하는 것은 물론 게임의 거의 모든 측면을 조작할 수 있다. 이 도구는 블리자드의 레벨 디자이너들이 게임 CD에 포함된 튜토리얼을 제작하는 데 사용한 도구이기도 하다. 이 레벨 편집기를 자세히 살펴보면 기본적인 RTS 게임 디자인을 이해할 수 있다.

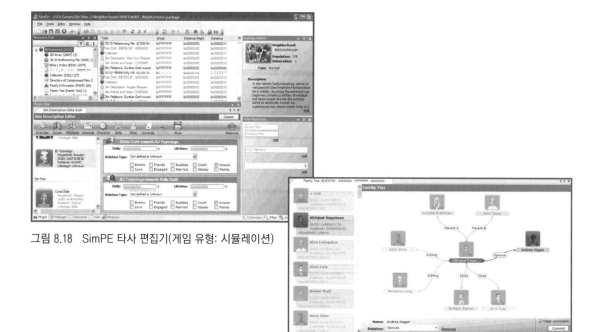

그림 8.18 SimPE 타사 편집기(게임 유형: 시뮬레이션)

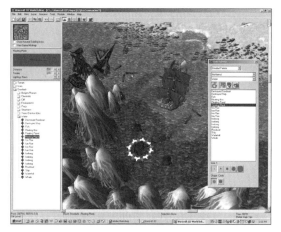

그림 8.19 워크래프트 III 월드 편집기
(게임 유형: 실시간 전략)

그림 8.20에는 워크래프트 III 맵의 보드 크기를
설정하는 대화 상자가 나오는데, 다른 대부분의 게
임과 마찬가지로 맵이 크고 복잡할수록 게임 시간이
길어지며, 작고 단순할수록 게임 시간은 짧아지지만
경험은 더 강렬해진다.

그림 8.21의 유닛 편집기에서는 게임 세션의 유닛
속성을 정의할 수 있다. 편집기에 나오는 기본값은
블리자드의 게임 디자이너가 설정한 것인데, 이러한
값들은 반복적인 프로토타입 제작과 플레이테스트
를 통해 설정된 것이다. 가장 강력한 유닛은 자원과
생산 시간 면에서 비용이 많이 든다. 예를 들어, 나
이트 유닛은 체력 포인트가 800이고 지상 공격력이
25인데, 이것은 체력 포인트가 420이고 지상 공격력
12.5인 풋맨에 비해 거의 두 배 강력한 능력이다. 나
이트의 생산 비용은 이에 상응해서 골드 245와 목재
60이 필요하지만 풋맨의 생산 비용은 골드 135가 전
부다. 또한 나이트의 생산 시간은 풋맨의 생산 시간
인 20에 비해 두 배 이상인 45로 설정되어 게임 안에
서 밸런스가 맞춰져 있다.

워크래프트 III의 모든 유닛의 비용 대비 속성은
게임 체계의 밸런스를 조정하는 단계에서 세심하게

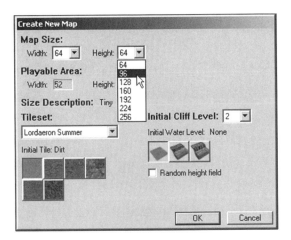

그림 8.20 워크래프트 III 월드 에디터: 맵 크기 선택

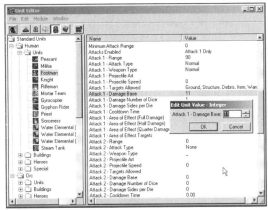

그림 8.21 워크래프트 III 월드 에디터: 유닛 속성

플레이테스트를 거쳐 설정됐다. 균형에 맞지 않게 유리한 유닛이 있으면 숙련된 플레이어가 그 유닛만 대량으로 생산해서 밸런스가 무너졌을 것이다.

네버윈터 나이츠용 오로라 툴셋은 제작사에서 제공하는 게임 편집기의 다른 예다. 오로라 툴셋을 사용하면 게임 세계에 대한 모든 측면을 제어할 수 있으며, 자신의 세계와 퀘스트, 줄거리를 구상하고 3D 공간 안에서 새로운 종류의 게임플레이를 만들 수도 있다.

연습 8.8 : 디지털 프로토타입 제작

연습 8.1에서 제시한 독창적 게임 개념에 대한 의문이나 관심사에 대한 가능한 해결책을 구상해 보자. 예를 들어, 컨트롤이나 인터페이스 같은 간단한 의문부터 시작하는 것이 좋다. 그런 다음 해결책을 디지털 프로토타입으로 구현한다. 9장에 나오는 플레이테스트 기법을 사용해 아이디어를 테스트한다.

결론

이제 게임 개념을 물리적 프로토타입으로 제작하는 과정에서 한 단계 더 나아가 디지털 프로토타입 제작 과정을 마쳤다. 진행하는 동안 디자인에 대한 더 많은 의문을 발견할 것이며, 이러한 의문에서 추가적인 프로토타입을 제작해서 확인해야 하는 다른 새로운 아이디어를 얻을 수 있을 것이다. 이러한 개념에 대한 플레이테스트와 반복은 흥미롭고 창조적인 프로세스다. 다음 몇 개의 장에서는 엄격한 플레이테스트 프로세스를 거쳐 초기 아이디어를 제작이 가능한 작동하는 게임플레이로 변화시키는 과정을 알아본다.

디자이너 관점: 데이비드 페리(David Perry)

CEO, GameConsultants.com

데이비드 페리는 게임 디자이너이자 제작자, 기업가로서 주요 작품으로는 닌자 거북이(1990), 터미네이터(1992), 쿨 스팟(1993), 글로벌 글라디에이터(1993), 알라딘(1993), 어스웜 짐(1994), 어스웜 짐 2(1995), MDK(1997), 새크리파이스(2000), 엔터 더 매트릭스(2003), 매트릭스: 패스 오브 네오(2005), 2Moons(2007)가 있다.

게임 업계에 진출한 계기

사실 저는 상점에서 게임이 판매되기 전부터 게임을 만들어서 돈을 벌었습니다. 예전에는 '베이식(BASIC)'이라는 프로그래밍 언어로 작성한 게임을 실은 잡지나 책이 있었습니다. 게임을 하려면 독자가 직접 컴퓨터에 앉아서 전체 게임을 입력해야 했습니다. 때로는 몇 시간 동안 입력해야 겨우 게임을 할 수 있었는데, 오타가 하나라도 있으면 게임이 제대로 실행되지 않았기 때문에 입력한 내용을 처음부터 다시 확인해야 했습니다. 이런 코드를 분석하면서 어떻게 작동하는지 이해하게 됐고, 수십 가지 게임을 작성해서 잡지와 책으로 발표하기 시작했습니다. 상점에 게임이 판매되기 시작하면서 전문 게임 제작자로 일할 수 있는 기회가 생겼고 뒤돌아보지 않고 17살에 학교를 그만뒀습니다.

가장 좋아하는 게임

배틀필드: 1942와 GTA III를 좋아합니다. 게임 안에서 무엇이든 가능한 느낌을 주기 때문입니다. 이 세계 안에서는 못할 것이 없습니다. 자신이 원하는 대로 플레이하거나 그냥 재미있는 일을 하면서 시간을 보내도 됩니다. 게이머들 중에는 매우 창의적이고 스스로 재미를 찾는 것에 만족하는 사람들이 많기 때문에 아주 훌륭한 옵션이라고 생각합니다. 헤일로와 맥스페인은 세계에 대한 몰입감과 액션의 현실감을 제공하는 액션이 있어 좋아합니다. 커맨드 앤 컨커 시리즈는 게임이 제공하는 전략적 밸런스와 아무리 많은 유닛이라고 한 번에 관리할 수 있다는 점에서 좋아합니다. 플레이어가 제어할 수 있는 능력만큼 더 많은 것이 주어졌습니다. 실력을 많이 쌓았다고 생각하면 다른 사람에게 도전할 수 있는 좋은 게임입니다.

영감

롭 팔도(Rob Pardo), 피터 몰리뉴(Peter Molyneux) 또는 워렌 스펙터(Warren Spector)와 같이 넓게 생각하는 디자이너들을 좋아합니다. 이 사람들은 기본적으로 틀을 벗어난 사고를 할 줄 알고 항상 흥미롭고 도전적인 과제를 찾아냅니다. 이런 점이 정말 마음에 들고 이런 사람들이 더 많아졌으면 좋겠습니다.

디자인 프로세스

제 차를 운전하는 동안 대부분의 아이디어를 얻습니다. 보통은 게임에서 경험해 보고 싶은 이전에 보지 못한 목표를 설정하는 것으로 시작합니다. 제가 제안하는 것들은 쉬운 것들이 아니기 때문에 싫어하는 프로그래머들도 있지만 반대로 좋아하는 프로그래머들도 있습니다.

프로토타입

프로토타입은 중요합니다. 저는 우선 화이트보드에 모든 것을 시각화하려고 하는데, 어떤 모양이 나올지 미리 상상해 보는 단계입니다. 이 단계에서는 브레인스토밍이 필수입니다. 그다음은 코드로 넘어가서 포기하거나 다른 방향을 시도하거나 아니면 현재로 만족하고 진행할지를 결정할 때까지 코드를 개선합니다.

어려운 디자인 문제의 해결

최근에 저를 고민하게 만든 문제로 게임 내 광고가 있었습니다. www.acclaim.com에서 서비스되고 있는 제 게임들은 모두 무료로 플레이 할 수 있고 광고와 가상 아이템 판매로 운영됩니다. 저는 광고주와 게이머를 모두 만족하게 만들 수 있는 방법을 원했는데, 일부 게이머들은 광고를 싫어하기 때문에 쉬운 문제가 아니었습니다. 한 가지 확실한 방법은 광고가 없는 게임 버전을 원하는 게이머에게는 요금을 청구하는 것인데, 이 방법을 선택하는 회사도 많이 있습니다. 저는 이보다 보상을 활용하기로 결정하고 MMORPG 게임 2Moons에서 광고를 열어 두면 경험치 보너스를 제공하게 했습니다. 정말 광고가 싫으면 광고를 닫으면 그만이었습니다. 그리고 설문 조사를 했는데 96%의 게이머가 광고를 열어 두는 것으로 나타났습니다. (휴우!) 요점은 플레이어에게 선택을 제공했기에 문제가 해결됐다는 것입니다.

위험 감수

지난 21년간 많은 위험을 감수했고 다행히도 지금까지는 운이 좋았습니다. 물론 완전히 망한 게임도 없지는 않았지만 덕분에 베스트셀러 게임도 많이 만들었습니다. 게임을 만든다는 것은 새로운 것을 배운다는 것이고, 25년이 지나도 저는 여전히 매일 다른 것을 배우고 있을 것입니다. 제가 가장 자랑스럽게 생각하는 것은 벌써 12년 동안 여러 차례 어려운 시기를 견디면서 개발 스튜디오를 운영하고 있다는 것입니다. 그동안 재미있는 일들이 많이 있었고, 팀에서 수백만 달러를 벌어들였으며, 여러 팀원들의 경력도 향상됐습니다. 개발 측면에서 보면 제가 마지막으로 프로그래밍에 참여한 게임이 어스웜 짐이었는데 아직도 이 시기를 애틋하게 기억합니다. (물론 아직도 틈틈이 프로그래밍을 합니다!)

디자이너에게 하고 싶은 조언

이 업계에 진출하길 희망하는 인재를 위해 무료 웹 사이트인 www.dperry.com을 운영하고 있습니다. 제가 답변할 수 있는 질문이 있거나 다른 동료들과 공유하고 싶은 경험이 있으면 이 사이트에 올려 주십시오. 무엇보다 중요한 것은 열정입니다. 이 업계에 흥미를 느낀다고 해도 그것만으로는 부족합니다. 이 업계에서 경쟁하려면 숙면을 포함한 모든 것을 제쳐둘 수 있어야 합니다. 열정이 있는 사람은 끝까지 갈 수 있겠지만 그렇지 않은 사람은 좌절하고 포기할 것입니다. 그만한 가치가 있냐고요? 물론입니다!

디자이너 관점: 브렌다 브레스웨이트(Brenda Brathwaite)

게임 디자이너, 사바나 예술대학(Savannah College of Art and Design) 교수

브렌다 브레스웨이트는 게임 업계에서 25년간 일해온 베테랑으로서 주요 작품으로는 위자드리(1981), 위자드리 II(1985), 위자드리 III(1986), 위자드리 IV(1988), 위자드리VI(1990), 재기드 얼라이언스(1994), 재기드 얼라이언스: 데들리 게임(1995), 재기드 얼라이언스 2(1999), 재기드 얼라이언스 2: 언피니시드 비즈니스(2000), 위자드리 8(2001), 던전 앤 드래곤즈: 히어로즈(2003), 플레이보이: 더 맨션(2005)이 있다.

게임 업계에 진출한 계기

지인을 통해서라고만 이야기하고 입을 다물어야겠지만 그러지는 않겠습니다. 사실 그리 재미있는 이야기도 아닙니다. 지인을 통해서라는 것도 어느 정도 사실입니다. 제가 15살 때 고등학교 화장실에서 담배를 피고 있을 때 이야기입니다(물론 흡연은 교칙 위반이었습니다). 어떤 여학생이 화장실에 들어와서는 다른 학생들에게 담배가 있는지 물어보기 시작했습니다. 담배를 모두 거절하는 것을 보고는 멘솔이 아닌 보통 담배를 찾는 거라고 생각하고 제 담배를 하나 줬습니다. 그 학생은 저에게 친절하게 말을 걸었습니다. "너 서테크 소프트웨어라고 들어 본 적 있어?" 아니. "위자드리는?" 아니. "그럼 던전 앤 드래곤즈는 들어 본 적 있어?" 응. "너 일해 볼 생각 있니?" 물론이지. 이것이 제가 게임 업계와 인연을 맺은 첫 번째 면접이었습니다. 다음날이었던 1982년 10월 3일부터 서테크 소프트웨어에서 상주 게임 플레이어이자 QA 직원으로 일하기 시작했고 위자드리 시리즈 게임에 대한 내용을 암기해서 '위자드리 핫라인'으로 걸려오는 전화에 대답해주는 업무를 담당했습니다. 믿기 어렵지만 이때 외웠던 질문들을 아직도 기억하고 있습니다.

그때가 고등학생 시절이었는데, 서테크에 일하면서 대학교에 다녔고, 다음 세기까지 18년을 이 회사에서 일했습니다. 게이머부터 시작해서 게임 디자이너까지 말 그대로 게임 업계에서 성장했다고 해도 과언이 아닙니다.

가장 좋아하는 게임

✓ **위자드리**: 미친 제왕의 시험장(Proving Grounds of the Mad Overlord): 저만의 모험가 파티를 만들어 던전으로 향하는 경험은 마법과도 같은 것이어서 정말 이전에는 전혀 느껴 보지 못한 새로운 경험이었습니다. 정상 근무 시간은 4-8시였는데, 3시에 나와서 9시에 퇴근하게 되었고... 결국에는 2시에 나와서 10시에 퇴근하게 되었습니다. 위자드리는 제가 mod를 경험한 첫 번째 게임이기도 합니다. 게임의 레벨을 만드는 데 사용하던 내부 도구가 있었는데, 이 도구를 사용해서 게임의 여러 부분을 수정해 보는 것은 정말 재미있었습니다. 당시 기억은 첫 키스의 기억처럼 저에게 소중한 기억으로 남았고, 저는 아직 제 캐릭터가 들어 있는 위자드리 5.25인치 디스크를 가지고 있습니다. 디지털 게임과 함께 성장한 요즘 디자이너들은 아마 첫 번째 게임에 대한 경험을 저처럼 강렬하게 가지고 있지는 않을 것입니다.

✓ **문명**: 제가 게임의 내부를 들여다 보게 된 계기를 만들어 준 게임입니다. 이 게임을 접한 당시에는 이미 게임 업계에서 일하고 있었지만 모든 것을 그저 당연하게 여기고 있었습니다. 당시에는 위자드리 시리즈에 대한 일만 했었기에 이 게임에 대해서는 손바닥 보듯이 잘 알고 있었습니다. 문명을 처음 접하고는 이 게임에 크게 감명받았습니다. '도대체 어떻게 이렇게 한 것일까?' 이런 생각을 계속 했었는데, 게임 안쪽의 비밀이 있다는 것을 알게 됐고, 그 비밀을 알고 싶어졌습니다. 다행히도 저는 이미 이 업계에서 일하고 있었기에 당시 서테크에서 개발하던 게임들을 전과는 완전히 다른 방향으로 바라보게 됐습니다. 게임 디자인에 완전히 매료되었고 당시 서테크에서 일하던 재능 있는 디자이너들의 도움을 받아 디자인에 대한 많은 것을 배울 수 있었습니다.

✓ **라쳇 앤 클랭크**: 마치 어린 시절로 돌아간 듯한 즐거운 시간을 제공하는 게임입니다. 이 게임에는 정말 제가 좋아하는 면이 많습니다. RPG가 아니기에 전투 메커닉이나 캐릭터 레벨을 올리는 데[신경 쓰지 않고 부담 없이 게임을 즐길 수 있습니다. 라쳇 앤 클랭크는 기타 히어로와 함께 제가 게임을 즐기고 싶을 때 플레이하는 게임입니다.

✓ **기타 히어로**: 라쳇 앤 클랭크와 마찬가지로 잠시 동안 아무 생각 없이 즐거운 시간을 보낼 수 있는 게임입니다. 또한, 다른 대부분의 게임보다 오디오 피드백, 시각적 피드백, 촉각 입력을 비롯한 플레이어의 모든 감각을 종합적으로 활용하는 데 탁월한 모습을 보여줬습니다. 그래서 게임을 하는 동안만큼은 다른 생각이 들지 않습니다. 리듬 게임은 이러한 경험에 잘 어울립니다. 리듬 게임은 또한 레즈(Rez)를 제외하고는 플레이 시간도 비교적 짧은데, 이것도 제 생활 패턴과 잘 어울립니다.

✓ **리스크**: 이 게임에 대해 이야기하는 것만으로도 당장 플레이하고 싶은 위험한 생각이 들 정도로 놀랍고 탁월한 게임입니다. 플레이어들은 게임 전체에서 제공하는 도전과 몰입도 높은 전략에 감탄할 것이고, 디자이너들은 메커닉이 전개되는 방법과 플레이의 역학, 그리고 게임 안에서 모든 움직임에 숨겨진 놀라운 의미에서 영감을 얻을 수 있을 것입니다. 이 게임이 지겨워지는 일은 아마 없을 것 같습니다.

디자인 프로세스

저는 지적 재산이나 다양한 주제를 연구하면서 많은 시간을 보냅니다. 이런 면에서는 저를 방식 디자이너라고 할 수도 있을 것 같습니다. 저는 항상 현재 연구하는 주제에 집중하는 스타일이어서 영화, 서적, 사람, 인터넷과 도서관의 일반적인 자유 형식 연구까지 온종일 주제에 파고듭니다. 예를 들어, 한번은 마피아 게임에 대한 제안을 받은 적이 있었습니다. 불행인지 다행인지 당시 제가 살던 지역에 최대 갱 조직인 라 코사 노스트라(La Cosa Nostra)가 있어서 이 조직을 연구하던 사람들을 만나기 시작했는데, 정말 흥미진진한 경험이었습니다. 그리고 이 게임을 디자인하는 동안 지역 보스가 살해당하는 사건이 일어났고, 이 사건이 게임의 시작 지점으로 활용됐습니다.

연구 과정에서 게임의 핵심을 결정하며, 나머지 부분은 정해진 핵심을 기준으로 디자인합니다. 핵심을 정의하는 것은 게임 디자이너에게 무엇보다 중요한 작업으로서, 이후 많은 결정이 핵심을 기준으로 내려집니다. 핵심이 정의되면 게임의 5~6가지 특성을 구상하고 이 특성을 바탕으로 게임을 확장합니다. 이 시기는 저의 디자인 프로세스에서 또 다른 중요한 시기이기도 한데, 동료 디자이너 및 팀원들과 함께 디자인을 검토해서 디자인이 단단하고 확고하다고 확신할 수 있을 때까지 모든 부분을 철저하게 테스트합니다. 디자인 프로세스를 진행하는 동안 이 부분을 계속 평가합니다.

프로토타입

프로토타입은 정말 중요합니다. 예를 들어, 정말 훌륭한 아이디어라고 생각했던 개념이 막상 프로토타입으로 만들었을 때는 너그럽게 표현해도 그저 그런 아이디어로 밝혀진 적도 있습니다. 반대로 약간 흥미롭다고 생각했던 아이디어가 아주 재미있다고 밝혀진 경우도 있었습니다. 프로토타입과 플레이는 아이디어를 작동해 보고 가치를 확인할 수 있는 유일한 방법입니다.

제 프로세스는 만드는 게임의 종류에 따라 다릅니다. RPG인 경우에는 일반적으로 펜과 종이 버전을 먼저 만들고 친구나 다른 팀원들과 함께 테스트합니다. 예전의 던전 앤 드래곤즈와 같이 말입니다. 우리가 만든 캐릭터에 애착을 느낀다면 좋은 신호입니다. 그다음에는 소용없는 스탯과 같은 여러 측면을 세부적으로 조정합니다. 이 시기는 플레이어의 기대를 확인할 수 있는 좋은 기회이기도 합니다. 요즘 컴퓨터의 처리 능력을 생각하면 펜과 종이 게임이 구식으로 보이지만 사실은 다릅니다. 이 게임의 '컴퓨터'는 플레이어와 게임마스터의 상상력이며, 여기에는 지금까지 만든 그 어떤 컴퓨터보다도 놀라운 능력이 있습니다. 이 프로세스에서 얻는 것이 많습니다.

체계를 제작하기 시작할 때는 마이크로소프트 엑셀을 이용해 초기 프로토타입을 먼저 만들어 보는 경우가 많은데, 체계나 시뮬레이션이 생각대로 작동하는지 확인하는 것입니다. 이 시기에도 종종 이전에 없던 아이디어나 다양한 개념을 실험합니다. 개념이 구체화되면 최대한 느슨한 형식으로 코드를 작성하면서 저나 다른 플레이어들이 만족할 때까지 계속 수정합니다. 저는 디자인하는 프로토타입이나 체계에 대해 항상 최대한 많은 의견을 들으려고 노력합니다. 제자나 후배 디자이너에게도 고참 디자이너와 신입 디자이너의 가장 큰 차이를 다음과 같이 설명하고는 합니다. 신입 디자이너는 체계를 완성한 다음 다른 사람이 체계에 중대한 결함이 있다고 알려주면 충격을 받지만 고참 디자이너는 체계를 완성한 다음 이 체계의 문제를 찾도록 도와줄 사람을 열성적으로 찾는다는 것입니다. 이를 위해서는 게임을 해야 합니다.

디자이너에게 하고 싶은 조언

C++를 배워서 자신의 디자인을 초기 단계부터 실험하고 프로토타입으로 만들어 보세요. 대학교는 꼭 가시고 담배는 피우지 마세요.

참고 자료

* Effective Prototyping for Software Makers - Jonathan Arnowitz, Michael Arent, Nevin Berger, 2006.

* Beginning C++ Game Programming - Michael Dawson, 2004.

* The Game Programmer's Guide to Torque - Edward Maurina, 2006.

* Design of Everyday Things - Donald Norman, 1990.

* Gamemaker's Apprentice: Game Development for Beginners - Mark Overmars, Jacob Habgood, 2006.

* Envisioning Information - Edward Tufte, 1990.

주석

1. Eric Todd. "Spore Preproduction through Prototyping" 게임 개발자 컨퍼런스 프레젠테이션, 2006년 3월 23일.

2. Simon Carless. "GDC: Prototyping for Indie Developers," Gamasutra.com, 2007년 3월 6일.

3. John Lally. "Giving Life to Ratchet & Clank: Enabling Complex Character Animations by Streamlining Processes," Gamasutra.com, 2003년 2월 11일.

4. Keita Takahashi. "The Singular Design of Katamari Damacy." 게임 개발자. 2004년 12월.

5. Zach Stern. "Creating Osu! Tatakae! Ouendan and Its Recreation As Elite Beat Agents," Joystiq.com, 2007년 3월 8일.

6. Chris Hecker, Chaim Gingold. "Advanced Prototyping" 게임 개발자 컨퍼런스 프레젠테이션, 2006년 3월 23일.

7. Noah Falstein. "Better By Design: The Hobgoblin of Small Minds." 게임 개발자. 2003년 6월.

9장

플레이테스트

플레이테스트는 디자이너가 가장 열심히 참여해야 하는 작업이지만 아이러니하게도 디자이너들이 가장 제대로 이해하지 못하고 있는 작업이기도 하다. 가장 흔한 오해는 플레이테스트를 단순히 게임을 하고 피드백을 수집하는 과정이라고 생각하는 것이다. 사실 게임을 하는 것은 선택, 영입, 준비, 제어 및 분석을 포함하는 프로세스의 한 부분일 뿐이다.

디자이너들이 플레이테스트를 제대로 수행하지 못하는 다른 이유는 게임 개발 프로세스에서 플레이테스트의 역할을 다른 것과 혼동하고 있기 때문이다. 예를 들어, 디자이너와 팀원들이 게임을 하면서 특성에 대해 논의하는 과정은 플레이테스트가 아니라 내부 디자인 검토라고 한다. 또한 QA 팀과 함께 소프트웨어의 각 요소를 엄격하게 테스트해서 문제가 있는지 검증하는 과정은 품질 관리 테스트라고 한다. 샘플 그룹의 플레이어가 게임을 하는 모습을 거울 뒤에서 마케팅 관리자들이 지켜보고 중재자가 이 제품에 투자할 금액을 묻는 과정은 포커스 그룹 테스트라고 힌다. 그리고 사용자의 마우스 움직임, 시선 변화, 이동 패턴 등을 추적해서 사용자가 인터페이스와 상호작용하는 방법을 분석하는 과정은 사용성 테스트라고 한다.

그러면 플레이테스트란 무엇일까? 플레이테스트는 디자이너가 전체 디자인 프로세스에서 게임이 플레이어의 경험 목표를 충족하고 있는지 여부를 확인하는 테스트다. 플레이테스트를 수행하는 데는 다양한 방법이 있는데, 이 중에는 비형식적이고 질적인 방법도 있지만 좀 더 구조적이고 양적인 테스트도 있다. 헤일로 3의 경우, 마이크로소프트 게임즈 사용자 리서치 팀이 세계 최고의 정교한 플레이테스트 시설에서 600명 이상의 플레이어와 함께 3,000시간 이상 플레이테스트를 거쳤다.[1] 대부분의 전문 게임은 이 수준까지는 아니더라도 퍼블리셔의 시설이나 외부 테스트 그룹을 통해 충분한 플레이테스트를 거친다. 여러분의 환경에서는 10~20명 정도의 플레이테스터가 게임을 테스트하고 있을 수도 있다. 자체 시설에서 수행되는 이러한 테스트 역시 귀중하고 중요하다. 이러한 모든 형태의 플레이테스트에서 가장 중요한 것은 플레이어에게서 유용한 피드백을 얻어 게임의 전반적인 경험을 향상시키는 것이다.

게임을 개발하는 동안에는 다른 그룹에서 각기 다른 종류의 테스트를 진행한다. 마케팅 부서에서는 게임을 구입할 사용자 층이나 판매량 예상치를 얻기 위해 테스트를 하며, 엔지니어링 팀에서는 QA 부서를 활용해 버그나 호환성 문제를 테스트한다. 인터페이스 디자이너 역시 사용자들이 게임을 효율적이고 편리하게 사용할 수 있는지 확인하기 위해 다양한 테스트를 진행한다. 그러나 디자이너의 가장 중요한 목표는 게임이 의도한 대로 작동하고, 내부적으로 완전하며, 밸런스가 맞고, 플레이가 재미있는지 확인하는 것이다. 이를 위해 필요한 것이 플레이테스트다.

플레이테스트와 반복적 디자인

디자이너의 가장 중요한 역할은 플레이어를 대변하는 것이라고 했다. 이 역할은 디자인의 초기 단계에만 적용되는 것이 아니다. 게임 디자이너는 디자인과 제작 프로세스 전체에서 플레이어와 요구와 관점을 최우선으로 고려해야 한다. 팀에서 프로젝트를 오랫동안 진행하다 보면 게임을 자신들의 비전에 맞게 만들기 위해 플레이어를 잊어버리는 경우가 종종 있다.

플레이테스트, 평가, 그리고 수정의 지속적이고 반복적인 프로세스는 길고 지루한 개발 과정에서 게임이 길을 잃지 않도록 유지하는 방법이다. 물론 언젠가는 제품을 내놓아야 하기 때문에 언제까지나 기본 게임 디자인을 변경할 수는 없다. 그림 9.1을 보면 제작 과정이 진행될수록 테스트 주기가 점차 짧아지고 해결해야 하는 디자인 문제와 변경 사항들이 점차 작아져서 제작 완료 단계에 가까워지면 게임에 근본적이거나 극적인 변경을 적용하지 않는다는 것을 알 수 있다. 플레이어와 함께 지속적으로 가정을 테스트하는 방법을 통해 제작 과정을 진행하는 동안 게임을 올바른 방향으로 이끌어갈 수 있다.

그러나 테스트가 비용이 많이 드는 프로세스인 것은 사실이다. 베타 버전과 같이 완전히 작동하는 게임이 완성될 때까지 기다렸다가 테스트하면 더 좋지 않을까? 이렇게 하면 플레이어도 최상의 경험을 얻을 수 있지 않을까? 이것은 완전히 잘못된 생각이다. 이 시기가 되면 게임에 근본적인 변화를 주기에 너무 늦어버리기 때문이다. 이 시기에 핵심 게임플레이가 재미 없거나 흥미롭지 않으면 해결할 수 있는 방법이 별로 없다. 최상위 특성 중 일부를 변경할 수 있겠지만 그것이 전부다.

플레이테스트와 디자인의 반복은 시작하는 디자인을 시작하는 순간부터 진행하는 것이 좋다. 그리고 자신의 시간과 몇 명의 지원자와 함께 큰 비용 없이 진행할 수 있는 플레이테스트 방법도 소개하겠다. 진정한 비용 절감은 제작 완료 단계에서 게임을 변경하거나 최대한 만족스럽게 제작하지 못한 게임을 그대로 출시하는 상황을 방지하는 것이다.

플레이테스터 모집

플레이테스트를 진행하려면 먼저 플레이테스터가 필요하다. 어떻게 시작하고 누굴 믿어야 할까? 첫 번째 프로토타입을 제작하는 가장 초기 단계에서 최고의 베타 테스트는 자기 자신이다.

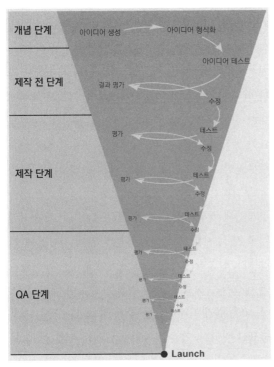

개념 단계
아이디어 생성
아이디어 형식화
아이디어 테스트

제작 전 단계
결과 평가
수정

테스트
수정
평가

제작 단계
평가
테스트
수정
평가
테스트
수정
평가
테스트
수정

QA 단계
평가
테스트
수정
평가
테스트
수정
평가
테스트
수정
평가

● Launch

그림 9.1 반복적 게임 디자인 모델: 플레이테스트, 평가, 수정

직접 테스트하기

작동하는 게임 버전을 제작하는 동안 자연스럽게 게임이 작동하는 방법을 이해하려고 시도하게 된다. 다른 디자이너와 협력해서 프로토타입을 제작하는 경우, 그룹 또는 개인으로 직접 테스트할 수 있다. 직접 테스트는 기본 개념을 실험하는 단계인 프로토타입의 기반 구축 단계에서 가장 중요하며, 체계의 핵심 메커닉을 구상할 수 있는 프로세스의 큰 부분이다. 또한 플레이 경험을 통해 문제를 관찰할 수 있는 솔루션을 만들 수 있는 위치이기도 하다. 이 단계의 목표는 최종 제품에 비해 개략적인 수준이더라도 일단 게임이 작동하게 만드는 것이다. 프로젝트를 진행하는 동안 직접 테스트는 계속 하게 되지만 과정

이 진행되고 게임이 발전하면 자신이 무엇을 만들었는지 정확하게 이해하기 위해 점차 외부 테스터의 도움을 받아야 한다.

연습 9.1 : 직접 테스트하기

연습 8.8에서 제작한 디지털 게임 프로토타입이나 연급 7.9에서 제작한 물리적 프로토타입을 직접 플레이 테스트 해 보자. 게임을 하면서 느낀 생각을 자세하게 설명한다. 자신이나 다른 테스터에게서 얻은 모든 피드백을 기록하는 플레이테스트 노트북을 시작한다.

가까운 사람과의 플레이테스트

기반 구축 단계에서 진행하고 프로토타입이 플레이 가능한 상태가 되면 친구나 디자인 팀 외부의 동료와 잘 아는 사람들과 함께 플레이테스트를 진행한다. 이들은 프로젝트에 신선한 시각을 제공하고 고려하지 않은 부분을 발견하도록 도와준다. 이 단계에서 플레이테스트를 시작하려면 게임을 설명하기 위해 함께 자리해야 할 수 있는데, 구조 설계 단계에는 프로토타입이 아직 완전하지 않기 때문이다. 디

그림 9.2 댓게임컴퍼니에서 친구와 가족을 대상으로 새 게임 프로토타입을 플레이테스트 하고 있다. 게임 디자이너 제노바 첸이 게임 방법을 설명하는 중

자이너가 많이 개입하지 않더라도 사람들이 플레이할 수 있는 버전을 만드는 것이 목표다. 플레이테스터에게 프로토타입과 플레이를 시작하는 데 충분한 정보를 제공할 수 있어야 한다. 물리적 프로토타입의 경우 전체 규칙을 설명한 문서를 준비해야 하며, 소프트웨어 프로토타입의 경우 사용자 인터페이스를 제작하거나 역시 규칙을 설명한 문서를 준비해야 한다.

게임이 플레이 가능하게 되고 명확한 규칙 집합을 정의한 후에는 점차 가까운 사람에게 의존하는 것을 중단해야 한다. 친구나 가족과 테스트하는 것이 좋은 방법으로 느껴질 수 있고, 실제로도 초기 단계에서는 좋은 방법이지만 게임이 성장하게 되면 이들만으로는 부족하다. 친구나 가족은 여러분과 개인적인 관계가 있으므로 완전하게 객관적인 시각을 취하기 어렵기 때문이다. 이들 대부분은 여러분과의 기존 관계에 따라 너무 가혹하거나 관대할 가능성이 많다. 이들이 균형 잡힌 피드백을 제공한다고 판단되는 경우에도 소규모 그룹에 지나치게 의존하지 않는 것이 바람직하다. 디자인을 다음 수준으로 끌어올리는 데 필요한 객관적이고 넓은 범위의 비판을 제공하지 않을 것이기 때문이다.

연습 9.2 : 가까운 사람과 테스트

독창적 프로토타입을 가까운 사람에게 보여 주고 테스트를 부탁해 보자. 이들이 플레이하는 동안 관찰하고 그 내용을 기록한다. 선행 질문을 던지기 전에 이들이 게임에 대해 느끼는 것을 최대한 정확하게 추측해 보자.

모르는 사람과의 플레이테스트

완성되지 않은 게임을 모르는 사람에게 보여 주는 것은 어려운 일일 수 있는데, 처음 만난 사람에게 비판받는다는 것을 의미하기 때문이다. 그러나 게임에 대한 신선한 시각을 얻고 디자인을 개선하는 데 필요한 통찰력을 얻는 유일한 방법은 모르는 사람들을 사무실이나 집으로 초대해서 게임을 하고 비판하도록 부탁하는 것이다. 모르는 사람은 자신의 느낌을 정직하게 말하더라도 손해 보는 것이 없고, 게임에 대한 사전 지식이나 개인적인 인연에 영향을 받지 않는다. 신중하게 선정하고 올바른 환경을 제공한다면 테스터는 동료로서 제 역할을 충분히 해 줄 것이다. 좋은 플레이테스터를 찾고 활용하는 것은 매우 중요한 일이며, 이를 디자인 프로세스의 연장선으로 받아들이면 좋은 결과를 얻을 수 있을 것이다.

최적의 플레이테스터 찾기

여러분이나 여러분의 게임에 대해 전혀 모르는 이러한 완벽한 플레이테스터를 찾는 방법은 무엇일까? 해결책은 자신의 지역 사회를 활용하는 것이다. 예를 들어, 지역 고등학교, 대학, 스포츠 클럽, 사회 단체, 교회 및 컴퓨터 사용자 그룹을 대상으로 플레이테스터를 모집할 수 있다. 가능성은 무한하다. 온라인이나 지역 신문에 구인 광고를 올리면 다양한 계층의 플레이어를 모집할 수 있다. 시도하는 방법이 다양할수록 더 좋은 후보자 층을 확보할 수 있다. 지역 게임 상점, 대학 기술사, 도서관 또는 레크리에이션 센터 등에 구인 광고를 붙이는 간단한 방법도 있다. 게임을 만드는 과정에 참여하려는 사람들은 많이 있으며, 올바른 방법으로 초대한다면 테스터를 모집하기는 그리 어렵지 않을 것이다.

다음 단계는 일부 지원자를 거절하고 지원자를 걸러내는 것이며, 우선 충분한 지원자를 확보해야 한다. 테스터 그룹은 자신의 의견을 명확하게 전달할 수 있어야 하므로 전화상으로는 제대로 의사소통이 되지 않는 지원자라면 큰 도움이 되지 않을 가능성이 높다. 인구 통계나 샘플링에 대한 전문 지식을 활용하지는 않더라도 지원자가 도움이 될지 여부를 판단하기 위한 몇 가지 질문을 해 보는 것은 나쁘지 않다. 지원자에게 취미가 무엇입니까? 테스터에 응모하신 이유는 무엇입니까? 이러한 종류의 게임은 얼마나 자주 구입하십니까? 등의 질문을 할 수 있다. 테스터가 이러한 종류의 게임을 구매하는 소비자가 아닌 경우, 피드백의 가치가 낮다.

목표 사용자 층을 대상으로 하는 플레이테스트

이상적인 플레이테스터는 목표 사용자 층에 해당하는 사람들이며, 돈을 들여서 여러분의 게임을 구입할 의향이 있는 사람이 최적의 테스터다. 이런 사람들은 여러분의 게임에 매력을 느끼지 않는 사람보다 훨씬 유용한 피드백을 제공할 가능성이 높다. 또한 자신이 플레이해 본 게임과 여러분의 게임을 비교하고 추가적인 시장 조사 정보도 제공할 수 있다. 무엇보다 중요한 것은 이들이 자신이 좋아하는 것과 싫어하는 것을 알고 있으며, 이에 대해 자세하게 말해 줄 수 있다는 사실이다. 목표 사용자 층을 테스터로 확보하면 다른 사람은 제공할 수 없는 풍부한 정보와 통찰력을 얻을 수 있게 된다.

연습 9.3 : 플레이테스트 모집

이제 모르는 사람을 모집해서 프로토타입을 플레이테스트 할 차례다. 앞서 설명한 대로 목표 사용자 층을 모집하자. 이렇게 모집한 플레이테스터와 함께 진행할 테스트를 준비한다. 연습 9.4에서는 테스트에서 최대한의 성과를 얻도록 준비하는 방법을 설명한다.

모집하는 그룹이 다양할수록 효과는 더 좋으며, 여기서 다양하다는 것은 해당하는 목표 사용자 층 내에서 다양해야 한다는 의미다. 여러분의 게임을 하는 사람에게서 피드백을 얻어야 하지만 목표 사용자 층의 일부에만 집중하는 것은 좋지 않다. 테스터 풀이 제품의 전체 소비자 스펙트럼을 나타내게 해야 한다. 게임 관련 웹 사이트에 광고를 올리는 것도 해당 지역에서 테스터를 모집하는 좋은 방법이다.

아이디어가 유출되는 것이 걱정된다면 NDA(기밀 유지 협약서)에 서명하게 하면 된다. NDA는 제품이 출시될 때까지 아무에게도 제품에 대한 정보를 유출하지 않는다는 약속이다. 게임 회사의 경우, 일반석으로 플레이테스터에게 현금을 지급하거나 무료 게임을 제공한다. 독립 개발사나 개인 프로젝트의 경우 일반적으로 보수를 지급하지는 않지만 게임 제작에 참여했다는 만족감을 얻을 수 있다.

어느 선까지 주의해야 하는가는 여러분에게 달려 있지만 피해망상을 가지지 말자. 여러분의 게임을 훔치려는 사람은 극소수에 불과하며, 설사 게임을 훔치는 데 성공했다고 하더라도 실질적인 피해가 발생할 가능성은 높지 않다. 플레이테스터를 활용해서 얻을 수 있는 이익은 발생할 수 있는 위험보다 훨씬 높다. 사실 플레이테스터를 사용했을 때 발생할 수 있는 위험은 제작 과정의 다른 위험에 비하면 무시할 수 있는 수준이다.

대부분의 테스트에서는 신선한 피드백을 얻기 위해 플레이테스터를 새로 모집해야 하지만 디자인 프로세스 후반에는 게임이 얼마나 진행됐는지에 대한 느낌을 알 수 있도록 성과가 좋았던 테스터들을 다시 활용할 수 있다. 또한 이러한 테스터들은 특성을 제거하거나 변경한 결정이 잘못됐다는 사실을 발견하는 데 도움이 된다. 그림 9.3에는 다양한 프로토타입 제작의 단계와 각 단계에서 활용할 수 있는 플레이테스터의 유형이 나온다.

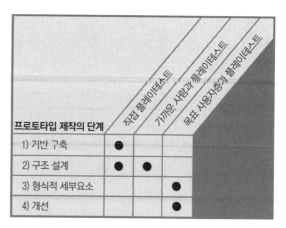

프로토타입 제작의 단계	직접 플레이테스트	가까운 사람과 플레이테스트	목표 사용자층과 플레이테스트
1) 기반 구축	●		
2) 구조 설계	●	●	
3) 형식적 세부요소			●
4) 개선			●

그림 9.3　프로토타입 제작의 각 단계에 적합한 플레이테스터 유형

플레이테스트 세션 수행

이제 모르는 사람들을 사무실로 초대하는 데는 성공했다. 다음은 어떻게 해야 할까? 이 시점에 여러 디자이너들이 공통적인 실수를 한다. 플레이어들에게 자신의 게임을 소개하고, 게임이 작동하는 방법, 향후 개발 계획, 게임에 대한 희망과 꿈과 같은 이야기를 하는 것이다. 이렇게 하면 게임에 대한 신선한 시각을 얻는다는 플레이테스트의 목표를 스스로 방해하는 셈이다. 일단 플레이테스터에게 게임이 작동하는 방법을 설명한 다음에는 이전으로 돌아가서 플레이어가 게임에서 받는 첫 느낌을 포착할 수 없다. 우리는 게임 디자인을 배우는 학생들에게 항상 "박스 안으로 들어갈 수는 없다"라고 강조하는데, 일단 게임이 출시된 다음에는 플레이어에게 게임을 설명할 수 없다는 것을 이야기하는 것이다.

이 시점에서 여러분의 역할은 게임 디자이너가 아니라 플레이테스터에게 게임을 제공하고, 유용하게 플레이테스트를 진행하도록 안내하며, 이들이 이야기하는 것을 기록하고 나중에 이를 분석하는 연구자

와 관찰자다. 게임에 대해 또는 게임이 작동하는 방법을 설명하기보다 설명 없이 또는 최소한의 내용만 설명하고 게임을 하게 한다. 실수를 허용하고, 각 플레이어들이 게임에 접근하는 방법을 관찰하자. 어쩌면 여러분의 규칙이 혼란스러울 수 있다. 플레이어가 정말 혼란스러워 할 때는 도움을 제공할 수 있지만 대부분의 경우 스스로 방법을 알아내자. 플레이어가 여러분의 예상대로 완벽하게 플레이하는 경우보다 실수할 때 더 많은 것을 배울 수 있다.

플레이테스트를 수행하는 가장 좋은 방법은 객관적인 사람이 테스트를 진행하는 동안 여러분은 단방향 거울이나 비디오를 통해 결과를 관찰하는 것이다. 집에서 혼자서 개발하는 경우에는 이런 선택 사항이 불가능할 수 있다. 너무 많이 이야기하지 않도록 자신을 제어하는 한 가지 좋은 방법은 대본을 준비하는 것이다. 이 대본으로 관찰자라는 자신의 정해진 역할을 상기할 수 있다. 대본은 최소한 다음과 같은 섹션을 포함해야 하며, 수행하려는 테스트 유형에 따라 다른 내용을 포함할 수도 있다.

소개(2~3분)

먼저, 플레이테스터에게 환영 인사를 건네고 참여에 대한 감사 인사를 한다. 자신의 이름, 직업, 그리고 하고 있는 일을 간단히 소개한다. 그런 다음 플레이테스트 프로세스를 간단히 설명하고, 이 과정이 게임에 어떻게 도움이 되는지 설명한다. 세션을 녹음 또는 녹화하는 경우 플레이어에게 이 사실을 알리고 양해를 구한다. 녹화 자료가 디자인 팀 내부에서 참조 자료로만 사용되며 외부로 유출되지 않는다는 것을 설명한다. 마지막으로 단방향 거울과 같은 특수한 사용성 시설을 사용하는 경우, 거울 바깥에서 테스트를 관찰하는 사람들이 있다는 것을 알려준다.

준비 토론(5분)

이들이 플레이하는 게임 중 여러분의 게임과 비슷한 게임, 이러한 게임을 좋아하는 이유, 가장 좋아하는 게임 등을 확인할 수 있는 질문을 준비한다. 질문의 예는 다음과 같다.

- ✓ 플레이하고 있는 게임이 있으면 알려 주세요.
- ✓ 이 게임에서 어떤 점이 마음에 드나요?
- ✓ 이런 게임은 어디에서 플레이하나요? 또는 어디에서 이런 게임을 찾나요? 이런 장소를 이용하는 이유는 뭔가요?
- ✓ 최근에 구매했던 게임을 알려 주세요.

플레이 세션(15~20분)

플레이테스터에게 아직 개발 중인 게임을 하게 된다는 것을 설명한다. 세션의 목적이 이들의 경험에 대한 피드백을 얻는 것임을 설명하고, 이들에게 게임 능력이 아닌 게임을 테스트하는 것임을 이해시킨다.

잘못된 대답이란 없으며, 게임을 하는 도중 겪는 문제는 모두 디자인을 개선하는 데 도움이 된다고 설명한다.

이 단계를 진행하는 방법은 두 가지가 있다. 첫째는 방에 플레이어를 혼자 남겨 두고 단방향 거울 뒤에서 관찰하거나 카메라를 설치한 경우 비디오 화면을 보는 것이다. 둘째는 방에 남아 플레이테스터 뒤에서 조용히 관찰하는 것이다. 두 경우 모두 플레이테스터가 느낀 점을 '말로 그대로 표현하는 것'이 중요하다는 것을 알려 줘야 한다. 즉, 이들이 어떤 선택을 하거나 플레이 중에 어떤 불확실성을 경험하는지 듣고 싶다고 설명한다. 예를 들면, "이게 소지품 버튼인 것 같은데, 클릭해 보자. 오, 아니네. 그러면 이거겠지... 흠. 어디 있지?"와 같은 식이다. 플레이어가 가만히 앉아서 버튼을 클릭하는 모습을 관찰하기보다 이들의 독백을 들으면 이들의 머릿속에서 일어나는 일을 더욱 잘 이해할 수 있다. 플레이테스터는 종종 부탁한 내용을 잊는 경우가 있는데, 이 경우 무엇을 생각하고 있는지 부드럽게 질문해서 부탁한 내용을 상기시켜 본다.

플레이하는 시간은 15~20분이 적당하다. 이보다 시간이 길어지면 과정이 지루해진다. 테스터가 진행에 큰 어려움을 겪는다면 세션이 진행되도록 도움을 제공할 수 있지만 문제가 발생한 위치와 이유를 기록하는 것을 잊지 말자.

게임에 대한 경험 토론(15~20분)

20분 정도(한 레벨 이상을 완료하는 것이 이상적) 플레이한 후에는 플레이 세션을 완료하고 테스터와 일 대 일로 토론한다. 이 토론에서 전체적인 느낌, 흥미 수준, 난이도 수준, 그리고 게임 특성을 이해하는지 확인할 수 있는 질문을 준비하는 것이 좋다. 질문의 예는 다음과 같다.

✓ 게임에 대한 전체적인 느낌이 어때요?

✓ 게임플레이에 대해서는 어떻게 생각하나요?

✓ 플레이 방법을 배우기는 쉬웠어요?

✓ 게임의 목표가 뭐였나요?

✓ 이 게임을 모르는 사람에게 이 게임을 소개한다면 어떻게 설명할 수 있을까요?

✓ 이제 게임을 해 보셨는데, 시작하기 전에 제공했다면 도움될 만한 정보가 있을까요?

✓ 게임에서 마음에 들지 않는 점이 있었나요? 있다면 무엇이었나요?

✓ 게임에서 혼란스러운 점이 있었나요? 어떤 점이 혼란스러웠는지 알려 주세요.

디자인이 더 진행되면 이 섹션에 난이도, 레벨 진행, 외형과 느낌, 사운드 효과, 음악, 분위기, 캐릭터 등에 대한 좀 더 구체적인 질문을 추가하게 된다. 즉, 게임의 경험에 대한 토론은 현재 프로세스에서 가장 중요한 디자인 관련 의문에 집중해야 한다.

정리

플레이테스터에게 참여해 준 것에 대한 감사 인사를 하고, 게임이 완료되면 연락할 수 있게 연락처를 받아 둔다. 티셔츠와 같은 준비한 선물이 있다면 건넨다.

연습 9.4 : 플레이테스트 스크립트 작성

연습 9.3에서 준비한 플레이테스트 세션의 대본을 작성하자. 게임 디자인에서 현재 의문을 가지고 있는 영역에 대해 다룬다. 플레이테스터의 생각을 특정한 방향으로 끌어가거나 암시하지 말자.

이 프로세스에서 가장 어려운 것은 플레이테스터의 피드백에 반응을 보이지 않고 듣는 방법을 배우

그림 9.4 플레이테스트 세션 진행 – 단방향 거울 뒤에서 관찰

는 것이다. 디자이너는 자신이 만든 것에 대한 강한 애착을 가지기 마련이다. 많은 시간과 노력을 투자했기에 방어적인 자세가 되는 것이 당연하다. 이 시기에는 가능한 한 자존심을 무시하도록 노력해보자. 플레이테스트 세션에서 성과를 얻으려면 피드백을 감정적 반응 없이 들을 수 있는 방법을 배워야 한다. 비판에 반응하지 말고 그대로 받아 적자. 플레이어가 말하는 것을 주의 깊게 듣는 법을 배우자. 여러분의 목표는 이 사람들에게서 게임이 마음에 든다는 이야기를 듣는 것이 아니라 게임에서 마음에 들지 않는 점이나 이해되지 않는 점을 듣는 것임을 기억하자. 디자이너들은 비판을 듣는 방법을 제대로 배우지 못한 경우가 많다. 이 경우 부정적인 언급에 대해 답변하려고 하거나 지나치게 고통스러운 비판을 받으면 게임에 대한 변명을 하게 된다.

피드백을 받아들이지 않거나 원하는 여러분이 이

야기하도록 테스터를 유도하면 의도하는 바를 이루기는 어렵지 않다. 테스터는 자신을 초대한 사람을 기분을 상하게 하기보다는 듣기 좋은 말을 하려는 경향이 있다. 이렇게 방치하면 이들은 여러분이 듣고 싶은 말을 하게 된다. 좋은 이야기를 들으려고 하면 그렇게 된다는 것이다. 물론 기분은 좋아지겠지만 게임을 개선하는 데는 도움이 되지 않는다. 이보다는 플레이테스터의 비판을 받아들이자. 기분이 상할 수는 있겠지만 문제가 있다는 것을 모른다면 해결할 수도 없다는 사실을 기억하자. 그리고 나중에 게임 비평가에게서 비판을 듣는 것보다는 지금 듣는 것이 낫다. 이 기회를 놓치지 말자.

비판이 다소 격해지는 경우가 있다. 그룹으로 테스트하는 경우, 한 테스터가 특히 큰 목소리를 내고 다른 테스터들을 동요시킬 수 있다. 이 때문에 여러 전문 사용성 시설에서는 플레이테스터들을 격려해

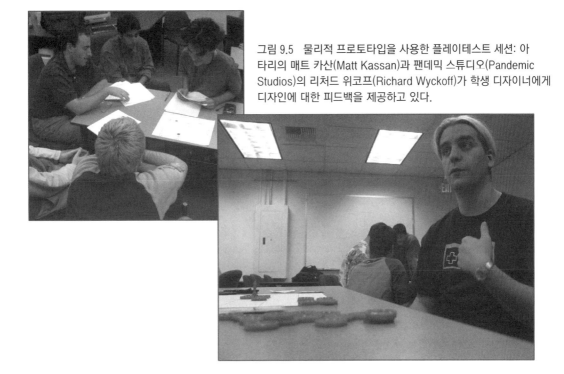

그림 9.5 물리적 프로토타입을 사용한 플레이테스트 세션: 아타리의 매트 카산(Matt Kassan)과 팬데믹 스튜디오(Pandemic Studios)의 리처드 위코프(Richard Wyckoff)가 학생 디자이너에게 디자인에 대한 피드백을 제공하고 있다.

서 테스트를 진행하지만 이런 시설을 모두 이용할 수 있는 것은 아니다. 한 가지 방법은 세션을 시작할 때 모든 플레이테스터에게 자유롭게 피드백을 이야기할 수 있으며, 모두에게 발언 기회가 있지만 다른 사람의 의견을 존중하고 다른 사람이 발언할 기회를 주어야 한다는 몇 가지 에티켓을 지켜주기를 명확하게 전달하는 것이다. 피드백에 정답이나 오답은 없으며, 테스터가 다른 테스터의 생각을 비판하는 일이 있어서는 안 된다. 준비 단계부터 토론에 대한 몇 가지 규칙을 마련하면 대부분의 문제를 방지할 수 있다.

이 사람들은 여러분을 돕기 위해 지원한 사람들이다. 플레이테스터의 이야기를 불쾌하게 받아들이기 전에 지나치게 민감하게 받아들이고 있지 않은지, 비판이 정말 해로운 것인지, 단순히 피드백을 제공하는 데 익숙하지 않은 것은 아닌지, 다른 테스터들이 이 사람에게 어떻게 반응할지 등의 질문을 생각

해 보자. 하나의 잘못된 씨앗이 모든 측면에 부정적인 영향을 미치고 결과를 위태롭게 할 수도 있지만 성급하게 결론을 내리려고 하지는 말자. 이 과정의 궁극적인 목표는 마음에 들지 않는 이야기를 하는 사람의 입을 막는 것이 아니라 피드백을 얻고 이를 통해 배우는 것이다.

처음에는 실수도 하겠지만 효과적인 플레이테스트를 이끌어가는 기술은 계속 연습해야 하는 기술이다. 다른 사람의 의견을 귀담아 들을 줄 알고, 비판을 객관적으로 받아들이는 자세를 가진다면 커리어 전체에 도움될 것이다. 이러한 기술은 제작 환경에도 적용된다. 플레이테스터 외에도 팀원들의 의견과 건설적인 비판이 필요하며, 이를 이끌어내는 가장 좋은 방법은 전체 제작 과정에서 다른 사람을 개인적으로 비판하지 않도록 주의하면서 자신의 의견을 이야기할 수 있는 편안한 환경을 만드는 것이다. 앞서 설명한 규칙을 모든 그룹 회의에 적용한다

그림 9.6 디지털 프로토타입을 사용한 플레이테스트 세션

면 팀의 생산성을 높이고 동기를 부여할 수 있을 것이다.

연습 9.5 : 자신의 게임 플레이테스트 하기

연습 9.3에서 준비한 게임으로 플레이테스트를 수행해 보자. 연습 9.4에서 작성한 플레이테스트 대본을 사용해서 세션을 이끌어 본다. 연습 9.1에서 만든 플레이테스트 노트를 사용해 피드백과 문제를 기록한다.

플레이테스트의 방법

대부분의 전문 사용성 테스트는 개인별로 수행된다. 그룹 역학은 아이디어를 생성하는 데는 좋지만 아이디어를 평가하는 데는 좋지 않다는 것이 일반적으로 받아들여지는 정설이다. 그러나 프로토타입의 특성이나 환경에 따른 제약 때문에 다른 선택의 여지가

그림 9.7   물리적 프로토타입을 사용한 플레이테스트 세션: 액티비전의 스티브 애크리(Steve Ackrich)와 비벤디 유니버셜의 닐 로빈슨(Neal Robison)이 학생 디자이너에게 디자인에 대한 피드백을 제공하고 있다.

없을 수 있다. 환경이 완벽하지 않아서 플레이테스트 할 수 없다는 생각은 하지 말자.

다음은 테스트를 구성할 수 있는 다양한 방법으로서, 각기 장단점이 있지만 자신의 현재 환경에 적용하는 방법이 하나 이상은 있을 것이다.

✓ **일 대 일 테스트**: 앞서 테스트 대본에 대해 설명할 때 소개했듯이 각 플레이어가 게임을 하는 동안 뒤에서 또는 단방향 거울 뒤에서 관찰하고 노트를 기록하며 세션 전과 후에 질문하는 방법이다.

✓ **그룹 테스트**: 그룹을 조직해서 함께 게임을 하는 방식이다. 이 방식은 물리적 프로토타입에 적합하지만 컴퓨터를 여러 대 보유한 작업실이 있으면 디지털 프로토타입을 테스트하는 데도 유용하다. 디자이너는 그룹이 플레이하는 모습을 관찰하고 질문한다.

✓ **피드백 양식**: 게임을 테스트한 사람들에게 표준 설문지를 나눠주고 결과를 비교하는 방법이다. 이 방법은 양적 피드백을 얻는 데 아주 좋다. 마이크로소프트 게임즈 사용자 리서치와 같은 전문 테스트 조직에서는 디지털 양식을 사용해 사용자의 응답을 데이터베이스에 입력하고 이를 활용해 데이터 분석을 위한 보고서를 생성한다. 원한다면 SurveyMonkey.com과 같은 온라인 도구나 엑셀 스프레드시트를 활용해 이러한 피드백 양식을 만들 수 있다.

✓ **인터뷰**: 플레이테스트 세션이 끝난 후에 플레이테스터와 직접 대면해서 심층적인 구술 인터뷰를 진행할 수 있다. 이 과정은 토론이라기보다는 질문에 가깝다.

✓ **공개 토론**: 플레이테스트를 한 차례 진행하고 일 대 일 토론 또는 그룹 토론을 한 후 결과를 기록

한다. 자유 형식 토론을 선택할 수도 있지만 대화를 안내하고 특정 질문을 소개하는 구조적인 방식을 선택할 수 있다.

✓ **데이터 후크**: 플레이테스트가 점차 업계에 정착됨에 따라 데이터를 수집하는 새로운 도구와 기법이 개발됐다. 예를 들어, 마이크로소프트 게임즈 사용자 리서치에서는 게임 안에서 플레이어의 움직임과 동작에 대한 데이터를 수집하는 데이터 후크라는 기능을 게임 엔진에 통합했다. 이렇게 얻은 이 데이터는 분석을 거쳐 게임 안에서 플레이어가 예상대로 진행할 수 있었던 부분과 진행이 더딘 부분, 그리고 막힌 부분을 알아내는 데 활용된다. 데이터 후크를 다루는 구체적인 방법은 지나치게 전문적인 내용일 수 있지만 차세대 게임 개발 방법의 중요한 부분이 될 것이 분명하므로 이런 기법이 있다는 사실을 알아 두는 것이 좋을 것이다.

게임의 특성이나 공간에 맞게 이러한 방법을 조합하는 것도 가능하다. 예를 들어, 그룹으로 게임을 하게 하고, 그룹 토론을 진행한 다음, 한 사람씩 피드백 양식을 작성하게 할 수 있다. 그룹 역학이 적용되지 않는 상황에서는 사람들이 놀라울 만큼 다르게 반응한다는 것을 알 수 있을 것이다.

경험이 쌓이면 테스트의 각 단계에 가장 적합한 플레이테스트 방법이 무엇인지 깨달을 수 있을 것이다. 현재 상황에 어떤 제한이 있더라도 테스트를 포기하지 말자. 앞서 소개한 방식을 적용할 수 없다면 자신만의 방법을 창의적으로 고안해 보자. 가능하다면 몇 가지 프로세스를 시도해 보는 것도 좋다. 방법에 따라 다른 결과가 나온다는 사실을 알 수 있을 것이며, 테스트 기법을 다양화하고 경험을 넓힐 수 있을 것이다.

우리는 왜 게임을 하는가?

니콜 라자로(Nicole Lazzaro), 사장, XEODesign,® Inc.

XEODesign에서는 게임에서 감성적 몰입을 한 차원 높이기 위해 게임 안에서 감정의 역할에 대한 연구를 시작했다. 1992년 연구소 문을 연 이후로 우리는 흥분, 분노, 놀라움 심지어 슬픔까지 다양한 감정을 유발하는 게임의 능력을 확인했다. 우리는 모든 컴퓨터 게임에서 발견할 수 있는 공통점이 무엇일지 궁금했다. 게임플레이에서 얻을 수 있는 감정은 몇 가지나 될까? 어떤 감정이 게임을 재미있게 느끼게 하는 것일까? 이를 알아내기 위해 게임을 하는 동안 사람들의 얼굴을 바탕으로 연구했다.

사람들이 게임을 즐기는 방법은 네 가지다. 사람들은 도전을 마스터하고 상상력을 발휘할 기회를 즐긴다. 게임은 또는 휴식을 위한 티켓과 친구들과 어울릴 수 있는 구실을 제공한다. 연구에서는 이러한 각 플레이스타일에서 게임과 상호작용하는 다른 방법에 따라 플레이어에게서 고유한 감정을 유발하는 것으로 나타났다. 비쥬얼드, 월드 오브 워크래프트(WOW), 헤일로, 다이너 대쉬와 같은 베스트셀링 게임은 이러한 네 가지 재미 중 세 가지를 제공하는 경우가 많았으며, 플레이어들은 한 플레이 세션 내에도 이러한 플레이 스타일을 교대로 전환했다.

우리는 각기 다른 종류의 플레이어 감정을 유발하는 이러한 게임 메커닉의 컬렉션을 '네 가지 재미의 열쇠'(어려운 재미, 쉬운 재미, 진지한 재미, 사람에 대한 재미)라고 부르기로 했다. 게임 디자이너가 플레이 경험을 직접 만들어낼 수는 없으며, 대신 플레이어의 감정 반응을 일으키는 규칙을 디자인한다. 초콜릿이나 와인의 맛과 같이 각각 게임에는 고유한 감정 프로필이 있다. 훌륭한 와인의 특성은 노우즈, 헤드, 그리고 길고 감미로운 피니시와 같이 시간에 따라 다양한 감각을 전달하는 풍미 프로필에 의해 결정된다. 게임도 이와 비슷하지만 게임은 플레이어의 선택을 바탕으로 독특한 감정의 배열을 유발하는 기회를 제공하므로 음료보다 차원 높은 감정 프로필을 가진다. XEODesign 연구에서 플레이어가 원한 것은 차세대 그래픽이 아니었다. 차세대 플레이어 경험을 만들어낸 것은 네 가지 플레이 유형에서 유발된 광범위한 감정이었다.

"게임은 일련의 흥미로운 선택이다." - 시드 마이어

게임 디자이너들은 자극-반응-보상 루프의 끝에 주어지는 상보다 감정이 중요하다는 사실을 잊고 있다. 감정은 사람들이 선택하기 전과 선택하는 동안, 그리고 선택한 후에 관심을 두는 사항과 목표와 관련이 있다. 감정은 단지 엔터테인먼트를 위한 것은 아니며, 결정을 둘러싼 감정은 게임에서 움직임 전과 동안, 그리고 후에 플레이어 경험의 양상을 결정짓는다.

감정은 게임에서 5가지 역할을 한다. 플레이어는 감정이 만들어내는 **느낌을 즐긴다. 감정은 주의를 집중시킨다.** 끓어오르는 용암 구덩이는 도시의 인도보다 플레이어의 주의를 끈다. 감정은 **의사결정을 도와준다.** 감정 체계의 도움이 없다면 두 옵션의 결과를 논리적으로 비교할 수는 있지만 결정 자체를 내릴 수는 없다. 예를 들어, 스프린터 셀에서 피할 수 없는 죽음과 좁은 창틀 사이로 탈출하는 것 중 하나를 선택하는 것은 어렵지 않지만 빈 사무실 복도에서 문을 선택하는 것은 생각보다 어렵다. 감정은 **성과에 영향을 준다.** 배틀필드 2에서 부정적 감정은 스나이퍼를 처리하면서 진행하는 반복적인 동작을 가능하게 한다. 괴혼의 긍정적 감정은 창의성과 문제 해결 의지를 유발해서 플레이어가 바닥에서 테이블로 작은 공을 굴리는 방법을 알아내도록 도와준다. 마지막으로, 감정은 **학습의 동기를 부여하고 보상한다.**

플레이 경험에서 얻어지는 가장 중요한 감정을 알아내기 위해 우리는 플레이어들이 가장 좋아하는 게임을 하는 동안 플레이어의 얼굴에 나타나는 감정을 관찰했다. 심리학자 폴 에크만(Paul Ekman)의 연구에 따르면 사람의 얼굴에는 분노, 공포, 혐오, 행복, 슬픔, 놀람, 호기심의 7가지 감정이 나타난다고 한다. 게임에서 끓어오르는 용암 괴물, 어두운 복도, 피를 토하는 모습, 그리고 낭떠러지 바로 옆에 좁은 길이 등장하는 데는 모두 이유가 있다. 격투 및 생존 호러 게임에서는 이러한 기법을 사용해 앞의 세 가지 감정을 만들어낸다. 게임플레이에서 유발되는 것이 확인된 감정을 포함해 얼굴에서 드러나는 다른 세 가지 감정은 게임플레이의 다른 측면에 대해 플레이어가 내리는 결정과 관련이 있다.

"우리 남편이 게임을 어떻게 생각하는지는 쉽게 알 수 있어요. 남편이 '정말 싫다! 싫어! 싫어!'라고 말한다면 두 가지를 알 수 있지요. A) 게임을 끝까지 할 것이다. B) 다음 버전을 살 것이다. 싫다는 말이 없으면 금방 게임을 그만 둔다는 의미예요."

게임은 플레이어에게 도전과 숙달을 위한 기회를 제공한다. 성취감은 역경을 극복했을 때 느끼는 감정으로서 게임에서 얻을 수 있는 가장 중요한 감정이다. 장애물이나 퍼즐, 레벨, 보스 몬스터를 극복하면서 마치 그랑프리를 손에 넣은 것 같은 감정을 느낄 수 있다. 성취감은 상당히 강렬한 감정이지만, 아이러니하게도 이를 느끼려면 먼저 좌절을 느껴야만 한다. 게임은 성취감을 제공하기 위해 플레이어가 목표를 달성하기 전에 포기 직전의 상황으로 몰아간다. 그러면 플레이어의 마음에서 심각한 좌절감이 큰 만족감으로 변하는 중대한 감정의 전환이 발생한다. 영화와는 달리 게임은 플레이어의 직접적인 선택을 통해 성취감을 제공한다. 영화에서는 세계를 핵 공격으로부터 구하기 위해 관객에게 제트 스키를 제공하지 않지만 플레이어의 선택이 중요한 게임에서는 이러한 기회를 제공한다. 게임이 어려운 재미로부터 성취감을 제공하려면 플레이어의 기술 수준에 맞게 난이도를 점차 높여야 한다. 단순히 시간을 줄이고 장애물을 더 많이 추가할 것이 아니라 새로운 전략을 위한 옵션을 제공해야 좋은 게임이라고 할 수 있다. 예를 들어, 다이너 대쉬에서 레벨 4를 완수해서 얻는 커피메이커와 같은 트로피는 레벨 5의 전략에 영향을 준다.

"현실에서는 경찰차가 신호를 보내면 차를 세우고 면허증을 보여줘야겠죠. 게임에서는 일단 도망가고 어떻게 되는지 볼 수 있어요."

도전 외에도 플레이어는 탐험, 노닥거리기, 그리고 상호작용이라는 더할 수 없는 즐거움으로 게임을 즐긴다. 훌륭한 게임은 목표 달성을 통한 어려운 재미뿐 아니라 상상력을 탐험하는 재미도 제공한다. 쉬운 재미는 게임 디자인을 포장하는 공기 포장과 같다. 호기심은 플레이어에게 고담 레이싱에서 차를 후진하거나, 심즈를 수영장에 넣고 사다리를 없애거나, 롤플레이를 하게 만든다. 즉흥 연주 극장과 같이 게임은 플레이어에게 감정을 느낄 수 있는 기회를 제공한다. 농구에서 플레이어는 점수를 올리는 플레이 외에도 드리블링이나 묘기 농구와 같은 트릭을 시도하기도 한다. GTA 3에서 플레이어는 자신이 원하는 어떤 차라도 몰 수 있으며, 중요하지 않은 부수적 요소를 찾아다닐 수도 있다. 이러한 요소와 상호작용하는 방법을 선택하는 것은 플레이어의 몫이다. 쉬운 재미를 제공하는 게임은 정상적인 경로를 벗어난 플레이어의 선택에 반응한다. 예를 들어, 헤일로에서 모든 외계인을 물리치고 어려운 재미가 끝나면 플레이어는 마음껏 돌아다니며 아무것이나 부수거나 수평선이 위아래로 뒤바뀌는 초현실적 세계를 탐험하는 재미를 맛볼 수 있다. 플레이어는 너무 심한 좌절감을 느끼지 않기 위해 게임의 어려운 재미와 쉬운 재미 사이를 이동한다. 미스트의 디자이너는 여행이 보상이라고 믿었다.

"저는 회사에서 상사한테 받은 스트레스를 풀려고 게임을 해요."

진지한 재미에서 플레이어는 목적을 가지고 플레이한다. 게임의 재미를 활용해 플레이어가 생각하고, 느끼고, 행동하는 방법이나 실제 일을 하는 방법을 변화시킬 수 있다. 플레이어는 게임플레이를 통해 가치를 표현하거나 창출한다. 체중을 줄이기 위해 DDR을 플레이하며, 더 똑똑해지거나 알츠하이머를 예방하기 위해 두뇌 트레이닝을 플레이한다. 또한 직장에서 받은 스트레스를 해소하고, 기다리는 지루한 시간을 보내거나, 유쾌한 기분을 느끼기 위해 게임을 한다. 어떤 사람들은 폭력적인 게임보다 자신의 가치를 반영하는 위(Wii) 스포츠와 같은 게임을 즐긴다. 비쥬얼드와 같은 게임의 반복과 수집 메커닉은 감정을 유발하고 감각적 방법으로 몰입도를 높인다. 루비와 다이아몬드가 아니라 깨진 유리와 동물의 배설물을 정렬하는 게임이었다면 게임의 느낌이 아주 달랐을 것이다. 플레이어는 진지한 재미를 통해 플레이 전, 중간, 그리고 후에 게임이 창출하는 가치에 만족감을 느끼게 된다.

"중독성이 있는 건 게임이 아니라 사람입니다."

게임은 사회적 상호작용과 사회적 유대를 형성하는 구실을 제공한다. 게임은 플레이어가 서로 협력, 경쟁 및 의사소통하는 기회를 통해 함께 느끼는 즐거움, 다른 사람의 불행에서 느끼는 고소함, 자신이 도운 사람이 성공하는 것을 보면서 느끼는 긍지와 같이 관계를 통해 얻는 감정에 바탕을 두는 '사람에 대한 재미'를 제공한다. WOW와 같은 대규모 멀티 플레이어 온라인 게임은 경쟁, 협력 및 공유를 위해 사람들을 연결한다. 같은 공간에서 게임을 하는 사람들은 별도의 공간에서 플레이하는 사람들에 비해 감정을 더 많이 표현한다. 한 공간에서 벌어지는 그룹 플레이의 경우, 게임은 한 구석으로 작아지고 전체 공간이 플레이의 무대가 된다. 플레이어들은 마찰하면서 감정을 공유하고, 게임에 콘텐츠를 더하며, 재치 있는 농담을 주고받는다. 사람들이 함께 플레이하면서 느끼는 가장 공통적인 감정은 즐거움이며, 좋지 않은 일도 웃어 넘길 수 있는 여유가 생긴다. 플레이어 간에 느끼는 가장 중요한 감정은 사랑이나 친밀함, 그리고 우정이다. 이러한 사회적 감정은 닌텐독스와 WOW의 가상 애완동물에 대해서도 나타난다. 다이너 대쉬에서는 어려운 재미와 사람에 대한 재미를 결합했는데, 게임에서 승리하려면 레스토랑 고객들을 만족하게 만들어야 하기 때문이다. 다른 사람과 플레이하면서 느끼는 감정은 아주 강한 것이어서 단순히 다른 친구와 함께 시간을 보내기 위해 좋아하지 않는 게임을 하거나 게임을 하고 싶지 않을 때도 게임을 하게 만들기도 한다. 정액제 MMO의 경우, 사람에 대한 재미를 강조하는 다른 모든 게임들처럼 처음에는 플레이어가 콘텐츠를 즐기기 위해 게임을 시작하지만 나중에는 다른 플레이어와의 관계를 계속하기 위해 게임에 머물게 된다.

게임의 감정을 혁신하고 강화하려면 게임플레이에서 특정한 감정을 일으키는 언어와 도구를 개발해야 한다. 게임의 핵심적인 가치 제안은 플레이어의 선택이지만 감정이 없이는 선택이 불가능하다. 결국 감정을 디자인하는 과정이 게임 디자인의 핵심에 있음을 알 수 있다. 감정이 없다면 플레이의 동기도 없어진다. 게임 디자이너는 게임 디자인을 시작할 때 감정 프로필을 계획하고 다양한 게임 메커닉을 활용해 구체적인 감정 창출의 목표를 달성할 수 있다. 그리고 메커닉을 프로토타입으로 제작하고 플레이어와 테스트해서 이러한 결정이 얼마나 성공적인지 측정할 수 있다. 네 가지 모든 재미의 유형에서 감정을 제공함으로써 플레이어가 게임에서 느끼는 감정의 기회를 확장할 수 있다. 이를 위해서는 게임 이벤트에 대한 반응뿐 아니라 플레이 전과 중간, 그리고 플레이 후의 감정 흐름까지 디자인하는 것이 중요하다. 게임은 감정을 창출한다. 게임은 이렇게 감정을 다루는 정교하고 강화된 능력을 통해 앞으로 영화보다 더 감성적인 매체로 진화할 것이다.

작가 소개

니콜 라자로는 저명한 인터페이스 디자이너이자 게임의 감정과 재미에 대한 전문가다. 그녀는 17년간의 연구 경험을 바탕으로 미스트, 심즈, 다이너 대쉬, 그리고 스마트 펜을 포함해 전 세계 4천만 플레이어들이 즐기는 제품의 플레이와 재미를 다듬는 일을 했으며, EA, DICE, 유비아이소프트, 모노리스, 소니, 플레이퍼스트 및 맥시스와 같은 기업 고객이 새로운 게임 메커닉과 사용자를 연구하도록 돕고 있다. 활발하게 강사 활동을 하며, 사람들이 플레이하는 이유에 대한 연구 결과를 공유하고 있으며, 1992년 XEODesign을 설립하기 전에는 스탠퍼드 대학교에서 인지심리학을 전공했고 영화 업계에서 일하기도 했다.

플레이 매트릭스

플레이 매트릭스는 플레이테스트를 위한 유용한 도구 중 하나이며, 플레이테스터와 학생들이 게임 체계에 대해 토론할 때 바탕을 제공하기 위해 개발한 개념이다.

플레이 매트릭스에서 수평선은 기술과 확률의 연속체이며, 수직선은 암산과 민첩성의 연속체다. 두 개의 연속체를 선택한 이유는 이 두 연속체가 인터랙티브 경험의 핵심 요소이며, 모든 게임을 이 공간에 배치할 수 있기 때문이다. 예를 들어, 체스는 기술의 한 유형인 순수 전략 게임으로서 확률이 개입할 여지가 없다. 따라서 체스는 기술과 확률 연속체에서 맨 왼쪽에 위치한다. 또한 체스는 순수한 암산 게임이며, 민첩성이 요구되지 않는다. 따라서 암산과 민첩성의 연속체에서 맨 위쪽에 위치한다. 체스를 두 연속체의 차원에 배치하면 왼쪽 위 모서리에 나타난다.

다음은 블랙잭의 예를 생각해 보자. 이 게임에는 확률이 작용하지만 순수하게 확률에 의해 결과가 좌우되지는 않는다. 따라서 연속체 중간에서 약간 오른쪽에 위치한다. 플레이하는 데 민첩성은 필요치 않으므로 암산과 민첩성 연속체에서는 위쪽에 위치한다.

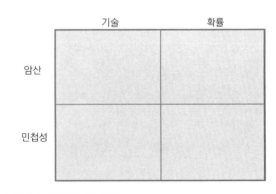

그림 9.8 플레이 매트릭스

연습 9.6 : 플레이 매트릭스

직접 플레이 매트릭스를 사용해 보자. 워크래프트, 퀘이크, 아토믹 봄버맨과 같은 유명한 비디오 게임을 플레이 매트릭스에 배치하고 그 결과를 트위스터나 당나귀 꼬리 붙이기와 같은 게임과 비교해 보자. 그런 다음 모노폴리, 리스크 또는 클루와 같은 보드 게임을 배치해 보자. 세 가지 종류의 게임이 가진 차이와 비슷한 점을 설명해 본다. 플레이 매트릭스를 통해 알 수 있는 사실은 무엇인가?

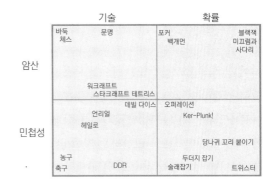

그림 9.9　게임을 포함한 플레이 매트릭스

플레이 매트릭스는 매번 동일한 결과를 얻을 수 있는 절대적 체계는 아니다. 사람들마다 게임을 배치하는 데 다른 의견을 가질 수 있지만 모든 의견에 가치가 있으며, 이것은 문제가 아니다. 플레이 매트릭스는 게임플레이에 대한 토론과 분석을 위한 도구로 활용하면 유용하며, 플레이테스터가 게임에 대해 생각하고 자신의 느낌을 말로 표현하게 하는 것이 이 개념의 목표다.

그림 9.9에는 각 사분면에 여러 가지 게임을 배치한 플레이 매트릭스가 나온다. 각기 다른 사분면에 위치하는 게임의 유형에 패턴을 볼 수 있다. 여러 유명한 비디오 게임은 왼쪽 아래(민첩성 + 기술) 영역에, 여러 유명한 보드 게임과 턴 기반 비디오 게임은 왼쪽 위 영역(암산 + 기술)에, 도박 게임들은 오른쪽 위 영역(암산 + 확률)에, 어린이용 게임들은 오른쪽 아래 영역(민첩성 + 확률)에 위치한다.

연습 9.7 : 좋아하는 게임 배치하기

가장 좋아하는 게임 5가지를 선정해서 플레이 매트릭스에 배치해 보자. 어떤 패턴이 보이는지, 어떤 의미가 있는지 설명해 본다.

플레이테스트 세션을 진행할 때 테스터에게 게임을 플레이 매트릭스에 배치해 보라고 요청하고, 다음과 같은 질문을 해 보자. (1) 플레이어의 기술과 확률 중 게임의 결과에 더 중요한 것은 무엇입니까? (2) 정신적 능력과 민첩성 중 게임의 결과에 더 중요한 것은 무엇입니까? 게임을 다른 사분면으로 조금 더 이동할 수 있다면 어떤 방향으로 이동하고 싶은지 질문해 보자. 사용자 층에 따라서는 선호하는 장르에 따라 게임플레이의 한 사분면에 선호하는 경우가 있다. 예를 들어, 왼쪽 위 사분면에 위치하는 전략 게임을 즐기는 플레이어는 퍼즐과 같은 다른 정신적 + 기술 기반 플레이도 선호하는 경우가 많으며, 어린이가 선호하는 게임은 민첩성 + 확률에 집중하는 오른쪽 아래에 많이 위치하지만 나이가 들수록 정신 + 확률을 요구하는 게임을 선택하는 비중도 높아진다.

플레이어가 여러분의 게임에 만족하지 못한다면 선호하는 다른 사분면이 무엇인지 질문할 수 있다. 게임의 경험이 대상 사용자 층이 선호하는 방향으로 바꾸기 위해 변경할 수 있는 게임의 변수에 어떤 것이 있는지 생각해 보자. 예를 들어, 오른쪽 위(정신적 + 확률)에서 왼쪽 위(정신적 + 기술)로 이동할 수 있다.

이 경우 확률로 결정되던 변수를 사용자가 선택하도록 변경하는 것이 해결책이 될 수 있다. 물리적 프로토타입의 경우 체계에서 주사위를 사용하던 부분을 카드를 선택하도록 변경하는 것이 방법일 수 있고, 디지털 게임에서는 시작 위치나 무기를 무작위로 생성하지 말고 선택을 제공하는 것이 방법일 수 있다.

기록하기

앞서 언급한 것처럼 플레이테스트 결과를 기록하는 것이 중요하다. 테스터가 언급하는 내용을 모두 기억할 수 있다고 생각할 수 있는데, 실제 나중에는 자신이 예상하고 있었던 내용이나 듣고 싶었던 내용만 기억나게 된다. 제대로 기록하지 않으면 플레이테스터의 반응에서 정말 중요한 세부요소를 모두 잃어버리게 된다. 이 기록은 노트나 폴더에 시간 순으로 기록하거나 데이터베이스에 입력해야 한다. 테스트를 수행할 때마다 테스트 날짜, 해당 테스터에게서 얻은 모든 피드백, 그리고 자신의 관찰 결과를 기록한다.

그림 9.10은 관찰 결과와 플레이테스터가 언급한 사항을 기록하는 데 사용할 수 있는 양식이다. 이 양식은 테스터가 게임을 하는 동안 관찰한 내용을 기록하는 (1) 게임 중 관찰, 게임 체계의 핵심 요소에 대한 의견을 알아보기 위한 질문인 (2) 게임 후 질문, 그리고 게임을 개선하기 위한 아이디어를 명확하게 기술하기 위한 공간인 (3) 수정 아이디어의 세 파트로 구성돼 있다.

이 양식은 테스트 대본을 대신하는 것은 아니지만 보완하는 데 사용할 수 있다. 대본은 세션을 순조롭게 진행하기 위한 것이고, 양식은 내용을 기록하기 위한 것이다. 원한다면 두 목록을 합쳐서 대본에 내용을 기록할 공간과 모든 질문을 넣을 수도 있다.

지금 자신에게 "무엇을 위해 테스트하는가?"라고 질문해 보자. 이에 대한 내용은 다음 두 장에서 자세히 다룰 것이므로 걱정할 필요는 없다. 우선 여기서는 몇 가지 일반적인 질문만 소개하겠지만 10장과 11장을 모두 진행한 후에는 자신에 게임에 맞는 질문을 직접 만들 수 있을 것이다.

양식에 있는 질문 중 일부는 상황에 따라 적합하지 않을 수 있다. 예를 들어, 인터페이스의 단점을 찾아내기 위해 테스트하고 있다면 전체적인 플레이 경험에 대한 데이터는 그다지 중요하지 않을 것이다. 자신의 요구에 맞게 양식을 편집해서 사용하고, 특히 특정 게임에만 해당되는 질문이 많이 있을 수 있으므로 여기에 나오는 질문에 의존하지 말고 상황에 맞는 질문을 직접 만들자. 가장 유용한 질문은 자신의 게임에서 해결해야 하는 의문을 밝혀낼 수 있는 질문이다.

9.10 관찰 내용 및 플레이테스터 언급 내용

게임 중 관찰

[테스터의 플레이 모습을 관찰한 내용]

게임 중 질문

[테스터가 게임을 하는 동안 묻는 질문]

1. 그렇게 선택한 이유가 무엇입니까?
2. 규칙이 복잡하게 느껴집니까?
3. 어떻게 될 거라고 생각했습니까?
4. 잘 이해되지 않는 것이 무엇입니까?

게임 후 질문

[테스터가 게임을 한 후 묻는 질문]

일반적인 질문

1. 첫인상이 어땠습니까?
2. 게임을 하면서 게임에 대한 인상이 어떻게 변했습니까?
3. 게임에 좌절감을 주는 부분이 있었습니까?
4. 게임에서 진행이 더뎌지는 부분이 있었습니까?
5. 특별히 마음에 드는 측면이 있습니까?
6. 게임에서 특별히 흥미로웠던 순간이 있었습니까?
7. 게임의 길이가 어떻습니까? 길거나 짧거나 또는 적당합니까?

형식적 요소

1. 게임의 목적을 설명해 보십시오.
2. 진행하는 동안 목적을 명확하게 알 수 있었습니까?
3. 게임에서 어떤 선택을 했습니까?
4. 가장 중요한 선택은 무엇이었습니까?
5. 승리를 위한 전략은 무엇이었습니까?
6. 체계에서 발견한 허점이 있습니까?
7. 게임의 충돌은 어떻게 설명할 수 있겠습니까?
8. 다른 플레이어와 상호작용하는 방법은 무엇이었습니까?
9. 혼자 또는 상대 사람과 플레이하는 것 중 어떤 방식이 좋습니까?

10. 개선할 수 있는 요소는 어떤 것이 있습니까?

극적 요소

1. 매력적으로 느껴진 게임의 전제는 무엇입니까?
2. 스토리가 게임의 가치를 높였습니까?
3. 플레이하는 동안 스토리가 게임과 함께 진행됐습니까?
4. 게임이 대상 사용자 층에 적합합니까?
5. 게임이 진행되는 동안 느낀 감성적 공감 수준을 그래프로 그려 주십시오.
6. 게임이 진행되는 동안 극적 절정을 느낄 수 있었습니까?
7. 스토리와 게임을 전체적으로 개선하려면 어떻게 해야 할까요?

절차, 규칙, 인터페이스 및 컨트롤

1. 이해하기 쉬웠던 절차와 규칙은 무엇이었습니까?
2. 컨트롤의 느낌은 어땠습니까? 이치에 맞았습니까?
3. 인터페이스에서 필요한 정보를 찾을 수 있었습니까?
4. 인터페이스에 바꾸고 싶은 부분이 있었습니까?
5. 불편하거나 이해하기 어려운 부분이 있었습니까?
6. 추가하면 좋을 것 같은 컨트롤이나 인터페이스 기능이 있었습니까?

세션 종료

1. 전체적으로 이 게임은 매력적입니까?
2. 이 게임을 구매할 의향이 있습니까?
3. 게임의 어떤 요소가 매력적이었습니까?
4. 게임에서 빠진 요소는 무엇이었습니까?
5. 한 가지만 바꿀 수 있다면 무엇을 바꾸겠습니까?
6. 이 게임의 목표 사용자 층은 어떤 사람들일까요?
7. 이 게임을 선물로 준다면 누구에게 주시겠습니까?

수정 아이디어

[게임을 개선하기 위한 아이디어]

먼저 자신의 게임에서 플레이어의 의견이 필요한 주요 영역을 구분하고 이러한 영역에 대한 피드백을 얻을 수 있게 질문을 구성하는 것이 좋다. 필요한 수보다 더 많이 질문을 작성하고 중요도에 따라 우선순위를 설정한다. 그런 다음 그림 9.10에서 나온 것과 같이 종류별로 주요 질문을 그룹으로 분리한다. 테스트에 맞는 질문의 범주와 구조를 만들어도 된다. 가장 중요한 것은 수집하려는 정보의 종류아 플레이테스트 세션이 구성된 방법을 고려해야 한다는 것이다.

질문을 너무 많이 준비해서 플레이테스터를 당황하게 만들지 않아야 한다. 연속으로 20가지 이상을 질문하면 피로감을 느끼고 더는 정확하게 대답하지 않을 수 있다. 중요한 것은 질문의 수가 아니라 답변의 품질이다.

기본적인 사용성 기법

질문은 플레이테스트 세션을 수행하는 데 필수적인 부분이지만 좋은 반응을 이끌어내는 다른 방법도 있는데, 이러한 방법 중에는 사용성 시설에서 일반적으로 활용되는 기법이 있다. 사용성 연구에는 제품을 시장에 내놓기 전에 디자인을 개선하기 위해 사람들이 제품을 사용하는 방법에 대한 실제 피드백을 얻는 과정이 포함된다. 다음 절에서는 게임 테스트에 적용할 수 있는 세 가지 기법을 알아보겠다.

안내하지 말라

가장 많은 것을 알 수 있는 방법은 테스터가 플레이하는 모습을 관찰하는 것이다. 플레이테스터가 질문을 하면 그 상황에서는 어떻게 하면 되겠는지 생각을 말해 보라고 대응한다. 플레이 중에 교착 상태

에 빠지면 수정해야 하는 중요한 부분을 발견한 것이다.

생각을 말로 표현하게 하라

앞서 설명했듯이, 테스터에게 플레이하는 동안 생각을 말로 표현하도록 부탁해야 한다. 이들의 혼잣말은 게임 플레이 중에 플레이어의 예상과 선택을 들여다볼 수 있는 창문이다. 대부분의 사람들은 혼잣말로 생각을 표현하는 데 익숙하지 않기 때문에 처음에는 약간의 도움이 필요할 수 있다.

양적 데이터

플레이어가 좋아하는 것과 싫어하는 것, 빠르게 이해하는 것과 어려워하는 것을 기록하는 것 말고도 피드백 양식을 사용해서 추세를 나타내는 데이터를 생성할 수 있다. 플레이테스트 세션이 끝나면 이 양적 데이터를 사용해 문제의 심각성에 따라 우선순위를 결정할 수 있다.

일부 게임 회사에서는 전문 사용성 전문가를 고용해 플레이테스트를 위한 특별한 시설에서 특수한 방법을 사용한다. 예산이 있다면 이 방법이 크게 도움이 될 수 있다. 전문 시설을 활용하면 더 우수한 효과를 얻을 수 있으며, 프로세스를 배워서 이들의 방법 중 일부를 내부 플레이테스트 세션에 적용할 수 있다.

데이터 수집

지금까지는 주로 질적 피드백을 얻는 방법을 논의했지만 규칙을 읽는 데 걸린 시간을 기록하거나 특정 기능을 수행하기 위해 클릭한 횟수를 측정하고, 플레이어가 레벨을 완료한 시간을 추적하는 등의 양적

피드백도 필요할 수 있다. 특정한 기능의 사용법을 이해하기 쉬운 정도를 1~10 범위로 선택하게 하거나 가장 중요하다고 생각하는 특성을 알아보기 위해 몇 가지 선택 사항을 제공할 수도 있다.

수집할 데이터는 해결하려는 문제에 따라 다르다. 게임 진행이 매끄럽지 않고 시작하는 데 너무 오래 걸린다고 판단되는 경우, 각 절차에 소요된 시간을 측정해서 문제 지점을 찾아낼 수 있다. 게임의 극적 긴장감이 떨어지는 문제에는 일련의 질적 질문을 활용하면 좋은 결과를 얻을 수 있다.

연습 9.8 : 데이터 수집
자신의 독창적인 프로토타입에서 게임플레이에 대한 명확하게 정의된 세 가지 의문을 해결할 수 있는 세 가지 양적 데이터를 생각해 보자.

양적 데이터를 수집하는 데 성공했다면 갑자기 통계 작업이 늘어나게 될 수 있다. 게임의 모든 측면에 대한 통계가 있으면 유용하지만 수치를 해석하는 데 능숙하지 않으면 제대로 활용할 수 없다. 먼저 명확하게 목적을 정의하고 데이터를 수집하는 것이 좋다. 즉, 측정을 시작하기 전에 가정과 목적을 설정하고, 증명 또는 부정하려는 것을 구상한 다음, 이러한 가정을 확인하거나 부정하는 테스트를 구성하는 것이다. 예를 들어, 게임의 어떤 특성이 문제가 된다고 생각되는 경우, 이 특성을 포함한 게임과 제외한 게임을 준비하고 사람들이 특정 지점까지 도달하는 시간을 측정하는 실험을 고안하는 것이다. 또한 이러한 실험에 질적 접근 방법을 결합해서 테스터에게 새로운 특성에 대한 느낌을 묻는 방법도 있다. 질적 방법과 양적 방법을 결합하면 자신이 원하는 해답을 찾는 데 도움이 된다.

마이크로소프트 게임즈 사용자 리서치에서 사용하는 도구와 같이 플레이테스트 세션 중에 게임 데이터를 기록하는 소프트웨어 도구가 있는데, 이러한 도구는 정교한 버전 기록 도구라고 할 수 있다. 개발자는 특별한 도구와 가상화 소프트웨어를 사용해 이 데이터를 분석해서 다양한 게임 요소와 특성의 효율성을 확인할 수 있다.

예를 들어, RTS 프로토타입을 사용한 실제 플레이테스트에서 수집된 통계를 분석해서 모든 유닛의 효율성을 분석할 수 있다. 특정 유닛이 다른 유닛에 비해 지나치게 유리하다고 판단되면 해당 유닛을 다양한 방법으로 수정하고 다시 테스트할 수 있다. 예를 들어, 유리한 유닛의 가격을 올리거나 성능을 낮출 수 있으며, 다른 유닛의 변수를 조정해서 게임의 밸런스를 맞출 수 있다.

이러한 통계적 분석 기법은 강력한 도구이기는 하지만 디자이너의 창의적 판단을 대체할 수 있는 것은 아니다. 그 이유는 통계의 의미가 잘못 전달될 수 있기 때문이다. 플레이테스터가 게임에 익숙하지 않은 경우, 아직 플레이의 미묘한 면을 이해하지 못해서 특정 유닛을 효과적으로 사용하지 못할 수 있다. 반대로 게임에 숙련된 테스터의 경우, 유닛을 사용하는 방법에 대한 선입견을 가지고 혁신적인 새로운 플레이 방법을 시도하지 않을 수 있다. 결론은 최적의 결과를 얻으려면 모든 데이터 분석 기법을 다른 플레이테스트 방법과 함께 조합해서 사용해야 한다는 것이다.

제어 상황 테스트

플레이테스트 세션의 효율을 개선하는 방법 중 하나로 제어된 게임 상황을 활용하는 방법이 있다. 제어된 게임 상황이란 게임 메커닉의 다음과 같은 특정 부분을 테스트하기 위해 매개변수를 설정한 것이다.

- ✓ 게임의 엔딩
- ✓ 느슨게 발생하는 랜덤 이벤트
- ✓ 게임 내 특별한 상황
- ✓ 게임의 특정 레벨

- ✓ 새로운 특성

프로토타입 제작 단계에서 게임의 특정 측면을 다른 측면과는 별도로 테스트하도록 설정할 수 있다. 기반 구축 단계에서는 밸런스나 공정성에는 신경 쓰지 않고 기본 기능을 테스트할 수 있으며, 이후 단계에서 필요에 따라 꼼꼼을 테스트할 수 있다. 또는 인터페이스나 이동 체계의 접근성에 대한 세션에 집중할 수도 있다.

일반 게이머의 피드백을 활용해 실망스러운 결과를 방지하는 방법

빌 풀턴(Bill Fulton), 마이크로소프트 게임 스튜디오, 게임 사용자 리서치 그룹

문제

프로젝트를 시작할 때 개발자들이 느끼는 들뜬 기대감과는 다르게 대부분의 게임은 상업적이나 비평적 또는 두 가지 모두에서 실망스러운 결과를 얻는다. 많은 시간과 비용을 투자한 게임이 양면적인 평가와 낮은 판매량을 거두는 경우도 많다. 이 문제를 해결한다면 게임 제작에 따르는 큰 위험을 제거하는 열쇠를 얻을 것이다.

이 문제와 해결책에 대한 전통적인 분석

실망스러운 결과가 나오는 이유는 무엇인가? 이 문제에 대한 전통적인 분석에서는 많은 부모들이 자신의 자녀들이 평균 이상이라고 믿는 것처럼 팀이 자신의 게임에 대한 애착 때문에 게임을 객관적으로 볼 수 없는 것이 원인이라고 판단했다. 이 분석을 바탕으로 게임 개발 전문가(동료, 퍼블리셔, 저널리스트, 플레이테스터 팀 등)에게서 피드백을 얻는 수많은 방법이 만들어졌다. 이러한 전통적인 분석에도 장점이 있으며, 문제에 대한 해결책도 분명 상당히 유용하지만 아직 모든 문제가 완전히 설명(또는 해결)되지 않고 있다. 대부분의 게임들이 아직도 나쁜 평가를 받거나 상업적으로 실패하고 있다는 것이다.

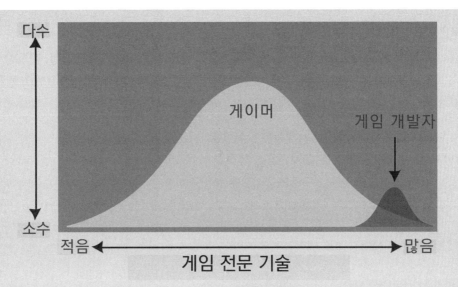

그림 1 게임 숙련도: 보통 게이머와 보통 게임 개발자의 게임 숙련도를 나타낸 가상의 분포도. 이 그림에서는 모든 게임 개발자가 대부분의 게이머보다 게임에 대해 더 많이 알고 있음을 보여준다. 이 그림이 말하는 요점은 게임 개발자가 자신과 같은 사람들만을 위한 게임을 만든다면 대부분의 게이머가 이해하고 즐기는 게임을 만들 수 없다는 것이다.

분석과 해결책의 대안

게임이 개발자의 기대만큼 만들어지지 않는 이유에 대한 다른 분석에서는 전문 게임 개발자가 자신이 디자인하는 게임의 대상 사용자 층인 보통 게이머들과는 다르다는 사실에 주목했다. 게임 개발자는 게임과 게임 개발에 대해 너무 많이 알고 있기 때문에 게임에 대한 지식이 비교적 적은 일반 게이머에 맞는 게임을 디자인하기가 어렵다는 것이다(그림 1 참조).

즉, 개발자에게는 재미있는 게임일지 모르지만 일반 게이머에게는 너무 어렵거나 게임에 있는 재미를 찾지 못해 (아직) 재미가 없는 것이다. 마치 현대 미술이 미술사 학위가 없는 사람들에게는 종종 가치를 인정받지 못하는 것과 비슷한 상황이다. 그러나 대중을 위한 게임을 만들려면 일반 게이머가 게임의 재미를 느낄 수 있게 하는 것이 게임 개발자의 책임이다.

여러 퍼블리셔와 개발사는 이러한 관점에서 문제를 파악하고 마케팅 조사 기관을 통해 포커스 테스트를 수행하고 있다. 그러나 포커스 테스트에서는 더 많은 플레이어를 위한 게임을 만드는 것이라기보다 게임을 판매하는 방법을 알아내는 것이 목표인 경우가 많다. 게다가 포커스 테스트는 게임에 중요한 변화를 시도하기에는 너무 늦은 시기에 진행되는 경우가 많다. 제한된 일정, 그리고 게임의 개선보다는 판매에 초점을 맞추는 관행 때문에 포커스 테스트를 바라보는 게임 디자이너들의 시각은 복잡하다.

HCI 관점에서의 사용자 테스트

사용성 분야는 사람-컴퓨터 상호작용(HCI) 분야의 하위 집합으로서 소비자에게서 얻은 피드백을 바탕으로 제품을 개선하는 것이 이 분야의 주요 목표다. 대부분이 주요 소프트웨어 회사에서는 HCI 전문가로 구성된 사용성 부서를 운영하고 있지만 게임 업계에서는 이 관행이 자리 잡는 속도가 다소 느린 편이다.

다행스러운 점은 게임 개발 업계에도 변화의 조짐이 보이고 있다는 것이다. 주요 게임 퍼블리셔 중 한 곳에서는 1988년부터 게임에 대한 몇 가지 사용성 작업을 진행하고 있으며, 다른 게임 퍼블리셔와 개발사에서도 게임을 좀 더 재미있게 만들기 위해 사용성 전문가들의 힘을 빌리고 있다. 게임 개발사와 퍼블리셔에서 게임 개발 과정에서 사용성 테스트의 비중을 높일수록 게임의 일반적인 품질은 점차 개선될 것이다.

사용자 테스트 사례 – 에이지 오브 엠파이어 2: 에이지 오브 킹스

에이지 오브 엠파이어 2는 HCI 관점의 사용자 테스트를 통해 게임을 개선하는 방법을 보여 주는 훌륭한 예다. 첫 번째 AoE 게임은 비평과 판매에서 모두 성공을 거뒀다. 실제로 원작의 판매 성과가 워낙 좋았기 때문에 후속작(AoE2)을 더 많이 팔 수 있는 유일한 방법은 AoE를 플레이했던 게이머 외에 다른 게이머에게도 어필하는 게임을 만드는 것이었다.

개발사와 퍼블리셔에서는 컴퓨터 게임 경험이 없는 사람도 AoE2를 플레이할 수 있게 만든다는 목표를 세웠다. 그러나 AoE2가 상당히 복잡한 게임이라는 점과 게이머가 아닌 사람들은 게임을 이해하기 위한 기반 지식이 부족하다는 면을 감안하면 다소 오만한 목표였다. 게다가 첫 번째 AoE를 테스트하는 동안 일부 숙련된 게이머들도 종종 이 게임을 배우는 데 어려움을 겪는다는 사실을 발견했다.

원하는 수준의 접근성을 달성하려면 상당히 잘 만들어진 튜토리얼과 철저한 사용자 테스트가 필수적이었다. 테스트에 대한 구체적인 이야기는 다른 기회에 설명하기로 하고, 튜토리얼에 대한 최종 테스트를 하면서 일어난 일화를 소개하겠다.

튜토리얼 최종 테스트가 토요일 오전 10시로 예정돼 있던 날이었는데, 70~80대로 보이는 나이 든 할머니 한 분이 오전 9시에 건물 밖에서 서성이고 계시는 것이 눈에 띄었다. 처음에는 할머니가 길을 잃었거나 누군가를 기다리는 것이라고 생각했는데, 알고 보니 테스트에 참가하기로 약속하고 찾아오신 분이었다. 처음에는 살짝 놀랐지만 엄밀히 말하면 할머니도 우리가 찾던 대상(컴퓨터 게임을 해 본 적은 없지만 컴퓨터를 이용할 수 있는 40대 이상)에 해당했으므로 사무실로 안내했다. 우선 테스트 시간을 잘못 알려 드려서 죄송하다는 이야기를 했더니 할머니는 약속이 오전 10시라는 것은 알고 있었지만 항상 먼저 나간다는 말씀을 해 주셨다.

할머니가 이 게임의 본질(국가를 세우고, 군대를 육성해서, 이웃 나라를 침략하는)에 흥미를 없을 수 있다는 생각이 들어서 재미가 없으면 중간에 그만 두셔도 좋다고 이야기했지만 할머니는 손주들이 게임을 하는 것을 보면서 게임을 테스트해 보고 싶다고 생각했고, 도움이 되고 싶다고 말씀하셨다. 그래서 할머니를 다른 중년의 테스터들과 함께 테스트실로 안내했다. 중년과 노년의 테스터 십여 명이 테스트실에서 함께 에이지 오브 엠파이어 2를 플레이하는 광경은 정말 특이한 모습이었다.

튜토리얼을 모두 완료한 후 랜덤 맵에서 컴퓨터를 상대로 게임을 하게 했다. 테스트가 거의 끝나갈 무렵, 슬며시 할머니 자리로 가서 플레이하는 모습을 보았는데, 놀랍게도 할머니의 나라는 제법 형태를 갖추고 있었다. 주민들이 네 가지 자원을 모두 채취하고 있었고 올바른 건물(막사, 곡창, 광산 등)도 여러 개 보유하고 있었다. 그러다 언덕 너머에서 몽고족이 침입하자, 할머니는 주민을 숨기고 군대(상황을 해결하기에는 부적합한)를 육성하는 몇 가지 올바른 조치도 취했다. 아쉽게도 할머니의 대처 속도는 너무 늦었고 결국 에이지 오브 엠파이어 2에서 할머니의 나라는 멸망하고 말았다. 테스트실 밖으로 할머니를 배웅하면서 할머니의 생각을 물어봤다. 할머니는 손주들이 좋아하겠다고 말했지만 본인의 취향은 아니라고 했다.

비록 할머니의 취향은 아니었지만 튜토리얼을 마친 후에는 게임의 기본 내용을 이해하고 공격에도 합리적으로 대처할 수 있게 됐다. 때로 숙련된 플레이어조차 당황해서 매뉴얼을 꺼내 들기 전까지 어찌할지 모르는 상황이 발생하고는 했던 AoE 원작과 비교하면 큰 발전이었다. AoE2의 튜토리얼은 게임 업계 전문가들이 아닌 일반인을 대상으로 했기에 누구나 플레이할 수 있는 이해하기 쉬운 게임을 만들 수 있었다.

결과적으로 AoE2는 원작보다 훨씬 높은 판매고를 올렸는데, 그 공의 상당 부분은 게임의 개발 과정 전체에서 사용자 테스트를 진행하고 게임의 향상시켰기 때문이었다.

작가 소개

빌 풀턴은 마이크로소프트 게임 스튜디오에서 게임 사용자 리서치 그룹을 시작한 사람 중 한 명이며, 1997년부터 2004년까지 이곳에서 일했다. 이 그룹의 목표는 보통 게이머에서 얻은 피드백을 바탕으로 에이지 오브 엠파이어 시리즈, 헤일로 시리즈, 프로젝트 고담 레이싱 시리즈, 포르자 시리즈와 같은 게임을 개선하는 것이었다. 2004년에는 게임 디자인으로 방향을 바꿔서 PC 및 Xbox 360용 게임 섀도우런을 개발했다. 사용자 연구와 게임에 대한 자세한 내용은 http://www.mgsUserResearch.com/publications/를 참조하자.

이러한 제어된 테스트 상황은 다양한 조건의 이벤트를 반복적으로 경험할 수 있다는 면에서 아주 중요하다. 예를 들어, 모노폴리를 디자인하면서 '감옥 가기' 특성을 테스트한다고 가정해 보자. 이 경우 다양한 조건에서 어떤 일이 일어나는지 보려면 우연히 이 이벤트가 발생하기를 기다리는 것은 현실적으로 불가능하고 이벤트를 강제로 일으켜야 한다. 자산이 적은 플레이어와 많은 플레이어에게 감옥은 어떤 영향을 미칠까? 이 경우 플레이어가 이미 감옥에 있는 중간 상황에서 게임을 시작하고 30분 정도를 플레이해서 결과를 조사한 다음, 플레이어의 재정 상태를 조정하고 테스트를 반복하면 된다.

자신이 만든 독창적 프로토타입에 대한 제어 상황 테스트 세 가지를 만들어 보자. 각 제어의 목적과 작동 방법을 설명하고 관찰한 사항을 기록한다.

게임을 처음부터 다시 플레이할 필요가 없고 처음이나 중간 또는 끝의 어떤 부분에서도 시작할 수 있다. 한 플레이어를 특히 강하게 만들고 이후 상황을 관찰할 수도 있다. 제어 상황 테스트는 공정성이나 재미와는 관계가 없으며, 가능한 모든 상황에서 어떤 일이 일어나는지를 확인하는 것이다. 이런 상황은 드물게 발생하기 때문에 게임의 주요 순간으로 강제적으로 구현해야 한다. 이 방법으로 이러한 상황이 게임의 재미를 해치는지 아니면 흥미로운 요소를 더하는지 확인할 수 있다.

또한 테스트할 수 있는 시간이 무한하지 않기 때문에 시간이 부족한 경우에는 거의 모든 세션을 제어된 상황 테스트로 진행하게 된다. 가장 일반적인 제어 상황은 거의 끝에서 게임을 시작하는 것이다. 이를 위해 플레이어가 최종 충돌에서 접하는 상황을 시뮬레이트하도록 프로토타입을 설정하면 된다. 테스트하려는 엔딩 유형에 맞게 매개변수를 설정하고, 이 제어 지점부터 세션을 시작해서 게임이 종료될 때까지 과정을 관찰하는 것이다. 제어된 상황으로 진행되므로 한 시간에 네 번이라도 게임 종료를 테스트할 수 있다.

제어 상황 테스트는 디지털 게임에 치트 코드가 존재하는 이유기도 하다. 게임 개발자가 특정 상황을 테스트하기 위한 도구로 활용하는 것이다. 예를 들어, 실시간 전략 게임에서 전장의 안개를 끄는 치트 코드는 컴퓨터가 제어하는 유닛의 인공지능을 모니터링하는 데 유용하며, 무한 리소스 치트 코드는 유닛을 한계까지 생산한 경우의 게임 플레이를 테스트하는 데 유용하다. 게임 개발자들 사이에서는 최종 출시된 게임 타이틀에 치트 코드를 남겨 두는 것이 전통으로 자리 잡았다. 이렇게 치트 친 가지 이유는 플레이어들이 정상적인 플레이에서는 불가능한 다양한 게임 상황을 실험하기 위해서다.

플레이테스트 관행

학생들을 가르치면서 플레이테스트 프로세스를 배우려면 자신과 감정적 연결이 없는 게임을 사용해야 한다는 사실을 깨달았다. 아무래도 자신의 디자인 기술이 위협받지 않는 게임을 대상으로 삼아야 충분히 객관적인 자세를 취할 수 있을 것이다. 다음의 몇 가지 연습에서는 간단하고 익숙한 게임을 활용해 플레이테스트의 핵심을 알아보자. 이 과정에서 앞서 설명한 내용을 확인하고 몇 가지 새로운 개념을 소개할 것이다.

커넥트-포

커넥트-포를 플레이하면서 자란 사람들이 많을 것이다. 모르는 독자를 위해 간단히 소개하자면 두 플레이어가 교대로 빨강과 검정 체커를 수직 격자로 떨어뜨려서 네 개의 체커를 한 행(수평, 수직 또는 대각)으로 배치하는 플레이어가 게임에서 승리한다.

1. 프로토타입 제작

먼저 커넥트-포를 위한 간단한 프로토타입을 제작해야 한다. 이를 위해 종이와 펜을 준비하고, 종이에 7×6 규격으로 격자판을 그린다. 한 플레이어는 검정 펜을 사용해 격자판 위에 검정 체커를 나타내고, 다른 플레이어는 빨강 펜을 사용해 빨강 체커를 나타낸다. 플레이테스트의 시간을 측정할 수 있게 스톱워치를 준비하자. 다음은 먼저 시작할 플레이어를 결정한다. 각 플레이어는 자신에 턴에 체커를 놓을 열을 선택하면 선택한 열에서 맨 위에서 떨어진 것처럼 맨 아래에 체커를 그려 넣는다. 떨어뜨린 체커는 다른 체커 위에 쌓인다.

2. 질문과 대본 준비

미리 물어볼 질문을 기록하고 세션에 대한 스크립트를 준비한다.

3. 테스터 모집

플레이테스터 두 명을 모집한다.

4. 플레이테스트

테스터에게 게임을 소개하고 플레이테스트를 시작한다.

5. 격자 크기 변경

우선 앞에서 설명한 절차대로 몇 차례 플레이하고 스톱워치를 사용해 각 게임이 완료될 때까지 걸린 시간을 확인한다. 다음에는 7×6 대신 9×8 크기의 격자를 그리고 동일한 규칙을 사용해 몇 차례 플레이한다. 9×8 버전에서 게임플레이는 어떻게 변했는가? 한 판을 플레이하는 데 걸리는 시간은 어떻게 변했는가? 어떤 버전이 더 재미있고, 그 이유는 무엇인가? 격자 크기를 변경한 테스트에서 다른 변수에 대한 아이디어를 얻었는가?

6. 목표 변경

7×6 격자로 돌아가서 이번에는 체커를 네 개가 아닌 다섯 개를 연속으로 배치해야 승리하도록 게임의 목표를 변경하고 몇 차례 플레이해 보자. 무엇이 변했나? 목표를 변경한 테스트에서 다른 변수에 대한 아이디어를 얻었는가? 예를 들어, 7×6 격자가 너무 작다고 생각된다면 9×8 격자에서 '커넥트-파이브' 버전을 플레이해 볼 수 있다.

7. 턴 절차 변경

다시 원래 규칙(7×6 격자에서 커넥트-포)으로 돌아가서 이번에는 턴 절차를 변경해 본다. 이제 플레이어는 한 턴에 체커 두 개를 놓을 수 있으며, 두 번째 체커는 첫 번째 체커와 다른 열에 놓아야 한다. 새로운 버전을 플레이해 보자. 무엇이 변했나? 이러한 변경이 플레이어의 전략에는 어떤 영향을 주는가? 게임이 여전히 밸런스가 맞는가?

8. 플레이어의 수 변경

다시 원래 규칙(7×6 격자에서 커넥트-포)으로 돌아가서 이번에는 플레이어를 세 명으로 변경한다. 다른 플레이테스터가 없으면 자신이 세 번째 플레이어가 될 수 있다. 세 번째 플레이어는 다른 색 펜을 사용한다. 새 버전을 플레이해 보자. 무엇이 변했나? 이러한 변경이 플레이어의 전략에는 어떤 영향을 주는가? 게임의 사회 역학은 어떻게 변했나?

최종 분석

체계 변수를 변경하면 분명히 게임플레이에도 직접적인 영향이 있으며 이를 확인하는 유일한 방법은 플레이테스트를 통하는 것이다. 이렇게 변경된 버전은 원작과 비교해 플레이어의 경험에 어떤 변화를 가져왔는가?

기록한 내용을 취합하고 결과를 분석한다. 플레이테스트 세션의 결과를 바탕으로 커넥트-포에 적용하고 싶은 변화는 무엇인가? 기록한 내용에서 어떤 결론에 도달할 수 있는가?

이 연습에서는 기본적인 플레이테스트 과정을 진행하고 즉석에서 반복해 봤다. 이 방법은 연습에서와 같은 물리적 프로토타입을 테스트할 때 적합하지만 디지털 프로토타입을 변경하고 반복하는 테스트에도 동일한 절차를 적용할 수 있다. 이 연습에서는 게임의 경험을 여러 차례 간단하게 변경하고 확인하는 과정을 반복하기 위해 커넥트-포를 예로 사용했다. 플레이테스트와 수정이라는 이 반복 프로세스를 이해하고 연습하는 것은 좋은 게임을 제작하기 위한 기본이다. 다음 두 장에서는 자신의 독창적인 게임을 같은 방법으로 테스트하고 반복적인 플레이테스트를 통해 디자인을 개선하는 방법을 알아보겠다.

결론

플레이테스트는 서두르거나 소홀히 다룰 수 없는 게임 디자인의 유기적인 부분이다. 플레이테스트를 게임 디자인과 개발 프로세스의 핵심으로 유지하는 것은 디자이너의 역할이다. 플레이테스트를 뒷전으로 미룬다면 플레이어가 게임을 처음 접했을 때 느끼는 바를 미리 볼 수 있는 기회를 포기하는 것이나 다름이 없다.

플레이테스터는 게임에 대한 신선한 시각을 제공하는 눈과 귀와 같은 존재다. 플레이테스터의 이야기를 듣고 제대로 분석하는 방법을 배운다면 디자이너가 원하거나 상상하는 게임 메커닉이 아닌 게임 메커닉의 본질을 이해하게 될 것이다. 이것은 또한 좋은 디자인의 열쇠이기도 하다. 즉, 자신이 만든 것을 제대로 이해하며, 순간적인 총명함이 아니라 몇 달 또는 몇 년에 걸친 단계적인 과정을 통해 이것을 점차 더 좋은 것으로 개선하는 것이다. 이 프로세스를 완벽하게 익힌다면 훌륭한 게임 디자이너가 되는 데 필요한 핵심 기술 하나를 익힌 것이다.

디자이너 관점: 롭 데비오(Rob Daviau)

선임 게임 디자이너, 하스브로 게임즈

롭 데비오는 하스브로 게임즈에서 보드와 카드 게임을 디자인하고 있으며 주요 작품으로는 리스크 2210 AD, 액시스 앤얼라이즈, 히어로스케이프, 스타워즈: 에픽 듀얼, 인생 게임: 제다이의 길, 배틀쉽 카드 게임, 리스크: 스타워즈(두 버전모두), 클루 DVD, 그리고 네메시스 팩터가 있다.

게임 업계에 진출한 계기

저는 항상 게임을 해왔고 롤플레잉 캠페인에 참여하면서 많은 시간을 보냈습니다. 광고 카피라이터로 5년동안 일을 하면서 이직을 생각하던 시기가 있었습니다. 파커 브라더스라는 회사에 카피라이터로 지원했는데, 당시 이 회사에서는 작가 경력이 있는 게임 디자이너를 찾고 있었습니다. 결국 디자이너 일을 시작하게됐는데, 아직 제 업무에서 카피 구상은 중요한 부분입니다. 면접을 보면서 어린 시절 가장 좋아하는 게임 두가지를 이야기했는데, 알고 보니 마침 면접관이 두 게임을 디자인한 사람이었습니다. 저에게는 운이 좋았던경우지만 면접할 기회가 있다면 생각해 볼 수 있는 좋은 전략인 것 같습니다. 물론 너무 뻔히 드러나 보이면안 되겠지만요.

가장 좋아하는 게임

저는 게임에 대한 완전히 새로운 사고를 창조한 게임, 새로운 유형의 게임을 만들어낸 게임을 높게 평가합니다. 그래서 제가 꼽는 다섯 가지 최고의 게임은 던전 앤 드래곤즈, 디플로머시, 매직: 더 게더링, 브리지, 그리고 모노폴리입니다. 가장 좋아하는 게임이라면 몇 날 며칠이고 이야기할 수 있지만, 가장 중요한 것은 누구와 플레이하고 원하는 경험이 무엇인가 하는 것입니다. 혼자서 시간을 보내기 위해 엑스박스용 RPG를 플레이하는 것과, 제 아이들과 플레이하는 것, 그리고 하드코어 게이머 친구들과 플레이하는 게임은 모두 다릅니다. 저는 플레이 자체를 좋아합니다.

영감

대부분의 게임에는 영리하거나 새롭거나 또는 멋진 요소가 있습니다. 저는 제가 플레이하는 게임의 멋진 메커닉, 훌륭한 부분, 새로운 보관 트레이 또는 색다른 아트워크와 같은 것을 기억하고 있다가 제 그림을 그리는 팔레트처럼 이용합니다. 그리고 비록 디지털 게임을 만들고 있지는 않지만 게임의 서술적 잠재성에 대해서도 관심이 많습니다. 제 게임에서도 스토리를 전달하거나 분위기를 연출하거나, 서술적 긴장의 순간을 만들려고 노력합니다. 때로 카드 덱을 사용해 이러한 목표를 달성하기는 상당히 어렵게 느껴지기도 합니다.

디자인 프로세스

저는 보통 느낌을 먼저 생각하고 이러한 느낌을 만들어내는 메커닉을 구상합니다. 게임의 긴장감, 흥분, 극적 상황, 예상 밖의 전개, 맹렬한 진행을 원하는지, 플레이어가 편한 마음으로 플레이하기를 원하는지 아니면 집중하기를 원하는지를 결정하고, 여기서부터 제가 원하는 분위기에 맞는 게임을 만들기 시작합니다. 대부분의 사람들이 게임을 디자인하는 방법과는 정반대일 것입니다.

프로토타입

저는 비디오 게임 디자이너가 아니기 때문에 항상 프로토타입을 사용합니다. 심지어 DVD를 사용한 게임을 디자인할 때도 프로토타입을 사용했습니다. 제 게임은 물리적인 세계에서 플라스틱과 종이, (때로) 전자 장치로 구성되기 때문에 초기에 물리적인 표면을 만드는 것이 아주 중요합니다. 제 작업 분야에서는 보드와 카드 게임 세계의 고유한 측면인 보드 크기와 플라스틱 디자인, 그리고 피스 보관 문제가 많은 비중을 차지합니다. 그래서 제 사무실에는 생각하는 거의 모든 것을 만들어낼 수 있는 모델 샵과 엔지니어링 작업실이 갖춰져 있습니다.

리스크-스타워즈: 클론 워즈의 디자인 과정

명령 66을 리스크-스타워즈: 클론 워즈 버전으로 만드는 과정은 쉽지 않았습니다. 대본은 받았지만 아직 영화는 나오지 않은 상황이었죠. 문제는 한 사람의 소유였던 군대를 갑자기 다른 플레이어가 제어할 수 있게 하면서도 게임을 유지하는 방법, 게임 초기에 명령 66을 실행하지 않게 하는 방법, 그리고 명령 66이 실행된 후에도 다른 플레이어가 이길 수 있는 방법을 고안하는 것이었습니다. 결국에는 오래 기다릴수록 명령 66의 (통계적으로) 성공률이 높아지는 체계를 만들어냈습니다. 한 턴만 더 기다리면 확실하게 이길 수 있을 것 같은 느낌이 들게 했습니다. 그리고 공화국 플레이어가 패배의 목전에 몰리더라도 최소한의 군대만 있으면 승리할 수 있는 '달을 쏘아라' 승리 조건을 넣었습니다.

디자이너에게 하고 싶은 조언

부실한 게임 메커닉을 그래픽, 사운드, 라이선스, 멋진 비디오 영상과 같은 부수적 요소로 감추기는 어렵지 않지만 게임 플레이어는 영리하다는 점을 기억하세요. 게임의 실체를 알아내는 데는 오래 걸리지 않습니다. 자신의 게임을 차별화하는 요소는 무엇입니까? 기존의 게임과 다를 바 없거나 다른 게임들을 섞어 놓은 재탕에 불과한지 자문해 보세요. 게임 디자인을 시작할 때는 모든 것에 대해 질문을 던져야 합니다. 터무니 없는 아이디어들이 결국 모두 거절당하거나 버려지더라도 적어도 새로운 것을 시도한 것입니다. 회사의 경영자들은 항상 게임을 익숙하고 안전한 방향으로 끌고 가려고 합니다. 이를 반대 방향으로 당기는 것이 여러분의 역할입니다... 어쩌면 이 일을 할 사람이 여러분 혼자일 수 있기 때문입니다.

디자이너 관점: 그레엄 베일리스(Graeme Bayless)

사장, 커시 게임즈

그레엄 베일리스는 20년 동안 컴퓨터 게임 개발을 이끌어왔다. 그의 작품으로는 배틀즈 오브 나폴레옹 (1991), 키드 카멜레온(1992), 미션포스: 사이버스톰(1996), 매든 NFL(2001, 2002, 2003), NFL 스트리트 (2004), NHL 2K7(2006), 메이저리그 베이스볼 2K7(2007) 등이 있다.

게임 업계에 진출한 계기

저는 이 업계가 아직 정체성을 찾기 이전인 1987년에 첫발을 디뎠습니다. 8살부터 저의 주된 놀이는 게임이 었고 14살 때 첫 번째 종이 게임 디자인을 만들었습니다. 주말에는 지역 게임 상점에서 여러 가지 종이 게임 과 미니어처 게임을 가지고 놀면서 보내고는 했습니다. 어느 날은 단골 게임 가게에 주말 플레이테스터를 모집한다는 광고가 붙은 것을 보았습니다. "오, 이건 나도 할 수 있겠는데"라는 생각이 들었는데, 게다가 이 회사는 제가 열심히 하던 컴퓨터 전쟁 게임을 주로 만들던 SSI였습니다.

당장 지원했고 고객 서비스와 테스트를 담당하고 있던 관리자 한 분과 면접 날짜가 잡혔습니다. 면접을 진행하면서 게임에 대한 제 지식이 범상치 않음을 느낀 그분은 제게 고객 지원 부서에서 일할 생각이 없는 지 물었습니다. 그렇게 하기로 결정하고 두 번째 면접을 봤습니다. 두 번째 면접에서는 임시로 고객 지원 업 무를 도와주고 있었던 프로그래머 한 분이 면접관과 함께 질문을 했습니다. 이 프로그래머는 게임 디자인에 대한 제 감각에 크게 놀라서는 게임 개발 업무(실질적으로 부 프로듀서였죠)에 지원할 생각이 없느냐고 물 었습니다. 그렇게 해서 그날 점심은 이 회사의 사장(Joel Billings)과 부사장(Chuck Kroegel)과 함께 식사를 했습니다. 면접은 순조로웠고 바로 고용됐습니다. 이후 30개월 동안 30종의 SKU를 관리하고, 테스트 부서 를 운영하며, 매뉴얼을 작성하고, 수많은 전쟁 게임과 RPG 타이틀을 디자인하는 작업에 참여하면서 보냈습 니다.

가장 좋아하는 게임

✓ **M.U.L.E.:** 1983년에 일렉트로닉 아츠에서 출시한 탁월한 타이틀입니다. 단순하면서 도 그 어떤 게임보다 정교한 게임 디자인 을 가지고 있습니다. 부인할 수 없는 재미 요소가 있었고, 플레이할 때마다 랜덤으로 게임이 생성됐기에 재플레이 가치도 있었 습니다. 이 게임에서 가장 잊을 수 없는 부

분은 놀라울 정도로 탁월한 게임 디자인을 보여 준 거래 인터페이스입니다. 플레이어는 다양한 종류의 자원을 입수해야 하는데, 말 그대로 판매자와 경쟁하며 더 높은 가격을 부르며 정신 없이 거래하는 인터페이스를 사용해야 했습니다. 탁월한 디자인이었고 아주 재미있었습니다.

✓ **슈퍼대전략**: 일본에서 개발되어 1990년 즈음에 세가 제네시스 타이틀로 발표됐고, 이후 몇 년 동안 SSI의 주력 타이틀이었던 팬저 제너럴 게임 시리즈의 영감을 제공한 게임입니다. 이 게임은 단순한 전쟁 게임 스타일을 창조한 놀라울 정도로 독창적인 게임입니다. 모든 유닛의 체력이 '10 포인트'였고 인접한 자국 도시로 이동하면 유닛을 치료할 수 있었습니다. 보병으로는 도시를 함락할 수 있었고, 탱크는 다른 유닛을 공격하기 좋았습니다. 또한, 포병 유닛과 공군 유닛이 있어서 가위 바위 보 전략의 매트릭스를 구현할 수 있었습니다. 미국에서는 정식으로 출시되지 않았지만 일본에서는 매우 큰 성공을 거뒀고 제 컬렉션에도 포함돼 있습니다.

✓ **스타 컨트롤 II**: 후속작으로는 유일하게 제 목록에 포함된 게임입니다. 이 게임은 전작이 가지고 있던 아케이드의 재미를 바탕으로 때로 재밌고 흥미로운 싱글 플레이어 RPG 스토리를 더했습니다. 재플레이 가치는 주로 아케이드 모드에 있었지만 RPG 측면에도 깊이가 있었기에 놓친 것이 있는지 찾기 위해 다시 플레이하는 가치가 충분했습니다. 이러한 유형으로서는 유일한 액션 RPG이며, 이후 스타 컨트롤 II를 모방하려는 시도는 모두 실패했습니다. 후속작이었던 스타 컨트롤 III는 전작만큼 성공을 거두지 못한 것은 물론이고 사실상 프랜차이즈를 마감한 작품이었습니다.

✓ **에버퀘스트**: 제 인생에서 이 게임에 투자한 시간을 고려하면 이 게임을 언급하지 않을 수 없습니다. 최초의 3D MUD였던 에버퀘스트는 분명 중독성이 있고(어떻게 보면 술이나 담배보다도 더) 단순하면서도 정겨운 재미가 있습니다. 이 게임은 게임의 '장난감 인자' 개념이 얼마나 강력한가를 잘 보여준 예로서, 이 개념은 플레이어가 가지고 놀거나 정리할 수 있는 장난감이 많으면 많을수록 좋다는 기본 개념입니다. 에버퀘스트에 대한 특별한 사실 중 하나는 플레이어 층의 욕구를 바탕으로 지속적으로 게임이 놀라운 수준으로 변화했다는 것입니다. 아마도 에버퀘스트는 살아 있는 게임의 가장 좋은 예일 것입니다.

✓ **폴아웃**: 종말 후 세계를 담은 독창적인 RPG로서 싱글 플레이어 RPG의 생명을 연장하는 데 큰 역할을 한 역작입니다. 폴아웃은 깊이 있는 스토리라인을 가지고 있지만 지나치게 많은 옵션을 제공해서 플레이어를 질리게 하지 않습니다. 충분히 길지만 부담을 느낄 만큼 길지 않습니다(후속편에서는 상황이 달라졌지만요). 어두운 유머의 절묘한 배합을 보여준 이 게임은 아직도 싱글 플레이어 RPG 게임의 수작으로 손꼽힙니다. 폴아웃은 두 차례 후속편이 만들어졌지만 원작만큼 큰 반향을 일으키지는 못했습니다.

디자이너에게 하고 싶은 조언

디자이너를 지망하는 모든 이들에게 다재다능한 능력을 기르라고 강조하고 싶습니다. 단순히 좋은 디자인을 만들어내는 방법을 배우는 것으로는 부족합니다. 숙련된 디자이너라면 글이나 말을 통해 자신의 아이디어를 효과적으로 다른 사람에게 전달할 수 있어야 합니다. 또한 좋은 디자이너는 시각적 도구를 사용해 디자이너의 머릿속에 있는 개념을 다른 사람에게 시각적으로 보여 줄 수 있어야 합니다. 비슷하게 디자이너는 자원 확보를 위한 협상에서 능력을 발휘해야 하고, 본인이 회사의 CEO가 아니더라도 제품을 새로운 방향으로 끌어갈 수 있어야 하기 때문에 대인 관계 기술이 필수적입니다.

그리고 게임 디자인에 접근하는 방법에 대한 이 책의 테마가 제 생각과 거의 일치한다는 점도 언급하고 싶습니다. 저는 디지털 구현을 시작하기 전에 반드시 종이 디자인을 먼저 만들어야 한다고 믿고 있습니다. 프로그래머가 코딩을 시작하기 훨씬 전에 아이디어를 플레이테스트 하십시오. 프로토타입을 최대한 활용해 프로젝트 후반에 시간과 자금 때문에 범위가 축소되는 시기가 오면 특성을 빼야 하는 아픈 상황을 방지하십시오.

참고 자료

* A Practical Guide to Usability Testing - Joseph Dumas, Janice Redish, 1999.

* Observing the User Experience: A Practitioner's Guide to User Research - Mike Kuniavsky, 2003.

* Handbook of Usability Testing: How to Plan, Design, and Conduct Effective Tests - Jeffrey Rubin, 1994.

* Usability Engineering - Jakob Nielsen, 2004.

주석

1. Clive Thompson. "The Science of Play." Wired. 2007년 9월.

10장

기능성, 완전성, 그리고 밸런스

이제 플레이테스트 프로세스를 수행해 봤는데, 다음은 테스터들이 제공한 의견을 어떻게 사용해야 하는지 궁금할 것이다. 이러한 아이디어와 의견을 게임을 개선하기 위한 유용한 목록으로 만드는 방법은 무엇일까? 이제는 다음 단계에 대해 생각을 집중하고, 핵심 게임플레이에 대한 프로토타입부터 시작해 완전하게 작동하는 게임 개념의 모델을 만드는 단계별 과정을 진행해야 한다. 이 장에서는 게임 플레이의 작동, 완전성, 그리고 밸런스를 맞추는 몇 가지 실질적인 단계를 안내한다.

이 장에서 제시하는 프로세스는 수년간 수많은 학생과 전문 게임 개발자가 이 문제를 해결하는 것을 지켜본 결과를 바탕으로 만들어진 것이다. 이러한 경험을 통해 깨달은 것은 플레이테스트 프로세스를 디자인의 특정 측면에 초점을 맞춘 별도의 여러 단계로 분리해야 한다는 것과 이러한 측면을 단계적으로 완료하고 다음 단계로 진행하는 것이 중요하다는 것이다.

물론 이야기했듯이, 게임은 동적이고 상호 연관된 체계다. 체계의 한 부분을 변경하면 플레이어의 관점에서는 다른 부분이 완전하게 바뀔 수 있다. 이 사실은 기억하는 것이 좋으며, 이 장에서 소개하는 프로세스는 실제 여러분이 직접 경험할 프로세스에 비하면 크게 간소화된 형태다. 이 프로세스를 진행하면서 확실히 이해해야 하는 요점은 게임의 모든 문제를 한번에 해결하려고 하지 말고 각 단계의 고유한 목표에 집중해야 한다는 것이다. 이 프로세스를 관리할 수 있다는 자신감을 가지는 것이 중요하며, 이러한 목표 기반 과정을 알아보고 이 과정에 자신의 게임을 적용하는 방법을 배우는 것이 이러한 자신감을 얻는 좋은 방법이다.

무엇을 테스트하는가?

앞서 독창적 프로토타입을 제작하면서 기반 구축, 구조 설계, 형식 세부요소, 개선이라는 디자인의 네 가지 기본적인 단계에 대해 설명했다. 이 네 가지 단계에서는 먼저 핵심 게임플레이 또는 기반을 시각화하고, 규칙이나 절차를 하나씩 추가해서 조심스럽게 체계에 구조를 추가한 다음, 형식적 세부요소를 구상하고 디자인을 개선한다.

7장 226쪽에서 간단하게 언급했듯이, 지금까지는 주로 아이디어를 물리적인 형태로 만드는 프로토타입 제작에 초점을 맞추고 설명했다. 이러한 각 단계의 플레이테스트, 수정 또는 목표에 대해서는 자세히 다루지 않았는데, 이것은 아무것도 없는 상태에서 처음부터 게임을 디자인하는 과정을 경험하는 데 초점을 맞췄기 때문이다. 이제 프로토타입 제작과 플레이테스트에 대해 알아봤으므로 다시 이러한 기본 단계로 돌아가서 반복적 프로세스와 플레이테스트를 통해 이러한 각 단계를 진행하는 동안 염두에 둬야 하는 디자인 목표를 알아볼 수 있게 됐다.

기반 구축

이 단계의 주요 관심사는 게임의 기본 아이디어가 재미있는지에 대한 것이다. 프로토타입에 핵심 메커닉만 있고 별다른 주변 요소가 없을 수 있다. 수많은 허점과 문제가 있을 수 있지만 이 단계에서는 이러한 부분에 신경 쓸 필요가 없다. 이 시기에는 자신이 구상한 체계의 핵심만 이해해서 게임 기반이 매력적인지 여부를 판단할 수 있으면 된다. 9장에서 언급했듯이, 이 단계에서는 본인이 직접 체계를 플레이테스트 하는 경우가 많으며, 자신의 아이디어가 게임의 좋은 기반이 될 수 있다는 직감을 확인하는 것이 목표다.

구조 설계

견고한 기반을 마련한 후, 다음 목표는 자신 이외의 다른 플레이테스터(아마도 친한 친구나 동료가 되겠지만 본인은 제외)가 플레이테스트를 진행할 수 있게 프로토타입에 충분한 구조를 추가하는 것이다. '기능성'의 본질에 대해서는 나중에 자세히 설명하겠지만 프로토타입이 기본적인 수준에서 작동하도록 한다는 것임은 짐작할 수 있을 것이다. 자신이 염두에 두고 있는 최종 경험에 대한 비전을 모르는 사람도 플레이할 수 있게 규칙과 절차를 체계에 추가해야 한다.

이 단계에서는 기능과 재미 양쪽에 초점을 맞추고 다음과 같은 질문을 고려해야 한다. 내 직감이 옳았는가? 실제 플레이어가 수행하는 실제 플레이테스트에서도 기반이 잘 작동하는가? 그리고 이런 기본적인 상태에서도 형식적 요소가 작동하는가? 경험의 시작, 중간, 그리고 끝이 있는가? 플레이어가 목표에 도달할 수 있는가? 플레이어가 충돌에 집중하는가? 플레이어가 이러한 집중을 즐기는가? 게임에 기폭제가 있는가? 이 아이디어로 계속 작업해야 하는가? 아니면 화이트 보드로 돌아가서 다시 시작해야 하는가?

형식적 세부요소

일단 아이디어에 충분한 가치가 있다고 가정해 보자. 그다음은 구상한 게임 체계를 완전하게 작동하는 버전으로 만드는 단계다. 그러면 무슨 일부터 해야 할까? 처음 몇 차례 플레이테스트를 통해 디자인에 몇 가지 문제가 있다는 것은 알아냈겠지만 어디서부터 시작해야 할까? 이 질문에 대한 대답이 바로 이 장의 내용이다. 형식적 세부요소 단계에서는 게임이 (1) 작동하며, (2) 내부적으로 완전하고, (3) 밸런스가 맞는지 확인하는 데 초점을 맞춘다.

이러한 세 가지 작업은 처음 볼 때는 상당히 쉬워 보여도 사실은 게임 디자인의 연습을 통해서만 체득할 수 있는 기술이 필요하다. 모든 게임은 근본적으로 다르기 때문에 한 플레이테스트에서 찾아낸 해답은 다음 질문에 대한 해답은 될 수 없다. 판단해야 하는 결정과 게임을 깨끗하게 만들기 위한 선택, 그리고 밸런스가 맞는 체계를 만드는 데는 경험이 필요하다. 이 프로세스는 진정한 예술이며, 게임의 성패는 바로 이 형식적 세부요소 단계에서 결정된다.

그렇다면 재미는 어떨까? 이 단계에서 재미있는지 여부는 왜 테스트하지 않을까? 물론 게임을 개발하는 과정 전체에서 항상 게임의 '재미"'가 유지되고 있는지 주시해야 하지만 지금은 모든 문제를 한번에 해결할 필요가 없도록 프로세스를 분해하고 있다는 사실을 기억하자. 게임이 작동하고, 완전하며, 밸런스가 맞게 하는 일은 간단한 일이 아니다.

개선

개선 단계에서는 게임이 작동하며, 완전하고 밸런스가 맞는다고 가정한다. 디자인의 처음 두 단계에 하는 테스트는 주로 본인 또는 가까운 사람과 함께 핵심 게임플레이의 재미를 확인하기 위한 것인데, 게임을 완성하고 밸런스를 맞추는 과정은 재미를 떨어뜨리기보다 오히려 재미를 향상하는 것이 일반적이

다. 그런데 프로세스 중에 미묘한 재미가 사라질 수 있다. 이제는 처음 구상했던 재미가 그대로 남아 있는지 확인하는 데 모든 에너지를 집중할 차례다.

'재미'라는 단어에 따옴표를 많이 사용한 것을 알수 있는데, 재미에는 너무 광범위한 의미가 있어서 이것이 무엇이고, 게임에 이것이 있는지 확인하는 방법을 정의하기가 거의 불가능하기 때문이다. 그럼에도 플레이어에게 게임에서 원하는 것이 무엇이냐고 묻는다면 십중팔구는 재미라고 답할 것이다. 비록 정확하게 정의할 수는 없지만 우리가 언제 재미를 느끼는지는 모두 알고 있다. 11장에서는 플레이어를 게임으로 돌아오게 만드는 미묘한 감정적 매력을 게임 체계에 추가하는 전략과 아이디어를 통해 게임을 더욱 재미있게 만드는 방법을 알아볼 것이다.

마지막으로 개선 단계에는 접근성을 테스트한다. 게임은 설명 없이 그 자체로 플레이가 가능해야 한다는 점을 기억하자. 제대로 작동하고, 완전하며, 밸런스가 맞고, 재미있는 게임을 만들었더라도 접근할 수 없으면 플레이어에게 알려질 수 없다. 이 마지막 측면은 지금까지 거친 다른 단계와 마찬가지로 중요하다.

플레이테스트와 수정 프로세스에서 방향을 잃어버렸다는 생각이 들면 그림 10.1을 참조해서 현재 디자인 단계와 해당 단계에서 초점을 맞춰야 하는 부분을 확인할 수 있다. 게임의 모든 문제를 한꺼번에 해결하려고 하지 않는다면 작업이 간단해질 것이며 다음 할 일도 명확해질 것이다. 이를 염두에 두고, 다음은 기능, 완전성, 그리고 밸런스를 자세히 살펴보자.

프로토타입 제작의 단계	작동하는가?	내부적으로 완전한가?	밸런스가 맞는가?	재미있는가?	접근성이 있는가?
1) 기반 구축				●	
2) 구조 설계	●			●	
3) 형식적 세부요소	●	●	●		
4) 개선				●	●

그림 10.1 무엇을 테스트하는가?

게임이 작동하는가?

완전성에 대해 생각하기 전에 우선 게임이 작동하게 해야 한다. 여기서 작동한다는 말은 이 게임에 대한 정보가 전혀 없는 사람이라도 당장 게임을 할 수 있는 상태를 의미한다. 또한 테스터가 테스트하는 동안 문제가 발생하지 않았다거나 전체적인 경험이 만족스러웠다는 것이 아니라 여러분의 도움 없이 게임과 상호작용할 수 있다는 의미다. 종이 프로토타입의 경우, 플레이어가 규칙과 절차에 따라 정상적으로 게임을 할 수 있고 교착 상태가 발생하지 않음을 의미한다. 소프트웨어 프로토타입의 경우, 플레이어가 컨트롤을 사용해 게임을 진행할 수 있음을 의미한다. 두 가지 프로토타입의 경우 모두 시스템의 구성 요소가 올바르게 상호작용하며 게임을 해결할 수 있음을 의미한다.

이 밖에 게임이 '작동'하는지 결정하는 기준은 판단의 문제다. 플레이어가 디자이너의 도움 없이 세션을 완료할 수 있으면 게임이 작동하는 것으로 판단하고 더 시급한 문제로 넘어갈 수 있다.

연습 10.1 : 기능성 테스트

연습 7.9에서 개발한 물리적 게임 프로토타입이나 디지털 게임플레이 프로토타입의 기능성을 테스트해 보자. 아직 이 게임에 경험이 없는 사람들의 그룹을 모아서 게임을 전달하고 "게임을 해 보세요" 이외의 설명은 하지 않는다. 디자이너에게 질문하거나 도움을 받지 않고 처음부터 끝까지 게임을 할 수 있는지 확인한다. 이것이 가능하다면 게임이 작동하는 것이며, 그렇지 않으면 빠진 것이 무엇인지 확인하고 수정해서 게임이 작동하게 만들어야 한다.

게임이 내부적으로 완전한가?

플레이테스트를 진행하다 보면 게임에서 작동은 하지만 불완전한 부분을 발견하게 된다. 예를 들어, 첫 번째 일인칭 슈팅 프로토타입을 제작하는 과정에서 체계가 작동시키기 위해 이동과 공격 규칙을 만들었지만, 처음에는 명중 확률과 승리 조건이 없었기 때문에 체계가 완전하지 않았다. 누락된 요소 중에는 명백하게 드러나는 것도 있지만 확인하기 어려운 것도 있다. 게임에서 완성되지 않은 부분이 있는지 확인하는 유일한 방법은 모든 조건하에서 가능한 모든 순열을 테스트하는 방법뿐이다. 이러한 문제를 식별하고 해결하는 것이 게임 디자이너의 역할이다.

이는 간단하게 보이지만 그렇지 않다. 게임은 다양한 조건에서 예기치 못한 방법으로 작동할 가능성이 있는 복잡한 체계로서, 테스트를 하면 할수록 더 다양한 게임의 모습을 발견하게 된다. 플레이어는 디자이너가 절대 예상하지 못한 행동을 한다. 규칙의 틈은 문서에서는 문제가 없어 보여도 막상 게임으로 구현해 놓으면 해결할 수 없는 상황이나 회색 영역을 만들어낼 수 있다. 이러한 틈은 보드 게임의 경우, 플레이어들이 규칙이 자신에게 유리한 방향으로 해석하면서 논쟁을 유발하는 원인이며, 소프트웨어의 경우 플레이어가 악용할 수 있는 허점이나 막다른 골목, 또는 시스템 오류의 원인이다. 테스트를 진행하다가 테스터들이 "완전히 막혔어요" 또는 "그렇게 하면 안 되죠!"라고 말하는 것을 듣는다면 게임에 완성되지 않은 부분이 있으며 주의가 필요하다는 신호로 받아들여야 한다.

게임에서 불완전한 부분을 식별한 후, 가장 먼저 해야 할 일은 규칙으로 돌아가는 것이다. 디자인하는 게임이 디지털 게임이든 또는 보드 게임이든 관계없이 게임플레이 방법을 명시하는 디자인 문서나 규칙 문서가 있을 것인데, 이 문서를 다시 찾아보면 명확하다고 생각했던 규칙 집합에 구멍이 있음을 알 수 있을 것이다. 이제 이치에 맞게 이 구멍을 막으면 (또는 규칙을 완성하면) 된다. 규칙을 변경하면 보통은 게임의 다른 부분이 영향을 받으므로 여러 차례에 걸친 테스트 세션과 수정이 필요할 수 있다.

연습 10.2 : 완전성 테스트

작업 중인 물리적 프로토타입이나 디지털 게임 프로토타입이 완전한지 테스트해 보자. 이 연습에서는 플레이어가 교착 상태에 빠지거나, 규칙을 질문하거나, 판정이 필요한 상황이 발생하는지 확인하면 된다. 플레이어가 규칙에 대해 논쟁하거나 막다른 골목을 만난다면 게임이 완전하지 않은 것이다. 게임을 수정해서 발견한 문제를 해결하고 다시 테스트한다.

규칙이 모호하지 않은 경우에도 플레이테스터가 체계에서 문제를 발견하는 경우가 있다. 예를 들어, 7장 216쪽에서 만든 첫 번째 일인칭 슈팅 프로토타입의 경우를 생각해 보자. 이 프로토타입은 내부적으로 완전할까?

우리가 만든 프로토타입을 포함해서 여러 일인칭 슈팅 게임에서 발생하는 잠재적인 문제가 있다. 즉, 세 명 이상의 플레이어가 이 게임을 하는 경우, 아레나 맵의 두 스폰 지점 근처에서 캠핑하는 것이 가능하다는 것이다. 죽은 플레이어가 둘 중 한 스폰 지점에서 나타나면 캠핑하던 플레이어가 즉시 공격할 수 있다. 당하는 입장의 플레이어는 이러한 불공평해 보이는 전략에 속절없이 당할 수밖에 없다.

문제는 포괄적인 규칙을 마련했고, 플레이어도 이 규칙의 경계 안에서 움직임에도 불구하고, 일부 플레이어는 항상 디자이너가 예상하지 못한 유리한 점을 활용하는 방법을 알아낸다는 것이다. 디자이너는 이 스폰 캠프 문제를 어떻게 해결할 수 있을까? 지금 바로 자신의 해결책을 고안하고 다음의 네 가지 가능한 해결책과 비교해 보자.

해결책 1

의 스폰 지점 수를 게임의 플레이어 수와 같게 만든다.

- ✓ **장점**: 적어도 하나의 스폰 지점은 안전해진다.
- ✓ **단점**: 플레이어의 수에 맞게 아레나 맵을 디자인해야 한다. 맵이 대부분의 온라인 FPS 같은 유동적인 플레이어 수를 지원할 수 없게 된다.

해결책 2

각 스폰 지점마다 보호막을 설치한다. 새로 나온 플레이어는 보호막 바깥쪽을 공격할 수 있지만 다른 플레이어는 보호막 안쪽을 공격할 수 없다. 대신 새로 나온 플레이어가 두 턴 이상 스폰 지점에서 밖으로 나오지 않으면 체력이 소모된다.

✓ **장점**: 플레이어는 처음 새로 나왔을 때 안전하며 캠핑하는 플레이어를 공격할 수 있다.

✓ **단점**: 플레이어 여러 명이 캠핑하는 경우, 한 턴 내에 보호막 바깥으로 나오기 어려울 수 있다.

해결책 3

플레이어가 무작위로 선택된 지점에서 새로 나오도록 선택할 수 있게 한다. 랜덤으로 선택된 지점에 벽이나 다른 플레이어가 있는 경우 다른 랜덤 지점을 다시 선택한다.

✓ **장점**: 이 해결책으로 스폰 지점에서 캠핑하는 플레이어의 흥미를 떨어뜨릴 수 있다.

✓ **단점**: 이 해결책은 운이라는 요소를 체계에 추가한다.

해결책 4

이것을 문제가 아닌 특성이라고 보고 해결하지 않는다.

✓ **장점**: 일부 플레이어는 스폰 캠핑을 게임의 한 부분이라고 생각할 것이다. 체계를 현재 상태로 유지하면 플레이어들이 캠핑 지점을 차지하기 위해 경합을 벌일 것이며 이것 자체로 게임이 된다.

✓ **단점**: 스폰 캠핑 때문에 좌절감을 느끼는 플레이어가 발생한다.

토론

앞서 소개한 옵션들은 게임을 내부적으로 완전하게 만드는 프로세스에서 체계를 조정하는 데 다양한 창의적인 방법이 있음을 보여 준다. 앞서 언급했듯이 스폰 캠핑은 우리가 만든 일인칭 슈팅 프로토타입에서만 국한되는 문제는 아니어서, 인터넷에서 '스폰 캠핑'을 검색해 보면 다양한 해결책과 장단점을 논의하는 여러 사이트를 발견할 수 있다. 또한 스폰 캠핑 문제를 해결하기 위한 다양한 mod도 찾을 수 있나. 이러한 mod 중에는 위에서 소개한 옵션과 비슷한 것도 있고 다른 것도 있다. 예를 들어, 스폰 후에 2~3초 동안 플레이어가 투명 상태가 되는 mod가 있는데, 이 방법은 방금 새로 나온 플레이어에게 약간의 이점을 제공한다.

연습 10.3 : 스폰 캠핑

앞서 소개한 옵션은 제외하고 스폰 캠핑 문제에 대한 독창적인 해결책 세 가지를 고안하고, 각 해결책의 장단점을 설명한다.

허점

허점을 찾아내는 것은 완전성을 위한 테스트에서 중요한 부분이다. 허점이란 플레이어가 악용해서 부당하거나 의도하지 않은 이점을 얻을 수 있는 체계의 결함이다. 체계에는 항상 플레이어가 이점을 얻을 수 있는 방법이 있으며, 그렇지 않으면 게임에서 승리하는 것이 불가능하지만 허점은 다른 모든 플레이어의 경험을 망쳐놓을 수 있는 플레이를 허용한다는 것이 문제다. 의도하지 않은 허점이 존재하는 동안은 게임이 완전하다고 볼 수 없다. 디자이너의 목표는 매력적인 플레이를 위한 모든 가능성을 유지하면서 허점을 제거하는 것이다.

허점을 찾고 제거하는 일은 절대 쉬운 일이 아니며 디지털 게임의 경우 더 어렵다. 컴퓨터 프로그램의 본질 때문에 허점을 감지하기가 더 어렵기 때문이다. 대부분의 디지털 게임은 가능성이 너무나 많아서 디자이너가 모든 가능성을 테스트할 수 없으며, 일부 게이머들은 으레 허점을 찾아 나서기도 한다. 이러한 게이머에게 허점을 찾는 도전은 거부할 수 없는 매력으로서, 허점을 찾아 최대한 이용해 다른 플레이어와의 경쟁에 우위를 점하려고 한다. 이러한 플레이어들 사이에서는 허점을 찾아내는 것이 플레이의 한 형태로 자리 잡았고 경쟁적으로 게임 체계에서 결함을 찾아내고 이를 공개하려고 한다.

PC 게임 데이어스 엑스의 예를 살펴보자. 2000년에 출시된 데이어스 엑스는 혼합된 장르 디자인과 유연한 게임 환경을 통해 선구자적인 작품이라는 평가를 받았다. 이 게임에서 사용할 수 있는 무기 중 'LAM'이라는 것이 있었다. LAM은 벽에 부착하고

몇 초 뒤에 접근하는 사람이 있으면 자동으로 폭발하는 근접식 지뢰이며, 문을 폭파하거나 의심 없이 접근하는 상대편을 죽이는 데 효과적이다. 그러나 디자이너가 미처 예상하지 못한 다른 쓰임새가 있었다.

일부 창의적인 플레이어는 LAM 여러 개를 벽에 붙이고 폭발하기 전에 사다리처럼 사용해서 벽을 오르는 방법을 알아냈다. 이 방법으로 디자이너가 예상하지 못한 게임 맵의 지역으로 올라갈 수 있었고, 결과적으로 일부 맵을 원래 의도보다 훨씬 쉽게 클리어할 수 있게 됐다. 이 문제는 세계 수준의 게임 디자이너도 예상하지 못한 것이며, 여러분의 게임에도 얼마든지 이러한 문제가 발생할 수 있다. 플레이어는 여러분의 생각보다 훨씬 창의적이고 재치 있다.

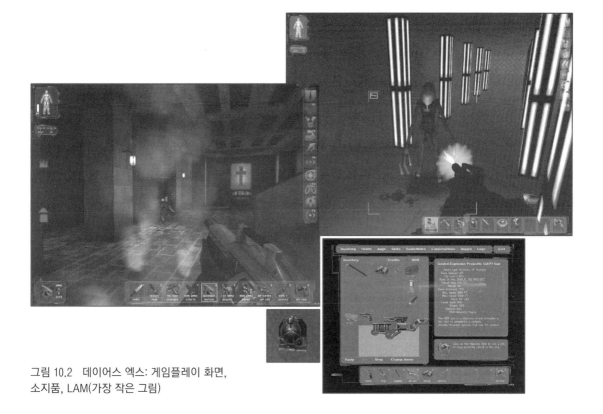

그림 10.2   데이어스 엑스: 게임플레이 화면, 소지품, LAM(가장 작은 그림)

아타리의 게임인 아스테로이드에도 고전적 예가 있다. 이 게임은 1979년 출시되자마자 오락실에서 큰 히트를 거뒀다. 이 게임에서 플레이어는 우주선을 조종하면서 소행성을 파괴하고 자신을 공격하는 비행접시를 파괴해야 한다.

아타리의 엔지니어들을 6개월 동안 끊임없이 게임을 한 결과를 바탕으로 회사 최고 기록이었던 90,000점을 설정하고 게임을 출시했다. 게임에 익숙하지 않은 보통 플레이어가 이 정도 점수를 얻으리라고는 아무도 생각하지 않았다. 그런데 게임이 출시되고 얼마 지나지 않아서 아타리는 전국 각지에서 이보다 3~4배나 높은 점수를 얻는 플레이어들이 있다는 보고를 받게 된다. 아스테로이드의 최고 점수는 99,990점이었고 이를 초과하면 다시 0점부터 시작했기 때문에 플레이어들이 기계를 혹사시키고 있었다.

아타리의 엔지니어는 큰 충격을 받았고 당장 오락실로 출동해서 문제를 조사하기 시작했다. 당시 아타리 아케이드 부문 사장이었던 유진 리프킨 (Eugene Lipkin) 1981년 에스콰이어 매거진에서 다음과 같이 사건을 소개했다. "플레이어들이 게임에서 일어나는 움직임과 프로그래밍을 이해하고는 이를 해결하는 방법을 찾아냈습니다. 그 단계까지는 대략 3달 정도 걸렸는데, 그 이후에는 모든 곳에서 이 문제가 발생하기 시작했습니다. 간단히 말해서 사람들이 화면에서 안전한 장소를 찾아낸 것이었습니다."[1]

안전한 장소가 생긴 이유는 플레이어의 총알은 화면 끝을 지나면 궤도를 따라 화면 반대쪽에서 다시 나왔지만 비행접시의 총알은 그렇지 않았기 때문이다. 플레이어는 화면에 나오는 소행성을 하나만 남기고 모두 파괴한 다음, 구석에 숨어서 비행접시가 나올 때마다 파괴하는 방법을 찾아냈다.

비행접시는 강력한 저이었고 파괴한 때마다 1,000점을 받았다. 그런데 숨기 전략을 사용하면 비행접시가 화면 반대 방향에서 나오는 경우, 뒤에서 날아오는 총알로 비행접시를 파괴하고, 플레이어와 같은 방향에서 나오는 경우, 비행접시가 공격하기 전에 파괴할 수 있었다. 이 전략을 마스터하려면 많은 연습이 필요했지만 일단 마스터한 뒤에는 많은 점수를 올릴 수 있었다. 정직한 플레이어들은 이 방법을 무시했지만 그래도 다른 플레이어들은 이 방법을 계속 사용했다. 아타리는 다음 버전이었던 아스테로이드 디럭스에서 이 문제를 완전히 해결했다.

허점과 특성

때로는 허점이 시스템의 문제 때문에 발생한다는 의견과 반대로 허점이 게임에 도움이 된다는 의견이 충돌하기도 한다. 온라인에서 이러한 의견을 가진 게이머들이 논쟁하는 모습을 많이 볼 수 있다. 일인칭 슈팅 게임의 스폰 캠핑 허점이 이러한 예 중 하나다. 이러한 주관적인 문제를 발견한 경우, 최대한 창의적인 방법으로 이를 해결해야 한다. 때로는 게임에 변형을 적용해서 다양한 유형의 플레이어를 만족하게 할 수 있다.

한 가지 예로 대규모 멀티 플레이어 온라인 롤플레잉 게임(MMORPG)에서 전형적인 한 가지 허점을 해결한 방법을 확인해 보자. MMORPG가 소개된 이후로 플레이어들은 다른 플레이어를 죽이는 기능의 장단점에 대해 논쟁해왔다. MMORPG는 플레이어가 가상 캐릭터로서 역할을 플레이하는 지속적인 온라인 세계이며, 대부분의 사람들은 악의적으로 다른 플레이어를 죽이는 플레이어, 즉 '플레이어 킬러'를 좋아하지 않는다. 나머지 플레이어들은 게임 디자이너가 플레이어 죽이기가 불가능하도록 MMORPG의 체계를 수정하기를 바란다. 그러나 일부 플레이어들은 악한 캐릭터가 자유롭게 악한 역할을 하도록 허용하는 것이 더 흥미롭고 도전적인 환경을 만든다고 주장하기도 한다.

어떤 쪽이 옳은 것일까? 플레이어 죽이기가 존재한다는 것이 MMORPG에 허점이 존재하고 게임이 내부적으로 완전하지 않다는 증거일까? MMORPG 디자이너들이 오랜 시간 동안 플레이테스트를 거쳐 만들어낸 해결책은 두 유형의 플레이어를 위한 공간을 모두 제공하는 것이었다. 근본적으로 여러 MMORPG에는 다른 플레이어를 해칠 수 있는 게임과 그렇지 않은 게임의 두 가지 변형이 있으며, 두 가지 변형은 모두 내부적으로 완전하다. 다음은 몇 가지 잘 알려진 MMORPG가 플레이어 죽이기에 대처하면서 발전한 방향을 알아보자.

울티마 온라인은 최초의 MMORPG 중 하나로 손꼽히는데, 이 게임의 초기 단계에서는 아무런 이유 없이 다른 플레이어를 괴롭히거나 죽이는 플레이어에 대한 불만이 많았고, 새로 시작하는 플레이어에게는 자신을 보호할 수 있는 수단이 없었다. 이 문제 때문에 많은 플레이어들이 재미를 잃었고 게임을 시작하기를 주저했다. 사람들은 전반적으로 게임을 마음에 들어 했지만 플레이어 킬러를 싫어했다. 온라인 게시판은 불평으로 가득 찼고 이 문제에 대한 기사가 잡지에 실렸다. 울티마 온라인의 디자이너는 게임 체계를 수정해서 긴장을 완화할 필요가 있었다.

문제를 해결하기 위해 울티마 온라인의 디자이너

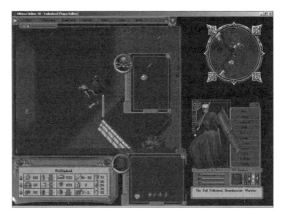

그림 10.3 울티마 온라인: 플레이어 죽이기에 성공한 악당

는 게임에서 캐릭터에 대한 평판 체계를 만들었다. 다른 플레이어를 살해한 플레이어에게는 빨간 이름이 붙고 '불명예'가 주어졌다. 선량한 플레이어는 빨간 캐릭터를 신뢰하거나 협력하려고 하지 않았기 때문에 결과적으로 플레이어를 죽이기가 어려워졌고 재미도 떨어졌다. 또한 선량한 플레이어들이 그룹을 이루어서 빨간 캐릭터를 사냥하는 경우도 생겼다. 이를 통해 게임 안에 자경단 법 체계가 만들어졌고 긴장이 크게 완화됐지만 이에 따른 문제도 생겨났다.

게임 디자이너는 계속해서 플레이어 킬러에게 불리하도록 체계를 수정했다. 예를 들어, 게임 세계에서 도시 하나를 제외한 모든 도시 입구에 컴퓨터가 조종하는 강력한 경비를 배치하고, 빨간 캐릭터가 보이면 즉시 공격하게 했다. 결국 도시는 선량한 캐릭터들에게 안전한 곳이 됐지만 플레이어 킬러는 범죄자 신세가 되어 황야를 떠돌거나, 이들을 받아주는 유일하지만 위험한 도시인 무법자의 소굴로 모여들었다. 이 해결책은 선량한 플레이어와 플레이어 킬러 양쪽을 배려한 방법이었다. 또한 플레이어 킬러들은 마을 바깥쪽에서 캠핑하면서 도시 경계를 벗어나는 불운한 플레이어를 덮칠 수 있게 됐다.

현재까지 울티마 출시 이후에 출시된 모든 MMORPG는 플레이어 킬러를 허용하는 게임과 체계에서 허용하지 않는 게임의 두 가지 부류로 나뉜다.

다른 초기 MMORPG 애쉬론즈 콜에서도 동일한 문제가 있었지만 매우 다른 해결책을 선택했다. 애쉬론즈 콜의 첫 번째 버전에서 디자이너는 충성(allegiance)과 동료(fellowship)라는 체계를 만들었다. 새로운 플레이어는 게임을 시작할 때 다른 플레이어 캐릭터에 충성을 맹세하는 옵션을 선택할 수 있었다. 그러면 '리더'로 지정한 숙련된 플레이어로부터 보호를 받을 수 있고 때로 돈이나 아이템까지 지원받을 수 있었다. 새로운 플레이어의 경험치 중 일부는 리더에게 전달되고, 마찬가지로 리더의 경험치 중 일부는 추종자에게 전달됐다. 이 방법으로 플레이어를 보호하는 데 도움이 되는 유익한 피라미드 구조를 만들 수 있었다.

또한 애쉬론즈 콜에서 플레이어는 동료에 가입할 수 있었다. 동료는 같이 퀘스트를 진행하거나 목표를 달성하기 위해 다른 플레이어들과 맺을 수 있는 일시적인 계약이었으며, 플레이어가 동료에 가입한 동안 얻은 경험치는 그룹 전체에 분배됐다. 분배되는 경험치는 플레이어의 레벨에 따라 결정됐다. 예를 들어, 3레벨 플레이어는 2레벨 플레이어보다 동료를 통해 생성되는 경험치를 더 많이 받을 수 있었다. 터바인 엔터테인먼트의 디자이너들은 플레이어들이 서로 협력하게 하는 정교한 방법으로서 이러한 체계를 개발했다. 즉, 악당 역할을 하는 것보다 협력하는 것이 더 재미있게 만들었다.

그런데 이런 정교한 체계를 준비했음에도 애쉬론즈 콜의 선량한 플레이어들은 여전히 플레이어 킬러에 대한 불만을 이야기했다. 터바인에서는 이러한 이야기에 귀를 기울이고 기본적으로 플레이어가 다른 플레이어를 공격할 수 없게 했다. 또한 강력한 마법이 데레스(Dereth)의 세계를 보호해서 서로를 공격할 수 없게 됐다고 게임의 이야기를 수정했다. 이렇게 해서 모든 플레이어들이 완전히 안전해졌지만 다른 플레이어와의 전투에서 얻는 스릴을 원하는 플레이어들이 불만을 갖기 시작했다. 터바인은 다시 플레이어들이 원하는 경우 플레이어 킬러 상태로 전환하는 방법을 추가했다. 원하는 플레이어는 게임 세계 안의 특별한 재단에서 상태를 변환할 수 있었고, 상태를 바꾼 다음에는 다른 플레이어를 죽이거나 반대로 다른 킬러에게 죽을 수 있게 됐다. 이 방법으로 모든 플레이어가 동일한 게임 공간에 존재하면서도 플레이어 킬러를 선택한 플레이어만 서로 전투할 수 있게 됐다. 이 방식은 현재도 활용된다.

에버퀘스트는 울티마와 애쉬론즈 콜보다 이후에 출시됐고 앞서 두 게임에서 택한 해법을 참고할 수 있었다. 소니 온라인 엔터테인먼트의 개발자는 플레이어가 다른 플레이어를 죽이거나 다른 플레이어에게 죽을 수 있는 플레이어 킬러 상태를 선택할 수 있는 체계를 만들었다. 또한 플레이어 킬러를 위한 플레이어 킬러 전용 게임 서버도 제공했다. 이러한 서버에서는 모든 플레이어가 다른 플레이어에게 공격받을 수 있었고 하드코어 팬들이 큰 관심을 보였다. 소니의 디자이너는 플레이테스트 형식으로 플레이어의 의견에 응답해 문제를 해결하고 플레이어 킬러 문제에 대한 내부적으로 완전한 게임을 만들어냈다.

출시 전까지 모든 허점을 발견하기는 거의 불가능하며, 이것이 많은 게임 개발자들이 공개 베타 테스

그림 10.4 에버퀘스트

트를 선택하는 이유기도 하다. 공개 베타 테스트는 특히 대규모 멀티 플레이어 온라인 게임에서 최종 출시 전에 허점을 찾고 해결하는 데 유용한 수단이다.

공개 베타 수행 여부에 관계없이, 플레이어 경험을 방해하는 허점이 남기지 않는 것이 디자이너의 책임이다. 허점이 발견될 때마다 체계를 수정하고 플레이테스트를 수행하면, 최종적으로 허점을 모두 제거하는 해결책을 찾을 수 있을 것이다. 이는 반복적인 프로세스이며 허점 하나를 해결하는 데 며칠이나 심지어 몇 주가 걸릴 수도 있다. 게임을 출시하는 시점이 되면 드러난 결함은 대부분 해결되지만 아무리 정교한 테스트 체계를 활용하더라도 항상 최종 제품에서는 몇 가지 허점이 드러나게 된다. 이것은 회사에서 고용할 수 있는 전문 테스터와 실제 플레이어의 수에는 큰 차이가 있을 수밖에 없고, 다른 모든 사람이 놓친 결함을 찾아내는 데는 한 사람만 있으면 되기 때문이다. 다음은 허점을 찾고 해결하는 데 도움이 되는 몇 가지 팁이다.

✓ 9장의 312쪽에서 설명한 것과 같은 제어 상황을 사용해 체계의 측면을 격리하여 테스트한다. 이 방법으로 평소에 발생하지 않는 상황을 강제로 적용해서 잘 드러나지 않는 결함을 노출시킬 수 있다.

✓ 테스터들에게 체계를 흔들면서 테스트하도록 요구하고 여러 차례 테스트한다. 창의적인 방법을 활용해 체계를 테스트하도록 테스터들에게 동기를 부여한다.

✓ 가능하다면 대안이나 체제 전복적인 해결책을 즐겨 찾는 테스터를 모집한다. 일반적으로 하드코어 게이머는 게임의 허점을 찾아내는 데 능숙하다.

연습 10.4 : 허점

허점은 플레이어가 악용할 수 있는 의도하지 않은 체계의 결함이다. 자신의 게임 프로토타입에서 허점을 찾아보자. 이 연습에서는 게임을 안팎으로 잘 아는 숙련된 플레이테스터의 도움을 받는 것이 좋다. 앞서 조언했듯이, 체계를 흔들면서 테스트하도록 요구하고, 규칙을 전복시킬 수 있는 창의적인 방법으로 체계를 테스트하도록 동기를 부여한다.

막다른 골목

막다른 골목은 게임플레이 경험을 방해하는 또 다른 유형의 흔한 결함이다. 막다른 골목은 악용이 불가능하다는 면에서 허점과는 다르지만 허점과 마찬가지로 제대로 해결해야 게임이 내부적으로 완전해질 수 있다.

막다른 골목은 플레이어가 게임에서 길을 잃고 아무리 노력해도 게임의 목표를 달성할 수 없는 상황을 말한다. 플레이어가 게임 세계에서 물건을 모으고 나중에 이를 사용해서 퍼즐을 해결해야 하는 어드벤처 게임에서는 특히 막다른 골목이 자주 발생한다. 특정한 조각이 없어서 퍼즐을 해결할 수 없는 경우 막다른 골목에 이른 것이다.

물론 다른 유형의 게임에서도 막다른 골목이 발생할 수 있다. 예를 들어, 전략 게임에서는 플레이어가 자원을 모두 소비해서 더는 충돌을 해결할 수 없는 상황이 막다른 골목이다. FPS에서는 플레이어가 특정한 공간에 갇혀 빠져나올 수 없는 상황이 마다른 골목이다. 대부분의 게임은 출시하기 전에 막다른 골목을 해결하지만 가끔씩 플레이테스트에서 발견되지 않는 막다른 골목이 나중에 밝혀지기도 한다.

완전성에 대한 결론

완전성의 개념은 다음과 같이 요약할 수 있다. 내부적으로 완전한 게임이란 게임플레이나 기능성이 저해되는 상황에 이르지 않고 작동할 수 있는 게임을 의미한다.

이것은 객관적인 동시에 주관적인 결정이다. 자신의 게임이 완전하다고 선언한다면 다른 사람이 숨겨진 결함을 찾아내기 전까지는 이 선언이 사실이다. 실제로 진정한 의미의 완전한 게임이란 없다. 언제나 개선의 여지는 있기 마련이고, 대부분의 경우 알려지지 않았거나 해결 불가능한 문제가 게임 체계 내에 숨어 있다.

일정과 예산의 제한 때문에 이 단계를 완벽하게 처리하기 어려운 상황이 자주 발생한다. 그러나 디자이너는 특히 디자인의 형식적 세부요소 단계에서 합리적인 수준의 표준을 적용해서 게임 안에 숨어 있을 수 있는 중대한 결함을 찾아내기 위한 충분한 테스트를 수행해야 한다. 이 단계를 완수한 다음에야 자신의 게임을 내부적으로 완전하다고 생각할 수 있다.

게임이 밸런스가 맞는가?

게임을 개선하는 프로세스를 설명할 때 자주 등장하는 개념으로 재미와 함께 밸런스 개념이 있다. 이 책에서는 밸런스의 구체적인 성의를 설명할 것이나. 여러분의 게임에는 이 정의로 해결할 수 없는 다른 세부적인 밸런싱 기법이 필요할 수 있다. 그래도 시작하는 데 필요한 기본 개념을 얻고 이 정교한 프로세스를 진행하는 동안 여러분의 생각을 집중하는 데 도움이 되기를 기대한다.

게임의 밸런스 조정은 플레이어 경험에서 설정한 목표를 충족하도록 게임을 조정하는 프로세스다. 즉, 체계의 범위와 복잡성이 애초 구상한 수준이 되게 하며, 이 체계의 요소가 작동해서 원하지 않는 결과를 유발하지 않게 하는 것이다. 멀티 플레이어 게임의 경우, 시작 위치와 플레이가 공평하며(즉, 특정 플레이어가 기본적인 이점을 가지지 않음) 다른 모든 전략을 지배하는 단일 전략이 없어야 한다는 의미다. 싱글 플레이어 게임의 경우, 대상 사용자 층에 맞게 게임의 기술 수준이 적합하게 설정됐음을 의미한다. 요약하면, 밸런싱의 네 가지 영역에는 변수, 역학, 시작 조건, 기술이 있다.

밸런스 문제의 해결은 게임 디자인의 가장 어려운 측면 중 하나다. 이것은 밸런스의 개념에 매우 다양한 요소가 개입되고, 이 요소들이 모두 상호 의존적이기 때문이다. 밸런싱과 연관된 개념 중에는 복잡한 수학과 통계와 연관된 것이 많은데, 이 분야에 익숙하지 않을 수 있다. 그러나 미리 걱정할 필요는 없다. 밸런싱은 수치보다는 직감이 중요한 분야이며, 충분한 경험을 쌓는다면 미적분학 학위 없이도 물리적 프로토타입의 경우 변수를 조정하거나, 디지털 게임의 경우 프로그래머에게 구체적인 피드백을 제공하는 데는 문제가 없다.

변수 밸런싱

체계의 변수는 게임 개체의 속성을 정의하는 수의 집합이다. 이러한 변수는 게임의 적정 플레이어 수, 플레이 영역의 크기, 제공되는 리소스의 양, 리소스 자원의 속성 등을 정의한다. 9장 316쪽에서 플레이테스트 예로 사용한 커넥트-포의 경우 속성으로는 플레이어 2명, 7×6 게임 격자판, 빨강 체커 21개, 검정 체커 21개가 있었다. 이러한 변수는 게임이 실제 작동할 때 간접적으로 작용해서 게임의 중요한 측면을 결정하게 된다.

예를 들어, 커넥트-포에서 격자판 크기를 7×6에서 9×8로 변경하면 각 색상의 체커의 수도 21개에서 36개로 늘려야 한다. 그렇지 않으면 게임이 끝나기 전에 체커가 모자라게 될 수 있는데, 격자판의 모든 칸을 채우는 데 필요한 체커가 부족하기 때문이다(9×8 = 72, 72 / 2 = 36). 즉, 게임의 변수 하나를 변경하면 다른 변수도 변경해야 한다.

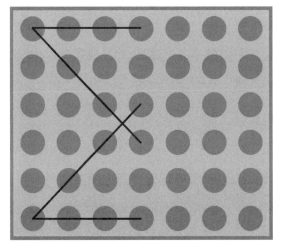

그림 10.5 **커넥트-포: 가운데 열이 양 측의 세 열 옆에 있다**

격자판의 크기를 변경하면 커넥트-포의 몇 가지 다른 측면도 달라진다는 것을 플레이테스트 과정에서 분명하게 확인했다. 즉, (1) 플레이 시간이 길어졌고 (2) 게임의 흥미가 떨어졌다. 첫 번째 변화의 이유는 당연하다. 채울 수 있는 영역이 많아지기 때문에 탐색할 수 있는 옵션이 많아지고 공간에 대한 경쟁이 줄어들기 때문이다.

두 번째 변화는 흥미롭고 다소 예기치 못한 것이다. 열을 7개에서 9개로 늘리자 게임의 흥미가 떨어졌는데 그 이유는 무엇일까? 열이 7개였을 때는 가운데 열이 양측의 세 열 옆에 있다. 이것은 수평이나 대각으로 네 개를 연속하려면 반드시 가운데 열을 포함해야 하므로 가운데 열의 중요성이 크게 높아진다는 의미다. 가운데 열을 차지하려는 플레이어 간의 충돌은 전체적인 경험을 더욱 흥미롭게 만들어준다.

따라서 원래 격자판의 크기가 9×8 격자판보다 훨씬 성공적이다. 이러한 범위가 체계에 가장 효과적이라는 것은 게임 변수를 변경하고 반복적인 테스트를 통해서만 알아낼 수 있는 것이다.

디지털 게임도 동일한 원칙에서 작동된다. 슈퍼 마리오 브라더스에서는 생명 세 개를 가지고 시작한다. 생명을 하나만 가지고 시작하면 게임이 너무 어려울 것이다. 반대로 생명을 10개 가지고 시작하면 게임이 너무 쉬울 것이다. 생명을 변경하면 게임을 하는 방법도 달라진다. 생명이 10개일 때와 한 개일 때 플레이테스터가 게임을 하는 방법이 다르다. 즉, 게임의 밸런스도 달라진다.

비디오 게임에서는 여러 변수가 컴퓨터 코드에 숨겨져 있다. 이 때문에 변수를 분석하기는 힘들지만 이를 개념화하는 것은 가능하다. 앞서 게임 변수의 예로 워크래프트 II 편집기의 유닛 속성(그림 8.19, 282쪽)과 워크래프트 III 편집기의 맵 크기(그림 8.20, 283쪽)에 대해 살펴봤다.

시각화하기는 쉽지 않지만 워크래프트에서 환경에 남아 있는 자원의 수와 마리오와 같은 게임 캐릭터의 달리기 속도 및 점프 높이 등도 게임의 경험을 제어하기 위해 조절할 수 있는 변수다.

마리오가 날쌩이처럼 느리게 움직인다면 분명 게임이 지루해질 것이다. 마찬가지로 마리오가 총알처럼 빨라진다면 컨트롤하기 어려워져서 게임에 흥미를 잃게 될 것이다. 닌텐도의 게임 디자이너들은 이러한 변수를 여러 차례 높이거나 낮추면서 대부분의 플레이어가 편안하게 느끼는 속도를 찾아냈다.

변수를 조정하는 목적은 게임의 기본 목표인 디자이너가 만들려고 하는 플레이어의 경험을 위한 것이다. 이러한 경험에 대한 명확한 그림이 있어야 체계 변수가 올바른지 효과적으로 판단할 수 있다.

연습 10.5 : 게임 변수

작업하고 있는 게임 프로토타입의 게임 변수를 모두 나열해 보자. 변수 중 하나를 변경하고 다른 변수에 어떤 영향을 주는지 관찰한다. 다양한 조건에서 체계가 어떻게 달라지지 테스트해 볼 수 있는 기회다. 단순하게 변수만 조정해서 쉬움, 중간, 어려움 레벨을 만들 수 있는가?

역학 밸런싱

여기서 역학을 밸런싱한다는 것은 게임이 작동할 때 작용하는 힘을 조정한다는 의미다. 5장에서 설명했듯이 체계가 작동하면 때로 예기치 않은 결과가 발생한다. 불균형을 초래하는 것은 규칙의 조합이거나 개체의 조합일 수 있고 때로는 '슈퍼' 개체일 수도 있다. 때로는 수완 좋은 플레이어가 최적의 전략을 만들어내는 동작을 알아내는 경우도 있다. 종류에 관계없이 이러한 유형의 불균형은 모두 게임플레이를 망가뜨릴 수 있다. 불균형을 찾아낸 다음에는 규칙을 수정하거나 개체를 변경하거나, 또는 최적의 전략을 방해하는 새로운 규칙을 만들어서 문제를 해결해야 한다.

보강 관계

5장 159쪽에서 확인한 것처럼 보강 관계는 체계의 한 부분에 대한 변경이 다른 부분에 대해 같은 방향으로 작용할 때 발생한다. 예를 들어, 플레이어가 점수를 얻으면 추가 턴을 부여받아 이점이 더 커질 수 있다. 이 경우 유리한 플레이어에게 보상을 제공하는 반복 주기가 시작되어 해당 플레이어가 승자로 고정되어 게임이 너무 일찍 끝날 수 있다.

이러한 유형의 문제는 예를 들어, 플레이어가 점수를 얻으면 다른 플레이어에게 턴을 넘기는 방법으로 점수 획득 이점의 영향을 밸런싱해 힘의 균형을 맞추도록 보강 관계를 변경함으로써 해결할 수 있다.

기본적으로 우세한 플레이어가 한 번의 성공으로 너무 많은 힘을 축적하지 않게 해야 하며, 게임의 밸런스를 해치지 않는 작고 일시적인 보너스만 받게 해야 한다. 디자이너는 승자가 전략적으로 중요 위치를 차지하기 위해 비용을 치르게 한다. 이를 통해 득실의 밸런스를 맞추고, 긴장을 높이며, 패자에게는 반전의 기회를 제공한다.

다른 기법으로 힘의 균형을 바꿀 수 있는 랜덤 요소를 추가하는 것이 있다. 이러한 요소는 편을 바꾸는 동맹, 자연 재해, 그리고 불운한 상황과 같은 외부 이벤트 형식을 취할 수 있다. 약한 플레이어들이 그룹을 맺고 강한 플레이어에 대항하거나 3자가 개입할 여지를 만들 수도 있다.

이 과정의 목표는 게임이 침체 상황에 빠지지 않게 하면서 밸런스를 맞추는 것이다. 결국 게임은 경쟁이며 최종적으로 누군가는 승리해야 한다. 게임의 마지막 단계가 되면 저울추가 기울기 마련이며, 기왕이면 화끈하게 기울게 하라는 것이다. 압승을 거두는 것만큼 만족스러운 것은 없으며, 승자는 이런 기분으로 패자에게 더 신속하고 자비로운 패배를 허용할 수 있다. 게임의 엔딩을 필요 이상으로 오래 끌이유는 없다. 게임을 하나의 극적 곡선과 같이 생각하고 절정을 지난 다음에는 빠르게 결론을 내자.

이러한 종류의 문제를 창의적으로 해결한 게임으로 전략 멀티 플레이어 슈팅 배틀필드 1942가 있다. 이 게임의 어설트 매치에서 한 팀은 단일 스폰 지점에서 시작하며, 다른 팀은 맵의 나머지 모든 스폰 지점을 장악하고 있다. 공격 팀은 전투로 상대의 거점을 차지해야 한다. 이러한 지도의 예로 연합군의 디데이 공격을 재현한 오마하 해변이 있다. 여기서 연합군은 배 한 척에서 시작해 독일군이 장악하고 있는 육상의 스폰 지점을 점령해야 한다. 배틀필드 1942에서는 티켓 체계를 도입했다. 양 진영은 일정한 수의 티켓을 가지고 시작하며, 아군 진영의 플레이어가 죽고 다시 스폰할 때마다 티켓의 수가 줄어든다. 수가 0이 되면 게임이 끝난다. 그런데 특정한 승리 조건을 완수하면 상대 팀이 필요한 제어점을 다시 차지해서 상황을 만회하기 전까지 상대 팀의 티켓이 서서히 감소한다. 이 방법을 통해 아슬아슬한 상황에서 팀을 구하거나, 아니면 최소한 잃은 티켓 비율로 계산되는 완패를 당하지 않기 위해서 패배하고 있는 팀에서 최선을 다해야겠다는 결의를 다질 수 있다.

연습 10.6 : 보강 관계

자신의 독창적인 프로토타입에서 보강 관계를 분석해 보자. 초반에 리드하는 플레이어가 게임에 승리하는 것이 일반적인가? 그렇다면 게임에 불균형을 초래하는 보강 관계가 있을 수 있다. 문제 원인을 파악하고 관계를 변경해서 플레이의 밸런스를 맞춰 보자.

지배적 개체

게임 안에서 비슷한 게임 개체에는 비례적인 힘을 부여하는 것이 기본 원칙이다. 예를 들어, 격투 게임에서는 특별히 강한 캐릭터가 있으면 안 된다. 종종 '슈퍼 유닛'이라고 부르는 이러한 유닛은 다른 모든 유닛의 가치를 떨어뜨리고 게임플레이를 망가뜨린다. 모든 요소의 비례적 가치를 유지하면서도 광범위한 선택을 제공하는 한 가지 좋은 방법은 유닛의 장단점을 활용하는 것이다. 모든 유닛에 특별한 장점과 이에 상응하는 단점을 부여해서 밸런스를 맞출 수 있다.

가위 바위 보의 예를 생각해 보자. 이 게임이 작동하는 이유는 각 요소에 명확하게 정의된 강점과 약점이 있기 때문이다. 이 게임에서 두 플레이어는 가위, 바위, 보의 세 항목 중 하나를 동시에 선택하며, 각 항목은 상대편의 선택에 따라 승리, 패배 또는 무승부를 기록한다. 각 승부의 결과를 매트릭스로 정리하면 그림 10.6과 같다.

매트릭스에서 0은 무승부, +1은 승리, -1은 패배를 나타내는데, 자세히 보면 세 옵션이 각기 다른 옵선과 균형을 맞추고 있음을 알 수 있다. 이 개념을 종종 '회전 대칭'이라고 하고, 디지털 게임의 밸런싱에도 자주 활용된다. 예를 들어, Gamasutra.com에 실린 어니스트 아담스(Ernest Adams)의 'A Symmetry Lesson'이라는 기사를 보면 브로더번드의 게임인 전쟁의 기술(The Ancient Art of War)에서 기사는 야만 전사에 강하고, 야만 전사는 궁수에 강하며, 궁수는 기사에 강한 모습을 보여 준다.[2]

여러 게임에서 다양한 형태로 이 기법을 활용한다. 격투 게임에서 각 유닛이나 캐릭터는 특기와 약점을 가진다. 레이싱 게임에서는 등판 능력은 우수하지만 코너링이 약한 차들이 등장한다. 경제 시뮬레이션에서 내구성이 좋지만 생산 비용이 높거나, 유통 기한은 짧지만 이익률이 높은 제품이 있다. 강점과 약점을 부여하는 작업은 게임 디자인의 기본적인 측면이며 게임플레이의 밸런스를 맞출 때 염두에 둬야 한다.

인간이나 오크 문명을 플레이할 수 있는 워크래프트 II를 예로 살펴보자. 두 진영은 여러 측면에서 대칭적이지만 몇 가지 작은 차이점이 있다. 두 문명에는 동일한 유형의 능력을 지닌 동일한 종류의 유닛과 건물이 있다. 예를 들어, 인간의 농부 유닛은 오크의 피온 유닛과 완전히 동일한 체력, 가격, 생산 시간 및 능력을 가지고 있다. 인간 농민과 오크 피온의 이름과 아트워크는 다르지만, 형식적 측면에서 두 유닛은 동일하다.

	바위	보	가위
바위	0	+1	−1
보	−1	0	+1
가위	+1	−1	0

그림 10.6 '가위, 바위, 보' 결과 매트릭스: 회전 대칭

차이점의 예로는 오크의 피의 갈증(bloodlust) 능력과 인간의 상호 치유(reciprocal healing) 능력이 있다. 액면 가치로만 보면, 전투에서 3배 데미지를 주는 피의 갈증이 더 강력하다. 오크 부대에 피의 갈증을 시전하면 비슷한 규모의 인간 부대를 간단하게 제압할 수 있다. 이러한 차이를 해소하기 위해 블리자드의 디자이너는 인간 진영에 다른 능력과 강점을 제공했다. 그러나 이 강점을 제대로 활용하려면 플레이어가 올바른 전략을 선택해야 한다. 치료는 오크 유닛과의 직접 전투에는 그리 유용하지 않지만 치고 빠지기 전략에 활용하면 매우 효과적이다. 즉, 오크를 공격하고 빠르게 퇴각한 다음, 유닛을 치료하고 다시 공격하는 것이다. 이 전략은 날 수 있는 유닛인 그리폰에 활용하면 특히 효과가 좋다.

인간 역시 오크보다 약간 더 강력한 마법 스펠을 가지고 있지만 이를 제대로 활용하려면 기술과 전략이 필요하다. 인간 마법사는 다른 유닛을 투명하게 만들 수 있으며, 이를 활용해서 오크 캠프에 잠입하고 기급 공격을 가할 수 있다. 또한, 마법사는 폴리모프 스펠을 시전해 오크 유닛을 순한 양으로 바꿀

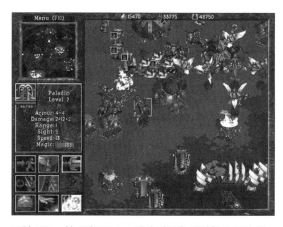

그림 10.7 워크래프트 II – 피의 갈증을 부여한 오크가 인간 요새를 공격하고 있다.

수 있다. 이 두 스펠을 시전하려면 마나가 많이 필요하고 복잡한 작전을 준비해야 하지만 일단 성공했을 때는 충분한 효과를 거둘 수 있다. 전반적으로 보면 오크는 직접적인 지상 전투에서 더 강력하지만 인간은 현명한 선택과 기술이라는 면에서 더 완전하다. 오크와 인간 유닛은 완전히 일치하지는 않지만 전체적으로는 두 진영의 강점과 약점의 밸런스가 잘 맞는다.

지배적 전략

때로는 플레이어가 게임 안에서 다른 모든 전략을 물리칠 수 있는 전략을 발견하는 경우가 있다. 약한 전략을 선택할 플레이어는 없기 때문에 일단 이러한 전략이 알려지면 게임 안에서 선택의 폭이 크게 좁아지는 현상이 발생한다.

예를 들어, 더 효과적인 공격 방법이 있다면 플레이어들은 당연히 이 방법을 더 선호한다. 이러한 측면에서는 사소한 불균형도 게임의 가능성에 큰 영향을 미친다. 게임의 밸런스를 맞출 때는 모든 영역에서 풍부한 선택을 제공해야 하며, 게임이 진행되는 동안 플레이어의 선택을 제한하는 요소가 생기지 않게 해야 한다. 단순히 승리만을 위해 플레이어가 제한적인 옵션에만 집중하면 게임이 금방 지루해진다.

게임을 제대로 시작하기도 전에 상대가 지배적인 전략을 계산하고 그대로 실행한다면 어떤 느낌이 들까? 당하는 플레이어는 좌절을 느낄 것이고 상대방은 지루할 것이다. 또한 양쪽 플레이어가 모두 지배적 전략을 알고 있다면 시작부터 결과를 예측할 수 있는 기계적인 플레이가 될 것이다. 그런 측면에서 틱-택-토에는 지배적인 플레이 방법이 있기 때문에 흥미로운 게임이라고 할 수 없다.

게임이 흥미롭고 도전적인 이유는 반복할 수 있는 지배적인 전략을 제공하지 않거나 적어도 알아내기 힘들기 때문이다. 디자이너는 항상 자신의 게임에 지배적인 전략이 있는지 주의해서 살펴야 한다. 지배적인 전략이 발견되면 이를 제거하거나 감춰서 플레이어가 이 전략에만 의존하지 않게 해야 한다.

한 가지 주의할 점은 지배적인 전략과 선호하는 전략을 혼동해서는 안 된다는 것이다. 하드코어 플레이어가 특정한 전략을 발견해서 반복적으로 사용하더라도 이 전략이 항상 효과적이지는 않다면 이것은 지배적인 전략이 아니다. 게임의 밸런스가 올바르게 맞춰져 있다면 상대 플레이어도 이러한 전략에 대항할 수 있는 충분히 다양한 전략을 선택할 수 있을 것이다.

연습 10.7 : 지배적 전략

자신의 독창적인 게임에서 플레이어의 선택을 제한하는 지배적 전략을 찾아낼 수 있는가? 지배적 전략이 없다면 다른 몇 가지 전략을 나열해 보자. 이러한 전략에 대항해서 사용할 수 있는 전략에는 어떤 것이 있는가?

위치 밸런싱

게임에서 시작 위치의 밸런스를 맞추는 과정의 목표는 체계를 공정하게 만들어 모든 플레이어에게 동일한 승리 기회를 부여하는 것이다. 그러나 각 플레이어에게 정확히 같은 양의 자원과 설정을 제공해야 한다는 의미는 아니다. 물론 여러 게임에서 이와 같이 대칭적인 방법을 사용하지만 그렇지 않은 게임도 많다. 3장 67쪽에서 상호작용 패턴에서 논의한 것처럼 게임에서 경쟁을 디자인하는 다양한 흥미로운 방법이 있으며, 비대칭적 방법도 한 가지 방법이다.

또한 멀티 플레이어 게임의 밸런스를 맞추는 작업은 싱글 플레이어 게임과는 다르다. 싱글 플레이어 게임의 경우, 사람과 상대하는 컴퓨터 '플레이어' 또는 인공지능이 관여하기 때문이다. 먼저 멀티 플레이어 게임의 두 가지 기본적인 모델인 대칭적 및 비대칭적 모델에 대해 알아보자.

대칭적 게임

각 플레이어에게 정확히 동일한 시작 조건과 동일한 자원 및 정보를 제공한다면 이 체계는 대칭적이다. 체스에서 블랙과 화이트 진영은 모두 16개의 말을 가지며, 보드상에서 대칭 구성을 사용하고, 보드상에서 같은 크기의 공간에서 움직일 수 있다. 마찬가지로 커넥트-포, 배틀쉽, 오델로, 체커, 바둑 및 백개면은 모두 대칭적 체계다.

앞서 언급한 턴 기반 게임에는 누가 먼저 시작하는가, 라는 유일한 비대칭적 측면이 있다. 게임의 밸런스가 제대로 맞지 않을 경우, 여기서 공정성의 문제가 생길 수 있다. 앞서 소개한 대칭에 대한 기사에서 어니스트 아담스는 한 플레이어가 먼저 시작하는 영향을 상쇄하기 위해 첫 번째 이동으로 얻는 전략적 가치를 줄이는 방법을 제시했다.[3] 체스의 경우 처음에는 폰이나 나이트만 이동할 수 있는데, 이 두 피스는 게임에서 가장 약하다. 또한 각 진영이 네 줄의 공간만큼 떨어져 있기 때문에 첫 번째 움직임으로 상대를 위협할 수 없다. 바둑에는 두 번째로 시작한 플레이어에게 일정 점수를 부여하는 덤이라는 체계가 있다(적용하는 점수는 지역과 적용 규칙, 플레이어 간 급수 차에 따라 다르다). 수학자인 피에트 하

인과 존 내쉬가 발명한 연결 게임인 헥스에는, 첫 번째 플레이어가 움직이면 두 번째 플레이어가 첫 번째 플레이어와 위치(또는 색)를 바꿀 수 있는, 즉 첫 번째 움직임의 이점을 상쇄할 수 있는 '파이 규칙'(또는 교환 규칙)이 있다.

다른 옵션은 게임이 해결될 때까지 많은 움직임이 필요하도록 체계의 밸런스를 맞추는 것이다. 이렇게 하면 첫 번째 움직임의 전략적 중요성이 낮아진다. 체스는 상당히 긴 게임이므로 첫 번째 움직임의 중요성이 비교적 낮다. 반면 틱-택-토는 매우 짧은 게임이며 첫 번째 움직임이 극히 중요해서 이성적인 플레이어라면 먼저 시작한 이점을 살려서 승리하거나 최소한 무승부로 경지를 끌어갈 수 있다.

어니스트 아담스는 또한 확률 요소를 활용해 먼저 시작하는 효과를 줄일 수 있다고 설명했다. 대칭적 보드 게임인 모노폴리와 백개면에서 플레이어는 이동하기 위해 주사위를 던져야 한다. 주사위는 확률 요소다. 첫 번째 플레이어가 나쁜 수를 던지고, 두 번째 플레이어가 좋은 수를 던질 수 있기 때문에 첫 번째 플레이어의 이점이 완화된다.

비대칭적 게임

상대편에게 다른 능력, 자원, 규칙 또는 목표를 부여한다면 여러분의 게임은 비대칭적 게임이다. 그러나 비대칭적 게임도 반드시 공정해야 한다. 이러한 체계에서 변수를 조정해서 밸런스를 맞추는 것이 디자이너의 목표다. 이 작업을 제대로 해낸다면 다른 요인에도 불구하고 각 플레이어가 승리 확률이 거의 같아진다.

게임에서 비대칭 체계의 강점은 현실 세계의 충돌과 경쟁을 모델링할 수 있다는 점이다. 역사적 사전,

자연, 스포츠, 그 밖의 삶의 다른 측면에는 상대 진영이 다른 위치, 자원, 강점 및 약점을 가지고 경쟁하는 경우로 가득 차 있다. 제2차 세계 대전의 전투를 대칭적 보드 위에서 동일한 유닛으로 구현한다면 이치에 맞지 않을 것이다. 이 때문에 대부분의 디지털 게임은 비대칭적이다. 몇 가지 게임에서 비대칭 능력과 자원의 문제를 어떻게 해결했는지 확인해 보자.

격투 게임인 소울칼리버 II에는 각기 다른 능력치 스탯을 지닌 12가지 다른 캐릭터가 있으며, 보통 캐릭터는 백여 가지의 격투 기술과 독특한 격투 스타일을 보인다. 캐릭터의 격투 기술은 상대편의 대응 움직임에 따라 완전히 다른 양의 데미지를 준다. 한 캐릭터가 공격을 시도할 때마다 공격, 방어 또는 양쪽 캐릭터에 적용될 데미지가 계산된다. 이 게임을 마스터하려면 다양한 상황과 다양한 캐릭터를 대상으로 언제 어떤 격투 기술을 사용할지를 이해해야 한다. 이 비대칭 체계의 예에서 남코의 디자이너

는 플레이어에게 목표와 기본적인 이동 기능은 동일하지만 다른 능력을 부여하는 체계로 밸런스를 맞췄다.

RTS 게임인 커맨드 앤 컨커: 제너럴에서 플레이어는 미국, 중국, 그리고 GLO(지구 해방군)라는 세 가지 다른 진영 중 하나를 선택하며, 자신이 선택한 진영의 강점에 맞는 플레이 스타일에 적응해야 한다. 가령 미국은 첨단 무기를 활용하고, 중국은 막대한 유닛의 수로 적을 제압하며, GLO는 계략과 교활함을 무기로 삼는다. 이 게임의 핵심은 각 진영이 밸런스가 맞는 다른 자원을 가지며, 적절하게 플레이한다면 다른 두 진영을 무찌를 수 있는 충분한 선택이 주어진다는 것이다.

비대칭 자원을 사용하는 다른 게임의 예로 매직 더 게더링을 디자인한 리처드 가필드의 네트러너(NetRunner)가 있다. 이 게임에서 한 플레이어는 카

그림 10.8 커맨드 앤 컨커: 제너럴

드 덱을 사용해 주식회사를 운영하고, 다른 플레이어는 다른 카드 덱을 사용해 러너(사이버 해커와 비슷한 개념)를 운영한다. 두 덱의 카드는 완전히 다르다. 주식회사 사용자의 카드는 데이터 요새를 구축하고 보호해서 궁극적으로 기업 정책을 완성하기 위한 것이지만 러너의 카드는 기업 보안을 해킹해서 주식회사가 정책을 완성하기 전에 훔쳐내기 위한 것이다. 이 비대칭 게임에서 경쟁하는 진영은 완전히 다른 자원과 능력을 사용하지만 정책 점수 7점을 모은다는 공통의 목표를 공유한다.

연습 10.8 : 대칭적 게임 및 비대칭적 게임

자신의 독창적인 게임 프로토타입은 대칭적인가? 아니면 비대칭적인가? 둘 중 어떤 체계인지, 그리고 그 이유는 무엇인지 설명해 보자.

비대칭적 목표

다른 유형의 비대칭 체계에는 플레이어에게 다른 목표를 제공하는 것이 있다. 이 방법으로 게임에 다양성과 흥미를 더할 수 있다. 플레이어 진영이 동일하지 않은 경우 비대칭적인 승리 조건을 제공하거나, 비대칭적인 목표와 비대칭적인 시작 조건을 결합할 수 있으며, 이 경우 밸런싱 작업이 쉽지 않지만 다양성을 구현하거나 현실 세계와 같은 상황을 묘사하는 것을 목표로 삼을 수 있다. 다음은 비대칭적인 목표를 제공하는 몇 가지 예다. 각각의 경우 모두 목표에 밸런스가 맞춰져 있어 게임의 공평함이 유지된다.

시간 제한

디지털 게임의 맵 중에는 약한 방어자가 강한 공격자를 방어하도록 설정된 것이 많다. 방어자의 목표

그림 10.9   네트러너 - 주식회사 카드 대 러너 카드

는 제한된 시간 동안 버티는 것이며, 공격자의 목표는 제한된 시간 안에 모든 방어자를 제거하는 것이다. 스타크래프트의 두 번째 미션이 이런 구성이다. 이 미션에서는 작은 테란 기지를 건설하고 30분 동안 저그 군단으로부터 기지를 지켜내야 한다.

시간 제한은 홈월드, 워크래프트, 그리고 커맨드 앤 컨커와 같은 미션 기반 게임에서 단골 손님이다. 팬저 제너럴과 같은 턴 기반 군사 보드 게임에서도 이 모델이 사용된다. 보드 게임에서는 시간이 아닌 턴 수를 기준으로 시간 제한 승리 조건을 측정한다. 열세인 방어자는 30턴 동안 방어해야 한다.

RTS 게임 에이지 오브 엠파이어의 멀티 플레이어 모드에서는 플레이어가 승리 조건으로 시간 제한을 설정할 수 있다. 시간 제한은 '불가사의'라는 비싼 건물을 짓기로 선택한 경우 시작된다. 한 플레이어가 불가사의를 건설하면 모든 상대편의 화면에 시간 제한이 표시된다. 이후부터 불가사의를 건설한 플레

이어는 다른 플레이어로부터 불가사의를 보호해야 한다. 시간 제한이 만료될 때까지 건물을 보호하면 이 플레이어가 게임에서 승리한다. 이 경우 시간 제한은 플레이어가 전략적으로 선택하는 승리 조건으로서, 다양한 게임 방법을 제공하기 위해 밸런스 조정을 거쳐 게임에 추가됐다.

보호

보호는 시간 제한의 변형으로서 잘 활용하면 상당히 극적인 효과를 만들 수 있다. 이 모델에서 한 진영은 목표물(예: 공주, 마법 구슬, 비밀 문서 등)을 보호하려고 하며, 다른 진영은 이를 차지하려고 한다. 방어자는 목표물을 보호하거나 안전한 곳에 감추면 승리하며, 공격자는 목표물을 차지하면 승리한다. 여러 게임에 이와 같은 미션이 포함돼 있다. 이러한 예로 2차 세계 대전 기반 게임인 캐슬 울펜슈타인에 나오는 해변 침투 맵이 있다. 이 맵에서 연합군의 목표는 액시스가 장악하고 있는 해변을 기습 공격하는 것이다. 이를 위해 방파제를 지나 기지로 침투해서 여러 1급 비밀 문서를 훔쳐야 한다. 액시스의 목표는 1급 비밀 문서를 지켜서 연합군이 목표를 완수하지 못하도록 차단하는 것이다.

결합

시간 제한과 보호 장치를 결합하는 것도 가능하다. 이러한 예로 FPS 게임인 언리얼 토너먼트의 멀티 플레이어 어설트 맵이 있다. 이러한 맵에는 시간 제한(일반적으로 4~7분)과 함께 별도로 보호해야 하는 목표가 있다. 공격자의 목표는 본부에 침입하고, 코드를 훔치거나, 다리를 폭파하는 것이다. 공격자는 최대한 빨리 목표를 달성하려고 하고, 방어자는 가능한 오랫동안 또는 시간 제한이 만료될 때까지 목

표물을 보호하려고 한다. 목표가 달성되면 완료 시간이 표시되며, 두 팀이 역할을 교대해서 동일한 맵에서 다시 플레이한다. 새로운 공격자는 이전 라운드에서 상대 팀이 달성한 완료 시간보다 우수한 성적을 내기 위해 도전한다. 이러한 유형의 게임은 명확한 목표와 시간의 극적인 활용 덕분에 매우 재미있다.

연습 10.9 : 비대칭적 목표

자신이 개발한 독창적인 게임 프로토타입에 비대칭적 목표를 추가해서 변형된 버전을 만들어 보자. 싱글 플레이어 게임의 경우 선택할 수 있는 목표를 추가한다. 이러한 변경 사항을 적용하고 게임을 테스트하고 게임플레이가 어떻게 달라졌는지 설명해 본다.

개별 목표

고전 보드 게임 일루미나티에서 디자이너는 비대칭적 목표를 독창적인 방법으로 활용했다. 이 게임은 정치, 외교 그리고 비밀 공작을 다룬 게임으로 마피아, CIA, '보이 스프라우트', 스타트랙 광팬, 그리고 편의점 등과 같은 사회 그룹을 장악하기 위해 경쟁하는 게임이다. 각 플레이어는 이 게임에는 플레이

그림 10.10   일루미나티 디럭스

어의 수에 따라 8~13개까지 특정한 수의 그룹을 제어한다는 공유된 목표가 있지만 플레이어마다 자신만의 개별적인 목표를 추구할 수도 있다. 예를 들어, '크툴후의 하수인'에는 8개의 그룹을 파괴하는 개별 목표가 있고, '불협화인의 사회'에는 5개의 '엽기' 그룹을 장악하는 개별 목표가 있다. 플레이어는 아무도 공유된 목표를 달성하지 못하도록 주의하면서 동시에 다른 플레이어가 개별 목표를 달성하지 못하도록 싸움과 교섭을 계속해야 한다. 서로 다른 목표를 가지고 있기 때문에 불안한 동맹과 상호 불신의 분위기가 조성된다. 이 게임은 승리하기 위해 다른 플레이어와 협력하면서도 한편으로는 배신해야 한다는 점에서 밸런스가 잘 맞춰져 있다.

소개한 모델은 게임의 비대칭 목표에 대해 생각할 수 있는 몇 가지 방법에 지나지 않는다. 게임 디자인의 다른 여러 개념과 마찬가지로 비대칭 목표를 달성하는 방법은 매우 다양하며, 일부는 다른 게임에서 발견할 수 있지만 아직 발명되지 않은 방법도 무궁무진하다.

완벽한 비대칭

스코틀랜드 야드는 게임 안의 거의 모든 것이 비대칭인 유명한 보드 게임이다. 이 게임에서는 한 플레이어가 팀으로 일하는 다른 플레이어 그룹에 대항한다. 이 플레이어는 도망자인 미스터 X이며, 다른 플레이어는 도망자를 추적하는 스코틀랜드 야드의 형사 팀이다. 공평한 게임을 위해 레이븐스버거의 디자이너는 미스터 X에게 숨기 기술을 주었다. 미스터 X는 또한 지하철, 버스 및 택시 티켓을 무제한으로 사용할 수 있으며, 런던 시내를 보이지 않게 이동할 수 있지만 턴 일정에 따라 4~5턴마다 한 번씩 모습

을 드러내야 한다. 형사들은 미스터 X가 마지막으로 목격된 장소에 대한 정보를 활용하고 협동으로 탈주 예상 경로를 차단해서 그를 검거할 수 있다. 형사에게는 제한된 수의 이동 티켓이 주어지며, 한 종류의 티켓을 모두 사용하면 더는 해당 교통 수단을 이용할 수 없다. 미스터 X의 목표는 24턴 동안 도주하는 것이며, 형사들의 목표는 그 안에 미스터 X를 검거하는 것이다. 이 게임에서 미스터 X는 무제한적인 자원과 숨기 기술이 있으며, 4명 이상의 형사들은 제한적인 자원을 가지고 있지만 서로 협력할 수 있다. 게임의 변수는 양측의 승리 확률이 동일해지도록 맞춰져 있다.

지금까지 살펴본 대칭적 및 비대칭적 멀티 플레이어 모델에서는 다양한 플레이어 간의 밸런스가 가장 중요했다. 멀티 플레이어 상호작용 모델의 경우, 대부분 다른 플레이어를 충돌의 기반으로 활용하기 때문에 일반적으로 밸런스에 대한 질문에서는 게임을 시작할 때 각 플레이어에 분배되는 자원과 힘에 초점이 맞춰진다.

반면 싱글 플레이어 게임의 충돌은 349쪽에서 설명했듯이 게임 체계에 의해 장애물, 퍼즐 또는 인공지능 캐릭터의 형태로 제공된다. 멀티 플레이어 모델과 마찬가지로 싱글 플레이어 게임에서도 대칭적 또는 비대칭적 플레이 형식을 적용할 수 있다.

기술 수준 밸런싱

기술 수준 밸런싱은 게임 체계가 제공하는 도전의 수준을 사용자의 기술 수준에 맞게 조정하는 것이다. 여기서의 문제는 모든 사용자가 각기 다른 기술 수준을 가지고 있다는 것이다.

일부 게임에서는 간단하게 여러 난이도를 제공하

는 것이 실용적이다. 예를 들어, 문명에서는 치프틴, 워로드, 프린스, 킹, 그리고 엠퍼러라는 5가지 난이도를 제공한다. 이 수준은 상위 수준으로 갈수록 점차 난이도가 높아진다. 이 체계에서 난이도 간의 차이는 실제로 체계 변수의 숫자를 조정해서 밸런스를 맞춘 것이다.

치프틴을 선택하고 게임을 시작하면 현금 50이 주어지지만 엠퍼러로 게임을 시작하면 현금이 0인 상태다. 치프틴에서 컴퓨터 플레이어는 0.25를 곱한 힘으로 플레이어를 공격하지만 엠퍼러에서는 1.25를 곱한 힘으로 플레이어를 공격한다. 그림 10.11에는 문명의 각 난이도에 적용되는 체계의 변수를 정리한 표가 나온다.

연습 10.10 : 기술 수준

자신의 게임 프로토타입에 기술 수준이 있는가? 그렇다면 이러한 기술 수준이 작동하는 방법과 밸런스를 맞춘 방법을 설명해 보자. 그렇지 않다면 그 이유를 설명해 보자. 난이도를 추가할 수 있는가? 그렇다면 게임플레이에는 어떤 영향을 주는가?

게임에서 여러 기술 수준을 제공하는 방법이 적합하지 않은 경우 어떻게 해야 할까? 문명의 예와는 다르게 시작 변수에 의존하지 않는 디자인일 수 있다. 이 경우 최선의 방법은 대상 플레이어의 중간 기술 수준에 맞게 체계의 변수를 조정하는 것이다.

특성	치프틴	워로드	프린스	킹	엠퍼러
게임 종료 연도	2100 AD	2080 AD	2060 AD	2040 AD	2020 AD
시작 현금	50	0	0	0	0
행복한 시민 행복한 상태로 태어나는 시민의 수	6	5	4	3	2
컴퓨터 플레이어 식량 컴퓨터 플레이어의 식량 보관 상자에 있는 식량의 수	16	14	12	10	8
컴퓨터 플레이어 자원 가격 배율 컴퓨터 플레이어의 유닛 생산 및 지역 개발 비용에 곱해지는 값	1.6	1.4	1.2	1.0	0.8
컴퓨터 플레이어 기술 발전 단계당 전구 증가량 기술 발전 단계가 상승할 때마다 다음 기술 발전 단계에서 추가로 상승하는 비용	14	13	12	11	10
플레이어 기술 발전 단계당 전구 증가량 기술 발전 단계가 상승할 때마다 다음 기술 발전 단계에서 추가로 상승하는 비용	6	8	10	12	14
야만인 유닛 공격력 배율 야만인의 공격력에 곱하는 배율	0.25	0.50	0.75	1.00	1.25
협상 지불금 배율 평화 협상에 필요한 지불금에 곱하는 배율	0.25	0.50	0.75	1.00	1.25
문명 점수 배율 점수를 고득점 순위를 위한 백분율로 변환하는 데 사용되는 수치	0.02%	0.04%	0.06%	0.08%	0.10%

그림 10.11 문명 난이도 수준

중간 기술 수준에 맞는 밸런싱

중간 기술 수준에 맞게 밸런스를 맞추려면 초보자부터 하드코어 게이머까지 목표 사용자 층의 플레이어를 대상으로 광범위한 플레이테스트를 해야 한다. 디자이너 팀 라이언(Tim Ryan)은 Gamasutra.com에 실린 그의 기사에서 올바른 능력 수준을 찾는 좋은 방법을 제안했다.[4] 즉, 하드코어 게이머를 대상으로 테스트해서 최상위 수준 난이도를 설정한다. 다음은 초보자를 대상으로 테스트해서 최하위 수준 난이도를 찾고 이에 맞게 난이도를 낮춘다.

이러한 두 경계선을 식별한 후에는 두 기점 간의 중간 기술 수준에 맞게 체계 변수의 밸런스를 맞출 수 있다. 대부분의 싱글 플레이어 비디오 게임에서와 같이 점차 난이도가 상승하는 게임에서는 게임의 레벨 진행에 맞게 난이도 수준을 단계적으로 높일 수 있다. 물론 이 경우에도 각 레벨의 밸런스를 별도로 맞춰야 한다.

동적 밸런싱

일부 게임 유형에서는 플레이어가 게임을 하는 동안 능력에 맞게 난이도를 조절하도록 프로그래밍하는 것이 가능하다. 예를 들어, 테트리스에서는 다양한 모양의 블록이 화면 위에서 아래로 떨어지는 동안 플레이어가 블록을 회전하거나 좌우로 움직여서 화면 아래쪽에 완전한 수평 행을 맞추기 위해 노력하는데, 행을 맞추면 해당 행이 제거되고 점수가 올라간다. 게임을 시작하면 블록이 아주 천천히 떨어지므로 행을 맞추기가 어렵지 않다. 그러나 점수가 올라갈수록 점차 블록이 떨어지는 속도가 빨라진다. 이 체계는 플레이어의 능력이 향상됨에 따라 난이도가 상승하도록 밸런스가 맞춰지며, 이 경우 난이도 수준은 속도 변수와 직접적인 관계가 있다.

그란 투리스모 3, 프로젝트 고담 레이싱, 그리고 마리오 카트 64와 같은 싱글 플레이어 레이싱 게임에는 모두 자체 밸런싱 메커니즘이 있다. 이러한 게임에서 경주가 시작되면 컴퓨터가 운전하는 차량은 최고 속도로 가속한다. 이 속도는 플레이어가 완벽하게 운전했을 때 가능한 최대 속도보다는 약간 낮게 설정돼 있다. 컴퓨터 차량은 플레이어가 가깝거나 경주에서 선두를 달리는 동안에는 최대 속도로 달려서 플레이어와 가까운 거리를 유지한다. 그러나 플레이어 차량에 사고가 나면 컴퓨터 차량에 적용되

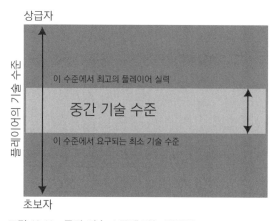

그림 10.12 중간 기술 수준에 맞는 밸런싱

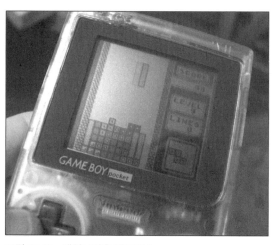

그림 10.13 게임보이용 테트리스

그림 10.14 MotoGP와 로드러시

는 규칙도 바뀌어서 플레이어가 따라잡을 수 있게 속도를 줄인다.

플레이어가 컴퓨터 차량을 거의 따라잡으면 컴퓨터 차량은 다시 최대 속도로 가속한다. 플레이어는 이러한 변화를 느끼지 못할 수 있다. 이러한 체계의 목표는 플레이어가 자신의 실력 덕분에 좋은 성과를 거뒀다고 느끼게 하고, 동시에 초보자 플레이어도 게임에서 승리하는 것이 가능하도록 게임의 밸런스를 맞추는 것이다.

컴퓨터가 조종하는 캐릭터의 밸런싱

컴퓨터 캐릭터를 디자인할 때 중요한 점은 캐릭터가 사람처럼 행동해야 하며 때로는 실수도 해야 한다는 것이다. 그렇지 않으면 컴퓨터가 조종하는 자동차는 한 번도 충돌하지 않고 최고 속도로 경주를 마칠 것이고, 컴퓨터가 조종하는 군인은 항상 플레이어의 머리를 명중시킬 것이다. 이런 게임은 분명 전혀 재미가 없다. 이 문제를 해결하기 위해 디자이너는 캐릭터에 일정한 범위의 가능성을 적용할 수 있다. 다음은 아스테로이드에서 비행 접시가 움직이는 방법

에 대한 프로그래머 에드 로그(Ed Logg)의 설명이다.

슬러고[큰 비행 접시]는 랜덤으로 공격하지만 미스터 빌[작은 비행 접시]은 플레이어를 겨냥하게 돼 있었습니다. 미스터 빌은 플레이어의 현재 위치와 이동하는 방향을 계산하고 플레이어 양쪽 방향의 반사까지 감안해서 일정한 범위 내에서 랜덤으로 공격했습니다. 그러니까 미스터 빌을 상대할 때는 곧장 돌진해서는 안 되는 것이죠. 목표가 더 커지는 결과가 되니까요. 그리고 플레이어 점수가 높아지면 미스터 빌의 명중률도 올라가게 돼 있었습니다. 플레이어가 35,000점을 올리면 탄착이 더욱 좁아지게 돼 있었습니다.[5]

이 예에서 비행 접시는 플레이어를 향해 일정한 각도 내에서 랜덤으로 공격한다. 이 각도는 게임의 밸런스를 조종할 수 있는 변수가 된다. 각도가 커지면 공격이 빗나갈 확률이 높아지므로 게임이 쉬워지지만 반대로 각도가 작아지면 공격이 빗나갈 확률이 낮아지므로 게임이 어려워진다. 결과적으로 밸런스가 맞고 도전적이지만 상대하기 불가능하지 않은 컴퓨터 캐릭터가 만들어졌다.

롭 팔도(Rob Pardo)와의 대화

롭 팔도는 캘리포니아 어바인에 위치한 블리자드 엔터테인먼트에서 게임 디자인 부문 부사장을 맡고 있다. 블리자드는 워크래프트, 디아블로 및 스타크래프트 시리즈를 비롯해 업계에서 가장 성공하고 잘 알려진 다수의 게임을 보유하고 있다. 이번 인터뷰에서는 블리자드에서 그가 팀과 함께 진행한 게임의 밸런싱 과정에 대한 몇 가지 이야기와 함께 오늘날 전문 게임 디자이너가 된다는 것에 대한 그의 의견을 들어봤다.

블리자드에서의 역할

필자: 블리자드에서 어떤 역할을 맡고 계시죠?

롭 팔도: 게임 디자인 부문 부사장을 맡고 있고, 블리자드에서 개발되는 모든 게임의 디자인을 책임지고 있습니다. 그리고 워크래프트 III와 월드 오브 워크래프트를 포함해서 몇 가지 블리자드 제품의 수석 게임 디자이너도 겸하고 있습니다.

필자: 이 인터뷰에서 주로 관심이 있는 사항은 블리자드 게임을 밸런싱하는 동안 거치는 프로세스입니다. 게임의 밸런싱에는 많이 관여하는 편입니까?

롭 팔도: 네, 밸런싱 작업에도 많이 참여했지만 게임 디자인에는 다른 측면도 많습니다. 예를 들어, 월드 오브 워크래프트의 경우 다양한 클래스를 밸런싱하는 작업에 상당히 많이 참여했습니다. 특히 각 클래스의 기술을 다듬고 적당한 밸런스 수치를 적용해서 각 클래스가 자립할 수 있게 하는 것이 목표였습니다.

워크래프트 III를 개발할 때는 수석 디자이너로서 좀 더 다양한 업무에 참여했습니다. 우선 스토리 작가인 크리스 멧젠(Chris Metzen)과 함께 유닛을 디자인했고, 레벨 디자이너와 함께 각 레벨의 장치의 특성, 그리고 이 모든 것들이 함께 조합되는 방법을 고안했습니다. 그리고 미니맵이 작동하는 방법 등을 구상하고, 디자인 문서를 작성해서 프로그래머와 아티스트에게 전달하는 일도 했습니다. 말하자면 플레이어가 보고 상호작용하는 모든 부분에 관여했습니다.

게임 밸런스는 우리가 하는 일에서 작지만 중요한 부분입니다.

워크래프트 III의 디자인 프로세스

필자: 워크래프트 III의 디자인 프로세스에 대해 말씀해 주시겠습니까?

롭 팔도: 그러죠. 워크래프트 III에서는 기존과는 다른 몇 가지 흥미로운 선택을 했습니다. 우선 워크래프트 III는 우리 회사에서는 첫 번째 3D 게임이었기 때문에 몇 가지 새로운 과제를 해결해야 했고, 동시에

스타크래프트와는 다른 방향을 모색하고 싶었습니다. 당시는 스타크래프트를 막 출시한 상황이었고, 전체적 관리, 액션, 실시간 전략과 같은 게임플레이 유형은 충분하다는 생각이 들었습니다. 워크래프트 III에서는 판타지 요소를 많이 접목하고 싶었고, 이와 어울리는 RPG 요소를 많이 추가하고 싶었습니다.

우선 3D 화면에서는 카메라를 아래로 많이 내리고 다른 몇 가지를 시도해 보려고 했습니다. 그런데 카메라를 너무 아래로 내리면 가상 3인칭과 비슷한 환경이 된다는 것이 문제였습니다. 맵을 이동할 때 방향을 잃기 쉬웠고, 카메라 절두체가 한 방향을 향했기 때문에 전장을 한눈에 보기가 어려워서 전투 중에 유닛을 선택하기도 어려웠습니다. 여전히 제대로 된 전략 게임을 원했기 때문에 까다로운 문제였습니다. 결국에는 좀 더 전통적인 쿼터뷰 방식으로 카메라를 활용하기로 결정했고, 그제서야 과정이 순조롭게 진행되기 시작했습니다.

필자: 그렇군요. 워크래프트 III를 개발하면서 가장 먼저 개발한 것이 뭐였습니까? 프로토타입은 제작했습니까?

롭 팔도: 네. 우리의 첫 번째 3D 게임이었기 때문에 우선 제대로 된 3D 엔진을 만드는 일이 아주 중요했습니다. 그리고 아티스트가 새 엔진에서 아트 파일을 테스트할 수 있게 아트의 방향을 준비해야 했습니다. 그래서 워크래프트 III를 개발하면서 처음으로 매일 빌드를 만드는 관행을 도입했고 이후 모든 프로젝트에 이 관행을 적용하고 있습니다. 덕분에 엔진이 준비된 시점에 즉시 아트를 넣을 수 있었습니다. 그 이후부터는 팀에서 매일 작동하는 새로운 버전의 워크래프트 III를 만들었습니다. 물론 종종 버그도 있어서 매일 새로운 버전이 반드시 제대로 작동한 것은 아니었지만, 이 방법으로 현재 우리가 어디에 와 있는지를 명확하게 알 수 있었습니다. 베타 직전이 돼서야 정기적으로 안정적인 빌드를 만들 수 있었던 스타크래프트 개발 과정과 비교하면 정말 큰 발전이었습니다. 덕분에 게임 세계의 모습이나 카메라를 사용해서 시도해 보고 싶었던 기능과 특성들을 프로토타입으로 제작하는 데 많은 시간을 투자할 수 있었습니다.

필자: 카메라를 배치할 위치를 찾는 것이 프로토타입 제작 프로세스의 한 부분이었군요.

롭 팔도: 네 맞습니다. 블리자드에서 중요하게 여기는 것 중 하나가 반복적 디자인입니다. 아시다시피 프로토타입의 종류는 다양합니다. 우리는 다른 회사에서 게임플레이를 테스트하는 데 자주 사용하는 블록으로 만든 프로토타입은 사용하지 않습니다. 이보다는 게임플레이 프로토타입보다 기술과 아트 프로토타입을 더 많이 제작합니다. 그래서 아트와 실제 3D 엔진을 먼저 준비하고, 이후에 카메라와 유닛을 사용한 테스트를 시작했고, 워크래프트 III가 어떤 게임이 될지를 구상하기 시작했습니다.

워크래프트 III의 종족 및 유닛 개발 과정

필자: 종족과 유닛의 개발 과정을 이야기해 주실 수 있습니까?

롭 팔도: 우선 스타크래프트와 똑같은 게임을 만들고 싶지는 않았습니다. 게임에 롤플레잉의 요소를 추가

한다는 것과 3D에 바탕을 둔다는 것은 정해져 있었지만, 유닛을 다수 사용해야 한다는 의견과 반대로 소수만 사용해야 한다는 의견이 있었고, 초기 단계에는 이에 대한 논쟁이 많았습니다.

가장 먼저 생각해 낸 개념은 '영웅'이었습니다. 사실 처음에는 이를 '레전드'라고 불렀고, 게임의 이름도 '레전드'였습니다. 단순한 워크래프트 II의 후속작을 만들고 싶지는 않았기에 처음에는 워크래프트 III라고 이름 짓는 것을 주저했습니다. 그래서 게임을 '레전드'라고 불렀고 실제 이 이름으로 출시하는 것도 고려했습니다.

초기 단계에 아크메이지와 워로드를 비롯해 여러 영웅 유닛을 디자인했고, 이러한 영웅을 프로토타입으로 제작해서 다양한 스펠 집입을 사용해 테스트하면서, 이들이 디아블로의 영웅과 비슷해야 하는지, 어떤 역할을 해야 하는지, 그리고 전략 게임에 어떤 의미가 있는지 등을 고려했습니다. 그리고 이 시기에는 유닛이 반드시 영웅을 따르게 하는 등의 여러 개념을 실험했습니다.

이러한 개념을 바탕으로 여러 핵심 게임플레이가 만들어졌지만 아직 견고한 단계의 게임플레이는 아니었습니다. 아트 부서는 3D에서 할 수 있는 것과 불가능한 것을 알아내기 위해 분주했고, 동시에 우리는 게임플레이의 특정 요소에 결정적인 영향을 줄 몇 가지 네트워크 모델과 기술 개념을 실험하고 있었습니다. 그러니까 게임플레이, 아트, 그리고 기술 문제가 서로 연결돼 있었습니다.

필자: 그러니까 영웅 유닛의 개념은 처음부터 있었다는 이야기군요. 게임의 네 종족은 어땠습니까? 어떻게 개발됐습니까?

롭 팔도: 종족에 대한 논의는 처음부터 활발했습니다. 다양한 멋진 능력과 플레이 스타일에 대해 이야기하는 과정에서 비교적 일찍 언데드가 종족으로 결정됐습니다. 처음에는 9가지 완전히 다른 종족에 대한 개략적인 아이디어가 있었습니다. 물론 실제 게임에 9가지 종족을 넣으려고 했다기보다는 멋진 아이디어를 뽑아낼 수 있는 9가지 핵심 개념이 있었다고 보는 편이 더 정확할 것 같습니다. 9개 종족은 6개가 됐고 다시 5개가 됐습니다. 한동안은 우리 모두 5개 종족으로 게임을 출시할 것으로 생각했습니다. 그러니까 처음에 문서상에 디자인된 종족과 유닛은 훨씬 다양했습니다.

먼저 인간과 오크를 구현하고 그다음으로 언데드를 구현했습니다. 네 번째 종족이었던 나이트 엘프는 그다음이었습니다. 나이트 엘프는 초기에 가지고 있었던 다크 엘프와 하이 엘프의 개념을 타협한 것이었는데 이전과는 다른 방식으로 게임에 엘프를 넣고 싶었고 그 결과물이었습니다. 5번째 종족은 데몬이었는데 사실 데몬은 알파 직전까지 게임에 있었습니다. 문제는 데몬을 줄거리에서 궁극의 악당으로 사용한다는 계획을 가지고 있었지만 멀티 플레이어 플레이에서 밸런스를 맞추기가 어려웠다는 것입니다. 데몬의 경우에는 운영하고 다른 종족과 상호작용하기 위해 한 세트를 만드는 데 문제가 많았습니다. 결국에는 스토리 상의 악당으로 분리하고 종족에서는 삭제하기로 결정했습니다.

필자: 흥미롭군요. '세트' 문제라는 것을 말씀하셨죠?

롭 팔도: 네. 어떤 종족을 처음 보면 '이것은 무슨 종족이지? 교활한 종족인가? 전체적 관리가 필요한 종족? 단단한 지상 종족? 다재다능한 종족? 아니면 마법 특화 종족인가?' 하는 식으로 생각합니다. 그런데 데몬을 보며 드는 생각은 '아주 강력하고, 불 마법이 특히 세고, 엄청나게 튼튼한 유닛이 많겠구나'라는 것입니다. 데몬 종족에는 피온이나 풋맨에 해당하는 유닛이 전혀 어울리지 않는다는 것입니다. 그래서 배틀넷에서 다른 종족과 싸우는 데 필요한 역할을 모두 넣으면 데몬이 더 이상 멋이 없어진다고 판단했습니다.

멋진 특성에 대한 집중

필자: 이야기를 들어 보면 워크래프트 III에서는 프로젝트 초기 단계에서 아주 큰 규모로 계획했다가 진행하면서 점차 규모를 줄인 것으로 보이는군요.

롭 팔도: 맞습니다. 초기 단계에서는 브레인스토밍으로 멋진 아이디어를 정말 많이 얻었습니다. 우리 회사에는 정말 예리하고 창의적인 사람이 많기 때문에 도저히 게임에 다 넣을 수 없을 만큼 많은 아이디어가 있었습니다. 그리고 1년이나 2년 동안 베타 이전의 개발 주기 내내 디자이너가 이러한 모든 아이디어를 다듬는 작업을 합니다. 일부는 삭제되고, 일부는 수정되며, 일부는 게임플레이의 핵심적인 부분이 됩니다.

우리 회사에는 많은 격언이 있는데 그중 하나는 "멋진 것에 집중하라"라는 것입니다. 워크래프트 III를 예로 들면, 원한다면 얼마든지 종족당 20~30가지 유닛을 만들 수도 있었지만 이보다는 모든 유닛에 의미를 부여하기를 원했습니다. 그리고 각 종족에 고유한 느낌을 부여해서 가령 비행 유닛이나 일꾼 유닛은 모든 종족에 있지만 모두 각기 다른 방법으로 움직여야 한다고 생각했습니다.

그리고 이런 아이디어를 영웅에도 적용해서 각 종족마다 대표하는 소수의 영웅만 만드는 것이 좋겠다고 생각했습니다. 영웅의 스펠 세트를 처음 만들기 시작할 때는 종족마다 네 명의 영웅이 있었습니다. 그런데 스펠 세트가 서로 겹치는 문제가 생겼고, 결국 영웅을 셋으로 줄여야 했습니다. 이 결정에 따라 인간의 레인저 영웅이 빠지게 됐고, 예기치 않게 팬들 사이에서 큰 논란이 일어났습니다. 레인저가 사라지자 대규모 온라인 청원을 비롯해 다양한 일들이 일어났습니다. 결국 상당한 논쟁을 초래한 과정이었습니다.

필자: 상당한 열성 팬들이군요. 게임이 나오기도 전에 캐릭터 삭제를 반대하다니 대단합니다.

롭 팔도: 네. 정말 대단하죠(웃음)? 베타 전부터 대규모의 팬 커뮤니티가 있다는 것은 정말 신나는 일입니다. 단점이라면 항상 많은 사람들이 지켜보고 있기 때문에 게임을 비밀리에 개발하다가 시장에 내놓을 수가 없다는 것입니다.

레인저가 삭제된 날은 상당히 심각했습니다. 전부터 웹 사이트에 레인저의 모습을 공개했기 때문에 팬들이 이미 잘 알고 있었어요. 그러다 갑자기 레인저가 사라지자 대소동이 일어난 겁니다. 앞서 이야기했던 세트가 문제였습니다. 인간에는 이미 아크메이지라는 장거리 마법 영웅이 있었고, 마운틴 킹이라는 탱커

스타일의 영웅과 팔라딘 영웅이 있었습니다. 레인저를 삭제해야 했을 때는 저도 아쉬웠습니다. 그렇지만 나이트 엘프 종족에도 이미 여러 궁수 유닛이 있었습니다. 겉모습만 봐도 레인저는 엘프 궁수와 너무 비슷했습니다. 각 종족을 차별화하려면 레인저를 삭제하는 것이 맞는 선택이었지만 쉽지 않은 일이었습니다.

워크래프트 III 영웅의 밸런싱 영향

필자: 흥미롭군요. 영웅은 정말 게임플레이에 큰 영향을 주었습니다. 워크래프트 III에서는 스타크래프트와는 다르게 소규모 부대로 게임을 하는 경우가 많았습니다.

롭 팔도: 맞습니다. 워크래프트 III 개발을 시작할 때만 해도 스타크래프트 스타일의 게임플레이를 원하는 사람들이 많았습니다. 전체적 관리와 이러한 스타일을 결합하는 것이었죠. 저는 이런 스타일보다는 유닛을 더 튼튼하고 의미 있게 만들고 싶었습니다. 스타크래프트에서는 다수의 유닛을 전장으로 보내고 이 유닛이 어떻게 되든지 크게 신경 쓰지 않습니다. 한 번에 유닛을 50~100개 잃더라도 대단한 일이 아니었죠.

워크래프트 III에서는 소위 '총알받이'라고 하는 것을 없애고 그런트나 풋맨까지도 하나하나 소중하게 느껴지게 만들고 싶었습니다. 그 이유 중 하나는 영웅에 대한 초점 강화였습니다. 우리는 영웅을 전장의 주된 힘으로 만들고 싶어했는데, 영웅이라는 것이 바로 그런 의미이기 때문입니다. 전장에 참여하는 유닛이 50개라면 영웅이 지나칠 정도로 강해야 의미 있는 수준의 영향력이 있을 것입니다. 그러나 전장에 참여하는 유닛이 10~20개라면 영웅을 더 현실적으로 밸런싱할 수 있었습니다. 우리가 구상했던 워크래프트 III를 구현하려면 전투에 참여하는 유닛 수에 따라 영웅을 비례적으로 밸런싱할 수 있어야 했습니다. 아시겠지만 50개 정도의 유닛이 전투를 하도록 디자인된 게임이라면 영웅 하나로 10개 정도의 유닛은 쉽게 상대할 수 있을 것입니다. 워크래프트 III에서는 12~15개 정도의 유닛으로 플레이하는 사람들을 많이 볼 수 있습니다. 이 정도면 워크래프트 III에서는 한 부대라고 할 수 있고, 유닛이 24개 정도가 되면 거의 최대치입니다.

하지만 이 메커닉을 적용하는 데는 어려움이 있었습니다. 한마디로 말해서 '대체 이걸 어떻게 하지?' 이런 상황이었습니다. 초기에는 게임에서 보유할 수 있는 유닛의 수를 제한하는 '식량'이라는 메커닉이 있었습니다. 그리고 채취 자원으로 골드와 나무가 있었습니다. 그런데 막상 이러한 메커닉을 적용하자 플레이어들이 유닛을 최대치까지 생산한 후 그제서야 게임을 하는 현상이 일어났습니다. 그리고 유닛을 모두 잃으면 그동안 쌓인 골드와 나무로 다시 유닛을 최대치까지 생산했습니다. 게임플레이에 그다지 재미가 없었습니다.

필자: '유지비' 체계를 추가한 이유로 들리는군요.

롭 팔도: 맞습니다. 이것이 유지비를 만든 이유였습니다. 유지비에 대해서는 사실 적지 않은 논란이 있었기에 다양한 여러 아이디어를 시도했지만 결국 유지비를 사용하기로 결정했습니다.

유지비의 개념은 부대 규모가 커질수록 골드 수입이 줄어든다는 것입니다. 대규모 부대를 운영하면 골드 수입이 크게 줄어들기 때문에 많은 양의 골드를 모을 수 없습니다. 즉, 더 적은 유닛으로 더 많이 싸우도록 유도하는 개념이었습니다.

원래 계획은 유닛의 수와 비용을 조정해서 소수 단위 전투를 유도한다는 것이었지만 플레이어들이 항상 대규모 부대로만 전투하려는 것을 확인한 이상 개념을 처음부터 수정할 수밖에 없었습니다. 그래서 팀을 모아 놓고 이야기했습니다. "영웅이 중요하다는 느낌이 들도록 소수 유닛으로 플레이하게 하려면 어떻게 해야 할까?"

브레인스토밍을 통해 수많은 아이디어가 나왔고, 단계별로 검토하면서 최종적으로 체계를 결정할 때까지 몇 주 동안 다양한 아이디어를 실험했습니다. 사실 유지비 개념을 싫어하는 사람들이 많았기 때문에 구현하면서도 논란이 많았습니다. 아마도 처음에 이를 '세금'이라고 불렀던 것이 한 이유였던 것 같습니다. 아시겠지만, 어감에서 느껴지는 부담감 말입니다(웃음). 이름 때문인지는 몰라도 이 게임 역학을 인정하려고 하지를 않았습니다. 그래서 '유지비'라고 이름을 바꾸자 그제서야 사람들이 한번 해 보자는 반응을 보였습니다.

유지비는 애초에 목표로 설정했던 영웅 기반 게임플레이를 권장하기 위해 만들어졌습니다. 게임 디자이너에게 있어 이러한 과정은 제대로 작동하는 요소와 그렇지 않은 요소, 변경해야 하는 요소, 그리고 삭제해야 하는 요소를 알아내기 위해 끊임없는 대화를 반복하는 지속적인 프로세스입니다.

게임 출시 후의 반복적 디자인 및 밸런싱

필자: 반복적인 디자인을 게임 개발의 핵심적인 요소로 보고 계시는군요.

롭 팔도: 맞습니다. 우리는 게임을 하고 테스트하면서 계속 체계의 변수를 다듬어 나갑니다. 그리고 적어도 베타까지는 유닛이나 주요 디자인 체계를 삭제하거나 완전히 새로운 체계를 추가하는 데 전혀 거침이 없습니다. 실제로 워크래프트 III의 경우 베타 이후에 추가된 스펠도 몇 가지 있었는데, 나중에 필요한 경우를 위해 미리 디자인해 둔 것이었습니다. 저는 게임의 종족 유닛과 스펠이 90% 정도 완성되면 베타를 시작해야 한다고 생각했습니다. 다른 게임의 베타를 진행하면서 느낀 것은 내부에서 아무리 유닛이 훌륭하다고 생각하더라도 일단 프로게이머 수준의 게이머들이 플레이하기 시작하면 변경이 필요한 부분이 발견된다는 것입니다. 그래서 각 종족에 빠진 부분이 있는 상태로 베타를 진행했고, 알아낸 내용을 바탕으로 요소를 추가했습니다.

필자: 흥미롭군요. 그러니까 베타 이후에도 밸런스를 맞춘다는 말씀이군요. 아직도 밸런스를 조정하고 있습니까?

롭 팔도: 네. 스타크래프트의 경우에는 게임을 출시한 후에도 2년 동안 밸런스를 조정했죠. 계속 발전하고

있습니다. 게임 커뮤니티의 발전에 대해서는 사회학 강의 소재로도 손색이 없을 정도입니다.

게임이 출시된 이후 일어나는 일은 두 가지 정도입니다. 우선, 이전에는 절대 발견할 수 없었던 불균형이 발견됩니다. 수천 명이 참여하는 베타와는 달리 정식 출시 후에는 전 세계에서 수백만 명이 게임을 하기 때문입니다. 이전까지 아무도 생각하지 못한 독창적인 플레이 전략을 생각해내는 사람들이 있는데, 이런 전략이 배틀넷에서 사용되기 시작하고 누구나 불균형을 느끼게 되면 저희가 나설 수밖에 없습니다.

다른 변화는 게임플레이의 발전입니다. 패치 속도를 조금 늦추어도 좋겠다는 생각을 하는 이유이기도 합니다. 예를 들어, 한동안 배틀넷에서 특정 종족의 승률이 높아져서 지배적인 전략이 의심되는 상황이 있습니다. 물론 우리가 나서서 상황을 '해결'할 수도 있습니다. 그러나 실제로 대부분은 단지 사람들이 플레이하는 방법이 발전한 것뿐이고, 오르막이 있듯이 내리막도 있습니다. 예를 들어, 두어 주일 동안 인간의 승률이 크게 높아진다면 커뮤니티에서 이 전략을 받아들이고 대응 전략을 만들어내는지 일단 두고 보는 것입니다. 아시겠지만 프로 스포츠에서도 이런 일이 일어납니다. 예를 들어, NFL 풋볼에서 몇 년 동안 3-4 수비진이 지배적이었지만, 이것은 불균형이 아니기 때문에 뚫기 어렵다는 이유로 3-4 수비진을 금지하지는 않습니다. 이 수비진을 뚫어내는 방법을 알아내는 것은 공격 코치의 몫입니다. 우리 게임 커뮤니티에도 비슷한 현상이 일어납니다. 때로는 패치가 필요한 부분과 그렇지 않은 부분을 결정하기가 어려운 경우도 있습니다. 이것도 하나의 프로세스입니다.

필자: 이 작업에 사용하는 도구에 대해 이야기해 주십시오. 배틀넷에서 플레이어들이 무엇을 하는지 세부적으로 추적하고 있습니까?

롭 팔도: 네. 워크래프트 III에서는 웹 프로그래머를 고용해서 모든 종류의 데이터를 추적할 수 있는 체계를 만들었습니다. 우리 회사의 다른 게임에 대한 통계를 추적해서 놀라운 팬 사이트를 만든 사람이 있었는데 지금은 우리 회사에서 일하고 있습니다. 예를 들어, 맵 기준으로 각 종족 승률이 궁금하면 이에 대한 보고서를 바로 만들 수 있습니다. 실제로 이런 작업을 많이 합니다. 게임 밸런스 디자이너가 종종 특정 종족에 대한 밸런스 수정을 제안하는 경우가 있는데, 이 경우 함께 통계 데이터를 검토하고 문제가 없다고 판단되면 나중에 다시 검토하기로 결정하는 경우도 있습니다.

필자: 그러니까 불균형이 일시적인 현상인지 아니면 실제 문제인지를 판단하기 위해 도구를 사용하신다는 거군요.

롭 팔도: 네. 그런데 이 도구에만 의존하는 것은 아니고 다양한 도구를 활용합니다. 게임에 대한 직관적인 감각도 상당히 중요한데, 다행스럽게도 워크래프트 III의 밸런스 디자이너는 아주 훌륭한 플레이어입니다.

이 밖에도 직접 피드백을 제공하는 최고 수준의 플레이어 그룹이 있습니다. 예를 들어, 언데드가 특이한 방법으로 휴먼을 상대하는 것을 확인하고 싶다면 최고 수준 플레이어들의 리플레이를 수집해서 이들의 플레이를 직접 볼 수 있습니다.

필자: 팬 사이트 운영자가 웹 프로그래머로 고용된 것을 보면 팬 커뮤니티와 개발 팀 사이에 밀접한 관계가 있는 것 같습니다.

롭 팔도: 네, 우리 웹 마스터는 예전에 유명한 워크래프트 II 웹 사이트를 운영하던 사람이었는데, 처음에는 QA 테스터로 고용됐다가 나중에 웹 부서로 자리를 옮겼습니다. 우리는 세계 최고의 프로그래머라고 해도 열성 게이머가 아니면 고용하지 않습니다. 우리 게임의 열성 팬이고 동시에 개발 기술이 있다면 완벽한 후보가 되는 것이죠.

필자: 게임 팬들에게는 꿈의 직장이군요.

롭 팔도: 네. 직원들도 상당히 만족하는 편입니다(웃음).

블리자드의 플레이테스트

필자: 이야기를 돌려서, 내부에서 초기 버전을 플레이테스트 하는 프로세스에 대해 말해 주실 수 있습니까?

롭 팔도: 그러죠. 베타 단계에 들어가기 전에 개발 팀에서 정기적으로 게임을 합니다. 앞서 말씀 드렸듯이, 우리는 모두 게이머이기 때문에 '금요일은 플레이테스트 하는 날' 식의 구조적인 플레이 세션을 운영하지는 않습니다. 우리는 모두 게임을 좋아하기 때문에 게임이 플레이 가능한 상태가 되면 팀에서 너 나 할 것 없이 모두 게임을 합니다. 점심 시간에는 아티스트들이 모여 플레이하기도 하고 연습 게임도 하면서 더 친해집니다. 디자이너와 프로그래머들도 함께 플레이합니다. 게임이 재미있다는 것을 알 수 있는 상황 중 하나는 우리가 "이봐, 너무 게임만 하는 거 아니야? 일 좀 해야지"라고 자주 말하게 되는 경우입니다(웃음).

게임 디자이너가 된다는 것

필자: 게임 디자이너가 된다는 것에 대한 생각을 말씀해 주십시오.

롭 팔도: 제가 젊은 나이에 시작해서 지금까지 일하면서 배운 것이 있습니다. 물론 디자이너는 모든 게임 디자인 기술을 알아야 하고 현명하게 디자인하기 위한 다양한 개발 방법도 알아야 합니다. 디자이너는 다양한 관점에서 보는 능력이 필요합니다. 그런데 팀으로 일하는 기술에 대해서는 소홀히 하는 경향이 있습니다.

적어도 우리 회사에서 게임 디자이너는 아이디어를 내는 주요 인물이 아닙니다. 이보다는 게임에 대한 비전을 관리하는 주요 인물이라고 해야 할 것입니다. 저도 처음에는 다른 사람의 아이디어를 제치고 제 아이디어를 적용하려고 많이 애썼습니다. 그러다가 게임 디자이너가 많은 게임 디자인 요소를 받아들일 수 있는 위치이고, 다른 모든 사람의 아이디어가 교류될 수 있게 하는 중요한 역할이라는 것을 깨달았습니다. 이렇게 사고의 전환을 했던 날이 저에게는 정말 중요한 날이었습니다.

이제는 모든 팀원의 아이디어를 제대로 듣고 게임에 필요한 아이디어를 찾아내는 일이 정말 중요하다고 생각하고 있습니다. 팀원에게 훌륭한 아이디어가 있지만 게임의 전체 구조 안에 이를 어떻게 넣어야 할지 모르는 경우가 있습니다. 그러면 이 아이디어를 게임 체계에 접목하는 가장 좋은 방법을 함께 알아내는 것입니다. 이렇게 생각을 전환하면 일이 훨씬 수월해질 것입니다. 모든 사람이 여러분을 신뢰하기 시작할 것이고, 마치 도미노처럼 변화가 일어나서 더는 아이디어를 관철하기 위해 다른 팀원과 논쟁할 필요도 없고, 다른 사람의 아이디어가 나쁜 이유를 이해시킬 필요도 없습니다. 함께 일하고 팀원의 좋은 아이디어를 게임에 넣기 위한 도구로서 자신의 기술을 활용하는 것입니다. 디음부디는 모든 것이 더 메끄럽게 긴행됩니다.

컴퓨터 조종 캐릭터를 코딩하는 방법에 대해서는 이미 프로그래머들이 다양하고 영리한 방법을 만들어 놓았다. 실제로 게임 인공지능을 다루는 책들도 많이 나와 있다. 디자이너에게는 캐릭터의 코드를 작성하는 방법이 아니라 균형 잡힌 만족스러운 환경을 제공하도록 캐릭터를 조정하는 방법이다.

게임의 밸런싱을 위한 기법

게임의 밸런스를 맞추다 보면 한 번에 모든 것을 바꾸고 싶다는 유혹을 느낄 수 있다. 플레이테스터의 의견을 반영해서 X는 늘리고 Y는 줄이고, 절차 A는 변경하고, 새로운 규칙 B를 만들었으면 좋겠다고 생각할 수 있는데, 명확한 기준이 없으면 느끼지 못하는 사이 밸런싱 프로세스가 엉망이 될 수 있다.

이어지는 페이지에서는 침착하게 게임을 개선하는 데 도움이 되는 몇 가지 변경 기법을 알아보겠다. 물론 이 내용은 게임을 개선하는 모든 단계에 적용이 가능하지만 지금 단계에서 가장 유용하다. 이러한 기법을 제대로 익히면 적어도 이전의 작업 내용을 잃어버리지 않으면서 최소한 잘 작동하며 잘 조정된 게임을 만들 수 있다.

나눠서 생각하라

대부분의 게임은 단일 체계가 아니라 상호 연관된 여러 하위 체계의 집합으로 구성돼 있다. 게임을 단순화하는 좋은 방법으로 게임을 모듈화의 관점으로 보는 것이 있다. 게임을 별도의 기능 단위로 분리하면 각 단위가 상호 연관되는 메커닉을 볼 수 있다. 워크래프트와 같은 게임을 예로 들면, 이 게임은 전투 하위 체계, 마법 하위 체계, 자원 관리 하위 체계로 구성돼 있고, 이러한 각 하위 체계는 더 큰 게임의 체계를 구성한다. 다양한 조각이 상호 연관된 구조에서는 한 가지 변경이 예기치 못한 다른 부분의 밸런스에 영향을 주기 때문에 체계를 변경하기가 어렵다.

이 문제를 해결하는 핵심은 하위 체계를 격리하고 다른 하위 체계와 분리하는 것이다. 이러한 유형의 기능 독립성은 대규모 게임 디자인에서 필수적인 부분이다. 이것은 각 개체를 입력 및 출력 매개변수로 명확하게 정의해서 코드의 어떤 부분을 변경하더라도 다른 개체에 대한 영향을 추적할 수 있는 객체지향 프로그래밍과 비슷하다. 게임 디자인에도 마찬가지 개념이 적용된다. 하위 체계를 모듈화하면 체계의 한 요소를 조정할 때 다른 부분에 미칠 영향을 정확하게 알 수 있다.

목적의 순수성

같은 맥락으로 순수한 목적을 바탕으로 게임을 디자인해야 한다. 즉, 게임의 모든 구성 요소가 명확하게 정의된 단일 목적을 갖게 해야 한다. 불분명하거나 아무 이유 없이 존재하는 요소, 또는 두 가지 이상의 기능을 가진 요소가 없어야 한다. 그러자면 224쪽에 소개한 것과 같은 순서도를 사용해 게임 메커닉을 시각화하고, 각 메커닉의 관계와 목표를 정의할 수 있다. 이 방법을 통해 게임이 발전할수록 복잡해지는 규칙과 하위 체계의 난국이 발생하지 않게 예방할 수 있다. 이 원칙을 준수하면 요소를 조정해서 게임플레이의 여러 측면이 아닌 한 측면만 변경할 수 있으며, 무질서한 짐작을 통해서가 아닌 체계적인 방법으로 밸런스를 맞추는 작업을 진행할 수 있다.

연습 10.11: 목적의 순수성

자신의 독창적 게임 프로토타입에 아무 목적이 없는 부수적인 요소가 있는지 생각해 보자. 게임에서 중요성이 가장 낮은 요소를 제거하고 체계를 다시 테스트해 본다. 게임이 여전히 작동하는가? 완전한가? 밸런스가 맞는가? 다른 요소를 추가로 제거해 본다. 게임이 더는 작동하지 않을 때까지 게임에서 요소를 제거하고 다시 테스트해 본다. 이제 다시 디자인에 부수적인 요소가 있는지 생각해 본다.

한 번에 하나씩 변경한다

한 번에 하나씩 변경하는 습관을 들이자. 각 변경 후에는 전체 체계를 테스트하고 영향을 확인해야 하기 때문에 한 항목으로 변경을 제한하는 것이 번거롭게 느껴질 수 있다. 그러나 한 번에 두 개 이상의 변수를 변경하면 전체 체계에 어떤 변경이 어떤 영향을 끼쳤는지 구분하기가 어려워진다.

스프레드시트

체계의 밸런스를 맞추는 작업에 제대로 만든 스프레드시트만큼 유용한 것은 없다. 게임을 디자인하는 동안 엑셀과 같은 스프레드시트 프로그램을 사용해 모든 데이터를 정리해 두자. 게임을 밸런싱하는 작업을 훨씬 수월하게 진행할 수 있다.

스프레드시트를 작성할 때 게임의 구조를 반영하면 프로그래머와의 커뮤니케이션에 유용하게 활용할 수 있다. 스프레드시트를 처음 구성할 때는 가급적이면 기술 팀과 함께 작업하는 것이 좋다. 전투, 경제, 사회 등과 같은 게임 내의 각 하위 체계마다 별도의 상호 연결된 표로 만들어야 한다. 스프레드시트에도 목적의 순수성과 모듈화를 그대로 적용한다. 이 스프레드시트를 게임 디자인의 기반을 마련하는 시작 지점과 게임플레이를 개선하고 다듬는 완료 지점으로 동시에 활용하자.

연습 10.12 : 스프레드시트

연습 10.5에서 나열한 게임 변수를 엑셀과 같은 스프레드시트 프로그램에 입력해 보자. 스프레드시트의 구조가 게임 체계와 일치하게 해야 한다. 이제 이 도구를 활용해 게임의 밸런스를 맞출 수 있다.

결론

이제 여러분의 독창적 게임을 작동하고, 내부적으로 완전하며, 밸런스가 맞는 단계까지 진행했다. 이것은 디자인 프로세스의 마지막 단계인 개선을 시작할 준비가 끝났다는 의미다. 진행하기에 앞서 게임이 정말로 밸런스가 맞는지 '알아내는 방법'에 대해 간단하게 이야기하고자 한다. 지금까지 규칙, 도구, 그리고 방법을 모두 설명했지만 게임의 밸런스와 관련해서 사실 가장 필요한 것은 자신의 직감을 따르는 것이다.

앞서 간단히 언급했었지만 본능을 사용하는 방법을 책으로 배우기란 불가능하다. 직관은 천부적인 재능인 동시에 학습을 통해 습득하는 기술이며, 디자인 경험을 쌓을수록 직관은 더 날카로워질 것이다. 테스터가 눈썹을 찡그리기 전에 게임의 밸런스가 맞지 않는다는 것을 느낄 수 있고, 허점이나 막다른 골목을 즉시 발견하고 올바른 해결책을 구현할 수 있게 된다. 이 장의 목표는 여러분이 유리한 위치에 있게 하고, 가능하다면 게임 디자인에 대한 타고난 감각과 결합해 프로세스를 빠르게 마스터하며 게임의 잠재력을 극대화하는 능력을 기르는 것이다.

디자이너 관점: 브라이언 허시(Brian Hersch)

무한책임사원, 허시 앤 컴퍼니

브라이언허시는 CD-ROM 게임, DVD 게임, 그리고 TV 게임쇼를 위한 게임을 비롯해 모든 종류의 게임을 디자인했다. 그는 특히 타부, 송버스트, 아웃버스트, 트리비얼 퍼수트 DVD 팝 컬처, 우들스, 힐라리움, 스크루틴아이, 아웃 오브 컨텍스트를 비롯한 히트 보드 게임으로 잘 알려져 있다.

게임 업계에 진출한 계기

저의 창의적인 호기심을 자극했던 것은 트리비얼 퍼수트였지만 업계에 본격적으로 뛰어든 것은 당시 하고 있던 일 덕분에 게임과 급성장하던 성인용 게임 부문에 대한 시장을 조사한 것이 계기였습니다. 이러한 연구를 해석하면서 자연스럽게 이 시기에 하나로 통합되고 있던 여러 가지 사회학적 변화를 인식할 수 있었습니다. 불경기가 엔터테인먼트 예산에 영향을 주고 있었고, 경제적으로 어려워진 베이비붐 세대는 가정에서 여가를 즐기려고 하는 성향이 있었으며, 이들의 성향에 보드 게임이 맞았습니다. 충분히 기회가 있다고 판단했고 업계에 뛰어들었습니다. 다행히도 이러한 예상은 맞았고 창의적인 노력이 결실을 맺어서 여러 성공적인 게임들을 만들어냈습니다.

가장 좋아하는 게임

- ✓ **타부**: 제가 만든 게임이기도 하고 간단한 개념으로 재미있는 게임을 만들 수 있다는 것을 증명했기 때문에 선택했습니다.

- ✓ **카르두치(Carducci)**: 비록 제대로 상품화되지는 않았지만 제가 가장 자랑스러워하는 게임입니다. 창의적이고 재미있는 요소가 정말 많았고, 플레이해 본 사람들도 정말로 좋아했습니다. 비록 상품 가치를 알아본 회사는 없었지만 말입니다.

- ✓ **포커**: 친구들의 돈을 따는 것은 정말 재미있습니다.

- ✓ **트리비얼 퍼수트**: 잡동사니로 가득 차 있던 제 두뇌에 딱 맞는 게임이었고, 이 업계에 관심을 가지게 만든 촉매제 역할을 했습니다.

- ✓ **저의 최근 게임**: 저는 항상 일에 최선을 다하며, 정말 마음에 드는 수준이 아니면 게임을 내놓지 않습니다. 게임에 나오는 제 이름을 자랑스럽게 생각합니다.

영감

디자인에 대한 제 감각은 게임보다는 외부 요인에 영향을 더 많이 받은 것 같습니다. 물론 게임을 디자인하는 것이 직업이고 플레이 패턴과 뛰어난 엔터테인먼트를 이해하고 있기는 하지만 순수한 디자인의 관점에서는 게임보다는 예술, 사진, 건축, 독특한 상품, 혁신과 같은 게임 외의 분야에서 영감을 많이 얻습니다. 다른 게임 디자이너의 작품에 영향을 너무 많이 받거나 독창성에 대한 욕구가 줄어들까 우려하고 있는 것인지도 모르겠습니다.

디자인 프로세스

저는 창의성은 90%의 영감과 10%의 노력으로 이뤄진다는 이론을 지지합니다. 가끔은 이 이론을 테스트하기 위해 단서를 가지고 창의적 프로세스를 진행하려는 시도를 해 보지만 보통은 영감에 집중해서 엔터테인먼트를 만들어냅니다. 복잡하게 들리지만 결론은 모두 '재미'를 찾는 과정입니다. 저는 항상 새로운 조합을 찾으려는 욕구로부터 시작합니다. 플레이어 간에는 항상 물리적인 구성 요소와 상호작용 요구사항이 있지만 조합은 무한합니다. 주사위와 카드, 팀 또는 개인, 기술 또는 직감, 창의성 또는 기본적인 기술 등 올바른 조합을 찾아내는 것이 고전 게임과 잊혀지는 게임을 가르는 요인이고, 바로 이것이 예술입니다.

프로토타입

저는 프로토타입을 중요하게 생각합니다. 프로토타입도 처음에는 단순하고 간략하게 시작하지만 점차 부분을 개선하면서 게임의 경험을 향상합니다. 게임플레이를 제대로 판단하려면 테스트 플레이어가 구성 요소의 '아이디어'에 신경 쓰지 않게 해야 합니다. 예를 들어, 카드는 손으로 그려도 되지만 적어도 카드여야 합니다. 종이 한 장에 작성한 목록을 대신 사용하면 안 된다는 것입니다. 때로는 하나의 고유한 구성 요소가 게임의 독특함을 만들어내는 경우가 있습니다. 좋은 예로 타부의 버저가 있습니다. 원작 프로토타입에서는 제 차고 리모컨을 사용했는데, 적어도 버튼을 누르고 버저 소리를 듣는 데는 충분했습니다. 이 하나의 구성 요소가 게임플레이를 지원하고, 재미를 더했으며, 촉각을 느끼게 하고, 사용자를 구조로부터 자유롭게 했습니다.

네임버스트의 디자인 문제 해결

네임버스트에서 저희는 각 플레이어가 라운드당 한 번 이상 다른 플레이어와 팀을 맺을 수 있는 방법이 필요했습니다. 그런데 이와 함께, 일부 턴에서는 한 플레이어가 주고 동일한 '파트너'가 받아야 하는 요구사항도 있었습니다. 이해하기 쉬운 규칙을 생각해내려고 정말 많이 노력했지만 결국 해내지 못했습니다. 대신 다양한 플레이어 수에 적합한 일련의 카드를 만들었고, 이 카드를 점수 패드에 붙이고 슬라이더를 추가했습니다. 게임을 시작하면 슬라이더가 첫 번째 플레이어 쌍을 가리키며, 라운드마다 새로운 쌍을 가리킵니다. 그리고 주는 플레이어와 받는 플레이어도 지정하게 했습니다. 이것은 그 어떤 설명보다도 간결하고 명확한 물리적인 예시였습니다.

디자이너에게 하고 싶은 조언

모험을 하세요. 새로운 것을 시도하고 독창적으로 생각하세요. 사람들에게 엔터테인먼트를 제공하는 일을 하고 있다는 사실을 기억하세요. 사람들을 집중하게 하고, 웃게 하고, 시간 가는 줄 모르고 즐길 수 있는 방법을 제공한다면 성공한 것입니다. 그리고 자신의 독창적인 아이디어로 성공한다면 더 만족스러울 것입니다. 독창적인 것을 만들었다면 거절당하는 상황만 걱정하면 됩니다. 그리고 독창적인 일을 하는 방법은 무궁무진합니다.

디자이너 관점: 헤더 켈리
(Heather Kelley)

게임 디자이너

헤더 켈리는 게임 디자이너이며 주요 작품으로는 붉은수염 해적의 퀘스트(Redbeard's Pirate Quest) (1999), 씨프: 죽음의 그림자(2004), 스프린터 셀: 혼돈 이론(2005), 스타워즈: 리셀 얼라이언스(2006), GLEE(2006), 하이 스쿨 뮤지컬: 메이킨 더 커트!(2007)가 있다.

게임 업계에 진출한 계기

오스틴에서 대학원에 다니면서 성별과 기술에 대해 공부하고 있었는데 졸업하기 직전에 이곳에 사춘기 이전 소녀들을 위한 게임을 만드는 걸게임즈라는 회사가 문을 열었습니다. 곧바로 이 회사에 입사해서 이 회사의 첫 번째 게임이었던 렛츠 토크 어바웃 미(Let's Talk About Me!)에 연구원으로 참여했고, 곧이어 소녀들을 위한 게임, 엔터테인먼트, 그리고 커뮤니티를 제공하는 웹 사이트의 프로듀서와 콘텐츠 관리자로 자리를 옮겼습니다. 이후 10년 동안 여러 회사에서 스마트 장난감, PC, 콘솔, 그리고 휴대용 게임기 등에 관련된 일을 했습니다. 장소나 시기, 그리고 기술이나 경험이라는 면에서 저는 아주 운이 좋았던 것 같습니다.

영향을 받은 게임

저는 일반적으로 완전한 미적 패키지를 제공하고 주류에서는 벗어난 게임들을 좋아합니다.

✓ **TRS-80용 라카투(Raaka-Tu)**: 제가 플레이해 본 첫 번째 컴퓨터 게임(텍스트 어드벤처)이었는데 엔딩은 보지 못했습니다. 돌이켜 생각해 보면 디자인은 그리 좋지 않았지만(너무 높은 난이도) 이색적인 배경과 불가사의한 이벤트가 있었습니다.

✓ **아케이드용 드래곤즈 레어**: 완전히 다른 방법으로 상상력을 자극할 수 있다는 것을 보여 준 게임입니다. 물론 게임플레이의 난이도는 너무 높았고, 지금 관점에서는 전혀 새로울 것이 없지만 당시 오락실에서 주변의 게임들과는 완전히 다른 경험을 제공했고, 시각적 처리나 게임플레이 개념에서 분명한 대비를 보여 주었습니다.

✓ **PS1용 비브리본**: 유명한 음악 게임 디자이너 마사야 마츠우라(Masaya Matsuura)가 만든 초기의 비트 매칭 게임입니다. 이 게임에는 완전히 독창적인 벡터 그래픽, 훈훈하지만 기이한 사운드트랙, 흥미로운 리듬 콤보 게임플레이가 있지만 특히 자신의 CD를 사용해 레벨을 생성하는 기능이 놀라웠습니다. 이 게

임에서는 게임이 PS1 메모리에서 실행되는 동안 CD를 빼고, 자신의 CD를 넣어서 음악 컬렉션의 노래로 게임 레벨을 생성하는 기능이 있습니다. 이 사용자 생성 콘텐츠 개념은 상당히 시대를 앞선 개념이었고 코코로미의 이벤트 GAMMA 01 : 오디오 피드에 큰 영감을 제공했습니다.

✓ **드림캐스트용 씨맨**: 이 게임은 저를 여러 단계로 놀라게 했습니다. 우선 완전히 기이한 기본 개념(가상의 어항 속에서 자라는 사람 얼굴을 가진 말하는 애완용 물고기), 정교하게 다듬어진 음성 인식 체계(마이크 기본 제공, 대화 키워드를 이해하는 섬뜩하기까지 한 소프트웨어 기능), 그리고 물론 레너드 니모이(Leonard Nimoy)의 음성 인트로를 빼놓을 수 없습니다.

디자인 프로세스

저는 종종 제한이 설정된 작업을 하는 경우가 있는데, 이러한 작업의 프로세스는 처음부터 시작하는 작업과는 다릅니다. 제 개인적인 작업에서는 보통은 아이디어나 감정을 먼저 생각하고 플레이어에게 이러한 느낌이나 아이디어를 전달할 수 있는 상호작용이나 목표를 구상합니다.

프로토타입

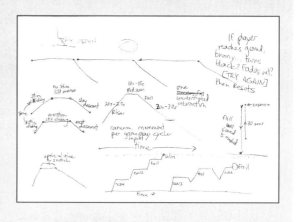

최대한 많이 사용하려고 노력합니다. 저는 프로그래머가 아니기 때문에 보통은 프로그래머와 함께 프로토타입을 제작합니다. 저는 우선 1~2페이지 길이로 아주 개략적인 디자인 문서를 종이에 작성합니다. 그런 다음 프로그래머와 만나서 아이디어에 대해 이야기하면서 구체적인 사항을 스케치하며, 문서로 만들어야 하는 다른 사항이 있는지 확인합니다. 그런 다음 문서와 대화 내용을 바탕으로 프로그래머가 상호작용을 코드로 구현하면 다시 이를 검토하면서 대화하고 이러한 프로세스를 계속합니다. 물론 때로 문서에서 좋아 보였던 아이디어가 생각과 다른 결과로 나오면 지금까지 작업한 내용을 모두 버리는 경우도 있습니다. 프로토타입이란 바로 이런 것입니다. 제가 디자인했던 게임의 프로토타입 제작 프로세스의 예를 보려면 코코로미의 첫 번째 게임이었던 GLEE의 게임 디자인 개발 과정(프로그래머의 관점)을 문서로 소개하는 웹 사이트를 방문해 보십시오(GLEE는 KISH 개발 단계에서 코드 이름이었습니다). http://code.compartmental.net/kish/

디자이너에게 하고 싶은 조언

게임 디자인 교육에서 문서 작성에 초점을 맞추는 경우가 많은 것 같습니다. 그렇지만 큰 그림을 볼 줄 알아야 합니다. 문서는 프로세스의 한 부분일 뿐 결과가 아닙니다. 아이디어와 구조를 전달하는 것이 목표이며, 필요한 수준 이상으로 문서를 만들지 않아야 합니다. 정보마다 최적의 매체를 선택해서 커뮤니케이션을 간결하게 유지하십시오. 스케치를 그리고, 순서도를 만들고, 네트워크에서 받은 이미지나 비디오를 참조로 사용해도 좋고, 물론 필요하다면 바닥에서 구르는 시범도 망설일 이유가 없습니다! 그리고 개념을 표현할 때는 가능하다면 대화식으로 작동하는 것을 만들면 좋습니다. 프로그래밍을 이해하고 있거나 배울 수 있다면 프로세싱, 플래시 또는 버툴(Virtools) 같은 개발 환경을 사용할 수 있습니다. 자신의 커리어 전체에 유연하게 사용할 수 있도록 꾸준히 커뮤니케이션 기술을 연마하십시오.

참고 자료

* On Numbers and Games - John Conway, 2001.

* Dice Games Properly Explained - Reiner Knizia, 2000.

* Infinite Game Universe: Mathematical Techniques - Guy W Lecky-Thompson, 2001.

* Games of No Chance - Richard J Nowakowski, 1998.

* Dungeons & Dragons Core Rulebook Set - Jonathan Tweet, Skip Williams, Monty Cook, 2003.

* An Introduction to General Systems Thinking, Silver Anniversary Edition - Gerald M Weinberg, 2001.

주석

1. David Owen. Invasion of the Asteroids. Esquire. 1981년 2월.

2. Ernest Adams. "A Symmetry Lesson," Gamasutra.com, 1998년 8월 16일.

3. 같은 출처.

4. Tim Ryan. "Beginning Level Design Part 2: Rules to Design by and Parting Advice," Gamasutra.com, 1999년 4월 13일.

5. Owen, Invasion of the Asteroids.

11장

재미와 접근성

핵심 아이디어를 처음 테스트했을 때, 그리고 게임의 기반과 구조를 처음으로 만들었을 때를 기억하는가? 이 시기에 우리가 걱정한 것은 아이디어가 재미있는지, 즉 게임에 사용하기에 적합한 아이디어인지에 대한 것이 전부였다. 이제 작동하고, 완전하며, 밸런스가 맞는 게임을 만들었으므로 이제는 다시 처음으로 돌아가서 처음에 생각했던 재미와 매력이 게임에 남아 있는지 확인할 차례다. 물론 지금까지 과정을 진행하는 동안 게임이 재미있는지 계속 주의를 기울였겠지만 이제는 재미와 접근성을 주요 초점으로 다뤄야 한다.

재미가 있는지 테스트하기 전에 먼저 '재미'의 의미를 생각할 필요가 있다. 아쉽게도 재미는 명확하게 정의하기 어려운 개념이다. 예술과 엔터테인먼트의 여러 측면과 마찬가지로 재미는 주관적이고, 상황에 따라 다르며, 개인적 취향과 밀접한 관계가 있다. 설거지를 하면서 재미를 느끼는 사람도 있고(보통 사람은 그렇지 않지만), 악당을 쏘는 것이 재미있다고 생각하는 사람도 있다. 전략 게임만 즐겨 하는 사람이 있는 반면, 기술이나 민첩성이 요구되는 게임을 더 좋아하는 사람도 있다.

테스트 프로세스를 위한 유용한 가이드라인을 정하려면 우선 게임이 재미있어야 하는 이유를 알 수 있어야 한다. 게임은 자발적인 활동이며, 높은 수준의 참여가 필요하다. 영화나 텔레비전과는 달리 게임은 플레이어가 플레이를 중단하면 더는 진행되지 않는다. 즉, 게임에 감성적 매력이 없으면 플레이어는 더는 플레이하지 않거나 애초에 게임을 시작하지 않는다. 즉, 재미는 감성적 매력이다. 플레이어가 게임을 선택하고, 플레이해 보고, 계속 플레이하게 만드는 모든 감성적 및 극적 요소는 일반적으로 플레이어에게 게임을 재미있게 만드는 것이 무엇인지 물었을 때 얻을 수 있는 대답과 일치한다. 니콜 라자로는 302쪽 관련 기사에서 네 가지 다른 종류의 재미로 쉬운 재미, 어려운 재미, 진지한 재미, 그리고 사람에 대한 재미를 소개했다. 이러한 특성이 바로 다음 단계에서 게임을 테스트할 때 우리가 주의해서 살펴봐야 하는 특성이다.

게임이 재미있는가?

게임이 재미있는지 여부는 어떻게 알 수 있을까? 지금쯤이면 아마도 대답을 알 수 있을 것이다. 즉, 플레이테스터에게 물어보면 된다. 그러나 플레이테스터는 어디에 재미가 부족한지에 대해서는 제대로 대답하지 못하는 경우가 많기 때문에 직접 재미의 요소를 식별할 수 있는 도구가 필요하다.

게임의 동적 요소에 대해 설명하면서 플레이어가 형식적 체계에 몰입하게 하고 감성적으로 연결하는 요소를 소개했다. 도전, 플레이, 그리고 스토리는 모두 플레이어를 매료시키고 결과를 보기 위해 계속 플레이하게 하는 감성적 고리를 제공한다.

도전

4장 106쪽에서 게임이 제공하는 도전이 참가자의 기술 수준에 완벽하게 맞춰져 있을 때 플레이어가 느끼는 '흐름'의 상태를 포함해 도전의 몇 가지 요소에 대해 이야기했다. 다음 목록은 게임의 재미를 테스트할 때 생각해야 하는 가장 중요한 도전의 측면에 대한 몇 가지 고려 사항과 질문을 담고 있다. 이러한 질문을 직접, 그리고 테스터와 함께 고려해서 게임에서 도전이 제대로 작동하는 부분과 개선이 필요한 부분을 알아내자.

목표 달성 및 초월

목표를 달성하려는 욕구는 인간의 기본적인 욕구다. 게임에서 이러한 욕구를 활용하려면 어떻게 해야 할까? 게임에 궁극적인 한 가지 목표가 있는가? 아니면 과정에 하위 목표가 있는가? 중간 목표를 제공하면 플레이어에게 게임의 엔딩을 향한 긴 여행을 위한 감성적 에너지를 충전할 수 있다. 목표가 너무 어렵거나 너무 쉽지 않은가? 명확하게 정의돼 있는가? 목표가 가려져 있지는 않은가? 플레이테스터가 게임을 하는 동안 자신의 목표를 말로 표현하도록 요청한다. 그러면 테스터들이 원래 계획대로 목표에 집중하고 있는지, 아니면 범위를 벗어나고 있는지 이해하는 데 도움이 된다.

상대와의 경쟁

경쟁 역시 우리의 본성이며, 멀티 플레이어 체계를 통한 직접적인 것이든 아니면 순위나 다른 기준을 통한 간접적인 것이든 관계없이 게임의 기본적인 과제로 경쟁을 활용할 수 있다. 우리는 자신의 기술, 지능, 힘, 그리고 단순한 운을 다른 사람과 비교하는 것을 좋아한다.

게임 안에 경쟁을 넣을 기회를 놓치고 있지는 않은가? 일 대 일 방식의 테스트인 경우 플레이어들이 대화하는 내용을 들어 보자. 테스터가 다른 장소에 있다면 대화를 나눌 기회를 마련하자. 플레이테스트 중에 자연스럽게 플레이 상대의 기를 꺾기 위한 말이나 놀리는 말, 잘난체하는 말 등은 모두 게임에서 경쟁을 유도하는 것이 무엇인지 알려주는 좋은 힌트다.

개인의 한계 극복

우리 자신이 세운 목표는 다른 사람이 세운 목표보다 훨씬 강력한 의미가 있다. 본인의 한계는 다른 어떤 게임 디자이너보다도 본인이 잘 안다. 자신이 목표를 세우고 이러한 개인적 한계를 극복하면 그 어떤 게임 보상보다도 큰 성취감을 느낄 수 있다.

널리 알려진 게임 중에는 플레이어가 자신의 목표

를 설정할 수 있는 게임이 있다. 물론 모든 플레이어가 이러한 체계를 즐기는 것은 아니며 너무 자유롭다고 생각하는 플레이어도 있다. 여러분의 게임에서 이러한 체계를 사용할 수 있을까? 이러한 유형의 자유를 제공할지 결정하려면 우선 게임의 잠재적인 사용자 층에 대해 알아야 한다.

플레이테스터에게 게임을 하는 동안 개인적인 목표를 말로 표현하도록 요청한다. 테스터들이 자신의 목표를 설정하고 있고, 이런 기능이 있다는 것을 좋아하는가? 플레이어들은 게임의 목표 달성이 어렵다는 것을 알지만 성취감을 느끼고 싶을 때 체계 안에서 자신만의 중간 목표를 설정하는 경우가 많다.

어려운 기술의 연습

기술을 배우기는 어렵지만 기술을 마스터하면 그 과정에서 보람을 느끼고, 특히 기술을 자랑할 수 있게 되면 더욱 큰 만족감을 느끼게 된다. 플레이어에게 배우기 어려운 기술을 제공하는 것은 도전이지만 이 기술을 마스터하고 활용할 충분한 기회를 제공하지 않으면 이 도전에 의미가 없다. 그리고 5분짜리 튜토리얼로 기술을 마스터할 수 있는 것은 아니라는 점을 기억하자. 새로운 기술을 배우는 데는 많은 시간과 시도가 필요하다. 노력하는 과정에 플레이어에게 보상을 제공하면 배우는 과정을 더욱 즐겁게 만들 수 있다.

그림 11.1 개인적인 목표 설정: 심시티

흥미로운 선택

게임 디자이너 시드 마이어는 말하기를 "게임은 일 련의 흥미로운 선택이다"고 했다. 이러한 선택에는 테트리스에서 블록을 놓을 위치부터 워크래프트 II 에서 생산할 피온의 수까지 다양한 종류가 있다. 기 억할 것은 이러한 선택에 결과가 따른다면 선택이 흥미롭지만, 그렇지 않으면 단순한 방해에 불과하다 는 것이다. 여러분의 게임이 겁나기 따르는 선택을 제공하는가? 플레이어가 단순히 마이크로-매니지 먼트를 하고 있지는 않은가? 플레이어들이 이러한 선택을 하면서 결과를 인식하고 있는가? 플레이어 가 신중하게 선택을 고려해야 하는 딜레마를 제공하 는 것은 플레이어에게 도전을 제공하는 훌륭한 방법 이다.

플레이테스터에게 플레이하는 동안 내린 선택의 결과를 어떻게 예상하는지 질문해 본다. 결정에 영 향을 주는 요인은 무엇인가? 이들의 생각이 옳은가? 아니면 아무렇게나 결정을 내리고 있는가? 아무렇 게나 내리는 결정에서는 행동에 대한 플레이어의 책임감이 사라진다. 플레이어가 게임에서 내리는 전체적, 그리고 세부적 선택을 개선하는 방법은 무 엇인가?

플레이

게임은 도전을 제공하기도 하지만 플레이의 공간이 기도 하다. 4장에서 설명했듯이, 플레이의 유형은 플레이어의 유형만큼이나 다양하다. 여러분의 게임 에서는 어떤 유형의 플레이가 가능한가? 이러한 기 회를 최대한 활용하고 있는가? 다른 플레이어 유형 을 위해 다른 플레이 영역을 제공할 수 있는 여지가 있는가? 아니면 하나의 플레이어 유형을 위해 플레

이의 깊이를 더하길 원하는가? 이러한 자연스러운 플레이 유형의 관점에서 여러분의 게임에 대해 생각 해 보자.

환상의 실현

기쁨, 로맨스, 자유, 모험 등에 대한 사람의 욕구는 강력한 힘이다. 대부분의 사람들은 가끔씩 우주 비 행사, 스노우 보더, 장군, 랩 가수처럼 자신과는 다 른 사람이 되기를 꿈꾼다. 플레이어가 잠시나마 이 런 환상을 실현할 수 있게 해 준다면 플레이어가 좀 더 열성적으로 게임에 참여하게 할 수 있을 것이다. 롤플레잉 게임은 이러한 환상 플레이에 기반을 두고 있지만 모든 게임에서 사람들의 환상을 활용할 수 있다. 여러분의 게임에서 플레이어에게 제공하는 열 망은 무엇인가? 어떤 환상을 실현하고 있는가?

이 개념을 창의적인 플레이 시나리오로 확장하면 플레이어가 실현하고자 하는 환상이 아니고 플레이 어 개인의 윤리에 어긋날 수도 있는 시나리오를 탐 색할 수 있다. 예를 들어, GTA III가 이러한 시나리 오에 해당한다. 범죄에 대한 환상이 없는 플레이어 라도 이 게임에 매력을 느낄 수 있다.

그림 11.2 흥미로운 선택: 문명 III

그림 11.3 환상의 실현: 스타워즈 갤럭시

사회적 상호작용

사람들은 서로 상호작용하기를 좋아한다. 게임은 게임 자체에 대한 사회적 상호작용이나 플레이어가 게임으로 가져오는 관계에 대한 사회적 상호작용을 위한 놀라운 공간을 제공한다. 게임에 이 요소를 추가하면 게임이 출시된 후에도 많은 플레이어가 오랫동안 게임에 머물게 하는 예상치 못했던 발생적 현상이 일어난다. 탄탄한 사회적 상호작용을 보이는 온라인 게임에서는 공식 서버와 게임에 대한 지원이 끝난 후에도 게임을 할 수 있는 방법을 찾을 정도로 충실한 플레이어들을 흔히 볼 수 있다. 여러분의 게임에서는 잠재적 사회적 상호작용을 충분히 활용하고 있는가? 사람들이 만날 수 있는 시간과 기회를 제공했는가?

탐험과 발견

미지의 세계를 탐험하는 것만큼 스릴 넘치는 일도 없을 것이다. 플레이어에게 이러한 모험을 약속하고 이를 이행한다면 황홀한 경험을 제공할 수 있다. 대부분의 훌륭한 어드벤처, RPG 및 FPS 게임에는 예외 없이 탐험의 요소가 들어 있다. 무언가를 발견하는 경험은 마법과도 같지만 낯선 모퉁이를 돌 때의 두려움, 뭔가를 발견했다고 생각할 때의 기대감, 길을 잃는 데 대한 공포, 그리고 발견의 흥분을 제대로 느끼도록 만들기란 쉬운 일이 아니다. 비밀의 보물을 향한 올바른 방향을 힌트로 제공하고 있는가? 플레이어를 도우면서도 탐험의 과정이 기계적인 작업이 되지 않게 해야 한다. 자신이 직접 모험을 경험해보자. 새로운 등산로로 하이킹하거나 지역에서 아직 가 보지 않은 동네를 가 본다. 그 과정에서 느낀 감정에 대해 생각해 보고 이러한 느낌을 플레이어에게 제공하는 방법을 생각해 본다.

수집

고대의 사냥과 채집 사회에서는 필요성 때문에 수집 활동을 했지만 게임에서 플레이어가 수집품을 모으고 여기에 집중하는 기회는 훌륭한 경험이 될 수 있다. 카드 게임과 같이 한 게임 동안에만 유지되는 것이든, 아니면 매직 더 게더링이나 유희왕 트레이딩 카드처럼 몇 년에 걸쳐 많은 돈을 들여서 모으는 것이든, 다양한 유형의 플레이어가 이러한 수집에서 재미를 느낀다.

시뮬레이션

느낌과 상상력을 시뮬레이트하는 게임은 특별한 경험을 제공한다. 몰입도 높은 3D 그래픽이나 서라운드 사운드 또는 플레이어가 직접 일어서서 모험가나 테니스 선수처럼 움직일 수 있게 하는 위(Wii) 컨트롤러와 같은 감각 시뮬레이션은 재미 요소를 더한다. 이제는 모션 센서, 카메라, 발판, 기타, 봉고, 생체 자기 제어 장치, 그리고 그밖의 다양한 부속 장치를 포함한 새로운 컨트롤 체계를 활용해 혁신적인 게임플레이를 디자인할 수 있는 기회가 많아졌다.

자기 표현과 공연

사람에게는 예술이나 문학 또는 게임 세계의 캐릭터와 같은 다양한 형태로 자기 자신을 표현하고자 하는 욕구가 있다. 플레이어에게 자신을 표현하고 창의성을 발휘할 기회를 부여하면 매력적인 환경을 만들고 게임에 새로운 차원을 더할 수 있다.

건설/파괴

건설은 플레이어가 게임에 노력을 쏟게 만드는 훌륭한 도구다. 뭔가를 만든다는 것은 그것이 도시, 군대, 우주 식민지 또는 캐릭터 중 어떤 것이 됐던 즐거운 일이다. 반면 우리는 뭔가를 만드는 것만큼 파괴하는 데서도 재미를 느낄 수 있다.

단지 허무는 재미를 위해 모래성을 만드는 사람들을 보면서 이러한 두 가지 재미를 모두 확인할 수 있다. 플레이어에게 건설과 파괴의 기회를 제공하면 다른 종류의 재미를 제공할 수 있으며, 두 가지 모두 게임을 성공적으로 만들 수 있는 잠재력이 있다.

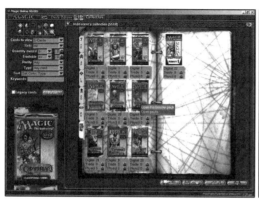

그림 11.4 매직 더 게더링 온라인: 카드 수집 화면

그림 11.5   파괴: 헐크

이야기

이야기는 게임을 재미있게 만들기 위한 필수 조건은 아니지만 감성을 자극하는 강력한 메커니즘으로 활용할 수 있다. 이야기는 엔터테인먼트이자 커뮤니케이션의 가장 오래된 형식 중 하나이며, 우리는 모두 이야기하고 들으려고 하는 욕구를 가지고 있다. 극적 요소를 게임에 통합함으로써 환상적인 서술과 스토리텔링의 경험을 구현할 수 있다.

4장에서 설명했듯이 게임의 드라마는 기존의 이야기와는 다른 곳에서 나온다. 영화나 소설에서는 내적 및 외적 장애물을 극복하려고 노력하는 캐릭터에 대한 감정 이입에서 드라마가 나오며, 이를 공감(empathy)이라고 한다. 반면 게임에서는 장애물을 극복하려고 노력하는 자신에게서 드라마가 나오며, 이를 대리감(agency)이라고 한다. 공감과 대리감의 차이는 이를 사용해서 드라마를 만들어야 하는 게임

디자이너에게는 아주 어려운 문제다. 여러분의 게임의 드라마에 대한 다음과 같은 질문을 해 보자.

✓ 매력적이고 창의적인 전제가 있는가?

✓ 고유한 캐릭터가 있는가?

✓ 줄거리가 게임플레이를 주도하는가? 아니면 게임플레이에서 파생되는가?

✓ 이야기가 게임에 도움이 되는가? 아니면 손해가 되는가?

✓ 이야기와 캐릭터 등이 제대로 작동하는 이유와 그렇지 않은 이유는 무엇인가?

다른 게임의 매력 분석

앞의 목록에서는 제대로 실행했을 때 게임의 매력을 향상시킬 수 있는 여러 요소를 소개했다. 그러나 이 요소를 모두 게임에 넣으려고 시도하지는 말자. 이

보다는 게임 개념이 제공하는 핵심적인 즐거움을 분석하고 명확하게 플레이어에게 전달하는 것이 중요하다. 다음은 몇 가지 유명한 게임의 예에서 이러한 요소를 통합한 방법을 확인해 보자.

월드 오브 워크래프트

- ✓ 캐릭터를 성장시킨다는 주요 목표와 함께 퀘스트, 모험 및 임무와 연관된 작은 목표
- ✓ 가장 강력하고, 유명하며, 인기 있는 플레이어가 되기 위한 플레이어 간 경쟁
- ✓ 마법과 모험의 세계를 여행하는 환상
- ✓ 온라인을 통한 다른 플레이어와의 사회적 상호작용
- ✓ 거대하고 독특한 판타지 세계의 탐험
- ✓ 아름다운 3D 그래픽과 사운드
- ✓ 롤플레잉을 통한 자기 표현
- ✓ 세계와 캐릭터에 대한 방대한 배경 이야기와 전설
- ✓ 캐릭터 생성, 재산 축적, 물품 수집, 그리고 몬스터 및 다른 플레이어(원하는 경우)의 파괴
- ✓ 소지품 수집

모노폴리

- ✓ 보드의 모든 부동산을 소유한다는 목표
- ✓ 플레이어 간의 경쟁
- ✓ 부동산 왕국을 건설한다는 환상
- ✓ 다른 플레이어와의 사회적 상호작용, 부동산 거래 등
- ✓ 주택, 호텔, 그리고 모노폴리의 건설/파괴
- ✓ 부동산 수집

테트리스

- ✓ 모든 블록 행을 없앤다는 목표
- ✓ 신나는 음악, 화려한 색의 블록
- ✓ 한 행으로 모든 블록을 수집
- ✓ 블록으로 행 만들기/파괴하기

여기서 볼 수 있듯이, 월드 오브 워크래프트에서는 10가지의 고유한 도전과 플레이의 요소를 확인했으며, 모노폴리와 테트리스에서는 각각 6가지와 4가지 요소를 확인했다. 이러한 게임은 각자의 영역에서 큰 성공을 거뒀고, 요소의 수와 게임에서 플레이어가 느끼는 즐거움의 크기 간에는 직접적인 관련이 없다. 테트리스는 세계에서 가장 중독성이 높은 게임이지만 그러면서도 아주 단순하다. 게임을 재미있게 만든다는 것은 가능한 모든 도전이나 플레이를 포함하는 것이 아니라 올바른 조합을 찾아내는 것이다. 이를 해낸다면 플레이어를 즐겁게 만들고 여러분의 게임에 관심을 갖게 할 수 있다.

연습 11.1 : 도전과 플레이

월드 오브 워크래프트와 모노폴리, 테트리스를 분석한 것과 같은 방법으로 자신의 독창적인 게임 프로토타입에 있는 도전과 플레이의 기회를 분석해 보자. 플레이어가 해결해야 하는 도전의 종류와 플레이어가 환상이나 플레이를 통해 자신을 나타낼 수 있는 방법을 나열한다. 이러한 요소가 상호작용해서 게임을 더 재미있게 만드는 방법, 또는 이러한 요소를 개선하는 방법을 설명한다.

플레이어의 선택 개선

선택은 게임플레이의 재미에서 가장 강력한 측면 중 하나이므로 좀 더 자세하게 살펴볼 필요가 있다. 선택을 흥미롭게 만들거나 흥미를 떨어뜨리는 요소는 무엇일까? 선택을 더욱 흥미롭게 디자인하는 방법은 무엇일까?

선택의 가장 중요한 측면은 선택에 따르는 결과다. 플레이어가 게임에 집중하게 하려면 각 선택에 따라 게임의 진행이 바뀌어야 한다. 즉, 결정에 따라 잠재적으로 긍정적 면이나 부정적 면이 있고, 긍정적 상황에서는 플레이어가 게임에서 승리에 한 걸음 다가설 수 있지만 부정적 상황에서는 승리할 가능성이 낮아질 수 있음을 의미한다. 이 개념을 종종 '위험 대비 보상'이라고 하며, 우리는 게임뿐 아니라 일상생활에서 매일 이러한 선택의 기로에 놓인다. 시드 마이어가 말한 '흥미로운 선택'이란 게임이 플레이어가 승리하는 능력에 직간접적 영향을 미치는 결정을 지속적으로 제공해야 한다는 것이다. 이것은 중요하고 결과가 따르는 결정을 플레이어에게 요구함으로써 게임의 이야기 요소와 드라마, 그리고 긴장감을 자연스럽게 발생시킬 수 있기 때문이다.

이것은 디자이너가 반드시 추구해야 하는 특성이다. 그렇지만 게임에서 선택에 중요한 의미를 부여하려면 어떻게 해야 할까? 시작하려면 우선 한 걸음 물러서서 자신의 게임을 분석해 보자. 연습 7.8에서 만든 게임플레이 다이어그램을 확인하고 여기서 플레이어가 내리는 결정에는 어떤 유형이 있는가? 이러한 결정이 중요한 의미가 있는가? 아니면 주 목표와 별로 관계가 없는가? 이를 분석하기 위해 그림 11.6에 나오는 결정 등급이라는 개념을 사용한다.

자신의 게임에 하찮음 또는 사소함에 해당하는 결정이 많다면 문제가 있는 것이며, 디자인으로 돌아가서 플레이어에게 제공하는 선택에 대해 다시 고려해야 한다. 선택을 더 중요하게 만들 수 있는 방법이 있을까? 방법이 없다면 이런 선택은 게임에 도움이 되지 않고, 오히려 경험에 방해가 될 수 있으므로 대부분 제거하는 것이 맞다. 이제 다이어그램에서 더 높은 곳에 있는 결정을 보자. 이러한 범주에 해당하는 플레이어의 결정을 만들 수 있는 방법이 있는가? 플레이어가 원하는 것이 바로 이런 결정이다.

그러나 플레이어에게 제공하는 모든 결정이 생사를 가르는 결정일 필요는 없다. 논스톱 액션도 역시 지루할 수 있으며, 쉴 새 없는 게임의 물결 중간에서 휴식을 제공해서 다음 물결에 대비하고 준비하게 해야 한다.

진정으로 매력적인 게임에는 여러 단계의 오르막과 내리막이 있다. 중요성이 높고 낮은 선택을 제공하면서 게임을 진행하고, 게임이 진행될수록 점차 결정의 중요성을 높이면서 긴장을 고조시키며, 게임의 절정에 이르러서는 모든 것이 균형을 이루게 하는 것이다. 이 구조는 4장 125쪽에서 본 극적 곡선과 동일하다.

결정의 유형

게임의 결정이 흥미로워야 한다고 말하기는 쉽지만 흥미로운 결정과 그렇지 않은 결정이 생기는 이유는 뭘까? 그 해답은 플레이어가 내리는 결정의 유형에 달렸다. 예를 들어, 플레이어가 두 가지 무기 중 하나를 선택해야 할 때 두 무기의 차이가 미세하

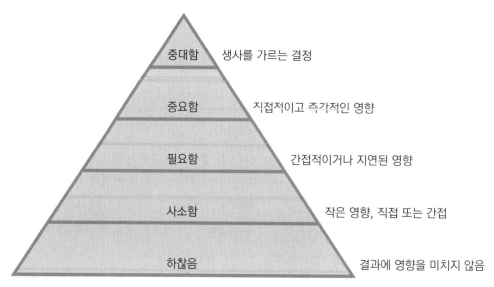

그림 11.6 **결정 등급**

다면 플레이어가 생사를 가르는 상황에 놓여있어도 무기의 차이는 플레이어의 결정에 별로 영향을 주지 않을 것이다. 결정을 흥미롭게 만들려면 각 무기가 플레이어의 승리 가능성에 크게 다른 영향을 미쳐야 한다.

그러나 결정이 너무 쉬워도 역시 결정의 가치가 없다. 예를 들어, 용을 처치하는 데 황금 화살이 필요하다는 것이 분명하다면 이것을 선택이라고 할 수 없다. 플레이어가 다른 것을 시도하는 위험을 감수할 이유가 없기 때문이다. 이 결정은 분명 생사를 가르는 것이지만 무의미하다. 황금 화살의 힘을 알고 있다면 플레이어는 항상 황금 화살을 선택할 것이며, 모르고 있다면 이것은 결정이 아니라 아무렇게나 내린 선택이다.

이 결정을 흥미롭게 만들려면 황금 화살이 좋은 선택이지만 지금 사용해버리면 나중에 악한 마법사와 싸울 때 어려워질 수 있음을 플레이어가 알아야 한다. 이 결정이 정말 극적인 결정이 되려면 두 선택

에 각기 다른 결과가 따라야 한다. 플레이어가 지금 화살을 사용하지 않으면 플레이어가 아끼는 동료 캐릭터가 전투 중 용의 불길에 죽을 수 있다. 그러나 지금 화살을 써버리면 나중에 악한 마법사를 상대하기가 훨씬 어려워진다. 갑자기 선택의 결과라는 요소가 더해지면서 결정이 훨씬 복잡해진다.

다음은 몇 가지 결정의 유형이다.

✓ 무의미한 결정: 진정한 결과가 없음

✓ 뻔한 결정: 진정한 결정이 아님

✓ 사전 정보 없이 내린 결정: 임의의 선택

✓ 정보를 바탕으로 내린 결정: 플레이어에게 충분한 정보가 제공된 경우

✓ 극적인 결정: 플레이어의 감정 상태에 따라 내린 결정

✓ 가중된 결정: 양쪽의 결과를 감안해서 내린 결정

✓ 즉각적 결정: 즉각적 영향이 있음

✓ 장기적 결정: 장기적으로 영향을 미치는 결정

황금 화살의 예는 여러 가지 유형이 조합된 결정이다. 우선 플레이어가 현재 상황에 대해 많이 알고 있으므로 정보를 바탕으로 내린 결정이고, 아끼는 동료에 대해 감정적 애착을 느끼므로 극적인 결정이며, 양쪽의 결과를 감안하므로 가중된 결정이고, 용과 전투에 영향을 미치므로 즉각적 결정이며, 나중에 악한 마법사와 전투에 영향을 미치므로 장기적 결정이다. 이러한 모든 조건이 황금 화살을 사용할 것인지에 대한 결정을 중대한 결정으로 만들고, 게임을 흥미롭게 만든다.

연습 11.2 : 결정의 유형

자신의 독창적인 게임에서 플레이어가 내릴 수 있는 결정의 유형을 분류해 보자. 무의미한 결정, 뻔한 결정 또는 사전 정보 없이 내린 결정이 있는가? 있다면 이러한 선택을 다시 디자인한다.

게임의 모든 결정이 황금 화살의 예처럼 복잡해야 하는 것은 아니다. 무의미한 결정, 뻔한 결정 또는 사전 정보 없이 내린 결정이 아니라면 단순한 결정도 괜찮다. 물론 게임에는 순수한 창의적, 표현적 또는 탐구적 결정을 위한 영역이 있지만 일반적으로는 결정이 아닌 문제로 플레이어의 시간을 낭비하지 말아야 한다. 한 가지 유형의 의사결정에 의존하기보다는 게임의 흐름에 따라 플레이어가 흥미와 매력을 느끼는 결정 유형의 밸런스를 찾는 것이 더 중요하다.

딜레마

딜레마란 플레이어가 선택의 결과를 따져 봐도 최적의 해답을 찾을 수 없는 경우다. 플레이어가 무엇을 선택하든지 얻는 것과 잃는 것이 있다. 딜레마는 역

설적이거나 되풀이되는 경우가 많다. 플레이어가 게임에서 승리하기 위해 노력하는 과정에 적절하게 딜레마와 선택을 배치해서 플레이어에게서 감성적인 반향을 일으킬 수 있다.

수학자 존 폰 노이만은 게임과 비슷한 상황에서 플레이어가 선택을 내리는 방법과 게임 기반 및 현실 세계의 딜레마에서 충돌이 해결되는 방법을 연구하기 위해 딜레마를 프레임워크로 활용했다. 그가 공동으로 연구한 수학 및 경제 분야를 '게임 이론'이라고 하는데, 이 책에서 설명하는 게임과는 조금 다른 분야지만 이 방법론에 대한 연구 내용은 여러분의 게임이나 다른 디자이너의 게임에서 플레이어의 선택을 연구하는 데 유용할 수 있다.

폰 노이만은 딜레마를 이해하기 위해 움직임이라는 아주 간단한 구조로 딜레마를 분리했다. 각 움직임은 매트릭스에 다이어그램으로 표시되며, 각 플레이어와 관련된 각 전략의 잠재적인 결과를 나타낸다. 이 개념을 좀 더 명확하게 이해하는 데 도움이 되도록 움직임 구조와 결과 매트릭스가 포함된 전통적인 예를 살펴보자.

케이크 자르기 시나리오

한 엄마가 두 아이에게 나눠줄 케이크를 자르려고 한다. 엄마는 아이들이 큰 조각을 차지하기 위해 싸우지 않도록 아이를 각각 '자르는 사람'과 '고르는 사람'으로 지정한다. 그리고 자르는 사람이 케이크를 자르면 고르는 사람이 원하는 조각을 고르게 한다. 두 아이가 모두 큰 조각(즉, 게임에서 승리)을 원한다고 가정하면 각 플레이어의 잠재적인 전략, 아이들이 당면한 딜레마, 각각의 잠재적인 결과를 보여 주는 충돌을 다이어그램으로 그릴 수 있다.

여기서 볼 수 있듯이, 아이들은 각기 두 가지 전략을 선택할 수 있다. 케이크를 완벽하게 같은 크기로 자른다는 것은 불가능하기 때문에 최대한 비슷한 크기로 자르거나, 아니면 한 조각을 다른 조각보다 확실하게 크게 다를 수 있다. 비록 아주 미세한 차이가 있더라도 조각의 크기는 서로 다르기 때문에 고르는 사람은 작은 조각이나 큰 조각 중 하나를 선택할 수 있다.

각 아이가 선택 가능한 두 가지 전략을 조합한 결과 매트릭스를 보면 이 시나리오에 아이마다 최적의 시나리오가 있음을 알 수 있다. 앞서 아이들은 서로 큰 조각을 차지하기를 원한다고 이야기했다. 따라서 고르는 사람의 최적의 전략은 더 큰 조각을 선택하는 것이다. 반면, 자르는 사람은 최대한 똑같이 자르는 것이 최대한 큰 조각을 차지하기 위한 최적의 전략이다. 각 아이의 최적의 전략은 고르는 사람이 약간 큰 조각을 가지는 첫 번째 결과에서 만난다.

케이크 자르기 시나리오는 제로섬 게임의 예로서, 즉 게임에서 얻은 양의 합이 잃은 양의 합과 정확하게 일치한다. 이 경우 고르는 사람의 이익은 자르는 사람이 손해 본 양이다. 제로섬 게임의 특성상 플레이어의 이익은 서로 정반대로 배치되며, 한 플레이어의 손실이 그대로 다른 플레이어의 이익이 된다.

이 연구에서 폰 노이만은 이러한 본질의 게임에서 각 플레이어마다 주어진 상황에 최적의 결과를 얻을 수 있는 최적의 전략이 있다는 사실을 발견했다. 그는 이 개념을 '미니맥스 이론'이라고 불렀다.

미니맥스 이론에서는 플레이어 두 명이 참가하는 제로섬 게임의 경우 게임 안에서 합리적인 선택을 하는 방법이 있음을 알려준다. 모든 플레이어를 위한 최적의 전략은 '최소한의 잠재적 결과를 극대화'하는 것이다. 케이크 자르기 예의 경우, 자르는 사람은 게임을 승리할 수 없기에 자신이 받을 수 있는 케이크의 크기를 극대화하는 것이 최적의 전략이다.

고르는 사람의 전략

	큰 조각을 고른다	작은 조각을 고른다
최대한 똑같이 자른다	**고르는 사람이 약간 큰 조각을 가진다**	고르는 사람이 약간 작은 조각을 가진다
한 조각을 크게 자른다	고르는 사람이 큰 조각을 가진다	고르는 사람이 작은 조각을 가진다

자르는 사람의 전략

그림 11.7 케이크 자르기 시나리오 결과 매트릭스

간단하게 최적의 전략을 찾을 수 있는 게임은 수학자에게는 흥미로운 연구 대상이지만 게임 디자이너는 이러한 게임을 피해야 한다. 케이크 자르기와 같이 단순한 게임을 플레이어에게 제공하면 항상 최적의 경우만 선택하므로 언제나 같은 결과가 나온다. 어떻게 하면 플레이어가 위험과 보상이라는 면에서 각 움직임의 잠재적인 결과를 비교해야 하는, 즉 진정한 딜레마가 있는 좀 더 복잡한 시나리오를 만들 수 있을까?

1950년대 랜드(RAND) 연구소의 두 과학자는 이보다 더 결과 구조가 복잡한 시나리오를 만들었다. 죄수의 딜레마라고 불렸던 이 간단한 전투 게임은 제로섬이 아닌 게임에서 각 플레이어에게 최적의 전략이 둘 모두에게 차선의 결과일 수 있음을 보여 주었다.

죄수의 딜레마

두 명의 범죄자가 경찰에 체포됐다. 이 예에서는 두 명의 범죄자를 각각 마리오와 루이지라고 부르기로 하자. 마리오와 루이지는 의사소통이 불가능한 다른 방에 격리 수용됐다. 검사는 이 두 명에게 거래를 제안하고 공범에게도 같은 거래를 했음을 알려 준다. 거래 내용은 다음과 같다. 만약 한 명이 공범을 밀고하고 다른 한 명이 혐의를 부인하면 밀고한 사람은 풀려나지만 부인한 사람은 5년형을 받는다. 둘 다 혐의를 부인하면 정황 증거가 불충분하므로 둘 다 1년형을 받는다. 둘 다 공범을 밀고하면 둘 다 3년형을 받는다. 그림 11.8에는 가능한 각 전략의 결과 매트릭스가 나온다.

케이크 자르기 딜레마에 대한 최적의 전략을 결정할 때 사용한 것과 동일한 프로세스를 사용해서 마리오의 최적의 전략은 루이지를 밀고하는 것임을 알 수 있다. 루이지를 밀고하면 마리오는 3년형을 받거

마리오의 전략

	루이지를 밀고함	밀고하지 않음
마리오를 밀고함	마리오 = 3년형 루이지 = 3년형	마리오 = 5년형 루이지 = 0년형
밀고하지 않음	마리오 = 0년형 루이지 = 5년형	마리오 = 1년형 루이지 = 1년형

루이지의 전략

그림 11.8 죄수의 딜레마 결과 매트릭스

나 풀려난다. 루이지를 밀고하지 않으면 1년형이나 5년형을 받는다. 루이지의 최적의 전략 역시 같은 이유로 마리오를 밀고하는 것이다. 이것은 완전히 합리적인 의사결정이며, 상대를 밀고하는 것이 최적의 전략이라는 데는 의심의 여지가 없다. 간단하지 않은가? 그런데 감시민... 두 플레이어가 모두 최적의 전략을 선택하면 둘 다 3년형을 받는다. 다른 방법의 형량을 합친 것보다 더 많으며, 공범을 믿고 순진하게 입을 다무는 전략을 선택했을 때보다 훨씬 결과가 좋지 않다.

정리하면 죄수의 딜레마에서 결과의 계층은 다음과 같다.

✓ 변절의 유혹: 석방(0년형)
✓ 상호 협력의 보상: 각각 1년형
✓ 상호 변절의 벌칙: 각각 3년형
✓ 속은 사람의 일방적인 협력의 결과: 5년형

이 계층에 나오는 정확한 숫자는 중요하지 않으며, 이보다는 유혹 > 보상 > 벌칙 > 속음의 순서로 숫자가 상승한다는 점이 중요하다. 이러한 계층이 성립한다면 각 플레이어의 최적의 전략은 서로 협력했을 때보다 항상 좋지 않은 결과를 가져다준다. 케이크 자르기 시나리오와는 다르게 이 두 죄수 앞에 놓인 질문에는 명백하거나 최적의 해결책이 없다. 죄수들이 합리적으로 판단하고 결정을 내린다면 서로 의지하고 신뢰했을 때보다 더 나쁜 결과가 나온다. 그러나 신뢰란 위험한 것이다. 이 정도면 진정한 딜레마라고 할 수 있다. 마리오와 루이지는 과연 어떻게 해야 할까?

연습 11.3 : 딜레마

자신의 독창적인 게임에 딜레마가 있는가? 딜레마가 있다면 이러한 선택과 선택의 기능에 대해 설명해 본다.

라디칼 엔터테인먼트의 디자이너 스티브 복스카(Steve Bocska)는 게임 개발자 컨퍼런스(GDC)에서 발표한 프레젠테이션에서 죄수의 딜레마 시나리오를 가상의 게임 디자인에 적용해 매력적인 딜레마를 디자인하는 데 게임 이론을 유용하게 활용할 수 있음을 보여 주었다.[1] 그는 두 플레이어가 각각 10,000달러의 예산으로 우주선을 건설하고 개조하는 온라인 게임의 예를 소개했다. 우주선을 건설하려면 원자재를 거래해야 하는데, 보통 게임 라운드마다 8,000달러의 높은 '배송료'가 든다. 한편 원자재를 추가 비용 없이 수송할 수 있는 기술을 구매할 수 있는데, 이 기술은 두 플레이어가 모두 기술을 구매해야만 작동한다. 기술의 비용은 5,000달러다.

이러한 조건에서 플레이어는 어떻게 행동할까? 두 플레이어가 모두 수송기 장비를 구매하면 한 번의 수송기 장비 비용 5,000달러로 수송 비용 8,000달러를 해결할 수 있어 3,000달러가 절약된다. 반면 두 플레이어가 모두 수송기를 구매하지 않으면 게임을 진행하는 동안 계속 원래의 수송비 8,000달러가 소비된다. 한 명만 장비를 구입하면 어떻게 될까? 연결할 수송기가 없기 때문이 이 장비는 무용지물이 되어 '속은 사람의 벌칙'에 해당하는 금액과 함께 원래의 수송비를 계속 내야 한다. (5,000달러 + 8,000달러 = 13,000달러)

	수송기 구입	현재 상태 유지
수송기 구입	플레이어 1 = 5,000달러 플레이어 2 = 5,000달러	플레이어 1 = 0달러 플레이어 2 = 13,000달러 (플레이어 2이 파산함)
현재 상태 유지	플레이어 1 = 13,000달러 플레이어 2 = 0달러 (플레이어 1이 파산함)	플레이어 1 = 8,000달러 플레이어 2 = 5,000달러

플레이어 2의 전략

그림 11.9 수송기 게임 결과 매트릭스

그림 11.9의 결과 매트릭스에는 가능한 전략의 결과가 나온다.

스티브 복스카는 죄수의 전략을 사용해 플레이어들이 기술을 구입할지 여부와 시기를 논의할 수 있는 게임을 구성했다. 이 복잡한 결과 구조는 딜레마를 유발해서 플레이어가 기만적 결정이나 협력적 결정을 내릴 수 있는 흥미로운 전략적 순간을 만들어 준다.

바로 이러한 상황이 여러분의 게임에서 지향해야 하는 방향이다. 가능하다면 핵심 게임플레이의 부분으로 딜레마를 제공하고, 딜레마를 게임의 전체적인 목표와 연결하자. 이렇게 할 수 있다면 선택을 더욱 흥미롭게 만들 수 있다.

퍼즐

게임에서 흥미로운 선택을 구현하는 다른 방법으로 퍼즐을 통합하는 방법이 있다. 퍼즐 디자이너 스콧

킴이 47쪽에 나온 그의 관련 기사 "퍼즐이란 무엇인가?"에서 설명한 것처럼 퍼즐은 올바른 해답이 있는 것이라고 정의할 수 있다. 퍼즐은 다양한 형태의 장르를 취할 수 있지만(추상, 단어, 동작, 스토리, 시뮬레이션 등) 모두 해결 가능하거나 올바른 해답이 있다는 기본적인 유사성을 띤다.

퍼즐은 또한 거의 모든 싱글 플레이어 게임에서 충돌을 만드는 데 핵심 요소다. 퍼즐 해결에는 기본적인 긴장감이 있다. 퍼즐은 플레이어가 내리는 선택에 해결을 향한 움직임과 해결에서 멀어지는 움직임이라는 가치를 부여해서 전후 맥락을 제공할 수 있다. 단순히 성을 약탈하는 것이 아니라 미로의 문을 여는 열쇠를 찾고 있다면 보물 상자를 찾아다니는 행동에 새로운 의미가 부여된다.

이를 퍼즐 해결의 보상과 실패의 벌칙 체계에 접목하면 퍼즐을 극적 요소로 변화시킬 수 있다. 예를 들어, 베스트셀러 어드벤처 게임인 미스트는 기본

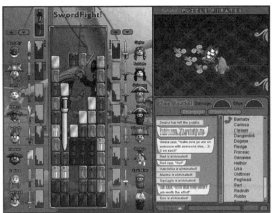

그림 11.10 퍼즐 파이어리츠

적으로 퍼즐로 구성된 게임이다. 물론 이야기와 탐험의 요소도 통합돼 있지만 이 게임의 핵심 메커닉은 환경에 통합되고 상호 연결된 퍼즐의 컬렉션이다. 비슷하게 이보다 최근의 어드벤처 게임인 Ico도 퍼즐을 환경에 통합해서 액션 메커닉과 퍼즐 해결의 밸런스를 맞췄다.

많은 인기를 누리고 있는 일인칭 슈팅 게임 역시 특히 싱글 플레이어 모드에서 퍼즐을 적극적으로 활용하고 있다. 예를 들어, 메달 오브 아너에서 플레이어는 폭탄을 설치하고, 잠긴 문을 열며, 숨겨진 치료 키트를 찾고, 올바른 방법으로 무기와 폭발물을 사용하는 방법을 알아내야 한다. Ico와 마찬가지로 이 게임의 액션 요소는 퍼즐 해결이라는 요소를 통해 향상되고 밸런스가 맞춰진다. 다른 여러 싱글 플레이어 게임에서도 같은 체계를 활용하고 있다.

위 설명에서 '싱글 플레이어'라는 조건을 계속 언급했는데, 멀티 플레이어 모드에서는 퍼즐 없이도 충돌을 제공할 수 있기 때문이다. 즉, 사람이나 컴퓨터가 조종하는 다른 플레이어와의 경쟁을 이용해 충돌을 제공할 수 있다. 그러나 싱글 플레이어 모드의 경우, 특히 퀘스트나 임무를 수행할 때는 퍼즐의 역

할이 더욱 중요해진다. 바로 이것이 모든 게임 디자이너가 자신을 퍼즐 디자이너라고 생각해야 하는 이유다. 퍼즐 디자인 기술이 뛰어날수록 더 좋은 게임을 만들 수 있다.

멀티 플레이어 게임이지만 퍼즐 요소를 포함하고 있는 게임으로 퍼즐 파이어리츠(Puzzle Pirates)가 있다. 이 온라인 멀티 플레이어 게임에서 플레이어는 가상의 해적선에 타서 '물 푸기', '목공' 등의 싱글 플레이어 '임무'를 수행해야 한다. 또한 '술 마시기', '주먹 싸움' 또는 '칼 싸움'과 같은 멀티 플레이어 퍼즐 게임도 플레이해야 한다. 퍼즐 파이어리츠는 퍼즐 게임을 롤플레잉 요소와 결합해서 독특하고 성공적인 플레이 경험을 제공하는 지속적인 세계를 만들어냈다.

게임에 사용할 퍼즐을 디자인할 때는 퍼즐의 요소가 게임의 유기적인 부분이 되게 해야 한다. 즉, 플레이어가 퍼즐을 통해 게임의 전체 목표에 다가설 수 있어야 한다. 퍼즐이 목표 달성에 기여하지 않는다면 단순한 방해에 불과하므로 수정하거나 제거해야 한다. 퍼즐은 또한 줄거리를 진행시키는 데 사용할 수 있다. 서서히 밝혀지는 이야기를 전달하는 데

도 퍼즐을 활용할 수 있다. 퍼즐을 게임플레이와 이야기에 결합하면 더는 단순한 퍼즐이 아니라 게임을 진행하기 위해 플레이어가 내려야 하는 필수적이고 흥미로운 선택이 된다.

보상과 벌칙

플레이어의 선택에 대한 가장 직접적인 결과는 보상과 벌칙이다. 플레이어는 분명 무서운 벌칙보다는 보상을 받는 데서 재미를 느끼며, 이것은 아주 자연스러운 것이다. 그래서 게임을 디자인할 때 디자이너는 종종 벌칙을 제한하고 보상을 강조하는 선택을 내린다. 플레이어가 인생의 쓴맛을 보기 위해 게임을 하는 것은 아니기 때문에 이것은 분명 합리적인 선택이다. 그리고 너무 심한 벌칙 때문에 플레이어가 게임을 중단하게 만드는 것도 바람직하지 않다. 그러나 벌칙에 대한 두려움이 없어질 정도로 벌칙이 약해지면 플레이어가 내리는 결정에 의미를 부여하는 극적 긴장도 함께 약해질 수 있다.

씨프나 데이어스 엑스와 같이 플레이어가 몰래 잠입해서 임무를 수행하는 게임의 예를 생각해 보자. 플레이어는 들키지 않고 임무를 수행하기 위해 노력하면서 상당한 긴장감을 느낀다. 임무 중 적에게 들켜서 공격받고 죽는 것은 분명 재미가 없다. 그러나 조용하게 자물쇠를 따고 싸움에 말려들지 않고 문지기 몰래 숨어들어가는 동안 느끼는 재미는 항상 머릿속에서 떠나지 않는 벌칙의 중압감을 통해 더욱 증폭된다(그림 11.11 참조).

보상과 벌칙의 균형을 적절하게 맞춘 체계를 제공하는 것은 게임의 선택을 더욱 흥미롭게 만들 수 있는 방법이다. 보상의 유형은 다양하지만 최상의 보상은 게임 안에서 쓸모나 가치가 있는 것이다. 보상

그림 11.11 씨프의 잠입 플레이

체계를 개발할 때 다음 지침을 참고하자.

1. 승리를 달성하는 데 유용한 보상은 더 중요한 비중을 가진다.
2. 마법 무기나 금과 같이 낭만적인 성향이 있는 보상은 더 가치 있게 보인다.
3. 게임의 줄거리와 연결된 보상에는 부가적인 영향이 있다.

의미 있는 보상을 제공하도록 노력해야 하며, 게임의 승리에 기여하고 줄거리를 진행할 수 있는 보상이면 더 바람직하다.

보상의 시기와 양 역시 중요하다. 작은 보상을 지속적으로 제공하면 점차 보상의 의미가 없어진다. 플레이어는 어떻게 하더라도 보상이 들어온다는 것을 알게 되고 더는 신경 쓰지 않게 된다.

심리학자 닉 이(Nick Yee)는 중독성이 매우 높은 게임인 에버퀘스트의 보상/벌칙 체계를 연구하고 이 게임의 중독성이 이전에 벌허스 프레더릭 스키너(B.F. Skinner)가 연구한 조작적 조건화라는 행동 이론에 바탕을 두고 있다고 믿었다. 조작적 조건화에

서는 행동을 수행하는 빈도는 행동에 대해 주어지는 보상이나 벌칙과 직접적인 연관이 있다고 주장한다. 즉, 행동에 대해 보상을 주면 행동이 반복될 가능성이 높아지지만 벌칙이 주어지면 행동이 억제된다는 것이다. 이 이론을 설명하는 데는 스키너 상자(레버와 튜브로 음식을 공급하는 작은 유리 상자)가 많이 활용된다. 이 상자에서는 쥐가 레버를 누를 때마다 음식을 공급해서 행동을 보상한다.

닉 이는 다음과 같이 썼다.

> 조작적 조건화를 실험하는 데는 여러 가지 보상 일정을 사용할 수 있다. 가장 기본적인 일정은 고정 간격 일정이라고 하며, 스키너 상자에 있는 쥐에게 레버와 관계없이 5분마다 먹이를 주는 것이다. 당연히 이 방법은 행동에 거의 영향을 주지 않는다. 두 번째 보상 일정은 레버를 5번 누를 때마다 먹이를 주는 것이며, 이를 고정 비율 일정이라고 한다. 이 일정은 고정 간격 일정보다 레버를 누르는 행동에 영향을 많이 준다. 행동에 가장 영향을 많이 주는 방법은 랜덤 비율 일정이라고 하며, 레버를 임의의 수만큼 누를 때마다 먹이를 주는 것이다. 쥐는 음식을 받으려면 레버를 눌러야 한다는 것은 알지만 정확히 몇 번을 눌러야 하는지 모르기 때문에 다른 두 방식보다 훨씬 열심히 레버를 누른다. 랜덤 비율은 에버퀘스트에서 사용되고 있는 방식이기도 하다.[2]

놀랍게도 이 실험의 결과를 게임이나 현실 세계에서 우리의 행동과 연결해서 생각해 보면 이론이 우리에게도 적용된다는 사실을 알 수 있다. 딱 5분만 하겠다고 마음먹고 앉은 슬롯머신 앞에서 몇 시간 동안 결연하게 레버를 당겨 본 경험이 있는가? 라스베가스는 여러 가지 면에서 거대한 스키너 상자라고 할 수 있다.

그러나 우리 게임에는 스키너 상자의 음식과는 차원이 다른 동료의 인정이라는 강력한 보상이 있다. 우리는 성취에 대한 인정을 갈망하는데, 이러한 욕구는 멀티 플레이어 게임에서 더욱 증폭된다. 비록 특정 플레이어가 게임에서 승리하지 못하더라도 목표를 달성했을 때 노력을 인정받을 수 있는 방법이 있다면 더 훌륭한 게임이 될 수 있다.

여러 게임에서는 인터넷, 접수 추적 또는 토너먼트나 레더와 같은 방식으로 이러한 체계를 제공한다. 플레이어가 노력에 대한 인정을 받을 수 있게 하는 좀 더 즉각적인 방법도 있다. 그중 하나는 게임 중 플레이어의 성과를 추적하고 공개적으로 알려서 각자의 성공을 모두가 볼 수 있게 강조하고 극적으로 만드는 것이다. 온라인 전략 게임에서 팀이 서로 격돌하는 경우, 특정 플레이어가 탁월한 작전에 돌입하는 경우, 이것이 명백하게 드러나게 한다. 무슨 일이 일어나고 있는지, 그리고 이것이 승리 조건에 어떤 영향을 미치는지 동료가 정확하게 알 수 있게 한다. 온라인 RPG의 경우, 플레이어가 자신의 업적을 전설, 유물 또는 플레이어를 추종하는 추종자와 같은 형식으로 과시할 수 있게 한다.

연습 11.4 : 보상

자신의 독창적인 게임 프로토타입의 보상 체계를 분석한다. 각 보상에 유용성, 낭만성 및/또는 줄거리와의 연관성이 있는지 확인한다. 보상의 시기는 어떤가? 보상의 시기가 플레이어의 계속 플레이하고 싶은 욕구를 높이는가?

기대

스키너 상자의 예는 반복적이고 기계적으로 바뀌는 경향이 있는 게임 메커닉에 잘 들어맞는다. 한편, 더 중요하고 복잡한 결정의 경우, 플레이어가 행동의 결과를 더 명확하게 보고 예상할 수 있도록 허용하면 선택을 더 의미 있게 만들 수 있다.

체스나 그 밖의 개방 정보 구조를 가진 게임에서는 양쪽 플레이어가 게임의 전체 상태를 모두 보고 평가할 수 있으며 숨겨진 정보가 없다. 숙련된 플레이어는 여러 턴을 미리 계산하고 어떤 상황이 발생할지 미리 알 수 있다. 이러한 상황에서 몇 수 후에 특정 피스를 잡거나 원하는 위치로 이동할 수 있다는 것을 미리 안다는 사실이 플레이어의 기대감을 더욱 높여 준다.

폐쇄 또는 혼합 정보 구조에서도 기대감을 만들어낼 수 있을까? 물론이다. 실시간 전략 게임(RTS)에서는 제한된 가시성을 사용해 자신의 유닛이 적의 지역에 있는 동안에만 해당 지역을 볼 수 있게 해 준다. 게임의 상태는 계속 변화하며, 시야는 금방 구식이 되므로 플레이어는 부분적으로만 정확한 정보를 바탕으로 결정을 내려야 한다(그림 11.12 참조)

이 예에서 플레이어는 부족한 정보를 게임의 조건 중 하나로 받아들이며, 제공되는 정보를 바탕으로 최적의 판단을 내리는 것이 자신의 역할임을 이해한다. 실제로 가시성 저하는 플레이어의 긴장감 고조로 이어진다. 게임의 상태가 유동적임을 알기 때문에 플레이어는 예상되는 적의 움직임에 신속하게 대응하고자 하는 욕구를 느끼게 된다. 이 경우 정보를 숨김으로써 완전한 개방 전략 게임에는 없는 새로운 극적 긴장감을 더했다.

놀라움

놀라움은 디자이너가 활용할 수 있는 가장 자극적인 도구 중 하나다. 사람들은 신선한 놀라움을 즐기는데, 특히 어느 정도 예상하고 있었던 경우, 더 즐거운 경험이 된다. 그러나 과용하면 플레이어가 이질감을 느낄 수 있다. 그렇다면 플레이어를 놀라게 해 줄 때와 미리 신호를 보낼 때를 어떻게 구분할 수 있을까?

그림 11.12 워크래프트 III: 전장의 안개(화면 왼쪽 아래의 미니맵) 꺼짐(왼쪽), 켜짐(오른쪽)

플레이어의 선택에 대한 놀라운 결과를 제공하면 플레이어가 더욱 게임에 몰입하게 만들 수 있다. 예를 들어, 금화 몇 개를 얻을 것으로 예상했던 건물 안에서 앞으로의 여행에서 플레이어를 도와줄 충실한 동료를 찾을 수도 있다.

플레이어에게 놀라움은 다소 부작위처럼 느껴질 수 있지만 좋은 결과가 나온 경우다. 비결은 놀라움의 임의성과 플레이어의 선택을 의미 있게 만드는 것의 중요성 사이에서 올바른 밸런스를 유지하는 것이다. 예를 들어, 실시간 전략 게임에서 오거를 상대하기 위해 현재 보유한 유일한 유닛인 일반 병사를 보냈다고 가정해 보자. 일반 병사의 힘은 1~5이고, 오거의 힘은 1~20인 경우, 이변이 없다면 오거가 거의 이기게 된다. 그러나 작은 가능성이지만 일반 병사가 이길 수 있는 확률이 있다.

이 사례에서 임의성과 놀라움은 상황이 어떻게 전개될지 모른다는 긴장감을 통해 드라마를 연출했다. 다윗과 골리앗의 대결이 될 것인가? 아니면 또 다른 일반 병사의 죽음이 될 것인가? 대부분의 잘 디자인된 게임에서는 선택의 요소가 지배적인 위치를 차지한다. 플레이어의 모든 선택이 무작위 효과로 이어진다면 플레이어는 선택이 의미가 없다고 느낄 것이다. 놀라움을 염두에 두고 조심스럽게 사용하면 재미와 흥분을 배가시킬 수 있을 것이다.

연습 11.5 : 놀라움

자신의 게임에 놀라움 요소가 있는가? 선택적인 요소의 결과에 놀라움의 요소를 추가해 보자. 이러한 변경이 게임플레이에는 어떤 영향을 주는가?

진전

자신이 내린 선택으로 진전을 이루는 것만큼 만족스러운 것도 없을 것이다. 목표를 향해 전진하는 과정에서 즐거움을 느끼는 것은 인간의 본성이다. 이 과정의 작은 보상은 때로 최종적인 승리보다도 달콤할 수 있다. 게임에서도 마찬가지다. 플레이어가 진전을 이루고 있다고 느끼게 하는 것은 플레이어를 게임으로 끌어들이고 집중하게 만드는 가장 좋은 방법이다.

진전을 구성하는 한 가지 방법은 플레이어를 위한 마일스톤을 만드는 것이다. 마일스톤은 최종적인 승리를 향한 과정의 여러 작은 목표다. 이러한 마일스톤을 플레이어에게 설명해서 자신이 무엇을 추구하고 있는지 알게 하고, 각 마일스톤을 성취하면 적절히 보상한다.

마일스톤을 잘 활용하는 게임은 많다. 메달 오브 아너의 경우, 미션의 형태로 마일스톤을 제공한다. 이 게임의 미션에서는 지도를 보여 주고 어디로 이동해서 무엇을 해야 하는지 설명한다. 이를 통해 플레이어는 긴 캠페인을 진행하는 동안 자신이 진전을 이루고 있음을 알 수 있다. 이야기를 활용해 싱글 플레이어 레벨을 분할하고, 각 단계에 명확하고 달성 가능한 목표를 설정해 플레이어가 준비하게 하며, 각 단계를 완료하면 멋진 그래픽과 칭찬, 그리고 서술의 다음 장으로 플레이어를 보상하는 게임에서도 마찬가지로 마일스톤을 활용하고 있는 것이다.

아케이드 슈팅이든 또는 시뮬레이션이든 게임의 유형에 관계없이, 플레이어가 따라갈 수 있는 경로를 제공함으로써 성취감을 제공할 수 있다. 창의성을 발휘해서 플레이어에게 진전을 알려 주는 새로운 방법을 찾아보자. 한 가지 체계에 국한되지 않게 하

그림 11.13 메달 오브 아너: 미션 2_4, "가는 것이 있으면 오는 것이 있는 법?"

자. 진전을 나타내는 데 여러 가지 방법을 사용하지 못할 이유는 없다.

게임 안에서 플레이어의 진전을 적당한 길이로 분할할 때는 플레이어가 게임에서 보내는 일반적인 시간을 고려해야 한다. 일렉트로닉 아츠의 베테랑 게임 디자이너인 리치 힐만(Rich Hilleman)은 게임의 전체적인 진행을 디자인할 때 한 시간의 '미니 곡선'을 활용한다고 소개했다. 이것은 게이머가 한 번에 플레이하는 평균적인 시간을 고려한 것이다.

디자이너는 각각의 미니 곡선의 끝에 '기억에 남을 만한 순간'을 넣어서 플레이어가 다시 게임으로 돌아오게 한다. 이러한 미니 곡선을 모두 연결하면 게임의 전체적인 극적 곡선을 이룬다.

연습 11.6 : 진전

자신의 독창적인 게임 프로토타입에서 궁극적인 목표가 명확하게 드러나는가? 플레이어가 항상 이 목표를 향해 전진하는가? 이 과정에 마일스톤을 적절하게 배치했는가? 플레이어가 최종 목표에 도달하도록 체계가 동기를 부여하고 있는가? 그렇다면 그 방법을 설명한다.

엔딩

여기서 '엔딩'이란 캐릭터가 죽는 것을 의미하는 것이 아니라 플레이가 완전히 종결되는 순간을 의미한다. 이 순간은 플레이어가 게임에 투자한 긴 시간과 모든 노력에 대한 보상을 받는 순간이다.

멀티 플레이어 게임 역시 다른 플레이어를 물리쳤을 때의 만족감이나 협력, 일방적 또는 팀 상호작용의 구조가 있는 경우, 함께 협력해서 게임에서 승리하거나 다른 편을 물리쳤을 때의 기쁨이라는 다른 보상을 제공한다.

싱글 플레이어 게임의 경우에는 어떨까? 모든 충돌과 노력, 그리고 투자한 긴 시간에 대한 만족할 만한 보상이 있어야 한다. 그런데 여정의 끝에서 영웅에게 갖가지 찬사를 바치는 현란한 애니메이션으로 끝을 맺는 경우가 많다. 이와 같은 엔딩을 선택한디면 보상을 이야기에 접목해 보는 것은 어떨까? 영웅의 퀘스트에서 놓친 순간들을 애니메이션으로 만드는 것이다.

연습 11.7 : 엔딩

자신의 독창적인 게임 프로토타입의 엔딩이나 결론이 만족스러운가? 만족스럽지 않다면 이를 개선하는 방법은 무엇인가?

핵심 메커닉: 활동 디자인으로서의 게임 메커닉

에릭 짐머만(Eric Zimmerman), 공동 설립자 및 CEO, 게임랩

다음은 브렌다 로렐(Brenda Laurel)의 저서인 《Design Research》(MIT Press, 2004)에 'Play as Research'라는 제목으로 소개된 글을 저자의 허락을 받고 발췌한 것이다.

게임 디자이너가 근본적인 질문보다 게임 디자인의 콘텐츠, 서술 또는 미적 측면에만 집중하는 경우가 많다. 게임은 참가하는 동적 체계이므로 단순한 콘텐츠가 아닌 행동이라고 이해하는 것이 중요하다. 게임을 디자인하는 동안 게임의 실제 활동이 무엇인지 질문해 보자. 플레이어는 게임을 하는 순간에 실제 무엇을 하고 있는가?

거의 모든 게임에는 플레이어가 게임의 디자인된 체계를 경험하는 동안 계속해서 반복하는 행동 또는 행동의 집합인 핵심 메커닉이 있다. 게임 프로토타입은 이 핵심 메커닉과 이러한 행동을 의미 있게 만드는 방법이 무엇인지 이해하도록 도와준다. 게임의 핵심 메커닉에 대한 질문은 첫 번째 프로토타입을 제작하는 과정은 물론 이후 반복 과정에도 도움이 될 수 있다. 초기 프로토타입으로 이 핵심 메커닉을 모델링하고 플레이를 통해 완벽하게 테스트하는 것이 이상적이다.

사례 연구: LOOP

LOOP는 플레이어가 마우스를 사용해 형형색색의 나비를 잡는 싱글 플레이어 게임이다. 플레이어는 같은 색의 나비 그룹이나 각기 다른 색의 나비 그룹을 감싸는 루프를 그려서 나비를 잡는다(루프 안에 있는 나비가 많을수록 높은 점수를 받는다). 레벨을 완료하려면 해가 지기 전에 정해진 수의 나비를 잡아야 한다. 게임에는 세 가지 다른 종의 나비와 각기 다른 행동을 하는 다양한 해충이 등장한다. LOOP는 게임랩에서 개발했으며 www.shockwave.com에서 플레이할 수 있다.

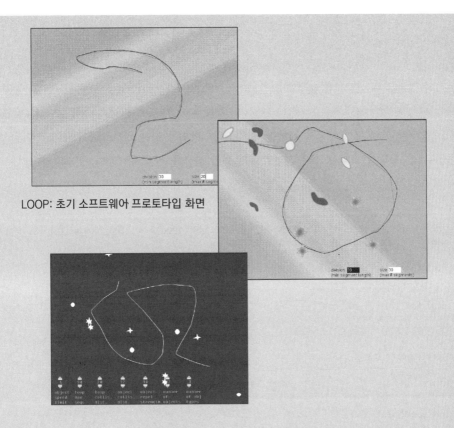

LOOP: 초기 소프트웨어 프로토타입 화면

LOOP는 새로운 핵심 메커닉을 고안하려는 시도로 시작됐다. 컴퓨터 게임과 상호작용하는 방법은 궁극적으로 그리 다양하지 않다. 플레이어는 마우스와 키보드를 사용해 자신을 표현할 수 있으며, 게임은 화면과 스피커를 사용해서 자신을 표현할 수 있다. 우리는 플레이어의 입력을 변형해서 기존의 포인트 앤 클릭 또는 클릭 앤 드래그 마우스 상호작용 대신 부드럽고 유연한 제스처를 구현한다는 개념을 생각했다.

첫 번째 프로토타입에서는 이 핵심 상호작용을 테스트하기 위해 플레이어가 선만 그릴 수 있게 했다. 다음 단계에서는 닫힌 루프를 탐지하고 닫힌 루프 안에 포함될 경우 작아져서 사라지는 물체를 추가했다.

스크린샷에서 볼 수 있듯이, 이러한 프로토타입에는 게임이 실행되는 동안 수정할 수 있는 매개변수가 있다. 선 길이, 곡선의 세부 수준은 물론 물체의 수와 속도, 행동, 그리고 여러 다른 변수를 수정할 수 있게 했다. 게임을 하는 동안 여러 매개변수를 테스트하고 경험에 미치는 영향을 확인해서 다양한 유형의 플레이에 맞는 규칙을 설정했다. 이용하기 쉬운 게임 디자인 도구를 게임 프로토타입에 넣는 이 같은 프로그래밍 기법은 반복적 디자인을 지원하고 용이하게 하는 기술 전략이다.

게임에 나비라는 콘텐츠가 추가되자 게임의 전체적인 구조와 승패 조건에 대한 논의가 시작됐다. 화면에 있는 나비를 모두 잡게 할까? 아니면 특정 수만 잡게 해야 할까? 나비가 계속 나오게 해야 할까? 아니면 항상 일정한 수를 유지하게 해야 할까? 약간의 시간 압박 요소를 넣어 보면 어떨까? 게임을 레벨로 구분해야 할까? 아니면 패배 조건이 될 때까지 계속 진행해야 할까? 핵심 메커닉을 프로토타입으로 제작하면서 제시된 이러한 근본적인 의문의 대답을 찾기 위해 실제로 가능성을 시도해 보고 플레이를 통해 결론을 내렸다.

게임 코드가 결정되는 과정에서 수정 가능한 매개변수 대부분은 응용 프로그램이 실행될 때 읽는 텍스트 파일로 옮겨졌다. 이러한 매개변수로 게임 내 생물의 행동부터, 한 루프에 잡은 나비 수별 점수, 그리고 게임의 난이도 상승 기준까지 모든 사항을 제어할 수 있다. 이 방법을 통해 프로그램의 나머지 부분, 즉 화면 전환과 도움말 기능, 고득점 체계, 호스트 사이트와의 통합 기능을 개발하는 동안 게임 디자이너는 게임의 변수 조정과 레벨 디자인에 초점을 맞출 수 있었다. 다음은 이 게임의 편집기 코드 샘플이다.

```
-- LOOP 팀수
score_same=0,5,10,20,40,80,150,250,350,500,700,1000,1400,1900,2500,3100,3800,4600,5500,7000
score_different=0,0,30,75,200,500
score_badloop=.20
-- 루프에 잡은 나비 수별 사운드 효과
loop_sound_num=1,4,6,8,10

-- 보너스
-- butterfly-borne bonus (x2):
bonus_lifetime=60
-- leaf-blown bonus (longer, moretime, freeze, flock):
freebonus_speedlimit=15
bonus_freeze_duration=4
bonus_flock_duration=12

-- 위험 요소
snail_speedlimit=1.2
killerbee_speedlimit=12,
killerbee_attackrate=3,killerbee_stingduration=6
beetle_speedlimit=3, beetle_fighttime=4, beetle_aborttime=10,
beetle_effectradius=300
stinkbug_speedlimit=2, stinkbug_tag_radius=40,
stinkbug_effect_duration=10, stinkbug_effect_radius=300
spider_speedlimit=9,spider_climblimit=22,spider_stingduration=6,spider_loop_length=5
```

LOOP는 게임 개발자에서 시작해 플레이어의 더 큰 범위로 확장하면서 테스트, 분석, 개선이라는 반복적 디자인 패턴에 따라 개발됐다. LOOP를 개발하는 동안 게임랩에서는 테스트와 피드백 프로세스를 원활하게 하기 위한 공식 플레이테스트 '클럽'인 게임랩 랫츠(Gamelab Rats)를 결성하기도 했다.

LOOP: 게임 인터페이스

LOOP의 개념은 마우스와 키보드 상호작용의 관행에 대한 디자인 팀의 의문에서 시작됐지만 처음에 구상했던 유연한 게임플레이를 구현할 수 있었으며, 새로운 종류의 핵심 메커닉에 대한 단순한 아이디어를 활용해 신선하고 독창적인 게임을 만들었다.

LOOP는 란짓 바트나가(Ranjit Bhatnagar), 피터 리(Peter Lee), 프랭크 란츠(Frank Lantz), 에릭 짐머만(Eric Zimmerman), 그리고 마이클 스위트(Michael Sweet)와 오디오브레인(AudioBrain)의 팀원들이 개발했다.

작가 소개

에릭 짐머만은 게이밍의 방법과 이론을 연구하는 게임 디자이너다. 게임 업계에서 13년 이상 게임을 만들었고 현재는 피터 리와 함께 2000년 공동으로 설립한 게임랩을 운영하면서 실험적인 온라인 싱글 게임과 멀티 플레이어 게임을 제작하고 있다. 게임랩에 참여하기 전에는 Word.com에서 언더그라운드 온라인 히트작 SiSSYFiGHT 2000(www.sissyfight.com) 제작에 참여했으며, 다른 타이틀에는 PC CD-ROM 게임 기어헤드와 더 로봇 클럽이 있다. 또 MIT, NYU, 파슨스디자인스쿨, 그리고 SVA(School of Visual Arts)에서 게임 디자인을 가르쳤으며, 케이티 살렌과 함께 《Rules of Play》와 《The Game Design Reader》를 저술했으며 에이미 스콜더와 함께 《RE:PLAY》를 저술하기도 했다. 26쪽에서 반복적 디자인에 대한 그의 글을 참고하자.

재미를 떨어뜨리는 요소

모든 노력에도 불구하고 독창적인 개념 중 일부 특성은 재미를 떨어뜨리는 요소일 수 있다. 다음은 게임에서 자주 발견되는 재미를 떨어뜨리는 요소다.

과도한 세부적 관리

세부적 관리는 플레이어가 세부적인 부분을 제어하도록 허용하는 게임에서 자주 발견되는 문제다. 스타크래프트와 같은 게임을 선호하는 하드코어 전략 게이머에게는 이러한 컨트롤이 중요하다. 이러한 플레이어는 모든 사항을 세부적으로 컨트롤하고 게임의 각 요소를 분석하고 싶어 한다. 그러나 하드코어 플레이어에게 컨트롤을 제공하는 것과 보통 플레이어에게 불필요한 작업으로 부담을 주는 것 사이에는 분명한 차이가 있다.

플레이어에게 제공하는 제어가 적절한지 아니면 너무 세부적인지 확인하는 방법은 무엇일까? 우선 기본으로 돌아가서 작업이 정말 필요한지 생각해 본다. 플레이어가 무의미한 결정, 뻔한 결정 또는 사전 정보 없이 내린 결정에 의존하지 않게 한다. 그러나 이 테스트에 통과하더라도 플레이어가 반복적이거나 지루하다고 느끼는 작업은 여전히 세부적 관리의 범주에 해당된다. 이를 확인하는 가장 좋은 방법은 새로운 플레이테스터를 활용하는 것이다. 특정 메커닉에 조작이 너무 많이 필요하거나 지루하다는 불평이 있으면 위험 신호다.

이 문제를 해결하는 한 가지 방법은 게임 체계를 간소화하는 것이다. 세부적 관리가 발생하는 원인은 주로 한 작업을 너무 많은 작은 조각으로 나눴기 때문이다. 결합된 결정의 전체적인 영향은 전략적 수준에서 중요할 수 있지만 각 결정을 모두 내리기는 부담스럽다. 여러 세부적 결정을 전체적 결정 하나로 결합하는 방법이 있다. 예를 들어, 부대를 편성하기 위해 각 유닛이 사용할 무기, 각 유닛이 휴대할 장비, 부대에서 활용할 이동 수단, 이동할 경로를 선택해야 하는 경우 플레이어가 너무 세부적인 선택을 내려야 하는 것일 수 있다. 플레이어를 위해 몇 가지 선택을 대신 내려서 이 문제를 해결할 수 있다. 즉, 적절한 기본값을 설정해서 제공하고 가장 중요한 결정(예: 이동 경로)만 플레이어에게 맡긴다.

사소한 결정을 제거하는 것 외에도 자원 관리, 부대 이동, 물자 이송과 같은 특정한 작업을 자동화하는 선택을 플레이어에게 제공할 수 있다. 이러한 선택을 제공하면 하드코어 플레이어를 위한 세부적인 컨트롤과 일반 플레이어를 위한 자동 관리가 동시에 가능해진다. 세부적 관리 자체가 문제는 아니며, 이것이 플레이어의 경험에 영향을 줄 때 문제가 된다. 사람들마다 게임에서 원하는 경험이 모두 다른 경우가 많으며, 일반적으로는 게임을 비교적 단순하게 유지하면서 더 유연한 체계를 제공하는 것이 바람직하다.

연습 11.8 : 과도한 세부적 관리

자신의 게임에 세부적 관리에 해당하는 요소가 있는가? 이러한 요소가 있다면 중요하지 않은 요소에 신경 쓰지 않도록 플레이어가 내리는 결정을 간소화하는 방법은 무엇인가?

정체

일부 게임에서는 오랫동안 아무런 새로운 일이 일어

나지 않거나 중요도와 영향이 일정한 선택만 제공하는 정체 상황이 발생한다.

정체의 가장 일반적인 원인은 플레이어가 같은 작업을 계속하게 만드는 반복이다. 예를 들어, 플레이어가 같은 종류의 전투를 계속 반복해야 한다면 게임이 정지한 듯한 느낌이 들 것이다. 실제로는 플레이어가 레벨을 진행하고 궁극적인 목표에 가까워지고 있지만 반복적인 작업만 반복해서 게임이 진행되고 있음을 제대로 느끼지 못할 수 있다. 이 경우 해결책은 두 단계다. 첫째, 수행하는 동작의 유형을 다양화해야 한다. 둘째, 각 행동이 어떻게 승리에 기여하고 있는지 플레이어에게 알려 주어야 한다.

정체의 다른 종류로 힘의 균형이 있다. 예를 들어, 세 플레이어가 세계 정복을 위해 경쟁하는 경우, 한 플레이어가 앞서 나가려고 할 때마다 나머지 두 플레이어가 합심해서 방해해서 아무도 승리를 차지할 수 없는 순환이 반복될 수 있다. 이 경우 상대 연합군보다 우세하도록 승자에게 유리하게 힘의 균형을 약간 조정하는 것이 해결책이다.

세 번째 정체 유형으로 5장 158쪽에서 설명한 보강 또는 밸런싱 루프가 있다. 이 정체 유형은 게임 안에서 벌칙이 보상을 상쇄하는 틀에 플레이어가 갇히는 경우 발생한다. 예를 들어, 비즈니스 시뮬레이션 게임에서 모든 수익이 부채 해결에 사용되는 틀에 갇혀서 아무리 오래 플레이해도 빚의 수렁에서 빠져나오지 못하게 될 수 있다. 한 가지 해결책은 뜻밖의 횡재나 자연 재해와 같은 예기치 못한 사건으로 상황을 변화시켜서 플레이어를 수렁에서 구하거나 아예 파산하게 만드는 것이다. 물론 게임을 수정해서 플레이어가 이러한 상황에 빠지지 않게 할 수도 있다. 부채를 탕감하거나 이자율을 대폭 올려서 게임

이 어떤 방향으로든 진행되게 할 수 있다.

마지막 정체 유형은 실제로 아무 일도 일어나지 않는 상황이다. 즉, 게임 디자인이 잘못됐거나 명확한 목표가 없기 때문에 게임이 진행되지 않는 것이다. 한 가지 예로 목표가 제대로 정의되지 않은 어드벤처 게임을 들 수 있다. 즉, 플레이어가 어디로 이동하고 무엇을 해야 할지 모르는 상황이다. 이 경우 유일한 해결책은 게임의 디자인으로 돌아가서 목표를 명확하게 전달하도록 디자인을 수정하는 것이다.

연습 11.9 : 정체

자신의 독창적인 프로토타입에 게임플레이가 정체되는 지점이 있는가? 정체 지점이 있다면 문제 원인을 파악한다. 밸런싱 루프 또는 힘의 균형이 있는가? 정체 고리를 끊고 게임플레이 진행을 개선하는 방법을 설명해 보자.

극복할 수 없는 장애물

게임을 디자인할 때 피해야 하는 다른 문제로 극복할 수 없는 장애물이 있다. 이름과는 다르게 이러한 문제는 완전히 극복 불가능한 문제는 아닐 수 있으며, 일정 비율의 플레이어에게 불가능해 보이는 것이다.

원인이 정보 부족이든, 기회를 놓친 것이든, 또는 경험이나 직관력 부족이든 관계없이 플레이어가 같은 장애물에 계속 부딪히고 좌절하게 된다는 결과는 동일하다. 이러한 장애물은 플레이어들에 좌절감을 안겨줘서 게임을 그만두고 다시 돌아오지 않게 만드는 원인이다.

극복할 수 없는 장애물에 부딪혀서 눈에 불을 켜고 숨겨진 문이나 비밀 통로를 찾아다닌 경험은 누

구에게나 있을 것이다. 플레이어가 장애물에 부딪혀서 진행하지 못할 경우 게임에서 상황을 인식하고 게임의 도전을 망치지 않고 장애물을 우회할 수 있을 정도의 지원을 제공하는 방안을 마련해야 한다. 물론 이것은 생각보다 쉬운 일이 아니다. 젤다 시리즈와 같은 닌텐도의 어드벤처 게임에서는 특히 플레이어가 장애물에 막혔을 때 정보를 제공하는 기능이 뛰어나다. 단서나 다른 정보가 제공되는 전략적 지점으로 게임 캐릭터를 이동해서 장애물을 극복하도록 도와준다. 다른 변수와 마찬가지로 플레이어를 위한 적절한 수준의 난이도를 제공하도록 단서의 밸런스를 맞춰야 한다.

게임에 이러한 수준의 지능을 추가하는 데는 비용과 시간이 많이 들지만 때로 이렇게 복잡한 기능이 필요 없을 수도 있다. 마이크로소프트의 사용자 테스트 관리자인 빌 풀턴(Bill Fulton)은 게임 개발자 컨퍼런스(GDC)에서 발표한 프레젠테이션에서 원작 헤일로의 게임 도입부를 예로 활용해 개발자에게 쉽게 보이는 일이 플레이어에게는 극복할 수 없는 장애물이 될 수 있음을 설명했다.

이 일인칭 슈팅 게임에서는 소개 튜토리얼이 끝난 후 곧바로 플레이어 캐릭터에게 현재 탑승하고 있는 우주선에서 안내 캐릭터를 따라 브리지로 이동하라고 요청한다. 물론 플레이어는 이 요청을 수락하지만 곧이어 폭발이 발생해서 안내 캐릭터는 사망하며, 플레이어는 반쯤 열린 문에 갇히게 되지만 문을 열기 위한 안내나 힌트는 전혀 제공하지 않았다.

이 프레젠테이션에서 풀턴은 여러 사용자 테스트 중 하나를 담은 비디오 테이프를 보여 주었는데, 여기서 플레이테스터는 어떻게 해야 할지 모르겠다는 말을 반복하면서 문을 열기 위해 모든 버튼을 누

르면서 복도 주변을 방황했다. 이 상황이 몇 분간 진행되자 짜증난 목소리를 통해서 집이었더라면 게임을 포기했을 것임을 알 수 있을 정도가 됐다. 풀턴은 "이게 '재미 없는' 상황이라는 것은 설명할 필요가 없겠죠."[3]라고 유머러스하게 말을 이었다.

헤일로 디자이너는 몇 초 동안만 도움 없이 문 뒤에 남겨진 상황을 만들어서 극적인 혼란과 무방비 상태의 느낌을 만들려고 했던 것이다. 디자이너는 플레이어가 문이 열리지 않을 것임을 곧 파악하고 복도에 있는 다른 출구를 통해서 나갈 것으로 예상했지만 사용자 테스트를 통해 대부분의 플레이어에게 약간의 도움이 필요하다는 것이 확인됐다.

결국 최종 제품에서는 몇 초 후에 두 번째 폭발이 일어나서 플레이어가 문으로부터 멀어지게 하는 추가 장치가 마련됐다. 또한 물체를 뛰어 넘는 방법을 보여 주는 텍스트 메시지가 표시됐고, 세심하게 디자인된 바닥을 조심해서 따라가다 보면 복도의 다른 출구를 찾을 수 있게 했다. 출구는 파이프로 막혀 있었지만 점프하는 방법을 알고 있다면 문제 없이 지

그림 11.14 헤일로 사용자 테스트를 담은 비디오 화면: 왼쪽 아래 삽입된 플레이어의 손을 보면 여러 컨트롤 조합을 시도하고 있음을 알 수 있음

나갈 수 있었다. 약간의 수정을 통해 게임의 도입부가 좌절의 순간이 아닌 드라마와 긴장감으로 가득 찬 흥미로운 장면으로 바뀌었다.

임의적인 사건

특정 상황에서는 행운이나 예기치 못한 위험과 같은 임의의 사건이 재미를 더할 수 있지만, 제대로 디자인되지 않은 임의성은 오히려 게임의 재미를 해친다. 게임에는 다양한 방법으로 임의성이 활용된다. 앞에서 이미 임의성이 실시간 전략 게임의 전투 알고리즘에 영향을 주는 경우와 보드 게임에서 이동 메커닉에 적용되는 경우를 살펴봤다. 이러한 유형의 임의성은 게임플레이에 도움이 된다.

그러나 임의성을 활용해서 게임플레이에 변화를 가미하는 것과 완전히 임의적인 사건으로 플레이어의 경험을 방해하는 것 사이에는 큰 차이가 있다. 예를 들어, 롤플레잉 게임에서 몇 주 동안 심혈을 기울여 정교한 캐릭터를 만들었다고 가정해 보자. 그런데 갑자기 불치의 병에 걸려 자신의 캐릭터가 죽고 만다. 지금까지 해 온 모든 노력이 속수무책으로 허사가 되고 만다. 이런 상황이면 속았다는 느낌이 들지 않을 수 없을 것이다. 우리 인생은 예상하지 못한 사건의 연속이며 이 중에는 엄청나게 충격적인 일도 있다. 게임에 이런 것을 포함하면 안 될 이유는 뭘까?

문제는 인생과 마찬가지로 좋은 놀라움은 환영받지만 나쁜 놀라움은 그렇지 않다는 것이다. 그렇다면 부정적인 임의적 사건을 추가하면서도 플레이어가 등을 돌리지 않게 하는 방법은 뭘까? 도시를 폐허로 만드는 유성우, 회사를 파산하게 만드는 경제 파동, 또는 부대를 전멸시키는 급습과 같은 부정적인 사건은 모두 게임에 대한 플레이어의 예상을 벗어나지 않아야 한다. 이러한 가능성에 대비해 플레이어에게 준비할 기회를 주고, 피해를 완화할 수 있는 옵션을 제공하자. 물론 언제 이러한 일이 발생할지, 또는 얼마나 심각할지 미리 알려주지는 않아야 한다.

위 질병의 예의 경우 플레이어에게 질병의 가능성을 경고하고 사전에 치료제를 구입할 기회를 주는 것이다. 이러한 경고를 무시하고 아무 조치도 취하지 않았을 때 실제로 병에 걸리면 플레이어의 책임이며, 그들도 이를 인정한다.

심각한 재난이 플레이어에게 일어날 예정인 경우, 최소한 세 번 경고하는 것이 기본 원칙이다. 영향이 작은 임의적 사건의 경우 간단한 경고를 제공하거나 경고 없이 발생해도 괜찮다. 사소한 사건의 결과는 경험을 통해 배우게 해도 괜찮다는 것이다. 반면 영향이 클수록 사전에 충분한 주의를 제공해야 한다. 이 규칙을 따른다면 사건이 임의적으로 보이지 않을 것이고 플레이어가 자신의 운명을 제어하고 있다고 느낄 수 있을 것이다.

예측 가능한 경로

승리에 대한 한 가지 경로만 있는 게임은 예측 가능하다. 5장에서 설명한 것처럼 선형이거나 단순한 분기 구조는 이렇게 뻔한 결과로 이어지는 경우가 많다. 디자인에 더 높은 수준의 가능성을 부여하고 싶다면 디자인을 객체지향적인 방법으로 처리하는 것을 고려해 보자. 각 사건을 별도의 스크립트로 작성하는 방법보다는 세계 안의 각 개체 유형마다 간단한 행동과 상호작용 규칙의 집합을 부여하는 방법으로 더 창의적이고 독특한 결과를 얻을 수 있는 경우가 많다.

이러한 유형의 사고로 GTA III를 예로 들 수 있다. 이 게임에는 플레이어도 물론 따라갈 수 있는 일정 수준의 구조와 줄거리가 있지만 플레이어는 자유롭게 세계를 탐험하거나, 차를 훔치거나, 범죄를 저지를 수 있고, 원한다면 택시를 운전할 수도 있다. 물론 이러한 행동은 전체적인 게임의 목표 달성에는 큰 도움이 되지 않지만 게임의 세계가 자신의 행동에 반응하며 예측 불가능하다는 느낌을 주는 데는 충분하다. 그러는 동안 경찰의 주의를 끌면 도주하는 신세가 될 수도 있다. 시뮬레이션 게임도 이러한 유형의 디자인의 예다. 심시티와 같은 게임은 플레이어의 선택에 따라 어떤 방향으로든 발전할 수 있다.

게임이 경로가 뻔해지는 것을 방지하는 다른 방법은 플레이어가 여러 목표 중에서 선택할 수 있게 하는 것이다. 예를 들어, 문명 III에서 플레이어는 정복, 우주 여행, 문화 통합, 외교, 영토 장악, 전체 점수의 6가지 승리 경로 중 하나를 선택할 수 있다. 어떤 경로를 선택하더라도 이후 플레이어가 내리는 모든 선택의 의미가 달라지기 때문에 게임이 흥미로워지는 것은 물론 재플레이 가치도 크게 높아졌다. 단순히 다른 승리 경로를 선택하는 것으로 게임의 방향이 완전히 달라졌다.

모든 게임이 문명이나 GTA의 범위를 가지고 있는 것은 아니지만 너무 많은 가능성과 너무 뻔한 결말 사이에서 밸런스를 찾는다면 차라리 너무 많은 가능성으로 기우는 것이 낫다.

재미를 넘어서

게임이 점차 성숙한 매체로 발전함에 따라 엔터테인먼트 이상의 활동 영역을 모색하고 있다. 예를 들어, 이제 게임은 교육, 정치 활동, 그리고 뉴스 전달의 매체로 활용되고 있다. 일부 실험적인 게임은 대중 문화라기보다 순수 예술로 분류되기도 한다. 이러한 장르나 앞으로 게임이 취할 새로운 형식에서는 어쩌면 재미가 플레이어에게 어필하기 위한 가장 중요한 기준이 아닐 수도 있다. 그러나 플레이 중심의 디자인 프로세스에서는 좀 더 적합한 다른 목표를 게임플레이의 목표로 설정해야 한다. 테스트 목적에는 다른 목표가 필요하다는 것이다. 학술적 주제를 교육하거나 플레이어의 활동을 촉구하는 데 게임을 활용하는 방법에 대한 논의는 이 책의 범위를 벗어나지만 이 주제에 관심 있는 독자들을 위해 관련 도서를 소개하겠다.

게임이 접근하기 용이한가?

게임을 개선하는 과정의 마지막 단계는 대상 플레이어가 게임에 접근하기 용이한지 확인하는 것이다. 즉, 플레이어가 게임을 시작하고 주변의 다른 도움 없이도 게임을 이해하고 진행할 수 있는지에 대한 것이다.

접근성은 디자이너가 자신의 게임을 더욱 잘 이해하면 할수록 플레이어가 처음 게임을 접했을 때 겪을 문제를 예상하기는 어려워지는 역설적인 문제다. 접근성에 대한 테스트는 사용성 테스트와 관련이 있으며, 차이는 테스트를 하는 사람이 다르다는 것이다. 사용성 테스트는 일반적으로 사용성 시설에서 전문가가 진행한다. 가능하다면 이러한 전문가의 도움을 받는 것이 좋다.

오디오를 게임 피드백 장치로 활용하는 방법

마이클 스위트(Michael Sweet), 크리에이티브 디렉터, 오디오브레인, LLC

사운드는 게임에 심오한 영향을 미친다. 플레이의 전체적인 분위기를 설정하는 데서 그치지 않고 플레이어에 대한 감성적 반응을 좌우할 수 있다. 레벨을 클리어하기 위해 노력하고 있는 동안이나 다음 몬스터가 나오기를 기다리고 있는 동안, 음악과 사운드는 플레이어의 심장을 뛰게 하고 간담을 서늘하게 할 수 있다. 이기사에서는 필자가 음악을 작곡하고 사운드를 디자인했던 두 타이틀에서 오디오를 활용해 디자인 과제를 해결하고 플레이어에게 풍부한 청각적 경험을 제공하는 데 활용한 방법을 소개하려고 한다.

다이너 대쉬

다이너 대쉬는 간단한 원-클릭 게임플레이와 독특한 스타일로 기존의 한계를 벗어난 게임이다. 이 게임에서 플레이어는 웨이트리스 플로의 역할을 맡아 자신의 레스토랑을 운영한다. 플레이어는 손님에게 테이블 안내, 주문 받기, 커피 나르기 등의 여러 작업을 관리하면서 5성급 레스토랑으로 발전할 때까지 플로를 도와야 한다. 게임이 진행되는 동안 레스토랑이 발전하며, 플레이어가 레스토랑에 업그레이드를 구입하게 되고 이에 따라 새로운 도전이 추가된다.

우리는 이 게임의 음악을 작곡하면서 여러 캐주얼 게임에서 흔히 사용되는 난해한 음악에서 벗어나 고유한 음악 스타일을 바탕으로 재미 있고 독특한 악기와 팔레트를 사용하기로 마음 먹었다. 그리고 가급적 미디풍을 배제하기 위해 흥미로운 타악기 샘플과 다양한 멜로디 요소(귀로우, 박수, 비브라슬랩, 콩가 드럼), 그리고 실내 리버브를 적극 활용했다. 친숙하면서도 활기 넘치는 분위기를 만들고 싶었다.

우리는 디자인 초기 단계부터 게임 세계의 사운드 효과로 분위기를 형성하고 음악을 보완하기 위해 밀접하게 작업에 참여했다. 또한, 풍부한 배경 사운드 효과와 수준 높은 피드백을 제공하고자 했다. 이를 위해 손님이 들어오고 나가는 소리, 접시 떨어지는 소리, 주문 받는 소리 등, 다양한 효과음이 레스토랑의 기본 배경음에 추가됐다. 여기에 점수 이벤트, 레벨 시작 및 끝과 같은 플레이어 피드백을 위한 효과를 비롯해 30여 종의 사운드 효과가 게임에 추가됐다.

배경 음악은 네 가지 게임플레이 테마에 맞게 작곡했고, 주문 내용에 관계없이 재생 가능한 작은 조각으로 테마를 나눴다. 그리고 게임플레이 중에 최대한 다채로운 느낌을 주도록 이러한 작은 루프를 임의로 재생했다. 또 메인 메뉴 테마도 동일한 방법으로 분리했다. 사운드 효과와 음악을 만드는 데는 프로툴즈(ProTools), 리즌(Reason), 디지털 퍼포머(Digital Performer)를 사용했고, 개별 요소를 마스터링하는 데는 피크(Peak)와 골드웨이브(Goldwave)를 사용했다.

블릭스(BLiX)

우리는 블릭스라는 혁신적인 퍼즐 게임의 사운드 작업에도 참여했는데, 여기서는 완전히 다른 접근 방법을 선택했다. 이 게임은 여러 게임 오디오 부분이 수상 후보에 올랐고 2000년 인디 게임 축제에서는 최고 오디오 상을 수상했다. 블릭스는 공을 컵에 넣는다는 아주 간단한 목표를 가지고 있었다. 이 게임은 누구나 플레이할 수 있게 디자인됐다. 인터페이스는 아이콘 방식이었고, 점수 체계에서 숫자가 사용되지 않았으며, 게임 디자인 자체에 글이 전혀 사용되지 않았다.

이 타이틀의 음악에는 완전히 다른 접근 방법이 사용됐다. 이 게임에서는 플레이어가 게임플레이를 진행하는 동안 자신도 모르는 사이에 직접 음악을 만든다. 모든 사운드 효과는 배경 백그라운드 음악의 루프에 추가되는 음악 구절이었다. 또한 게임의 공간은 롤오버가 있는 9개 공간의 격자로 분할됐으며, 플레이어가 화면을 이동하면서 범퍼를 놓고 게임을 하는 동안 이러한 롤오버가 간단한 드럼 비트와 신시사이즈 음을 만들었다. 근본적으로 이 게임의 음악은 사용자가 직접 생성하는 것이었다.

당시에는 활용할 수 있는 도구가 상당히 제한적이었다. 현재는 작곡가가 부드러운 악보 분기와 동적으로 생성된 사운드 효과를 통해 실시간으로 서술의 형태를 바꾸는 새로운 기술이 많이 나와 있다. 블릭스를 개발하던 당시의 제한적인 기술로 체계의 규칙을 벗어나기 위해 창의적인 기법을 활용해야 했다.

이 게임에는 배경 음악 루프 14가지와 여러 사운드 효과를 포함해 30가지 다른 사운드 에셋이 포함돼 있었다. 사운드는 소프트웨어 패키지 리버스(Rebirth)와 프로툴즈(Protools)를 사용해서 제작했다. 각 사운드에 지연과 효과를 많이 사용하려고 했고, 복고 아케이드 풍의 느낌을 게임에 넣고 싶었기 때문에 비프 음을 특히 많이 활용했다. 다른 개발자도 오래된 아케이드 팬이었기 때문에 복고풍 느낌을 적합하다는 데는 이견이 없었다.

사운드에 지연을 추가하면서 게임에 넣을 파일 크기가 상당히 커졌는데, 다행히도 게임의 코드 디자이너

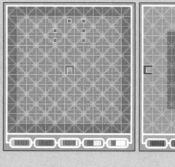
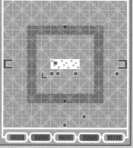

블릭스 인터페이스

는 파일 크기에 신경 쓰지 말고 마음대로 작업하라고 말해 주었다. 덕분에 기술이나 인터넷 게임의 제한에 구애되지 않고 최대한 창의성을 발휘할 수 있었다. 물론 나중에는 Shockwave.com이 블릭스를 인수하면서 파일 크기를 유지하기 위해 에셋을 잘라내야 했지만 이전에는 불가능했던 실험이 가능했다. 새로운 것을 실험하고 시도하도록 해 준 디자이너와 함께 일한 것은 분명 행운이었다.

오디오 피드백은 매우 중요했다. 블릭스를 플레이해 본 사람들은 항상 게임 종료 사운드가 마음에 들지 않는다는 이야기를 했다. 그래서 이 사운드 효과를 게임에서 빼고 있었는데, 다른 디자이너들(피터 리와 에릭 짐머만)은 오히려 이 사운드가 아주 마음에 든다고 말해 주었다. 플레이어들은 이 사운드가 나는 것을 아주 싫어했기 때문에 곧바로 게임을 다시 시작한다는 것이었다.

타이머 만료 사운드는 이 게임에서 내가 만들지 않은 유일한 사운드였는데, 피터 리의 작품이었고, 사용자의 주의를 환기하는 효과가 탁월했기 때문에 수정하지 않고 그대로 사용했다. 한참 동안 게임을 하다 보면 마치 자신이 게임의 일부가 된 듯한 멍한 느낌을 받게 되는데, 타이머가 만료되는 소리는 게임이 곧 끝날 것이라는 현실을 사용자에게 일깨워 주는 흥미로운 장치였다.

게임을 하는 동안 오디오 피드백이 단일 오디오 경험이 되게 하는 것이 매우 중요했다. 즉, 블릭스의 사운드 효과를 음악과 밀접하게 통합해야 했다. 당시 사운드를 비트와 동기화할 수 있는 능력은 없었지만 처음 내 생각과는 다르게 사운드가 아주 잘 디자인됐고, 배경 루프와 상승 효과가 발생해서 두 가지 별도의 요소가 아닌 하나의 음악으로 느껴졌다.

자주 간과되는 것 중 하나는 오디오 피드백으로 플레이어를 위한 상호작용의 리듬을 만들 수 있다는 것이다. 디지털 게임플레이에는 이동, 마우스 클릭, 키 누름의 특정한 속도가 있는 플레이어 상호작용이 있다. 이러한 상호작용 자체에는 리듬이 있으며, 음악과 사운드 효과로 이러한 리듬을 적극 활용할 수 있다.

게임 사운드 디자이너는 영화와 비슷하게 주제와 테마를 사용해 캐릭터를 위한 은유를 만들고, 전환을 도우며, 게임이 어떻게 진행되고 있는지에 대한 직간접적인 피드백을 제공할 수 있다. 사운드 디자인의 강력함은 또한 시각적 표현으로는 달성하기 어려운 감정을 이끌어내는 데 탁월한 능력을 보여주며, 공감, 증오, 사랑과 같은 느낌을 음악과 사운드를 통해 표현할 수 있다.

게임 디자이너는 게임의 모든 측면을 향상시킬 수 있는 오디오의 힘을 인식해야 한다. 연구 결과에 따르면 오디오의 품질을 높이면 게임 플레이어가 느끼는 전체적인 시각적 경험도 함께 개선되며 게임플레이에 대한 집중도도 높아지는 것으로 나타났다.

작가 소개

마이클 스위트는 오디오브레인의 크리에이티브 디렉터이며, 작곡가이자 사운드 디자이너로서, 네트워크 패키지 베스트 사운드 부문 BDA 프로맥스 어워드 2000(HBO Zone)과 GDC 독립 게임 페스티벌 2000 베스트 오디오 어워드를 비롯한 많은 상을 수상했다. 마이클의 작업은 여러 게임과 웹 사이트에서 찾을 수 있다. 수상 작품으로는 엑스박스 360 시작 및 인터페이스 사운드, 플레이퍼스트의 다이너 대쉬, 아이윈(iWin)의 숍매니아, 새서미 워크숍의 뮤직윌스, 숍웨이브의 블릭스와 LOOP, 리얼아케이드의 워드업, 그리고 카툰 네트워크의 여러 게임이 있다. 또한 HBO 존, 코메디 센트럴, CNN, GM, 코닥, AT&T/ TCI, 및 엑스파일을 비롯한 여러 상업 및 네트워크 방송에서 그의 작품을 들을 수 있다. 아울러 마이클의 사운드 조각은 영국의 밀레니엄 돔을 비롯해 뉴욕, 로스앤젤레스, 플로렌스, 베를린, 홍콩, 그리고 암스테르담의 어터 펠티디에서 전시됐다.

사용성 전문가는 일반적으로 다양한 제품에 대한 사용자 상호작용을 연구하는 심리학자나 연구원이다. 일반 소프트웨어 업계에서는 이미 오래 전부터 제품 개발 주기에 사용성 테스트를 활용하고 있다. 마이크로소프트 같은 일부 대형 퍼블리셔의 경우 게임의 사용성 테스트를 위한 내부 전문 그룹을 보유하고 있지만, 게임 업계 전체적으로는 사용성 테스트를 도입하는 속도가 늦은 편이다.

전문 사용성 테스트 시설에는 키보드와 마우스 또는 콘솔의 컨트롤러를 조작하는 참가자의 손을 확대해서 볼 수 있는 정교한 녹화 장치가 있는 경우가 많다. 또는 참가자의 얼굴 반응을 보여 주는 다른 카메라가 있으며, 제품의 사운드와 함께 참가자가 현재 생각을 말로 표현하면 이 내용이 녹음된다. 일반적으로 연구원은 디자이너 및 제품 프로듀서와 함께 단방향 거울 반대쪽에서 과정을 지켜보며 인터컴을 통해 참가자와 이야기한다.

연구원들은 우리가 연습 9.4에서 작성한 것과 비

그림 11.15 마이크로소프트의 플레이테스트 시설
여러 참가자가 각자 좌석에서 게임을 하는 모습. 좌석에는 플레이어가 집중할 수 있게 파티션과 헤드폰이 설치돼 있다. 이것은 한 참가자의 경험이 다른 참가자에게 영향을 주지 않게 하기 위한 것이다. 각 참가자의 의견과 선호 사항은 각 좌석의 모니터에 표시되는 웹 기반 설문을 통해 수집된다. (사진: 카일 드렉셀)

그림 11.16 마이크로소프트의 사용성 테스트 시설
참가자(오른쪽)가 게임을 하는 모습. 단방향 거울로 분리된 다른 방에서 사용자 테스트 전문가가 참가자가 게임을 하는 모습을 관찰하고 있다. 단방향 거울 시설을 통해 분리돼 있어 사용자 테스트 전문가와 개발 팀원이 게임과 참가자의 행동에 대해 마음 놓고 논의할 수 있다. (사진: 카일 드렉셀)

숫하지만 좀 더 세부적으로 참가자에게 제품의 특정 영역을 사용해 보게 하거나 특정 작업을 완료하도록 요구하는 테스트 대본을 준비한다. 그리고 참가자가 작업을 얼마나 올바르게 수행하는 비율, 알아낸 사실이 제품에 미칠 영향에 대한 데이터가 보고서로 작성된다.

여기서 게임의 접근성을 테스트하라는 말은 비전문가를 대상으로 테스트하라는 의미다. 지금쯤이면 아마도 여러 다른 사용자를 대상으로 게임을 플레이 테스트 했을 것이다. 아쉽게도 이미 참가한 사용자는 접근성 테스트에는 참가할 수 없다. 접근성 테스트에 적합한 사람은 다음과 같다.

✓ 대상 사용자 층에 해당함
✓ 객관적임(친구 또는 친척이 아님)
✓ 대상 게임을 해 본 적이 없음

대상 사용자 층을 분할(필요한 경우)해서 각 부분당 3~5명 정도면 적당하며, 8명 정도면 최적이다.

세션을 원활하게 진행하고 성과를 높이려면 게임에서 확인이 필요한 가장 중요한 영역을 먼저 식별해야 한다. 이에 대한 목록에는 게임의 시작이나 다른 중요한 선택 또는 특성이 포함될 수 있다. 그런 다음, 이러한 영역이 제대로 작동하는지 확인하는 데 도움이 되도록 참가자들을 이 중요 영역으로 안내하고 수행할 작업을 제시하는 대본을 작성한다. 대본은 단지 세션을 가급적 부드럽게 진행하고 누락되는 항목이 없게 만드는 용도이므로 정교하게 만들 필요는 없다. 참가자가 게임에 집중할 수 있을 정도면 충분하다.

게임에 멀티 플레이어 환경이 요구되는 경우가 아니면 이 작업은 일 대 일 방식으로 진행하는 것이 좋다. 사람들이 어디에서 장애물에 걸리거나 지레짐작하는지 알아내야 하는데, 사람들은 자신이 겪고 있는 문제를 숨기거나 다른 사람을 보고 따라 하려는 경향이 있기 때문이다. 참가자가 한곳에서 테스트해야 하는 경우, 미리 설명해서 문제가 있더라도 서로 도와주지 않게 한다.

세션을 녹화하는 것이 여의치 않으면 참가자에게 대본을 설명하는 동안 동료가 노트를 작성하게 할 수 있다. 이 경우 참가자의 주의가 분산되지 않게 노트를 기록하는 동료는 참가자 시야 바깥쪽에 앉아야 한다. 여러 차례 테스트를 진행하면 분명한 패턴을 볼 수 있을 것이다. 자신의 게임이 생각했던 것보다 접근성이 떨어진다는 사실에 놀라게 될 수도 있다. 앞서 본 헤일로 도입부의 예는 디자이너가 익숙하게 여기고 소홀히 여기는 부분이 플레이어에게 큰 혼란이 될 수 있음을 잘 보여 준다. 이러한 테스트에서 참가자를 통해 밝혀진 사실은 항상 정확하다는 사실을 기억하자.

기능에 문제가 없다고 믿고 싶은 경우도 있지만 이러한 테스트에서는 여러분의 의견이 전혀 적용되지 않는다. 플레이어가 플레이할 수 없다면 게임이 성립하지 않는다.

문제가 되는 영역을 찾아 수정하고, 다시 테스트한다. 대부분의 대상 플레이어가 게임의 핵심 영역에 접근할 수 있을 때까지 이 프로세스를 반복한다. 게임의 모든 측면에 대한 접근성을 테스트하고 싶을 수도 있지만 아마도 시간과 비용이 부족할 것이다. 중요한 것은 최대한 게임에 접근하기 쉽고 이해하기 쉽게 만드는 것이다.

앞서 설명한 방법으로 자신의 독창적인 게임 프로토타입에 대한 사용성 테스트를 수행한다.

1. 게임 시작, 목표 이해, 핵심적 선택 수행과 같은 중요한 작업에 초점을 맞추고 사용성 테스트를 위한 대본을 작성한다.
2. 아직 자신의 게임을 해 보지 않은 새로운 테스터 그룹을 모집한다.
3. 테스트를 수행하고 결과를 분석한다. 게임의 사용성을 개선할 수 있는 세 가지 아이디어를 찾아낸다.

결론

이제 게임이 작동하고, 완전하며, 밸런스가 맞고, 재미있으며, 접근하기 수월해졌다. 이것은 상당한 성과다. 종이 프로토타입을 사용해 혼자 이 프로세스를 진행했든지, 아니면 팀을 꾸려서 디지털 프로토타입을 제작했든지 관계없이, 디자인과 테스트 단계를 모두 진행했다는 것은 시도할 가치가 충분한 아이디어가 있었다는 의미다. 전체 제작 과정을 거쳐 게임을 출시할 때까지 가장 필요한 것이 바로 아이디어의 가치에 대한 확신이다.

더 진행하기 전에 지금까지 거친 프로세스를 다시 확인해 보자.

✓ 독창적인 아이디어를 구상하는 방법을 배웠으며, 디자인 팀의 귀중한 일원이 되는 데 필요한 기술과 기법을 배웠다.
✓ 자신의 아이디어를 바탕으로 물리적 프로토타입이나 디지털 프로토타입을 제작하는 방법을 배웠다.
✓ 프로토타입을 플레이테스트 했으며 테스터가 게임플레이에 만족하고 게임플레이 경험의 목표가 충족될 때까지 프로토타입을 수정했다.

이제 플레이 중심 디자인 프로세스에 대한 확고한 지식을 바탕으로 상당한 자신감을 느낄 수 있을 것이다. 게임 디자인 프로세스는 이제 더는 숨겨진 비밀이 아니라 혼자서 연습하거나, 친구 또는 전문 디자인 팀의 팀원과 함께 확신을 가지고 활용할 수 있는 기술이 됐다. 지금까지 배운 기술을 사용해 집에서 자신의 게임을 개발할 수도 있고, 아니면 중견 개발사나 퍼블리셔에 취업하는 방향을 선택할 수도 있다. 어떤 진로 방향을 선택하든지 관계없이, 이제 여러분은 개인 예술로서는 물론 디자이너와 플레이어 간의 사회적이고 공동적인 대화로 게임 디자인에 접근하는 데 필요한 기술과 경험을 쌓았다.

디자이너 관점: 리차드 힐만(Richard Hilleman)

레이첼과 크리스토퍼의 아버지

리차드 힐만은 오늘날의 일렉트로닉 아츠를 있게 만든 핵심 인물 중 한 명이다. 20년 이상 게임 프로듀서와 디자이너로 일했으며, 주요 타이틀에는 레이싱 디스트럭션 세트(1985), 페라리 포뮬러 원(1988), 인디아나폴리스 500(1989), 척 예거스 플라이트 트레이너(1990), 존 매든 풋볼(1990), NHL 하키(1991), 카스파로브 갬빗(1993), 잃어버린 세계: 쥬라기 공원 II(1997), 타이거 우즈 99(1998), 타이거 우즈 PGA 투어 2000(2000), 아메리칸 맥기의 앨리스(2000)가 있다.

게임 업계에 진출한 계기

제가 자주 다니던 컴퓨터 상점이 있었는데, 여기서 일하던 데이비드 가드너(David Gardner)라는 친구를 통해 EA에 일자리가 있다는 것과 이 회사에 팀 모트(Tim Mott)가 일하고 있다는 것을 알게 됐습니다. 팀 모트에 대해서는 그의 제록스 파크/브라보 시절 이야기를 들어서 있었는데, 당시 저도 학교에서 포트란을 배우고 있었기에 제가 할 일이 있을 것 같았습니다. 입사해서 처음에는 디스크 복사나 케이블 연결, 그리고 애플 II와 IBM PC를 만지는 일을 하다가 점차 게임과 관련된 일을 하게 됐습니다.

가장 좋아하는 게임

- ✓ 체스: 가장 완벽한 게임이며 진정한 정신적 전투입니다.
- ✓ 홀덤 포커: 최고의 확률 게임입니다.
- ✓ 퀘이크 III: 게임이 출시된 후에 일어난 일들을 높게 평가합니다.
- ✓ 퀘이크: 일인칭 슈팅 게임을 다시 정의한 아메리칸 맥기와 존 카멕의 역할이 돋보이는 게임입니다.
- ✓ M.U.L.E.: 최고의 컴퓨터용 멀티 플레이어 게임이고 모노폴리와 같은 고전에 비교할 수 있는 게임입니다.
- ✓ 인디아나폴리스 500: 드라이브 시뮬레이션 중에 처음으로 재미있는 게임이었습니다.

영향을 받은 게임

- ✓ F15 스트라이크 파이터: 시드 마이어는 디자이너에 대한 제 시각을 누구보다도 많이 바꾼 사람입니다.
- ✓ TV 스포츠 풋볼: 개념을 절반 정도는 맞게 구현한 게임입니다. 나머지 절반은 게임 시리즈 매든이 제대로 보여 주었습니다.
- ✓ 닌텐도 골프: 어쩌면 이 게임이 미야모토 최고의 게임일 수 있습니다. 이 게임은 8비트 하드웨어에서 돌아가지만 지금도 재미있습니다. 아마 20년 후에 플레이해도 재미있을 것입니다.
- ✓ 폴 포지션: 최초의 훌륭한 레이싱 게임이었습니다.

자랑스럽게 여기는 것

✓ 변방에 머물던 스포츠와 시뮬레이션을 인터랙티브 엔터테인먼트의 주류로 끌어올렸다는 겁니다. 제가 제작과 디자인을 시작할 때만 해도 D&D 게임이 시장의 절반을 차지하고 있었습니다.

디자이너에게 하고 싶은 조언

✓ 교양 과목에도 가능한 많은 관심을 가지십시오. 기술은 여러분이 사는 동안 엄청나게 변하겠지만 사람은 변하지 않습니다.

✓

✓

디자이너 관점: 브루스 쉘리 (Bruce C. Shelley)

선임 디자이너, 앙상블 스튜디오

브루스 쉘리는 베테랑 게임 디자이너이며, 그가 참여한 작품으로는 코버트 액션(1990), 레일로드 타이쿤(1990), 문명(1991), 에이지 오브 엠파이어(1997), 에이지 오브 엠파이어 II: 에이지 오브 킹스가 있다.

게임 업계에 진출한 계기

저는 살아오면서 항상 이런저런 게임을 했습니다. 처음에는 무급으로 보드 전쟁 게임을 테스트하다가 결국 게임 회사에 일자리를 얻었습니다. 1987년까지 보드 게임을 개발했는데, 회사에서 원하는 대로 컴퓨터 게임 부서로 옮겼고, 1988년에는 마이크로 프로즈로 이직해서 시드 마이어와 함께 일했습니다. 1995년에는 오랜 친구가 앙상블 스튜디오로 자리를 옮길 것을 제안했고 이후로 이곳에서 일하고 있습니다.

가장 좋아하는 게임

저는 사실 이 질문을 그다지 좋아하지 않는데, 취향은 변하기 마련이고, 한때 중요했던 게임도 현재 운영체제나 플랫폼에서는 사용할 수 없게 되는 경우가 많기 때문입니다. 다음은 제가 특히 좋아했던 게임 다섯 가지입니다.

- ✓ **레일로드 타이쿤**: 제가 다른 직업이 있었다면 무급으로라도 개발에 참여하고 싶은 그런 게임이었습니다. 시드 마이어가 철도를 소재로 좋은 게임을 만들어 가는 과정을 옆에서 지켜보는 것은 정말 놀라운 경험이었습니다. 이 게임에는 재미있는 경제 모델과 멋진 기차, 다양한 승리 방법, 그리고 높은 재플레이 가치가 있습니다.
- ✓ **문명**: 작업 과정부터 대단한 작품이 되리라는 것을 짐작할 수 있었던 그런 게임이었습니다. 이 게임은 정교한 숨겨진 맵, 4X 게임, 다양한 승리 방법, 높은 재플레이 가치, 다양한 난이도, 훌륭한 소재를 갖추고 있었고, 플레이어가 아주 흥미로운 결정을 내릴 수 있는 기회를 제공했습니다.
- ✓ **에이지 오브 엠파이어 II**: 에이지 오브 킹스: 멋진 시대 배경, 환상적인 그래픽, 하나의 게임 안에서 다양한 플레이 경험, 높은 플레이 가치, 그리고 깊이 있고 풍부한 게임 경험을 제공하는 훌륭한 RTS 게임입니다.
- ✓ **엠파이어 디럭스**: 아주 오래된 게임이지만 전략 게임의 여러 디자인 원칙을 보여 주는 훌륭한 예라는 점에서 고전으로 불릴 자격이 충분합니다. 숨겨진 맵, 역피라미드 형식의 의사결정, 처음 15분 간의 훌륭한 연출, 조정 가능한 난이도, 아름답지는 않지만 깔끔하고 탁월한 전술과 전략 기회, 단순하지만 흥미로운 경제 체계, 그리고 일련의 흥미로운 결정까지, 무수한 장점이 있지만 게임 엔딩이 지지부진한 경우가 있었다는 것이 한 가지 아쉬운 점입니다.
- ✓ **월드 오브 워크래프트**: 항상 다시 돌아오게 하는 매력이 있는 풍부하고 깊이 있는 온라인 롤플레잉 게임입니다. 이 게임은 하드코어 게이머와 캐주얼 게이머에게 모두 어필하며, 즐길 수 있는 다양한 방법을 제공합니다. 또한 탐색할 다양하고 방대한 콘텐츠가 있습니다. 아마도 현재까지 인터랙티브 게임에서 최고의 성과일 것입니다.

영감

게임 개발자를 위한 가장 훌륭한 자원은 플레이하면서 배울 수 있는 기존의 모든 게임입니다. 엠파이어 디럭스와 심시티는 이후 제가 디자인에 참여했던 다른 게임에 큰 영감을 제공했고, 파퓰러스에서는 신 게임과 전략 게임에 대한 많은 아이디어를 얻었습니다. 또한 앙상블 스튜디오의 다른 작품들은 워크래프트 I과 II, 그리고 커맨드 앤 컨커에 많은 영향을 받았습니다.

디자인 프로세스

우리가 작업한 게임은 기존 게임에서 파생된 것이 많았고, 특히 기존 게임을 부분으로 분리해서 새로운 아이디어로 조합하는 경우가 많았습니다. 예를 들어, 에이지 오브 엠파이어 원작은 문명의 콘텐츠, 그리고 워크래프트와 커맨드 앤 컨커의 게임플레이에서 영감을 얻은 것입니다. 빌리는 것은 좋지만 모방하지 않도록 주의해야 합니다. 자신의 게임은 전체적으로도 차별화돼야 하고(에이지 오프 엠파이어의 경우 현실적인 밝은 그래픽으로 역사를 표현), 게임플레이 수준에서 혁신적이어야 합니다(에이지 오브 엠파이어의 경우 랜덤 생성 맵, 다양한 승리 방법, 속임수를 쓰지 않는 인공지능 등). 사람들은 좋아하는 게임과 비슷한 게임을 원하지만 같은 게임을 두 번 구입하지는 않습니다.

프로토타입

우리는 최대한 빨리 프로토타입을 제작합니다. 그리고 게임이 플레이 가능한 수준이 되면 하나의 프로세스로 테스트, 수정, 다시 테스트를 반복하는데, 우리는 이 과정을 플레이를 통한 디자인이라고 부릅니다. 아이디어가 제대로 작동할지 여부를 판단하는 데는 플레이어로서 우리의 직감에 많이 의존하는 편입니다. 재미있다고 생각되는 특성은 다듬고 개선하며, 문제가 있는 특성은 제거합니다. 최상의 아이디어를 바탕으로 확신을 가지고 계획을 세우지만 재미있는 게임으로 완성할 수 있게 하는 힘은 플레이를 통한 디자인 프로세스입니다. 저는 재미있는 게임을 만들려면 게임플레이에 대한 광범위한 테스트가 필수적이라고 생각합니다.

디자이너에게 하고 싶은 조언

게임을 많이 플레이하고 분석해 보고, 게임이 성공하고 실패하는 이유를 보는 안목을 기르십시오. 플레이어가 게임을 즐길 때 이들의 머릿속에서 어떤 일이 일어나는지 이해하십시오. 소수의 대상보다는 다수의 사용자 층을 만족하게 만들 수 있는 방법을 고려하십시오. 기존의 훌륭한 게임의 요소를 빌리는 일은 좋고 오히려 권장할 만한 일이지만 비전(주제, 외형, 느낌)과 게임플레이 수준에서 차별화돼야 합니다. 훌륭한 게임을 모방하는 것은 좋지 않은 선택입니다. 이 게임을 이미 경험한 사람이라면 같은 게임을 다시 구입하지는 않을 것입니다.

참고 자료

* Persuasive Games: The Expressive Power of Videogames - Ian Bogost, 2007.

* About Face 2.0: The Essentials of Interaction Design - Alan Cooper, Robert Reimann, 2003.

* Good Video Games and Good Learning: Collected Essays on Video Games, Learning and Literacy - James Paul Gee, 2007.

* A Theory of Fun for Game Design - Raph Koster, 2004.

* The Laws of Simplicity: Design, Technology, Business, Life - John Maeda, 2006.

* Emotional Design: Why We Love (Or Hate) Everyday Things - Donald Norman, 2004.

주석

1. Steve Bocska. "Temptation and Consequences: Dilemmas in Video Games," 게임 개발자 컨퍼런스 (GDC), 2003년.

2. Nick Yee. "EQ: The Virtual Skinner Box." http://www.nickyee.com/hub/home.html.

3. Bill Fulton. "Making Games More Fun: Tips for Playtesting Games," 게임 개발자 컨퍼런스(GDC), 2003년.

Game Design Workshop

3부

게임 디자이너로 일하기

이 책의 1, 2부에서는 게임의 구조적 요소를 소개하고 자신의 게임 개념을 프로토타입으로 제작하고 플레이테스트 하기 위한 기법을 설명하도록 구성했다. 3부에서는 게임 개발자로 일하는 데 도움이 되는 실용적인 정보에 초점을 맞춘다. 게임 디자이너로 성공하려면 팀에서 효과적으로 일할 수 있어야 하고, 다양한 유형의 사람들과 효과적으로 의사소통해야 하며, 자신의 프로젝트에 게임 업계의 구조가 어떤 영향을 미치는지 이해해야 한다.

먼저 이 업계에서 개발팀이 구성되는 방법을 살펴보겠다. 그런 다음, 유통회사의 경영진부터 게임이 출시할 준비가 됐는지 확인하는 QA 테스터에 이르기까지 게임 프로젝트에 참여하는 다양한 유형의 사람에 대해 자세하게 알아본다. 그다음에는 개념 구성에서 완성까지 디지털 게임의 다양한 개발 단계를 소개한다.

팀 구조와 개발 단계를 명확하게 이해하는 것 말고도 디자인 문서를 활용해 전체 팀과 효과적으로 게임의 개념을 의사소통하는 능력이 중요하다. 최근에는 디자인 문서를 작성하는 데 위키와 같은 공동 작업 도구가 많이 활용되는 추세다. 문서와 위키 중 어떤 것을 사용하든지, 디자인과 프로토타입 제작 및 플레이테스트를 거친 게임플레이의 개념을 반영하도록 문서를 작성하는 방법을 알아보겠다. 또한 디자인 문서와 위키를 팀 의사소통을 위한 유용한 도구로 활용하는 방법을 설명한다.

마지막 두 장에서는 게임 업계에 대해 간단히 논의하고 업계에 취업하거나 자신의 독창적 아이디어를 제안하는 방법을 설명한다. 15장에서는 게임 업계를 구성하고 있는 다양한 진영, 업계를 주도하는 플랫폼과 장르, 그리고 유통 계약의 본질을 설명한다. 마지막 장에서는 이 업계에 취업하거나 자신의 독창적인 게임 아이디어를 홍보하는 데 도움이 되는 실용적인 전략을 소개한다.

12장

팀 구조

디지털 게임이 처음 상품화되던 1970년대만 해도 훌륭한 프로그래밍 지식을 가진 사람 혼자서 게임을 만들 수 있었다. 즉, 혼자서 게임 디자이너, 프로듀서, 프로그래머, 심지어 그래픽 아티스트와 사운드 디자이너 역할까지 하는 것이 가능했다. 완성된 게임은 평균 8KB 이하의 크기였고, 캐릭터는 울퉁불퉁한 픽셀로 표현됐으며, 사운드 효과는 평범한 비프음이 주류를 이뤘다. 당시 제작 기술의 경지를 엿보기 위해 한 가지 예를 소개하면 1978년 출시된 스페이스 인베이더의 용량은 아트와 사운드를 모두 합쳐 4KB 크기였다. 1979년 출시된 아스테로이드는 8KB였고, 1982년 출시된 팩맨은 28KB였다.

PC와 게임 콘솔 하드웨어가 더 강력해지면서 이러한 플랫폼에서 실행되는 게임의 크기와 복잡성도 크게 증가했다. 게임에 추가되는 아트와 오디오의 양은 이제 컴퓨터 코드의 크기보다 크게 증가해서 전체 비중에서 대부분을 차지하게 됐다. 최근의 타이틀은 수백 메가 바이트 용량으로 제작되는 경우가 많으며, 전체 제작비도 텔레비전 쇼나 영화 제작비에 근접한다. 최근의 게임에는 정교한 시각 효과, 사운드 효과, 음악, 목소리 연기 및 애니메이션이 기본적인 요소로 자리 잡았다. CSI나 캐리비안의 해적과 같은 일부 게임에서는 게임 캐릭터에 생명력을 불어넣기 위해 유명한 탤런트와 영화 배우가 목소리와 3D 모델로 연기에 참여했으며, 메달 오브 아너에서는 라이브 오케스트라의 연주로 웅장한 게임 장면을 연출했다.

이러한 제작비 상승 이외에도 다양한 배경을 지닌 팀원으로 구성된 대규모의 팀이 최근 게임 제작에서 기본 환경으로 자리 잡고 있다. 이제 게임 팀은 데이터베이스 프로그래머에서 인터페이스 디자이너와 3D 그래픽 아티스트까지 점차 다양한 분야의 전문가로 구성되고 있다. 이 장에서는 이러한 팀원 개인의 역할과 팀 구조에서 게임 디자이너의 역할에 대해 살펴보겠다.

팀 구조

그림 12.1에는 현재 게임 업계의 일반적인 개발 및 유통 팀을 구성하는 기본 직무 범주가 나온다. 이 다이어그램은 제작에 일정 수준 참여하는 구성원만 포함돼 있다. 인사, 회계, 홍보, 영업, 그리고 지원 관련 부서는 일반적으로 제작 과정에 관여하지 않고 이 논의의 범위를 벗어나므로 의도적으로 제외했다.

퍼블리셔와 개발사

팀 구조를 이해하려면 먼저 퍼블리셔와 개발사 간의 관계를 살펴볼 필요가 있다. 게임 개발자라면 누구나 이 관계가 중요하다고 이야기해 줄 것이다. 이 관계에 따라서 다른 모든 부분이 구성되는 방법이 달라지고 관계의 유형도 달라진다. 때로는 개발사에서 게임 판매와 마케팅을 제외한 거의 모든 업무를 처리하는 경우가 있다. 또한 퍼블리셔에서 자체 개발 부서를 운영하는 경우도 있다. 대부분의 경우에는 그림 12.2의 차트에 따라 사업체를 구분할 수 있다.

일반적으로 퍼블리셔는 개발사에 로열티를 선지급하며, 개발사는 이 자금을 팀원의 급료와 운영 비용, 그리고 일부 작업의 하도급 비용으로 사용한다. 개발사의 주된 역할은 제품을 만드는 것이며, 퍼블리셔의 주된 역할은 자금을 조달하고 제품을 유통하는 것이다.

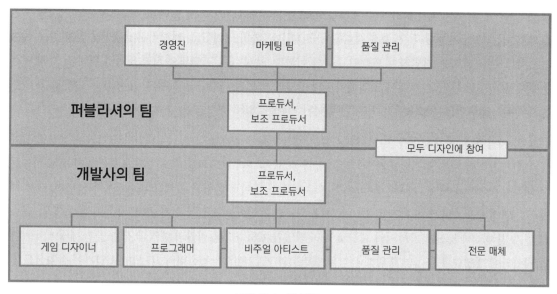

그림 12.1 팀 구조

퍼블리셔	개발사
– 제작할 타이틀 선정 – 타이틀 제작비 지원 – QA 테스트 제공 – 타이틀 마케팅 – 타이틀 유통	– 퍼블리셔를 대상으로 독창적인 　아이디어 및 데모 홍보 – 퍼블리셔가 지원한 자금으로 　게임 디자인, 프로그래밍, 아트, 　오디오 등을 포함한 타이틀 제작

그림 12.2 퍼블리셔/개발사의 역할

퍼블리셔	개발사
Electronic Arts	Blizzard Entertainment
Nintendo	Rockstar Games
Activision	Ensemble Studios
Sony Computer Entertainment	Naughty Dog Entertainment
Take-Two	Bioware
Microsoft Game Studios	Firaxis Games
THQ	Gas Powered Games
Ubisoft	Epic Games
Konami	Lionhead Studios
Sega Sammy Holdings	Relic Entertainment
Namco Bandai	Insomniac Games
Vivendi Games	Ready at Dawn
Square Enix	Pandemic
Capcom	id Software
NCSoft	Infinity Ward
SCi/Eidos	Valve
Lucasarts	Vicarious Visions
Buena Vista Games	Bethesda Softworks
Atari	Treyarch
Midway	Crytek
	Harmonix
	Bungie

그림 12.3   퍼블리셔 및 개발사 예

그림 12.3에는 현재 게임 업계에서 몇 가지 대표적인 퍼블리셔와 개발사 목록이 나와 있다. 이 관계에서 한 가지 혼란스러운 측면은 여러 게임 퍼블리셔에서 자체적으로 게임을 개발하고 있다는 점이다. 예를 들어, 일렉트로닉 아츠는 퍼블리셔에 해당하지만 여러 타이틀을 자체적으로 개발하고 있다. 또한 퍼블리셔가 게임 개발사를 소유하고 있는 경우도 있다. 예를 들어, 비벤디 게임즈는 블리자드 엔터테인먼트의 전체 지분을 소유하고 있다.

그러나 이러한 경우에도 내부 개발 그룹과 회사의 나머지 부문 간에는 기본적인 퍼블리셔/개발사 관계가 엄연히 존재한다. 내부 개발팀은 자체 자금 흐름, 이익/손실, 일정, 그리고 직원 채용에 이르기까지 별도의 작은 회사처럼 운영되는 것이 일반적이다. 이를 통해 퍼블리셔는 각 개발사의 성과를 측정하고 내부 또는 외부 그룹의 운영 방식 중 비용 대비 효율적인 방식을 분석할 수 있다.

퍼블리셔에서 게임 제작에 참여하는 일반적인 구성원에 대해서는 429쪽에서 살펴보기로 하고, 우선

여기서는 개발사의 관점에서 제작팀에 초점을 맞춰보자.

개발사의 팀

게임 개발사는 일반적으로 친구와 같이 함께 일하고 싶어 하는 소규모 그룹으로 시작되는 경우가 많다. 대부분의 경우, 특히 회사 초기 단계에서는 직무 내용이 명확하지 않을 수 있다. 초기 단계의 소규모 회사에서는 '모두가 모든 일을 한다'라는 것이 일반적이다. 그러나 팀 규모가 커지고, 예산이 늘어나고, 프로젝트가 점차 복잡해지면 아무리 좋은 친구 사이라고 해도 누가 무엇을, 그리고 언제 책임지는지 명확하게 할 필요가 있다.

대부분의 중견 게임 개발사에서는 팀의 모든 구성원에 대해 명확한 직무 내용을 구분하고 있다. 물론 이러한 구성원들이 함께 밀접하게 작업하지 않는다는 것은 아니며, 때로는 형식적인 직무 내용의 경계를 무시하기도 한다. 이것은 개별 구성원마다 특정

전문 분야가 있기에 프로젝트의 특정 책임을 맡을 최적의 인물이라는 것이다.

이 장의 주요 목표는 팀 구조 안에서 게임 디자이너의 위치를 확인하고 다른 구성원들과 대화하는 방법을 이해하는 것이므로 게임 디자이너부터 시작해서 이러한 각 구성원을 자세하게 살펴보자.

게임 디자이너

이미 설명한 것처럼 게임 디자이너는 플레이 경험을 책임지는 사람으로서, 구상부터 완료 단계까지 모든 수준에서 게임플레이가 제대로 작동하게 하는 것이 디자이너의 역할이다. 게임플레이는 이러한 플레이가 프로그래밍, 시각화되는 방법, 그리고 음악, 음성 등으로 지원되는 방법과 밀접하게 연관되므로 게임 디자이너는 다른 모든 팀원들과 밀접하게 협력해야 한다.

지금까지 자신의 게임을 직접 디자인하는 경험을 쌓았으므로 이제 디자이너의 주된 역할이 무엇인지 알고 있을 것이다. 디자이너의 역할을 다시 정리하면 다음과 같다.

- ✓ 개념 구상 브레인스토밍
- ✓ 프로토타입 제작
- ✓ 프로토타입 플레이테스트 및 수정
- ✓ 개념 및 디자인 문서를 작성하고 제작 과정 중 업데이트
- ✓ 게임에 대한 비전을 팀과 의사소통
- ✓ 게임의 레벨 제작(또는 레벨 디자이너와 함께 작업, 428쪽 참조)
- ✓ 플레이어를 대변

모든 회사에 전담 게임 디자이너가 있는 것은 아니며, 프로그래머나 아티스트, 경영진 또는 프로듀서가 이 역할을 대신하기도 한다. 이러한 관행은 프로젝트의 범위와 여러 역할을 맡는 구성원의 기술 수준에 따라서는 디자인 프로세스에 부정적인 영향을 줄 수 있다.

예를 들어, 게임 디자이너가 게임의 프로그래머 역할까지 맡고 있는 경우, 코딩하는 데 너무 오래 걸리는 게임플레이의 중요한 특성의 성패 여부를 객관적으로 판단하기가 어려울 수 있다. 역할이 분리돼 있어야 게임 디자이너가 보다 객관적인 시각으로 플레이테스트와 피드백에 접근할 수 있다.

이러한 이해의 충돌은 게임 디자이너가 프로듀서, 아티스트 또는 경영진의 역할을 함께 수행하는 경우에도 발생한다. 특히 게임 디자이너가 프로듀서 역할을 함께 맡는 경우 이해의 충돌 현상이 가장 두드러진다. 프로듀서는 궁극적으로 프로젝트의 일정과 예산을 책임져야 하기 때문에 디자이너의 역할과 자연적으로 충돌한다. 최고의 게임플레이를 구현하기 위한 시간과 비용 소비를 옹호해야 하는 사람이 이와 동시에 예산이나 일정과 같은 팀의 현실적인 문제를 해결한다는 것이 불가능하다는 것이다.

일렉트로닉 아츠 캐나다 지사와 같은 회사에서는 이 문제를 해결하기 위해 프로듀서가 게임 디자이너 역할을 함께 수행하는 경우, 프로듀서가 수행하던 기존의 여러 책임을 개발 디렉터라는 사람이 대신 수행한다.

결국 직함은 직무 내용과 마찬가지로 중요한 것이 아니다. 중요한 것은 다른 여러 가지 책임에 주의

를 뺏기지 않고 게임플레이에만 집중할 수 있는 사람이 필요하다는 것이다. 이 사람이 바로 게임 디자이너다.

특히 최근의 추세와 같은 복잡한 게임을 제작하는 경우, 전담 게임 디자이너가 예산이나 일정, 자원 할당, 그리고 다른 제작 업무에 신경 쓰지 않고 게임플레이와 플레이어 경험에만 집중하도록 환경을 마련하는 것이 현재 게임 업계의 분위기다.

프로듀서

개발사 팀의 프로듀서를 가장 간단하게 정의할 수 있는 말은 프로젝트 리더다.

프로듀서는 게임을 계약한 대로 퍼블리셔에 전달하는 책임을 맡은 사람으로서, 이 책임을 완수하기 위해 일정, 예산, 그리고 자원 할당을 위한 계획을 마련하는 일을 한다.

대부분의 환경에는 퍼블리셔의 팀과 개발사의 팀에 각기 한 명씩 프로듀서가 있다. 이러한 두 프로듀서는 안정적인 작업 환경에서 퍼블리셔와 개발사 간에 합의돼야 하는 제작과 관련된 중요한 결정을 위한 단일 접점 역할을 한다. 프로듀서는 이 단일 접점을 두 팀 간에 정보를 전달하는 주요 통로로 활용함으로써 양 팀이 같은 가정을 바탕으로 일하게 하고 중요한 결정을 각 팀의 주요 인물에게 올바르게 전달할 수 있다.

요약하면 개발사에서 프로듀서의 역할은 다음과 같다.

- ✓ 개발사 팀의 팀 리더
- ✓ 개발사와 퍼블리셔 간 주요 의사소통 통로
- ✓ 개발사에서 제작의 일정 및 예산 관리
- ✓ 자원 추적과 할당 및 예측
- ✓ 결과물을 제시간에 전달할 수 있게 개발사 팀 관리
- ✓ 팀에 동기를 부여하고 제작 관련 문제를 해결

일정을 맞추기 위해서는 제작 과정 중에 때로 어려운 결정을 내려야 하는 경우도 있으며, 프로듀서의 책임 중에는 직원 고용 및 해고는 물론 과도한 자원이나 비용 요청을 거절하는 것도 포함된다. 궁극적으로 프로듀서는 매우 큰 보람을 느낄 수 있는 역할이다. 프로듀서는 어떤 팀원보다도 퍼블리셔의 팀과 많이 접촉한다. 또한 컨퍼런스나 매체와 같은 공개된 자리에서 팀을 대표하는 경우가 많다. 프로듀서의 사무실은 팀원들이 찾아와서 고충이나 문제를 털어놓고 함께 해결할 수 있는 팀의 안전 지대와 같은 역할을 한다.

게임 디자인 입사 지원

톰 슬로퍼(Tom Sloper), 사장, 슬로퍼라마 프로덕션

우선 '게임 디자이너'는 모두가 원하는 유망 직종이라는 것을 이해하는 것이 중요하다. 게임 디자이너는 영화/TV 세계의 '감독'과 비슷하게 게임 업계에서는 아주 '섹시'한 직함이다. 따라서 게임 디자인 학위와 훌륭한 디자인 포트폴리오를 가지고 있더라도 게임 디자인으로 업계에 발을 딛기가 어려울 수 있다. 즉, 흥미 있는 다양한 분야를 공부하고 게임 업계의 모든 구직 기회를 놓치지 말아야 한다.

핵심은 처음 발을 들여놓는 것이다. 첫째 목표는 단순히 이 업계 안으로 들어오는 것이어야 한다. 우리가 원하는 것은 커리어, 즉 평생의 일이지 손쉬운 일거리가 아니다.

일단 업계에 발을 들여놓은 후에는 열심히 일하고, 자신이 도울 수 있는 모든 일을 자원하며, 배울 수 있는 것을 모두 배우고, 게임 디자이너라는 직함을 얻을 수 있을 때까지 자신의 가치를 증명해야 한다.

일단 게임 디자이너로서 자신의 가치를 증명한 이후에도 종종 자신의 가치를 증명해야 한다. 이를 사전에 알고, 마음을 독하게 먹고, 기꺼이 응하자. 그러면 괜찮을 것이다. 이제 기본적은 내용은 여기까지로 하고, 게임 업계에 입사 지원하는 방법을 알아보자.

먼저 입사 지원을 위한 준비가 필요하다.

아마 여러분은 이 책의 연습을 모두 완료했을 것이다. 고교를 졸업했고 대학 학위가 있을 것이며, 활발한 게임 플레이어일 것이고, 온라인 게임 포럼에서도 활동하고 있을 것이다.

✓ http://www.igda.org/Forums/

✓ http://www.gamedev.net/community/forums/

✓ http://www.gamecareerguide.com/forums/

다음은 잘 쓰여진 이력서가 필요하다.

이력서를 작성하는 방법은 이에 대한 책이나 웹 사이트가 많이 있으므로 설명하지 않겠다. 그래도 이력서를 돋보이게 하는 방법은 있는데, 자신의 개인 디자인 프로젝트를 언급하는 것이다. 직접 제작한 프로토타입이나 작성한 개념 문서, 직접 개발한 mod와 함께 조직한 게임 그룹, 그리고 참여하고 있는 뉴스그룹 등을 나열하면 자신을 차별화할 수 있을 것이다.

다음은 포트폴리오를 준비한다.

메리엄 웹스터 사전에 따르면 포트폴리오의 의미는 다음과 같다.

✓ 문서, 사진 또는 팸플릿 등을 가지고 다니기 위한 경첩이 달린 표지나 유연한 케이스

✓ 책이나 느슨한 폴더 형태로 모은 그림들(도안 또는 사진)

게임 디자이너가 되고자 한다면 자신의 글이나 그림의 샘플, 종이 프로토타입을 찍은 사진, 자신이 참가한 게임 행사에 대한 전단이나 신문 스크랩 또는 사진 등과 같이 자신의 창의성과 입사 지원자로서의 열정을 보여줄 수 있는 포트폴리오를 만들 수 있을 것이다. 주의할 것은 최상의 내용으로 포트폴리오를 구성하라는 것. 포트폴리오는 부드러운 3구 폴더에 넣되 두께는 1센티미터 내외여야 한다. (보여 줄 시간이 많지 않으므로 너무 두꺼우면 안 된다.) 사진은 손상되지 않게 비닐 보호지로 보호하고 여러 고용 관리자들에게 제공할 수 있도록 포트폴리오의 복사본을 만드는 것이 좋다.

가장 강한 인상을 줄 수 있는 내용을 앞쪽에 배치한다. 면접 시에 면접관이 폴더를 열어 앞쪽의 처음 몇 페이지만 보고 폴더를 닫을 수도 있다. 따라서 앞쪽의 몇 페이지로 최대한 강한 인상을 줄 수 있어야 한다.

디자인 포트폴리오에 완전한 디자인을 넣어서는 안 된다. 대부분의 게임 회사에는 사전 계약 없이 게임 아이디어를 제출하는 것을 금지하는 규정이 있으며, 포트폴리오가 이 규정을 위반하려는 시도로 보일 수 있다. 포트폴리오 하나는 20장을 넘지 않게 해야 한다.

애니메이션, 오디오 또는 프로그램을 제작한 경우 CD에 담아서 가져온다. Zip 디스크, 8트랙 테이프, 사이퀘스트 또는 릴 테이프 등을 가져오는 일이 없게 하자. 종이 프로토타입은 복사본을 가지고 온다.

포트폴리오의 내용이나 활용 방법에 대해서는 여기까지다. 포트폴리오를 멋지게 만들 수 없다면 아예 만들지 않는 것이 좋다. 포트폴리오 없이도 면접을 볼 수는 있다. 그러나 다른 경쟁자들과 차별화된 모습을 보여 주려면 제대로 된 포트폴리오를 준비하는 것이 유리하다.

다음은 원하는 게임 회사의 목록이 있어야 한다.

각자 원하는 회사가 있을 것이므로 필자가 목록을 제시할 필요는 없을 것이다. 웬만한 게임 회사에는 웹 사이트가 있고 게임 업계의 구인 웹 사이트가 많이 있다. 가마수트라와 구글에 익숙하다면 직접 찾는 데 문제가 없을 것이다. 거주하는 지역이나 자비를 들여서 이사할 수 있는 지역의 회사들을 목록에 포함하는 것이 좋다.

다음은 원하는 회사에 대한 정보를 수집한다.

회사의 웹 사이트를 읽어 보고 제품에 대해 조사한다. 상장 회사인 경우 회사 주식 상황에 대해서도 알아본다. 지원자들이 "이 회사에 대해서는 잘 모르지만 꼭 여기서 일하고 싶습니다"라고 이야기하는 것은 전혀 좋게 보이지 않는다.

이제 원하는 회사와 접촉할 준비가 끝났다.

한 회사에만 모든 희망을 걸지 말고 여러 회사와 접촉하자. 어떻게 일이 전개될지는 알 수 없다. 각 회사에

서 접촉해야 하는 사람의 이름을 알아보고, 해당 회사에 대해 아는 지인이 있으면 찾아가서 누구에게 이력서를 보내야 하는지 물어 보자. 편지 맨 위에는 반드시 특정 인물의 이름이 필요하다. 이름을 알아볼 수 있는 다른 방법이 없으면 회사에 전화를 해서 스튜디오 책임자(게임 제작 부서를 담당하는 부사장) 또는 인사부 관리자의 이름을 물어 본다.

다음은 좋은 첨부 편지를 쓸 차례다.

이력서와 마찬가지로 좋은 첨부 편지를 쓰는 방법에 대한 내용은 인터넷에 많이 있다. 게임 디자이너가 된다는 것은 창의적인 작가가 된다는 것을 의미하기도 한다. 첨부 편지는 자신의 창의성과 커뮤니케이션 기술이 잘 드러나도록 써야 한다. 자신이 제작한 게임이 있다면 이를 언급한다. 첨부 편지는 이력서보다도 중요하며, 특히 이력서에 주목할 만한 내용이 없는 경우 더욱 그렇다.

"게임 디자이너로 일하고 싶습니다"라는 것은 비현실적이고 "어떤 일이든 열심히 하겠습니다"라는 것은 그다지 도움이 되지 않는다. 어떤 구인건이 있는지 미리 알아보고 자신의 기술과 흥미에 맞는 조건을 찾아 지원하자.

이력서와 첨부 편지를 우편으로 보내거나 직접 전달한다.

원하는 회사가 있는 지역에 거주하고 있지 않다면 앞서 이름을 확인한 사람 앞으로 우편물을 보낸다. 해당 지역에 거주하고 있는 경우에는 이 사람에게 전화를 해서 면접을 요청한다. 우편물을 보낸 경우, 일주일 정도 후에 전화 통화를 해서 후속 조치를 한다. 해당 인물에게 우편물을 받았는지 물어 본다. 여러분의 목표는 이 사람과 만나는 것이다. 게임 회사에서는 신입 사원 면접에서 교통비를 지급하는 경우는 없으므로 먼저 요청하지는 말자.

전화 통화를 할 때는 차분하고 예의 바르게 하고, 면접을 보고 싶다고 하기보다는 찾아가서 자신을 소개하고 싶다고 이야기하는 편이 좋다. 게임 업계에 대해 배우고 싶어 하는 대학 졸업생이며, 몇 가지 관련 작업을 해 본 경험이 있고, 간단하게 대화를 나누고 싶다고 말한다.

이렇게 솔직하고 직접적인 방법으로 십중팔구는 회사에 발을 들여놓을 수 있다. 이렇게 시작하면 된다.

면접에 참가한다.

스리피스 정장을 입고 가는 일은 없도록 하자. 게임 스튜디오에서는 경영진을 빼고는 아무도 정장을 입지 않는다. 깨끗하고 말끔한 의상에 긴 바지, 양말과 신발을 신고 간다. 이력서와 첨부 편지의 복사본 2~3매, 그리고 포트폴리오 원본과 추가 복사본을 준비해서 간다.

면접에서 내세울 수 있는 가장 매력적인 것은 바로 자신이다. 열정적이고, 진지하며, 매력적인 모습을 보여 주자. 여러분의 목표는 최종적으로 게임 디자이너가 되기 위해 어떤 일이라도 일단 취업하는 것이다. 어떤 구인건이 있는지 미리 알아보고 자신의 기술과 흥미에 맞는 조건을 찾아 지원하자.

회사에서 원하는 사람은 열심히 일하는 영리한 사람이며, 무엇보다 커뮤니케이션에 능한 사람이다. 겉모습과 눈 마주침, 그리고 면접 중에 대화를 통해 전달해야 하는 느낌이 바로 이런 것이다.

준비한 경우 자신의 포트폴리오를 보여 준다.

개인 면접 중에 자신이 지금까지 했던 작업의 샘플을 보여 줄 필요가 있다. 게임 디자이너의 경우 게임 개념에 대한 샘플을 보여 주면 게임 회사가 나중에 비슷한 게임을 만들었을 때 여러분으로부터 소송을 당할 우려가 있기 때문에 원치 않는 제출로 받아들여질 수 있다. 이보다는 디자인을 자신의 웹 사이트(예: 무료 포털에서 제공하는 개인 블로그)에 올려서 공개하는 것이 현명하다. 즉, '제출'의 개념을 '포트폴리오'의 개념으로 옮기는 것이다. 면접관에게 이러한 사실을 미리 알리면 자신의 포트폴리오를 원치 않는 제출로 받아들였을 때 발생할 수 있는 어색한 순간을 미리 방지할 수 있다. 또한 이를 통해 상식이 있고 회사의 필요에 민감한 사람이라는 인상을 줄 수 있다.

포트폴리오는 종이 형식, CD 형식 및/또는 웹 형식으로 준비하되 면접관이 면접 중에 이를 볼 시간이 없을 수도 있다는 것을 기억하자. 면접 중에 여러분이 웹이나 CD에 정성껏 준비한 미로와 같은 경로를 모두 찾아볼 것으로 기대하지는 말라는 것이다. 이것은 현실과는 거리가 멀다. 포트폴리오를 보여 줄 기회가 있다면 좋겠지만 그렇지 않더라도 실망하진 말자.

자신이 구상한 게임 개념(자신의 게임 디자인 웹 사이트에 올린)에 대해 한 가지 알아둘 것은 누군가 여러분의 아이디어를 훔쳐서 몰래 게임으로 만들 가능성은 거의 없다는 것이다. 마찬가지로 누군가 여러분을 고용해서 함께 이 아이디어로 게임을 만들 가능성도 거의 없다. 게임 회사에는 게임으로 만들 수 없을 만큼 많은 아이디어로 넘친다. 게임 회사에 필요한 것은 게임 아이디어가 아니라 사람이다. 이들에게 여러분의 포트폴리오를 보여 주는 이유는 여러분이 이 회사에 필요한 창의적인 인물이라는 것을 보여 주기 위함이다.

면접 이후에 할 일

한 번의 면접으로 바로 고용되는 경우는 많지 않다. 물론 충분히 있을 수 있고 바람직한 경우겠지만 보통은 실제 입사를 제안하기 전에 다른 부서와 추가적인 논의와 검토가 필요하다. 면접을 마치고 나면 면접이 얼마나 잘 진행됐는지 스스로 느낄 수 있을 것이다. 생각만큼 잘 진행되지 않았다면 다음번에는 더 잘할 수 있는 방법을 생각해 본다. 그리고 다음 면접 때는 지금보다 더 잘하면 된다. 가고자 하는 길이 장애물이 있다면 이를 디딤돌로 활용하면 된다.

면접관에게 감사 편지를 보낸다. 다소 구식처럼 보이지만 우리는 로봇이 아니라 서로 인간적인 관계를 맺기를 원하는 사람이라는 사실을 잊지 말자. 전자 메일로 감사 편지를 보내는 사람도 있고 종이 편지를 보내는 것이 좋다는 사람도 있다. 다음은 감사 편지를 쓰는 요령에 대한 커리어빌더(www.careerbuilder.com)에서 제공하는 몇 가지 팁이다.

✓ 감사 편지는 면접을 본 시간부터 24시간 이내에 보낸다. 자신에게 후속 처리 감각이 있음을 보여 주기 위함이다.

✓ 편지는 최대 한 페이지 이내로 쓴다.

✓ 편지는 각각 개인에게 보내야 한다. 여러 명의 면접관을 만난 경우, 명함을 받아서 이름과 직함을 틀리지 않게 정확하게 적고, 면접 후에는 곧바로 세부 사항을 메모로 남겨서 잊어버리지 않도록 한다.

✓ 감사 편지의 중요한 목적은 자신이 회사에 적합한 사람임을 다시 확인시키고 면접 중에 부정적인 사항이 언급된 경우 이에 대한 설명을 하는 것이다.

✓ 첨부 편지나 이력서와 마찬가지로 사소한 작문 오류 하나가 자신에 대한 좋은 인상을 모두 망칠 수 있다는 점을 기억한다.

면접을 본 후 회사에서 연락이 오기까지는 몇 주에서 몇 달까지 걸릴 수 있다. 계속 접촉하는 것은 좋지만 한 회사에만 모든 희망을 걸지는 말고 다른 면접 기회도 찾아보자. 최악의 경우라고 해도 입사 제안을 받지 못하는 것뿐이므로 큰 손해는 아니다. 두 번째로 나쁜 경우는 입사 제안이 하나만 들어오는 경우고, 세 번째로 나쁜 경우(또한 최상의 경우)는 입사 제안이 두 가지 이상 들어오는 경우다.

작가 소개

톰 슬로퍼는 웨스턴 테크놀로지에서 LCD 시계와 계산기 게임, 그리고 벡트렉스 게임인 스파이크와 배드램을 개발하면서 게임 개발 커리어를 시작했다. 이후에는 세가 엔터프라이즈, 루델 디자인, 아타리, 액티비전에서 디자이너, 프로듀서, 디렉터 등의 역할을 맡았다. 톰 슬로퍼는 127가지 게임 제작 프로젝트에 참여했으며, 85가지 게임에는 프로젝트 리더로, 27가지 게임에는 디자이너 역할을 맡았고, 그동안 6번의 수상 경력이 있다. 그는 미국, 일본, 영국, 오스트레일리아, 러시아, 유럽 및 동남아시아의 개발사에서 게임을 제작했으며 액티비전 일본 지부에서 일하는 동안 일본에서 거주하기도 했다. 현재는 슬로퍼라마 프로덕션에서 사업과 함께 컨설팅과 집필, 강연을 하고 있으며, USC에서 학생들을 가르치고 있다.

각 팀에서 여러 프로젝트의 제작 과정을 책임지거나 전체 개발 그룹을 책임지는 수석 프로듀서가 있을 수도 있다. 또는 프로듀서를 지원하는 역할을 하는 보조 프로듀서와 부 프로듀서가 있을 수도 있다. 대부분의 프로듀서는 보조 프로듀서로 시작해서 부 프로듀서로, 그리고 프로듀서가 되고, 나중에는 선임 프로듀서와 수석 프로듀서로 진급한다.

게임 디자이너는 프로듀서와 밀접하게 일해야 한다. 즉, 모든 제작 프로젝트의 시작 단계부터 디자인의 모든 사항을 세부적으로 함께 검토해야 한다. 프로듀서가 현실적인 일정과 예산을 계획할 수 있도록 지원하는 것은 디자이너의 역할이며, 이것은 디자이너가 만들려는 게임을 명확하게 이해하지 않고는 불가능한 일이다. 프로젝트의 전체 범위와 비전을 명확하게 설명하지 않으면 프로듀서는 가공된 숫자와 개략적인 예상치를 사용할 수밖에 없고, 게임의 일정과 예산이 모두 부정확해지며, 두 가지가 모두 부족한 상황이 되면 불필요하게 불안과 염려가 유발된다.

즉, 효율적인 게임 디자이너가 되기 위해서는 프로듀서와 거의 같은 수준으로 일정과 예산 관리의 안팎을 알고 있어야 한다. 이러한 문서를 본인이 작성하거나 관리할 책임을 맡는 것은 아니지만 항목을 세심하게 검토하고 모든 사항을 이해할 수 있어야 한다. 이러한 사항들이 프로젝트의 비전과 일치되게 하고, 문제가 발생하면 프로세스에서 가급적 조기에 명확하게 전달한다.

프로그래머

우리는 게임을 기술적으로 구현하는 모든 사람들을 통칭해서 '프로그래머'라고 부른다. 여기에는 고수준 및 저수준 코더, 네트워크 및 시스템 엔지니어, 데이터베이스 프로그래머, 컴퓨터 하드웨어 지원 등이 포함된다. 일부 회사에서는 프로그래머를 엔지니어나 소프트웨어 개발자라고도 부른다. 이 직종의 상위 직위로는 선임 프로그래머, 수석 프로그래머, 기술 디렉터, 그리고 최종적으로 CTO가 있다. 일부 회사에서는 도구 프로그래머, 엔진 프로그래머, 그래픽 프로그래머, 데이터베이스 프로그래머와 같은 구체적인 전문 영역에 따라 직함을 분류하기도 한다.

일반적으로 프로그래밍 팀은 다음과 같은 책임을 맡는다.

- ✓ 기술 사양서 초안 작성
- ✓ 다음을 포함한 게임의 기술적 측면 구현
  - 소프트웨어 프로토타입
  - 소프트웨어 도구
  - 게임 모듈 및 엔진
  - 데이터 구조
  - 커뮤니케이션 관리
- ✓ 코드 문서화
- ✓ QA 엔지니어와 협력하고 버그 수정 또는 해결

게임 디자이너의 경우, 기술적 배경이 없으면 프로그래밍 팀과 제대로 아이디어를 전달하기가 어려울 수 있다. 프로그래머 수준까지 배울 필요는 없지만 디지털 게임을 디자인하려면 엔지니어와 원활하게 대화하기 위해서라도 프로그래밍의 기본 개념을 배울 필요가 있다. 프로그래밍을 배우는 데는 여러 가지 방법이 있다. 독학하는 것이 편하다면 초보자용 프로그래밍 책을 구입하고 체계적인 환경이 필요하다면 강좌를 듣는다. 친한 프로그래머가 있다면 프로그래밍에 대해서 질문하면서 배울 수도 있다. 누구나 자신의 전문 분야에 대해 이야기하기를 좋아한다. 진지하게 관심을 보인다면 대부분의 프로그래머는 게임을 프로그래밍하는 방법을 열심히 설명해 줄 것이다.

게임이 기술적으로 구현되는 방법을 명확하게 이해하면 이 지식을 바탕으로 디자인 사양을 더 세부적으로 작성할 수 있으며, 게임의 개념을 더 명확하게 기술 팀에 설명할 수 있다. 이를 통해 프로그래머가 게임플레이에 대한 수정과 변경에 대해 더 공개적이고 적극적으로 이야기하게 할 수 있다.

게임플레이를 변경하려는 경우 제작 과정 전체의 거의 모든 상황에서 코드 수정이 필요하다는 것을 알 수 있을 것이다. 10장 358쪽에서 설명한 것처럼 게임을 모듈식으로 디자인했다면 전체 체계를 급격하게 수정하지 않고도 게임플레이를 변경할 수는 있지만, 그래도 프로그래밍 팀에 업무가 추가되는 것은 사실이다. 이러한 변경을 불필요한 논란 없이 프로그래밍 팀에 제안할 수 있는 관계를 만들려면 자신의 모든 커뮤니케이션 기술과 프로그래밍 지식을 활용해야 한다.

팀의 규모에 관계없이 업무를 진행하려면 따라야 하는 계층 구조가 있다. 예를 들어, 아주 간단한 변경이 필요한 경우 기술 디렉터를 거치지 않고 직접 데이터베이스 엔지니어에게 부탁하고 싶은 경우가 있는데, 이런 식의 일 처리는 삼가야 한다. 이것은 기술 디렉터의 권위를 깎아내리는 것이며, 다른 사람을 적으로 만드는 데 이보다 더 좋은 방법은 없다.

프로그래밍 팀을 이끄는 사람이 기술 디렉터나 수석 프로그래머, 또는 누가 됐든 이 사람과의 파트너 관계가 필요하다. 여러분의 아이디어를 다른 팀원들과 의사소통하는 것이 바로 이 사람의 일이며, 여러분이 이들의 전문 기술과 노력을 존중하듯이, 이들도 여러분의 아이디어를 존중하는 관계를 만들 필요가 있다.

중요한 것은 게임을 개선하기 위한 반복적인 프로세스에 프로그래밍 팀 전부가 적극적으로 참여하게 하는 것이다. 머지 않아 이들도 자신들의 작업 성과를 확인하기 위해 다음 플레이테스트 세션 일정에도 관심을 가질 것이며, 여러분은 게임을 개발하는 동안 가장 중요한 그룹 중 하나와 견고한 파트너 관계를 유지할 수 있게 될 것이다.

비주얼 아티스트

'프로그래머'라는 용어와 마찬가지로 게임의 모든 시각적 측면을 디자인하는 팀원을 가리켜 '비주얼 아티스트'라는 용어를 사용한다. 여기에는 캐릭터 디자이너, 일러스트레이터, 애니메이터, 인터페이스 디자이너, 그리고 3D 아티스트가 포함된다. 이 직종의 상위 직위로는 아트 디렉터, 선임 아트 디렉터, 그리고 수석 애니메이터가 있다. 일부 회사에는 회사의 전체 제품군에서 일관성 있는 외형과 느낌을 보장하는 업무를 담당하는 크리에이티브 디렉터와 수석 크리에이티브 관리자와 같은 직위도 있다.

비주얼 아티스트들은 다양한 배경을 가지는 경우가 많다. 해당 분야에 학위가 있는 아티스트도 있지만 그렇지 않은 경우도 있고, 항상 컴퓨터에서만 작업하는 아티스트도 있지만, 다른 전통적인 도구를 사용하다가 컴퓨터 분야로 넘어온 아티스트들도 있다. 아티스트를 고용하기 전에 팀에 필요한 기술이 어떤 것인지 고려해야 한다. 게임에 필요한 것이 주로 3D 아트인가? 애니메이션 기술이 있는 사람이 필요한가? 특정 시장 부문에 어필하도록 인터페이스를 만들어야 하는가?

아티스트들의 포트폴리오를 보면 예를 들어, 일부 아티스트는 정교한 도시와 가상의 3D 세계를 만드는 능력은 탁월하지만 캐릭터 애니메이션에는 그다지 능숙하지 않은 경우를 볼 수 있다. 이 때문에 제작에 요구되는 핵심 작업에 맞는 사람들로 팀을 구성하는 것이 일반적이며, 3D 모델링, 애니메이션, 텍스처 매핑, 인터페이스 디자인과 같은 세부적인 영역을 위한 아티스트를 고용하는 경우가 많다.

비주얼 아티스트의 책임은 다음을 포함해서 게임의 모든 시각적 측면을 디자인하고 만드는 것이다.

✓ 캐릭터
✓ 세계 및 세계의 물체
✓ 인터페이스
✓ 애니메이션
✓ 커트 장면

프로그래밍 팀의 경우와 마찬가지로 게임 디자이너와 아티스트 간에는 기술적인 이해 장벽이 없더라도 의사소통에 문제가 있을 수 있다. 게임을 시각적으로 최대한 매력적으로 만드는 것이 아티스트의 일이다. 때로는 게임 디자인의 필요성이 아름다운 화면을 만드는 데 방해가 될 수 있다. 예를 들어, 디자인의 중요한 각 특성과 세부 사항을 보여 주기 위해 만든 틀을 아티스트가 정확하게 따르지 않는 상황이 발생할 수 있다. 가령 아티스트가 레이아웃을 더 보기 좋게 만들기 위해 디자이너가 제시한 틀을 변형해서 특성을 압축했을 수 있다.

이러한 상황에서 처음 반응은 아마도 디자인을 원래 의도대로 따라달라고 요구하는 것일 수 있다. 물론 이것도 일을 처리하는 한 가지 방법이다. 그러나 아티스트가 작업한 내용은 더 객관적으로 평가할 수도 있다. 아티스트가 여러분의 디자인이 복잡하다고 생각했다면 플레이어도 그렇게 느낄 수 있다. 한 걸음 물러서서 생각하면 숙련된 예술가의 눈으로 다시 바라본 디자인이 더 개선되고 직관적이라고 느낄 수도 있다. 물론 중요한 특성이 아름다운 아트워크에 가려지거나 없어지지 않게 주의해야 한다. 플레이어가 이러한 화면에 어떻게 반응할지를 고려하는 것은 여러분의 역할임을 기억하자. 게임을 진행하는 데 필요한 특성을 찾을 수 없다면 화면의 아름다움은 그리 중요하지 않게 된다.

아티스트와 게임 디자이너 간에 발생할 수 있는 다른 문제로 게임의 전체적인 스타일에 대한 의견 차이가 있다. 다양한 아티스트와 함께 일하다 보면 이들이 모두 각자의 고유한 스타일과 기법을 가지고 있음을 알 수 있게 된다. 대부분의 아티스트들은 자신의 개인적인 스타일이 아닌 스타일로도 작업하도록 훈련이 되어 있지만 자신의 관심 분야를 더 가깝게 반영하는 프로젝트에 항상 더 열정적으로 반응한다. 비유하자면 로큰롤 밴드를 시작하려고 한다면 필하모닉 오케스트라에서 드럼을 치던 사람을 섭외하는 것은 그리 좋지 않은 선택일 수 있다는 것이다. 마찬가지로 자신이 추구하는 외형과 느낌에 열정적인 반응을 보이는 사람들로 팀으로 구성하는 것이 좋다.

프로젝트를 함께 작업할 아티스트를 선택할 수 없는 경우도 있는데, 가령 규모가 큰 회사에서는 특정 아티스트 팀이 프로젝트에 배정될 수 있다. 이 경우 팀원들의 기술을 제대로 활용하기 위해 자신의 비전을 변경하거나, 또는 팀이 자신의 비전을 구현하도록 자신의 아이디어를 명확하게 의사 전달하는 방법을 찾는 두 가지 선택을 할 수 있다.

아티스트는 시각적인 사람들이므로 이들과 의사소통하는 가장 좋은 방법은 시각적 참고 자료를 사용하는 것이다. 대부분의 아트 부서에는 다른 게임, 잡지, 아트북을 비롯한 방대한 양의 참조 자료가 있다. 예를 들어, 게임 아티스트 스티브 시어도어(Steve Theodore)는 참고 자료를 얻기 위해 비디오는 물론 인체와 동물에 대한 교과서를 활용해 시각 효과를 만들어 낸다.[1] 아티스트와 원활하게 의사소통하려면 참조 자료를 준비하는 것도 좋은 생각이다. 이 책의 필자 두 명이 마이크로소프트에서 복고풍 우주 시대 스타일의 게임을 개발할 때는 아트 팀이 벼룩시장에서 1950년대의 섬유 샘플을 수집해서 패턴과 색을 스캐닝하고 게임을 위한 시각적 팔레트를 만드는 데 활용했다.

프로그래밍 팀의 경우와 마찬가지로 디자인 프로세스에서 수석 아티스트나 아트 디렉터와 파트너 관계를 맺으면 최상의 결과를 얻을 수 있다. 자신의 비전을 설명하고 상대의 반응을 주의 깊게 들어 보자. 여러분보다는 아티스트가 시각적 참조 자료를 더 많이 접하고 조사했을 수 있으며, 어쩌면 초기 개념을 크게 향상할 수 있는 훌륭한 아이디어가 있을 수도 있다. 이러한 참조 자료를 함께 살펴보고 마음에 드는 부분과 그렇지 않은 부분을 구체적으로 이야기한다.

디자이너가 방향을 선택하면 아티스트는 컨셉 아트를 만들기 시작하며, 이때부터 디자이너는 아트에 대한 비평을 시작해야 한다. 비평의 목표는 프로젝트를 진행하기 위해서라는 것을 기억하자. 스케치나 디자인이 정확하게 여러분이 원하는 것이 아니더라도 유용한 가치가 있을 수 있다. 이야기하기 전에 먼저 이러한 요소를 찾아보고 아티스트가 추구하는 것이 무엇인지 보려고 노력해 보자. 그리고 이야기를 시작할 때는 항상 긍정적인 부분부터 시작하는 것이 바람직하다.

의견을 주고받는 것은 우리 삶에서 가장 어려운 일일 수 있다. 플레이어가 게임 플레이어를 비판할 때 느꼈던 것처럼 놀랍게도 사람들은 자신이 애착을 가진 부분에 대해서는 제대로 반응하지 않는다. 아티스트에게 피드백을 전달하는 프로세스에서 가장 중요한 동맹은 아트 디렉터다. 프로젝트의 분위기를 설정하는 과정에는 반드시 이 사람과 함께 일해야 한다. 아트 디렉터의 이야기를 주의해서 듣고 양쪽이 모두 만족할 수 있는 해결책을 마련하자. 각 디자인 문제에 대한 해답은 항상 여러 가지가 있으며, 개방적인 대화를 통해 양쪽이 모두 고려하지 않은 다른 접근법을 찾을 수도 있다.

궁극적으로 직접 아트를 만들 수 있는 기술을 가지고 있지 않다면 아티스트가 초기 개념을 벗어나서

자신의 아이디어와 열정을 프로젝트에 더할 수 있는 약간의 자유를 허용해야 한다. 아트 디렉터와 올바른 협력 관계를 조성한다면 최종 아트워크가 처음에 상상했던 것과 다르더라도 이것은 나머지 팀원들이 전체 게임 디자인에 공헌했다고 느끼는 것과 마찬가지로 아트워크에 대한 강한 저자 의식을 느낄 수 있을 것이다.

QA 엔지니어

QA(품질 관리) 엔지니어는 테스터 또는 버그 테스터라고도 한다. QA 엔지니어로 커리어를 시작해 프로듀서, 프로그래머 또는 디자이너 등의 다양한 직종으로 발전하는 경우가 많다. 이 직종의 상위 직위로는 QA 수석과 QA 관리자가 있다. 팀 구조 다이어그램에 나오는 것처럼 QA 엔지니어는 퍼블리셔와 개발사 양쪽에 있다. 일반적으로 퍼블리셔에서는 개발사에서 보낸 결과물을 승인하기 전에 자체적으로 프로젝트에 대한 QA를 진행한다.

QA 팀의 책임은 다음과 같다.

- ✓ 디자인과 기술 사양을 바탕으로 프로젝트에 대한 테스트 계획 마련
- ✓ 테스트 계획 실행
- ✓ 모든 예기치 못한 동작 또는 바람직하지 않은 동작 기록
- ✓ 테스트 중 발견된 모든 문제 분류, 우선순위 지정 및 보고
- ✓ 문제를 해결한 후 다시 테스트

디자이너는 QA 담당자들이 포괄적인 테스트 계획을 마련하는 데 필요한 모든 것을 제공할 책임이 있다. 디자인 문서를 전달했다고 해서 이들이 게임

을 완벽하게 이해하고 있다고 가정해서는 안 된다. 최적의 테스트 계획을 만드는 데 필요한 모든 지원을 제공하자. 그러나 여러분의 의견 없이 게임을 경험해 보고 싶어 하더라도 놀라지는 말자. 플레이테스터와 마찬가지로 QA 테스터 역시 테스트 프로세스를 시작할 때는 게임에 대해 어느 정도 객관적인 시각을 가질 필요가 있다.

QA 테스터는 디자이너의 가장 좋은 친구가 될 수 있다. 플레이테스터를 제외하면 이들이 게임이 대중에게 전달되기 전 마지막 방어선이다. 디자인 특성 중 일부가 버그로 표시되어 보고되더라도 흥분하지 말자. 이것은 디자인을 비평하는 것이 아니라 QA가 디자인이 올바르게 작동하도록 돕는 방식이다. 게임이 기술적 및 미적으로 올바르게 작동하게 하는 것이 이들의 일이다. 예를 들어, 캐릭터 화면에 선택한 글꼴을 특정 상황에서 제대로 읽을 수 없다는 내용을 버그로 보고하더라도 발끈해서 반응할 필요가 없으며, 오히려 플레이어에게 게임을 전달하기 전에 수정할 기회를 주었다는 것을 고맙게 여겨야 한다.

QA 팀과 자리를 함께 하고 이들의 프로세스를 관찰하면 도움이 될 수 있다. 또한 QA 엔지니어에게 조언을 구하고 함께 게임의 요소를 하나씩 검토하면서 많을 것을 배울 수 있다. 이들은 풍부한 경험을 지닌 테스터이므로 다른 사람에게는 없는 통찰력을 제공할 수도 있다.

한 가지 고려해 볼 수 있는 사안으로 프로세스 초기 단계에 QA 관리자에게 개략적인 디자인 검토를 부탁하는 것이 있다. 이 방법으로 본격적으로 구현을 시작하기도 전에 디자인의 몇 가지 문제를 찾아낼 수도 있다. QA 프로세스를 일찍 시작하고 QA 팀이 디자인 프로세스에 참여하게 함으로써 이들이 게임에 더 적극적으로 참여하게 할 수 있다. 즉, 나중에 시간이 부족한 상황이 되면 여러분의 게임을 우선순위로 놓고 남아 있을지 모르는 결함을 찾는 데 조금 더 시간을 투자할 수 있다는 의미다.

특수 매체

앞서 살펴본 것처럼 게임은 이제 다양한 특수 매체 영역까지 빠르게 확장되고 있으며, 게임 제작에 참여하는 모든 사람들의 역할을 설명하는 것이 힘든 수준이 됐다. 예를 들어, 여러분의 게임에 작가, 사운드 디자이너, 음악가 또는 모션 캡처 엔지니어, 무술 강사, 화법 강사 등이 필요할 수 있다. 이러한 영역은 너무 다양하기 때문에 통칭해서 '특수 매체'라고 부른다. 이러한 유형의 구성원들은 정직원 형식보다는 짧은 기간 계약직으로 고용되는 것이 보통이다.

디자이너가 해야 할 가장 중요한 일은 이 전문가들이 일을 시작하기 전에 이들에게서 필요한 것이 무엇인지 정의하는 것이다. 계약직으로 고용되는 전문가들은 시간이나 일 단위로 비용을 청구하는 경우가 많다. 전문가를 고용하고 이들이 해야 할 일을 찾기 위해 시간을 낭비하면 제작 과정의 작업에 사용할 수 있는 자금이 낭비될 수 있다.

가장 일반적인 계약직 전문가로 작가와 사운드 디자이너가 있다. 작가의 경우 간단한 대화 작성부터 전체 스토리의 대본 작업까지 다양한 일을 할 수 있다. 제작에 요구되는 작가의 수준은 자신이 가진 글쓰기 기술의 수준에 따라 달라진다. 우수한 글쓰기 능력을 갖추고 있다면 아예 별도의 작가가 필요 없을 수도 있다. 반면 이 분야의 능력이 부족하다면 제작 초기 단계부터 작가를 고용해서 전체 과정에서 함께 일해야 한다.

게임 교육 프로그램 선택에 대한 IGDA(International Game Developers Association)의 조언

수잔 골드(Susan Gold), IGDA 교육 SIG 의장, 제이슨 델라 로카(Jason Della Rocca), IGDA 전무 이사

IDGA(www.igda.org)에서는 다양한 사람들을 위한 다양한 일을 하고 있으며, 그중에서도 전문가 조직으로서, 게임 업계에서 일하는 사람들의 거리이를 향상하고 이들의 삶을 개선한다는 임무를 가지고 있다. 그리고 이 임무의 일환으로 IGDA는 커리어로서 게임 개발을 선택하려는 젊은이들을 돕는 방법에 관심을 가지고 있다. 현재 게임 업계에 취업하는 데 필요한 기술을 배우는 방법으로 게임 교육 프로그램을 찾는 학생들이 늘고 있지만 다양한 프로그램 때문에 혼란스러워 하는 경우가 많은 것이 사실이다. 올바른 교육 프로그램을 선택하려면 어떻게 해야 할까?

IGDA 교육 SIG에서는 가이드를 찾고 있는 전 세계의 모든 교육기관과 학생을 위한 커리큘럼 프레임워크 권장안을 마련했다. 이러한 권장안에서는 게임 교육에 중요한 여러 주제 영역을 다루는 교육 프로그램을 시작하려는 교육기관에 조언을 제공하고 있다. 이러한 주제 영역은 다음과 같다.

- ✓ 핵심 게임 학습
- ✓ 게임과 사회
- ✓ 게임 디자인
- ✓ 게임 프로그래밍
- ✓ 비주얼 디자인
- ✓ 오디오 디자인
- ✓ 인터랙티브 스토리텔링
- ✓ 게임 제작
- ✓ 게임 비즈니스

진출하고자 하는 게임 개발의 분야에 따라 각기 다른 요구사항에 집중할 수 있다. 예를 들어, 프로그래머가 되고자 한다면 탄탄한 게임 프로그래밍 코스를 제공하는 교육 프로그램을 원할 것이다. 마찬가지로 비주얼 아티스트가 되고자 한다면 게임을 위한 비주얼 디자인 코스를 풍부하게 제공하는 교육 프로그램을 선택해야 한다. 이러한 핵심 주제 영역에 대해서는 http://www.igda.org/academia/curriculum_framework.php 를 참조하자.

결정을 내리는 데는 자신의 관심 분야와 재능이 가장 중요하지만 관심이 있는 중점 분야와는 관계없이 교육기관에서 반드시 제공해야 하는 게임 교육의 측면이 있다. 이러한 주제 영역은 다음과 같다.

✓ 팀워크
✓ 신속한 프로토타입 제작과 반복적 프로세스
✓ 진지한 책임 의식 부여
✓ 여러 분야에 걸친 공동 작업 학습
✓ 여러 분야에 걸친 업무의 근본적 복잡성 처리를 위한 교육학적 모델

또한 우리는 학생들에게 졸업 이후에 구체적으로 어떤 일을 하게 되는지 알아보는 데서 그치지 말고, 실제로 게임 업계에서 일하는 경험을 쌓을 수 있게 교육 프로그램에서 인턴십이나 견습 제도를 장려하고 있는지도 확인하도록 권장하고 있다. 취득한 학위의 종류에 관계없이, 취업하는 데 그치지 않고 계속 직업을 유지하는 데 필요한 몇 가지 특성과 기술이 있다. 여기에는 훌륭한 팀 플레이어 정신과 커뮤니케이션 능력, 그리고 프로 정신이 포함된다. 인턴십은 이러한 실무 기술을 습득할 수 있는 좋은 방법이다. 게임 프로그램에 등록하기 전에 먼저 인턴십을 운영하고 있는지 여부를 확인하자.

학부모들은 종종 제일 좋은 게임 학교가 어디인지 묻는데, 이 질문에는 간단하게 대답할 수가 없다. 잘 알려진 기관에서 설립하고 업계와 밀접한 관계가 있는 학교가 있지만, 지역 전문대에서 설립한 소규모 학교도 있다. 어디에서 교육을 받을지는 각자 집중하는 분야와 기회, 그리고 비용과 지리적 조건에 따라 달라진다. 가장 중요한 것은 어디에 있든지 최대한의 교육 기회를 누리는 것이다. 학위를 받은 학교보다는 게임 디자인 기술에 대한 호기심과 집중력, 그리고 온 힘을 다하는 자세가 더 중요하다.

현재 게임 디자이너와 개발자 중에는 게임 학교를 졸업하지 않은 사람들이 않다. 심지어 게임 디자인의 전설 윌 라이트는 아예 대학을 다니지 않았다. 다른 개발자 중에는 관련 분야에 학위가 있지만 이보다는 게임을 하고 직접 만들면서 게임에 대한 경험을 쌓은 경우가 더 많다. 즉, 다른 사람들이 게임을 하는 방법에 관심을 가지고 연구하면서 얻은 경험과 학교에서 배운 지식을 결합한 것이다.

게임 전문 학위를 제공하는 학교를 선택할 수 있다면 좋은 기회가 되겠지만, 훌륭한 디자이너나 개발자가 되기 위해 반드시 게임 전문 학위가 있어야 하는 것은 아니다. 자신이 원하는 바를 알고 가능성을 탐색하고 성장하는 기회를 제공하는 교육 환경을 찾는 것이 미래의 게임 개발자가 되기 위한 최상의 프로그램이다. 학교를 마쳐서 게임 전문 학위를 받는 것이 여의치 않은 경우에도 커리큘럼 프레임워크에서 게임 업계의 다재다능한 구성원이 되기 위한 거의 모든 종류의 코스를 찾을 수 있다. 또 다니고 있는 학교에서 학위 프로그램을 제공하지 않는 경우에도 학교에서 제공하는 코스를 조합해서 자신만의 게임 교육 프로그램을 만들 수 있다.

자세한 내용은 IGDA 커리큘럼 가이드라인(www.igda.org/education)을 참조하자.

사운드 디자이너의 경우, 게임이 거의 완성된 상황에서는 특수 효과와 음악을 제작하는 것으로 역할이 제한될 수 있다. 반면 좀 더 통합된 사운드 디자인을 원하는 경우, 사전에 프로젝트의 전체 오디오 디자인을 함께 계획하고, 오디오를 통해 게임플레이를 향상하는 방향을 모색할 수 있다. 사운드와 음악은 감성적인 수준에서 플레이어에게 깊은 영향을 주기 때문에 사운드 디자이너의 프로젝트 참여 수준을 높이면 생각보다 플레이어의 경험을 크게 향상시킬 수 있다.

제작 과정이 복잡해질수록 점차 더 다양한 분야의 특수 매체 전문가가 필요하다. 디자이너는 이러한 매체 전문가들과 상호작용하고 요구사항을 전달하며 필요한 사항을 지원해야 한다.

게임 제작이 주 업무가 아닌 전문가들과 대화할 때는 이들에게 익숙한 용어를 사용하는 것이 중요하다. 이러한 매체 전문가들은 하드코어 게이머가 아닌 경우가 많으며, 단축 용어나 게임 용어를 사용하면 제대로 이해하지 못할 수 있다. 이들이 재능을 최대한 발휘할 수 있게 하려면 이들의 전문 분야에 대해 최대한 공부하고 게임 제작에 대한 가이드 역할을 하게 하자.

레벨 디자이너

여러 레벨로 구성된 게임의 경우, 각 레벨을 디자인하고 구현할 사람이 필요하다. 소규모 프로젝트의 경우 여러분이 직접 레벨을 디자인해도 된다. 그러나 대규모 프로젝트의 경우, 다양한 게임 레벨의 개념을 구현하고 때로는 레벨에 대한 아이디어를 낼 레벨 디자이너 팀을 게임 디자이너가 운영하는 경우도 있다.

레벨 디자이너는 툴킷 또는 '레벨 편집기'를 사용해서 새로운 미션, 시나리오 또는 퀘스트를 개발한다. 또한 레벨이나 맵에 나타날 구성 요소를 배치하며, 게임 디자이너와 밀접하게 협력해 이러한 요소가 게임의 전체적인 테마와 일치하게 한다.

레벨 디자이너의 책임은 다음과 같다.

- ✓ 레벨 디자인 구현
- ✓ 레벨의 개념 구상
- ✓ 레벨을 테스트하고 디자이너와 협력해 전체적인 게임플레이 개선

레벨 디자인은 하나의 예술이며, 게임 업계에 취업하는 좋은 방법이다. 훌륭한 레벨 디자이너 중에는 게임 디자이너가 되는 경우가 많이 있으며, 대표적인 인물로 이드 소프트웨어에 있을 때 몇몇 독특한 맵으로 이름을 날린 아메리칸 맥기(American McGee)가 있다. 또는 레벨 디자이너가 프로듀서로 자리를 옮기는 경우도 있다.

게임 디자이너는 레벨 디자이너와 밀접한 관계를 유지해야 한다. 레벨은 여러분이 디자인한 게임플레이를 플레이어가 경험하게 되는 구조이며, 게임 진행에 필수적인 이야기나 캐릭터의 요소를 포함할 수 있다. 레벨은 매우 중요하기 때문에 게임 디자이너가 레벨이 구현되는 방법을 어느 정도 수준까지 제어하는 경우가 많다.

아티스트와 마찬가지로 디자이너가 일일이 관리하기보다는 레벨 디자이너가 창의성을 발휘하도록 허용하는 것이 더 좋다. 게임 디자이너가 놀라운 게임플레이 체계를 창조하고 초기 단계의 게임 레벨을 제시하면 생각하지 못한 수준의 조합과 상황을 만들도록 레벨 디자이너에게 동기를 부여할 수 있다. 레

벨 디자인 팀을 세부적으로 관리하려고 하지 않을 때 레벨 디자이너들이 오히려 더 열심히 일할 것이며, 디자인을 의도대로 구현하려고 할 때보다 더 나은 결과를 얻을 것이다.

실제로 게임의 디자이너는 여러분이며, 레벨 디자이너가 노력해서 만든 레벨은 여러분의 게임을 더 돋보이게 만들어 준다. 그러니 불안감은 접어두고 레벨 디자이너를 함께 실험하며 게임을 새로운 수준으로 끌어올릴 파트너로 대접하자.

연습 12.1 : 팀 모집

이제 게임 제작에 필요한 팀원의 역할에 대해 기본적으로 알아봤으므로 다음은 2부에서 프로토타입으로 제작한 독창적 게임 아이디어를 바탕으로 함께 게임을 제작할 친구 또는 다른 재능 있는 사람들을 모집해 보자. 자신이 해결할 수 없는 역할이 무엇인지 확인하고 이러한 역할을 할 사람을 직접 찾아보자. 지역 게시판이나 웹 사이트에 광고를 올린다. 게임 프로젝트에 참여하고 싶어 하는 사람들은 어디에나 많기 때문에 분명 반응이 있을 것이다.

퍼블리셔의 팀

유통회사는 여러 도시, 때로 여러 국가에 지사가 있는 큰 회사인 경우가 많다. 퍼블리셔에는 직접 만날 기회는 없을 수 있지만 여러분의 게임이 판매될 때까지 직간접적으로 여러분의 게임 제작에 참여하는 수천 명의 사람들이 일하고 있다. 여기에서는 게임을 제작하는 동안 접촉할 가능성이 높은 역할을 집중적으로 알아보자.

프로듀서

개발사 팀의 프로듀서와 마찬가지로 퍼블리셔 팀의 프로듀서 역시 프로젝트 리더다. 그러나 개발팀의 프로듀서와는 다르게 퍼블리셔의 프로듀서는 제작팀과 조율하는 시간은 많지 않으며, 이보다 마케팅 팀을 주도하거나 전체 개발 과정 중에 회사의 경영진이 게임의 개념에 신경 쓰지 않게 하는 역할을 한다.

퍼블리셔의 프로듀서가 맡는 책임은 다음과 같다.

- ✓ 퍼블리셔 팀의 팀 리더
- ✓ 퍼블리셔와 개발사 간 주요 의사소통 통로
- ✓ 퍼블리셔에서 제작의 일정 및 예산 관리
- ✓ 자원 추적과 할당 및 예측
- ✓ 마일스톤 지급금 결제를 위해 개발사의 작업 결과 승인
- ✓ 내부 경영진, 마케팅 및 QA 전문가들과 조율

퍼블리셔의 프로듀서는 실제 제작에서는 한 걸음 떨어져 있지만 그래도 일반적으로 퍼블리셔의 팀에서는 가장 제작팀과 가까운 사람이기도 하다. 프로듀서는 시장에서 게임의 성공에 큰 관심을 가지며, 제작 과정의 일상적인 어려움에서는 한 걸음 물러서 있지만 게임 디자이너나 제작팀의 다른 누구보다 게임의 성공 가능성을 객관적으로 볼 수 있는 위치다.

게임 업계를 포함해서 여러 창조적인 업계에는 프로세스에 참여하지 않는 경영진이나 프로듀서가 팀의 고충을 제대로 이해하지 못한다는 인식이 있다. 그래서 이러한 사람들의 제안이나 지시가 반발이나 경멸을 유발하는 경우가 많다. 자신의 게임 디자인을 자신보다 더 잘 이해하는 사람은 없겠지만 이 사람들 역시 성공적인 게임의 유통과 마케팅에 능숙한

전문가들이므로 개방적인 자세로 이들의 의견을 듣는다면 분명 도움이 될 만한 내용이 있을 것이다.

혐편없는 게임을 만들기 위해 게임 업계에 발을 들여놓은 사람은 없다. 퍼블리셔 팀의 프로듀서와 경영진 역시 예외는 아니다. 이들 역시 팀의 다른 사람들과 마찬가지로 저자 의식을 느낄 수 있는 훌륭한 게임을 만들고 싶어 한다. 이들의 의견을 무시하기보다 게임플레이를 개선할 수 있는 방법으로 활용한다면 최종적으로 게임을 판매하는 시기가 되면 그 과정까지 계속 퍼블리셔의 지원이 있었음을 알 수 있을 것이다.

마케팅 팀

마케팅 팀의 목표는 여러분의 게임을 구매자에게 판매하는 방법을 찾는 것이다. 경우에 따라서는 게임 개념에 대한 피드백을 제공하거나 다양한 캐릭터 디자인에 대한 포커스 그룹을 진행하면서 제작 프로세스에 직접 관여하는 경우도 있다. 반면에 게임이 출시 준비 단계가 되어서야 이 사람들을 만나는 경우도 있다. 개방적인 자세의 게임 디자이너에게 마케팅 팀은 유용한 자산일 수 있다. 왜냐하면 이들은 구매자의 요구와 욕구를 대변하는 연결 고리이기 때문이다. 시장을 이해하는 것이 이들의 역할이므로 이들이 가진 데이터를 창의적으로 해석할 수 있다면 핵심 게임플레이를 손상시키지 않고도 사람들이 관심을 가지는 경향과 특성을 제공할 수 있다.

마케팅 팀은 특히 PC 타이틀의 대상 하드웨어 플랫폼에 따른 영향을 파악하는 데 능통하다. 마케팅 전문가들은 소비자 PC의 다양한 프로세서, 사용 가능 RAM, 화면 크기 등을 기준으로 예상 판매량을 연구한다.

게임을 베스트셀러로 만들고자 한다면 초기부터 마케팅 팀의 도움을 받는 것이 현명하다. 이들의 정보를 활용하고, 프로젝트에 참여하게 하고, 이들이 제공한 통찰력의 가치를 인정하자. 사방에서 아이디어가 쏟아지는 혼란스러운 상황에서는 게임 박스에 표시될 핵심 특성을 명확하게 이해하면 디자인의 방향을 일관성 있게 유지하는 데 도움이 된다. 마케팅 팀이 이러한 작업을 도와줄 수 있으며, 여러분의 게임을 홍보하거나 새로운 프로젝트를 시작할 때 강력한 동맹이 될 수 있다. 매출보다 큰 목소리를 내는 것은 없으며, 마케팅 전문가들은 구매자의 목소리를 대변한다.

연습 12.2 : 마케팅

자신의 독창적인 게임 아이디어를 바탕으로 게임 박스를 디자인해 보자. 구매자의 관심을 사로잡을 구호나 문구를 구상하고 게임의 3~4가지 주요 특성을 요약한 내용을 작성한다. 실제 판매에 도움이 되도록 박스를 디자인해 보자. 게임에서 이러한 요점을 나타낼 측면이 무엇인지 생각해 보고, 박스에 스크린샷, 캐릭터 디자인 또는 원작 아트워크를 실어야 할지 고려해 본다. 박스 디자인을 일부 플레이테스터에게 보여 주고 디자인에 대한 격식 없는 포커스 그룹을 진행한다. 이 프로세스는 16장에서 다룰 아이디어에 대한 판매 전략을 개발하는 데 도움이 된다.

경영진

경영진에는 유통회사의 CEO, 사장, CFO, COO, 다양한 분야의 부사장 및 이사가 포함된다. 이들의 책임에 대한 자세한 내용은 이 책의 범위를 벗어나며 유통회사를 운영하는 이 사람들의 역할이라는 정도만 알아두자. 즉, 회사의 리더십과 방향을 제시하고,

모든 부서를 관리하며, 궁극적으로는 훌륭한 게임을 유통하는 것이다.

물론 회사의 규모가 큰 경우에는 게임 개발자의 팀에도 높은 직위의 관리자가 있을 수 있다. 대부분의 경우, 게임 개발 회사의 경영진은 회사의 창업자이거나 핵심 디자인 팀부터 시작해서 더 높은 직위에 오른 사람들이다.

유통회사에서 상위 관리직에 일하는 사람들은 다양한 배경을 가지고 있다. 경영이나 마케팅 학위를 가지고 있거나 다른 업계에서 경력을 쌓은 사람도 있고, 게임 제작에 풍부한 경험이 있지만 경영에 대한 배경은 없는 사람도 있다. 게임 산업은 본질적으로 취미 문화에서 발전했기 때문에 숙련된 게임 개발 및 유통 전문가 중에는 학교에서 이 분야를 전공하지 않은 사람들이 많다.

게임 디자이너에게 최상의 시나리오는 경영진이 게임 개발에 경험이 많고, 시장을 깊이 있게 이해하고 있으며, 실천적인 방식을 기꺼이 받아들이려는 경우다. 아쉽게도 대부분의 게임 디자이너는 상황을 이렇게 보지 않는다. 디자이너들은 상위 관리자가 제작 프로세스에 관여하는 것을 불쾌하게 여기는 경향이 있으며, 일단 게임 제작을 위한 자금을 제공한 뒤에는 작품이 완성될 때까지 간섭하지 않기를 바라는 경우가 많다.

앞서 언급했듯이 형편없는 게임을 원하는 사람은 없으며 경영진 역시 예외가 아니다. 이들의 의견이나 제안을 무시하거나 제쳐두기 전에, 이들이 이전에 작업했던 게임이나 제품이 무엇인지, 그리고 현재 위치에 오르기 전에 이들이 전문 기술이 무엇이었는지 확인해 보는 것도 나쁘지 않을 것이다.

이렇게 해도 경영진과 좋은 관계를 유지하기가 어렵다면 적어도 이들의 실수에서 배우자. 이들의 무엇이 마음에 들지 않는가? 아이디어를 말하는 방법인가? 아니면 아이디어 자체인가? 태도인가? 아니면 제안의 내용인가? 이러한 상호작용을 여러분의 관리 기술을 개선하기 위한 기회로 활용하자. 이들이 행동이 비효율적이고, 짜증나며, 역효과를 낳는 이유가 무엇인지 생각해 보고, 자신의 팀을 운영할 때는 같은 실수를 하지 않게 한다.

이러한 모든 노력이 실패해서 어느 순간에는 경영진들이 게임을 망치고 있다는 결론을 내리는 경우가 있다. 더는 참을 수 없다고 생각할 수도 있지만 분통을 터뜨리기 전에 게임에 대한 비전을 상위 관리자에게 제대로 전달하는 것은 여러분의 역할이라는 것, 그리고 상황이 잘못된 데는 여러분의 문제도 있을 수 있음을 감안해야 한다. 정교하고 자세하게 작성한 디자인 문서와 위키가 있지만 경영진들이 아직 읽지 않았을 수 있다. 또한 개발 코드가 아직 엉성하고 불안정하지만 경영진들이 최신 빌드를 설치하고 플레이해 보지 않았을 수 있다. 결과적으로 완성된 제품을 전체적으로 명확하게 파악하지 못했을 수 있다.

한 걸음 물러서서 이들을 설득해 보자. 문제가 되는 영역에 대한 브레인스토밍을 진행하면서 경영진을 초청하는 방법도 생각해 볼 수 있다. 이를 통해 이들이 열린 포럼에서 조언을 제공하고, 자신의 제안을 구현하는 과정에 어떤 것이 문제인지 인식할 수 있을 것이다.

대부분은 이러한 토론을 통해 자신의 생각이 진지하게 받아들여졌다고 느끼며, 토론에서 내려진 결정에 대해 참여 의식을 갖게 된다. 명령을 받는 것을 좋아하는 사람은 없으며, 여러분이든 또는 경영 팀이든 마찬가지다. 누구나 자신의 의견을 존중하기를 바란다. 디자인 문제 해결을 위한 열린 토론으로 이 두 가지 목표를 모두 달성할 수 있다. 결국에는 경영진이 원하는 방향으로 게임을 수정하게 될 수도 있지만 적어도 다음 프로젝트에 활용할 수 있는 새로운 이사소통 채널이 마련됐다

QA 엔지니어

퍼블리셔의 QA 팀은 개발사의 QA 팀과 거의 동일한 기능을 가지고 있다. 두 가지 차이가 있다면 이들은 제작팀과 함께 일하지 않기 때문에 게임에 익숙하지 않을 수 있다는 것, 그리고 제작사에서 제출한 빌드를 수락할지 여부를 결정하는 것이 이들의 주요 업무라는 것이다. 일반적으로 이들이 빌드를 수락해야 개발사에 개발비가 지급되므로 퍼블리셔 QA 팀의 까다로운 기술 요구사항을 통과하는 것이 중요하다.

사용성 전문가

일부 게임 회사에서는 개발 프로세스의 한 부분으로 사용성 전문가를 활용하고 있다. 11장에서 설명한 것처럼, 사용성 전문가는 게임을 대상 사용자 층에 맞게 직관적이고 사용하기 편리하게 만드는 데 중요한 역할을 할 수 있다. 이들은 사용자가 게임에서 중요한 작업을 수행하고 핵심 개념을 이해할 수 있는지 평가한다. 사용성 테스트는 핵심 게임플레이가 아닌 인터페이스와 컨트롤에 초점을 맞춘다는 점에서 플레이테스트와는 차이가 있다.

사용성 전문가는 퍼블리셔나 개발사가 개발 주기에서 비교적 늦은 시점에 특정한 테스트를 수행하기 위해 고용하는 외부 회사의 인력이다. 마이크로소프트 게임 스튜디오와 같은 일부 대규모 퍼블리셔의 경우 자체적인 사용성 시설을 갖추고 개발 프로세스의 시작부터 끝까지 사용성을 염두에 두고 개발한다.

사용성 테스트는 게임에 대한 플레이어의 경험을 크게 바꿀 수 있는 중요한 과정으로서, 플레이테스트와 마찬가지로 디자인 프로세스의 전면에 플레이어를 활용하고 이들의 의견을 바탕으로 문제를 찾고 해결하기 위한 작업이다.

사용성 전문가의 책임은 다음과 같다.

✓ 인터페이스의 경험적 평가(일반 인터페이스 원칙 및 잠재적인 문제 보고를 활용)

✓ 사용자 시나리오 작성

✓ 대상 사용자 층의 테스터 식별 및 모집

✓ 사용성 세션 수행

✓ 세션 녹화 및 데이터 분석(비디오와 오디오 형식의 시각적 데이터이거나 작업 실패/성공 보고 또는 질문 데이터와 같은 양적 데이터일 수 있음)

✓ 결과 및 권장 사항 보고

사용성 테스트를 개발 주기의 끝으로 미루는 것은 게임 디자이너가 흔히 저지르는 실수다. 사용성 테스트를 포커스 테스트 및 마케팅과 연관 짓는 디자이너도 있다. 일반적으로 게임 업계에서는 다른 소프트웨어 업계에 비해 사용성 테스트가 널리 보편화돼 있지 않다. 게임 디자이너 중에는 게임에 대한 외부의 의견을 잘 받아들이지 않는 사람들이 있고, 테스트 프로세스를 두려워하거나 싫어하기도 한다.

이런 디자이너는 자신의 게임을 개선하고 플레이어들이 게임과 상호작용하는 방법을 배울 좋은 기회를 놓치는 것이다. 사용성 세션에서는 항상 게임 디

자인에 대한 새로운 사항을 배울 수 있다. 또 사용성 전문가와 상호작용하는 과정에서 플레이, 탐색, 컨트롤 등에 대한 문제를 분해, 테스트 및 해결하는 방법을 배울 수도 있다.

게임 플레이와 관련된 문제를 해결하는 방법을 배움으로써 디자이너로서의 역량을 높일 수 있다는 점은 분명하다. 영리한 게임 디자이너라면 프로세스에서 가급적 일찍 사용성 전문가를 활용하고 이들의 작업에서 최대한 많은 것을 배우려고 할 것이다.

연습 12.3 : 사용성 경험

타사의 사용성 시설에 접촉해서 테스트 세션에 참관하거나 사용자로 참여할 수 있는지 문의해 보자. 시설에서 어떤 종류의 작업을 요구하는가? 테스트 중인 소프트웨어를 성공적으로 사용할 수 있었는가? 그렇다면 또는 그렇지 않았다면 그 이유는 무엇인가? 사용성 테스트를 통해 얻은 의견이 소프트웨어의 디자이너에게 어떤 도움이 됐다고 생각하는가?

팀 프로필

이 장의 앞부분에서 간단히 언급했듯이, 일반적인 게임 제작에 참여하는 구성원의 수는 이 업계가 시작된 이후로 꾸준히 증가하고 있다. 더불어 제작 예산과 일정 규모도 커지고 있으며, 이에 따라 각 게임에 대한 판매 기대치 역시 높아지고 있다. 이것은 퍼블리셔가 블록버스터가 될 가능성이 있는 게임에만 관심을 보인다는 의미이기도 하다.

그림 12.4와 12.5는 주요 콘솔 시스템에서 최고 수준의 타이틀을 개발하는 데 필요한 일반적인 팀 규모와 개발 기간의 차이를 보여준다. 최고 수준의 PC 게임을 개발하기 위한 팀 규모와 개발 기간 역시 비슷한 수준으로 증가했다. 이 그림의 추정치는 액티비전의 제작 부사장이며, 게임 업계에서 20년 이상 경험을 가지고 있는 스티브 애크리(Steve Ackrich)가 제공한 것이다. 스티브 애크리는 내부 및 외부 개발사 관리, 제품 인수 감독과 같은 다양한 역할을 맡으면서 다수의 콘솔 게임 제작에 참여했으며, 세가 미국 지사, 아타리, 어코레이드 및 새미 스튜디오를 비롯한 여러 퍼블리셔와 개발사에서 일했다.

일반적인 타이틀을 개발하는 제작 팀의 각 직무 범주에 해당하는 구성원의 수는 그림 12.6에서 볼 수 있다. 여기서 알 수 있듯이 팀의 크기만 성장한 것이 아니라 프로그래밍과 아트와 같은 전문 분야에서도 다른 새로운 분야가 많이 추가됐다.

팀의 규모가 커지고 제작 일정이 길어지면서 팀이 느끼는 직업적 및 개인적 압박감도 함께 커지고 있다. 다음 장에서는 팀이 협력할 수 있게 만드는 요소, 팀을 구성하는 방법, 그리고 전체 제작 과정 동안 팀 커뮤니케이션을 유지하는 방법을 알아보자.

모두 디자인에 참여

412쪽 그림 12.1에 나오는 팀 구조 다이어그램을 보면 '모두 디자인에 참여'라는 문구가 있음을 알 수 있다. 이것은 문자 그대로 모두가 디자인 프로세스에 참여한다는 의미라기보다는 제대로 진행되는 프로젝트라면 팀의 모든 각 구성원들이 자신의 참여 수준에 맞게 특수한 재능으로 디자인의 표현과 실행에 기여할 수 있다는 의미다.

경우에 따라서는 팀원의 모든 제안을 존중하고 고려한다는 의미일 수 있으며, 때로는 디자이너가 디

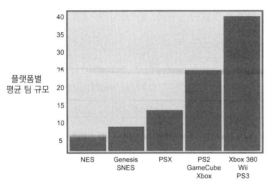

그림 12.4 평균적인 콘솔 개발팀 규모

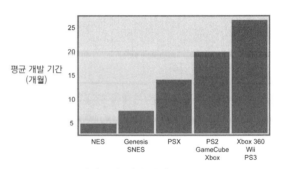

그림 12.5 평균적인 콘솔 개발 기간

자인에 대한 결정을 내릴 때 팀원들에게서 적극적으로 의견을 요청한다는 의미일 수 있다. 모든 디자이너와 모든 팀에는 각자의 고유한 프로세스가 있다. 그러나 결과적으로 게임에 참여한 모든 팀원들이 최종 제품에 대한 주인 의식을 가질 수 있어야 하며, "내가 여기에 참여했다"라고 하는 경험을 자랑스럽게 이야기할 수 있게 만들어야 한다.

팀에 이러한 주인 의식을 심는 것은 디자이너와 프로듀서의 중요한 역할이다. 모든 팀원들의 의견을 들을 수 있게 이 장에서 소개한 각 팀원과 바람직한 대화 채널을 만드는 데 시간을 투자해야 한다. 이 과정을 조율하는 한 가지 방법은 없지만 도움이 되는 몇 가지 팁은 다음과 같다.

NES	PlayStation
– 프로듀서/게임 디자이너 1명 – 프로그래머 2명 – 아티스트 3명	– 수석 게임 디자이너 1명 – 레벨 디자이너 2명 – 프로듀서 1명 – 부 프로듀서 1명 – 수석 프로그래머 1명 – 프로그래머 3명 – 수석 아티스트 1명 – 아티스트 4명
Genesis/SNES	
– 게임 디자이너 1명 – 프로듀서 1명 – 프로그래머 3명 – 아티스트 4명	
PS2/GameCube/Xbox	**Xbox 360/Wii/PS3**
– 수석 게임 디자이너 1명 – 레벨 디자이너 4명 – 프로듀서 1명 – 부 프로듀서 1명 – 수석 프로그래머 1명 – 엔진 프로그래머 2명 – 게임 프로그래머 4명 – 수석 아티스트 1명 – 아티스트 10명	– 게임 디자인 디렉터 1명 – 게임 디자이너 2명 – 레벨 디자이너 4명 – 최고 프로듀서 1명 – 프로듀서 2명 – 부 프로듀서 1명 – 수석 프로그래머(엔진) 1명 – 프로그래머 3명 – 수석 프로그래머(게임) 1명 – 프로그래머 6명 – 아트 디렉터 1명 – 수석 아티스트 3명 – 아티스트 14명

그림 12.6 플랫폼별 팀 프로필

- ✓ 각 그룹의 담당자가 프로젝트의 현재 상태를 논의하는 주간 담당자 회의를 연다.
- ✓ 아이디어에 대한 개방적인 목록인 제안 목록을 시작한다.
- ✓ 팀의 핵심 구성원과 일 대 일 면담을 한다.
- ✓ 디자인 과정에 참여를 원하는 팀원이 모두 참가하는 공개 브레인스토밍 세션을 연다. 이 세션에는 제작 보조부터 QA 팀까지 모든 사람이 참가할 수 있다. 이러한 세션에 참가할 수 있는 사람을 제한하면 팀 내에 배타적 의식이 발생하고 훌륭한 아이디어를 들을 기회를 놓칠 수 있다.
- ✓ 디자인 문제에 부딪힌 경우 동료에게 문제 해결을 부탁한다. 문제를 창조적인 도전으로서 제시한다.
- ✓ 주인 의식을 공유한다. 이야기할 때 '나'보다는 '우리'를 사용한다. 미묘한 문제지만 모두가 아이디어를 고유하게 만드는 데 효과적인 방법이다.

팀 구성

훌륭한 게임을 제작하려면 좋은 아이디어를 내는 것도 중요하지만, 아이디어에 생명을 불어넣을 유능한 팀을 구성하는 것도 중요하다. 이것은 단지 재능 있는 사람을 고용해서 일을 맡기고 기적을 기대하라는 의미는 아니다. 여러분이 정의하는 팀의 구조, 그리고 조성하는 업무 환경은 제작의 성공 여부를 결정한다.

물론 재능은 팀을 구성하는 데 고려할 핵심 요소이며, 재능이 가장 많은 사람을 원하는 것이 당연하다. 마이크로소프트는 가장 영리하고 재능 있는 인재만 고용한다는 철학을 가진 회사의 예다. 그러나 재능이 전부는 아니다. 이보다는 재능과 인성의 적절한 조합을 갖춘 사람을 찾는 것이 더 중요하다. 어떤 사람들은 혼자서 일할 때는 탁월한 능력을 보여주지만 팀에서 일할 때는 팀원들과 생산적으로 상호작용하지 못하고 팀에 기여하기보다는 문제를 일으키는 경우가 있다.

팀을 구성할 인물을 판단할 때는 개인으로서는 물론 잠재적인 팀원으로서 적합성을 고려해야 한다. 인물의 이력을 살펴보고 이전에 함께 일했던 사람과 접촉해서 개인 성과와 팀 플레이어로서의 자질을 함께 물어보자.

팀 의사소통

412쪽의 팀 구조 다이어그램을 보면 계층을 나타내는 수직선 외에 양 옆의 다른 그룹을 연결하는 의사소통의 수평선을 볼 수 있다. 두 가지 선은 프로듀서로 통하는 보고 체계와 그룹 내 상호작용을 위한 통로를 나타낸다. 물론 제작에도 계층이 필요하며, 프로젝트의 큰 그림에 대한 결정을 내리고 각 그룹이 매일 진행할 작업을 결정하는 것은 프로듀서와 각 부서의 선임들의 역할이다.

또한 다이어그램에는 개발사와 퍼블리셔의 양쪽 프로듀서를 연결하는 의사소통 통로가 나온다. 이 선은 양 팀에서 각 한 명이 두 그룹 간의 의사소통을 책임진다는 중요한 의미를 담고 있다. 경험이 많은 개발자라면 퍼블리셔에서 개발사의 결과물을 승인하고 개발비를 결제하는 사람을 자기편으로 만드는 것이 얼마나 중요한지 잘 알고 있을 것이다. 또한 양쪽의 팀원들이 프로듀서를 배제하고 결정을 내리기 시작하면 일관성을 유지하는 데 문제가 될 수 있다.

이것은 개발팀 내에서도 마찬가지다. 앞서도 언급했듯이, 데이터베이스 프로그래머에게 요청이 있거나 인터페이스를 변경해야 한다면 해당 작업자에게 직접 변경을 요청할 것이 아니라 기술 디렉터나 아트 디렉터에게 요청해야 한다.

회의

회의는 팀원들이 의사소통하게 하는 가장 좋은 방법이다. 그러다 단순히 동료들을 회의실로 부르고 대화를 시작하는 방법으로는 효율적인 회의를 기대할 수 없다. 즉, 원하는 결과를 낼 수 있게 회의를 구성해야 한다.

회의를 소집하려면 먼저 안건을 설정해야 한다. 좋은 회의란 확실한 목표가 있고, 사전에 준비할 시간이 있도록 모든 참가자가 이러한 목표를 알고 있으며, 회의를 마칠 때 목표가 달성된 회의다. 안건을 명확하게 생각해 두지 않으면 다른 모든 사람의 시간을 낭비하고 좋은 성과도 기대할 수 없다.

회의 참석 요청을 받은 경우, 먼저 준비를 해야 한다. 안건과 목표가 무엇인지 알아보고 발표할 자료가 있는지 확인한다. 즉, 브레인스토밍 회의의 경우, 별도로 약간의 조사를 수행하거나, 진행 상황 회의의 경우 자신의 워크로드를 확인해 볼 필요가 있다. 준비 없이 회의에 참석하는 것 역시 다른 팀원들의 시간을 낭비하게 만드는 원인이다.

회의에서는 일반적으로 회의를 소집한 사람이 토론의 리더 역할을 한다. 리더는 다른 사람을 지명해서 회의의 특정 부분을 진행하기도 하지만 이 경우에도 역시 목표를 향해 회의를 이끄는 역할은 리더의 몫이다.

브레인스토밍 규칙과 마찬가지로 회의의 규칙도 개인 및 사회적 기술과 관련이 있다. 누구도 의도적으로 대화에서 배제해서는 안 되며, 비판의 두려움 없이 자유롭게 이야기할 수 있어야 한다. 개인적인 공격은 허용해서는 안 되며, 개인적인 발언을 하는 사람이 있으면 경고를 하고, 반복하는 경우에는 해당 인물을 회의에서 내보내야 한다. 문제를 해결할 때는 의견의 차이가 도움이 된다는 점을 분명히 하고, 사람들이 다양한 각도에서 동일한 주제에 접근할 수 있게 한다.

끝낼 시간이 가까워지면 회의에서 내려진 결정과 팀에 할당된 작업 항목을 검토해야 한다. 후속 회의가 필요한 경우, 후속 회의를 열 시기를 결정하고 참가 인원이 모두 회의를 준비할 시간을 갖게 한다. 마지막으로, 여러분이 회의를 소집한 경우, 회의 참가자와 회의에 참가하지 못한 핵심 팀원에게 회의에서 결정된 사항 및 작업 할당에 대한 메모를 전달해야 한다.

애자일 개발

애자일 개발은 최첨단의 소프트웨어 개발 방식으로서, 개발 프로세스의 적응성을 높이고, 좀 더 인간 중심적으로 만들기 위한 모듈형 프레임워크다. 그중에서도 진보적인 게임 개발자들이 사용하는 인기 있는 변형으로 '스크럼'이 있다. 스크럼 방식에서는 팀을 소규모의 다기능 팀으로 구성한다. 이러한 팀에서는 매일 업무의 우선순위를 지정하고 반복(특히 주기가 짧은 반복) 과정을 수행한다. 이러한 짧은 반복과 검토를 통해 의사소통이 강화되고 팀원 간의 유대감이 형성된다. 스크럼 개발은 특히 게임 환경에 유용한데, 이것은 어려운 게임 디자인의 문제를 해결하려면 유동적으로 변화하는 능력이 중요하기 때문이다. 대규모 게임 제작의 경우 게임 특성을 개발하는 스크럼 팀을 구성하기도 한다. 이렇게 하면 하향식 관리에 대한 부담 없이 다수의 창의적인 사람들이 효율적으로 프로젝트에 참여할 수 있다.

결론

팀에서 자신의 역할을 이해하고 팀 구조 안에서 일하기 위한 대인 관계 기술을 익히는 것은 지금까지 설명한 다른 디자인 기술만큼이나 중요하다. 게임 개발은 공동 작업 예술이며, 게임 팀은 지속적으로 커지고 복잡해지고 있다. 제작의 소용돌이 속으로 빠져들기 전에 팀 구성 기술을 연마할 시간을 투자하기를 바란다.

다른 팀원의 역할을 이해하고 이들과 의사소통하는 방법을 배우자. 이들에게 여러분이 누구이며, 제작에서 어떤 역할을 하는지 알리자. 팀의 토론에는 가장 높은 수준에서 참여하고, 항상 준비하며, 회의의 목표를 달성하는 데 도움이 되도록 노력하자. 신입 팀원이든지 아니면 팀을 이끄는 위치든지 관계없이, 항상 최고의 팀원이 되도록 노력한다면 다른 팀원들에게 동기를 부여할 수 있을 것이다.

게임을 디자인하는 방법이 하나가 아닌 것처럼, 최상의 팀을 구성하는 방법 역시 다양하다. 여기서 소개한 개념은 하나의 출발점일 뿐이며, 자신의 프로젝트와 여기에 참여할 구성원에 맞게 올바른 방법을 찾아야 한다. 자유롭게 실험하고, 여기서 제시한 규칙을 출발점으로 활용해 더 확장해 보자. 여러분의 목표는 모든 구성원이 자신의 능력을 최대한으로 발휘해서 팀에 기여할 수 있는 환경을 조성하는 것이다. 이 과정을 제대로 해낸다면 개발 과정의 모든 탁월한 측면이 고스란히 드러나는 게임을 만들 수 있을 것이다.

디자이너 관점: 맷 파이러(Matt Firor)

사장, 제니맥스 온라인 스튜디오

맷 파이러는 온라인 게임 업계에서 오랫동안 게임 개발자와 경영자로 일해왔다. 그가 선보인 작품으로는 메이지스톰(1996), 고질라 온라인(1998), 에이리언 온라인(1998), 스타쉽 트루퍼스: 배틀스페이스(1998), 스펠바인더: 넥서스 컨플릭트(1999), 사일런트 데스 온라인(1999), 다크 에이지 오브 카멜롯(2001)이 있다.

게임 업계에 진출한 계기

저는 1980년대 전화 접속 BBS 멀티 플레이어 롤플레잉 게임의 엄청난 팬이었는데, 관심이 있던 친구 몇 명과 함께 직접 게임을 만들어 보기로 한 것이 계기였습니다. 거의 4년 동안 주말과 밤에 모여 일하면서 프로젝트를 완성했습니다. 이렇게 해서 1992년 완성된 게임 템페스트(Tempest)는 워싱턴 DC 지역에서 최대 16명의 플레이어가 전화 접속 모뎀을 통해 동시에 플레이할 수 있는 판타지 롤플레잉 게임이었습니다. 당시 우리들은 모두 직장이 있었고 이 프로젝트는 순수한 취미였습니다. 그러던 중 우리 변호사가 다른 회사와의 합병을 주선했고, 결국 미씩 엔터테인먼트가 탄생했습니다. 저 역시 1996년 1월부터 정규직으로 일을 시작해서 이후 10년 동안 미씩에서 일했습니다. 게임 업계에서는 한 회사에서 이렇게 오래 일하는 경우가 많지 않습니다.

돌이켜 생각해 보면, 당시 우리는 게임 업계에서 성공하기가 얼마나 어려운 일인지 잘 몰랐던 것 같습니다. 그리고 어쩌면 그것이 우리가 성공한 이유였던 것 같습니다. 당시 주변에는 우리가 무모한 일을 하고 있다고 말해 주는 사람들이 없었습니다.

가장 좋아하는 게임

특별한 순서는 없습니다.

- ✓ **폴아웃**: 제가 플레이해 본 게임 중 스토리와 몰입도가 가장 좋았던 게임입니다. 기술은 상당히 평범하지만(1997년 게임입니다), 핵전쟁 후의 황무지를 탐험하는 기분을 제대로 느낄 수 있습니다. 폴아웃은 게임에서 스토리가 얼마나 중요한지를 잘 보여 준 예입니다.

- ✓ **하프라이프**: 훌륭한 스토리를 가진 최고의 일인칭 슈팅 게임입니다. 일인칭 슈팅 게임에서 스토리를 전달한다는 것이 쉬운 일이 아니지만, 하프라이프는 주인공이 블랙 메사 시설에 있는 이유를 아주 흥미롭게 설명했으며, 누가 악당인지 알려 주지 않았지만, 이 시설을 탈출하고 싶다는 느낌이 자연스럽게 들도록 했습니다. 정말 대단한 경험이었습니다.

- ✓ **위자드리**: 저를 완전히 사로잡은 판타지 싱글 플레이어 RPG입니다. 이제는 정말 오래된 이야기가 돼 버렸지만 저에게 흥분과 몰입을 느끼게 해 준 최초의 게임 경험입니다. 최근에 다시 이 게임을 해 볼 기회가 있었는데, 게임이 생각보다 훨씬 하드코어라는 것을 깨달았습니다. 특히 게임 초반에 캐릭터가 완전히 죽어버리는 경우가 많았습니다. 지금까지 게임은 꾸준히 쉬워졌다고 할 수 있습니다. 위자드리에서는 한 번의 잘못된 선택으로 게임을 다시 시작해야 하는 경우가 생길 수 있기 때문에 모든 전투에서 정신을 집중해야 했습니다. 바로 이것이 흥미진진한 경험이었습니다!

- ✓ **에버퀘스트**: 이 게임은 온라인 롤플레잉 게임도 싱글 플레이어 게임만큼 또는 더 좋은 경험을 제공할 수 있음을 증명한 게임이었습니다. 저에게는 첫 번째 MMORPG였고 아직도 가장 좋아합니다. 다시 돌이켜보면 에버퀘스트는 월드 오브 워크래프트와 같은 현재의 MMO에 비해 상당히 하드코어였던 것 같습니다. 게임이 왜 이렇게 흥미로웠는지도 설명이 됩니다. 전투에 실패하면 두 시간 정도의 '시체 회수' 작전을 해야 했기에 모두가 죽지 않으려고 기를 쓰고 달려들었습니다.

- ✓ **월드 오브 워크래프트**: 이 게임은 온라인 게임의 세계를 완전히 바꿔놓았습니다. 와우는 온라인 게임 개발자들이 거의 20여 년간 이야기해왔던 온라인 게임의 미래를 현실로 만들었습니다. 와우는 적어도 북미와 유럽 지역에서 엄청난 히트를 기록했고, 대중 문화에도 막대한 영향을 미쳤습니다. 와우는 다양한 콘텐츠와 경외심을 불러일으키는 제작 가치를 가지고 있지만, 근본적으로는 아주 단순한 게임입니다. 아주 단순한 방정식이지만, 이를 실제로 구현하기는 쉬운 일이 아닙니다. 저 역시 1990년 즈음부터 계속 온라인 게임을 만들고 있고, 모든 게임을 하고 있지만, 다른 모든 게임을 합친 것보다 와우를 더 많이 플레이하고 있습니다. 그만큼 게임이 재미있기 때문입니다.

MMO 디자인

MMO에서 게임에 대한 것만큼 세계를 만드는 것에 대해서도 생각해야 합니다. 우선은 지적 재산(다크 에이지 오브 카멜롯의 경우 아더왕 전설이 바탕입니다)을 선정하고, 이를 바탕으로 지형, 몬스터의 유형, 건축물, 플레이어 클래스, 무기, 갑옷 등을 디자인합니다. 이 모든 것이 게임의 지적 재산에서 파생됩니다. 그리고 이런 배경을 바탕으로 플레이어가 세계와 상호작용하는 규칙, 즉 클래스 체계, 경제 및 전투 체계 등을 추가합니다. 일반적으로 게임의 방향에 대해서는 PvP 중심의 게임이라거나 사회/탐험 중심의 게임이라는 식으로 엄격한 규칙이 있습니다. MMO의 디자인을 완성할 때는 이러한 규칙을 엄격하게 지키는 것이 중요합니다. 원래의 비전에서 벗어난 내용을 추가하면 게임이 무뎌지고 플레이어가 세계의 목표를 이해하는 데 혼란을 겪게 됩니다.

다크 에이지 오브 카멜롯의 PvP 디자인

다크 에이지 오브 카멜롯에서 플레이어 대 플레이어의 전투 체계를 구현하는 것은 매우 민감한 디자인 문제였습니다. 플레이어가 레벨을 올리기 위해 몬스터를 사냥하면서 사용하는 기술, 전투 능력, 그리고 마법을 다른 플레이어와 싸울 때도 그대로 사용하면서도 일관성을 유지해야 했습니다. 인공지능 상대(몬스터)를 대상으로 능력을 디자인하기는 비교적 쉽지만, 같은 능력을 사람이 조종하는 적에 적용하는 경우에는 밸런스를 맞추기가 매우 어렵습니다. 다크 에이지 오브 카멜롯 원작 시절(2001-2002)에 게임을 경험해 본 플레이어라면 지역에 따라 게임이 밸런스가 맞는 지역도 있지만 그렇지 않은 지역도 있었다는 것을 기억하실 겁니다. 디자인 팀에서 플레이어 대 플레이어 전투와 플레이어 대 몬스터 전투 체계의 재미와 밸런스를 모두 맞추는 데는 오랜 시간이 걸렸습니다.

디자이너에게 하고 싶은 조언

일단 게임 업계로 발을 들여놓는 것을 목표로 하십시오. 아티스트, QA 테스터, 프로그래머 중 어떤 것으로 시작하더라도 관계없습니다. 일단 업계에 발을 들여놓은 후에는 자신의 이야기를 할 수 있는 기회가 훨씬 많습니다. 그리고 인내심을 가지십시오. 우선 능력과 침착성을 증명해야 비로소 사람들이 여러분의 아이디어에 귀를 기울일 것입니다. 그러려면 시간이 필요합니다.

디자이너 관점: 제노바 첸(Jenova Chen)

Photo by Vincent Diamante

공동 설립자 및 크리에이티브 디렉터, 댓게임컴퍼니

제노바 첸은 소니 플레이스테이션 3용 다운로드 가능 타이틀인 플로우(2007)를 처음 출시한 게임 디자이너이자 기업가로서, 그의 다른 작품으로는 학생 연구 게임인 클라우드(2006)와 온라인 버전의 플로우(2006)가 있다.

게임 업계에 진출한 계기

대학교 2학년 시절, 아버지 지인의 소개로 유비아이소프트 상하이 지사에서 여름 방학 동안 인턴으로 일할 기회가 있었습니다. 사실 이때는 게임 회사가 어떤 것인지 잠시 경험한 수준이었습니다. 제대로 된 기회는 중국에서 학부 과정을 마친 후에 찾아왔습니다. 학부 시절에 만들었던 게임 덕분에 저희 팀이 꽤 유명해졌는데, 중국에는 체계적인 게임 교육이 거의 없었기 때문에 게임 업계에서 특별한 관심을 받을 수 있었습니다. 그래서 당시 중국에서 가장 큰 게임 퍼블리셔이자 개발사였던 샨다 네트웍스에 거의 모든 팀원이 취업할 수 있었습니다. 그런데 면접을 하는 동안 제가 만들고 싶은 게임은 샨다는 물론 중국 안에서는 불가능하다는 생각이 들었습니다. 이 시기에 제가 선택할 수 있었던 유일한 길은 교육 기회를 더 접하는 것이었습니다.

그래서 2003년 8월부터 USC(University of Southern California) 영화 예술 학교에서 석사 과정을 시작하면서 인터랙티브 미디어를 공부하기 시작했습니다. 놀라웠던 사실은 당시 미국에서도 게임 교육이 새로운 학문이었다는 것입니다. 제가 참여했던 프로그램은 당시 1년밖에 되지 않은 상태였습니다. 영어 실력은 아직 미숙했지만, 학부 시절에 게임을 제작했던 경험을 인정받아서 게임 모델링과 애니메이션 과정에서 보조 강사로 일할 수 있었고, 이후에도 캠퍼스에서 게임과 관련된 다양한 일을 했습니다. 2004년 일렉트로닉 아츠가 학교에 큰 규모의 후원을 제공했고, 학생 인턴십을 시작했습니다. 당시 저는 학교 안에서 디아딘(Dyadin), 클라우드 및 플로우와 같은 여러 학생 게임 프로젝트를 진행하고 있었기 때문에 비교적 수월하게 인턴십에 참여할 수 있었습니다.

게임 디자인에 대한 공부

게임을 디자인하는 것은 흥미롭고 도전적인 일이지만, 힘들고 고된 과정이고, 끊임없는 타협과 자기 수정의 프로세스입니다. 특히 자신이 만든 게임에 대한 리뷰를 읽을 때는 정말 특별한 감정을 느끼게 됩니다. 자신의 일을 통해 다른 사람에게 영감이나 용기, 감동을 준다는 것은 무엇보다 보람된 일이지만, 반면에 다른 사람들이 자신의 게임을 이해하지 못할 때는 아주 착잡한 심정이 듭니다.

게임 디자인 학위 취득

훌륭한 게임 디자이너 중에는 대학을 졸업하지 않은 분들도 많지만 저는 USC에서 석사 과정으로 게임 디자인을 공부할 수 있었습니다. 게임 디자인은 아직 새로운 분야고, 이에 대한 교육 역시 초기 단계지만 게임 디자인을 학술적으로 공부하는 기회는 저에게 큰 도움이 됐습니다. 특히 좀 더 구체적인 디자인 용어를 통해서 게임의 더 깊은 곳에 대해 이야기할 수 있게 됐습니다. 게임은 아직 새로운 분야이기 때문에 이 분야에 적용되는 이론과 규칙은 다른 학문의 영향을 받은 것들이 많습니다. 예를 들어, 제 경우에는 영화, 시나리오, 심리학에 대한 이론을 공부했고 직접 규칙을 만들어내기도 했습니다. 석사 과정을 공부하지 않았다면 이러한 분야를 접할 기회가 없었을 것입니다.

디자인 프로세스

제가 게임 업계에서 만난 거의 모든 사람들은 좋은 아이디어를 가지고 있었습니다. 이 업계에서 일하는 사람뿐 아니라 종종 어린 게이머들도 훌륭한 아이디어를 가지고 있습니다. 그런데 좋은 아이디어와 좋은 게임 디자이너의 개념을 혼동하는 경우가 많은 것 같습니다. 좋은 아이디어는 누구나 낼 수 있지만 아이디어를 꾸준하게 개선해서 실용적인 것을 만드는 능력은 쉽게 얻어지는 것이 아닙니다.

제 디자인 프로세스는 이전에는 시도되지 않은 간단한 아이디어를 개선하는 것입니다. 예를 들어, 클라우드는 "하늘의 구름으로 게임을 만들 수 있을까?"라는 아이디어로 시작됐습니다. 이 아이디어는 "파란 하늘과 하얀 구름을 볼 때 느껴지는 평화로운 느낌과 재미가 함께 느껴지는 게임을 만들 수 있을까?"라는 의문으로 발전했습니다. 게임 개발을 시작하면서 게임플레이의 방향을 안내할 세부적인 방향이 필요했습니다. 우리는 이 느낌을 어린 시절의 꿈에 연결해서 클라우드의 아바타 캐릭터와 스토리, 그리고 세계를 만들었습니다.

게임 아이디어에 대해서는 저는 게임을 인터랙티브 소프트웨어 제품이라기보다는 엔터테인먼트라고 생각합니다. 제품을 디자인할 때는 특성에 신경을 많이 쓰는데, 이것이 현재 게임 업계의 일반적인 경향인 것 같습니다. 그러나 엔터테인먼트에 대한 아이디어는 느낌과 감정부터 시작됩니다. 저는 여기서부터 고유한 게임 아이디어를 얻습니다.

프로토타입

게임을 회화와 같은 예술 형식이라고 생각한다면 프로토타입은 게임에 대한 스케치라고 할 수 있습니다. 프로토타입은 최종적인 게임 플레이 경험을 구체화하는 데 도움이 됩니다. 프로토타입은 문자 그대로 아트, 사운드 및 게임플레이의 사전 시각화의 모음이라고 할 수 있습니다. 게임은 아직 새로운 매체이며, 독창적인 아이디어를 구현하는 경우 게임플레이 측면을 제대로 이해하기가 쉽지 않습니다. 따라서 게임플레이의 사전 시각화와 연결된 프로토타입은 디자인을 반복하면서 개선하기 위한 최상의 도구입니다.

우리는 주로 이전의 다른 게임에서 보지 못한 어려운 게임 디자인의 문제를 해결할 때 프로토타입을 활용합니다. 특히, 최선의 방향을 모르는 상태로 구체적인 단계로 들어가기보다는 먼저 여러 가지 대안을 프로토타입으로 만들고 실험해 보는 방식을 자주 사용합니다. 그림과 마찬가지로 한 프로토타입을 너무 오래 사용하면 여기에 익숙해져서 숨겨진 문제를 제대로 볼 수 없는 경우가 있습니다. 이런 상황이라고 판단하면 우리는 망설이지 않고 프로토타입을 버리고 새로 시작합니다.

어려운 디자인 문제의 해결

저는 새로운 감성적 게임의 경험을 만드는 데 집중하고 있습니다. 제가 디자인했던 거의 모든 프로젝트에서는 비슷한 게임 디자인이 없었기 때문에 어려움이 많았습니다. 예를 들어, 클라우드는 편안한 느낌에 초점을 맞춘 게임이었지만 디자인 프로세스 중에 기존의 다른 게임의 재미와 도전 메커닉을 넣고 싶은 유혹을 많이 받았던 것이 사실입니다. 이러한 메커닉은 이미 가치가 증명됐기에 게임에 재미를 더할 수는 있겠지만 '도전'과 '편안함'은 상반되는 목표입니다. 문제를 해결하는 유일한 방법은 지금 무엇을 만들고 있는지 끊임없이 자문하는 것입니다. 게임에서 만들어내고 싶은 느낌이 무엇인가? 어떤 유형의 게임플레이가 이러한 감성을 불러일으키는가? 이러한 질문 덕분에 클라우드는 자기만의 독특한 게임 경험을 제공할 수 있게 됐습니다.

앞으로 5년

앞으로 5년 후에는 게임의 발전 방향에 대한 제 생각을 직접 증명할 수 있으면 좋겠습니다. 우리가 만든 게임으로 신세대 게임 개발자를 변화시키고 영감을 주며, 게임이 모든 사람들을 위한 성숙한 엔터테인먼트 매체로 자리 잡는 데 중요한 역할을 하고 싶습니다.

디자이너에게 하고 싶은 조언

'타고난 재능'이라는 것은 없습니다. 다만, 누군가 자신이 사랑하는 대상에 대한 열정은 있습니다. 무엇인가를 사랑한다면 여기에 더 많은 시간을 투자하고, 더 노력할 것이며, 더 많이 생각할 것입니다. 이러한 시간과 노력이 축적되면, 나중에는 다른 사람들이 이를 '재능'이라고 부르게 됩니다.

게임에서와 마찬가지로 여러분도 '영웅의 여행'을 시작하기 위한 명확한 목표가 있어야 하며, 중간 목표와 진행 상황, 그리고 그 과정에서 주어지는 보상에 대해서도 생각해야 합니다. 그리고 게임처럼 지루함이나 걱정 때문에 중간에 포기하지 않고 목표 달성을 위해 꾸준히 전진할 수 있게 현재 능력에 맞게 자신의 도전을 조정해야 합니다.

참고 자료

* Organizing Genius: The Secrets of Creative Collaboration - Warren G. Bennis, Patricia Ward Biederman, 1997.

* The Mythical Man-Month: Essays on Software Engineering - Frederick P. Brooks, 1995.

* Peopleware: Productive Projects and Teams - Tom DeMarco, Timothy Lister, 1999.

* Agile Software Development with Scrum - Ken Schwaber, Mike Beedle, 2002.

주석

1. Steve Theodore. "Artist's View: And a Partridge in a Poly Tree." Game Developer. 2003년 11월.

13장

개발 단계

디지털 게임 제작은 복잡하고 비용이 많이 드는 프로세스다. 개발사의 목표는 한정된 자원과 예산의 한도 내에서 최고 품질의 게임을 제작하는 것이다. 퍼블리셔의 목표는 비용을 낮게 유지해서 위험을 줄이면서 베스트셀러 게임을 제작하는 것이다. 두 회사 간에 성공적인 제품을 제작한다는 데는 공동의 이해 관계가 성립하지만 제품 제작에 필요한 자금과 시간에 대해서는 이해가 충돌한다.

게임 업계에는 게임을 효율적으로 제작하기 위한 몇 가지 최상의 방법이 사용되고 있다. 이 프로세스의 핵심은 프로젝트를 여러 단계로 개발하고 승인한다는 것이다. 각 단계는 마일스톤이라고 정의되는데, 퍼블리셔와 개발사 간의 계약은 일반적으로 이러한 마일스톤을 바탕으로 진행되며, 개발사는 각 마일스톤에 도달할 때마다 퍼블리셔가 정해진 금액을 개발사에 지불한다. 게임 프로듀서가 되려는 계획이 아니더라도 게임 디자이너는 게임 프로듀서와 함께 작업해야 하며, 이러한 개발 단계를 명확하게 이해해야 한다. 이 장에서는 개발의 각 단계를 순서대로 안내하고, 게임 개발의 예측 불가능한 본질을 감안한 프로젝트 계획을 마련하는 방법을 알아보겠다.

단계의 정의

그림 13.1은 개발의 단계를 시각적으로 나타낸 것으로서, 5가지 단계가 'V' 모양으로 그려진 것을 볼 수 있다. 이것은 프로젝트 시작 단계에서는 창의적 가능성이 넓고 개방적임을 나타낸다. 초기 단계에는 디자인을 변경하더라도 재정적인 영향이 적다. 예를 들어, 개미 시뮬레이터에서 잠수함 전투 게임으로 아이디어를 변경하고 싶다면 이 단계에서 해야 한다. 프로세스가 진행될수록 아이디어가 점차 한곳으로 집중되며, 제작을 방해하지 않고 변경할 수 있는 디자인의 측면이 작아진다.

제작 과정의 중간에 이르면 게임의 광범위한 비전은 거의 수정하기가 불가능하지만 내부의 작은 특성이나 개념은 수정할 수 있다. 예를 들어, 잠수함의 모델을 5개에서 9개로 늘리고 싶다는 생각을 할 수 있다. 이러한 변경은 게임플레이에 영향을 주지만 응용 프로그램을 구성을 크게 변경해야 하거나 기존 아트 및 애니메이션을 다시 시작해야 할 정도의 큰 변경이 필요하지는 않다. 제작 과정의 끝에 이르면 처음부터 유연하게 설정한 변수를 수정하는 것 말고는 게임 디자인을 수정하기가 매우 어려워지며 점차 더 많은 비용이 든다.

테스트 단계에 가까워지면 세부 사항을 완성하는 것에 대해서만 논의할 수 있다. 중요한 변경이나 중간 정도의 변경은 일반적으로 이 단계에서는 논의되지 않는다. 이 시점에는 독일 U-577 잠수함이 사양에 맞게 구현됐는지 등의 사항을 논의하지만 다른 잠수함 모델을 추가할지 여부는 논의하지 않는다.

플레이테스트 프로세스는 제작 단계와 어떤 관련이 있을까? 우리가 내리는 결정이 제작 프로세스의 필요에 따라서 좌우된다면 어떻게 플레이테스트를 바탕으로 게임플레이를 변경할 수 있을까? 이 질문의 대답은 게임플레이의 프로토타입 제작과 플레이테스트를 조기에 진행하는 이유와 관련이 있다. 이렇게 하면 아트를 제작하거나 게임의 실제 코드를 작성하기 전인 개념 및 제작 준비 단계에서 중요한 문제를 발견할 수 있다. 제작 및 QA 단계에서 진행하는 플레이테스트에서는 더 작고 집중적인 변경이 필요한 문제가 발견된다.

다음 각 단계에 대한 제목에 표시되는 기간은 현재 대규모 콘솔 타이틀의 일반적인 일정을 바탕으로

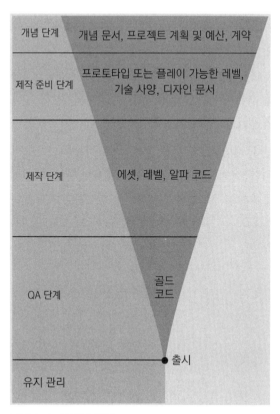

개념 단계	개념 문서, 프로젝트 계획 및 예산, 계약
제작 준비 단계	프로토타입 또는 플레이 가능한 레벨, 기술 사양, 디자인 문서
제작 단계	에셋, 레벨, 알파 코드
QA 단계	골드 코드
유지 관리	출시

그림 13.1 개발의 단계

한 것이다. 물론 일정은 PC, 모바일 및 온라인 타이틀인 경우, 그리고 팀원들의 경험 수준에 따라 달라진다.

개념/계약(1개월)

게임을 판매하는 일은 개발자에게 가장 어려운 일이다. 히트작을 최소한 하나 이상 보유한 A+ 디자이너가 아니라면 퍼블리셔가 여러분의 아이디어에 대한 자금 지원을 고려하는 것조차 쉽지 않은 일일 수 있다. 이 단계에서 개발자의 목표는 퍼블리셔에서 최소한 첫 번째 마일스톤에 대한 자금을 지원받는 것이다. 그러나 위험이 너무 크기 때문에 퍼블리셔는 증명되지 않은 인재와 일하는 것을 좋아하지 않으며, 여러 단계의 진입 장벽을 마련해 놓고 있다. 퍼블리셔의 담당자와 만나서 담당자를 설득하는 것조차 어려울 수 있다.

퍼블리셔와 접촉하는 방법은 16장에서 설명하기로 하고, 일단 여기서는 제대로 담당자를 찾아서 담당자를 설득하는 데 성공했다고 가정해 보자. 이 경우 퍼블리셔는 팀, 프로젝트 계획(일정과 예산 포함), 그리고 아이디어의 세 가지 요소를 바탕으로 결정을 내린다.

팀

퍼블리셔는 무엇보다 숙련된 개발팀을 원한다. 게임 제작은 비용이 많이 드는 복잡하고 위험성이 높은 사업이며, 실력이 입증된 사람들과 함께 일한다면 위험을 크게 줄일 수 있기 때문이다.

뒤에서도 설명하겠지만 아이디어를 퍼블리셔에 제안하는 것을 '피치'라고 한다. 게임 피치를 들을 때 퍼블리셔는 제안의 가치와 팀의 잠재력을 따져본다. 퍼블리셔의 마인드에는 아이디어 자체보다 아이디어를 제대로 구현할 수 있는지 여부가 더 중요하다. 또한 이들은 예산과 일정 내에서 획기적인 게임을 만들 수 있는지 여부를 중요시한다. 이를 알 수 있는 가장 좋은 방법은 입증된 이력이 있는지 확인하는 것이므로 퍼블리셔는 훌륭한 아이디어가 있지만 덜 알려진 개발사보다 이미 게임을 제작해 본 팀에 자금을 지원하려는 경우가 많다. 그러나 시작하는 개발사에도 기회가 없는 것은 아니다. 452쪽 켈리 산티아고(Kellee Santiago)의 관련 기사에서 플레이스테이션 3용으로 첫 번째 타이틀을 개발한 신생 개발팀의 경험을 확인해 보자.

훌륭한 팀의 요건은 무엇일까? 먼저, 이전에 그룹으로 함께 일해 본 경험이 있어야 한다. 여러 차례 이야기했듯이 팀워크는 필수적이다. 업계 전체에서 재능 있는 사람들이 모였더라도 함께 일해 본 경험이 없는 팀보다는 재능은 조금 부족하더라도 함께 제품을 만든 경험이 있는 팀의 위험성이 낮다. 퍼블리셔에서는 팀의 이력을 주의 깊게 들여다보면서 얼마나 오랫동안 함께 일했고, 어떻게 일해왔는지 확인하려고 할 것이다. 이들이 관심을 보이는 부분은 제작의 각 영역에 명확한 리더가 있는지, 회사 내에서 누가 어떤 직무를 수행하는지, 어떤 장애물을 어떻게 극복했었는지, 그리고 이전 퍼블리셔와의 관계가 어떠했는지 등이다.

둘째, 퍼블리셔에서는 팀이 제안하는 종류의 제품을 만들 역량이 있는지를 고려한다. 예를 들어, 시뮬레이션 게임을 주로 제작했던 팀에서 일인칭 슈팅 게임 제작을 제안한다면 여기에는 분명 위험이 따른다. 퍼블리셔에서는 여러분의 팀이 다른 장르의 게임을 제대로 만들 수 있는지를 고려한다. 즉, 시뮬레이션 장르와는 상당히 다른 일인칭 슈팅 게임을 위한 기술을 보유하고 있는지, 게임플레이 요소는 제대로 갖추고 있는지 등이 관심 영역이다. 일인칭 슈팅 게임과 시뮬레이션 게임의 플레이 패턴은 완전히 다르다. 이 때문에 퍼블리셔는 이러한 제안을 등한시하는 경향이 있고, 기존에 제작했던 것과 동일한 종류의 게임을 제작하기를 바란다.

마지막으로, 퍼블리셔는 자신들이 원하는 플랫폼으로 게임을 제작할 수 있는지에 관심이 있다. 이것은 퍼블리셔의 내부 목표에 따라 달라지는데, 콘솔 게임에만 주력하는 퍼블리셔가 있는 반면, PC와 모바일 게임에도 관심을 갖는 퍼블리셔가 있다. 퍼블리셔가 콘솔 게임을 원하는 경우, 수백 가지 PC 게임을 제작한 개발사보다 최신의 콘솔 게임 히트작 하나를 보유한 개발사를 선호할 수 있다. 플랫폼이 그만큼 중요한 요소라는 것이다. 유통하는 자신들이 원하는 분야에 숙련된 팀을 원한다. 이것은 일정과 예산이 넉넉하지 않으므로 실수를 만회할 여지가 많지 않기 때문이다.

여러분의 팀이 이러한 자격 조건을 모두 갖추고 있다면 시작할 준비가 된 것이다. 이러한 내용은 열의를 꺾기 위해서가 아니라 성공 확률을 극대화하기 위해 집중해야 하는 영역을 알려주기 위한 것이다. 결론부터 말하자면, 이제 시작하는 게임 디자이너라면 먼저 중견 개발사나 퍼블리셔에 취업해서 어느 정도 실적을 쌓아야만 자신의 프로젝트를 시작할 수 있다는 것이다.

프로젝트 계획

다음으로 중요한 것은 예산과 일정을 포함하는 프로젝트 계획이다. 프로젝트 계획은 제작의 모든 요

소를 철저하게 고려했으며, 구현하는 데 필요한 것이 무엇인지 이해하고 있음을 퍼블리셔에 보여 주기 위한 것이다. 프로젝트 계획은 프로젝트의 모든 목표, 이러한 목표를 충족하기 위해 만들 결과물, 각 결과물을 만드는 데 필요한 일정, 그리고 필요한 인원과 자원을 확보하기 위한 예산을 명확하게 명시해야 한다.

프로젝트 계획은 서명된 계약에 부록으로 포함되는 경우가 많기 때문에 전체 제작에서 가장 중요한 문서로 취급된다. 즉, 일단 퍼블리셔가 이를 승인하고 나면 개발사는 법적으로 이를 따를 의무가 있다. 충분히 시간을 두고 각 그룹의 담당자와 세심하게 프로젝트 계획을 검토하고, 제작에 참여하는 모든 구성원이 함께 계획을 실행할 의사가 있는지 확인하자.

아이디어

아이디어는 여러 측면에서 퍼블리셔에게는 그리 중요한 요소가 아니다. 물론 퍼블리셔가 훌륭한 아이디어에 관심을 보이지 않는다는 것은 아니다. 그러나 퍼블리셔에서 판단하는 아이디어의 조건은 개발사의 조건과는 크게 다르다. 지금까지 이 책에서는 디자이너와 개발사의 관점을 주로 다뤘고, 장르나 이전의 다른 게임에 영향받지 말고 훌륭한 게임플레이의 본질을 추구하라고 했다. 물론 이것이 훌륭한 게임의 아이디어를 만드는 방법이지만 아쉽게도 게임 아이디어를 제안하는 좋은 방법은 아니다. 또 퍼블리셔는 상품으로 판매할 수 있는 게임을 찾고 자금을 지원하기를 원한다.

퍼블리셔에서는 사용자가 구입하려는 게임의 유형을 판단하기 위해 시장 데이터에 의존한다. 즉, 여

러분의 게임이 가장 잘 팔리는 장르에 속하지 않는 경우 퍼블리셔에서는 자금 투자를 꺼리게 된다. 퍼블리셔 역시 혁신적인 시도를 원하지만 가급적이면 입증된 게임의 장르를 바탕으로 혁신을 구현하기를 원한다. 예를 들어, 데이어스 엑스는 진정한 혁신적인 게임이었지만 이 게임의 게임플레이는 일인칭 슈팅과 롤플레잉 게임의 두 가지 입증된 장르에 바탕을 두고 있었다. 사실 데이어스 엑스는 대부분의 퍼블리셔에서 충분히 불안을 느낄 만큼 혁신적이었지만 혁신적인 다수의 프로젝트를 이미 성공시킨 경험이 있는 게임 디자이너이자 프로젝트 디렉터인 워렌 스펙터를 비롯해 놀라운 팀을 보유하고 있었다(워렌 스펙터에 대한 이야기는 33쪽을 참조한다).

앞서 얘기했듯이 아이디어를 퍼블리셔에 제안하는 것을 '피치'라고 한다. 피치는 하나의 예술이며, 16장 529쪽에서 이 예술에 대해 자세히 알아보겠다. 간단하게 정리하면 피치 자료는 앞서 이야기한 팀, 계획, 그리고 아이디어라는 세 가지 강점을 제대로 전달해야 한다.

여기까지 오는 데 많은 시간이 걸릴 수 있지만 개념/계약 단계를 모두 거친 결과물은 퍼블리셔와 함께 서명한 계약서다. 이 계약서는 권리, 결과물, 그리고 마일스톤 지급과 관련된 제휴 조건을 구체적으로 명시한다. 첫 번째 마일스톤은 계약서 서명과 프로젝트 계획의 승인이며, 후속 마일스톤은 이후 설명할 개발의 각 단계에 해당한다.

제작 준비(2~6개월)

제작 준비 단계에는 소규모 팀으로 프로젝트를 진행하면서 아이디어의 실현 가능성을 확인한다. 이 팀은 일반적으로 특성 차별화나 까다로운 기술을 증명

하는 데 초점을 맞추면서 플레이 가능한 레벨 하나 또는 환경을 만든다. 액티비전의 스티브 애크리가 지적한 것처럼 이 단계는 개발 과정에서 가장 중요한 기간이다. 그는 6개월의 제작 준비 기간을 거쳐도 제대로 게임의 형태가 잡히지 않으면 개발을 중단한다고 했다.

이 시기에 팀을 소규모로 운영하는 것은 비용을 절약하기 위한 것이다. 퍼블리셔는 게임의 개념과 기술에 확신하기 전까지는 자금을 충분하게 지원하지 않는다. 이 소규모 팀의 역할은 디자인, 기술, 그리고 인력 구성과 자원 할당부터 일정과 결과물을 비롯한 구현까지 계획을 더욱 개선하는 것이다. 제작 준비 방법에 대한 자세한 내용은 일렉트로닉 아츠의 글렌 엔티스의 관련 기사(188쪽)를 참조하자.

개념 단계에서 소프트웨어 프로토타입을 제작하지 않은 경우, 지금이 이를 제작하고 플레이테스트할 시기다. 또한 구체적인 디자인 문서와 기술 사양서를 작성하거나, 세부적인 디자인 및 기술 페이지가 포함된 프로젝트 위키를 만들 시기이기도 하다. 제작 단계에 참여한 팀을 모두 고용한 후에는 팀원들이 이 유기적인 문서를 활용하고 내용을 추가하게 된다. 제작의 효율을 높이려면 디자인 문서와 위키에서 게임플레이, 비주얼 디자인, 기술의 요소를 좀 더 명확하게 설명해야 한다.

제작 준비 단계는 게임디자인을 개선하는 것 말고도 까다로운 기술 요소의 프로토타입을 제작하고 구상한 방법의 실현 가능성을 증명하는 단계이기도 하다. 이렇게 해서 개발사와 퍼블리셔 양쪽의 잠재적 위험을 낮출 수 있다. 아이디어 실현 가능성이나 완료하는 데 걸리는 시간에 대한 명확한 개념 없이 기술적으로 야심적인 프로젝트를 시작하는 것은 어리

석은 일이다. 이 시점에 기술이 100% 완전할 필요는 없지만 다음 개발 단계를 위한 자금을 받으려면 게임이 기술적으로 구현 가능하다는 사실을 퍼블리셔에 확인시켜 줘야 한다.

제작 준비 단계가 완료되면 퍼블리셔는 프로토타입 또는 완료된 레벨, 기술의 진행 상태, 디자인 및 기술 문서, 그리고 완전히 개발된 프로젝트 계획을 토대로 나머지 제작 자금을 지원할지, 아니면 프로젝트를 중단할지 결정한다. 현명한 퍼블리셔라면 너무 위험하거나 시장성이 없다고 판단되는 프로젝트를 과감하게 중단할 것이다. 아직까지 전체 투자금은 그리 많지 않은 상태이며, 팔리지 않을 제품을 출시하는 비용에 비하면 무시해도 좋은 수준이다.

퍼블리셔에서 이 시기에 프로젝트를 중단하는 경우, 개발사에 제작 준비 단계에 대한 마일스톤 지급금을 결제하고 나머지 개발을 취소한다. 이 경우 계약서에 합의된 관리에 따라 개발사는 기존 작업 결과물로 다른 퍼블리셔와 접촉하거나 새로운 아이디어를 만들기 시작한다. 문제는 다음 마일스톤 지급금이 결제될 것으로 믿고 개념과 제작 준비 단계에서 예상보다 비용을 더 많이 사용한 경우다. 이 문제 때문에 이 단계에서 개발사가 문을 닫는 경우가 종종 발생한다.

제작(7~22개월)

제작은 시간이 오래 걸리고 비용도 많이 드는 개발 단계다. 이 단계의 목표는 이전 단계에서 수립한 비전과 계획을 실행하는 것이다. 디자인을 개선하고 실행하는 프로세스를 진행하다 보면 디자인 문서에 반영해야 하는 변경 사항이 거의 반드시 발생한다. 그러나 대부분의 경우, 규모가 큰 창의적인 변경은

기한과 예산 내에서 구현하기가 불가능하다.

이 단계에서 프로그래머는 게임을 작동하게 하는 코드를 작성하며, 아티스트는 모든 아트 파일과 애니메이션을 제작한다. 사운드 디자이너는 사운드 효과와 음악을 만들며, 작가는 대본과 다른 게임 내 텍스트를 작성한다. QA 엔지니어는 프로젝트의 모든 측면을 익히고 초기 빌드를 사용해 간단한 테스트를 진행한다. 프로듀서는 모든 팀원들이 서로 의사소통하고 전체 프로세스를 인식하게 하며, 일정을 조정하고 자원을 모니터링해서 모든 과정이 정상적으로 진행되게 한다.

제작 과정이 탄력을 받으면서 레벨과 환경이 구체화되고, 작동하는 코드 빌드에 아트와 사운드 파일이 통합되며, 게임이 점차 형태를 갖춘다. 스티브 애크리가 제공하는 한 가지 조언은 첫 번째 레벨을 가장 나중에 만들라는 것이다. 팀이 제작 프로세스를 진행하면서 다양한 문제가 해결되고 도구가 개선되며, 게임 체계의 한계를 좀 더 정확하게 이해하게 되므로 마지막으로 제작하는 레벨이 게임에서 가장 좋은 레벨이 되는 경우가 많기 때문이다. 즉, 플레이어가 게임에 빠져들게 만드는 첫 번째 레벨에서 최고의 놀라운 경험을 제공하자는 것이다.

개발의 이 단계에서 목표는 '알파' 코드를 만드는 것이다. 알파 코드는 모든 특성이 완료되고 특성을 더는 추가하지 않는 단계다. 때로는 일정을 맞추면서 알파 마일스톤을 충족하기 위해 야심 찬 특성을 제외하는 경우가 있다. 예를 들어, 초기 디자인에 사용자가 자신의 전자 메일 주소록에서 이름을 가져와 게임플레이 중에 유닛의 이름으로 활용한다는 개념이 있다고 해 보자. 이것은 재미있는 아이디어이며, 실제로 블랙 앤 화이트에서 구현한 기능이다. 그러

나 이 특성이 완성되지 않았고 시간이 부족한 경우, 프로듀서는 이 특성을 낮은 우선순위로 분류하고 제외시킬 수 있다.

프로그래머는 코드를 개발하는 동안 주기적으로 '빌드'라고 하는 프로젝트의 버전을 만든다. 문제나 버그가 발견된 빌드를 참조할 수 있게 각 빌드에는 단계적으로 증가하는 숫자가 부여된다. 개발사가 알파 코드를 완료하면 이 빌드를 퍼블리셔의 QA 팀에 보낸다. 퍼블리셔에서 알파를 승인하면 개발사에 마일스톤 지급금을 결제하고 QA 및 손질 단계로 넘어간다.

QA/손질(23~24개월)

제작 과정의 마지막 몇 달 동안은 코드와 특성을 새로 제작하기보다는 제작한 기능이 예상대로 작동하는지, 그리고 레벨과 아트워크가 완전한지 확인하는 데 초점이 맞춰진다. 이 시기에는 대부분의 아티스트와 사운드 디자이너, 작가와 같은 특수 분야 전문가들이 더는 필요하지 않기 때문에 팀의 크기가 줄어든다.

이 단계에서 개발사는 알파 빌드를 바탕으로 사용자가 상점에서 구매하는 최종 제품을 만든다. 사용자 경험은 더욱 세련되고 완전해지며, 레벨은 세부적으로 조정된다. 게임 디자이너, 프로그래머 및 QA 엔지니어는 타이밍 문제, 버그, 불편한 인터페이스 및 컨트롤 문제를 해결하기 위해 함께 작업한다. 스티브 애크리가 지적한 것처럼 게임 품질의 70%는

마지막 10% 기간 동안 결정된다. 그는 게임을 손질하는 데 충분하도록 제작 일정에서 이 단계를 위한 시간을 충분히 남겨두도록 조언하고 있다.

이 마지막 단계는 게임을 다듬어서 플레이어를 위한 최상의 경험을 제공할 수 있는 기회다. 시장에 출시하기 위해 서둘러서 마무리한 게임과 정교하게 손질한 게임 간에는 엄청난 차이가 있다. 게임플레이의 미묘한 튜닝, 타이밍과 컨트롤의 수정을 통해 플레이어가 잊을 수 없는 경험을 만들 수 있으며, 바로 이런 것들이 블록버스터 게임이 되기 위한 요건이다.

앞서 이야기했듯이, QA 테스트는 하나의 예술이며, 가볍게 여겨서는 안 된다. 간단하게 정리하면, QA 팀은 테스트 계획, 그리고 제품의 모든 영역과 특성을 설명하는 문서를 작성하며, 이러한 각 영역을 테스트할 다양한 조건을 정리한다. 이 테스트 계획은 디자인 문서 또는 위키에 기반을 둔다. QA 엔지니어는 현재 빌드를 사용해 테스트를 실행하고 게임이 사양과 달리 비정상적으로 작동하는지 확인한다. 이 현상을 '버그'라고 한다.

버그는 문제를 재현하기 위한 정확한 단계에 대한 설명, 문제의 심각도, 그리고 발견한 테스터의 이름과 함께 데이터베이스에 입력된다. 버그 데이터베이스에는 십여 가지 종류가 있는데, 고가로 판매되는 것도 있지만 무료인 것도 있다. 필자는 그중에서 오픈소스 프로젝트인 맨티스(Mantis)와 버그질라(Bugzilla)를 선호한다.

교실에서 콘솔로: 플레이스테이션 3용 플로우 제작

켈리 산티아고(Kellee Santiago), 사장 및 공동 설립자, 댓게임컴퍼니

댓게임컴퍼니는 2006년 독립 개발자 동료였던 켈리, 제노바 첸, 존 에드워드, 닉 클라크가 모여 창립했다.

첫 번째 상업용 타이틀을 출시한 경험이 어땠냐고요? 완전히 정신을 차릴 수 없었습니다. 당시 우리는 게임 페스티벌에서 만난 졸업생들과 그 친구들이었는데, 말하자면 훌륭한 개발자가 되기 위한 조건을 모두 갖추고 있었습니다. 모두 낙관적이고, 에너지가 넘치는 데다, 무엇보다 순진했습니다. 상업용 타이틀을 출시한 경험은 아무도 없었지만 그래도 세계를 바꿀 준비가 돼 있었습니다...

제노바 첸과 저는 2006년 5월 USC 영화 예술 학교를 졸업한 직후 댓게임컴퍼니를 세웠습니다. 우리는 당시 디지털 유통이 우리가 원하는 유형의 게임을 만들면서 수익도 얻을 수 있는 기회라고 생각했습니다. 디지털 유통 시장이 급성장함에 따라 큰 퍼블리셔에서도 창의적인 소규모 게임들을 유통하기 시작했고, 디지털 채널을 통해 게임을 유통하면서 재정적 위험이 크게 낮아졌기 때문에 작은 팀에도 기회가 생겼습니다.

첫 번째 게임은 비교적 빨리(1년 미만) 완성하고 싶었습니다. 퍼블리셔와 함께 상업용 타이틀을 개발하는 과정에 대해서는 처음부터 끝까지 모르는 것이 많았기 때문에 불가피한 실수를 만회할 수 있게 프로젝트를 가급적 간단하게 만들고 싶었습니다. 그래서 제노바의 학위 논문 프로젝트였던 플로우가 우리의 첫 번째 게임으로 최적의 선택이라고 생각했습니다. 디자인에서 어려운 부분과 대부분의 까다로운 과제는 게임의 플래시 버전을 만들면서 해결했다고 생각했습니다. 게다가 게임 자체도 단순함 그 자체였기 때문에 완벽했습니다.

우리는 소니에서 PS3 버전의 플로우를 제작하기로 설득했습니다. 소니에서는 각자 고유한 세계에서 플레이할 수 있는 생물을 추가하고 모두 3D로 구현하기를 원했는데, 이 정도는 전혀 문제가 아니라고 생각했습니다.

두 달 가량 개발을 진행하면서 앞서 추가한 내용 때문에 세 가지 중요한 과제가 발생한다는 것을 알게 됐습니다.

1. 한 가지 생물을 디자인하기도 쉽지 않았는데, 5가지 생물을 만들어야 했습니다.
2. 차세대 플랫폼이라는 것도 문제였지만 아직 개발이 끝나지 않은 플랫폼상에서 게임을 개발하는 것은 확실히 어려운 일이었습니다.
3. 완전히 2D였던 게임을 3D 환경에서 실행되는 2D 플레이 게임으로 변환하면서 디자인의 상당 부분을 변경해야 했습니다.

간단히 이야기해서 우리에게는 약간 버거운 일이었습니다. 개발을 시작한 지 두 달 후에 이러한 과제가 있다는 것을 알았지만 이미 도쿄 게임쇼에 게임 데모를 제출하기로 약속이 된 상태였습니다. 학술적 개발과 전문적 개발에는 시한이라는 큰 차이점이 있다는 것을 깨달은 것도 이 시기였습니다. 제대로 해내지 못하면 망하는 것입니다. 게임은 완전히 독립적이어야 했고 충돌하는 경우가 없어야 했습니다. 게다가 당시 개발 중인 다른 소니 게임들과 함께 전시해야 했었습니다. 어이쿠! 비록 전체 제작 과정 중 가장 심한 압박감을 느낀 기간이었지만 상품 가치

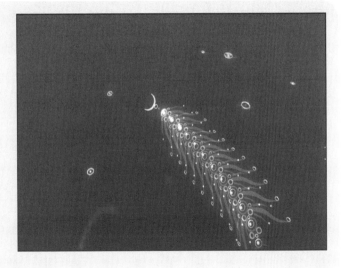

가 있는 게임을 만드는 데 필요한 것이 무엇인지 배울 수 있었던 중요한 경험이었습니다. 앞에서 언급한 과제를 해결하는 것 말고도 최적화와 버그 수정에 적지 않은 시간이 필요하며, 전체 제작 일정에서 꽤 많은 부분을 할애해야 한다는 점도 이때 깨달았습니다. 그리고 우리가 인간으로서 한계가 있다는 것도 알게 됐습니다. 열정으로 큰 차이를 만들 수는 있지만, 결국 우리에게는 명백한 한계가 있었습니다.

그래서 이 상황을 어떻게 해결할 수 있었을까요? 우리는 문제를 단순화하기로 했습니다. 이 게임의 원래 개념은 플레이어가 게임에서 받은 느낌에 대한 것이었기 때문에 게임플레이의 본질을 손상시키지 않고 게임을 단순화할 수 있었습니다.

플로우에서 플레이어는 초현실적인 심해 공간 안에서 먹고, 성장하고, 진화하는 5가지 수중 생물 중 하나를 플레이합니다. 플래시 버전의 게임은 흐름 이론(사람이 재미를 느끼는 방법과 이유에 대한 이론)을 게임에 적용한 것이었습니다. 일관성 있는 편안한 느낌이 중요했고, 5가지 생물이 각기 다른 심해 공간에 살기 때문에 편안함이라는 기본적인 느낌을 바탕으로 각기 다른 감성을 느낄 수 있어야 했습니다. 저는 이것이 강을 따라 여행하는 것과 비슷하다고 생각했습니다. 여행 중에 주변 경관이 달라지고 강물이 흐르는 방향이나 속도는 조금씩 달라지지만 결국 하나의 강입니다.

5가지 고유한 플레이어 생물을 디자인하는 문제에서는 고유한 환경 안에서 먹기, 성장하기, 진화하기 특성을 최대한 재미있게 디자인하는 것 외에는 상황을 바꿀 수 있는 요소가 많지 않았습니다. 중심 게임이 재미가 없으면 게임의 의미가 없기 때문에 이러한 중심 동작과 관련이 없는 요소는 모두 제외했습니다.

게다가 아직 개발 중이었던 PS3상에서 게임을 개발하는 과정은 극히 어려웠습니다. PS3 프로그래밍에 대해서는 그리 많이 알지 못했고, 기술을 활용하고 싶은 생각은 있었지만 플랫폼에 익숙하지 않았고 공부할 시간도 부족했습니다. 결국 프로젝트의 시작부터 플랫폼에 의존하지 않도록 PS3의 기능을 사용하지 않는 게임을 디자인해야 했습니다.

2D에서 3D로 플레이어 캐릭터를 전환하면서 생긴 변화는 예상하지 못한 것이었는데, 돌이켜보면 이런 변화는 없는 편이 더 좋았다는 생각이 듭니다. 물론 움직임과 카메라 각도가 크게 자유로워졌기 때문에 몇 가지 변수만 변경해도 완전히 다른 경험을 만들 수 있었습니다. 그러나 플래시 버전의 게임을 만들면서 단순함과 흐름의 느낌이 중요하다는 것을 확인했기 때문에 플래시 버전을 디자인의 가이드로 활용했습니다. 플로우의 핵심은 바로 단순함이었습니다. 중요한 것은 단순하면서도 정교한 디자인 솔루션이 실제 구현하기는 어려울 수 있다는 사실입니다.

저는 지금도 첫 번째 타이틀로 플로우를 선택한 것이 최고의 결정이었다고 생각합니다. 처음 예상보다는 디자인 관련 과제가 많아지기는 했지만 먼저 플래시로 게임을 만드는 것이 개발이 도움이 된다는 생각도 옳았습니다. 플래시 게임은 핵심 개념과 느낌을 구체화하는 데 크게 도움이 됐고, PS3 게임을 개발하는 동안 가이드로 활용할 수 있었습니다. 개발 시작 단계부터 게임의 핵심을 제대로 이해하는 것이 얼마나 중요한지 배웠습니다. 플레이어가 어떤 느낌을 전달할지, 게임의 재미가 무엇인지를 명확하게 이해하면 어려운 게임 디자인과 개발 과정의 과제를 해결하는 데 훨씬 유리하다는 것을 체득했습니다.

버그는 수정한 사람과 수정된 항목, 해당하는 빌드 등을 추적할 수 있게 특정 개인에게 할당된다. 예를 들어, 게임의 데이터베이스와 관련된 버그는 데이터베이스 프로그래머에게 할당된다. 프로그래머가 버그를 수정한 후에는 다시 테스트하도록 QA 팀으로 돌려보낸다. QA 팀이 버그 수정을 확인하면 데이터베이스에서 문제 항목을 '해결됨'으로 변경한다.

개발팀이 모두 모여서 코드의 현재 상태를 평가하면서 버그의 우선순위를 지정하는 회의를 '진료' 회의라고 한다. 일반적인 콘솔 타이틀의 경우, 보통 수천 가지 버그가 데이터베이스에 기록된다. 프로그래머는 데이터베이스를 체계적으로 검토하면서 우선순위가 가장 높은 버그를 먼저 해결한다. 버그는 게임의 모든 영역에서 발견될 수 있다. 비주얼 디자이너나 프로그래머가 해결해야 하는 버그도 있지만 사용 계약이나 등록에 해당하는 문제와 같이 법률 담당자가 해결해야 하는 경우도 있다. 모든 특성이 완성되고 데이터베이스에 '우선순위 1'에 해당하는 버그가 남아 있지 않으면 프로젝트가 베타 상태가 됐다고 할 수 있다.

이 단계의 최종 목표는 '골드 코드'라는 상태를 달성하는 것인데, 이것은 게임의 모든 버그가 해결됐다는 의미다. 흥미로운 사실은 거의 모든 게임이 몇 가지 사소한 버그가 있는 상태로 출시된다는 것이다. 프로젝트가 거의 완료되면 프로듀서는 남아 있는 사소한 버그를 '연기됨'으로 표시한다. 즉, 시간이 거의 없고 남아 있는 버그가 게임에 방해가 되지 않는다고 판단하면 버그가 있는 상태로 게임을 출시하는 것이다. 이러한 예로 알림 메시지에 글꼴 크기가 적합하지 않은 경우를 들 수 있다. 아트 디렉터의 눈에는 성가시게 보일 수 있지만 게임플레이에는 영향을 주지 않기 때문에 그대로 출시해도 관계없다.

유지 관리(지속)

이제는 대부분의 게임 플레이어가 인터넷을 이용할 수 있기 때문에 온라인을 통해 '패치'로 게임을 업데이트하는 경우가 많다. 즉, 게임이 출시된 후에도 사용자 의견을 모니터링해서 제품이 출시된 이후에도 지속적으로 버그를 수정할 수 있다. 이러한 패치는 만연한 문제를 해결하는 비교적 작은 다운로드 파일이다. 일반적으로 패치는 외형 관련 문제나 사소한 문제보다는 특성 문제, 비호환성 문제, 그리고 테스트 팀이 확인했던 다른 중간 및 고수준 버그를 해결하기 위해 만들어진다.

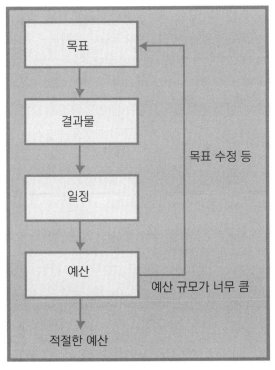

그림 13.2 프로젝트 계획을 만드는 방법

프로젝트 계획을 수립하는 방법

앞서 언급한 것처럼, 프로젝트 계획은 개발사가 만드는 문서 중 가장 중요한 것이다. 이 문서는 게임 제작을 위한 로드맵 역할을 한다. 이 문서에는 일정과 예산에 대한 내용이 포함되며, 일반적으로 제작 계약서에 첨부된다. 그림 13.2는 현실적인 프로젝트 계획과 예산을 수립하는 프로세스가 개략적으로 나오는데, 각 단계가 직접적으로 다음 단계에 영향을 주는 것을 볼 수 있다. 다음 절에서는 프로세스의 각 단계에 대해 알아보자.

목표

먼저 프로젝트의 모든 목표를 명확하게 나열한다. 여기에는 특성과 레벨과 같은 게임 플레이 목표와 인터넷을 통한 멀티 플레이어 지원과 같은 기술 목표가 모두 포함된다. 또한, 대상 플랫폼 및 제안하는 출시 날짜도 포함된다. 예를 들어, 앞으로 2년 이내에 엑스박스 360과 플레이스테이션 3로 출시하는 것을 목표로 설정할 수 있다.

연습 13.1 : 목표

팀원과 논의하면서 독창적인 게임 아이디어를 완성된 제품으로 바꾸기 위한 목표를 적어 보자. 게임플레이 목표와 기술 목표가 모두 포함돼야 한다.

결과물

목표는 프로젝트를 통해 만드는 결과물에 직접적인 영향을 미친다. 만들려는 모든 결과물을 나열하고 개발 단계별로 정리한다.

예를 들어, 디자인 단계에 디자인 문서를 포함시킬 수 있다. 레벨이 포함된 게임인 경우, 제작 단계에 레벨 또는 환경의 수를 포함해야 한다. 이와 비슷하게, 제작 과정에 만들어야 하는 아트워크, 애니메이션 및 다른 매체의 분량을 구체적으로 적어야 한다. 예를 들어, 제작해야 하는 3D 모델, 캐릭터, 사운드 효과의 수, 음악(분), 선형 애니메이션(초), 음성 녹음(초) 등을 명시해야 한다. 이러한 항목이 모두 결과물이며, 모두 예산에 반영하고 일정에 포함시켜야 한다.

연습 13.2 : 결과물

앞서 언급한 목표를 바탕으로 제작 과정의 모든 결과물을 나열한다. 여기에는 코드 모듈부터 사운드 효과까지 게임을 구성하는 모든 요소가 포함된다. 팀원과 논의해서 최대한 정확하고 구체적으로 결과물을 나열한다.

일정

일정은 팀에서 각 결과물을 완료하는 데 걸리는 예상 기간이다. 결과물은 작업으로 구성되며, 이러한 작업은 특정한 팀원에게 할당된다. 일정을 만드는 가장 좋은 방법은 각 결과물을 작업의 목록으로 분리하는 것이다. 경험이 있다면 이러한 작업이 무엇인지 알고 있겠지만, 그렇지 않다면 해당 분야의 팀원과 논의해 어떤 작업이 필요하고, 각 작업을 수행하는 데 시간이 얼마나 걸리는지 알아보자. 다음은 작업을 순서대로 살펴보면서 각 작업에 할당할 자원(즉, 팀원 수)과 각 작업을 완료하는 데 걸리는 시간(일수)을 정의한다.

마지막으로, 목록에서 각 작업에 시작 날짜를 할당한다. 다른 작업과 동시에 진행할 수 있는 작업도 있지만 다른 작업이 완료될 때까지 대기해야 하는 작업도 있다. 이러한 속성을 종속성이라고 하며 일정에 반드시 고려해야 한다. 예를 들어, 팀 안의 다른 세 그룹에서 15가지 다른 작업을 순서대로 완료한 후에야 시작할 수 있는 게임의 측면이 있을 수 있다. 또한 각 팀원에게 워크로드를 균형 있게 분배해야 한다. 가령 한 프로그래머가 세 가지 특성을 동시에 코딩하도록 일정을 예약하면 실제로는 한 가지 특성만 제대로 완료될 가능성이 높다.

게임 프로듀서는 일정을 작성할 때 마이크로소프트 프로젝트 같은 소프트웨어 프로그램을 사용하는 경우가 많다. 마이크로소프트 프로젝트 같은 일정 관리 프로그램에는 일정에 해당하는 작업을 드래그해서 작업 간의 링크와 종속성을 만드는 기능이 있다. 일정 관리 프로그램이 없으면 엑셀과 같은 스프레드시트를 사용하거나 종이 달력을 사용해도 된다. 일정의 핵심은 개발의 각 단계에서 수행해야 하는 모든 작업을 정리하고 각 작업을 수행하는 데 걸리는 시간과 작업에 참여할 인원수를 예상하는 것이다. 일정을 완성하면 개략적인 제작 시간표와 필요한 자원 및 기간의 목록을 얻게 된다. 바로 이 목록이 예산을 편성하는 데 필요한 정보다.

일정은 프로젝트 계획의 기반이며 프로젝트를 관리하기 위한 귀중한 도구다. 그림 13.3의 샘플 일정은 일반적인 일정을 간트 차트 형식으로 보여준다.

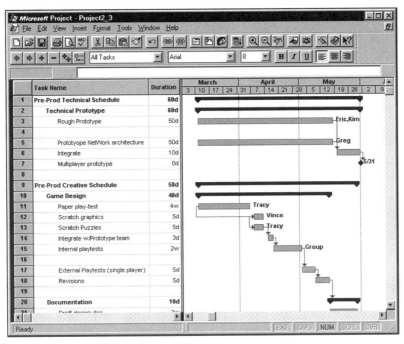

그림 13.3　간트 차트 형식의 샘플 일정

연습 13.3 : 일정

일정 관리 소프트웨어나 종이 달력을 사용해 자신의 독창적인 게임을 제작하기 위한 세부적인 일정을 만들어 보자. 지정하지 않은 작업이 있어서는 안 되며, 모든 종속성을 지정해야 한다. 이러한 여러 작업을 완료하는 데 필요한 시간을 추정해서 적어야 할 수 있다. 지금 단계에서는 프로세스 전체를 끝까지 고려하고 각 부분이 어떻게 연관되는지 확인하는 것이 목표이므로 일정의 정확성에는 크게 신경 쓰지 않아도 된다.

예산

예산은 일정을 통해 얻을 수 있는 직접적인 산물이다. 일정을 통해 몇 명이 얼마 동안 일해야 하는지 알 수 있으며, 게임의 예산에서 가장 큰 비중을 차지하는 것이 팀원의 급여이기 때문이다. 다른 직접 비용

으로는 소프트웨어 라이선스와 특수 서비스 비용이 있다.

그림 13.4의 샘플 예산은 마이크로소프트 엑셀을 사용해 작성한 것이며 예산의 몇 가지 중요한 요소를 보여 준다. 왼쪽 표지 페이지에는 프로젝트 관리, 게임 디자인, 그래픽 디자인, 디지털 비디오, 2D/3D 애니메이션 및 소프트웨어 개발을 포함한 여러 제작 근로 비용의 합계가 나온다. 또한, 테스트, 제작 소모품, 미디어, 라이선스 및 관리 비용을 위한 직접 비용도 포함돼 있다. 오른쪽 페이지에는 표지 페이지에 나오는 각 업무 비용이 계산되는 방법이 나온다.

간접비는 회사를 운영하는 데 필요한 모든 비근로 비용을 의미한다. 게임 개발사의 경우, 간접비에는 임대료, 각종 요금, 소모품, 보험 및 이와 비슷한 다른 비용이 포함된다. 실질 간접비 비중은 회계사가 개발자의 실제 근로 비용과 비근로 비용을 기준으로

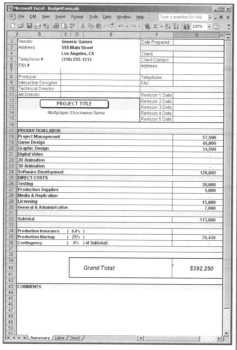

그림 13.4　샘플 예산

산출할 수 있다. 개발사에서 이 비율을 올바르게 계산하지 못해서 예산이 빗나가는 경우가 많기 때문이 이 비율은 매우 중요하다.

특정 항목에 대한 보조금 및 간접비가 계산된 후에는 자원 그룹 합계에 포함되고 표지 페이지로 전달된다. 소계에는 다양한 비용이 추가된다. 그런 다음 몇 가지 중요한 비율이 계산된다. 첫 번째는 '제작보험(production insurance)'이다. 작업을 완료하기 위한 회사의 능력을 보장하는 보험을 계약했다면 여기에 비용을 적는다. 이 경우에는 보험을 들지 않았다.

계산하는 두 번째 비율은 '제작이윤(production markup)'이다. 이 비율은 개발사가 비용에 추가해서 청구하는 비율이다. 즉, 개발사가 원래 계획대로 순조롭게 제작 과정을 완료하는 경우, 이 비율에 따라

이윤을 남기는 것이 가능하다.

연습 13.4 : 예산

이제 자신의 독창적인 게임을 개발하기 위한 예산을 작성해 볼 차례다. 그림 13.4의 샘플 예산을 시작점으로 활용하자. 이후 수정 단계에서 추정치를 수정할 것이므로 확실하지 않은 비용에는 추정치를 사용해도 괜찮다.

수정

처음 네 단계를 모두 완료한 후에 나온 금액이 퍼블리셔에서 지급할 것으로 예상되는 액수를 크게 초과하더라도 놀라진 말자. 다음 단계는 다시 처음으로 돌아가서 목표를 확인하고 수정하는 것이다.

독립 개발사를 위한 사업 기회

크리스 스웨인(Chris Swain)

최근에는 개발사들이 창의적 자유와 재정적 이익을 위해 기존 퍼블리셔의 소매 지향 사업 형태에서 벗어나서 자체 개발한 게임을 온라인에서 직접 유통하는 경우가 늘어났다.

독립 개발 게임을 유통하는 데는 각기 장단점이 있는 여러 방법이 있으며, 이를 5가지 주요 범주로 나누면 다음과 같다.

1. 자체 웹 사이트
2. 사용자 생성 게임 사이트
3. 독립 게임 전문 퍼블리셔
4. 캐주얼 게임 퍼블리셔 및 포털
5. 다운로드 가능한 콘솔 게임

이 목록의 순서에는 개발사의 진입 난이도가 반영됐다.

자체 웹 사이트

제작한 게임을 자신의 웹 사이트를 통해 판매하는 방법이다. 이에 해당하는 게임의 예로 데스크톱 타워 디펜스가 있다. 이 게임은 게임 업계에 일한 경험이 없는 폴 프리스(Paul Preece)라는 젊은 디자이너가 직접 제작했는데, 그는 게임을 무료로 공개하고 웹 사이트에서 광고 수익을 얻는 방법을 활용했다. 이 게임은 큰 인기를 얻었으며, 그의 웹 사이트는 매월 2천만 건의 페이지 뷰를 기록했다. 이 트래픽을 수익으로 환산하면 매년 약 10만 달러에 해당한다. 두 번째 예로 이스라엘과 팔레스타인 문제 해결을 다룬 게임인 피스메이커가 있다. 이 게임은 대학교 친구 몇 명이 모여 개발했고, 자체 웹 사이트에서 카피당 20달러에 팔았다. 피스메이커가 성공한 이유는 좋은 게임이어서이기도 했지만 매체의 큰 관심을 끌었기 때문이다. 매체의 관심은 트래픽과 판매를 가져온다는 점에서 마케팅의 일환으로 생각할 수 있다.

장점: 창의성과 마케팅 면에서 완벽하게 제어할 수 있다.

단점: 제작 예산, 마케팅 예산이 없으며 어떤 지원도 받을 수 없다. 한 가지 게임으로는 사이트에서 트래픽을 일으키기가 매우 어렵다.

사용자 생성 게임 사이트

이 분류는 게임을 다루는 유튜브라고 생각하면 이해하기 쉽다. 여기에 해당하는 중견 사이트로는 Newgrounds.com과 Kongregate.com가 있다. 기본적으로 개발자는 플래시 또는 쇽웨이브 형식의 게임을 무료로 사이트에 등록한다. 플레이어는 게임의 등급을 매기며, 가장 높은 등급을 받은 게임은 사이트에서 잘 보이는 위치에 표시된다. Kongregate.com은 매주 및 매월 가장 높은 등급을 받은 여러 게임에 현금으로 상금을 지급한다.

다른 흥미로운 예로는 GarageGames.com의 대단한 게임 실험, 그리고 완전한 웹 2.0 스타일의 게이머 커뮤니티인 Armorgames.com, Crazymonkeygames.com, Addictinggames.com이 있다. 이러한 사이트는 개발자가 자신의 작업을 홍보하고 잠재적인 사업 파트너를 찾을 수 있는 흥미로운 방법이다.

장점: 진입 장벽이 낮으며, 완전한 창의적 자유가 있다. 많은 트래픽을 얻을 수 있는 가능성이 있다. 누구나 부담 없이 게임을 제작하고 업로드할 수 있다.

단점: 개발 예산이 지원되지 않는다. 경쟁이 매우 심하기 때문에 극히 일부의 게임만 수익을 얻을 수 있다.

독립 게임 전문 퍼블리셔

이 범주의 가장 잘 알려진 회사로 매니페스토 게임즈(Manifesto Games)가 있다. 설립자인 그렉 코스티키안(Greg Costikyan)은 개성 강한 게임 디자이너로서, 한때 가장 혁신적이고 창의적이었던 게임 업계에서 이제 단조로운 모방이 주류를 이루는 현상을 극복하고 독립적으로 개발된 게임이 시장으로 진출할 수 있는 기회를 제공하기 위해 회사를 설립했다고 한다. 매니페스토는 독특하고, 혁신적이며, 일반 소매상점에서 팔릴 것 같지 않은 색다른 타이틀을 찾고 있다. 매니페스토는 온라인으로 게임을 유통, 마케팅 및 판매한다. 개발사는 60%의 수익을 받고 모든 지적 재산권을 소유한다. 한편, 매니페스토는 캐주얼 게임은 유통하지 않는다.

독립 게임 전문 퍼블리셔의 다른 예로 문댄스 게임즈(Moondance Games)가 있다. 문댄스는 독립 게임 모음 CD-ROM을 제작해서 아마존 닷컴과 같은 대형 소매 유통망을 통해 판매한다. 문댄스는 웹 사이트를 통해 개발사를 모집하고 있다.

장점: 독립적인 사고와 혁신적인 게임 플레이에 주안점을 두며, 틀을 벗어난 사고가 높게 평가된다. 독립 게임 전문 퍼블리셔가 마케팅을 대행한다. 지적 재산권을 유지할 수 있다.

단점: 제작 예산이 지원되지 않는다.

캐주얼 게임 퍼블리셔 및 포털

캐주얼 게임은 아주 큰 시장이다. 캐주얼 게임 퍼블리셔는 기존의 콘솔 게임 퍼블리셔와 비슷하게 운영되지만, 소규모의 게임을 온라인으로 유통하는 데 집중한다는 점이 다르다. 이 분야의 전문 퍼블리셔로는 팝캡 게임즈(PopCap Games)와 플레이퍼스트가 있다. 다음은 플레이퍼스트의 업무 방식을 요약한 것이다.

✓ 개발사가 웹 사이트를 통해 플레이퍼스트에 피치를 전달한다. 피치에는 플레이 가능한 데모를 포함하는 편이 유리하다. 다른 창의적인 사업과 마찬가지로 회사 담당자와 개인적인 유대가 있다면 계약이 성사될 가능성이 크게 높아진다.

✓ 플레이퍼스트는 성공 가능성이 보이는 게임에 제작 예산을 지원한다. 예산의 규모는 여러 요인에 따라 달라지지만 일반적으로 5만~20만 달러 수준이다.

✓ 플레이퍼스트는 게임의 품질 수준이 자체 표준을 충족하도록 전체 제작 과정을 관리한다.

✓ 게임이 완성되면 플레이퍼스트가 캐주얼 게임 포털을 통해 게임을 마케팅하고 판매한다. 플레이퍼스트는 전 세계 500여개의 게임 사이트에 게임을 판매하고 있다.

✓ 퍼블리셔는 포털에서 거둔 수익의 10~15%의 로열티를 개발자에게 지급한다. 이 비율은 개발자의 기존 실적과 퍼블리셔에서 프로젝트에 투자한 기존 액수에 따라 협상이 가능하다. 제품을 완성한 상태로 퍼블리셔에 유통만 위탁하는 경우, 로열티 비율이 크게 높아진다.

캐주얼 게임 포털은 다수의 게임을 모집하고 플레이어에게 판매한다. 일반적으로 캐주얼 게임은 다운로드 방식으로 제공되고 1시간 동안 무료로 플레이할 수 있으며, 게임이 마음에 들면 20달러 정도의 비용을 지급하고 게임을 구매하는 방식이다. 캐주얼 게임 배급사의 예로는 Games.yahoo.com, Games.msn.com, Realarcade.com, Pogo.com, Bigfishgames.com, Shockwave.com, iWin.com이 있다. 배급사는 계약 내용에 따라 판매액의 25~50%를 퍼블리셔에 지급한다. 즉, 일반적인 계약의 경우, 포털에서 20달러에 게임이 판매되면 포털과 퍼블리셔는 각각 10달러를 받는다. 퍼블리셔가 이 금액의 15%를 개발사에 지급한다면 개발사가 받는 금액은 1.5달러가 된다. 퍼블리셔는 투자금을 모두 회수한 후에 개발사에 로열티를 지급한다.

장점: 제작 예산이 제공된다. 퍼블리셔가 적극적으로 게임을 마케팅하고 판매한다.

단점: 창의성을 발휘할 여지가 부족하다. 개발자가 지적 재산권을 보유하지 못하는 것이 일반적이다.

좀 더 자세한 퍼블리셔 목록을 포함해서 캐주얼 게임 사업에 대한 자세한 내용을 확인하려면 IGDA.org의 캐주얼 게임(Casual Games) SIG를 참조하자.

다운로드 가능한 콘솔 게임

여기에는 (1) 엑스박스 라이브 아케이드와 (2) 플레이스테이션 3 다운로드의 두 가지 방향이 있으며, 인터넷과 연결된 플레이어의 게임 콘솔로 직접 게임을 다운로드하는 방식이다. 게임은 일반적으로 5~15달러 정도에 판매된다.

이 범주를 맨 나중에 소개하는 것은 일반적으로 개발사가 접근하기 가장 어려운 방법이기 때문이다. 엑스박스 라이브 아케이드가 큰 성공을 거둔 이유는 마이크로소프트가 사이트에서 공급하는 콘텐츠를 엄격하게 관리하기 때문이기도 하다. 예를 들어, 마이크로소프트는 현재 서비스 중인 인기 게임과 게임플레이가 유사한 게임을 허용하지 않는 경향이 있다. 엑스박스 라이브 아케이드나 플레이스테이션 3 다운로드에 진입하는 데 성공한다면 좀 더 많은 사람들이 여러분의 게임을 하고 구입할 가능성이 높다. 그러나 이러한 회사와 계약하는 것은 기존의 콘솔 게임 퍼블리셔와 계약하는 것과 비슷한 수준으로 매우 어렵다.

목표를 수정한 후에는 결과물을 수정해야 하는데, 이제 일정이 더욱 짧아질 가능성이 높다. 일정을 수정한 후에는 이러한 변경 사항을 예산에 반영해야 한다.

신생 개발사에서 종종 일어나는 가장 큰 실수는 예산 편성 프로세스 중에 목표와 결과물에 집중하지 않고 '그럴 듯한' 액수를 만들기 위해 금액에만 집중하는 것이다. 항상 목표로부터 시작하고 한 항목씩 결과물과 일정 순서로 진행한다. 능력을 벗어난 약속을 하고 예산을 충분하게 확보하지 않으면 금전적 손해를 보게 되며, 팀을 혹사시키게 되고, 약속대로 프로젝트를 완료할 수 없게 된다.

연습 13.5 : 수정

퍼블리셔에서 예산의 20%를 삭감하도록 요구했다고 가정해 보자. 목표부터 시작해 결과물과 일정, 그리고 예산까지 차례대로 계획을 수정해서 비용을 줄여 보자.

마일스톤 및 승인

개발의 각 단계가 완료되고 퍼블리셔가 이를 승인할 때마다 마일스톤 지급금이 개발사에 결제된다. 개발사는 퍼블리셔가 승인하고 결정한 내용을 모두 기록으로 남겨야 한다. 퍼블리셔가 제작 과정 중간에 디자인에 변경을 요구하는 경우가 상당히 많은데, 이러한 변경을 적용하려면 제작 비용이 상승하게 된다. 개발사의 프로듀서가 개발의 각 단계에서 받은 승인 내용을 철저하게 관리했다면 특성 추가 요청을 적용하기 위한 예산 증가분을 논의하는 데 유리한 지점을 차지할 수 있을 것이다.

이렇게 게임 제작의 일상적인 환경에서 형식적이고 부자연스러워 보이는 세부 사항이 실제로는 개발 프로세스에서 큰 차이로 드러날 수 있다. 이미 언급했듯이, 제작 과정을 훌륭하게 관리하려면 의사소통의 통로를 명확하게 유지하고 모든 변경 사항에 대한 결정과 요청을 문서화하는 것이 중요하다.

결론

게임은 기술적으로 가장 발전한 소프트웨어인 경우가 많으며, 팀이 커지고 플레이어의 기대 수준이 높아짐에 따라 게임을 제작하기 위한 과제도 점차 어려워지고 있다. 디자인 아이디어의 성공을 보장하려면 좋은 프로세스를 정립하는 방법을 알고 개발의 각 단계에서 일어날 수 있는 일을 이해해야 한다. 일반적으로 디자이너는 프로젝트 계획을 만들거나 관리하는 책임을 맡지는 않지만 개발 프로세스를 더 잘 이해할수록 팀의 계획에 더 공헌할 수 있을 것이며, 더 나은 디자이너이자 팀원이 될 수 있을 것이다.

디자이너 관점: 스탠 차우(Stan Chow)

무한책임사원, EA 일본

스탠 차우는 게임 디자이너이자 프로듀서, 그리고 경영자로서, 그가 참여한 작품에는 4D 스포츠 테니스(1990), 4D 복싱(1991), 스케칭(1994), NBA 라이브 '95(1994), PGA 투어 골프 '98, NBA 라이브 2001, NBA 스트리트(2002), 데프 잼 벤데타(2003), 및 테마파크 DS(2007)가 있다.

게임 업계에 진출한 계기

저는 10대 시절의 거의 대부분을 오락실이나 저의 애플 II 컴퓨터로 게임을 하면서 보냈습니다. 던 매트릭(Don Mattrick)이라는 친한 친구가 1982년부터 직접 게임 회사를 운영하고 있었는데, 1989년에 자신의 회사에 합류해서 게임 디자인을 도와달라고 부탁했습니다. 당시 저는 대학에서 컴퓨터 과학을 공부하고 있었기에 두 번 생각할 필요도 없었습니다.

가장 좋아하는 게임

- ✓ **로보트론**: 수백 대의 로봇을 파괴하면서 불가능해 보이는 상황을 헤쳐 나오는 것은 정말 손에 땀을 쥐게 만드는 놀라운 경험이었습니다.
- ✓ **메탈기어 솔리드**: 몰래 잠입해서 적을 제거하는 환상을 가장 먼저 실현한 게임이었습니다. 이 게임에서는 달려서 적 뒤 또는 모퉁이에 숨는 동안 두려움과 기대감을 제대로 느낄 수 있었습니다. 또한 스토리도 훌륭했습니다.
- ✓ **피크민**: 이 게임은 신선한 개념과 훌륭한 게임플레이 때문에 좋아합니다.
- ✓ **워크래프트**: 실시간 전략은 제가 플레이어로서 가장 좋아하는 게임 장르입니다. RTS 게임에서 가장 중요한 것은 밸런스입니다. RTS 게임에 악용할 수 있는 불균형이 있으면 게임의 재미가 떨어집니다. 밸런스 측면에서 워크래프트는 가장 잘 구현된 RTS 게임이라고 할 수 있습니다.

영감

저는 개념이나 디자인이 신선하거나 독창적인 게임에서 가장 많은 영감을 얻습니다. 이러한 범주에 속하는 게임으로는 테스트 드라이브, 심시티, 골든아이, 메탈기어 솔리드, 심즈, 그리고 피크민이 있습니다.

디자이너에게 하고 싶은 조언

게임의 구조와 게임을 재미있게 만드는 요소를 이해하려고 노력하십시오. 좋은 아이디어와 개념을 얻기는 어렵지 않습니다. 훌륭한 게임을 만드는 것은 구조와 실행입니다.

디자이너 관점: 스타 롱(Starr Long)

프로듀서, 엔씨소프트

스타 롱은 게임 프로듀서이자 프로젝트 디렉터이며 그가 참여한 작품으로는 울티마 온라인(1997), 울티마 온라인: 더 세컨드 에이지(1998), 시티 오브 히어로(2004), 타블라 라사(제작 중)가 있다. QA 관리자로 일하는 동안에는 윙커맨더: 프라이버티어(1993), 윙커맨더: 아마다(1994), 바이오포지(1995), 울티마 언더월드 2(1993), 울티마 VII: 파트 2: 독사의 섬(1993), 울티마 VIII(프랑스어 판, 1994)에 참여했다.

게임 업계에 진출한 계기

한때 오스틴의 라이브 극장(세트/조명/사운드 디자인 학위가 있습니다)에서 일하던 시기가 있었는데 돈벌이가 그리 좋지 못했습니다. 좀 더 안정적인 직장을 찾던 중에 지역 신문에서 오리진이 플레이테스터를 모집한다는 광고를 봤습니다. 저는 항상 모든 종류의 게임을 좋아했는데, 게임을 하는 직업이 있는 줄은 꿈에도 몰랐습니다. 오리진에 취업했고 곧바로 최초의 성공적인 대규모 온라인 게임이었던 울티마 온라인에 투입됐습니다.

가장 좋아하는 게임

- ✓ **디아블로 II**: 다른 게임을 한 시간을 모두 합친 것보다 디아블로 II를 플레이하면서 보낸 시간이 더 많을 정도로 저에게는 최고의 게임입니다. 이 게임은 아주 단순하면서도 믿을 수 없을 만큼 깊이가 있습니다. 특히 아이템과 몬스터 생성 체계는 놀라운 수준이며, 게임을 할 때마다 매번 새로운 무기 속성이나 몬스터 능력 조합을 발견하게 됩니다. 여기에 멀티 플레이어 측면을 결합하면 이 게임과 동급으로 꼽을 수 있는 게임은 그리 많지 않습니다. 또한 배틀넷을 통한 훌륭한 지원도 빼놓을 수 없습니다.

- ✓ **GTA: 바이스시티**: GTA는 정말 정신 없이 몰입할 수 있는 게임입니다. 디자이너가 이 게임에서 구현한 발생학적 행동의 가능성은 거의 무한한 수준입니다. 각 미션을 셀 수 없이 다양한 방법으로 해결할 수 있다는 것도 신나는 일이지만 목적 없이 자동차나 비행기를 운전하는 것도 재미있습니다. 그리고 이 모든 요소 위에 곁들인 1980년대 풍의 라디오 방송국 사운드트랙은 정말 탁월한 선택이었습니다.

✓ **기타 히어로**: 지인 중에 음악가가 많고, 이들의 무대에서 조명을 설치하는 일을 많이 했습니다. 그렇지만 저 역시 항상 조명 아래에 서는 환상을 가지고 있었습니다. 기타 히어로는 마치 락스타가 된 듯한 느낌을 느끼게 해 줍니다. 이 게임은 무엇보다 저의 환상을 충족시켜 주었는데, 특히 이전에 제가 즐기던 토니호크 프로 스케이터가 차지하던 자리를 대신했습니다.

✓ **커맨드 앤 컨커**: 멀티 플레이어를 제대로 활용한 첫 번째 실시간 전략 게임이었습니다. 최근의 타이틀에 비하면 유닛의 수는 상당히 적었지만 유닛의 개성이 아주 강해서 미션마다 매우 다양한 전략을 활용할 수 있었습니다. 또한 '보급'이라는 개념을 통해 운의 요소를 구현해서 아주 불리한 상황에서도 상황을 반전시킬 수 있었습니다. 지금 돌이켜 생각해 봐도 아직 이 정도 수준의 다른 RTS는 없는 것 같습니다.

✓ **울티마 IV: 아바타의 임무**: 게임 내에서 플레이어가 하는 행동이 중요한 의미가 있었던 첫 번째 롤플레잉 게임이었습니다. 아무렇게나 행동해서는 게임에서 승리할 수 없었으며, 미덕을 실천하는 선한 사람이 돼야 했습니다. 말 그대로 양심적인 게임이었습니다.

영향을 받은 게임

✓ **둠**: 둠은 멀티 플레이어 게임의 가능성에 처음으로 눈을 뜨게 해 준 게임이었고, 사람이야말로 그 어떤 인공지능보다 흥미롭고 예측하기 어려운 상대라는 것을 제대로 깨닫게 해 준 게임이었습니다. 이 게임은 사실상 울티마 온라인의 가장 큰 영감이 되었습니다.

✓ **디아블로**: 디아블로는 RPG의 놀랍도록 단순한 게임 메커닉도 매혹적일 수 있다는 것을 확인시켜 주었습니다. 게임을 작은 그룹으로 시작하고 이 플레이 공간을 자신만의 것으로 제공하는 메커닉은 저의 최근 프로젝트에서 인스턴스 공간의 영감이 되었습니다.

✓ **메달 오브 아너**: 탁월한 NPC 상호작용을 통해 전쟁 한복판에 있는 것 같은 느낌을 만들어내는 방법을 보여 준 게임이었습니다. 이 게임은 타뷸라 라사의 전장을 구현하는 데 직접적인 영감을 제공했습니다.

디자인 프로세스

우리의 디자인 프로세스는 무엇보다 매우 집중적인 공동 작업 프로세스이며, 여러 사람이 참여해서 게임에 들어갈 아이디어를 냅니다. 다양한 아이디어를 내기 위해서 게임과 서적, 그리고 매체(영화 및 TV)를 많이 접하며, 사용자에게 제공하려는 경험의 유형을 먼저 결정하고, 이러한 경험을 전달할 수 있는 방법을 결정합니다. 현재 제작 중인 게임인 타뷸라 라사에서 우리의 근본적인 목표는 전쟁이 벌어지고 있는 듯한 느낌이 들고, 게임의 핵심은 롤플레잉이지만 액션 게임의 속도감에 가까운 MMO를 만드는 것입니다.

QA부터 경력을 시작하는 것에 대해

저는 조직의 맨 아래부터 시작해서 수백만 달러 규모의 프로젝트를 이끄는 자리까지 올라왔다는 것이 정말 자랑스럽습니다. 문제가 있는 게임들을 테스트하면서 얻은 관점은 오늘날 게임 제작 과정의 모든 측면을 이해하는 데 도움이 되었습니다. 특히 현재 저의 격언인 '순서대로 안정적으로, 빠르게, 그리고 재미있게'는 QA 시절에 얻은 경험으로 만들어진 것입니다.

울티마 온라인

울티마 온라인은 EA/오리진의 사생아와 같은 위치로 출발했습니다. 회사에서는 건물 전체 바닥을 리모델링하는 동안 우리 팀 전체를 복도에 나가 있게 하기도 했습니다. 비록 어려움은 있었지만 저는 팀이 계속 프로젝트에 집중할 수 있게 최선을 다했습니다. 그 결과로 온라인 정액제 게임에서 최초의 대규모 성공을 거뒀습니다. 그러나 우리를 무엇보다 자랑스럽게 했던 것은 마음껏 뛸 수 있는 가상 세계를 만들어 준 것에 대한 감사 인사를 담은 장애가 있던 사용자 한 분의 편지였습니다.

디자이너에게 하고 싶은 조언

가능하면 모든 게임을 하고 세심하게 분석해 보십시오. 게임의 어떤 것을 바꾸고 싶은지 생각해 보고, 가장 잘 구현된 특성, 그리고 가장 부족하게 구현된 특성이 무엇인지도 생각해 보십시오. 게임 외부에서 영감을 찾는 것도 매우 중요합니다. 책, 영화, 연극, 그리고 그림이나 음악을 감상하고, 사람들이 다른 사람과 상호작용하는 방법을 관찰하십시오. 영감은 어디에나 있습니다. 우리는 레벨 디자인을 지휘하면서 책의 구절을 제시하기도 하고, 아트 제작 회의에서는 영화의 클립을 서로 보여 주기도 합니다. 마지막으로, 게임을 만드는 과정을 즐기십시오. 게임을 만드는 동안 즐겁지 않았다면 플레이어도 게임이 재미 없을 것입니다.

참고 자료

* Game Production Handbook - Heather M. Chandler, 2006.
* Game Project Management - John Hight, Jeannie Novak, 2007.
* The Game Producer's Handbook - Dan Irish, 2005.
* Dynamics of Software Development. Redmond - Jim McCarthy, 2006.

14장

디자인 문서

지금까지 이 책 전체에서 디지털 게임 개발이 근본적으로 공동 작업 매체라고 이야기했다. 앞서 두 장에서는 이러한 공동 작업 환경에 참여하는 다양한 구성원들과 제작 프로세스의 단계를 살펴봤다. 이 프로세스를 관리하는 데 가장 중요한 요소 중 하나는 게임에 대한 전체적인 비전을 모든 팀원들과 의사소통하는 것이다. 팀이 아주 작은 규모이거나 혼자 일한다면 중요한 문제가 아닐 수 있다. 그러나 최근 게임의 복잡성과 팀의 규모를 감안하면 비전과 이를 실행하는 구체적인 계획을 문서로 작성하는 편이 가장 효과적인 의사소통 방법임을 알 수 있다. 이 계획을 디자인 문서라고 하며 주로 게임 디자이너가 작성하고 관리한다. 최근에는 공동 작업 환경에서 디자인 문서를 만들고 관리하는 데 위키와 같은 온라인 도구를 사용하는 팀이 많아졌다. 위키는 텍스트, 이미지 및 다른 매체와 사용사가 추적할 수 있는 디사인에 대한 변경내역을 남을 수 있다.

위키를 사용하든 일반 워드프로세서 소프트웨어를 사용하든 디자인 문서의 목적은 동일하다. 즉, 게임의 전체적인 개념, 대상 플레이어, 게임플레이, 인터페이스, 컨트롤, 캐릭터, 레벨, 미디어 에셋 등을 설명하는 것이다. 간단히 말해서 팀이 게임의 디자인에 대해 알아야 하는 모든 내용이 여기에 들어 있어야 한다. 아티스트는 디자인 팀이 디자인한 특성을 반영하는 인터페이스 레이아웃을 디자인하기 위해, 프로그래머는 이러한 특성을 위한 소프트웨어 모듈을 정의하기 위해, 레벨 디자이너는 레벨이 전체 스토리 곡선의 어디에 해당하는지 알기 위해, 프로듀서는 정확한 예산과 일정을 만들기 위해, 그리고 QA 부서에서는 포괄적인 테스트 계획을 개발하기 위해 디자인 문서를 참조한다.

팀 규모와 일정, 예산이 증가하고 게임 디자인이 크게 복잡해짐에 따라 명확하고 포괄적인 문서화의 중요성도 함께 높아지고 있다. 오늘날 대부분의 개발사와 퍼블리셔에서는 구체적인 디자인 문서 없이 제작에 돌입하는 경우가 거의 없으며, 전체 제작 과정 중에 문서를 유기적으로 업데이트하는 것은 게임 디자이너의 중요한 책임이다.

의사소통과 디자인 문서

좋은 게임 디자인은 좋은 건축 청사진과도 같다. 모든 팀원들이 각자 작업을 진행하는 동안 이 문서를 참조하고 수석을 추가할 수 있으며, 자신의 작업이 게임 전체의 어디에 해당하는지 볼 수 있다. 이 문서를 작성함으로써 공동 작업과 팀원 간의 유용한 대화를 원활하게 할 수 있다.

프로젝트의 방향을 제시하는 디자인 문서가 없으면 팀의 모든 구성원들이 게임에 대해 아는 내용을 각자에게 고유한 방법으로 해석해서 열심히 일은 하지만 서로 다른 방향으로 진행하게 될 수 있다. 그래서 이러한 작업을 통합할 때 아트가 사용할 수 없는 사양으로 제작되거나, 기술이 구식 특성에 바탕을 두거나, 게임플레이의 핵심이 레벨 디자인에서 사라지게 될 수 있다.

효과적인 디자인 문서를 만들려면 게임 디자이너가 모든 팀원과 논의해서 문서의 모든 영역을 팀원의 작업을 정확하고 달성 가능하게 반영하도록 작성해야 한다. 즉, 문서를 작성하는 과정 자체에서도 의사소통을 장려하는 효과가 있다. 텍스트와 와이어프레임, 컨셉트 아트, 순서도 등을 사용해 게임의 구체적인 사항을 상의하는 과정에서 게임 전체를 가장 개략적인 수준부터 아트 사양, 파일 형식, 그리고 글꼴 크기를 비롯한 가장 상세한 수준까지 총체적으로 다시 생각하게 한다. 게임 개발자들은 시각적으로 민감한 경우가 많으므로 문서에 시각적 보충 자료를 충분히 넣는 것이 좋다.

디자인 문서는 규모가 매우 커지는 경향이 있다. 특히 위키를 디자인 문서로 사용하는 경우 공동 작업으로 관리하는 온라인 문서의 특성상 문서가 커지는 속도가 더 빠르다. 그러나 디자인 문서는 가급적 산결해야 한다. 항상 바쁜 관리사나 프로그래머가 원하는 영역을 신속하고 쉽게 찾을 수 있게 50~100쪽 규모로 핵심 정보를 담아야 한다. 제작이 진행되면서 확장이 필요한 영역이 있는 경우, 이러한 영역을 좀 더 자세하게 다루는 하위 문서를 따로 작성하는 것도 한 가지 방법이다.

디자인 문서를 작성하는 목표는 문서 자체가 아니라 의사소통임을 기억하고 이 목표를 달성하기 위해 최선을 다해야 한다. 문서가 팀원과의 대화를 대신하는 것은 아니다. 문서를 작성했다고 해서 모두가 이 문서를 읽고 비전을 이해했다고 가정해서는 안 된다. 문서는 의사소통을 위한 프로세스를 제공하고 창의적 및 기술적 디자인에 대한 전체 팀의 시금석이 될 수 있지만 팀 회의와 의사소통을 대신할 수 있는 것은 아니다.

디자인 문서의 내용

디자인 문서에 대한 표준 형식은 없다. 표준 영화 대본이나 건축 청사진처럼 따라야 하는 공식적인 스타일이 있다면 편리하겠지만 그런 것은 없다. 좋은 디자인 문서는 게임을 제작하는 데 필요한 모든 구체적인 사항을 포함해야 한다는 데는 모두 동의하지만 이러한 사항이 무엇인지는 게임이 어떤 것인지에 따라 달라진다.

디자인 문서의 내용은 다음과 같은 영역으로 분류할 수 있다.

- ✓ 개요 및 비전 소개
- ✓ 대상 플레이어, 플랫폼 및 마케팅
- ✓ 게임플레이
- ✓ 캐릭터(해당하는 경우)
- ✓ 스토리(해당하는 경우)
- ✓ 세계(해당하는 경우)
- ✓ 미디어 목록

기술 세부 사항은 디자인 문서에 추가하거나 기술 사양이라는 별도의 문서로 분리할 수 있다. 기술 사양 또는 디자인 문서의 기술 섹션은 일반적으로 기술 디렉터나 수석 엔지니어가 준비한다.

연습 14.1 : 디자인 문서 연구

구글에서 'game design document'를 검색해서 실제 디자이너들이 작성한 디자인 문서를 찾아보자. 인터넷에서 수십 가지 게시물을 찾을 수 있을 것이다. 두어 개 정도를 선택해서 천천히 읽고, 문서의 장점과 단점이 무엇인지 생각해 보자. 여러분이 디자인 팀의 팀원이었다면 이 문서를 읽고 그대로 구현할 수 있을까? 문서를 읽은 후에 디자이너에게 물어보고 싶은 질문은 무엇이었는가?

디자인 문서 작성을 시작할 때는 문서의 범위에만 집중하고 제작 팀, 퍼블리셔, 마케팅 팀, 그리고 게임에 이해 관계가 있는 모든 구성원과 게임 디자인을 의사소통한다는 궁극적인 목표를 잊어버리기 쉽다. 이것이 아이디어를 플레이테스트 하고 프로토타입으로 제작하기 전까지 디자인 문서를 작성하지 말라고 조언하는 이유다. 자신이 제안하는 게임플레이에 대한 구체적인 경험을 제대로 이해하고 있어야 디자인 문서에 게임플레이를 명확하게 설명할 수 있다.

또한 디자인 문서는 유기적인 문서로 생각해야 한다. 디자인 문서는 완료되기까지 십여 가지 단계를 거치게 되며, 개발 프로세스 중에 게임에 적용된 변경 사항을 반영하도록 지속적으로 문서를 업데이트해야 한다. 따라서 문서를 모듈 방식으로 구성하는 것이 중요하다. 처음부터 문서를 세심하게 구성하면 문서가 커지고 복잡해지더라도 업데이트하고 관리하기 수월할 것이다. 또한 앞에서 언급한 것처럼 팀 내의 각 그룹이 각자의 작업과 관련 있는 부분을 찾고 읽기도 쉬워진다.

디자인 문서를 만드는 데 위키를 사용하면 이러한 모듈 구조 아이디어가 자연스럽게 적용된다. 디자인의 여러 영역을 자연스럽게 별도의 페이지로 만들게 되며, 좀 더 세부적인 설명, 이미지, 도표 또는 다른 자료가 필요한 영역도 하위 페이지로 만들게 된다.

다음 개요는 디자인 문서를 구성하는 한 가지 예를 보여 준다. 각 섹션에는 해당 영역에 포함될 수 있는 정보의 유형이 나온다. 이 개요는 모든 게임에 적용 가능한 표준 형식은 아니며, 디자인 문서에 포함할 수 있는 섹션을 간단하게 소개하기 위한 것이다. 즉, 이 문서를 그대로 사용하지 말고 자신의 게임과 디자인에 맞는 형식을 사용해야 한다.

1. 디자인 이력

   디자인 문서는 끊임없이 변화하는 참조 도구이며, 대부분의 팀원은 새 버전이 나올 때마다 전체 문서를 다시 읽을 시간이 없을 것이므로 중요한 수정이나 업데이트 내용을 따라 정리해서 알려 주는 것이 좋다. 여기서 볼 수 있듯이, 각 버전에는 해당 버전에 적용된 주요 변경 사항을 나열하는 섹션이 있다. 위키를 사용하는 경우, 소프트웨어의 편집 이력 기능이 이 섹션을 대신한다. 이 기능을 사용하면 문서에 대한 변경을 간단하고 편리하게 추적할 수 있으며, 필요하다면 변경을 철회할 수도 있다.

1.1 버전 1.0

1.2 버전 2.0

    1.2.1 버전 2.1

    1.2.2 비진 2.2

1.3 버전 3.0

2. 비전 소개

게임에 대한 비전을 소개하는 위치다. 비전 소개는 일반적으로 500단어 정도로 작성한다. 자신의 게임의 본질을 포착하고 최대한 매력적이고 정확하게 독자에게 전달하도록 노력한다.

2.1 게임 정의

한 문장으로 게임을 설명한다.

2.2 게임플레이 개요

게임플레이와 사용자 경험에 대해 설명한다. 두 페이지를 넘지 않게 간결하게 작성하는 것이 좋으며, 다음과 같은 항목을 참조하거나 포함할 수 있다.

- 고유성:

  자신의 게임을 고유하게 만드는 요소는 무엇인가?

- 메커닉:

  게임은 어떻게 작동하는가? 핵심 플레이 메커닉은 무엇인가?

- 설정:

  게임의 설정은 무엇인가? 서부시대, 달기지 또는 중세시대인가?

- 외형 및 느낌:

  게임의 외형과 느낌을 개략적으로 묘사한다.

3. 대상 플레이어, 플랫폼 및 마케팅

3.1 대상 플레이어

누가 이 게임을 구입하는가? 목표로 삼고 있는 대상 플레이어의 나이, 성별, 거주 지역 등을 설명한다.

3.2 플랫폼

이 게임이 어떤 플랫폼(두 개 이상일 수 있음)에서 실행되는가? 이러한 플랫폼을 선택한 이유는 무엇인가?

3.3 시스템 요구사항

시스템 요구사항은 하드웨어 사양이 다양한 PC에서 대상 플레이어를 제한하는 요인일 수 있다. 게임을 하기 위해 필요한 시스템 요구사항과 이렇게 선택한 이유를 설명한다.

3.4 주요 타이틀

해당 시장의 다른 인기 게임을 나열한다. 판매량, 출시일, 후속편 및 플랫폼에 대한 정보, 그리고 각 타이틀에 대해 간략하게 설명한다.

3.5 특성 비교

자신의 게임과 경쟁 게임을 비교한다. 소비자가 다른 게임 대신 자신의 게임을 구매하는 이유는 무엇인가?

3.6 판매 예상

발매 첫해 분기별 예상 판매량을 적는다. 국내 예상 판매량과 전 세계 판매량, 미국, 영국, 일본을 비롯한 대규모 시장의 예상 판매량은 얼마인가?

4. 법률 분석

저작권, 상표권, 계약 및 라이선스 계약과 관련된 모든 법적 및 재정적 의무 사항을 설명한다.

5. 게임플레이

5.1 개요

핵심 게임플레이를 설명한다. 게임플레이는 물리적 또는 소프트웨어 프로토타입과 직접적으로 연관돼야 하며, 프로토타입을 모델로 사용해 작동하는 방법에 대한 개요를 제시해야 한다.

5.2 게임플레이 설명

게임이 작동하는 방법을 자세하게 설명한다.

5.3 컨트롤

게임의 절차와 컨트롤을 나열한다. 자세한 설명과 함께 가능하다면 컨트롤 표 및 순서도와 같은 시각적 자료를 사용한다.

5.3.1 인터페이스

아티스트가 만들어야 하는 모든 인터페이스 기능에 대한 시각화(477쪽 참조)를 와이어프레임으로 만든다. 각 와이어프레임에는 각 인터페이스 특성이 작동하는 방법에 대한 설명이 포함돼야 한다. 각 인터페이스의 다양한 단계를 자세하게 설명해야 한다.

5.3.2 규칙

프로토타입을 제작했다면 게임의 규칙을 설명하기가 훨씬 수월할 것이다. 이 섹션에서는 모든 게임의 개체, 개념, 동작, 그리고 개체가 서로 연관되는 방법을 정의한다.

5.3.3 점수/승리 조건

점수 체계와 승리 조건을 설명한다. 싱글 플레이어 및 멀티 플레이어 또는 다양한 경쟁 모드가 있는 경우 이러한 사항이 달라질 수 있다.

5.4 모드 및 다른 특성

게임에 싱글 및 멀티 플레이어 모드 또는 게임플레이 구현에 영향을 주는 다른 특성이 있는 경우, 여기서 이에 대해 설명해야 한다.

5.5 레벨

각 레벨에 대한 디자인을 여기에 배치한다. 자세하게 설명할수록 좋다.

5.6 순서도

제작해야 하는 모든 지역과 화면을 보여 주는 순서도를 만든다.

5.7 편집기

게임에 사용할 전용 레벨 편집기를 제작해야 하는 경우, 편집기의 기능을 자세하게 설명한다.

5.7.1 특성

5.7.2 세부 정보

6. 게임 캐릭터

6.1 캐릭터 디자인

게임 캐릭터 및 캐릭터의 특성을 설명한다.

6.2 유형

6.2.1 PC(Player Character)

6.2.2 NPC(Nonplayer Character): 게임에 여러 캐릭터 유형이 사용되는 경우, 각 캐릭터 유형을 하나의 개체로 취급하고 특성과 기능을 정의해야 한다.

6.2.2.1 몬스터 및 적

6.2.2.2 친구 및 동맹

6.2.2.3 중립

6.2.2.4 기타 유형

6.2.2.5 가이드라인

6.2.2.6 특징

6.2.2.7 행동

6.2.2.8 인공지능

7. 스토리

7.1 개요

게임에 스토리가 있는 경우 이곳에서 한두 문단으로 요약한다.

7.2 전체 스토리

전체 스토리를 게임플레이와의 연관성을 고려하면서 개략적으로 서술한다. 단순히 스토리만 설명하는 것이 아니라, 게임이 진행되는 동안 스토리가 드러나도록 구조를 만들어야 한다.

7.3 배경 스토리

게임플레이와 직접적인 연관이 없는 스토리의 중요한 요소를 설명한다. 배경 스토리는 대부분이 게임에 직접 사용되지 않을 수 있지만 참조할 수 있도록 준비해 두면 편리할 수 있다.

7.4 서술적 장치

스토리를 드러내기 위한 다양한 방법을 설명한다. 스토리를 전달하기 위해 어떤 장치를 사용할 계획인가?

7.5 부차적 줄거리

게임은 소설이나 영화와는 달리 선형적인 구조가 아니므로 주 스토리에 엮인 여러 작은 스토리가 있을 수 있다. 각각의 부차적 스토리에 대해 설명하고 이러한 스토리가 게임플레이 및 핵심 줄거리와 어떻게 연관되는지 설명한다.

7.5.1 부차적 줄거리 #1

7.5.2 부차적 줄거리 #2

8. 게임의 세계

게임에 포함되는 세계가 있는 경우, 이러한 세계의 모든 측면을 자세하게 설명해야 한다.

8.1 개요

8.2 주요 장소

8.3 여행

8.4 지도

8.5 규모

8.6 물리적 개체

8.7 날씨

8.8 낮과 밤

8.9 시간

8.10 물리학

8.11 사회/문화

9. 미디어 목록

제작해야 하는 모든 미디어의 목록을 나열한다. 여기에 포함해야 하는 구체적인 범주는 게임에 따라 크게 달라진다. 목록은 가급적 자세하게 작성하고, 먼저 파일 명명 규칙을 정한다. 이렇게 하면 이후에 혼란을 줄일 수 있다.

9.1 인터페이스 에셋

9.2 환경

9.3 캐릭터

9.4 애니메이션

9.5 음악 및 사운드 효과

10. 기술 사양

앞서 언급했듯이 기술 사양은 항상 디자인 문서에 포함되는 것은 아니며, 디자인 문서와는 별도의 문서로 준비되는 경우가 많다. 기술 사양은 프로젝트의 기술 관리자가 준비한다.

10.1 기술 분석

10.1.1 신기술

이 게임에 사용하기 위해 개발하려는 신기술이 있는가? 있다면 신기술에 대해 자세히 설명한다.

10.1.2 주요 소프트웨어 개발 작업

이 게임에 대규모의 소프트웨어 개발이 필요한가? 아니면 다른 상업용 엔진을 라이선스하거나 내부에서 개발한 기존 엔진을 사용할 것인가?

10.1.3 위험

선택한 전략의 위험은 무엇인가?

10.1.4 대안

위험을 완화하고 비용을 절감할 수 있는 대안이 있는가?

10.1.5 요구되는 자원 추정치

게임에 필요한 신기술 및 소프트웨어를 개발하기 위한 자원의 규모를 적는다.

10.2 개발 플랫폼 및 도구

게임을 제작하는 데 필요한 개발 플랫폼과 소프트웨어 도구 및 하드웨어를 적는다.

10.2.1 소프트웨어

10.2.2 하드웨어

10.3 전달

이 게임은 어떻게 전달하는가? DVD, 인터넷 또는 무선 장치를 사용하는가? 전달하는 데 필요한 요소는 무엇인가?

10.3.1 필요한 하드웨어 및 소프트웨어

10.3.2 필요한 재료

10.4 게임 엔진

10.4.1 기술 사양

게임 엔진의 사양을 설명한다.

10.4.2 디자인

게임 엔진의 디자인을 설명한다.

10.4.2.1 특성

10.4.2.2 세부 정보

10.4.3 충돌 탐지

게임에 충돌 탐지가 포함되는 경우, 어떻게 작동하는가?

10.4.3.1 특성

10.4.3.2 세부 정보

10.5 인터페이스 기술 사양

인터페이스를 디자인하는 방법의 기술적 측면을 설명한다. 사용하는 도구 및 작동하는 방법과 같은 내용이 포함된다.

10.5.1 특성

10.5.2 세부 정보

10.6 컨트롤의 기술 사양

컨트롤이 작동하는 방법의 기술적 측면을 설명한다. 특수한 프로그래밍이 필요한 특이한 입력 장치를 사용하는지 여부와 같은 내용이 포함된다.

10.7 조명 모델

조명은 게임의 중요한 부분일 수 있다. 조명이 작동하는 방법과 필요한 특성을 설명한다.

10.8 렌더링 체계

렌더링은 최근 게임의 중요한 부분이며, 이에 대한 자세한 내용을 자세하게 지정할수록 좋다.

10.9 인터넷/네트워크 사양

게임에 인터넷, LAN 또는 무선 네트워크가 사용되는 경우, 필요한 사양을 명확하게 적는다.

10.10 시스템 매개변수

여기서 가능한 체계 매개변수를 모두 제시하지는 않겠지만 디자인 문서에서는 모든 체계 매개변수를 나열하고 그 기능을 설명해야 한다.

10.11 기타

이 섹션은 도움말 메뉴, 매뉴얼, 설정 및 설치 루틴 등과 같은 다른 기술 사양을 포함한다.

앞서 요약한 내용은 디자인을 전달하기 위해 다룰 수 있는 주제의 목록을 간략하게 소개하기 위한 것이다. 모든 게임에는 각기 세부적인 필요성이 있으며, 이러한 필요성을 반영하도록 디자인 문서를 구성해야 한다.

디자인 문서의 각 섹션에는 팀원이 궁금하게 여길 수 있는 모든 질문에 답해야 한다. 예를 들어, 캐릭터 디자인 섹션에는 게임에 나오는 각 캐릭터에 대한 그림과 설명이 포함될 수 있으며, 레벨 섹션에는 각 레벨에서 구현하려는 게임플레이는 물론, 각 레벨과 연관된 스토리 요소에 대한 설명을 포함할 수 있다.

자신의 디자인 문서 작성

디자인 문서 작성을 시작하기 전에 충분한 시간을 투자해서 게임플레이를 심도 있게 고려해야 한다. 이를 위한 가장 좋은 방법은 앞서도 이야기했듯이, 게임의 물리적 또는 소프트웨어 프로토타입을 제작해서 플레이테스트 하여 전체 게임의 탄탄한 기반을 다질 때까지 디자인을 개선하고 확장하는 것이다. 여러 차례 프로토타입 제작을 반복한 후에야 디자인 문서 작성을 시작할 수 있는 준비가 된다.

많은 디자이너들이 이 시기에 온라인에 접속해서 디자인 문서를 작성하기 시작한다. 이보다는 먼저 전체 게임의 순서도를 작성하고 게임에 나올 모든 화면의 와이어프레임 인터페이스를 작성하는 것이 좋다. 와이어프레임은 인터페이스 화면에 포함해야 하는 모든 특성을 보여 주는 개략적인 스케치 또는 다이어그램이다. 게임의 흐름과 필요한 모든 화면을 스케치하려면 게임에 대한 플레이어의 경험을 숙고해야 하며, 이를 통해 아트워크 제작이나 프로그래밍을 시작하기 전에 모순이나 문제를 발견할 수 있다.

그림 14.2에는 마이크로소프트 비지오 같은 일반적인 소프트웨어를 사용해서 만든 게임 순서도의 예가 나온다. 이 순서도는 운명의 수레바퀴(Wheel of Fortune)라는 게임의 온라인 멀티플레이어 버전을 위한 것이다. 이 순서도에는 플레이어가 게임에서 이동하고 상호작용하는 방법이 나오는데, 플레이어의 승리와 패배, 그리고 연결을 끊었을 때를 포함해서 게임 안에서 가능한 모든 경로와 결과를 볼 수 있다. 순서도를 사용해서 게임에서 일어나는 모든 종류의 프로세스를 보여 줄 수 있다. 이 순서도는 자세하게 작성할수록 팀원에게 아이디어를 전달하는 데

그림 14.1 잭 앤 덱스터의 캐릭터 스케치

도움이 된다.

순서도를 만든 다음에는 게임의 주 인터페이스를 와이어프레임 형식으로 스케치한다. 그림 14.3에는 운명의 수레바퀴에서 인터페이스에 대한 초기의 개념 스케치인 인터페이스 와이어프레임과 출시된 제품의 최종 인터페이스가 나온다. 그림을 자세히 보면 게임 안에서 채팅이 처리되는 방법에 대한 몇 가지 사항이 제작 중 변경된 것을 알 수 있다. 와이어프레임은 디자인 프로세스의 시작이지 결과물이 아니며, 게임 디자이너, 아티스트, 프로그래머, 그리고 프로듀서가 초기 단계에 게임에 대해 논의할 수 있는 시각적 참조 역할을 한다. 또한 이 단계에서 사용성 테스트를 할 수도 있다. 이 단계에서는 디자인을 수정하더라도 비용이 발생하지 않지만 몇 달 간 제작을 진행한 후 디자인을 수정하면 추가 비용이 발생한다.

연습 14.2 : 순서도와 와이어프레임

마이크로소프트 비지오 또는 플로우 차팅 PDQ와 같은 소프트웨어 도구를 사용하거나 종이 위에 자신의 독창적인 게임 디자인을 순서도로 그려 보자. 그런 다음 게임의 모든 인터페이스 상태에 대한 와이어프레임 집합을 만들어 보자. 그런 다음에는 와이어프레임에 설명선을 그려 넣고 모든 특성을 설명한다.

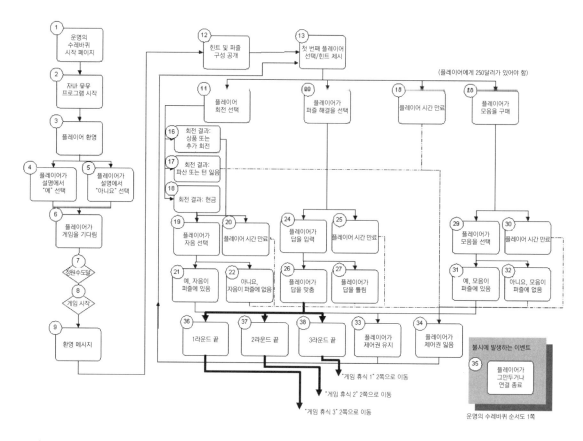

그림 14.2 멀티 플레이어 운명의 수레바퀴의 순서도

이제 프로토타입과 순서도, 그리고 완전한 와이어 프레임 집합을 제작하면서 디자인 문서에서 전달해야 하는 내용을 명확하게 알 수 있게 됐다. 또한 게임의 특성을 설명하기 위한 시각적 자료도 준비됐다. 대부분의 사람들은 긴 설명보다는 와이어프레임과 같은 시각적인 자료를 더 잘 이해한다. 즉, 와이어프레임은 게임을 깊이 있게 생각해 볼 수 있는 좋은 도구일 뿐 아니라 읽는 사람을 위한 참조 자료로도 훌륭하다. 문서를 개략적으로 작성하는 동안 순서도와 와이어프레임을 사용해 게임의 영역과 특성을 설명하자. 와이어프레임에는 설명선을 넣어서 다양한 특성이 작동하는 방법을 자세히 설명할 수도 있다. 이러한 설명선에는 시각적 다이어그램을 자세하게 설명하는 목록을 넣을 수 있다.

프로토타입부터 시작해서 순서도와 와이어프레임을 작성하는 과정을 거치면서 문서를 더 쉽게 작성할 수 있게 된다면 가장 이상적일 것이다. 문서를 작성하기 위해 게임 전체를 한꺼번에 고려하는 것은 부담스러운 일이며, 이보다는 작업을 작은 단계로 분리해서 진행하는 것이 좋다.

디자인의 다른 부분과 마찬가지로 문서 역시 반복적 프로세스다. 한 번에 완성하려고 하지 말고 점진적으로 커지게 해야 한다. 점차 명확해지는 내용으로 섹션을 채우고, 나중에 다시 돌아와서 내용을 개선한다.

연습 14.3 : 목차

자신의 독창적인 게임 문서를 위한 목차를 간략하게 작성해 보자. 프로토타입, 순서도 및 와이어프레임의 모든 측면을 고려해서 게임을 설명하는 방법을 결정한다. 웹에서 다운로드한 문서 예제와 이 장에서 소개한 범용 템플릿을 활용하자.

___

문서의 뒤쪽 섹션을 작성하면서 앞쪽 섹션을 수정할 필요가 있다는 점을 발견하게 될 수 있다. 게임 체계의 모든 측면은 서로 연결돼 있으므로 끊임없이 섹션을 오가면서 수정하고 업데이트해야 한다. 다음은 레벨 디자인 섹션이 진행되는 방법을 보여 주는 예다.

- ✓ **1단계**: 모든 레벨을 개략적으로 만들고 각각 이름을 지정한다.
- ✓ **2단계**: 각 레벨에서 발생하는 일을 한 문장으로 설명한다.
- ✓ **3단계**: 각 레벨의 맵을 디자인한다.
- ✓ **4단계**: 맵에 콘텐츠를 넣는다.

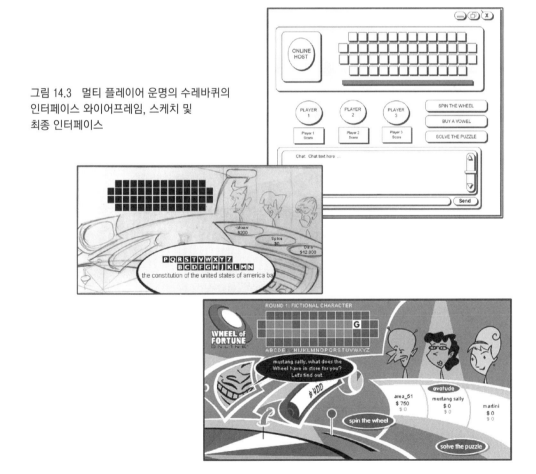

그림 14.3　멀티 플레이어 운명의 수레바퀴의 인터페이스 와이어프레임, 스케치 및 최종 인터페이스

인디 게임 잼(IGJ): 혁신과 실험적 게임 디자인의 공간

저스틴 홀(Justin Hall)

오스틴 그로스먼(Austin Grossman)은 그를 죽이려고 하는 적을 피해 수천 명의 시민들로 가득 찬 도시를 숨가쁘게 빠져 나왔다. 그가 적에 대해 아는 것은 멕시코 모자를 쓰고 있다는 것뿐이다. 마우스를 쥔 오스틴의 손은 떨려왔고 숨은 가빠졌다. 갑자기 그의 왼쪽에서 신봉하는 빙 소리가 들려왔나. 오스틴은 반사식으로 왼쪽으로 고개를 돌렸다. 그러나 오스틴이 미처 반응하기도 전에 군중 사이에 있던 멕시코 모자를 쓴 사람이 오스틴을 총으로 쏘았다.

대처 울리히(Thatcher Ulrich)는 가볍게 손가락을 깨물면서 오스틴의 어깨 너머로 게임을 지켜보고 있다. 사실 이것은 오스틴과 그의 동료 더그 처치(Doug Church)가 대처의 게임 듀얼링 머신(Dueling Machine)을 플레이하고 있는 장면이다. 듀얼링 머신에서 플레이어는 다른 플레이어를 사냥하거나 아니면 수천 명의 무고한 시민들 틈에서 적을 피하기 위해 음파 탐지기 핑을 사용한다. 사운드를 이렇게 필수적인 요소로 사용한 게임은 많지 않은데, 이 아이디어는 원래 마크 르블랑(Marc LeBlanc)의 것이었다. 이 시기에 마크는 세가에서 소유하고 있던 비디오 게임 개발 스튜디오인 비주얼 컨셉에서 일하고 있었고, 대처는 마이크로소프트가 지분을 소유한 비디오 게임 개발 스튜디오인 오드월드 인해비턴트에서 일하고 있었다. 오늘날 게임 업계의 경쟁적인 분위기를 감안하면 다른 회사에서 일하는 사람들이 함께 게임을 디자인하는 모습은 이색적으로 보인다.

대처와 마크는 인디 게임 잼의 한 부분으로 듀얼링 머신 제작에 참여했다. 인디 게임 잼은 상업용 게임의 고착화에 염증을 느낀 몇 명의 게임 디자이너가 모여 몇 가지 실험적인 게임 디자인을 만들기로 결심한 것이 계기가 됐다. 그리고 2002년 3월, 한 화면에서 동시에 100,000개의 움직이는 캐릭터를 동시에 표시할 수 있는 체계를 만든 다음, 대여섯 곳의 게임 회사에서 십여 명의 디자이너와 프로그래머 친구들을 초대해서 캘리포니아 오클랜드 정박지에 세워진 허름한 가건물에서 간단한 프로그래밍 모임을 가졌다.

디지털 엔터테인먼트의 뿌리는 이렇게 차고나 지하실, 눅눅한 연구실에 여러 사람들에 모여 기본적인 컴퓨터를 사용해 가상의 세계를 창조하는 공동 작업에 기반을 두고 있다. 30년 전에 디지털 엔터테인먼트를 이끌던 사람들은 게임 전문가들이 아니라 순수하게 열정을 가지고 있었던 동호인들이었다. 이들은 컴퓨터와 코드를 조작해서 간단한 시뮬레이션을 만들고, 규칙과 매개변수를 설정해 친구들과 함께 가지고 놀았다.

이러한 사람들이 200억 달러 규모의 산업을 만들어냈다. 디지털 게임 산업은 급성장했으며, 30년이 지난 현재는 대부분의 게임이 처음부터 마케팅 가능한 상품을 염두에 두고, 수십 명의 전문 개발자를 고용한 팀에서 개발되고 있다. 그러나 이제는 놀랄 만큼 보수적으로 변해버린 이 매체에 창의성과 생명력을 불어넣을 수 있다고 믿는 사람들이 있다.

인디 게임 잼은 프로그래머 크리스 해커(Chris Hecker)가 주축이 되어 시작됐는데, 그는 게임 업계가 지나치게 '위험회피형'으로 가고 있다고 생각했고, 영화 축제나 아마추어 록그룹과 같은 비디오 게임의 독립적인 하위문화가 형성되면 상업 개발자에게 새로운 아이디어를 불어넣을 수 있다고 생각했다.

크리스 해커는 인디 게임 잼을 시작하면서 평범한 복합 상업 지구와 산업 단지로 둘러싸인 빅토리아 양식 건물의 창고를 얻어 맨 위층을 개조했다. 오래된 그래픽 카드 뭉치와 수학 이론에 대한 책들, 그리고 골동품 PC 게임으로 장식한 이 어수선하고 조밀한 사무실은 독립 프로그래머를 위한 은신처 역할을 했다.

크리스 해커는 그의 오클랜드 사무실을 초창기 몇 차례 인디 게임 잼을 주최하는 장소로 사용했다. 이웃 베트남 레스토랑에서 주문한 국수를 먹으면서 크리스 해커는 게임플레이의 혁명에 대해 열정적으로 연설했다. "미래의 게임에서는 지금 우리가 집중하는 것처럼 초 단위 수준이 아니라 분 단위, 그리고 시간 단위의 인터랙티브가 구현될 것입니다. 즉, 왼쪽이나 오른쪽으로 선택해서 걸어가는 수준에서 벗어나서, 게임의 전체 흐름에 영향을 주는 결정을 내릴 수 있게 된다는 것입니다." 심도 있는 상호작용을 위해서는 수준 높은 시뮬레이션이 필요하다. 크리스 해커는 특히 게임의 물리적 개체 간의 상호작용을 결정하는 게임 규칙의 체계인 물리학에 큰 관심을 보였다. 문 앞에 상자를 쌓아서 몬스터가 들어오지 못하게 막고 싶다는 생각을 해본 적이 있을 것이다. 대부분의 게임에서는 이러한 전략이 허용되지 않으며, 상자는 밟고 올라서거나 부수기 위한 물건일 뿐이다.

2003년 3월, 두 번째 인디 게임 잼에는 100,000개의 스프라이트를 대신해서 한 명의 배우가 등장했다. 보통은 많은 사람으로 붐비던 게임 잼 본부였지만, 할로겐 램프 위에 장착된 프로젝터와 웹캠이 참가자

인디 게임 잼 참가자들

왼쪽 위: 크리스 해커와 더그 처치가 이들의 게임인 파이어파이터(FireFighter)를 작업하는 모습. 오른쪽 위: 이온 스톰의 크리스 코롤로(Chris Corollo)와 브라이언 샤프(Brian Sharp)가 이들의 게임인 래쓰(Wrath)를 작업하는 모습. 아래쪽: 2002 인디 게임 잼 참가자. 사진: 저스틴 홀(Justin Hall)

를 대신했다. 이번에는 잭 심슨(Zack Simpson)의 섀도우 가든 엔진을 기반으로 14명의 프로그래머가 주말 동안 사람의 그림자를 디지털 게임의 인터페이스로 사용하는 게임을 디자인하는 과제에 참여했다. 케이시 무라토리(Casey Muratori)와 마이클 스위트(Michael Sweet)는 플레이어가 팔을 뻗어서 비행 경로를 조종하는 부엉이 시뮬레이터를 만들었다. 아트만 빈스톡(Atman Binstock)의 끈적끈적 마쉬멜로우 미로(Squisy Marshmallow Maze)에서는 두 플레이어가 그림자를 사용해 서로를 방해하면서 블록을 움직이고 미로를 헤치는 과정을 게임에 담았다. 끈적끈적 마쉬멜로우 미로 게임에서는 두 플레이어가 뭉치거나 얽혀서 마치 레슬링 시합 같은 모습을 연출하곤 했는데, 이것은 몇 년 후 닌텐도 위가 나오기 전까지 비디오 게임에서 상당히 흔치 않은 모습이었다.

프로그래머/디자이너 더그 처치는 다음과 같이 설명했다. "게임 업계는 항상 그럴듯한 효과와 균형만 중요시했습니다. 그래서 지금 당장은 어리석게 보이는 작은 시도나 실험이 나중에는 예상치 못한 커다란 성공으로 이어질 수 있습니다. 요즘에는 게임 개발 일정이 18개월을 넘기 때문에 여러 다른 게임 디자인 개념을 시도해 보기가 어려워졌습니다. 인디 게임 잼의 주말 코드 대결과 같은 형식은 좋은 실험장입니다. 연구비와 시간에 신경 쓰지 않고 일단 코딩하고 어떻게 되는지 확인하는 이 이벤트는 나중에 우리가 꼭 필요한 아이디어를 낼 수 있는 바탕이 될 수 있습니다."

인디 게임 잼의 공동 창시자인 숀 바렛(Sean Barrett)은 스스로 상업 게임 업계를 떠났다. 2000년 룩킹 글래스 스튜디오를 떠난 이후로 숀 바렛은 '그래픽 수준은 높지만 단순한 게임' 이상을 위해 독립적으로 일하고 있다. 현재 그는 프로그래밍 중인 호버크래프트 게임 안에서 우선순위의 충돌과 개성을 구현하는 시도를 하고 있다. "이 게임 안에서 팀원에게는 개인적인 성향(정치적 및 종교적 그룹에 따라)이 있고 이 성향에 영향을 주는 플레이어의 행동에 따라 만족하거나 불만을 갖게 됩니다." 어떤 물체를 부술지 결정하는 정도는 풍부한 상호작용이라는 목표에 그리 도움이 되지 않는 것으로 보인다. 그러나 게임 안에서 점수와 선형적 진행 외의 모든 동기 유발 요인은 주목할 가치가 있다. 바렛은 다음과 같이 지적했다. "우리는 폭력적인 충돌은 아주 잘 묘사하지만 그 외의 충돌은 제대로 표현하지 못합니다. 특히 대인관계에 대한 영역은 거의 미지의 영역입니다."

2005년 네 번째 인디 게임 잼에서는 심즈의 인간 모델 엔진을 사용해 인간 상호작용에 대한 게임을 주제로 다뤘다. 이제 인디 게임 잼에는 프로그래밍 외에도 아트, 사운드 디자인, 게임 이론, 그리고 교육을 포함해 여러 전문 분야의 사람들이 참여하기 시작했습니다. 또한 다른 곳에서도 인디 게임 잼이 열렸습니다. 2002년 리투아니아에서는 젊은 프로그래머/디자이너가 한곳에 모여 첫 번째 인디 게임 잼 엔진으로 게임을 만들고 온라인으로 배포하기도 했습니다. 곧이어 토론토, 댈러스, 보스턴, 오하이오, 그리고 북유럽 국가에서도 게임 잼 그룹이 열렸고 위키피디아의 인디 게임 잼 페이지에 소식을 올렸다.

몇 년 후에는 전 세계 여러 곳에서 학교, 회사 그리고 개발자 그룹에서 전문가와 아마추어 프로그래머들이 편안한 분위기에서 주말 동안 빠르게 프로토타입을 제작하는 모임이 열렸다. 상업 게임 업계의 예산이 점차 야심적인 그래픽과 융통성 없는 라이선스에만 집중되면서 인디 게임 잼과 같은 개발 경험이 새로운 아이디어를 시험해 볼 수 있는 기회가 됐다. 일부 주류 개발자들은 소규모의 격식에 얽매이지 않은 공동 작업에서 행복감을 느끼기도 했으며, 인디 게임 잼에서 시작된 일부 게임은 PC 또는 콘솔 다운로드 형식의 상업용 타이틀로 발전하기도 했다.

주말 동안 진행되는 인디 게임 잼은 깊이 있는 게임을 개발하기에는 시간이 부족하다. 대부분의 참가 프로그래머는 일상 업무에서 활용하던 프로토타입 기법을 잠시 접어둬야 하며, 참가 디자이너는 큰 비전을 구현하기에는 전문 기술, 도구 또는 시간이 부족할 수 있다. 대부분의 일하는 시간을 규모가 크고 느리게 움직이는 엔터테인먼트 소프트웨어에 투자하는 사람들에게 인디 게임 잼은 시장의 관심사보다 재미에 대한 개인의 느낌이나 실험이 우선하는 압축된 자유를 선사한다.

첫 번째 인디 게임 잼의 마지막 날, 대부분의 게임이 완성됐고 프로그래머 중에는 벌써 집으로 돌아간 사람들이 많았다. 숀 바렛은 크리스 해커가 화면의 전사를 조종해서 수천 개의 작은 적들을 해치우는 동안 물끄러미 이 모습을 지켜보고 있었다. 그가 마우스와 키보드를 사용해 능숙하게 적을 처리하는 동안, 카메라는 점점 그를 압박하고 있는 적들의 물결을 보여 준다. 그가 여기서 살아나갈 가능성은 없어 보인다. 크리스 해커는 바렛의 아주 심각한 로보둠(Very Serious RoboDOOM)이 애초에 이런 상황을 의도한 것을 깨닫고는 활짝 웃음을 지었다.

인디 게임 잼은 매번 게임이 스포츠, 폭력배, 그리고 우주 해병의 판타지를 벗어나 더 광범위한 사회적 요구를 충족해야 한다고 설명하는 것으로 시작한다. '일인칭 슈팅'과 '실시간 전략'이라는 현재 용어를 초월하고, '공격'과 '점프'가 아닌 '조작'과 '설득'을 게임의 명령으로 활용하며, 적극적으로 참여하기 위해 게임 초안을 만드는 방법을 배울 수 있는 기회인 것이다.

인디 게임 잼에 대한 자세한 내용은 www.indiegamejam.com 및 위키피디아 페이지(en.wikipedia.org/wiki/Indie_Game_Jam)에서 볼 수 있다.

작가 소개

저스틴 홀은 디지털 문화와 엔터테인먼트에 참여하고 있으며, 웹과 역사를 함께 하며 개인의 이야기를 인터넷으로 전달하기 위해 노력했다. 나중에는 컴퓨터 시뮬레이션에 관심을 가지고 비디오 게임을 공부하기 시작했으며, 2007년에는 USC에서 인터랙티브 미디어 MFA를 수료했다. 이후 게임레이어스(GameLayers Corporation)의 팀과 함께 '수동적인 멀티 플레이어 온라인 게임'을 통해 일상적인 생활에서 지속적인 플레이를 만드는 작업에 참여했다.

프로토타입을 디자인하면서 만들었던 개념 문서, 규칙과 같은 문서와 목자, 순시도, 와이어프레임 등을 사용해 디자인 문서를 구체화해 보자. 팀원과 논의해서 앞서 설명한 각 섹션을 완성하자.

디자인 문서를 작성하는 과정에서 디자인의 세부적인 부분을 좀 더 명확하게 이해할 수 있다. 작성된 디자인 문서는 이후 퍼블리셔와 개발사 양쪽에서 팀원을 관리하는 데 사용된다. 디자인 문서에 구체적으로 명시된 핵심 개념은 제작에 들어가기 전에 퍼블리셔의 승인을 받아야 한다. 이후 이 문서는 프로젝트가 진행되는 동안 함께 발전하게 된다.

결론

이 장에서는 프로토타입을 통해 얻은 독창적인 게임의 개념을 디자인 문서 또는 디자인 위키로 기록하는 방법을 배웠다. 게임의 모든 영역을 보여 주는 순서도와 와이어프레임을 만들어 봤고, 게임의 개념을 현실로 만들기 위해 필요한 작업을 팀원과 논의해서 결정하는 과정을 알아봤다.

디자인 문서를 작성하고 업데이트하는 일은 대단히 중요하지만 때로 지루한 책임이기도 하다. 디자인 문서는 유용한 도구는 물론 마일스톤으로도 사용할 수 있다. 디자인 문서의 목적은 의사소통과 명확한 설명이라는 것을 기억하자. 디자인 문서는 디자이너 혼로 자기 책상에 앉아 몇 주 동안 작성하는 경우보다 각 섹션을 작성하는 프로세스에 모든 팀원이 참여하고 논의해서 만들어진 것이 훨씬 가치가 높다.

팀과 함께 작업하면 디자인 문서의 더 잘 만들 수 있을 뿐더러 팀이 프로젝트에 더욱 집중하게 만드는 효과도 있다. 바로 이것이 살아있는 디자인 문서를 만드는 방법이며, 모든 팀원이 적극적으로 참여하는 살아있는 디자인 문서는 팀을 하나로 묶고, 게임이 발전하는 동안 이를 이해할 수 있는 공통적인 기반을 제공하는 방법이다.

디자이너 관점: 크리스 테일러(Chris Taylor)

CEO 및 설립자, 개스 파워드 게임즈

크리스 테일러(Chris Taylor)는 게임 디자이너이자 사업가이며, 그가 참여한 작품으로는 하드볼 II(1989), 테스트 드라이브 II(1989), 4D 복싱(1991), 토탈 어나힐레이션(1997), 코어의 반란(1998), 트리플 플레이 베이스볼(2001), 던전 시즈(2002), 토탈 어나힐레이션: 던전 시즈 II(2005), 슈프림 커맨더(2007)가 있다.

게임 업계에 진출한 계기

신문에 난 구인광고를 보고 연락을 한 것이 계기가 됐습니다. 캐나다 브리티시컬럼비아 주에 있는 디스팅티브 소프트웨어라는 회사에서 프로그래머로 일을 시작했습니다. 첫 번째로 맡은 일은 하드볼 II였습니다. 밥 화이트헤드(Bob Whitehead)가 개발해서 엄청난 성공을 거둔 원작의 후속편이었는데, 아주 훌륭한 경험이었습니다. 게임을 개발하기 위해서 18개월 동안 거의 매일 일했습니다.

가장 좋아하는 게임

이 목록은 시간이 지나면서 바뀌고 있지만 파퓰러스, 듀크 뉴켐 3D, 커맨드 앤 컨커 원작, 라쳇 앤 클랭크, 배틀필드 1942가 있습니다. 이러한 게임을 좋아하는 이유는 이 게임들이 저를 사로잡았고 색다른 경험을 제공했기 때문입니다. 저는 오래된 아이디어를 재탕하는 게임은 그다지 좋아하지 않습니다. 새로운 아이디어를 경험하는 것을 좋아합니다.

영향을 받은 게임

가장 영감을 많이 받은 게임은 초기의 시드 마이어와 피터 몰리뉴의 게임이 있지만 무엇보다 웨스트우드 스튜디오의 둠 II와 커맨드 앤 컨커도 빼놓을 수가 없습니다. 커맨드 앤 컨커가 없었다면 제가 토탈 어나힐레이션을 만들기 위해 EA를 그만두는 일도 없었을 것입니다. 최근에는 게임큐브용 하베스트 문과 같은 게임을 보면서 많은 것을 느끼고 있습니다. 이러한 게임을 보면서 중요한 것은 기술이 아니라 게임 디자인이라는 것을 다시 깨닫고 있습니다.

디자인 프로세스

저는 주변의 모든 것에서 영감을 얻는 타입입니다. 요즘에는 모바일 장치와 게임큐브용 게임을 즐기고 있고, 최근에는 TV, 영화 및 서적에서 성공의 중심 테마인 스토리와 캐릭터에 집중하고 있습니다. 이제 기술보다는 게임플레이에 대한 좀 더 깊이 있는 의문을 갖기 시작했고, 시장이 원하는 것을 이해하는 데 관심이 갖고 있습니다. 앞으로는 하드코어 게이머뿐 아니라 모든 사용자를 위한 게임을 만들고 싶습니다.

프로토타입

우리는 비주얼 조각이라는 것을 만듭니다. 이 비주얼 조각은 게임플레이 요소가 포함된 경우 수식 조각이라고도 하는데, 게임에 대한 전체적인 시각적 미학을 의사소통하기 위해 만들어집니다. 판매, 마케팅 및 유통 경영진에게 게임이 완성됐을 때 모습을 보여줘서 좋은 반응을 얻고, 그리고 어느 정도는 게임이 실제 플레이되는 방법도 보여 줄 수 있는 방법입니다.

디자인 문제 해결

어려운 디자인 문제를 해결한 사례로 지금 개발하고 있는 스페이스 시즈의 과제가 있습니다. 우리는 다양한 사용자가 게임을 할 수 있으면서도 상급 플레이어에게도 충분한 도전을 제공하기를 원했습니다. 이 과제를 해결하는 방법으로 우리는 플레이어가 '인간성'을 유지하려고 하면 게임이 어려워지지만 신체에 사이버네틱스 업그레이드를 받으면 훨씬 쉽게 게임을 진행할 수 있게 했습니다. 스토리와 게임플레이, 그리고 난이도를 하나의 매끄러운 솔루션으로 결합하는 완벽한 해결책이었습니다. 게임을 하고 승리했지만 그 과정에 자신이 무시무시한 기계가 되고 말았다면 다음에는 자신의 인간성을 유지하는 과정을 선택하면서 다시 플레이할 수 있습니다. 게임에 점수 체계가 추가되는 부수적인 효과도 있었으며, 모든 체계가 유기적으로 매끄럽게 작동했습니다.

디자인 문서 작성

디자인 문서를 작성할 때마다 느끼는 것이지만 중요한 사항들은 주로 맨 마지막에 만들어집니다. 새로운 디자인을 만들 때 저는 처음에는 주로 개략적인 부분을 설명하고, 세부적인 부분은 나중에 작성합니다. 제가 항상 먼저 하는 일은 다른 사람이 제 디자인의 의문을 가지고 물어볼 수 있는 가장 까다로운 10가지 질문에 미리 답하는 것입니다. 제가 항상 이야기하는 것이기도 하지만 이러한 질문에 대답할 수 없다면 자신의 아이디어가 게임을 만드는 데 적합한 것인지 다시 생각해 봐야 합니다.

디자이너에게 하고 싶은 조언

제가 하고 싶은 조언은 일단 이 업계에 들어올 수 있는 방법을 찾으라는 것입니다. 일단 게임이 어떻게 만들어지는지 보게 되면 전략을 수정하게 될 것이며, 설령 사업을 배우는 데 10년이 걸리더라도 더욱 빨리 자신의 게임을 만들 수 있게 됩니다. 가능한 많은 책을 읽고 모든 게임을 해 보십시오. 자신의 역할 모델을 선택하고 이들이 어떻게 성공했는지 관찰하십시오.

디자이너 관점: 트로이 더니웨이(Troy Dunniway)

크리에이티브 프로듀서, 브래쉬 엔터테인먼트

트로이 더니웨이는 게임 디자이너이자 프로듀서로서 주요 작품으로는 오드월드: 뭉크의 오디세이(2001), 브루스리: 퀘스트 포 드래곤(2002), 커맨드 앤 컨커: 제너럴 제로아워(2003), 임파서블 크리쳐스(2003), 파오펭: 로터스의 분노(2003), 부두 빈스(2003), 에이지 오브 엠파이어 3(2005), 라쳇 앤 클랭크: 공구전사 위기일발(2005), 레인보우식스 베가스(2006), 스타워즈: 엠파이어 앳 워(2006), 커맨드 앤 컨커 3: 타이베리움 워즈(2007), 라쳇 앤 클랭크 퓨쳐: 툴즈 오브 디스트럭션(2007) 및 TNA 임팩트 레슬링(2008)이 있다.

게임 업계에 진출한 계기

원래는 영화 업계에서 특수 효과와 관련된 일을 했습니다. 그러다가 게임의 아트를 시작하게 됐고, 15년 전에 북부 캘리포니아의 작은 게임 개발사에 정규직으로 입사했습니다. 입사할 때 직책은 수석 애니메이터였지만 얼마 지나지 않아 게임 디자인에 참여하기 시작했고, 점점 아트보다는 디자인에 집중하게 됐습니다. 그러다가 마이크로소프트로 자리를 옮겼고 수석 디자이너이자 최초의 파티 액션 및 전략 디자인 디렉터가 됐습니다. 이후에는 웨스트우드 스튜디오, EA 로스앤젤레스, 유비아이소프트, 인솜니악 게임즈, 그리고 미드웨이 로스앤젤레스에서 일하면서 다수의 성공적인 타이틀을 제작하는 데 참여했습니다.

영향을 받은 게임

제가 참여했던 모든 게임은 각기 다른 게임의 영향을 받았습니다. 그리고 지금까지 거의 모든 게임을 했기 때문에 가장 많이 영향을 받은 게임을 말하기는 어렵습니다. 게임 업계에 일하던 초기 시절에는 워크래프트, 울티마, 거맨드 앤 킨커, 시스템쇼크 같은 게임의 영향을 많이 받았습니다. 단순히 전투와 액션이 주를 이루는 게임보다는 스토리가 있고, 생각할 수 있는 기회가 있는 게임을 좋아합니다. PC와 콘솔에서 거의 모든 액션 게임을 하고는 있지만 항상 롤플레잉과 전략 게임을 더 좋아합니다. 한계를 초월하고, 플레이어가 자신의 길을 찾도록 허용하며, 그 과정이 재미있는 게임을 좋아하며, 혁신이나 독창성이 없는 게임에는 질려있습니다.

레인보스식스의 디자인에 대해

레인보우식스 베가스를 시작할 당시, 우리의 과제는 성공적이었던 시리즈를 혁신해서 다음 수준으로 끌어 올려야 한다는 것이었습니다. 게임의 핵심 경험은 이미 정립돼 있었기 때문에 새롭고 혁신적인 요소에만 집중할 수 있었습니다. 그러나 한편으로는 워낙 성공적인 프랜차이즈였기 때문에 시리즈에 대한 변경이나 추가가 궁극적으로 프랜차이즈 전체에 올바른 선택인지 결정하기 위해 끊임없이 저울질해야 했습니다. 이를 위해 처음부터 모든 것을 다시 만드는 것이 아니라 이전 레인보우식스 게임의 핵심 메커닉을 바탕으로 작업하는 방법을 선택했습니다.

새로운 개념 디자인

완전히 새로운 게임을 만들 때는 여러 가지 과제를 해결해야 합니다. 새로운 세계와 새로운 캐릭터가 등장하는 게임을 디자인하는 경우, 게임의 배경을 디자인하는 데 상당히 많은 시간을 투자해야 할 수 있습니다. 이러한 부분은 게임의 모든 측면에 막대한 영향을 줄 수 있기 때문입니다. 또한 독창적인 게임플레이를 구상하는 경우, 게임과 프로토타입 제작 과정에도 큰 영향을 줄 수 있습니다.

완전히 새로운 게임의 개념을 만들 때는 모든 것을 생각해 내야 한다는 점이 어렵습니다. 기존의 게임을 바탕으로 확장하는 경우에도 비슷한 어려움이 있습니다. 브레인스토밍으로 장소, 스토리, 캐릭터 또는 게임플레이에 대한 아이디어를 얻으려고 해도 어디에서 영감을 찾아야 할지 감이 오지 않을 것입니다. 이 경우, 경쟁 게임을 보고 모방하려고 시도하는 디자이너들이 많은데, 이렇게 해서 좋은 결과를 거두기란 쉽지 않습니다. 이미 나와 있는 게임의 특성이나 아이디어는 이미 진부하거나 낡은 개념일 수 있기 때문입니다. 그래서 저는 영화, TV, 보드 게임, 책, 그리고 특히 GURPS와 같은 펜과 종이 RPG 게임을 비롯해 다양한 곳에서 아이디어를 얻습니다. 저는 아이디어가 필요할 때 브레인스토밍에 도움이 되는 방대한 규모의 RPG 서적 컬렉션을 보유하고 있습니다. 그래도 결국에는 생기 넘치는 상상력을 지닌 훌륭한 팀만큼 중요한 것은 없습니다.

시작 단계부터 특정한 기술 집합을 활용하는 게임도 많은데, 이 경우 기술이 초기 디자인의 모든 결정에 영향을 줍니다. 예를 들어, 언리얼 3를 라이선스한 경우, 어떤 측면에서는 선택의 여지가 제한되지만 디자인에 집중하는 데 도움이 됩니다. 게임 중에는 개발사가 훌륭한 기술을 보유하고 있었기 때문에 만들어진 것들이 많습니다. 가령 블러드 웨이크에서 사용된 수면 효과와 같은 기술은 게임의 전체 디자인을 크게 좌우합니다.

프로토타입

프로토타입을 제작하는 것은 극히 중요합니다. 프로토타입 제작이 반드시 필요하지는 않은 유일한 경우는 동일한 엔진을 사용하는 후속작을 만드는 경우지만 이 경우에도 저는 프로토타입을 제작하는 것이 좋다고 생각합니다. 프로토타입을 제작하는 방법은 다양하지만 프로토타입을 통해 위험을 평가하고, 기술과 재미를 증명할 수 있어야 합니다. 문제는 퍼블리셔마다 프로토타입에 대한 각기 다른 기대치를 가지고 있다는 것입니다. 즉, 프로토타입을 제작하기 전에 퍼블리셔에서 원하는 조건을 명확하게 이해하는 것이 중요합니다.

중요한 것은 게임플레이에 집중한 프로토타입을 제작해도 되는지, 아니면 기술 프로토타입이나 아트 프로토타입을 추가로 제작해야 하는지 확인하는 것입니다. 이 세 가지를 동시에 증명하길 원하는 퍼블리셔도 있지만 하나의 플레이 가능한 버전에 세 가지 측면을 모두 담기가 불가능하다는 것을 이해하는 퍼블리셔도 있습니다. 즉, 시작하기 전에 먼저 프로토타입에 요구사항을 파악하십시오.

게임플레이 프로토타입

오랜 게임 디자인 경험을 통해 확실히 이야기할 수 있는 것은 게임플레이 프로토타입을 제작하는 것이 무엇보다 중요하다는 사실입니다. 게임의 무엇이 재미있는지를 보여 줄 수 있어야 합니다. 무엇이 재미있는지를 설명하는 것으로는 부족하며, 게임이 재미있다는 것을 증명해야 합니다. 제가 참여했던 모든 프로젝트에서는 특정 프로젝트의 필요에 맞는 여러 가지 유형의 프로토타입을 제작했습니다. 저는 게임의 가장 위험하고 고유한 특성을 프로토타입으로 제작하는 것이 출발점이라고 생각합니다. 때로는 위험한 일이기도 하지만 바로 이것이 프로토타입을 제작하는 이유입니다.

게임플레이 프로토타입은 보기 좋을 필요는 없지만 재미있어야 합니다. 예를 들어, 화면에 여러 가지 색으로 그린 삼각형을 움직이면서 플레이어가 환경에 반응하고, 여럿이 함께 팀으로 움직이며, 자극에 반응하는 방법 등을 보여 주는 2D 부감도 맵을 만든 적이 있습니다. 프로토타입으로 개념을 증명한 다음에는 이코드를 바탕으로 3D 세계를 구현할 수 있습니다.

여러 프로토타입

저는 또한, 여러 특성을 하나의 큰 프로토타입으로 구현하기보다는 여러 개의 작은 프로토타입으로 각기 다른 게임플레이 문제를 증명하는 방법을 선호합니다. 예를 들어, 달리기, 점프 등과 같은 기본적인 컨트롤 메커닉을 증명하는 프로토타입, 인공지능을 증명하는 프로토타입, 그리고 자동차 운전, 격투 등을 증명하는 프로토타입을 모두 별도로 만들 수 있습니다. 물론 이러한 요소를 하나로 통합하는 방법도 마련해야 하지만 여러 개의 작은 프로토타입을 제작하면 팀원들을 작은 그룹으로 나누고 동시에 게임의 여러 다른 측면을 작업하는 것도 가능합니다.

저는 게임플레이 프로토타입과는 별도로, 아트 팀 일부와 약간의 디자인과 프로그래밍 지원을 활용해 게임의 한 부분이 시각적으로 어떻게 보일지를 정확하게 나타내는 시각적 프로토타입을 제작하는 편을 선호합니다. 시각적 프로토타입은 근본적으로는 게임 엔진 내에서 플레이되지 않으므로 렌더링된 영화와 비슷하지만 기술적 제한을 제대로 나타내게 해야 합니다. 게임플레이 프로토타입을 시각적 프로토타입과 분리하기를 선호하는 다른 이유는 초기 단계에 아트 수준을 낮추지 않고도 게임플레이를 높은 프레임 속도로 실행할 수 있기 때문입니다.

PS3용 라쳇 앤 클랭크: 공구전사 위기일발을 시작하면서 우리는 먼저 PS2보다 개선된 PS3의 세계를 보여주고 싶었습니다. 그래서 첫 번째 프로토타입으로 첫 번째 라쳇 앤 클랭크 게임에서 사용한 도시 비행 애니메이션을 그대로 사용했습니다. 게임플레이는 크게 달라지지 않을 예정이었기 때문에 첫 번째 비디오에서는 세계가 앞서 네 개의 전작과 어떻게 달라지는지 시각적으로 보여 주는 것이 중요했습니다. 또한 이 비디오는 프로젝트를 공식적으로 시작할 수 있게 소니의 경영진들을 감명시키는 데도 사용됐습니다. 그다음에는 새로운 무기가 작동하는 방법 등을 보여 주는 작은 프로토타입들을 제작했습니다.

디자인의 과제 해결

모든 게임에는 각기 다른 디자인의 과제가 있습니다. 대부분의 과제는 무엇보다 시간 제한 때문에 발생합니다. 시간과 자원이 충분하다면 거의 어떤 문제라도 해결할 수 있습니다. 문제는 제한된 시간과 자원이 주어졌을 때 전체 게임에 영향을 주는 근본적인 문제를 어떻게 해결할지 결정하는 것입니다. 뭉크의 오디세이를 디자인할 때 우리는 최종 게임에 추가 기능을 많이 넣을 수 있을 것으로 예상했지만 결국 기능을 완성할 시간이 부족했습니다.

예를 들어, 주 캐릭터인 뭉크는 원래 지금과 같은 약한 주인공이 아니라 헐크와 같은 거대한 생물로 변신해서 싸울 수 있는 기능이 있었습니다. 또한 뭉크는 수중 생물이므로 대부분의 시간을 물에서 보내야 했지만 수영 능력을 제외하고는 물에서 벌어지는 게임플레이를 추가할 시간이 없었습니다. 수중에는 적이 없었고 수중에서 뭉크를 공격할 수 있는 수단도 거의 없었습니다.

이러한 두 가지 문제와 다른 여러 문제 때문에 원래 계획했던 게임의 레벨을 모두 버리고 재미있고 흥미롭도록 다시 만들어야 했습니다. 게임을 출시하기까지 몇 개월밖에 남지 않은 상황이었기에 매우 위험한 결정이었지만 결과적으로는 올바른 선택이었습니다.

디자이너에게 하고 싶은 조언

훌륭한 디자이너가 되려면 먼저 훌륭한 학생이 돼야 합니다. 공부하고, 생각하며, 현재 하고 있는 일을 다시 생각하는 것을 멈추지 마십시오. 의욕적으로 열심히 일해야 성공할 수 있습니다. 다른 디자이너의 장점과 단점에서 배워야 하고, 게임 바깥의 영역에서도 끊임없이 배우고 영감을 찾으십시오. 항상 "왜?"라고 질문하십시오. 자신을 위해 게임을 디자인하는 일이 없어야 하고, 자존심은 집에 두고 와야 합니다.

참고 자료

* Tzvi Freeman. "Creating a Great Design Document," Gamasutra.com, 1997년 9월 12일. http://www.gamasutra.com/features/19970912/design_doc.htm.

* Tim Ryan. "The Anatomy of a Design Document: Documentation Guidelines for the Game Concept and Proposal," Gamasutra.com, 1999년 10월 19일. http://www.gamasutra.com/features/19991019/ryan_01.htm.

* Tom Sloper. "Sample Outline for a Game Design," Sloperama.com, 2007년 8월 11일. http://www.sloperama.com/advice/specs.htm.

15장

게임 업계의 이해

프로듀서나 경영자가 아니라면 자신이 제작하는 게임의 계약서나 계약 조건을 볼 기회가 전혀 없을 수도 있다. 계약의 로열티 체계나 자신이 만드는 캐릭터의 권리에 대해 이해할 필요가 없다고 생각할 수 있으며, 복잡한 계약서 문구와 사업에 대한 내용은 모두 무시하고 여러분이 좋아하는 게임 디자인에만 집중하고 싶을 수 있다. 그러나 영리하고, 효과적이며, 성공적인 게임 디자이너가 되려면 게임의 사업적 측면에 대해서도 알아야 한다.

플레이어, 시장, 그리고 퍼블리셔와 개발사 간에 비즈니스 계약이 이뤄지는 방법을 포함해서 게임 업계의 기본 구조를 이해하는 것은 특히 상업적인 측면에서 더 나은 개발자가 되기 위해 필수적인 요건이다. 이 장에서는 게임 업계가 운영되는 방법과 게임 제작과 유통 계약이 이뤄지는 방법을 개략적으로 알아보자. 포괄적인 내용을 다루지는 않겠지만 게임 제작 계약 과정에 참여하는 경우, 현명하게 대화하는 데는 충분한 내용을 다룰 것이다. 그리고 여기에 나오는 정보는 이러한 계약 과정에 참여하지 않더라도 여러분이 함께 일할 마케팅 담당자나 경영진의 관심사를 이해하고 좀 더 명확하게 의사소통하는 데 도움될 것이다.

모든 게임 디자이너에게 해주고 싶은 조언은 새로운 기술에 대한 지식을 받아들이듯이 사업에 대한 지식도 받아들이라는 것이다. 이러한 영역의 전문가가 될 필요는 없지만 이 업계의 사업적 측면이 어떻게 운영되는지, 그리고 자신의 디자인에 어떤 영향을 미치는지 이해하면 더 창의적인 결정을 내리고 팀의 중요한 인물이 되는 데 도움될 것이다.

게임 업계의 규모

2007년 기준으로 전 세계의 게임 시장은 하드웨어와 소프트웨어를 포함해 430억 달러 규모다. 미국 시장의 경우 연간 수입은 125억 달러 규모이며, 영화 산업의 미국 내 박스 오피스 수입보다 큰 수치다. 이 때문에 최근에는 게임을 '영화보다 큰' 시장이라고 부르는 경우가 많다. 엄밀히 말하면 이것은 사실이 아니다. 최근 영화 산업은 대부분의 수익을 DVD 판매와 방송, 케이블, 그리고 해외 배급을 통해서 얻고 있다. 125억 달러의 게임 수익에는 50억 달러의 하드웨어 판매액이 포함돼 있으며, 박스 오피스 수익과 직접적인 비교가 가능한 소프트웨어 판매액은 매년 75억 달러 수준이다. 이 수치는 계속 증가해서 2010년에는 100억 달러 규모로 성장했다. 게임은 빠르게 성장하고 있기는 하지만 수익 규모에서 영화 산업을 완전히 초월하려면 아직 갈 길이 멀다.

게임 업계가 이 목표를 달성하는 데는 오랜 시간이 걸릴 수 있지만 게임 업계는 지난 10년간 불경기 상황에서도 꾸준히 성장을 거듭해왔다. 그림 15.1은 2001년 이후 미국 내 비디오 게임 판매(PC 및 콘솔) 성장세를 보여 준다.

디지털 게임은 1970년대에 소개된 이후로 중요한 엔터테인먼트 양식으로 자리 잡았다. 현재 미국인의 60%에 해당하는 1억 4,500명이 정기적으로 세임을 즐기고 있으며[1], 남녀의 비중도 비슷해져서 40% 게이머가 여성이다. 45~54세 연령대에서는 여성 게이머가 44%를 차지하며, 25~34세 연령대에서는 캐주얼 게임과 온라인 게임의 인기에 힘입어 남성 게이머의 수를 압도하고 있다. 게임 산업과 함께 성장한 플레이어들이 늘어나면서 플레이어의 연령대도 높아져서 40%의 PC 게이머가 36세 이상이며, 26%가 18~35세다. 또한 대부분의 게임 플레이어는 6년 이상 게임을 하고 있다. 그림 15.2를 보면 게이밍은 일단 시작하면 꾸준하게 이어지는 현상임을 알 수 있다.

엔터테인먼트 소프트웨어 연합회 회장 더그 로웬스타인(Doug Lowenstein)은 다음과 같이 이야기하고 있다. "청소년이던 주요 사용자 층이 성인으로 성장하고, 수백만 명의 캐주얼 게이머가 하드코어 게이머로 변모하면서 시장이 성장과 확장을 거듭하고 있으며, 비디오 게임 시장이 엔터테인먼트 대중

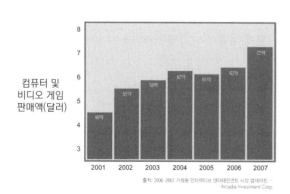

출처: 2006-2007 가정용 인터랙티브 엔터테인먼트 시장 업데이트 - Arcadia Investment Corp.

그림 15.1 비디오 게임 판매 성장세

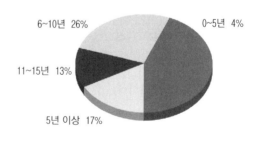

출처: 엔터테인먼트 소프트웨어 연합회

15.2 게이머가 게임을 한 기간

시장의 주요 형식으로 확고하게 자리 잡았습니다."[2] 이제 디지털 게임은 더는 틈새시장이 아니다. 취미 활동에서 시작된 게임은 이제 엔터테인먼트 업계의 필수적인 부분으로 자리 잡고 있다. 이 현상은 미국에만 국한된 것이 아니다. 게임 업계는 전 세계적으로 성장하고 있다. 미국이 가장 큰 시장인 것은 사실이지만 한국, 일본, 영국, 캐나다 및 프랑스와 같은 국가도 게임 업계와 고품질의 제품으로 잘 알려져 있다.

플랫폼별 유통 현황

게임 업계의 현황을 알 수 있는 한 가지 방법은 플랫폼별로 게임이 유통되는 현황을 확인하는 것이다. 콘솔은 업계 전체 판매액을 좌우하며, 전체 비디오 게임 판매액의 약 2/3를 차지한다.

콘솔

콘솔 시장 내에도 여러 경쟁업체가 있다. 지금까지 추세를 보면, 콘솔 시장은 하나 또는 두 업체가 주도하는 시장이었으며, 치열한 경쟁과 기술 발전을 통해 3~5년 주기로 새로운 플랫폼이 출시됐다. 최신 콘솔 시스템은 놀라운 프로세싱 파워와 그래픽 처리 능력을 갖추고 있으며, 이를 통해 디자이너는 텔레비전과 영화에 버금가는 제작 가치를 활용해 극적 경험을 창조할 수 있게 됐다. 우선 현재 주요 콘솔 플랫폼에 대해 간단히 알아보자.

마이크로소프트 엑스박스 360

현재 기준으로 엑스박스 360은 차세대 콘솔 중 최대 시장 점유율을 차지하고 있다. 2007년 8월까지 마이크로소프트는 전 세계에 1,160만 대의 엑스박스 360 콘솔을 판매했다. 마이크로소프트는 2008년 6월까지 전체 판매량이 1,300만~1,500만 대에 이를 것으로 예상하고 있다. 엑스박스 360은 헤일로 3와 같은 독점 타이틀을 많이 보유하고 있고, 견고한 개발자 도구를 갖추고 있어 앞으로도 시장에서 주도적인 위치를 차지할 것으로 예상된다.

닌텐도 위

닌텐도는 혁신적인 닌텐도 위 콘솔을 통해 큰 성공을 거둠으로써 전 세계를 놀라게 했다. 닌텐도는 게임 시장이 성장하기 위해서는 더 다양한 사용자 층에 어필해야 한다는 믿음을 가지고 이 콘솔을 디자인했다. 사용자 상호작용을 강조한 무선 동작 탐지 컨트롤러는 전 세계의 이목을 집중하게 했다. 이 콘솔은 2006년 크리스마스 시즌에 최고의 히트 상품이 됐고, 2007년 8월까지 전 세계적으로 900만 대 이상을 판매했다.

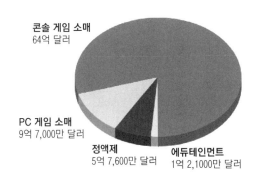

콘솔 게임 소매
64억 달러

PC 게임 소매
9억 7,000만 달러

정액제
5억 7,600만 달러

에듀테인먼트
1억 2,1000만 달러

출처: 2006-2007 가정용 인터랙티브 엔터테인먼트 시장 업데이트 - Arcadia Investment Corp.

그림 15.3 콘솔 게임 판매량 및 컴퓨터 게임 판매량

소니 플레이스테이션 3

플레이스테이션 3는 2006년 11월 큰 관심 속에서 선보였다. 그러나 600달러로 가격이 설정된 PS3는 전용 게임 부족과 높은 가격의 두 가지 요인 때문에 예상보다 저조한 판매량을 보였다. 이 콘솔은 게임 플랫폼이면서 동시에 블루레이 DVD 플레이어이고, 거실의 인터넷 연결 장치를 대표하는 소니의 상징이 있기에 전략적으로 중요한 위치였다. 이에 소니는 콘솔 시장의 두 라이벌인 마이크로소프트 및 닌텐도와의 경쟁력을 강화하기 위해 콘솔 가격 인하와 300종 이상의 새로운 게임 출시라는 카드를 꺼내 들었다. 이전 콘솔 세대의 확실한 승리자였던 플레이스테이션 2에 대해서도 언급할 만한데, PS2는 전 세계적으로 1억 2,000만 대가 판매됐다.

컴퓨터(PC 및 맥)

컴퓨터 게임 시장은 콘솔 게임 시장에 비해 훨씬 작은 규모이며, 두 가지 주요 운영체제로 양분돼 있다. 컴퓨터 게임 플레이어는 콘솔 게임 플레이어에 비해 나이가 많은 경향이 있으며, 남녀 비율이 거의 동일하다.

게임플레이 장르

플랫폼 외에도 장르를 기준으로 게임 업계를 살펴보는 방법이 있다. 지금까지 디자인에 대해 설명하면서 장르의 개념에는 크게 집중하지 않았다는 것을 알 수 있을 것이다. 이것은 게임 디자이너에게 장르가 축복일 수 있지만 저주일 수도 있기 때문이다.

한편으로 장르는 퍼블리셔와 개발사가 플레이 스타일을 이야기할 수 있는 공통의 언어를 제공한다. 장르는 게임이 의도하는 시장, 가장 적합한 플랫폼, 가장 적합한 개발자 등을 쉽게 판단할 수 있는 기준이 된다. 반면 장르는 창의적인 프로세스를 제한하고 디자이너를 성공이 입증된 게임플레이 솔루션으로 유도하는 부작용이 있다. 사업성 관점에서 프로젝트를 고려할 때는 장르를 고려해야 하지만 디자인 프로세스에서는 장르가 상상력을 제한하게 하지 말자.

그렇긴 하지만 장르는 현재 게임 업계의 중요한 부분이며, 디자이너로서 장르의 역할을 제대로 이해하는 것은 필수적이다. 주요 장르별 판매 실적은 플랫폼과 시장 영역에 따라 차이가 있다. 퍼블리셔는 여러분의 게임을 고려할 때 이 게임이 게이밍 사

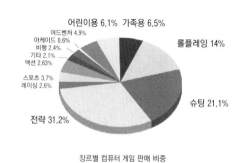

장르별 컴퓨터 게임 판매 비중

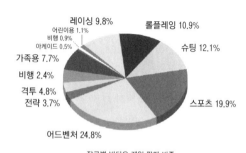

장르별 비디오 게임 판매 비중

출처: 2006-2007 가정용 인터랙티브 엔터테인먼트 시장 업데이트 - Arcadia Investment Corp.

그림 15.4 2007년 주요 장르별 판매 실적

용자의 현재 구매 경향에서 어느 위치에 해당하는지 알고 싶어할 것이다. 장르의 도움이 없다면 이 과정은 꽤 까다롭다.

이 책에서는 디자인 프로세스에서 장르에 크게 의존하는 것을 권장하지 않지만 특정 유형의 게임플레이를 즐기는 플레이어를 위한 제품을 만들려고 하는 퍼블리셔의 입장에서도 배울 점이 있다. 현재 가장 인기 있는 장르를 이해하려면 먼저 몇 가지 핵심적인 장르를 살펴볼 필요가 있다.

액션 게임

액션 게임은 반응 속도와 눈-손의 조율을 강조한다. 액션 게임에는 배틀필드 2, GTA IV, 그리고 테트리스까지 다양한 타이틀이 포함될 수 있다. 액션은 다른 장르와 겹치는 경우도 많다. 예를 들어, GTA IV는 액션 게임이지만 동시에 드라이빙/레이싱 게임이나 어드벤처 게임으로 분류되기도 한다. 테트리스는 액션 게임이면서 퍼즐 게임이다. 슈퍼 마리오 갤럭시는 액션 어드벤처 게임이고, 파이널 판타지 XII는 롤플레잉 액션 게임으로 구분된다. 액션 게임은 예외 없이 실시간 경험을 제공하며, 제한 시간 동안 물리적인 작업을 수행하는 데 중점을 둔다.

전략 게임

전략 게임은 유닛과 자원 관리는 물론 전술과 계획에 중점을 둔다. 주요 테마는 정복, 탐험, 교역을 중심으로 돌아간다. 이 장르에 포함되는 게임의 예로는 문명 IV, 개리 그릭스비의 월드 앳 워, 리스크가 있다. 원래 대부분의 전략 게임은 고전 전략 보드 게임을 기반으로 발전했는데, 여기에 턴 기반 체계를 도입해 플레이어가 결정을 내릴 수 있는 충분한 시간을 제공했다. 그러나 1990년대 워크래프트와 커맨드 앤 컨커의 인기를 모으면서 하위 장르인 실시간 전략 게임이 더 주도적인 입지를 차지했다. 현재는 물리적인 민첩성과 전략적 의사결정을 결합한 액션/전략 게임이 있으며, 이러한 하이브리드 장르 게임의 예로 미디블 II: 토탈워가 있다.

롤플레잉 게임

롤플레잉 게임은 캐릭터 생성과 육성을 위주로 돌아가며, 풍부한 줄거리를 포함하고 퀘스트와 연관되는 경우가 많다. 종이 기반 체계인 던전 앤 드래곤즈는 이 장르의 시조 격이며, 발더스 게이트, 던전시즈, 월드 오브 워크래프트, 네트핵과 같은 여러 디지털 게임에 영감을 제공했다. 롤플레잉 게임은 캐릭터로 시작해서 캐릭터로 끝난다. 플레이어는 소지품을 관리하고, 세계를 탐험하며, 부와 명성, 그리고 경험을 축적하면서 캐릭터를 발전시킨다. 다른 장르와 마찬가지로 롤플레잉에도 하이브리드가 있다. 예를 들어, 제이드 엠파이어 및 킹덤 하트 II와 같은 게임을 일반적으로 '액션 롤플레잉 게임'이라고 부른다.

대규모 멀티 플레이어 온라인 롤플레잉 게임(MMORPG)은 이 게임플레이 장르에서 중요한 위치를 차지하며, 게임 사업에도 막대한 영향력을 행사하고 있다. 월드 오브 워크래프트와 같은 게임의 정액제 시장은 북미와 유럽 지역에서만 연간 10억 달러 규모 이상이며, 매년 성장하고 있다.[3] 이 장르의 게임을 디자인하려면 사회적 플레이와 게임 경제, 그리고 전통적인 롤플레잉 메커닉을 깊이 이해해야 한다.

스포츠 게임

스포츠 게임은 테니스, 풋볼, 야구, 축구 등의 스포츠를 시뮬레이션으로 만든 것이다. 퐁(Pong)의 성공 이후로 스포츠는 디지털 게임 시장에서 항상 중요한 영역을 차지해왔다. 인기 있는 최근의 스포츠 게임으로는 매든 NFL, FIFA 사커, NBA 잼, 세가 베스 피싱, 그리고 토니호크 프로 스케이터가 있다. 대부분의 스포츠 타이틀은 규칙이나 미힉 측면에서 실제 경기에 의존하지만 힙합 인기인과 레슬링, 그리고 격투를 결합한 데프 잼 벤데타와 같이 창의성을 발휘한 새로운 스포츠 타이틀도 선을 보이고 있다. 스포츠 게임 중에는 팀 플레이, 시즌 플레이, 토너먼트 모드를 활용하는 것이 많고, 유명 스포츠 대회를 소재로 사용하는 경우도 많다.

레이싱/드라이빙 게임

레이싱/드라이빙 게임에는 마리오 카트, 번아웃과 같은 아케이드 스타일과 나스카 07, F1 커리어 챌린지, 모나코 그랑프리 레이싱 시뮬레이션과 같은 레이싱 시뮬레이션의 두 가지 부류가 있다. 아케이드 스타일은 광범위한 사용자 층에 인기가 있으며, 시뮬레이션은 좀 더 열광적인 팬 층에서 반응이 좋다. 이런 게임에서 한 가지 공통적인 사항은 플레이어가 운전하며 상황을 통제한다는 것이다.

시뮬레이션/건축 게임

시뮬레이션/건축 게임은 자원 관리와 함께 회사나 도시와 같은 대상에 대한 건축 개념을 조합한 경우가 많다. 일반적으로 정복에 초점을 맞추는 전략 게임과는 달리 이러한 게임은 성장에 집중한다. 시뮬레이션/건축 게임 중에는 현실 세계를 흉내 내서, 가상의 회사나 국가 또는 도시를 관리하는 재미를 제공하는 게임이 많다. 이러한 게임의 예로는 심즈 3, 심시티, 롤러코스터 타이쿤 등이 있다. 시뮬레이션 게임의 핵심적인 측면은 경제, 거래 및 상업이라는 측면에 집중한다는 것이다. 플레이어는 보통 시뮬레이션을 구축하고 관리하기 위한 제한적인 자원을 받는다. 이후부터 플레이어는 게임 안에서 세심하게 선택을 내려야 하는데, 일반적으로 시뮬레이션에서는 특정 부분만 집중하면 전체 체계의 효율이 떨어지기 때문이다.

비행 및 기타 시뮬레이션

시뮬레이션은 비행기나 탱크 또는 우주선과 같이 현실적인 활동에 바탕을 두는 액션 게임이다. 가장 좋은 예는 비행 시뮬레이터인데, 이러한 게임은 비행기를 조종하는 현실적인 경험을 최대한 비슷하게 제공하는 복잡한 시뮬레이터다. 순간 반응 플레이나 손과 눈의 조율에 중점을 두지 않으며, 좀 더 현실적이고 때로 복잡한 조종과 작동에 초점을 맞추기 때문에 단순한 액션 게임의 장르로 분류할 수는 없다. 좋은 예로는 마이크로소프트 플라이트 시뮬레이터, 엑스플레인 및 제인스 USAF가 있다. 이러한 시뮬레이션 유형은 일반적으로 최대한 현실적인 경험을 원하는 비행기와 밀리터리 팬들에게 매력적이다.

어드벤처 게임

어드벤처 게임은 탐험, 수집, 그리고 퍼즐 해결을 강조한다. 일반적으로 플레이어는 일종의 퀘스트나 임무를 수행하는 캐릭터가 된다. 초기 어드벤처 게임은 텍스트만 사용해서 디자인됐으며, 오늘날의 그래픽을 대신해서 자세한 설명이 제공됐다. 예로는 텍스트 기반 어드벤처 및 조크(Zork)와 같은 초기 어드벤처와 미스트와 같은 그래픽 어드벤처가 있다. 현재의 어드벤처 게임은 잭 앤 덱스터 시리즈와 같이 액션 요소를 가미하는 경우가 많다. 어드벤치 게임 젤다 시리즈의 제작자인 시게루 미야모토는 어드벤처 게임의 본질을 다음과 같은 이야기로 정리했다. "게임은 어린이가 혼자 동굴에 들어갈 때와 같은 느낌을 줄 수 있어야 합니다. 걸어가면서 주변의 차가운 기분을 느낄 수 있어야 하고, 갈림길을 제공해서 어디로 가야 할지 고민하게 해야 합니다. 그리고 때로는 길을 잃기도 해야 합니다."[4] 롤플레잉과 마찬가지로 어드벤처 게임에서도 캐릭터가 중심이 되지만 사용자 지정이 가능한 요소가 아니며, 보통은 부와 명성, 그리고 경험의 측면에서 성장하지도 않는다. 라쳇 앤 클랭크와 같은 일부 액션-어드벤처 게임에는 캐릭터의 아이템 인벤토리 개념이 있지만 대부분의 어드벤처 게임에서 핵심 게임플레이는 향상과 취득보다는 신체적 또는 정신적 퍼즐 해결에 중점을 둔다.

대안: 소녀 및 여성을 위한 게임

셰리 그레이너 레이(Sheri Graner Ray), 우먼 인 게임즈 인터네셔널, 선임 게임 디자이너/작가

오늘날 '소녀를 위한 게임'이라는 개념을 이야기하면 고작해야 '핑크 게임'을 떠올리는 것이 보통이다. 어떻게 이런 현상이 발생했을까? 영리하고 창의적인 사람들로 가득 찬 이 업계가 이런 전형적인 사고의 틀에 갇혀서 가능성 있는 시장 전체를 놓치고 있는 이유는 무엇일까?

이 분야에 대한 논의는 아메리칸 레이저 게임즈라는 회사의 마케팅 부사장이었던 패트리샤 플래니건(Patricia Flannigan)이 자신의 딸이 자사에서 제작한 게임에 전혀 흥미를 보이지 않는다는 것을 깨달으면서 시작됐다. 그녀는 회사의 운용 가능한 자금을 활용해 이 분야의 새로운 시장을 개척하면 높은 수익을 거둘 수 있을 것으로 생각하고 앨버커키 사립학교 협회지구를 찾아가서 이 시장에 대한 연구를 요청했다. 협회지구에서는 설문 조사와 인터뷰를 수행하고, 플레이 스터디 그룹을 열어서 이 분야를 연구했다. 그리고 이렇게 얻은 정보를 바탕으로 소녀들이 원할 만한 게임을 디자인하기 시작했다.

이렇게 해서 FMV(완전 동영상 비디오) 게임 매킨지 앤 코(McKenzie & Co.)가 제작됐으며, 아메리칸 레이저 게임즈 마케팅 부서에서는 이 게임에 '소셜 어드벤처'라는 부제를 붙였다. 이 게임은 친구들과 함께 고등학교 2학년을 보내는 과정을 담은 스토리 기반 게임이었다. 플레이어는 테마가 있는 미니 게임으로 이뤄진 수업에 출석하고 인기와 친구, 그리고 사회적 및 개인적 책임을 저울질해야 하는 사회적 선택을 내려야 했다. 동시에 플레이어는 선택한 남학생이 자신을 무도회 파트너로 요청하도록 깊은 인상을 주어야 했다. 이 게임은 전통적인 게임 채널 외부의 도움을 받아 마케팅 기회를 모색한 상업용 게임의 첫 번째 사례였다.

매킨지 앤 코 개발이 진행되는 동안 개발자들은 인구 통계 자료, 플레이 연구 자료, 그리고 프로토타입을 가지고 모든 주요 퍼블리셔를 찾아다녔지만 퍼블리셔에서는 모두 '여자는 게임을 하지 않는다'는 한 가지 이유를 들어서 계약을 거절했다.

개발자들은 용기를 잃지 않고 게임을 직접 상품화하기로 결심한다. 결국 이 게임은 전체 8만 카피가 판매 됐는데, 당시에는 업계에서는 10만 카피가 팔리면 '블록버스터'로 취급하던 시기였다. 이 성공에 용기를 얻 어 아메리칸 레이저 게임즈의 개발자들은 다른 소녀용 게임의 아이디어를 가지고 퍼블리셔를 찾았지만 이 번에도 역시 퍼블리셔들은 여자는 게임을 하지 않는다는 생각을 바꾸지 않았다.

다행스럽게도 이 시기에 다른 세 회사에서 동시에 소녀용 게임을 준비하고 있었다. 매킨지 앤 코가 출 시되고 1년 후에 메텔에서는 바비 패션 디자이너를 출시했다. 거의 동시에 퍼플문에서는 첫 번째 로깃 (Rockett) 타이틀을 출시했고, 오스틴에 위치한 걸게임즈에서는 렛츠 토크 어바웃 미를 출시했다.

이 타이틀은 모두 성공을 거뒀는데, 특히 바비 패션 디자이너는 첫해에만 60만 카피라는 엄청난 판매고를 올렸다. 이러한 성과는 게임 업계에서 전례가 없는 것이었고, 주요 퍼블리셔의 관심을 모으기에 충분했다. 이때부터 주요 퍼블리셔들은 소녀용 게임에 대한 자세를 완전히 달리했다.

그러나 이들이 원하는 것은 퍼플문, 메텔, 걸게임즈, 허인터랙티브가 했던 것처럼 시장이 원하는 것을 조 사해서 이에 맞는 제품을 제작하는 것이 아니라 가장 성공적인 제품이었던 바비 패션 디자이너의 시장을 그 대로 차지하는 것이었다. 각기 바비와 유사한 게임을 제작하는 쉬운 길을 택했다.

바비 클론이 시장에 쏟아져 나오자 틈새시장은 금방 포화됐고, 직접적인 비교에서 클론은 원작을 따라갈 수 없었다. 결국 바비 클론들은 좋은 성과를 거두지 못했다. 기대보다 낮은 판매고는 제작 스튜디오에 지원 되는 제작비를 더욱 낮추는 결과를 가져왔고 판매고는 계속 메텔이 설정한 기대치에 미치지 못했다. 실제 필자는 잘 알려진 퍼블리셔에서 수백만 달러 규모로 기존 타이틀을 계약한 것을 자랑스럽게 발표하면서 한 편으로 10만 달러 미만의 제작비로 소녀용 게임을 제작하도록 요구하는 것을 경험한 적이 있다.

지속적으로 제작비가 감소하면서 더 노골적으로 바비를 모방하려는 시도로 이어졌고, 너도나도 패키지 에 핑크를 사용한 탓에 '핑크 게임'이라는 경멸적인 이름까지 얻었다.

이후 3년 안에 퍼플문이 문을 닫았고, 걸게임즈는 비즈니스 전략을 수정해서 게임 산업에서 철수했으며, 아메리칸 레이저 게임즈는 파산을 겪었지만 허인터랙티브로 다시 태어났다. 이 그룹 중에서 현재까지 원래 시장 영역에서 남아 있는 회사는 허인터랙티브가 유일하다. 이러한 모든 현상과 바비 클론의 형편없는 판매 실적 때문에 업계에서는 "거봐, 여자들은 게임을 하지 않는다니까!"라고 선언하고 여성 대상의 모든 게임 아이디어를 포기하기에 이르렀다.

어떻게 보면 바비는 소녀들이 실제 게임을 하도록 문을 개방해서 소녀 게임 업계를 시작하는 선구자 역할 을 했지만 반면으로는 업계가 광범위하고 다양한 전체 여성 시장을 '6~10세 소녀를 위한 패션, 쇼핑, 화장 게임'이라는 하나의 작은 장르로 다시 정의하는 실수를 유발하게 했다.

아쉽게도 이 정의는 현재까지도 유지되고 있고, 소녀 게임의 개념은 아픈 기억으로 남아 있다. 즉, 가능성 있는 시장으로 보기보다 '비행 시뮬레이션'이나 '신 게임'과 같은 하나의 장르로 보는 시각이 우세하다. 이것은 맞춤형 엔터테인먼트를 즐길 권리가 있는 시장을 심각하게 냉대하는 것이며, 잠재적인 높은 수익을 무시하는 것이다.

간단하게 이야기해서 여성 시장에 관심이 있는 개발자는 소녀용 타이틀을 제안할 때 '핑크 게임'이라는 선입견을 피할 수 없음을 일단 인정해야 한다. 아니면 여러 연구 결과에서 60~70% 사용자가 여성임이 드러난 '캐주얼 게임' 시장을 대상으로 하는 것이 더 쉬운 방법일 수 있다.

물론, 소녀와 여성을 위한 컴퓨터 엔터테인먼트/게임을 개발할 필요가 없다는 의미는 아니며, 오히려 필자는 소녀와 여성을 위한 타이틀을 개발하려는 모든 이들을 강력하게 지지한다. 여성 시장은 컴퓨터 엔터테인먼트 개발의 주요 대상이 될 수 있는 강력하고 성공 가능성이 높은 시장이다.

그러나 이 시장을 대상으로 한다는 것이 단순히 게임을 핑크 패키지에 넣는 것을 의미하지는 않는다. 중요한 것은 이 대상이 원하는 것을 짐작하거나 가정하지 말라는 것이다. 직접 나가서 조사하고, 여성들이 여가 시간에 무엇을 하는지, 지금 어떤 게임을 즐기고 있는지, 그리고 컴퓨터 엔터테인먼트의 어떤 것을 좋아하고 싫어하는지 연구하자. 이를 포함한 질문에 제대로 답할 수 있어야 비로소 여성을 대상으로 하는 맞춤 타이틀을 개발할 수 있다.

궁극적으로 현재의 여성 사용자들은 1990년 초기 세대에 비해 기술적으로 더 능숙하고 안목이 높으며, 정확하게 자신이 원하는 것이 아니면 만족하지 않을 것이다.

장르에 관계없이 가장 중요한 것은 개발자가 개발을 시작하기 전에 게임의 대상 사용자가 어떤 사람들인지 정확하게 이해하고 이 시장이 원하는 것을 조사해서 알아내는 것이다. 그리고 여성을 대상으로 선정했다면 이제는 6~10세 소녀용 패션, 쇼핑, 그리고 화장을 다루고 핑크 패키지에 넣으려는 생각은 그만해야 한다.

작가 소개

셰리 그레이너 레이는 《Gender Inclusive Game Design: Expanding the Market》의 저자다. IGDA에서 4년 동안 여성의 게임 개발 SIG의 공동 의장을 지냈으며, 이후 여러 해 동안 여성 게임 플레이어의 입장을 대변해왔다. 2004년에는 여성과 게임에 대한 문제를 논의하기 위해 미국에서 처음으로 열린 게임 컨퍼런스인 여성의 게임 컨퍼런스에서 의장을 맡았다. 그녀는 만화 채널에서 디자인 컨설턴트와 소니 온라인 엔터테인먼트의 선임 게임 디자이너로 재직했으며, 소니에 입사하기 전에는 자신의 스튜디오였던 사이레니아 소프트웨어(Sirenia Software)에서 사장으로 일했고, 그 전에는 허인터랙티브에서 제품 개발 이사로 일하면서 여성과 컴퓨터 게임에 대한 연구를 처음으로 시작했다. 또한 오리진 시스템즈에서 울티마 PC 시리즈의 작가와 디자이너로 일하기도 했다.

에듀테인먼트

에듀테인먼트는 학습과 재미를 결합해서 교육과 재미를 함께 제공하는 분야다. 주제는 읽기, 쓰기, 수학, 문제 해결, 그리고 방법 안내 게임까지 다양한데, 대부분의 에듀테인먼트 타이틀은 어린이를 대상으로 하지만 기술 습득이나 사기 계발 영역에 소점을 맞춘 성인 대상 제품도 있다. 4장 113쪽에서 소개한 진지한 게임은 교육과 엔터테인먼트 목적을 함께 가진 경우가 많다.

어린이용 에듀테인먼트 소프트웨어의 예로는 풋풋 동물원 구출작전, 리더 래빗 시리즈, 호기심 많은 조지 시리즈 등이 있으며, 성인용으로는 안전 운전 방법을 가르치는 시에라의 운전자 교육, 영어 배우기를 도와 주는 간단한 온라인 게임인 슈츠 앤 리프트(Chutes and Lifts)가 있다.

어린이용 게임

어린이용 게임은 2-12세 어린이에 맞게 디자인된다. 이러한 게임에는 교육적인 요소가 포함될 수 있지만 주된 목적은 재미를 주는 것이다. 닌텐도는 이 게임 분야에서 탁월한 성과를 거두고 있으며, 마리오와 동키콩과 같은 프랜차이즈는 성인에게도 많은 사랑을 받고 있다. 다른 예로는 히트 온라인 게임인 ClubPenguin.com과 휴몽거스 엔터테인먼트의 프레디 피시 시리즈가 있다.

캐주얼 게임

캐주얼 게임은 남녀노소 누구나 즐길 수 있는 게임으로 대표된다. 즉, 최대한 넓은 사용자 층의 마음을 끌기 위해 반응 속도 위주 플레이, 폭력성, 그리고 복잡한 게임 플레이를 지양한다는 의미다. 일반적으로 캐주얼 게임은 Pogo.com, MSN 게임즈 또는 야후! 게임즈에서 볼 수 있는 단순한 게임이지만, 비쥬얼드, 다이너 대쉬와 같은 여러 놀라운 히트작의 영향으로 혁신적인 게임 디자이너를 위한 새로운 영역으로 조명받고 있다(다이너 대쉬 사운드 디자인에 대한 이야기는 397쪽에 나온 마이클 스위트의 관련 기사를 참조하고, 다운로드 게임의 성장하는 시장에 대한 자세한 내용은 459쪽의 '독립 개발사를 위한 사업 기회' 관련 기사를 참조한다).

캐주얼 게임은 게임 플레이 메커닉에 퍼즐 요소를 통합하는 경우가 많다. 테트리스는 현재까지 만들어진 가장 유명한 캐주얼 게임일 것이며, 액션 퍼즐 게임으로 분류된다. 퍼즐 게임은 퍼즐 퀘스트 : 챌린지 오브 더 워로즈에서와 같이 스토리를 강조하기도 하며, 스크래블이나 솔리테어와 같이 전략 요소를 포함하거나 요절복통 기계 시리즈와 같이 건축 요소를 포함하기도 한다. 디자이너 스콧 킴이 47쪽에서 퍼즐과 퍼즐 게임을 소개한다.

연습 15.1 : 자신의 게임의 장르

자신의 독창적인 게임은 어떤 장르에 속하는가? 그 장르에 속하는 이유는 무엇인가? 이 정보를 바탕으로 판단할 때 자신의 게임은 어떤 플랫폼으로 출시돼야 하며, 게임의 주요 사용자 층은 어떤 사람들인가?

퍼블리셔

퍼블리셔의 사업 환경은 지난 10여년 동안 크게 변했다. 개발사의 수가 급증하면서 콘솔 게임을 유통할 퍼블리셔를 찾기가 그 어느 때보다 어려워지고 있다. 그러나 온라인 전문 퍼블리셔가 제공하는 기회를 포함한다면 게임 유통의 기회는 오히려 더 많아졌다고 할 수 있다. 최근 게임 디벨로퍼 매거진에서는 상위 20개 퍼블리셔를 소개하면서 이 회사의 전체 수익, 출시 타이틀 수, 출시 게임 유형, 그리고 개발사와의 관계를 분석한 보고서를 내놓았다. 다음 목록에서 제시하는 데이터 중 상당 부분이 이 조사 보고서를 참조한 것이다.[5]

닌텐도

닌텐도는 일본에서 화투를 유통하기 위해 1889년 설립된 회사이며, 이 업계에서 가장 오래된 퍼블리셔다. 닌텐도는 1980년 중반부터 1990년대까지 콘솔 업계를 거의 지배했으며, 이후에도 닌텐도 위 및 DS와 같은 새로운 플랫폼을 출시하면서 이 업계에서 주요 주자이자 가장 혁신적인 퍼블리셔 중 하나로 입지를 강화하고 있다. 닌텐도의 핵심 프랜차이즈에는 마리오, 젤다, 포켓몬, 피크민, 메트로이드 등이 있다.

일렉트로닉 아츠

일렉트로닉 아츠는 EA라고도 불리며 세계에서 가장 큰 규모의 독립 퍼블리셔다. 여기서 독립적이라는 것은 소니, 마이크로소프트 또는 닌텐도와 같은 플랫폼 회사에 속해 있지 않다는 의미다. EA는 2006년 회계연도에만 100개 이상의 타이틀을 출시했다.

이러한 타이틀 중 60%가 이 회사의 내부 개발 스튜디오에서 개발됐다. EA는 라이선스와 후속편을 제작하는 데 크게 중점을 두고 있으며, 원작 타이틀은 전체 게임 중 16%에 지나지 않는다. 주요 타이틀로는 매든 NFL, FIFA 사커, SSX 트리키, 데프 잼 벤데타, 심즈, 메달 오브 아너, 커맨드 앤 컨커가 있다.

액티비전[*]

액티비전은 1979년 회사 설립 이후 줄곧 업계 최고의 퍼블리셔 중 하나였다. 이 회사는 라이선스와 후속편을 주로 제작하며, 전체 타이틀 중 원작 타이틀은 약 14%를 차지한다. EA, 소니 및 닌텐도와 마찬가지로 액티비전도 콘솔 타이틀에 주력하며 2002년 회계연도에 출시한 타이틀 중 69%가 이 분류에 해당한다. 이 기간 동안 휴대용 게임은 22%이며, 컴퓨터 게임은 9%에 지나지 않았다. 액티비전의 주요 타이틀에는 캐슬 울펜슈타인, 토니호크 시리즈, 스파이더맨, 그리고 퀘이크 III: 아레나와 엑스맨이 있다.

소니 컴퓨터 엔터테인먼트

당연하지만 소니는 플레이스테이션 3 콘솔용 타이틀을 중점적으로 유통하고 있다. 소니는 모든 장르의 타이틀을 내놓고 있지만 액션, 스포츠 및 레이싱 게임이 전체 54%를 차지한다. 전통적으로 소니는 독창적인 아이디어에 많이 투자하는 편이며, 조사된 연도에 출시한 게임의 45%가 새로운 지적 재산권에 바탕을 둔 원작 게임이었다. 소니의 프랜차이즈로는 갓 오브 워, 소콤: U.S. 네이비 씰, 잭 앤 덱스터, 모토스톰 및 아이토이가 있다.

---

[*] 액티비전은 비벤디 게임즈와 합병을 통해 액티비전 블리자드가 되었다.

테이크투

테이크투는 내부적으로 제작했던 GTA가 엄청난 성공을 서두먼서 최고의 퍼블리셔 중 하나로 지리를 굳혔다. 테이크투의 타이틀에는 액션과 스포츠 장르가 많으며, 공격적이고 독창적인 경향이 높다. 회사의 타이틀 중 41%가 새로운 개념에 바탕을 두며, 50%가 후속편이고, 10%만 라이선스 타이틀이다. 테이크투는 GTA 타이틀 외에도 맥스페인, 레일로드 타이쿤 II 및 빅 베스 피싱을 출시했다.

게임 디벨로퍼 매거진이 상위 20위 안에 랭크한 다른 퍼블리셔는 다음과 같다.

- ✓ 유비아이소프트
- ✓ THQ
- ✓ 세가 새미 홀딩스
- ✓ 마이크로소프트 게임 스튜디오
- ✓ SCi/에이도스
- ✓ 스퀘어 에닉스
- ✓ 남코 반다이
- ✓ 비벤디 게임즈
- ✓ 캡콤
- ✓ 코나미
- ✓ 엔씨소프트
- ✓ 디즈니 인터랙티브
- ✓ 아트루스
- ✓ 루카스아츠
- ✓ 미드웨이

게임 디벨로퍼 매거진의 트리스탄 도노반(Tristan Donovan)이 지적한 것처럼, 외부 개발에 대한 퍼블리셔의 전반적인 태도, 다른 개발사에 대한 대우, 퍼블리셔가 집중하는 장르에 대한 이해는 퍼블리셔를 상대할 때 상당히 중요하다.[6] 퍼블리셔와 접촉하기 전에 먼저 충분히 상대를 조사하는 것이 바람직하다. 제품, 사업 역점 분야, 그리고 관심이 있는 경향을 이해하면 이들의 목표와 계획의 맥락에서 자신의 게임을 제안하는 데 도움이 될 것이다.

연습 15.2 : 최적의 퍼블리셔

직접 퍼블리셔에 대해 조사해서 자신의 독창적인 게임 아이디어를 상품화하는 데 가장 적합한 퍼블리셔를 결정해 보자. 단순하게 가장 많이 알려진 큰 회사를 선택하기보다는 게임의 초점, 시장, 이들이 유통한 다른 게임 등의 관점에서 자신의 게임에 가장 맞는 회사를 찾아보자.

개발사

다양한 규모의 수없이 많은 개발사가 있으며, 단순히 이러한 회사를 나열하는 것은 그리 도움이 되지 않을 것이다. 일반적으로 개발사에는 독립 스튜디오, 자회사, 부분 출자 회사로 세 가지 유형이 있다. 대부분의 개발사는 소규모로 사업을 시작한다. 이전에 함께 일한 경험이 있거나 함께 학교를 다닌 친구들이 모여서 회사를 시작하는 것이 보통이고, 밴드를 시작하듯이, 이 분야에 대한 애정으로 개발 스튜디오를 여는 경우가 많다.

초기 개발사 중에는 개념 단계를 넘기지 못하는 경우가 많다. 데모를 제작하고 퍼블리셔를 전전하지만 실제 게임 제작 계약까지 이어지는 경우는 소수이며, 제작한 게임이 히트하는 경우는 더 적다. 말하자면 게임 개발은 극히 위험한 사업이다.

한두 개의 게임을 제작하는 소규모 개발사의 대부분은 불황기가 닥치거나 예기치 못한 비용이 빈발하는 경우 이를 감당할 재정적인 여력이 없다. 이러한 회사는 문을 닫게 되지만 재능이 있는 사람들은 언제나 새로운 이름의 다른 회사에서 다시 뭉치게 된다.

일부 개발사의 경우, 제작하는 게임이 연속으로 성공하면 퍼블리셔가 개발사에 투자하거나 지분을 사들여서 내부 개발 그룹으로 만드는 경우도 있다. 어떤 경우든지 모든 게임 개발 회사는 게임을 사랑하는 사람들로 구성되며, 비록 달성할 수 있는 성공의 수준은 서로 다르겠지만 모두가 사업과 예술적 비전 사이에서 균형을 맞추기 위해 최선을 다한다.

게임의 상품화

사업의 관점에서 게임을 디자인하는 과정은 게임 제작이라는 정교한 프로세스의 작은 한 부분에 지나지 않는다. 또한 제작은 게임의 상품화라는 긴 프로세스의 작은 한 부분일 뿐이다. 게임의 상품화는 게임에 대한 희미한 개념부터 시작해 상점의 판매대에 올려놓을 수 있는 세련된 상품의 제작까지 필요한 모든 단계를 포함한다. 이 섹션에서는 상품화의 네 가지 핵심 요소인 개발, 라이선스, 마케팅 및 유통에 대해 알아보자. 게임 퍼블리셔는 게임 업계의 주요 자금 공급원이므로 이러한 기업의 운영 방식을 이해하면 이들과 더 효과적으로 대화하는 데 도움될 것이다.

요소 1: 개발

개발은 기본적으로 팀에 자금을 조달해서 타이틀을 제작하고 프로세스를 관리하면서 정해진 일정과 예산 내에서 고품질 게임을 만들어내는 프로세스다.

업계 동향

1980년대 이후로 게임 개발 비용은 꾸준히 상승했다. 오늘날 일반적인 고급 콘솔 타이틀의 제작 비용 1,300만~3,000만 달러 수준이며 이 비용은 계속 증가하고 있다. 이렇게 비용이 증가하는 이유는 고객들이 향상된 새로운 하드웨어 시스템의 기능을 활용하는 고품질의 미디어를 더 많이 원하고 있기 때문이다. 예를 들어, 세가 제네시스 시절, 게임 카트리지 하나는 4MB의 데이터를 저장할 수 있었다. 엑스박스 360 및 플레이스테이션 2에 사용되는 표준 DVD는 4.7GB를 저장할 수 있다. 플레이스테이션 3에 사용되는 듀얼 레이어 블루레이 디스크는 50GB를 저장할 수 있으며, 세가 제네시스 시대와 비교하면 만 배나 용량이 증가한 것이다. 역사적으로 용량이 늘어날수록 고객의 기대치 역시 높아지며, 그래픽, 사운드, 음악, 게임플레이 등을 제작하는 비용도 높아진다.

그림 15.5에 나오는 것처럼, 첫 번째 세대의 게임 콘솔 이후로 콘솔 타이틀의 개발 비용 규모는 꾸준하게 상승했다. 오늘날 엑스박스 360이나 플레이스테이션 3용 타이틀의 개발 비용은 1,300만~3,000만 달러 수준이다. 그러나 콘솔 타이틀의 가격은 그때나 지금이나 50달러 정도로 거의 변함이 없다. 타이틀의 개발 비용은 끊임없이 높아지는데 반해 타이틀의 가격은 거의 변함이 없으므로 퍼블리셔에서는 적은 수의 게임에 집중하는 '소수정예' 전략을 선택할 수밖에 없게 됐다.

즉, 퍼블리셔에서는 더 적은 수의 타이틀을 제작하고 각 타이틀을 더 많이 판매하려고 한다는 것이다. 이를 위해서는 제작 가치가 높아야 하고 대상 사용자 층이 넓어야 한다. 이러한 역학에 따라 극도의 히트작 위주의 사업 분위기가 형성되어 상위 20개 타이틀이 업계 전체 수익의 80%를 차지하고 나머지 수백 개가 남은 20%를 차지하는 현상이 나타나고 있다.

틈새시장에만 어필할 수 있는 놀랍고 독창적인 디자인을 상품화할 퍼블리셔를 찾기 어려운 이유가 바로 이 때문이다. 퍼블리셔를 포함해서 이 업계에서 모두가 다양성을 추구하지만 경제적인 측면 때문에 현실적으로 어렵다는 것이다. 또한 퍼블리셔는 더 잘 팔릴 수 있는 게임을 위해 비용과 자원을 절약하기 위해 제작 중이라도 상품성이 높지 않다고 판단되면 가차 없이 제작을 중단하기도 한다.

이 때문에 오늘날 혁신적인 독립 게임 디자이너

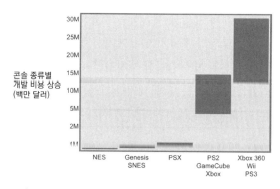

그림 15.5 콘솔 개발의 비용 규모 상승

들이 인터넷에서 일하는 경우를 종종 볼 수 있다. 웹 게임은 플래시나 자바로 제작되므로 비용이 훨씬 적게 들기 때문에 혁신적인 게임플레이를 구현하더라도 위험성이 낮다. ManifestoGames.com 및 Kongregate.com과 같은 사이트는 이러한 소규모 개발사와 틈새시장 게임을 볼 수 있는 좋은 장소다.

대안: 테이블톱 게임 업계의 이해 – 발명가를 위한 가이드

브라이언 틴스먼(Brian Tinsman), 위자드오브더코스트

테이블톱 게임 업계라고도 하는 보드 게임과 카드 게임 업계에서는 게임 디자이너를 발명가라고 부른다. 브라이언 틴스먼은 상품화된 게임을 35종 이상 디자인한 전문 게임 발명가다. 또한 위자드오브더코스트의 수석 개념 인수 담당자로 일하면서 회사에 제출된 수백 종의 게임을 검토했으며, 여러 초보 발명가들의 첫 번째 게임이 상품화되는 과정을 도왔다.

다음은 그의 훌륭한 저서인 《Game Inventor's Guidebook》에서 발췌한 내용으로서, 허가를 받고 이 책에 실었다. 이 주제에 대한 자세한 내용은 www.briantinsman.com에서 찾아볼 수 있다.

훌륭한 게임이 만들어지는 과정

디자인

대부분의 테이블톱 게임 회사에는 새로운 게임을 구상하는 발명가를 따로 고용하고 있지 않다. 이보다는 독립 발명가로부터 라이선스를 구매하거나 라이선스하는 것이 비용 면에서 경제적이기 때문이다. 즉, 발명가가 창의적 프로세스를 총괄한다. 이들은 아이디어의 파편을 모으고, 작동하는 게임이 될 때까지 이를 가공한다. 또한 프로토타입을 제작하고, 여러 플레이어와 함께 테스트하며, 피드백을 수집하고, 피치가 준비될 때까지 수없이 많은 수정을 거친다.

피치

디자이너의 다음 단계는 자신의 게임을 상품화하도록 퍼블리셔를 설득하는 것이다. 다른 창의적인 분야와 마찬가지로 게임 업계 역시 자신의 재능을 과대평가하는 사람들이 많기 때문에 퍼블리셔에서는 옥석을 가려내야 한다. 자신의 게임을 검토자의 책상에 올려놓기 위해서는 먼저 자신이 적당한 후보이고 재능이 있는 사람임을 증명해야 한다. 이를 위해서는 퍼블리셔의 담당자를 접촉할 때 자신의 필요보다는 회사의 필요에 집중하자. 예를 들어, "제 게임을 유통하기에 최적의 퍼블리셔이기 때문에 귀사와 함께 일하고 싶습니다"라는 이야기보다는 "귀사의 차기 제품군에 적합하다고 생각되는 몇 가지 디자인이 있습니다. 어떤 게임을 먼저 보여드릴까요?"고 이야기하는 것이 더 좋다.

제조

퍼블리셔에서 새 게임을 상품화하기로 결정하면 우선 게임을 아트 부서로 넘긴다. 아트 및 그래픽 디자인을 완료한 후에는 규칙을 편집하고, 모든 마지막 손질이 완료한 다음 제작 단계로 넘어간다. 제조 담당자는 각 부품에 사용할 종이와 플라스틱의 종류를 결정하고 컴퓨터 파일로 되어 있는 아트워크를 공장의 인쇄기를 가동할 수 있는 필름으로 전환한다. 인쇄기에서 인쇄된 박스, 보드 및 카드와 주형으로 생산된 피스는 작업자의 손을 거쳐 압축 포장된다. 전체 제작 과정이 모두 완료되면 운송 컨테이너로 옮겨진다. 최근 대부분의 북미 퍼블리셔들은 중국에서 제품을 생산하고 있다.

배급

게임을 생산한 다음에는 상점에 유통해야 한다. 규모가 큰 퍼블리셔는 토이저러스와 같은 대규모 소매 체인을 통해 곧바로 게임을 판매할 수 있다. 그러나 소규모 퍼블리셔와 소규모 소매업자는 어떻게 해야 할까? 현재 미국에는 체인에 속하지 않은 게임 및 취미상점이 4,000여 개나 된다. 이러한 상황을 해결하는 회사가 바로 배급사다. 배급사는 퍼블리셔에게서 게임을 구매하고, 창고에 보관하고, 50% 정도의 이윤을 붙여서 소매상점에 카탈로그를 보낸다.

소매 판매

테이블톱 게임의 소매업자는 대중시장 소매업자와 전문/취미 상품의 두 가지 범주로 나눌 수 있다. 대중시장 소매업자는 대부분 월마트, 토이저러스와 같은 대규모 백화점으로 이뤄져 있다. 미국 내에서 토이저러스한 업체의 테이블톱 게임 판매액은 전체 19%에 해당한다. 반면 취미상점은 개인이 소유하고 게임(및/또는 코믹북)을 사랑하는 사람들이 운영하는 작은 상품인 경우가 많다. 최근에는 특히 취미 게임 부문에서 온라인 상점이 게임 소매 판매의 세 번째 범주로 떠오르고 있지만 앞의 두 범주에 비하면 아직 작은 규모다.

게임의 시장

발명가의 관점에서 기본적으로 퍼블리셔에 게임의 아이디어를 팔 수 있는 네 가지 시장(범주)이 있다. 이러한 범주는 해당 시장에서 게임을 구매하는 고객의 유형, 배급 방식, 그리고 제품에 대한 퍼블리셔의 기대에 따라 결정된다. 이 범주는 대중시장 게임, 취미 게임, 미국 특산 게임, 그리고 유럽식 게임이다.

대중시장

대중시장 게임은 대부분의 소비자에게 가장 잘 알려진 게임으로서, 월마트, 토이저러스, KB 토이즈의 진열대에서 볼 수 있는 게임들이 여기에 해당한다. 이 부류는 주로 가족 및 파티 게임에 해당하는 픽셔너리, 타부, 보글, 그리고 크레니움 등이 주류를 이루지만, 우리들의 어린 시절을 함께 했던 모노폴리, 클루, 라이프, 스크래블과 같은 고전 게임들도 포함된다. 또한 대부분의 어린이용 게임도 이 범주에 포함된다. 이 시장에 도전하는 게임은 이처럼 잘 알려진 게임들과 경쟁해야 하지만 매년 경쟁에서 살아남는 게임이 있으며, 가장 성공적인 게임은 새로운 현대 고전 게임의 반열에 오른다.

취미 게임

취미 게임은 주로 주말에 정기적으로 게임을 즐기는 10~20대 남성들의 영역이다. 이러한 게임은 일반적으로 극도로 복잡하며, 한 게임의 보충 자료, 카드, 피규어 또는 룰북 등을 구입하는 데 수백 달러를 구입하는 경우도 흔히 볼 수 있다. 취미 게임의 세 가지 주요 범주로는 롤플레잉 게임, 미니어처 게임, 트레이딩 카드 게임이 있다.

미국 특산 게임

이 범주는 대중시장이나 취미 게임에 속하지 않는 모든 미국식 게임을 포함하는 일종의 잡동사니 범주다. 이 범주에는 추상적 전략 보드 게임, 전쟁 게임과 같이 특정한 영역을 대상으로 하는 제품과 신체적인 게임 플레이 요소가 있는 게임 등이 포함된다. 이 범주는 소규모 퍼블리셔에서 소량만 생산하는 것이 일반적이지만 진입 장벽이 가장 낮은 시장이기도 하다. 또한 대중시장에 더 적합하지만 몇 가지 이유로 이러한 배급 채널을 통해 유통되지 않는 게임들도 이 범주에 속한다.

유럽식 게임

유럽식 게임 시장을 이야기하면 일반적으로 독일 회사에서 제작한 게임을 이야기하는 것이다. 독일의 게임 시장은 매우 활성화돼 있으며, 북미 시장과 비교하면 주류 엔터테인먼트로서 더 폭넓은 인기를 누리고 있다. 독일 회사들은 매년 수십 가지 게임을 제작하고 있으며, 번역되어 미국에서 판매되는 것은 극히 일부다.

독일 게임은 일반적으로 미국 게임에 비해 훨씬 복잡하고, 추상적이며, 전략적이다. 또한 미국 게임에 비해 테마보다는 게임플레이를 장점으로 내세운다.

기타 부류

물론, 이 네 가지 시장을 통하는 것이 게임을 판매할 수 있는 유일한 방법은 아니다. 예를 들어, 풋볼 게임을 제작해서 스포츠 용품 상점에서 판매하거나 전통적인 게임 소매 상점이 아니더라도 다른 방법을 선택할 수 있다. 우편 판매를 통해 직접 소비자에게 게임을 판매하는 회사도 있고, 오픈마켓이나 자체 웹 사이트를 통해 게임을 판매할 수도 있다. 또한 교육 용품 배급사와 학교를 통해서도 적지 않은 수의 게임이 판매된다. 이 밖에도 게임을 소비자에게 전달하는 방법은 셀 수 없이 다양하지만 아직까지는 앞서 소개한 네 가지 전통적인 시장의 판매량에 근접한 방법은 없다.

아이디어를 상품화하는 단계

다음은 전체 단계가 진행되는 과정을 간단하게 정리한 것이다.

1. 게임을 발명한다. 특정 유형의 소비자를 염두에 두고 시작하고, 플레이 방법을 모르는 사람의 도움을 받아서 게임을 개선한다. 이 방법으로 예기치 않은 문제를 찾을 수 있으며, 이렇게 발견된 문제를 해결한다.

2. 퍼블리셔에 대해 조사한다. 어떤 유형의 소비자가 자신의 게임을 할지 미리 결정했다면 이러한 소비자를 대상으로 게임을 유통하는 퍼블리셔를 찾아본다. 이러한 퍼블리셔는 해당 시장에 대한 유통망을 이미 보유하고 있고, 여러분의 게임에 관심이 있을 가능성이 높다. 퍼블리셔의 웹 사이트를 방문해서 이들의 제품군에서 부족한 부분이 무엇인지 알아본다.

3. 대상 퍼블리셔와 접촉한다. 자신의 게임을 보여 주고 싶은데 관심이 있는지 물어 본다. 관심이 없다면 관심이 있는 다른 퍼블리셔를 찾아본다. 권장하는 접촉 방법에는 네 가지가 있다.

   - **임의 전화**: 회사에 직접 전화해서 자신의 게임을 제출할 수 있는 담당자와 통화할 수 있는지 정중하게 물어 본다. 이 방법은 소규모 게임 회사에 접촉할 때 적합하다.
   - **전자 메일 문의**: 회사의 고객 서비스 부서에 자신의 게임을 제출할 수 있는지 문의하는 전자 메일을 보낸다.
   - **행사에서 직접적인 접촉**: 게임 컨벤션이나 산업 박람회에 참여하는 회사의 경우, 일반적으로 부스에 상주하는 개발 담당자가 있다. 이들에게 자신의 게임을 소개하는 자료를 제출하는 방법을 문의한다. 큰 규모의 컨벤션으로는 Gen Con(인디애나폴리스), 페니 아케이드 엑스포(시애틀), 샌디에이고 코믹콘이 있다.
   - **중개인 또는 에이전트**: 규모가 큰 대중시장 기업과 접촉하려면 에이전트를 통해야 하는 경우가 많은

데, 경험이 많은 에이전트라면 직접 게임에 대한 유용하고 객관적인 피드백을 제공하기도 한다. TV에서 광고하는 에이전트나 게임을 전문적으로 다루지 않는 에이전트는 멀리하는 것이 좋다.

- **권장하지 않는 방법**· 사전 연락 없이 퍼블리셔에 게임을 보내거나, 회사의 사무실로 직접 찾아가거나, 괴상한 데모나 퍼즐로 인상을 남기려고 하는 것은 권장하지 않는다.

4. 회사에서 여러분의 게임에 관심을 보이는 경우, 프로토타입이나 비디오 데모를 보내거나 개념 인수 담당자를 직접 만나서 데모를 시연한다.

5. 회사의 결정을 기다린다(최대 6주가 소요된다).

6. 회사에서 게임을 거절하는 경우, 회사의 의견을 듣고 게임을 판매하는 데 성공할 때까지 개발을 계속한다. 보여 줄 수 있는 게임을 여러 개 준비하는 것이 도움이 된다.

7. 회사에서 여러분의 게임을 상품화하기로 선택한 경우, 협상으로 계약 내용을 결정하고 최종적으로 상품화될 때까지 퍼블리셔를 지원한다.

게임이 거부되는 10가지 이유

1. 형편없는 게임플레이. 제출되는 아이디어 중 상당수는 재미가 없다.

2. 독창적이지 않은 메커닉. 수준 낮은 발명가들은 의도적으로 또는 무심코 전통적인 게임이나 경쟁자의 게임을 모방한다. 다른 게임의 사소한 요소를 사용하는 것은 문제가 없지만 익숙하다는 느낌이 드는 정도라면 곤란하다.

3. 게임이 해당 회사에 적합하지 않다. 회사에 전혀 맞지 않는 게임들이 있다. 사전에 퍼블리셔를 충분히 조사하지 않았거나, 아니면 전쟁 게임 회사가 갑자기 정책을 바꿔서 어린이용 게임을 제작하기를 바라는 경우다.

4. 게임플레이가 아닌 테마에 지나치게 집중했다. 특정한 지적 재산권을 사용하거나 테마에만 집중해서 매력적인 게임을 만들려는 노력을 소홀히 하는 경우가 많다. 가령 고 피쉬와 같은 전통적인 게임을 보드 게임으로 만들거나 여기에 바비 사진을 추가하는 식이다. 퍼블리셔에서 이러한 상품을 만들고자 한다면 발명가의 도움이 없이도 충분하다.

5. 필요한 법적 양식이나 발명가의 법적 양식 없이 게임을 제출했다. 회사에서 비공개 양식 서명을 요구하는 경우, 이 단계를 제대로 거치지 않으면 여러분의 제출 자료는 곧바로 쓰레기통으로 던져진다. 퍼블리셔가 기밀 계약에 서명하게 하는 것도 일반적으로 같은 효과를 낸다. 이것은 마치 제출하는 자료 앞에 "나는 절차를 전혀 몰라요"라고 붙여놓은 것과 비슷하다.

6. 마케팅 가치가 낮다. 지나치게 좁은 시장을 대상으로 하는 게임이 있다. 여러분의 소재에 얼마나 많은 사람들이 관심을 가질지 고려해 보자.

7. 제작 여건이 마땅치 않다. 새로 시작하는 발명가들은 규칙이나 부품을 너무 많이 사용해서 게임을 과도하게 디자인하는 경향이 있다. 제작하기 어려울 정도로 게임에 지나치게 많은 조각이 필요하거나 복잡하다면 모든 요소가 반드시 필요한 것인지 다시 생각해 보자.

8. 획득 불가능한 라이선스가 필요한 게임이다. 물론 스타워즈 테마의 보드 게임을 만들 수 있다면 정말 좋겠지만 하스브로는 당분간 라이선스를 제공하지 않을 예정이며, 만약 라이선스를 받을 수 있다고 해도 라이선스 비용을 감당할 수 있는 퍼블리셔는 얼마 되지 않는다. 게임이 라이선스에 기반을 두고 있다면 피치 이전에 해당 라이선스를 확보하는 것이 가능한지 확인해야 합니다.

9. 규칙이 불분명하거나 너무 어렵다. 규칙을 제대로 설명하기란 매우 어렵다. 이 말이 의심된다면 여러분의 게임을 처음 접하는 사람에게 아무 것도 알려 주지 말고 설명만 보고 게임을 해보라고 부탁해 보자. 퍼블리셔에서 이런 문제가 발생하면 게임을 포기할 확률이 높다. 규칙이 지나치게 많은 게임에서도 비슷한 문제가 발생한다. 자신의 게임에서 가장 재미있는 부분은 무엇인가? 이 부분과 관련이 없는 규칙이 있다면 이 규칙을 제거하는 것을 고려해 본다.

10. 게임이 시장에서 해당 회사의 다른 제품과 직접 경쟁한다. 사람들은 히트 제품을 보유한 회사에서 이와 비슷한 다른 제품을 원할 것이라고 짐작하는 경우가 많다 사실은 이와 반대다. 새 제품이 새로운 소비자를 끌어들이기보다 현재 히트작의 소비자를 뺏어갈 가능성이 높다. 이런 현상을 카니벌라이제이션이라고 한다.

게임이 선택되는 3가지 이유

1. 게임에 어떤 마법이 있다. 퍼블리셔에서 여러분의 게임에 사람을 끌어들이는 매력이 있다고 판단했다. 젠가와 밥과 같은 게임에는 만져 보지 않고는 버틸 수 없는 환상적인 부품이 있다. 히어로스케이프에는 30가지의 미니어처 피규어와 직접 제작 가능한 지형이 있다. 패스 더 피그에는 주사위 대신 작은 고무 돼지가 사용된다. 좋지 않은 게임에서는 속임수라고 하지만 좋은 게임에서는 마법이라고 한다.

2. 크로스오버 잠재성이 있다. 이것은 새로운 유형의 플레이어들이 제품군에 관심을 가질 가능성이 있음을 의미한다. 이것은 라이선스에 기반을 둔 제품이 많이 나오는 이유이기도 하다. 예를 들어, 블리자드와 어퍼덱은 파트너 관계를 맺고 월드 오브 워크래프트 트레이딩 카드 게임을 제작하고 있다. 블리자드는 카드 게이머가 온라인 게이머가 되기를 바라는 것이고, 어퍼덱은 온라인 게이머가 카드에 관심을 갖기를 바라는 것이다.

3. 게임플레이가 매우 훌륭하다. 제품 개발 담당자가 여러분의 게임을 해 보고 곧바로 다시 플레이하고 싶을 정도로 게임이 재미있다면 여러분의 게임은 곧 상품화될 가능성이 높다.

개발사 로열티

일반적으로 퍼블리셔는 타이틀에서 발생하는 로열티 중 일부를 개발 비용으로 사전에 개발사에 지급한다. 로열티는 퍼블리셔가 해당 타이틀로 벌어들이는 수익 중 프로젝트 참가자에게 지급하는 비율이다. 다음은 표준적인 퍼블리셔, 개발사 계약이 이루어지는 방법에 대한 설명이다.

기본 계약

가장 기본적인 개발 계약의 경우, 퍼블리셔는 마일스톤 지급금 형식으로 모든 개발 비용을 개발사에 사전 지급한다. 예를 들어, 예산이 1,000만 달러인 경우 개발의 각 단계(개념, 제작 준비, 제작 및 테스트)를 완료할 때마다 전체 비용의 일정 비율을 개발사에 지급하는 것이다.

이러한 마일스톤 지급금은 향후 로열티에 대한 선지급으로 처리된다. 일반적인 로열티 비율은 퍼블리셔의 총 판매 수익에서 비용을 제외한 금액의 10~18% 범위다. 퍼블리셔는 판매를 통해 개발 비용을 모두 회수한 후부터 로열티를 지급하기 시작한다. 즉, 타이틀로 벌어들인 로열티가 선지급금인 1,000만 달러를 넘기 전까지 퍼블리셔가 수익을 모두 갖는다.

누적된 로열티가 선지급금을 초과하면 퍼블리셔는 로열티 일정에 따라 수익을 개발사와 공유하기 시작한다. 합의된 로열티 비율이 15%인 경우 퍼블리셔는 이후부터 총 판매 수익의 15%를 개발사에 지급하고 85%를 가진다. 개발사는 특정한 판매 목표가 충족될 경우 로열티 비율 '인상'을 요구할 수 있다. 예를 들어, 6만 카피까지는 10%를 받고, 12만 카피까지는 15%, 그리고 24만 카피까지는 20%를

받도록 계약할 수 있다.

신생 개발사의 경우, 퍼블리셔의 위험 부담이 높아지므로 로열티 비율이 낮아진다. 반면 히트작을 다수 보유한 명성 있는 개발사의 경우 위험이 낮기 때문에 높은 로열티 비율로 협상할 수 있다.

로열티 계산

로열티는 총 판매 수익 또는 총수입을 기준으로 계산된다. 즉, 판매 세금, 통관 세금, 운송비, 보험 및 반품 비용을 제외한 수익을 기준으로 개발사에 로열티가 지급된다. 현명한 개발사라면 이러한 비용의 범위를 좁게 정의해서 퍼블리셔가 자체 간접비를 포함하지 않게 할 수 있다.

제휴 거래

제휴 거래에서는 개발사가 개발 및 마케팅 비용을 공유한다. 이 경우 퍼블리셔의 위험 부담이 크게 낮아지기 때문에 로열티 비중을 65%~75%까지 크게 높일 수 있다.

요소 2: 라이선스

퍼블리셔가 주로 체결하는 라이선스 계약에는 콘텐츠 라이선스와 콘솔 라이선스의 두 가지 유형이 있다.

콘텐츠 라이선스

주요 퍼블리셔 목록을 보면 알 수 있겠지만 라이선스를 획득한 지적 재산권으로 게임 타이틀을 제작하는 데 집중하는 회사가 많다. 널리 알려진 캐릭터, 인물, 음악 또는 다른 엔터테인먼트 소재에 대한 라이선스를 획득하고 이를 게임에 통합하면 게임의 지명도와 판매를 높여서 투자 위험을 낮출 수 있다. 라

이선스 기반 게임의 예로는 토니호크의 프로젝트 8, 해리포터와 불사조 기사단, 매든 NFL 시리즈, 반지의 제왕: 중간계전투 II, 그리고 NBA 잼 시리즈 등이 있다.

게임에 라이선스 재산권이 사용되면 퍼블리셔가 재산권자에게 라이선스 사용료를 지급한다. 매든 NFL 시리즈의 경우, EA는 존 매든(John Madden)과 NFL에 라이선스 비용을 지급하고 있다. 높은 판매고를 올리는 비디오 게임의 경우 콘텐츠 재산권자에게 지급하는 비용이 끊임없이 상승하고 있다. 이 때문에 소니 컴퓨터 엔터테인먼트 및 마이크로소프트 게임 스튜디오와 같은 일부 퍼블리셔들은 독창적 게임 개념 또는 지적 재산권을 개발하는 데 열을 올리고 있다.

그럼에도 인기 타이틀의 경우 수백만 달러를 라이선스 비용으로 지급하고, 순수익의 1~10%를 재산권자에게 그대로 헌납하는 경우를 흔히 볼 수 있다. 정리하자면 라이선스는 퍼블리셔가 감수할 위험을 낮추는 데 도움이 된다. 브랜드 상품은 게임플레이 가치가 있는지 여부에 관계없이 좋은 판매 성과를 거두는 경우가 많다.

콘솔 라이선스 계약

컴퓨터용 게임을 제작하는 경우, 마이크로소프트나 애플, 또는 하드웨어 제조업체에 로열티를 낼 필요가 없다. 그러나 퍼블리셔가 콘솔 시스템용 게임을 배급할 때는 콘솔 제조사와 엄격한 라이선스 계약을 맺어야 하며, 판매되는 타이틀의 수량에 따라 라이선스 로열티를 내야 한다. 이 비용은 보통 카피당 3~10달러 수준이며, 소매 마진, 광고, 배송, 간접비 및 개발 비용에 추가된다.

다음은 일반적인 타사 콘솔 라이선스 계약에서 규정하는 역할이다.

퍼블리셔의 역할

✓ 게임의 개념 만들기
✓ 게임 개발
✓ 게임 테스트
✓ 게임 마케팅
✓ 게임 배급

콘솔 제조사의 역할

✓ 게임의 개념 승인
✓ 게임 테스트
✓ 최종 게임 검토 및 승인
✓ 게임 제조

콘솔 라이선스 계약에서는 일반적으로 콘솔 제조사에 최종 승인권을 부여한다. 즉, 콘솔 제조사가 게임이나 게임의 콘텐츠를 승인하지 않으면 게임을 출시할 수 없다. 테스트와 승인 프로세스는 상당히 까다로울 수 있다. 콘솔 제조사가 원하는 조건은 게임이 모든 상황에서 작동하며, 자사의 품질 표준을 충족하는 것이다. 콘솔 제조사가 중요하다고 판단되는 결함을 발견한 경우, 게임을 퍼블리셔로 돌려보내고 출시하기 전에 수정할 것을 요구할 수 있다.

13장에서 설명한 것처럼 개발의 이 단계에서 수행하는 변경은 비용이 많이 유발되고 출시 날짜에 영향을 미치며, 시장에서 중요한 출시 시기를 놓치게 될 수도 있다. 퍼블리셔가 콘솔 제조사로부터 게임 출시를 위한 승인을 받은 후에는 이후 제조하는 카피 수만큼 로열티를 내야 한다. 이 로열티를 내야 게임이 퍼블리셔로 전달되고 소매 업체에 게임을 배급할 수 있다.

요소 3: 마케팅

퍼블리셔의 중요한 역할 중 하나는 게임을 마케팅하는 것이다. 마케팅 담당자의 역할은 판매량을 극대화할 수 있게 최선의 선택을 내리는 것이다. 마케팅 부서는 일반적으로 개념 단계부터 판매까지 게임의 전체 수명 주기에 관여한다. 게임을 더는 판매할 수 없을 때가 되어야 마케팅 팀의 역할이 끝난다. 마케팅 부서는 아이디어 승인부터 시스템 사양 실징, 인터넷 광고는 물론 지역 상점에서 여는 판촉 행사까지 모든 과정에 관여한다. 마케팅 예산은 일반적으로 개발 예산의 두 배 수준이다. 예를 들어, 1,000만 달러 게임의 경우, 마케팅 예산은 2,000만 달러 내외가 된다.

요소 4: 유통

퍼블리셔는 유통망을 구성하는 도매업자 및 소매업자와 매우 중요한 관계를 맺고 있다. 이러한 관계가 없으면 퍼블리셔는 게임 제작에 소요된 비용을 만회할 만큼 충분히 제품을 판매할 수 없을 것이다. 게임을 대형 소매 체인에서 판매하려면 더 많은 비용이 필요하다. 다음은 일반적인 콘솔 게임을 유통하는 데 드는 비용을 정리한 것이다.

- ✓ 소매 가격 50달러
- ✓ 도매 가격(소매업자가 퍼블리셔에 지급하는 금액) = 소매 가격의 약 64%, 카피당 32달러
- ✓ 퍼블리셔 부담 상품 비용 = 카피당 약 5달러
- ✓ 퍼블리셔 부담 공동 광고 비용 = 도매 가격의 약 15% 또는 카피당 4.80달러
- ✓ 퍼블리셔 부담 마케팅 비용 = 도매 가격의 약 8% 또는 카피당 2.56달러

- ✓ 퍼블리셔 부담 반품 예비 비용 = 도매 가격의 약 12% 또는 카피당 3.84달러

도매 가격(32달러)에서 여기에 나온 비용(5달러, 4.80달러, 2.56달러, 3.84달러)을 모두 제하면 퍼블리셔는 한 카피가 판매될 때마다 소매 가격의 32%(약 15.80달러)를 벌어들이게 된다. 대부분의 사람들이 예상하는 것보다는 적은 금액이다.

게임이 대형 소매 체인에서 판매된다고 하더라도 오랫동안 판매된다는 보장은 없다. 제품이 충분하게 판매되지 않는 경우, 소매업체는 상품을 반품할 수 있는 권리가 있으며, 이렇게 되면 퍼블리셔의 창고에 판매되지 않은 게임이 쌓이게 된다.

소매업체에서 원하는 게임들을 풍부하게 보유한 대규모 퍼블리셔라도 게임을 제작하는 것은 위험이 따르는 사업이다. 대부분 게임의 판매 기간은 3~6개월 정도로 매우 짧다. 또한 제작 예산 초과, 높은 반품률, 승인 보류, 일정 불일치 등으로 발생하는 비용을 비롯한 퍼블리셔의 다른 비용을 감안하면 소규모 퍼블리셔가 파산하거나 큰 회사에 인수되는 이유를 짐작할 수 있다. 비용을 관리하고, 최상의 제품을 제작하며, 상품을 제대로 판매하기 위한 관계를 유지할 능력 없이는 게임 업계에서 이익을 얻기가 쉽지 않다.

소매 유통의 이러한 어려움과 비용 문제 때문에 퍼블리셔와 개발사가 함께 게임을 온라인으로 유통하는 방법을 모색하고 있다. 이 분야에서 가장 가시적인 성과를 거두고 있는 곳은 밸브의 스팀이다. 온라인 유통을 활용하면 퍼블리셔가 기존 소매 가격의 32%가 아닌 100%를 가져갈 수 있다. 즉, 같은 사업 환경에서 판매 가격이 동일하다면 카피당 기존

수입의 세 배에 해당하는 50달러의 수입을 거둘 수 있다. 이 새로운 유통 방식을 통해 혁신을 육성하는 환경을 만들고 업계에 에너지를 불어넣을 수 있을 것이다.

결론

순수하게 게임플레이와 제작에만 집중하고자 하는 게임 디자이너에게 게임 유통의 사업적 측면은 이해하기 어렵고, 치열한 영역으로 느껴져서 프로듀서와 경영진에게 맡겨 두고 싶다는 생각이 들 것이다. 그러나 아는 것은 힘이며, 업계가 운영되는 방법을 더 많이 알고 이해할수록 자신의 독창적인 게임 아이디어가 제작되고 상품화되는 과정에서 다양한 기복이 있을 때도 더 잘 대처할 수 있다.

창의적인 사람이라고 해서 이 장에서 설명한 문제를 피하려고 해서는 안 된다. 경영진부터 퍼블리셔, 콘솔 제조사의 담당자, 소매업체의 판매 담당자까지 유통 프로세스에 관여하는 모든 사람들의 필요와 목표를 이해함으로써 여러분의 커리어 전체에 도움이 되는 더 나은 선택을 내릴 수 있다.

자신을 게임 디자이너이자 창의적인 사업가라고 생각하고 이 업계의 모든 기회에 대해 배우도록 노력하자. 마케팅 조사 자료를 읽고, 계약 내용에 대해 질문하며, 자신의 게임의 계약 내용을 알아보고, 업계의 사업 측면을 접하는 모든 기회를 새로운 것을 배우고 기술을 확장하는 기회로 여기자. 이 프로세스를 존중함으로써 자신의 게임과 연관된 사업가들과의 관계를 개선하고 결과적으로 더 나은 디자이너가 될 수 있을 것이다.

초보자의 관점: 제시 비질(Jesse Vigil)

**크리에이티브 파트너, 사이킥 버니, 인문학 석사 준비 과정,
USC 영화 예술 학교, 인터랙티브 미디어**

우리가 이 책의 첫 번째 판을 쓸 당시, 제시 비질은 비벤디 유니버
설 게임즈의 QA 테스터로 이 업계에 막 첫발을 디딘 상태였다. 우
리는 USC의 졸업생이었던 제시에게 업계에 대한 초보자의 관점을
이야기해 달라고 부탁했다. 비벤디에서 일하는 동안 제시는 배틀스타 갤럭티카(2003), 하프라이프 2(2004),
중간계 온라인(2007) 등을 제작하는 데 참여했다. 몇 년이 흐른 지금, 제시는 USC의 대학원생이 됐으며, 신
생 회사에서 임원으로 일하며 몇 가지 게임 타이틀 제작에 참여하고 있다.

게임 업계에 진출한 계기

우연한 계기였습니다. 이 책의 첫 번째 판에 나온 인터뷰를 할 때는 QA 테스터로 3개월간 일한 상태였습니
다. 교수님이 이 업계에서 일을 시작하는 좋은 방법이라고 말씀해 주셨고, 무지막지한 TV 쇼 제작 환경에서
제작 보조로 일하느라 완전히 지쳐버린 날에 비벤디의 QA 테스터 일자리를 소개해 준 정말 멋진 친구가 있
었습니다. QA 일자리는 그리 안정적인 자리는 아닙니다. 여름 시즌 감원 기간 동안 회사에 들어올 수 있다
는 것도 운이 좋은 것이고, 겨울까지 자리를 유지해서 다음 크리스마스까지 살아남을 수 있다면 더 대단한
것입니다.

QA 부서의 업무

QA는 게임이 서서히 발전하는 과정을 지켜볼 수 있는 좋은 방법입니다. 며칠마다 한 번씩 새로운 빌드가 전
달되고, 새로운 변경 사항이 적용된 것을 확인할 수 있습니다. 그러면 이러한 변경이 게임이 도움이 되었는
지 판단하는 것이 테스터의 일입니다. 디자이너의 어깨 너머로 디자이너가 일하는 과정을 보는 것과 비슷합
니다. 상황에 따라서는 게임에 대해 제안하는 것이 가능한 경우도 있습니다. 그리고 며칠 뒤에 나온 새 버전
에서 자신이 제안한 내용이 적용된 것을 발견하면 정말 짜릿한 느낌을 받게 됩니다.

QA 부서에서 22시간 동안 연속으로 일한 적도 있고, 점심 시간 동안 소니, 마이크로소프트 및 닌텐도의
콘솔 타이틀에 대한 기술 요구사항 가이드를 외우기도 했는데, 모두 저에게 도움이 되는 경험이었습니다.
나스카 전문 엔지니어보다도 빠르게 컴퓨터를 분해하고, 그래픽 카드를 교체할 수 있게 됐고 밤낮없이 자원
해서 일했습니다. 성과는 있었습니다. 거의 2년 동안 회사에서 일할 수 있었고, 더 비중 있는 게임을 제작하
는 팀으로 자리를 옮겼으며, 나중에는 승진도 했습니다. 그러면서 업계의 문화에 몰입하고, 게임과 업계에
더욱 열정을 갖게 됐으며, 결국에는 더는 QA로 일하는 데 만족하지 못하게 됐습니다. 그래서 게임 디자인
학위를 취득하기 위해 학교로 돌아왔습니다.

학생으로 참여했던 게임 디자인

국방부에서 해외로 파병되는 군인들에게 문화적 민감성을 감안한 쌍방 협상 전략을 가르치기 위한 게임을 디자인하는 데 참여한 적이 있습니다. 비폭력적 문제 해결을 제안하는 진보적인 게임이라는 점도 좋았지만 디자인의 과제 역시 대단히 흥미로웠습니다. 장래가 유망한 사람들과 함께 이 프로젝트에 참여했고, 게임에 대한 평가도 긍정적이었다는 데서 자부심을 느낍니다. 디자인 과정 중에 국방부의 자체 교육 시설에서 36시간 과정으로 군사 및 해외 문화를 경험하는 기회가 있었습니다. 이 경험을 바탕으로 확실히 이전과는 다른 시야를 갖게 됐고 이러한 새로운 시야는 제가 앞으로 하게 될 일에 대해 가장 가치 있게 여기는 것이 되었습니다.

실패에서 배운다는 것

저는 제 가장 큰 실수에서 게임 디자인에 대해 가장 많은 것을 배웠습니다. 이 프로젝트는 제가 디자인한 상당히 수준 높은 대화 메커닉이 포함된 학생 게임이었습니다. 정말 실수가 많았습니다. 범위를 올바르게 설정하지 못했고, 좋은 팀이 있었지만, 불운이 이어졌고, 엔진이 제대로 지원되지 않았으며, 의사소통의 문제와 응급 상황까지 발생하면서 괜찮은 프로토타입을 만드는 데는 성공했지만 애초에 원하던 수준과는 상당한 거리가 있는 상황까지 이어졌습니다.

제 자신을 충분히 신뢰하지 않은 것도 문제였습니다. 물론 피드백도 중요하지만 게임에 대한 부정적인 의견을 들을 때마다 다시 디자인하는 실수를 했습니다. 때로는 자신의 디자인 감각을 믿고, 괜찮다는 생각이 들면 그대로 밀고 나갈 필요가 있다는 사실을 알았습니다.

디자인 문제 해결

개인적으로, 디자인 문제를 해결한다는 것은 자신의 강점을 활용하는 것이라고 생각합니다. 국방부를 위해 디자인했던 게임의 경우에는 NPC가 감성적인 인간이라기보다 게임의 캐릭터처럼 행동하는 문제가 있었습니다. 캐릭터의 반응이 딱딱하고 기계적이어서 교육 도구로서 게임의 효율성이 떨어졌습니다. 어쩔 수 없이 이 플레이어의 응답을 추적하는 매우 세부적인 작업별 상태 머신을 디자인하고 NPC가 좀 더 사람처럼 작동하는 기본적인 '메모리' 체계를 작성했습니다. 컴퓨터 과학을 이해한다면 이것은 레이저 총을 개발하는 시대에 활과 화살을 사용하는 것과 비슷한 선택이었지만 가장 적합한 해결책이었습니다.

앞으로 5년

이전 판에서 이 질문을 받았을 때는 "물론 결국에는 직접 게임을 만들고 싶습니다. 아직 저는 디자이너라고 할 수 없지만 디자이너와 함께 일하고 싶습니다"라고 대답했었습니다. 이제 4년 뒤에 대답을 다시 보니 게임에 제 이름이 넣을 수 있게 되고, 당당하게 스스로를 디자이너라고 소개할 수 있게 된 것이 자랑스럽게 느껴집니다. 앞으로 5년 후에는 상업용 타이틀에 제 이름을 넣고, 더 많은 게임 제작에 참여하며, 직접 게임을 디자인하고 싶습니다. 또한 제가 원하는 회사에서 디자이너로 일할 수 있으면 좋겠습니다.

디자이너에게 하고 싶은 조언

대학에서 교수님 한 분이 항상 하시던 말씀이 있습니다. "무슨 일이든지 최선을 다해야 하지만 너무 오래 하지는 마라"라는 것이었는데, 저는 이것이 아래부터 일을 시작하는 사람에게 최고의 조언이라고 생각합니다. QA는 힘든 일이고 조명도 받지 못하는 일이지만 열심히 한다면 인정받을 수 있습니다. 그러나 이와 동시에 자신의 가치를 제대로 이해하는 곳에서 일하고 있는지 생각해 보는 감각이 필요합니다. 제 마지막 조언도 이에 대한 것입니다. 제일 열심히 일하고 좋은 아이디어를 내는 것만으로는 성공할 수 없는 경우가 있으며, 때에 따라서는 자신이 원하는 곳을 향해 새로운 계획을 세우고 실행하는 용기가 필요합니다.

현장에서의 관점: 짐 베셀라(Jim Vessella)

부 프로듀서, 일렉트로닉 아츠 로스앤젤레스

이 책의 첫 번째 판을 집필할 때 짐 베셀라는 일렉트로닉 아츠에서 이제 막 커리어를 시작한 시점이었다. 우리는 USC의 졸업생이었던 짐에게 업계에 대한 초보자의 관점을 이야기해 달라고 부탁한 바 있다. 몇 년이 지난 지금의 짐은 반지의 제왕: 중간계전투 II(2006) 커맨드 앤 컨커 3: 타이베리움 워즈(2007)등에 참여한 중견 주 프로듀서가 돼 있다. 그래서 이러한 프로젝트에 대한 경험을 바탕으로 이번 판에 그의 이야기를 업데이트해 줄 것을 요청했다.

게임 업계에 진출한 계기

항상 이 일을 하고 싶어 했지만 다른 사람들과 마찬가지로 기회를 찾기가 어려웠습니다. 그래서 언젠가 면접 기회가 생겼을 때 좋은 인상을 줄 수 있도록 관련 자료를 공부하고 업계의 비즈니스 관행에 익숙해지는데 시간을 많이 투자했습니다. 그리고 업계의 전문가들과 이야기할 수 있는 기회를 모두 찾아다녔습니다. 생각보다 자신의 기꺼이 경험을 나누고 영감을 주려는 사람들이 매우 많습니다. 이런 노력이 결실을 맺어서 USC에서 공부하던 시기에 여름 인턴십 형식으로 비벤디 유니버셜 게임즈에서 일할 기회가 생겼습니다.

업무를 통한 경험

일렉트로닉 아츠 로스앤젤레스의 개발 철학 중 가장 훌륭한 것 중 하나로 포드(또는 셀)라는 개념이 있습니다. 포드는 게임의 특정한 특성을 함께 작업하는 각 분야 전문가들이 모인 그룹입니다. 예를 들어, 커맨드 앤컨커 3에서 저는 사용자 인터페이스 포드를 담당했는데, 여기에는 디자이너 1명, 엔지니어와 아티스트 여러 명, 개발 디렉터 1명이 포함돼 있었습니다.

이러한 포드 구조의 장점은 여러 분야의 전문가들이 디자인 아이디어에 대한 브레인스토밍에 참여하고 협력할 수 있다는 것입니다. 엔지니어와 아티스트는 서로 상당히 다른 아이디어를 내는데, 때로는 이들의 아이디어로 디자인 팀을 한참 동안 고민하게 만든 문제를 간단하게 해결하기도 합니다. 모든 팀원의 제안에서 배워야 한다는 것이 제가 깨달은 가장 값진 디자인의 교훈입니다.

디자인 프로세스

앞서 이야기했듯이 아이디어는 언제, 어디서나, 누구라도 낼 수 있습니다. 우리 팀에서 나온 아이디어는 물론이고, 커뮤니티와 팬의 아이디어도 적극적으로 활용합니다. 우리는 게임이 어때야 하는지, 그리고 무엇보다 게임플레이가 어때야 하는지에 대한 개략적인 비전으로 시작하는 경우가 많습니다. 예를 들어, 게임이 "빠르고 유연해야 한다"라고 결정했다면 팀의 모든 구성원들이 이러한 철학을 자신의 작업에 반영합니다. 그리고 구체적인 디자인을 만들 때는 앞서 소개한 포드 구조를 활용해 신속한 브레인스토밍과 프로토타입 제작을 통해 가장 성공적인 아이디어를 결정합니다.

앞으로 5년

훌륭한 팀과 함께 훌륭한 전략 게임을 제작하는 데 참여할 수 있었다는 점에서 저는 운이 좋았던 것 같습니다. 앞으로도 재능 있는 팀과 함께 일하면서 혁신적인 디자인을 구현하고, 언젠가는 제가 팀을 이끌어서 성공적인 게임을 만들고 싶습니다.

디자이너에게 하고 싶은 조언

열정과 일관성을 가지십시오. 모든 장르와 플랫폼의 게임을 하고, 항상 이 업계에서 일어나는 일에 관심을 가지십시오. 인턴십이나 신입 입사 기회도 마다하지 말고 인맥 형성의 기회로 활용하고, 더 중요한 책임을 맡을 수 있다는 것을 입증하십시오.

참고 자료

* Smartbomb: The Quest for Art, Entertainment and Big Bucks in the Videogame Revolution - Heather Chaplin, Aaron Ruby, 2005.

* Secrets of the Game Business - Francois Dominic Laramee, 2005.

* The Indie Game Development Survival Guide - David Michael, 2003.

* Entertainment Industry Economics: A Guide for Financial Analysis - Harold Vogel, 2007.

주석

1. Peter D. Hart 연구 자료 "Essential Facts about the Computer and Game Industry," 엔터테인먼트 소프트웨어 연합회.

2. 엔터테인먼트 소프트웨어 연합회, "Essential Facts about the Computer and Game Industry."

3. Piers Harding. "Western World MMOG Market: 2006 Review and Forecasts to 2011." Screen Digest. 2007년 3월.

4. Game Over: How Nintendo Conquered the World - David Sheff, 1994, 52쪽.

5. Trevor Wilson. "Game Developer Reports: Top 20 Publishers, 2007." Game Developer. 2007년 8월.

6. Tristan Donovan, "Game Developer Reports: Top 20 Publishers." Game Developer. 2003년 9월.

16장

게임 업계에 아이디어를 제안하는 방법

게임 업계에 들어오는 방법은 한 가지가 아니다. 지금까지 이 책에서 디자이너의 관점을 주의 깊게 읽었다면 디자이너마다 게임 디자인을 시작하게 된 계기가 저마다 크게 다르다는 것을 알 수 있을 것이다. 같은 길을 걸어온 사람은 없으며, 여러분 역시 고유한 길을 가게 될 것이다. 이 마지막 장에서는 게임 업계에서 여러분의 능력과 비전을 구현하는 몇 가지 전략을 알아보자. 여기서 논의할 세 가지 기본적인 전략은 다음과 같다.

1. 퍼블리셔 또는 개발사 취업
2. 퍼블리셔에 피치 또는 독창적 아이디어 팔기
3. 아이디어를 독립적으로 게임으로 제작

대부분의 게임 디자이너는 독창적인 아이디어를 제안하는 것이 아니라 중견 기업에 취업해서 한 단계씩 올라가는 방법으로 경력을 쌓는다. 이렇게 어느 정도 경험을 쌓고 나면 독립해서 자신의 회사를 시작하거나, 현재 회사에 아이디어 피치를 제안한다. 그렇다면 게임 업계에 처음 취업하려면 어떻게 해야 할까? 자격 조건은 무엇이며, 면접에는 어떤 것을 가져가야 할까? 이러한 질문에 답하기는 쉽지가 않다. 다른 여러 커리어와는 달리 게임 디자인 분야에는 성공을 보장하는 길이 없다. 여기에서는 이 경쟁적인 분야에서 여러분의 성공 가능성을 극대화하는 방법을 알아보자.

퍼블리셔 또는 개발사 취업

중견 기업에 취업하는 것은 게임 업계에서 경력을 시작하는 가장 실용적인 방법이다. 지식과 경험을 얻고, 다른 재능 있는 사람들과 만나서 함께 일할 수 있으며, 무엇보다 게임 제작이 이뤄지는 과정을 직접 볼 수 있다. 그러나 신입 수준에서도 게임 업계는 매우 경쟁이 치열하다. 게임 회사의 구인 광고를 찾아보고 인사 부서에 문의하는 당연한 방법 말고도 여기서는 첫 번째 직장을 구하는 데 도움이 될 만한 몇 가지 전략을 제안한다.

독학

회사와 접촉해서 면접할 때 초보 게임 디자이너로서 가장 중요한 것은 게임과 게임 업계에 대한 탄탄한 지식이다. 게임플레이와 메커닉의 개념을 명확하게 설명하고, 게임의 역사를 알며, 현재 이야기하고 있는 회사가 게임 업계에서 차지하는 입지를 이해하는 것은 모두 여러분의 기술을 보여 줄 수 있는 중요한 방법이다.

교육 프로그램

여러 학교에서 게임 디자인에 대한 학위 프로그램을 준비하고 있다. 주요 대학 중에는 USC, 조지아공대, 카네기멜론 등이 커리큘럼과 게임 디자인 연구실을 마련했다. 또한 게임 업계에 취업하기 위한 교육에 초점을 맞추는 디지펜(DigiPen) 및 풀세일(Full Sail)과 같은 직업 학교도 있다.

최근 일렉트로닉 아츠, 액티비전, 마이크로소프트 등의 주요 게임 회사들은 교육 프로그램 수료자들을 우선적으로 고용하고 있다. 일렉트로닉 아츠의 경우 2006년에만 대학에서 100여 명의 졸업생을 직접 채용했는데, 주로 게임 디자인, 컴퓨터 과학, 비주얼 디자인 학교의 졸업생을 고용하며, 컴퓨터 기술과 함께 대인 관계 기술이 능숙한 인재를 선호한다. 대부분의 인력은 여름 인턴으로 회사 생활을 시작하며, 졸업 후에 정식으로 입사하게 된다.

게임 디자인 학교에 입학할 생각이라면 도구와 테크닉에만 집중한 커리큘럼보다는 포괄적인 프로그램이 게임 디자인의 경력을 준비하는 데 더 바람직하다는 사실을 기억하자. 또한 게임 외에 역사, 심리학, 경제학, 문학, 영화, 또는 그 밖의 열정을 느끼는 다른 주제를 추가적으로 공부해서 상상력을 범위를 넓히고 게임을 디자인할 때 더 다양한 관점을 고려할 수 있다.

그렇긴 하지만 게임 회사에서는 역시 기술력이 높은 인재를 선호하는 경향이 있다. 즉, 엔지니어링이나 컴퓨터 과학 과정을 공부하면 경쟁력을 높일 수 있다. 도구가 학습의 핵심이 되어서는 안 되지만 게임을 만드는 데 사용되는 응용 프로그램에 익숙해질 필요가 있다. 프로그래밍 도구 외의 주요 도구로는 어도비 포토샵, 일러스트레이터, 플래시, 3D 스튜디오 맥스, 마야, 마이크로소프트 프로젝트와 엑셀 등이 있으며, 대부분의 게임 교육 프로그램에서 이러한 도구에 대한 교육을 진행한다.

게임을 한다

또한 게임을 최대한 많이 플레이하고, 해당 게임의 개발 과정에 대한 자료를 읽고, 게임의 체계를 분석함으로써 디자인에 대해 배울 수 있다. 아마도 여러분은 게임을 좋아할 것이므로 이미 그렇게 하고 있다고 생각하겠지만 게임을 하는 것만으로는 부족하며, 플레이하는 게임을 분석하는 습관을 들여야 한다. 플레이하는 모든 게임에서 새로운 것을 배우도록 노력해 보자. GreatGamesExperiment.com, Kongregate.com 및 GameDev.net과 같은 온라인 게임 커뮤니티에서 적극적으로 활동하자. 1장에서 설명한 것처럼 게임 언어 구사 능력을 개발해서 게임 체계의 깊은 수준에 대해 이야기하고 구체적인 예를 통해 아이디어를 의사소통할 수 있게 하자.

게임과 레벨을 디자인한다

이 책의 연습을 모두 따라 했다면 자신의 독창적인 게임 프로토타입을 하나 이상 디자인했을 것이다. 이 경험은 게임 디자인 일자리를 구할 때 가장 귀중한 수단 중 하나다.

탄탄한 종이 게임 프로토타입과 잘 작성된 개념 문서는 포트폴리오의 훌륭한 기본 재료가 된다. 디자인을 소프트웨어 프로토타입으로 제작할 기술이 있다면 제작하는 것이 좋다. 현재 시점에 아이디어를 퍼블리셔에 제안할 계획이 없더라도 프로토타입과 개념 문서를 손질하자. 이렇게 준비함으로써 게임 디자인에 경험을 설명하는 면접 과정의 중요한 순간에 자신의 작업 성과를 보여 주고 디자인, 플레이테스트, 그리고 수정 과정의 프로세스를 자세하게 이야기할 수 있다. 비록 아직 초보 단계이고 상품화되지 않은 게임이지만 개발 프로세스에 대한 실제 경험이 있음을 보여줌으로써 다른 지원자들 사이에서 자신을 차별화할 수 있다.

게임 디자인 기술을 보여 주는 데는 독창적 게임의 물리적 및 디지털 프로토타입을 제작하는 방법

말고도 기존 게임의 레벨을 제작하는 방법도 있다. 8장에서 설명했지만 강력하고 유연한 레벨 편집 및 mod 작성 도구를 제공하는 게임이 많이 있다. 또한 mod 및 레벨 제작 대회에 참여해서 입상하면 이름을 알리고 첫 번째 직장을 구하는 데 도움이 된다. 지원하려는 회사에서 출시한 게임의 레벨이나 mod를 제작해서 이력서와 함께 제출하는 것도 영리한 전략이다.

업계를 이해한다

이전 장에서 설명했듯이 업계의 현재 상황을 잘 이해하는 것은 중요하다. 책이나 잡지, 웹 사이트를 통해 최신 뉴스와 경향을 파악하자. 면접이나 회의에 참여할 때 업계의 최신 뉴스를 파악하고 있으면 업계에 대한 지식을 드러낼 수 있으며, 예기치 않은 순간에 찾아오는 기회를 더 잘 활용할 수 있다.

인적 네트워크

인적 네트워크는 게임 업계의 모든 수준에서 일하는 사람에게 중요한 도구로서, 인적 네트워크를 통해 이 업계의 사람들과 만날 기회를 얻을 수 있다. 인적 네트워크를 구축하려면 업계 관련 이벤트, 컨퍼런스, 컨벤션 등에 참가하거나, 인터넷을 통해 관련 인물에게 접촉하거나, 업계에서 일하는 사람을 아는 친구나 친척을 통해 소개받을 수 있다.

단체

업계와 관련된 단체에 가입하는 것도 사람을 만나는 한 방법이다. 가장 대표적인 단체로 IGDA(International Game Developers Association)가 있다. IGDA는 커뮤니티를 육성하고 게임을 매체로

서 더욱 발전시키기 위해 프로그래머, 디자이너, 아티스트, 프로듀서 및 업계의 다른 전문가들이 모인 국제 단체다. IGDA는 여러 지역에 지부를 두고 있으며, www.igda.org/chapters에서 해당 지역에 지부가 있는지 찾아볼 수 있다.

지부에서는 업계에서 일하는 사람들을 만날 수 있는 인적 네트워크 행사나 강의 등을 열기도 한다. 이 단체에 가입하려면 가입비가 필요하나 학생의 경우에는 가입비가 할인된다.

컨퍼런스

인적 네트워크를 구축하는 다른 훌륭한 기회로 컨퍼런스가 있다. 미국에서 열리는 가장 중요한 두 컨퍼런스로 게임 디벨로퍼 컨퍼런스와 사우스 바이 사우스웨스트가 있다. 다양한 개발사와 퍼블리셔의 경영진이 이러한 행사에 참여하며, 업계의 모든 수준과 영역의 사람들을 만날 기회를 얻을 수 있다. 다양한 주제에 대한 강연과 세미나가 함께 열리며 이러한 행사에서는 업계의 주요 인물들을 어렵지 않게 만날 수 있다.

연습 16.1 : 인적 네트워크

매달 인적 네트워크 행사에 최소한 한 번 이상 참여하도록 목표를 세우자. 게임 업계의 사람들을 만날 수 있는 컨퍼런스, 파티, 회의, 강의 등의 기회가 모두 해당된다. 이러한 이벤트에서 접촉한 사람들에 대한 데이터베이스를 쌓는다.

인터넷과 전자 메일

다른 인적 네트워크 자원으로 인터넷이 있다. IGDA.org의 포럼과 같은 온라인 커뮤니티에서 사람들을 만날 수 있으며, Gamasutra.com의 구직/이력서(Jobs/Resume) 섹션에서 진행 중인 인턴십이나 구인광고를 찾아볼 수 있다. 전자 메일은 사람들과 접촉할 수 있는 가장 효과적인 방법이지만 자신을 소개하는 가장 확실하거나 설득력 있는 방법은 아니다. Gamasutra.com에서 해당 지역의 개발사나 퍼블리셔 목록을 확인하고, 해당 회사의 웹 사이트에서 얻은 전자 메일 주소로 임의로 전자 메일을 보낼 수 있지만 답장이 없더라도 실망하지는 말자. 게임 회사에는 이 업계에서 일하고 싶어하는 사람들이 보낸 전자 메일이 항상 쏟아지고 있으며, 소개 없이 보낸 여러분의 전자 메일이 올바른 사람에게 전달될 가능성은 높지 않다. 아예 시도할 필요도 없다는 의미는 아니지만, 세심하게 쓴 전자 메일에 대한 응답이 없더라도 절망하지는 말라는 것이다.

한 가지 문제는 인사 부서를 통하는 방법이 프로젝트 인원을 고용하는 의사결정권자의 관심을 확실하게 받는 방법은 아니라는 것이다. 이보다는 회사 내 특정 인물의 메일 주소를 알아보고, 특정 게임 타이틀을 담당하는 프로듀서나 라인 프로듀서가 누구인지 확인한 다음 소개를 통해 직접 이들과 접촉할 수 있는 방법을 알아보자. 업계에서 일하는 사람이나 해당 인물을 아는 사람이 있다면 개인적으로 소개를 받도록 하자. 개인적으로 소개받기가 여의치 않다면 언론 자료나 웹 게시물에서 전자 메일 주소를 확인하고 직접 전자 메일을 보낸다.

전자 메일을 쓰기 전에 해당 인물의 배경과 그가 제작에 참여했던 게임에 대해 조사하고, 이 내용을 바탕으로 개인화된 전자 메일을 작성한다. 충분한 지식을 바탕으로 자신에 대한 소개와 연락하는 이유를 논리 정연하게 쓰자. 운이 좋다면 답장을 받을 수 있다. 그리고 현재 시점에 적합한 일자리가 없더라도 일단 접촉하는 데 성공한 것이며, 다음 업계 행사나 컨퍼런스에서 해당 인물을 다시 만나면 자신을 개인적으로 소개할 수 있게 된다.

그러나 충분한 조사하고 세심하게 글을 쓰더라도 편지를 보낼 때마다 지나친 기대는 하지 않는 것이 좋다. 게임 업계에서 일하는 전문가들은 항상 원치 않은 메시지를 많이 받는다. 답장을 보내주지 않더라도 놀라거나 속상해 하지는 말자. 제작 과정을 진행하느라 바빠서 메일에 답장할 시간이 없는 것일 수 있다. 그러나 끈기를 가지고 계속 도전한다면 응답을 받을 가능성은 점점 높아질 것이다.

연습 16.2 : 후속 편지

인적 네트워크 노력을 통해 만난 사람에게 해당 회사의 취업 기회에 대해 문의하거나 자신의 독창적인 게임 아이디어를 소개하는 후속 편지를 설득력 있고 공손하게 써 보자. 답장을 받는 경우 만날 수 있도록 준비해야 한다. 다음의 몇 가지 연습에서 이 과정에 도움이 되는 내용을 알아보자.

인적 네트워크 구축하는 과정에서 기억할 것은 모든 행동에 너무 큰 의미를 두지 말라는 것이다. 행사에 참여했지만 도움이 될 만한 사람을 만나지 못했더라도 이것을 실패라고 생각할 필요는 없다. 인적 네트워크는 꾸준히 쌓아가는 노력이다. 한 번의 만남으로 취업 기회를 얻는 경우는 거의 없다. 보통은 기회를 얻을 때까지 여러 번 행사에서 사람들을 만나고 후속 편지를 보내야 하지만 인적 네트워크를 통해 기회를 얻지 못하더라도 이곳에서 사람을 만나서 대화하는 것 자체로도 많은 것을 배울 수 있다.

아래쪽부터 시작하기

이 업계에 들어가기 위해 어떤 일자리를 찾아야 할까? 아티스트나 프로그래머의 경우, 대부분의 회사에 신입 수준의 일자리가 있다. 우선 훌륭한 이력서와 포트폴리오가 필요하다. 이 자리는 경쟁이 치열하지만 그만큼 수요가 많기 때문에 기회가 많다. 게임 팀의 규모가 커지면서 가장 큰 비중으로 증가하는 일자리가 바로 아트와 프로그래밍 그룹이다.

게임 프로듀서가 되고 싶다면 제작 보조나 코디네이터(또는 인턴십)에 지원할 수 있다. 그러나 게임 디자이너가 되고자 한다면 상황이 조금 더 복잡하다. 최고의 일자리는 보조 디자이너 또는 레벨 디자이너다. 그러나 솔직하게 말해서 이러한 일자리는 경험이 있거나 게임 회사 내에서 이미 일하고 있지 않으면 얻기가 어렵다. 현재 게임 디자이너로 일하고 있는 사람들은 대부분 다른 분야로 일을 하고 경험을 쌓아 디자인으로 분야를 바꾼 경우다. 예를 들어, 프로그래머나 프로듀서로 일을 시작한 게임 디자이너들이 많다.

연습 16.3 : 이력서

자신의 게임 디자인 경험을 중점적으로 소개하는 이력서를 만들어 보자. 전문적인 경험이 많지 않더라도 이 책을 읽으면서 연습에서 직접 수행했던 디자인 작업, 수료한 교육 과정, 가입한 단체(예: IGDA) 등에 대한 내용을 모두 포함시키자.

인턴

인턴은 업계에서 일을 시작하는 좋은 방법이다. 게임 회사, 특히 퍼블리셔에서는 정기적으로 대학에서 여름 인턴을 모집한다. 인턴은 일반적으로 무보수로 일하지만 정규직만큼 일이 어렵지는 않다. 그러나 인턴 기회를 수락하기 전에 해당 회사에서 실제 프로젝트에 참여할 기회를 줄 것인지 확인하는 것이 좋다. 3~6개월 동안 서류를 복사하거나 접수 담당자로 일하면서 시간을 낭비하고 싶지는 않을 것이다. 이런 경험은 커리어에 도움이 되지 않으며, 업계에 대해 배울 수 있는 기회도 아니다. 좋은 인턴십이란 업계의 현실적인 측면을 배울 수 있는 것이다. 인턴은 종종 프로듀서나 경영진과 함께 조사, 테스트 또는 업무를 지원하기도 하는데, 이 경우 인적 네트워크를 형성하고 지식을 쌓는 데 도움이 많이 된다.

게임 에이전트와의 인터뷰

리처드 라이보비츠(Richard Leibowitz)

리처드 라이보비츠는 비디오 게임 업계를 대상으로 하는 전문인력 관리 및 제작 회사인 유니온 엔터테인먼트의 사장이다.

필자: 어떻게 게임 에이전트가 되셨습니까?

리처드 라이보비츠: 처음에는 법률, 금융 및 정치의 세 가지 분야의 경력을 고려했었는데, 이 세 가지가 조합된 엔터테인먼트를 선택했고, 파라마운트 픽처스에서 국내 텔레비전 부서의 변호사로 일을 시작했습니다. 이후 라이셔 엔터테인먼트에서 국제 비즈니스 및 법률 부서를 맡아 운영했고, 파라마운트에서 라이셔를 인수하면서 다시 파라마운트로 돌아왔습니다. 이 시기에 저는 비디오 게임 업계에 매료됐고, 1999년 파라마운트를 나와서 비디오 게임 사업에서 저의 엔터테인먼트 계약 및 법률 경험을 발휘하기 위해 최초의 할리우드 스타일 에이전시를 공동 설립했습니다.

필자: 현재 게임 업계에서 에이전트의 역할은 무엇입니까?

리처드 라이보비츠: 제 의견으로, 현재 게임 업계에는 헌팅 에이전트, 패키지 에이전트, 할리우드 에이전트로 세 가지 에이전트 유형이 있는 것 같습니다.

헌팅 에이전트는 개발사를 대신해서 퍼블리셔와 접촉해 해당 회사에서 제작하려는 직무 저작물이 있는지 확인합니다. 이 과정에서 예를 들어, 퍼블리셔가 새로 인수한 라이선스를 기반으로 게임을 제작할 계획이고 적합한 개발사를 찾고 있다는 사실을 알아낼 수 있습니다. 헌팅 에이전트는 개발사와 접촉해서 기회를 설명하고 적절하게 조건을 조율한 다음, 퍼블리셔에 개발사를 소개합니다. 최종적으로 퍼블리셔가 해당 개발사를 선택하면 개발사 결과 수익의 일정 비율을 헌팅 에이전트가 받습니다.

패키지 에이전트는 콘텐츠를 발굴한 다음, 적합한 개발사와 다른 전문가(예를 들어, 작가와 디자이너)를 찾고 투자자/퍼블리셔를 대상으로 이 콘텐츠/개발사 패키지를 마케팅한다는 면에서 할리우드 프로듀서와 비슷합니다. 그러나 할리우드 프로듀서와는 달리, 패키지 에이전트는 일반적으로 제작 과정에는 관여하지 않으며, 지적 재산권자와 개발사 양쪽에서 라이선스 비용 중 일부와 개발 수익 중 일부를 받습니다.

할리우드 에이전트에는 중견 할리우드 전문인력 에이전시(예: CAA, William Morris, UTA) 소속 에이전트들이 포함됩니다. 제공하는 서비스 수준은 크게 다르지만 이러한 에이전시에는 게임을 전문적으로 다루는 에이전트가 한 명 이상 있습니다. 일반적으로 할리우드 에이전트는 영화 업계 고객의 이익을 대변하고 10% 정도의 비용을 받습니다. 저는 보통 이 업무를 '수동적 대리 업무'라고 말합니다. 예를 들어, 퍼블리셔가 특정 배우의 이름과 초상권을 획득하고, 해당 배우가 목소리 녹음에 참여하기를 원하는 경우, 해당 할리우드 에이전트에 접촉해서 이러한 권한과 서비스를 확보할 수 있습니다. 일부 할리우드 에이전트 중에는 더 적극적으로 사업에 참여해서 에이전시 내의 영화 프로젝트와 개발사를 패키지로 연결해서 퍼블리셔를 대상으로 이러한 패키지를 마케팅하는 경우도 있습니다. 일반적으로 퍼블리셔는 패키지 예산(즉, 라이선스 비용, 배우 로열티 및 서비스 비용, 개발 예산)의 일정 비율을 할리우드 에이전트에게 지급합니다.

필자: 개발사, 퍼블리셔, 귀사 간의 일반적인 계약은 어떻게 구성됩니까?

리처드 라이보비츠: 유니온은 특화된 광범위한 서비스를 통해 우수한 실적을 보유하고 있으며, 이에 따라 많은 개발 회사와 전문가 고객에게 만족스러운 서비스를 제공하고 있습니다. 유니온과 고객 간의 가장 일반적인 계약 구조는 (1) 월별 고정 수수료, (2) 프로젝트 수익에 대한 일정 비율의 성사 수수료, 그리고 (3) 고정 수수료와 성사 수수료를 합한 두 방식의 조합이 있습니다.

필자: 고객을 판단하는 기준은 무엇입니까?

리처드 라이보비츠: 우리가 고객을 판단하는 기준은 퍼블리셔와 마찬가지로 재능입니다. 퍼블리셔가 원하는 두 가지 유형의 개발사는 탄탄하고 입증된 기술을 보유한 중견 개발사나 탁월한 재능과 우수한 관리 능력을 갖춘 개발사입니다.

필자: 게임 에이전트의 역할이 어떻게 변화하리라고 생각하십니까?

리처드 라이보비츠: 게임 에이전트의 역할은 어디에나 있습니다. 최고의 개발사라도 에이전트의 관계 및 계약 성사 능력을 활용할 수 있습니다. 그래도 다음과 같은 두 가지 이유로 향후에는 헌팅 에이전트보다 패키지 에이전트의 입지가 더 강화될 것으로 예상하고 있습니다.

1. 내부 사업 개발 인력: 개발사에서 프로젝트 마케팅을 담당하는 사업 개발 인력을 보유하는 경우가 많아지고 있습니다. 일반적으로 개발사에서 이러한 인력을 고용해서 직접 사업을 운영하는 비용은 헌팅 에이전트에게 지급하는 비용과 비슷하거나 더 낮은 수준입니다.

2. 퍼블리셔의 프로젝트 요구: 퍼블리셔는 위험을 회피하려는 경향이 매우 강합니다. 퍼블리셔는 위험을 낮추기 위해서 최고의 개발 회사와 함께 일하거나, 기존의 인지도 높은 콘텐츠(예: 해리 포터)

를 바탕으로 성공이 보장된 프로젝트를 진행하려고 합니다. 패키지 에이전트는 개발사의 가치를 높여 주고 개발사와 적합한 콘텐츠를 연계해서 퍼블리셔의 관심을 유발합니다. 이를 통해 패키지 에이전트는 (1) 개발사 단독으로는 어려운 계약을 성사시키거나 (2) 서비스에 대한 더 유리한 조건(예: 높은 개발 예산, 로열티 비율)을 개발사에게 제공할 수 있습니다.

필자: 앞으로 현재의 영화나 텔레비전 산업만큼 게임 업계에서 에이전트의 입지가 강화되리라고 생각하십니까?

리처드 라이보비츠: 저는 앞으로 퍼블리셔가 더 매력적인 게임 프로젝트 패키지를 확보하기 위해 영화 스튜디오의 패러다임을 띠기 게임 에이전트와 독립 게임 프로듀서와 더 밀접하게 협력할 것이라고 예상합니다. 현재의 게임 업계는 초기 영화 업계와 비슷합니다. 그러나 게임 사업의 여러 영역에서 할리우드의 영향력이 높아지고 있고, 할리우드에서 그랬던 것처럼 게임 사업에서도 전문인력이 주요 세력으로 부상함에 따라 오랫동안 할리우드에서 가치가 입증된 서비스와 구조가 게임 업계에도 자리를 잡을 것입니다. 그리고 할리우드에서와 마찬가지로 콘텐츠가 게임 업계의 핵심으로 부상할 것입니다. 그러나 게임의 '콘텐츠'는 영화 사업보다는 기반 재산권(예: 스파이더맨)과 기술 모두를 의미하는 것일 수 있습니다. 일반적으로 기술은 영화 제작사를 차별화하는 요소가 아니어서 관객들은 1억 달러짜리 블록버스터와 저예산 로맨틱 코미디 영화에 모두 10달러를 지불합니다. 그러나 타이틀당 60달러(콘솔 및 부대 비용 제외) 정도인 차세대 게임에서는 고객의 시간과 투자가 아깝지 않은 만족스러운 게임의 경험을 제공하려면 올바른 콘텐츠와 올바른 기술을 결합하는 것이 더욱 중요합니다. 따라서 게임 사업이 더 발전할수록 유능한 패키지 에이전트들은 퍼블리셔의 역량 이상으로 개발사(기술)를 발굴해서 콘텐츠와 결합한 매력적인 패키지를 만들고 이를 퍼블리셔에 제안함으로써 더 높은 가치를 창출할 것입니다.

연습 16.4 : 인턴십

학생이라면 인턴십이 좋은 출발점이 될 수 있다. 교내 취업센터나 웹 사이트를 방문해서 관련 정보를 찾아보자. 또는 게임 회사에 직접 인턴십 기회가 있는지 문의해도 된다.

QA

QA 테스터는 가장 일반적인 신입 수준의 일자리다. 비록 급여는 낮고 근무 환경도 열악하지만 QA 테스터는 전체 개발 팀에 자신을 알릴 수 있기 때문에 커리어를 시작하기 좋은 방법이다. QA 테스터는 프로그래머, 아티스트 및 프로듀서에게 직접 전달되는 버그 보고서를 작성하며, 관리자는 본인이 QA로 시작한 경우가 많기 때문에 재능 있는 QA 테스터들을 눈여겨본다. 새 프로젝트를 위한 제작 팀을 구성할 때 회사에서는 외부 인력보다는 다른 프로젝트에서 인정받은 QA 테스터를 먼저 고려한다. 더 중요한 것은 QA 테스트를 하면서 개발 과정을 바로 옆에서 지켜볼 수 있다는 것이다. 초기 빌드부터 최종 릴리스까지 게임이 발전하는 과정을 직접 경험할 수 있다.

독창적인 아이디어 제안

업계에서 일하면서 어느 정도 경험을 쌓고 나면 자신의 독창적인 아이디어를 개발해서 퍼블리셔에 제안하고 싶어진다. 13장에서 설명했듯이 퍼블리셔는 뛰어난 아이디어와 안정적인 프로젝트 계획을 준비한 숙련된 팀에 자금을 지원하려고 한다.

여기서는 잠재적인 퍼블리셔와 접촉하는 데 성공했다고 가정해 보자. 퍼블리셔가 기대하는 것은 무엇일까? 프로세스는 어떻게 진행될까? 다음 섹션에서는 중견 개발사가 아이디어를 퍼블리셔에 팔 때 거치는 몇 가지 업계의 관행을 설명한다. 아직 이러한 커리어 단계에 이르지 못했더라도 나중에 이 단계가 됐을 때 거쳐야 하는 프로세스를 미리 이해하면 도움될 것이다.

이 섹션의 정보와 권장 사항은 IGDA 비즈니스 위원회에서 작성한 게임 제출 가이드에 바탕을 둔 것이다. IGDA는 이 문서를 준비하면서 게임 제출에 대한 경향과 일반적인 관행을 파악하기 위해 업계 전체의 전문가를 대상으로 설문 조사를 실시했다. 전체 보고서는 IGDA 웹 사이트에서 다운로드할 수 있다. 여기서는 IGDA의 허가를 얻어 이 보고서를 바탕으로 다음과 같은 권장 사항을 만들었다.

피치 프로세스

게임 퍼블리셔에는 매년 여러 개발사에서 보낸 수천 가지 게임이 들어온다. 이러한 게임들은 제출 자료가 부적절한 경우를 비롯해 다양한 이유로 즉시 거부되며, 제출된 아이디어의 4% 미만이 실제 게임으로 제작된다. 그리고 제작된 제품 중에서 하나 또는 두 개 정도만 히트한다. 그러나 다른 창조적 업계에서도 거절 비율은 비슷하므로 이러한 통계 수치 때문에 실망할 필요는 없다.

개발사에서는 퍼블리셔가 수용할 만한 피치 자료를 준비함으로써 첫 번째 단계를 통과할 가능성을 높일 수 있다. 좋은 피치 자료는 여러분의 팀이 숙련된 전문가로 구성돼 있음을 보여 주고, 아이디어를 흥미진진하게 전달해야 한다. 퍼블리셔는 여러분의 피치 자료를 검토하면서 귀중한 회사의 돈을 투자해도 좋을지 판단한다.

피치의 첫 번째 단계는 타사 제안을 검토하는 담당자와 접촉하는 것이다. 퍼블리셔의 웹 사이트에서 담당자의 연락처 정보를 찾아보거나 대표전화로 전화해서 타사 인수 담당자와 통화할 수 있는지 문의한다. 이번에도 역시 전화에 응답이 없더라도 너무 놀라지 말자. 예의 바르게, 그리고 끈기 있게 시도하자.

피치 기회를 얻은 후에는 제출 계약 또는 기밀 계약에 서명할 준비를 해야 한다. 이 문서는 기본적으로 여러분이 제시하는 아이디어가 이미 이 회사에서 제작 중인 것이거나 다른 개발사가 이미 제출한 것일 수 있음을 인정하는 것이다. 두 가지 경우 모두 퍼블리셔가 여러분을 배제하고 비슷한 아이디어를 게임으로 제작하는 상황이 되면 여러분이 취할 수 있는 수단은 없어지는 셈이다. 비록 일방적인 문서이기는 하지만 어쩔 수 없이 서명해야 한다. 문서에 서명하기를 거부한다는 것은 여러분이 이 프로세스에 익숙하지 않다는 것을 보여 주는 것이다. 제출 계약은 책, 영화, 텔레비전을 비롯한 모든 창조적 업계의 표준 관행이다.

피치는 직접 진행하는 것이 가장 좋지만 때로 퍼블리셔가 먼저 검토할 자료를 요청하는 경우도 있다. 두 가지 경우 모두 최대한 전문적인 자세로 자신을 소개하고 자료를 제출하자. 정장을 입을 필요는 없지만 찢어진 청바지와 오래된 티셔츠는 적절한 차림새가 아니다.

피치 프로세스는 얼마나 적극적으로 진행하느냐에 따라 4~16주 정도가 소요될 수 있다. 접촉한 모든 퍼블리셔를 적은 확인 목록이나 스프레드시트를 작성하자. 같은 피치를 여러 회사에 제출하는 것은 상관없지만 여러 명의 담당자가 프로젝트를 평가하는 퍼블리셔를 상대할 때는 피치가 체계적으로 진행되도록 주의를 기울여야 한다.

피치 자료

여러분이 제시하는 자료로 퍼블리셔 회사 내 여러 부류의 사람들에게 확신을 심어줄 수 있어야 한다. 이들은 먼저 여러분의 팀을 평가하고, 다음으로 창조적인 자료를 평가하며, 세 번째로 프로젝트 계획을 평가한다. 퍼블리셔의 사람들이 자료 전체를 보는 것은 아니므로 짧은 시간에 이해하기 쉽게 자료를 구성해야 한다. 다음은 IGDA 가이드라인에서 권장하는 자료다.

1. 제품 개요서
2. 게임 데모
3. 게임 동영상
4. 게임 디자인 개요
5. 회사 소개서
6. 게임플레이 스토리보드
7. 파워포인트 프레젠테이션
8. 기술 디자인 개요
9. 경쟁력 분석

1. 제품 개요서

제품 개요서는 아이디어와 대상 시장을 설명하는 산략한 문서다. 제품 개요서는 게임 제목, 장르, 플레이어 수, 플랫폼, 출시 예정일, 두 문단 길이 설명, 그리고 약간의 게임 아트를 포함해야 한다.

2. 게임 데모

플레이 가능한 데모는 여러분이 제작해서 제출하는 자료 중 가장 중요하다. IGDA의 퍼블리셔 응답자의 77%가 플레이 가능 데모가 피치 자료에서 핵심이라고 대답했다. 데모는 다양한 완성도로 제작할 수 있으며, 중요한 것은 퍼블리셔가 최종 게임 플레이를 평가할 수 있게 하는 것이다.

3. 게임 동영상

플레이 가능한 데모를 제작할 여건이 되지 않는 경우, 차선책은 게임 동영상을 제작하는 것이다. 게임 동영상은 캐릭터와 게임 플레이를 보여 주는 비디오 파일이다. 가장 신뢰성 있는 동영상은 게임 코드를 사용해서 제작한 것이지만, 일부 중견 개발자들은 스토리보드와 음성 설명으로 동영상을 제작하기도 한다.

4. 게임 디자인 개요

이 문서는 과도한 설명을 배제한 게임 디자인 설명이다. 퍼블리셔가 관심을 보일 경우, 여러분이 전체 프로젝트를 신중하게 고려했는지 확인하고 싶어하는데, 모든 세부 사항을 읽으려고 하지는 않는다. 포함하기에 적합한 내용으로는 게임 스토리, 게임 메커닉, 레벨 디자인 개요, 컨트롤, 인터페이스, 아트 스타일, 음악 스타일, 특성 목록, 예비 마일스톤 일정, 팀원들의 간략한 약력이 있다.

5. 회사 소개서

여러분이 근무하는 회사의 관리자와 팀원을 소개하는 간단한 문서로서, 회사에 대한 이력서와 비슷하다. 포함하기에 적합한 내용으로는 회사 정보(위치, 프로젝트 내역 및 입증된 능력), 회사 세부 정보(보유 기술, 부서별 인원 및 다른 차별화된 정보), 개발 중인 타이틀, 상품화한 타이틀(플랫폼 정보 포함), 전체 팀 약력이 있다.

6. 스토리보드

스토리보드는 게임에 포함될 정지 이미지로 구성되며, 스케치 형식이나 완성된 아트 또는 두 가지 모두일 수 있다. 스토리보드는 경영진이 데모나 게임 동영상을 실행할 수 없는 경우에도 문서와 함께 검토할 수 있게 종이 형태로 포함하는 것이 좋다. 포함하기에 적합한 내용으로는 텍스트 설명을 곁들인 시각적 게임플레이 안내, 플레이 컨트롤 다이어그램, 캐릭터 프로필 등이 있다.

7. 파워포인트 프레젠테이션

다른 피치 자료의 핵심적 시각 자료와 요점을 정리한 것이다. 프레젠테이션은 만들기 어렵지 않으며, 여러분이 없을 때 퍼블리셔에서 프로젝트의 요점을 다시 파악하는 데 유용하다. 예를 들어, 프레젠테이션이 있으면 여러분 없이도 퍼블리셔 내에서 다른 사람에게 아이디어를 설명할 수 있다.

8. 기술 디자인 개요

이 문서는 과도한 설명을 배제한 기술 디자인 문서다. 이 문서는 기술이 구현되는 방법과 개발 경로를 설명하며, 엔지니어가 아니더라도 완전하게 이해할 수 있게 작성해야 한다. 포함하기에 적합한 내용으로는 일반적인 개요, 엔진 설명, 도구 설명, 사용 하드웨어(개발 및 사용), 코드 베이스 내역, 사용된 미들웨어(있는 경우) 등이 있다.

9. 경쟁력 분석

이 문서에서는 경쟁 타이틀을 밝힌다. 이 문서는 여러분이 시장과 상대적인 입지를 이해하고 있음을 보여 준다. 포함하기에 적합한 내용으로는 제안하는 게임의 마켓 포지션 요약, 성공 예상 이유, 경쟁 타이틀의 장단점 및 판매 분석(입수 가능한 경우)이 있다.

연습 16.5 : 제출 자료 준비

앞서 목록을 팀원과 함께 검토하고 제출 자료를 최대한 많이 준비해 보자. 독창적 게임 프로토타입, 디자인 문서, 그리고 프로젝트 계획을 진행하면서 작업한 모든 내용이 포함되게 하자.

연습 16.6 : 피치

지금까지 작성한 인적 네트워크 데이터베이스와 조사자료를 바탕으로 독창적인 아이디어를 제안한 회사 목록을 만들어 보자. 앞서 나열한 모든 방법을 사용해 회사 내의 연락처를 찾고 피치를 준비한다. 이 연습으로 실제 제작 계획이 성사되거나 자금 지원을 받지는 못하더라도 인적 네트워크를 형성하고 업계의 더 많은 사람을 만나는 기회이며, 운이 따르면 일자리도 구할 수 있다.

게임 업계에 아이디어 제안하기

켄 혹스트라(Kenn Hoekstra), 피아이 스튜디오

솔직하게 이야기해서 게임 회사에서 일하지 않는 사람의 아이디어를 게임 회사에서 받아들일 가능성은 많지 않다. 사실 이 문제에서는 자신이 근무하는 게임 회사에 아이디어를 제안하더라도 쉽게 받아들여지지 않는다. 여기에는 몇 가지 이유가 있다.

첫째로 아이디어 소유와 관련된 법적 문제가 있다. 예를 들어, 회사에서 몇 년 전부터 비슷한 아이디어를 발굴해서 현재까지 수백만 달러를 들여 개발하고 있다고 가정해 보자. 여러분이 새롭고 혁신적인 아이디어를 제안했지만 회사가 몇 년 동안 작업하고 있는 아이디어와 거의 같은 것일 수 있다. 게임이 출시되면 여러분은 게임의 아이디어가 누구의 것이었는지에 대한 소송을 벌일 수 있다. 이러한 문제를 원하는 회사는 없다. 그래서 대부분의 회사에서는 아이디어와 제안을 아예 읽지 않고 그대로 삭제하거나 우편을 통해 반송 처리한다.

외부의 게임 아이디어가 선택되기 어려운 다른 이유는 업계 외부의 사람들 대부분이 게임 개발의 기본 원칙을 모르기 때문이다. 이들은 기술적 제한, 개발 기간, 재정적 문제, 일정, 그리고 새로운 제품을 개발하는 것과 관련된 수많은 골칫거리를 제대로 이해하지 못한다. 제안되는 아이디어들을 간략하게 살펴보는 다음과 같은 것들이 주류를 이룬다. "이 게임은 뉴욕을 실제 규모 그대로 묘사하고 고유한 외모와 목소리를 가진 수백만 명의 시민을 포함해서 한 화면에 50만 명의 시민을 동시에 표현한다. 외계인이 도시를 공격해서 모든 건물이 반파되고 도시 전체가 혼란에 휩싸이지만 플레이어가 이끄는 1만명의 저항군은 500가지 고유한 무기와 전략을 사용해 외계인의 군대에 대항한다. 게임은 일인칭과 삼인칭, 그리고 탑다운 보기와 맵 보기를 전환하며 진행된다." 무엇이 문제인지 알 수 있겠는가? 제안되는 대부분의 게임 아이디어에 이런 문제가 있다. 필자는 이런 문제를 '초보자의 야망'이라고 한다. 게임 개발은 제한된 시간과 자금으로 어떤 것을 넣어야 할지 결정하는 과정이다.

또한 게임 아이디어를 받아들이지 않는 데는 위험 감수라는 측면이 있다. 게임 회사는 게임 개발 단계마다 500만~1,000만 달러 또는 그 이상의 자금을 소비하며, 이 과정의 모든 위험을 감수한다. 이런 회사에서 아무런 위험도 감수하지 않는 회사 외부인의 아이디어에 위험을 감수할 이유가 무엇일까? 일반적으로 모든 게임 회사에는 게임으로 제작할 수 없을 만큼 많은 게임 아이디어가 있기 때문에 외부 아이디어를 수용할 이유가 없다.

이렇게 생각해 보자. 누구나 한 번쯤은 소설가를 꿈꾸거나 흥미로운 소설의 아이디어를 생각해 본 적이 있을 것이다. 그런데 아이디어만 있고 글을 쓸 능력이 없다면 출판사에서 관심을 보일까? 그렇지 않을 것이다. 즉, 아이디어를 낸 사람이 직접 글을 써야 한다. 그런데 실제로 글쓰기를 시작하는 사람은 얼마나 될까? 실제 소설을 완성한 사람은 얼마나 될까? 그리고 완성한 소설을 출판한 사람은 얼마나 될까? 마지막으로,

실제 소설을 출판한 사람 중에서 출판사가 내용을 전혀 수정하지 않고 원래 내용 그대로 책을 낸 경우는 얼마나 될까?

게임 업계는 엔터테인먼트 비즈니스에서 확고한 위치를 차지하고 있다. 일반적으로 게임 회사들은 모든 과정을 거쳐 현재 자리까지 올라왔기 때문에 게임에 대한 모든 것을 알고 있다고 생각한다. 조지 루카스나 톰 클랜시에게 스타워즈 후속작이나 스펙 옵스의 아이디어를 제안하는 것이 무의미한 것처럼 게임 개발사가 여러분의 아이디어를 받아들일 가능성은 높지 않다. 안타깝지만 이것이 업계의 현실이다.

'외부 게임 아이디어'라는 조건이 예외로 취급되는 유일한 경우는 여러분이 엔터테인먼트 업계에서 유명한 사람인 경우다. 예를 들어, 스티븐 킹이 호러 게임에 대한 아이디어를 가지고 게임 회사를 찾는다면 귀담아 듣지 않을 회사는 없을 것이다. 게임 박스에 유명한 이름을 넣을 수 있다는 사실은 때로 "우리에게는 우리만의 규칙이 있다"라는 원칙보다 우선한다.

다음은 자신의 아이디어를 게임으로 만들고 싶어하는 사람을 위한 몇 가지 조언이다.

✓ 먼저 회사에 문의하라. 자신의 아이디어를 보고 싶은지 문의하고, NDA(기밀 유지 협약서)에 서명하겠다고 이야기한다. 아직까지 돈이나 소송에 관심이 없다면 회사가 원하는 경우 자신의 아이디어를 조건 없이 사용해도 좋다는 내용을 문서로 명확하게 전달한다. 사전 합의 없이 아이디어를 보내지 말자. 읽지 않고 삭제하거나 반송할 것이다.

✓ 게임 회사에 취업한다. 해당 회사에서 일하고 있는 경우, 법적인 문제가 대부분 해결되므로 아이디어가 관심을 받거나 받아들여질 가능성이 크게 높아진다.

✓ 팀을 구성해서 직접 게임을 만든다. 게임 전체가 아니더라도 작동하는 탄탄한 데모를 제작한다. 이를 통해 여러분이 진지하다는 것을 퍼블리셔에게 보여 주고, 구체적인 자료를 제시할 수 있다. 게임 개발은 상당히 시각적인 분야이며, 종이 조각이나 장황한 설명보다는 데모를 제공하는 것이 게임 아이디어를 판단하는 데 도움이 된다.

다른 회사도 마찬가지지만 게임 회사들이 새로운 방향으로 사업을 이끌기 위해 아이디어가 좋은 사람들을 높게 평가한다는 것은 가장 큰 오해다. 사업의 세계에서 뭔가를 이루는 유일한 방법은 끊임없이 노력하고 더 큰 목표에 기여하는 것뿐이다. 여러분이 세운 회사나 여러분이 일할 다른 모든 회사의 경우도 마찬가지다.

작가 소개

켄 혹스트라는 위스콘신-화이트워터 대학교에서 영문학 이학사 학위를 받았고, 레이븐 소프트웨어에서 테이크 노 프리즈너, 헥센 II, 헥센월드, 솔저 오브 포춘: 골드 에디션의 3D 게임 레벨을 디자인했다. 또한, 헤레틱 II, 솔저 오브 포춘, 스타트랙 보이저: 엘리트포스, 엘리트포스 확장팩, 제다이 나이트 II: 제다이 아웃캐스트, 솔저 오브 포춘 II: 더블 헬릭스, 제다이 아카데미, X맨 레전드 및 퀘이크 IV 등의 프로젝트에서 프로젝트 관리를 담당했다. 이 밖에도 여러 게임의 매뉴얼과 솔저 오브 포춘 공식 게임 가이드, 솔저 오브 포춘 II: 더블 헬릭스의 대본을 썼고, 게임 업계에 대한 다양한 기사를 썼다. 현재는 PS3용 머시너리즈 2 제작에 참여하고 있다. 켄은 텍사스 주 휴스턴에 거주하고 있으며 피아이 스튜디오의 수석 프로듀서다.

피치 이후 진행

피치 회의를 마치고 나오기 전에 언제쯤이면 예비 응답을 들을 수 있는지 물어봐야 한다. 이 질문을 통해 여러분은 회사의 반응에 대한 기대치를 설정할 수 있고, 회사에서도 여러분의 후속 조치에 대한 기대치를 설정할 수 있다.

개발사의 신속한 후속 조치는 중요하지만 지나치게 열심히 달려들면 퍼블리셔를 지치게 할 수 있다. 피치 이후에 즉시 간단한 '감사' 이메일을 보내고, 회의 중에 퍼블리셔가 요청한 보조 자료나 문서의 복사본을 보내는 정도가 적당하다.

퍼블리셔가 아이디어에 관심이 있다면 곧 연락을 받을 수도 있지만 담당자가 출장 중이거나 다른 일정 때문에 바쁘다면 연락이 늦어질 수도 있다. 7~10일 안에 연락을 받지 못하면 회의를 진행했던 담당자에게 이메일과 전화 통화를 통해 일주일에 한 번 피치에 대한 검토가 어떻게 진행되고 있는지 문의한다. 이보다 자주 연락하면 상대를 귀찮게 만들 뿐이고 여러분에게도 도움이 되지 않는다.

이 기간 동안 퍼블리셔 안에서 여러 사람들이 검토를 진행하는 중일 수 있다. 한 사람이 결정을 내리는 경우는 많지 않으며, 대부분의 퍼블리셔는 다음과 같은 세 가지 그룹으로 구성된다.

✓ 판매 및 마케팅

✓ 제작

✓ 비즈니스/법률

각 그룹 안에 외부 제안을 검토하고 결정을 내리는 담당자가 있으며, 여러분이 피치를 제안한 사람들은 비즈니스/법률 그룹일 가능성이 많다. 일단 이 그룹이 아이디어를 긍정적으로 평가하면 다른 내부 그룹과 의견을 교환한다. 이 그룹들은 회사 내에서 서로 다른 역할 때문에 경쟁적인 관계일 수 있다. 이 회사 안에서 다른 그룹을 설득할 정도로 아이디어를 높게 평가하는 사람이 있다면 이상적일 것이다. 이러한 그룹이 아이디어를 긍정적으로 평가하면 회사 내 기술 책임자에게 프로젝트 검토를 요청한다. 퍼블리셔에서 기술 세부 사항에 대해 질문을 하면 상당히 좋은 신호다.

근본적으로 최종 결정은 여러 가능한 위험을 바탕으로 내려진다. 이러한 위험 요인에는 시장 준비 기간 위험, 디자인 위험, 기술 위험, 팀 위험, 플랫폼 위험, 마케팅 위험, 비용 위험 등이 포함된다. 퍼블리셔가 위험 평가 절차를 모두 마치고, 여러분의 프로젝트가 위험을 감수할 가치가 있다고 결정을 내린 다음에는 타이틀의 잠재적 수익을 결정하기 위한 구체적인 ROI(투자 수익률) 산출을 준비한다.

퍼블리셔가 모든 위험과 예측 ROI가 만족스러운 수준이라고 결론을 내리면 프로젝트 진행 의사가 있음을 알리는 편지를 보내 줄 것이다. 그러면 정말 기분 좋은 날이 되겠지만 아직 끝난 것은 아니다. 퍼블리셔는 마지막 단계로 전체 계약 수행을 요구할 수 있다. 또는 이 시점에서 내부적인 이유로 돌연 프로젝트를 중단하는 경우도 있다. 경험상 최종 계약서에 적힌 퍼블리셔의 서명을 보기 전까지는 계약이 끝났다고 생각하지 않는 것이 좋다. 또한 실제로 회사의 은행 계좌에 입금되기 전까지는 퍼블리셔가 보내줄 것으로 믿고 미리 자금을 지출하지 않아야 한다.

이 단계까지 오지 못했다고 해도 퍼블리셔에서 검토하고 거절한 96%의 다른 제안에 속해 있을 뿐이니까 상심하지는 말자. 이 프로세스를 수행할 때마다 피치에 대한 기술이 쌓이며, 피치를 제안할 수 있는 연락처도 늘어난다.

독립 제작

규모가 큰 다른 미디어 업계와 마찬가지로 게임 업계에도 직접 게임을 제작하고 유통하는 독립 개발자들이 있다. 독립 제작은 힘든 길이며, 제작 과정 동안 팀을 지원할 자금을 마련하는 것은 정신적으로도 몹시 고된 일이다. 일부 독립 개발자들은 게임 개발을 계속하기 위해 다른 직장에서 일하기도 하고, 일부는 신용 카드를 사용하거나 친구나 가족에게서 돈을 빌리기도 한다. 독립 영화나 독립 음악과 마찬가지로 독립 게임은 승산이 높지 않으며, 게임을 완성하지 못하거나 제대로 된 유통망을 찾지 못하는 경우가 많다. 그러나 독립 제작에도 독창적인 개념을 실험할 수 있고, 제작 중간에 아이디어를 변경할 수 있으며, 아이디어와 구현 과정을 자신이 소유한다는 장점은 있다.

대부분의 독립 개발자는 제작한 게임을 주요 퍼블리셔가 유통하는 것을 목표로 삼는다. 이 목표가 달성된다면 소유권과 로열티 면에서 상당히 유리하게 계약 조건을 협상할 수 있으며, 퍼블리셔 역시 제작비를 지원하지 않기 때문에 위험을 크게 낮출 수 있다. 그러나 아쉽게도 대부분의 독립 제작 게임은 퍼블리셔의 선택을 받지 못하며, 개발자가 인터넷을 통해 직접 게임을 판매하거나 다른 게임을 계약하기 위한 데모로 사용된다. 그렇기는 해도 독창적인 아이디어가 있고 이를 제작하려는 열정이 있다면 독립 제작을 선택하지 않을 이유는 없다. 업계의 한쪽에서는 혁신을 추구하려는 노력이 이뤄지고 있으며, 여러분의 게임이 이 세계가 미처 깨닫지 못한 영역을 개척할 수도 있다. 독립 개발에 대한 자세한 내용은 459쪽 '독립 개발사를 위한 사업 기회' 관련 기사를 참조한다.

결론

지금까지 살펴봤듯이 게임 디자이너가 되고 자신의 아이디어를 상품화하는 방법은 다양하다. 업계에 취업해서 한 단계씩 올라가거나, 퍼블리셔와 게임 제작 계약을 체결하거나, 아니면 독립적으로 게임을 제작하거나 관계없이, 중요한 것은 여러분이 선택한 방법이 아니라 자신의 꿈을 실행하며 확신하는 게임을 만드는 것이다.

큰 회사에 취업해서 일하거나, 소규모 자본으로 게임을 제작하거나, 또는 취미로 게임을 개발하게 되거나에 관계없이, 자신의 비전을 잃지 말고, 게임을 만드는 것만이 성공하는 길임을 기억하자.

디자이너 관점: 크리스토퍼 루비오르(Christopher Rubyor)

수석 디자이너, 페트러글리프

크리스토퍼 루비오르는 게임 디자이너이며, 그가 참여한 작품으로는 커맨드 앤 컨커: 제너럴 제로아워 (2003), 반지의 제왕: 중간계전투(2004), 스타워즈: 엠파이어 앳 워(2006), 스타워즈: 엠파이어 앳 워-포스 오브 커럽션(2006)이 있다. 커뮤니티 관리자와 QA로 일하는 동안에는 커맨드 및 컨커 시리즈 및 다른 여러 타이틀의 제작에 참여했다.

게임 업계에 진출한 계기

저는 지인을 통해 업계로 들어온 운이 좋은 경우입니다. 1994년에 저는 게임과 하드웨어를 판매하는 컴퓨터 상점에서 일하고 있었습니다. 어느 날 전 사장님이 가계에 전화를 해서 저에게 듄 II(웨스트우드 스튜디오)를 만든 회사에서 QA 분석가로 일하고 싶은 생각이 없느냐고 물어보셨습니다. 듄 II와 키란디아의 전설의 팬이었기 때문에 거절할 수 없는 제안이었습니다.

게임 디자인을 배운 과정

과정은 디자이너마다 다릅니다. 웨스트우드 스튜디오에 입사한 첫날부터 저는 게임 디자이너가 되고 싶었습니다. 대부분의 다른 사람들과는 달리 저는 업계에 대해 더 배우기 위해 일부러 마케팅과 커뮤니티 지원을 선택했습니다. 1997년부터 2000년까지 로라 마일(마케팅 부사장) 밑에서 웨스트우드 스튜디오의 PR 관리자로 일했습니다. 그동안 소비자 대상의 제품 마케팅과 PR의 중요성, 그리고 이러한 요소와 게임 간의 관계를 배울 수 있었습니다. 다양한 산업 박람회에 참가하고, 전 세계 최고의 게임 잡지와 함께 일하기도 했으며, 웨스트우드의 게임을 홍보하기 위한 행사도 열었습니다. 지금은 추억이 된 정말 좋은 경험이었습니다.

커뮤니티 관리자로서의 경험

2000년 6월부터는 웨스트우드 스튜디오의 커뮤니티 관리자(커맨드 앤 컨커)로 일하기로 결정했습니다. 팬들을 직접 상대하는 것은 회사로서도 새로운 일이었습니다. 그리고 다음 일 년 동안 회사의 공동 설립자이자 커맨드 앤 컨커 시리즈를 이끈 브렛 스페리(Brett Sperry)와 웹 개발 디렉터였던 테드 모리스(Ted Morris)와 함께 일하면서 커뮤니티 관리자라는 새로운 역할을 정립했습니다. 이 두 명과 함께 일한 기간은 웹 디자인에 대한 많은 것과 멀티 플레이어 제품에서 온라인 커뮤니티의 중요성을 배우는 좋은 기회였습니다.

이후 3년 동안은 웹 사이트 디자인을 지원하는 것부터 게시판을 관리해서 제품 출시 전과 후에 6개월 단계 계획을 세우는 것까지 모든 일을 했습니다. 또한 종종 PR 담당자 역할을 맡아서 메인 스튜디오에서 온라인 채팅 이벤트, 콘테스트, 팬 행사 등을 열어 커뮤니티가 성장하도록 지원했습니다. 이 경험을 통해 온라인 게임과 커뮤니티 통합에 대한 많은 것을 배웠고, 제가 멀티 플레이어 게임에 열정을 가지고 있다는 것을 깨달았습니다.

게임 디자이너로서의 역할

2003년 7월에는 비로소 게임 디자인을 시작하기로 결정했습니다. 웨스트우드 스튜디오에서 새 프로젝트를 막 시작한 단계였고, 소수의 개발자로 팀을 운영하고 있었습니다. 크리에이티브 디렉터와 함께 중요 개념과 아이디어를 논의했고, 특히 멀티 플레이어 게임과 차기 게임에서 구현할 특성에 대해서 많은 의견을 나눴습니다. 6개월 후에 보조 디자이너 자리가 생겼고, 기쁜 마음으로 이 역할을 맡았습니다. 이제는 페트러글리프에서 수석 게임 디자이너로 일하고 있습니다. 제가 꿈꾸던 일로 방향을 전환할 수 있었던 것은 중요한 순간의 결단과 주변 사람들의 도움이 있었기에 가능했습니다.

디자이너에게 하고 싶은 조언

때로는 최고의 게임을 내놓기 위해서 위험을 감수할 필요가 있습니다.

디자이너 관점: 스콧 밀러(Scott Miller)

CEO, 아포지 소프트웨어(별칭 3D 렐름즈)

스콧 밀러는 이 분야의 베테랑 게임 프로듀서이자 사업가로서 주요 작품으로는 뉴크 뉴켐(1991), 울펜슈타인 3D(1992), 랩터(1994), 섀도우 워리어(1997), 맥스페인(2001), 맥스페인 2(2003), 프레이(2006)가 있다.

게임 업계에 진출한 계기

1982년 저널리스트로 사회 생활을 시작했고, 1987년 아포지 소프트웨어라는 회사를 세웠습니다. 아포지는 셰어웨어 개척자로 잘 알려져 있습니다. 우리는 게임 에피소드 하나를 셰어웨어로 공개하고 추가 에피소드를 직접 판매하는 방법을 고안했습니다. 이 방법으로 회사의 초기 타이틀 20종을 소매 퍼블리셔나 외부 자금 조달 없이 자체적으로 유통했습니다. 마침내 1990년대 중반에 퍼블리셔와 계약할 때까지 이 방법으로 수백만 달러를 벌었습니다. 이드 소프트웨어와 에픽 게임즈 역시 우리의 셰어웨어 방식을 따라 해서 큰 성공을 거뒀습니다. 지금 이 세 회사가 북미 지역에서 가장 성공적인 독립 개발 스튜디오로 남아 있는 것도 우연이 아닙니다.

자체 유통에 대해

회사를 시작하면서 게임을 자체 유통하는 방법을 통해 견고한 재정적 독립성을 갖출 수 있었습니다. 이 방법으로 세 회사는 퍼블리셔에 기저 재산권(IP)을 넘기지 않고 독창적인 자체 지적 재산권을 확보하고 개발할 수 있었습니다. 사실, 개발사가 장기적으로 성공하는 유일한 방법은 독자적인 자체 IP를 육성하고 소유하는 것뿐입니다. 이것이 전제되지 않으면 스튜디오는 끊임없이 까다롭고 종종 신뢰할 수 없는 퍼블리셔의 손아귀에서 놀아나게 됩니다. IP는 스튜디오가 유리한 퍼블리싱 계약을 맺을 수 있는 힘입니다. 3D 렐름스와 리메디는 맥스페인 IP를 4,500만 달러에 판매했고, 주요 퍼블리셔가 듀크 뉴켐 IP에 대해 8,000만 달러를 제안하기도 했습니다. 스튜디오의 진정한 가치가 IP에 있음을 확인할 수 있는 사례입니다. 독창적인 IP에 투자하는 것이야말로 장기적인 성공을 위한 최고의 길입니다.

가장 좋아하는 게임

아주 오래전부터 게임을 해왔기 때문에 제 목록에는 고전 게임들이 많습니다.

- ✓ M.U.L.E.: 현대적인 리메이크를 기다리고 있는 혁신적이고 중독성 있는 멀티 플레이어 게임입니다.
- ✓ 디아블로: 핵심 게임 플레이는 단순함의 모범이었고, 완벽한 실행을 보여줬으며, 끊임없이 개선되는 장비를 통해 끊임없이 플레이어에게 보상을 제공하는 체계를 가지고 있었습니다.
- ✓ 테트리스: 아마도 가장 완벽한 컴퓨터 게임일 것입니다. 쉽게 배울 수 있지만 마스터하기란 거의 불가능하며, 남녀 누구나 즐길 수 있습니다.
- ✓ 둠: 플레이어에게 공포를 선사한 최초의 기술적인 역작입니다.
- ✓ 스페이스 인베이더: 오락실의 황금기를 공식적으로 시작한 게임입니다. 제가 플레이했던 게임 중에서 가장 흥미진진한 게임이었습니다.
- ✓ 슈퍼 마리오 브라더스: 플레이어가 탐험할 수 있는 세계를 제공한 최초의 게임이었던 이 게임을 빼놓을 수는 없습니다. 이 아이디어는 GTA 시리즈를 비롯한 최근의 게임에서도 꾸준히 활용되고 있습니다.

디자이너에게 하고 싶은 조언

다른 게임과 디자이너에게서 배워야 하지만 그대로 모방하지는 마십시오. 성공하려면 독특하고 매력적인 것을 만들어내야 하며 둘 중 하나만으로는 불충분합니다. 예를 들어, 우리가 맥스페인의 아이디어를 만들고 있을 때 툼레이더가 막 출시됐고 대히트를 거뒀습니다. 우리가 함정에 빠져서 남자 버전의 라라 크로프트를 만들었다면 결국에는 또 다른 인디아나 존스라는 평가를 들었을 것입니다. 우리는 툼레이더의 강점을 분석하고, 맥스페인에서는 의도적으로 다른 특성을 선택했습니다. 맥스페인이 카피캣이 아닌 독특한 캐릭터로 보이는 것이 무엇보다 중요했습니다. 다른 사람의 발자취를 따라간다면 절대 리더가 될 수 없습니다.

참고 자료 목록

* Game Plan: The Insider's Guide to Breaking in and Succeeding in the Computer and Video Game Business - Alan Gershenfeld, Mark Loparco, Cecilia Barajas, 2003.

* Get in the Game: Careers in the Game Industry - Mark Mencher, 2002.

* Paid to Play: An Insider's Guide to Video Game Careers - Alice Rush, David Hodgson, Bryan Stratton, 2006.

* Game Creation and Careers: Insider Secrets from Industry Experts - Mark Saltzman, 2003.

결론

이 책을 읽는 동안 과제로 제공된 연습을 꾸준하게 따라 했다면 게임과 게임의 구조에 대한 이해의 폭을 넓히는 데 그치지 않고, 자신의 독창적인 게임 아이디어를 구상하고, 프로토타입으로 제작하고, 플레이테스트하며, 명확하게 설명할 수 있는 능력이 생겼을 것이다.

지금까지 목표, 결과물, 일정, 예산을 포함하는 제작 계획을 마련함으로써 독창적인 게임 아이디어를 게임으로 제작하는 과정을 체계적으로 살펴봤다. 게임의 디자인 문서를 작성했고, 아트 보드, 파워포인트 프레젠테이션과 같은 자료를 만들었으며, 게임의 작동하는 데모도 제작했다. 또한 아이디어 피치를 제안할 업계 담당자들의 연락처 목록까지 만들었다. 다른 말로 하면 이제 게임 디자이너로 일을 시작할 준비가 끝났다.

이 책의 목표는 중견 회사에 취업하거나 퍼블리셔에 게임 아이디어를 제안하거나, 아니면 독립적으로 게임을 제작할 수 있는 지식과 기술을 전달하는 것이었다. 이러한 능력이 생겼다고 확신한다면 이 책의 목표가 달성된 것이다.

이러한 확신과 함께 게임 디자이너가 된다는 것이 절대 완성되지 않는 일생의 과정이라는 것도 깨달았기를 바란다. 여러분이 디자이너로서 커리어를 이어가는 동안 계속해서 성장하고 배우기를 기대하며,

이 책에서 배운 내용이 이 흥미진진한 여행의 첫걸음으로 기억되기를 바란다.

이제 여러분은 더 까다로운 디자인 개념이나 더 전문적인 역할에 도전하거나, 아니면 시각 디자인, 프로그래밍, 제작 또는 마케팅과 같은 특정 분야로 초점을 맞출 준비가 끝났다. 어떠한 게임 디자인의 방향을 선택하더라도 게임 디자인의 무한한 가능성, 그리고 행동과 참여를 통해 기존의 어떤 매체보다 강하게 사람들을 감동시킬 수 있는 엔터테인먼트 양식으로서의 잠재력을 기억하기를 바란다.

게임 디자인의 미래는 우리가 매일 뉴스에서 접하는 신기술 장치의 기능이 아니라 이러한 기능을 통해 구현하는 플레이와 상호작용의 감각에 의해 좌우될 것이다. 지금 우리가 알고 있는 게임의 경험에 더 풍부하고 깊은 감성을 불어넣거나, 아직 미처 상상하지 못한 고유한 게임 메커닉을 고안하는 가능성의 문은 넓게 열려 있다. 앞으로 게임 디자이너들의 역할에 따라 이 매체가 이러한 약속을 이행할 수 있는지 여부가 결정될 것이다. 그리고 여러분이 이 도전에 참여할 것으로 믿는다.

플레이해 주셔서 감사합니다!

• 찾아보기 •